普通高等教育“十二五”规划教材

工程力学

主　编　郑九华　邹春霞
副主编　陈一全　常　明　白润波

中国水利水电出版社
www.waterpub.com.cn

内 容 提 要

本书为普通高等教育“十二五”规划教材之一。全书共分12章，内容包括：绪论、力学基本知识、平面力系、空间力系、轴向拉伸与压缩、扭转、平面弯曲、应力状态与强度理论、组合变形、压杆稳定、能量法和动荷载与交变应力。

本书是为普通高等院校本科专业中少学时工程力学课程而编写的，可作为对工程力学深度和难度要求不高，但对工程力学的基础知识需要有一定了解的专业的教材，还可作为参加高等教育自学考试的考生和工程技术人员的参考书。

图书在版编目（CIP）数据

工程力学 / 郑九华，邹春霞主编. -- 北京 : 中国水利水电出版社，2012.6
普通高等教育“十二五”规划教材
ISBN 978-7-5084-9852-2

Ⅰ. ①工… Ⅱ. ①郑… ②邹… Ⅲ. ①工程力学－高等学校－教材 Ⅳ. ①TB12

中国版本图书馆CIP数据核字(2012)第127164号

书　　名	普通高等教育“十二五”规划教材 **工程力学**
作　　者	主编　郑九华 邹春霞　　副主编　陈一全 常明 白润波
出版发行	中国水利水电出版社 (北京市海淀区玉渊潭南路1号D座　100038) 网址：www.waterpub.com.cn E-mail：sales@waterpub.com.cn 电话：(010) 68367658 (发行部)
经　　售	北京科水图书销售中心（零售） 电话：(010) 88383994、63202643、68545874 全国各地新华书店和相关出版物销售网点
排　　版	中国水利水电出版社微机排版中心
印　　刷	北京纪元彩艺印刷有限公司
规　　格	184mm×260mm　16开本　20.75印张　492千字
版　　次	2012年6月第1版　2012年6月第1次印刷
印　　数	0001—4000册
定　　价	**39.00**元

前言

《工程力学》是介于基础学科和专业课程之间的技术基础课，既有较强的理论性，又与工程和生产实践密切联系，在工程技术发展中占有很重要的地位。

近年来，随着教学改革在全国各大高校的实行，包括《工程力学》在内的许多课程教学时数大量缩减，多数专业力学课程被压缩至50～80课时，其他学科的发展也对工程力学的教学提出了新的要求。特别是现行的《工程力学》教材多数是在传统的理论力学、材料力学和结构力学三大课程基础上改编而来，不太适用于除水电、土木、机械和路桥等之外的其他专业，如水文与水资源工程、给排水工程、农业工程、食品工程、环境工程、设施农业科学与工程、水土保持与荒漠化防治、木材科学与工程等。

为了适应这一形势，结合农林院校相关专业本科生培养目标和要求，为培养“厚基础、强能力、高素质、广适应”的创新性复合型人才，特别编写了本教材。

《工程力学》教材主要有以下特点：

(1) 重视力学课程体系和内容本身的严谨性和逻辑性，经过整合和调整形成了较为严谨的课程体系和简洁的课程内容。

(2) 教材吸收了国内外同类教材的优点，结合编者多年教学和工作经验，针对专业整合后高等学校工程类专业对力学课程的内容要求，在充分吸收本学科新成果的基础上对体系和内容进行了调整和充实。

(3) 针对工科专业教学改革的目标要求和课程教学学时压缩的现实，充分听取专业课程教师及大学数学和物理教师的建议，精简了部分经典章节和过分强调计算技巧的内容，注重教学基本要求和学生能力的培养，对与大学数学和物理课程重复的内容只作提纲式说明，加强了与后继专业课程的联系。

(4) 力求概念准确清楚，理论推导简明扼要，突出重点，讲透难点。精选例题，着重讲清讲透解题思路与解题方法，以提高学生应用理论分析和解决问题的能力，培养学生综合素质。

(5) 从工程实际出发，选择多种类型的思考题和习题，以适应不同专业的教学要求。加强了工程模型分析内容，以培养学生将工程实际问题抽象简化为力学模型并进行力学计算的能力。

本书由郑九华（山东农业大学）和邹春霞（内蒙古农业大学）担任主编，陈一全（泰安市城市建设研究院）、常明（上海同济工程项目管理咨询有限公司）和白润波（山东农业大学）担任副主编。具体分工如下：郑九华编写第1、2、3、11章，白润波编写第4、8章，李红云（内蒙古农业大学）编写第5章，邹春霞编写第7章和附录Ⅲ，陈一全编写第6、12章和附录Ⅰ、Ⅱ，常明编写第9、10章。

本书编写过程中采用了泰安市城市建设研究院和上海同济工程项目管理咨询有限公司提供的许多设计资料和工程实例，得到了山东农业大学戴景军、邱秀梅老师和泰安华鲁锻压有限公司杨树田高级工程师的大力帮助，另外还参考了国内外其他高校编写教材的有关内容，在此一并致谢。

本书承蒙山东农业大学刘福胜教授主审，他提出了许多精辟而中肯的意见，在此表示衷心的感谢。

由于编者水平有限，书中难免存在不少缺点与不妥之处，恳请读者批评指正。

编 者

2011年12月

目　录

第1章　绪　　论

工程力学是将力学原理应用于工程实践的一门重要学科。本章将主要介绍工程力学的任务、学科性质、研究对象、研究内容及其研究方法。

1.1　工程力学的任务

工程中有很多的建筑物或机械，它们都受到各种外力的作用，其中承受外力作用的骨架部分称为结构，结构的单个组成部分称为构件，包括各种零件、部件、元件、器件等。

工程力学主要研究工程构件在外力作用下的承载力问题。承载力就是指构件承受外力的能力。在力的作用下，构件丧失设计承载能力的现象称为失效。在正常的工作条件下，要求构件不能出现失效行为。

构件的承载力主要体现在强度、刚度和稳定性三个方面。强度是指构件抵抗破坏的能力，在正常的工作条件下构件不能发生突然断裂或因塑性变形过大而失效；刚度是指构件抵抗变形的能力，构件不能产生过大的弹性变形而失效；稳定性是指构件在原有的几何形态下保持平衡的能力，构件不能因几何形状的改变而失效。

具体地说，工程力学的任务就是研究各种结构在外力或其他因素作用下的平衡条件、内力、应力和变形规律以及构件的强度、刚度和稳定性等问题，为设计安全可靠、经济合理的工程结构提供理论依据和计算方法。

1.2　工程力学的学科性质

力学原是物理学的一个重要分支。在社会生产力和工程技术的推动下逐渐从物理学中分离出来，形成一门相对独立的学科。

力学同物理学、数学等学科一样，是一门基础科学，它所阐明的规律带有普遍的性质。力学与数学在发展中始终相互推动，相互促进。一种力学理论往往和相应的一个数学分支相伴产生。但是力学和物理学一样，还有需要实验基础的一面，而数学寻求的是比力学更带普遍性的数学关系，两者有各自的研究对象。

力学又是一门技术科学，它是许多工程技术的理论基础，又在广泛的应用过程中不断得到发展。力学和工程学的结合促使工程力学各个分支的形成和发展。无论是历史较久的土木、建筑、水利、机械以及船舶工程等，还是后起的航空航天、核技术、生物医学工程等，都有工程力学的研究领域。力学作为一门技术科学，并不能代替工程学，它只指出工程技术中解决力学问题的途径，而工程学则从更综合的角度考虑具体任务的完成。同样地，工程学也不能代替力学，因为力学还有探索自然界一般规律的任务。

1.3　工程力学的研究对象

力学的研究对象是低速运动的宏观物体，它们都具有一定的几何形状或体积。当对所研究的问题来说，物体的几何形状或体积可以忽略时就可简化为质点，否则就应看作是质点系，包括各种固体、液体和气体，而工程力学的研究重点是固体。

自然界中，任何物体在力的作用下都会发生变形。一般情况下，工程实际中的许多物体（如房屋中的梁、柱和桥梁的桥身等）的变形都非常微小，对物体平衡问题的研究影响不大，可以忽略不计，称为刚体；当所研究的问题中，变形不能忽略时，就应视为变形体，称为变形固体。无论变形体在受力后，变形情况如何，只要它保持平衡状态，必然要满足把它看作刚体时的平衡条件，所以刚体的平衡规律是研究变形体平衡问题的必要基础。

变形固体在外力作用下会产生两种变形：一种是外力消除后，变形随着消失，称为弹性变形；另一种是外力消除后，不能消失的变形称为塑性变形。一般情况下，物体受力后，既有弹性变形又有塑性变形。但工程中常用的材料，在外力不超过一定范围时，可认为只有弹性变形，这种变形固体称为完全弹性体。本书主要讨论材料在弹性范围内的力学行为，并对变形固体做以下基本假设。

1. 均匀连续性假设

变形固体是由很多微粒或晶体组成的，各微粒或晶体之间是有空隙的，且彼此的性质也不完全相同。但是由于这些空隙与构件的尺寸相比是极微小的，而且这些空隙的存在以及由此引起的力学性质上的差异，在研究构件的受力和变形时可以忽略不计，而认为变形固体在整个体积内毫无空隙地充满了物质，并且物体各部分材料的力学性能完全相同。这实际上是一种理想化假设，称为均匀连续性假设。

2. 各向同性假设

弹性体在所有方向上均具有相同的物理和力学性能，称为各向同性。弹性体若在不同方向上具有不同的物理和力学性能，则称为各向异性。

实际物体属于哪一类弹性体，取决于组成物体的材料。大多数工程材料虽然微观上不是各向同性的，例如金属材料，其单个晶粒呈结晶各向异性，但当它们形成多晶聚集体的金属时，呈随机取向，因而在宏观上表现为各向同性。工程上使用的大多数材料，如钢材、玻璃、铜和浇灌质量好的混凝土，都可以认为是各向同性的材料。但也有一些材料，如轧制钢材、木材和复合材料等，沿其各方向的力学性能并不相同，是各向异性材料。

这里主要研究各向同性问题，认为在物体内的各处沿各方向的变形和位移等都是连续的，可作连续函数来表示，可从物体中任一部分取出一微小体积来研究物体的性质，也可将那些大尺寸构件的实验结果应用到任一微小体积上去。

3. 小变形假设

在实际工程中，构件在外力的作用下，其变形与构件的原始尺寸相比通常很小，可忽略不计，所以在研究构件的平衡和运动时，可按变形前的尺寸和形状进行计算。这样做，既可使计算工作大为简化，而又不影响计算结果的精度。

不同的构件具有不同的几何形状及几何尺寸，根据构件在空间几何特性，大致可分为杆、板、壳、体四大类。

（1）杆：空间一个方向的尺度远大于其他两个方向的尺度，这种构件称为杆或杆件。杆件的几何要素是横截面和轴线，其中轴线是横截面形心的连线，横截面是与轴线垂直的截面，如图 1－1（*a*）、（*b*）、（*c*）、（*d*）、（*e*）所示。杆件是工程力学的主要研究对象。

（2）板：空间一个方向的尺度远小于其他两个方向的尺度，且各处曲率均为零，这种构件称为板，如图 1－1（*f*）所示。

（3）壳：空间一个方向的尺度远小于其他两个方向的尺度，且至少有一个方向的曲率不为零，这种构件称为壳，如图 1－1（*g*）所示。

（4）体：空间三个方向具有相同量级的尺度，这种构件称为体，如图 1－1（*h*）所示。

所以，工程力学的研究对象是均匀连续、各向同性、小变形条件下的杆件。

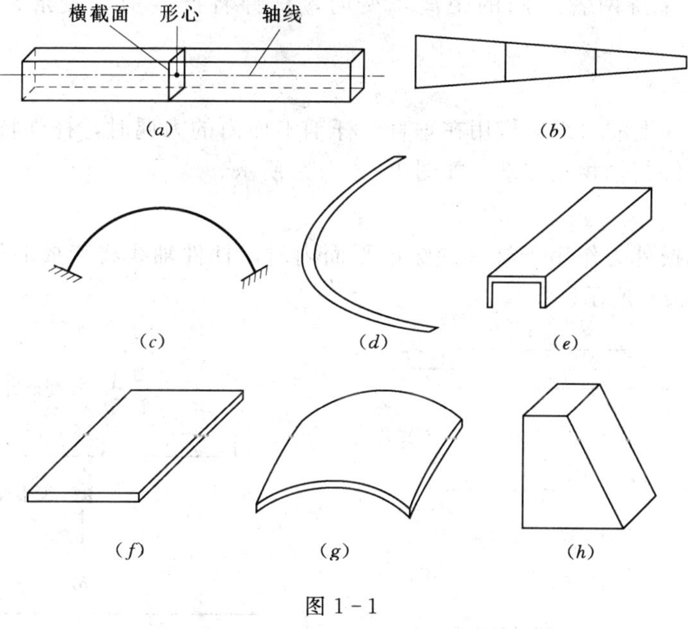

图 1－1

1.4 工程力学的研究内容

根据不同的专业设置要求，大学课程中涉及的力学内容主要是理论力学、材料力学、结构力学、弹性力学和流体力学。本书包括理论力学的静力学部分和材料力学的主要内容，总称为工程力学。

静力学部分的研究对象是刚体，除介绍力、力系、力的投影、力矩、力偶、约束和约束反力及摩擦等基本概念和静力学公理、物体受力分析方法及力系的简化等基本原理外，重点研究物体或物体系统的平衡规律及其应用。

在一般工程问题中，通常都要研究构件在力系作用下的平衡问题。若物体相对于地面保持静止或作匀速直线运动，则称物体处于平衡状态。本书中的平衡一般是指物体相对于地球的静止。静力学不仅是材料力学的基础，而且也是包括结构力学、弹性力学和流体力学等各门力学分支的基础。

材料力学部分的研究对象是变形体，主要讨论杆件在外力作用下的内力、应力、变形和能量规律，为构件的合理设计提供有关强度、刚度和稳定性的理论依据和计算方法。杆件的变形形式各种各样，但都可以归纳为四种基本变形形式：轴向拉伸（或压缩）、剪切、扭转和弯曲。

1. 轴向拉伸或压缩

当杆件两端承受沿轴线方向的拉力或压力时，杆件将产生轴向伸长或压缩变形，如图1-2（*a*）所示。图中实线为变形前的位置；虚线为变形后的位置。

2. 剪切

在平行于杆横截面的两个相距很近的平面内，方向相对地作用着两个横向力，当这两个力相互错动并保持两者之间的距离不变时，杆件将产生剪切变形，如图1-2（*b*）所示。

3. 扭转

当作用在杆件上的力组成作用在垂直于杆轴平面内的力偶时，杆件将产生扭转变形，即杆件的横截面绕其轴相互转动，如图1-2（*c*）所示。

4. 弯曲

当外加力偶或外力作用于杆件的纵向平面内时，杆件轴线将变成曲线，发生弯曲变形，如图1-2（*d*）所示。

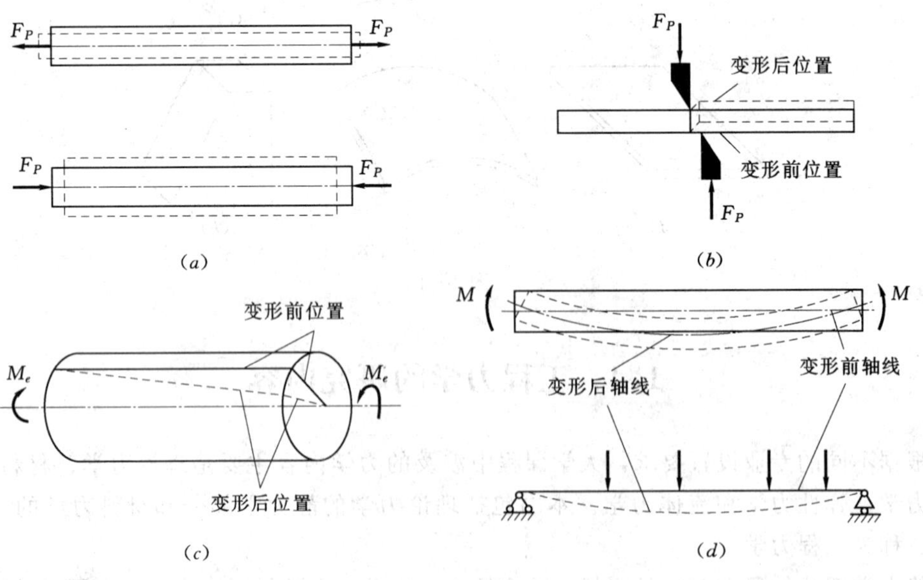

图1-2

由上述基本变形形式中的两种或两种以上所共同形成的杆件形式称为组合变形。严格上说，实际杆件都是组合变形形式，但不管多么复杂，在一定的条件下，都可以简化或分解为基本变形形式求解，所以四种基本变形形式是组合变形的基础。

1.5　工程力学的研究方法

工程力学的研究方法遵循认识论的基本法则：实践—理论—实践。

人们根据对自然现象的观察，特别是定量观测的结果，根据社会过程中积累的经验和数据，或者根据为特定目的而设计的科学实验的结果，提炼出量与量之间的定性的或数量的关系，这通常称为公理。在公理的基础上，抓住主要因素，在合理假设的情况下，建立适当的力学模型，运用数学工具进行理论上的数学演绎和逻辑推理，导出一系列定理、结论或公式，形成一整套理论。这些理论是否合理，还必须经过新的观测、工程实践或科学实验等的检验和证明，因此而不断丰富和完善。如此循环往复，工程力学逐渐形成严密而完备的理论体系，在人们的生产和生活中发挥了巨大的作用。所以生产实践是科学（包括工程力学）发生和发展的基础和源泉，同时，科学理论的提高，又反过来推动生产的发展，两者辩证地互相推动而不断的向前发展。

在工程力学的研究中，实验占着相当重要的地位。实验不仅提供了理论分析所需要的资料和为了简化计算所做假设的依据，而且也是验证理论正确性的主要手段。有时，实验还可用以解决现有理论尚不能解决的困难问题，而成为独立解决复杂工程问题的有力工具。特别是近代计算机的发展和普及，在完成力学问题中大量繁杂的数值计算的同时，也在逻辑推理和公式推导等方面提供了更为有效的工具。所以理论分析、实验研究和数值计算正在成为力学发展中的三大主要手段。

几千年来人类对物质机械运动即力学规律的认识，经历了由简单到复杂、由特殊到一般的过程。科学的发展总的说来是既有综合又有分析，但在特定的阶段可能有所侧重。随着人类认识自然、改造自然和适应自然能力的不断提高，工程力学的发展也必将迎来更加辉煌的明天！

第2章　力学基本知识

本章主要介绍力学中的一些基本知识，包括力、力系、力的投影、力矩、力偶、约束和约束反力的概念和静力学公理、物体受力分析方法以及结构计算简图的建立等基本原理。这些内容不仅是整个工程力学的基础，也能为许多后继课程的学习提供有益的帮助。

2.1　力和力系

2.1.1　力的概念

力是物体间的相互机械作用。力是力学中最基本的概念之一，是人们在长期的生产实践和日常生活中，经过对大量感性认识进行科学归纳、概括和抽象而逐步形成的。

物体间的相互机械作用是多种多样的。有的通过场的作用，如重力场、电磁场等；有的通过相互接触如水压力、土压力、摩擦力等。但在本书中，并不深究力的来源和性质，只注重研究其作用效果。

力对物体有两种效应：一是使物体运动状态发生改变，称为运动效应；二是使物体发生变形，称为变形效应。实际上，变形也是物体内各部分运动状态发生变化的结果，但因其特殊性，将它同通常的运动状态的改变区别开来。

2.1.2　力的三要素

实践证明，力对物体的效应取决于三个要素：力的大小、方向和作用点。度量力的大小的常用单位为牛（N）或千牛（kN）。力的方向包括两层含义：方位和指向。例如重力的方向是“铅垂向下”，其中“铅垂”是指重力的方位，“向下”是指重力的指向。力的作用点是指力在物体上的作用位置。

一般来说，力的作用位置并不是一个“点”，而是一定的范围。但是当力的作用范围很小或它的大小对所研究的问题影响不大时，可近似地看作一个点，这种力称为集中力，这个点称为作用点，力所在的方位线称为作用线。当力的作用位置不能简化为一个点时，称为分布力。分布力的情形较为复杂，将在以后逐步介绍。

2.1.3　力的表示方法

力是矢量，它既有大小，又有方向，且服从矢量运算的平行四边形法则。一个集中力，在图上可以用一条带箭头的有向线段来表示，线段的起点或终点表示力的作用点，线段的长度按一定比例尺表示力的大小，线段的方位线表示力的作用线，线段上箭头的指向表示力的指向。

力的名称用大写英文字母 $\boldsymbol{F}$ 表示，还可以加上相应的角标，表明力的属性或作用点。

如图 2-1 所示，有向线段 AB 表示力 $\boldsymbol{F}_A$，F 表示它的大小，而点 A 表示作用点，直线 MN 表示力的作用线。另外为了表示方便，印刷体用粗体字母 $\boldsymbol{F}_A$ 表示力，用细体字母 F_A 表示力的大小；手写体则在 F 上加一短划线，即用 $\overline{F}_A$ 表示力，而 F_A 只表示力的大小。明确这样的规定有利于初学者更清晰地掌握力的概念。

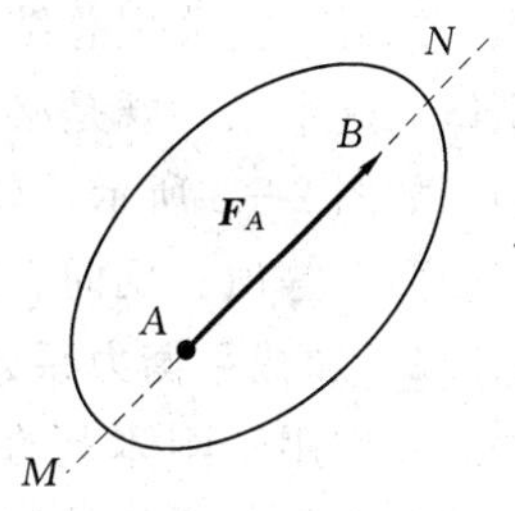

图 2-1

2.1.4 力系的概念

所谓力系，是指作用于同一研究对象上的多个力的总称。力系有各种不同的类型，它们的简化结果和平衡规律也不相同。按照力系中各力的作用线是否在同一平面内，力系可分为平面力系和空间力系；按照力系中各力的作用线相交和平行的情况，力系又可分为汇交力系、力偶系、平行力系和一般力系。这些力系将在以后的章节中逐一介绍。

若作用于物体上的一个力系，可以用另一个力系来代替，而不改变对物体的运动效应，则称这两个力系互为等效力系。若一个力和一个力系等效则该力可称为力系的合力，力系中的各力可称为该力的分力。用一个力等效代替一个力系，称为力系的合成，这个力称为该力系的合力；用一个力系等效代替一个力，称为力的分解，力系中的各力称为该力的分力。如果用一个简单的力系等效地代替一个复杂的力系，则称为力系的简化。注意，这里的“等效”，是对物体的运动效应而言的。

作用于物体上的力系通常比较复杂，本书的一项重要任务就是研究力系的简化和平衡规律及其应用。

2.2 静力学基本公理

公理是符合客观实际，无须证明而被大家公认的普遍规律。静力学基本公理是人们关于力的基本性质的概括和总结，是研究力系简化和平衡的基础。

2.2.1 二力平衡公理

作用于刚体上的两个力，使刚体处于平衡的必要和充分条件是：这两个力大小相等，方向相反，作用在同一直线上。

工程中经常会遇到只在两个力作用下处于平衡的构件，这类构件称为二力构件（或二力杆），如图 2-2 所示。二力构件的受力特点是：两个力必沿这两个力作用点的连线，可表示为 $\boldsymbol{F}_1=-\boldsymbol{F}_2$。

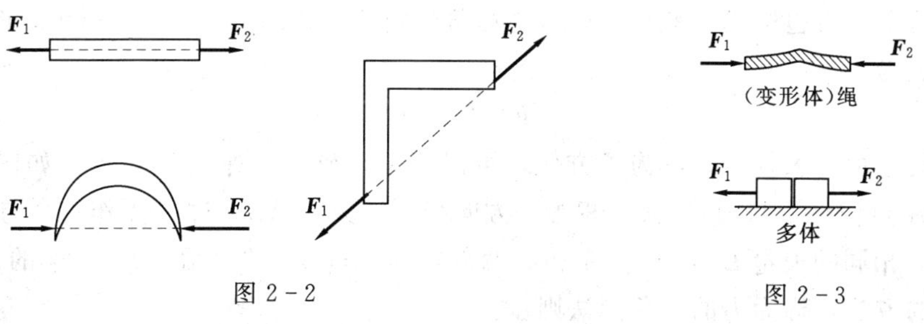

图 2-2　　图 2-3

二力平衡公理总结了作用于刚体上的最简单的力系平衡时，所必须满足的条件。对于刚体，这个条件既是必要的又是充分的，但对于变形体或多体系统，这个条件是不充分的。如图 2－3 所示，软绳受两个等值、反向、共线的压力作用就不能平衡，同样多体系统受两个等值、反向、共线的拉力作用也不能平衡，所以二力平衡公理只适用于刚体。

2.2.2 加减平衡力系公理

在作用于刚体上的任意力系中，加上或减去任意的平衡力系，并不改变原力系对刚体的作用效果，这就是加减平衡力系公理。

这个公理对于研究力系的简化很重要，它只适合于刚体，而不适合于变形体。对于变形体，虽然不改变整个物体的运动状态，但将影响物体的变形。

推论 1 力的可传性原理

作用于刚体上某点的力，可以沿着它的作用线移动到刚体上的任意一点，并不改变该力对刚体的作用效果。

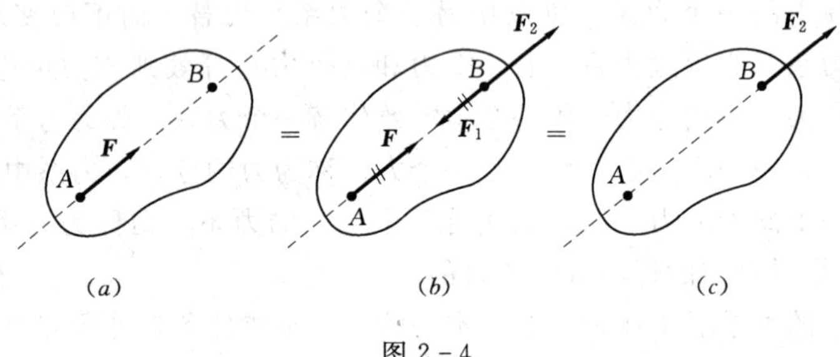

图 2－4

【证明】 设力 $\boldsymbol{F}$ 作用在刚体上 A 点，如图 2－4（a）所示。根据加减平衡力系公理，可在力的作用线上任取一点 B，在 B 点加上两个相互平衡的力 $\boldsymbol{F}_1$ 和 $\boldsymbol{F}_2$，并且令 $\boldsymbol{F}=\boldsymbol{F}_2=-\boldsymbol{F}_1$，如图 2－4（$b$）所示。力 $\boldsymbol{F}$ 和 $\boldsymbol{F}_1$ 满足二力平衡条件组成平衡力系，根据加减平衡力系公理，又可以把这两个力减去，这样刚体上就力 $\boldsymbol{F}_2$ 作用，如图 2－4（c）所示。这就相当于把原来的作用在 A 点的力 $\boldsymbol{F}$ 沿着力的作用线移到了 B 点。

由力的可传性可知，对于刚体来说，力的作用效应与力的作用点在其作用线上的位置无关。因此，作用于刚体上的力的三要素是：力的大小、方向和作用线。作用于刚体上的力矢量可以沿着其作用线移动，这种矢量称为滑动矢量。力的可传性原理只适用于刚体，而不适用于变形体。

2.2.3 力的平行四边形公理

作用于物体上同一点的两个力，可以合成为一个合力，合力作用于该点，其大小和方向由以这两个力为边构成的平行四边形的对角线确定。如图 2－5（a）所示，图中各力的关系可表示为：

$$\boldsymbol{F}=\boldsymbol{F}_1+\boldsymbol{F}_2$$

在用矢量加法求合力时，为了方便，可以不画出整个的平行四边形。如图 2－5（b）所示，从 A 点作一个与力 $\boldsymbol{F}_1$ 大小相等、方向相同的矢量 AB，过 B 点作一个与力 $\boldsymbol{F}_2$ 大小相等、方向相同的矢量 BC，连接 A 和 C 两点，则矢量 $\boldsymbol{AC}$ 即表示力 $\boldsymbol{F}_1$、$\boldsymbol{F}_2$ 的合力 $\boldsymbol{F}$。这种求合力的方法，称为力的三角形法则。

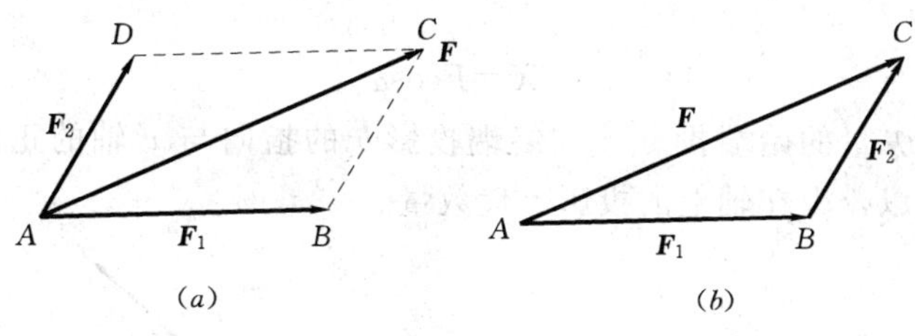

图 2-5

该公理又称为力的平行四边形法则，是力系合成与力的分解的理论基础。应该指出，这一公理对刚体或变形体都是适用的。

推论 2 三力平衡汇交定理

作用于刚体上三个相互平衡的力，若其中两个力的作用线汇交于一点，则此三力必在同一平面上，且第三个力的作用线也通过该汇交点。

【证明】 如图 2-6 所示，在刚体的 A、B、C 三点上，分别作用三个相互平衡的力 $\boldsymbol{F}_1$、$\boldsymbol{F}_2$、$\boldsymbol{F}_3$，$\boldsymbol{F}_1$ 和 $\boldsymbol{F}_2$ 的作用线汇交于 O 点。根据力的可传性，将力 $\boldsymbol{F}_1$ 和 $\boldsymbol{F}_2$ 移到汇交点 O，然后根据力的平行四边形法则将其合成，得合力 $\boldsymbol{F}_{12}$，则力 $\boldsymbol{F}_3$ 与 $\boldsymbol{F}_{12}$ 平衡。由于两个力平衡必须共线，所以力 $\boldsymbol{F}_3$ 必与力 $\boldsymbol{F}_1$ 和 $\boldsymbol{F}_2$ 共面，且通过力 $\boldsymbol{F}_1$ 和 $\boldsymbol{F}_2$ 的交点 O。

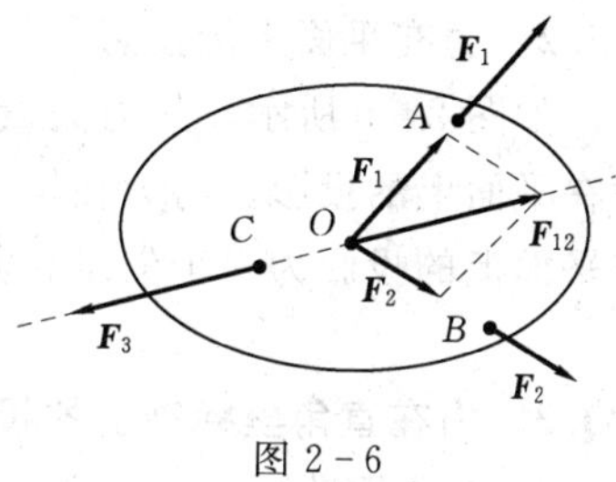

图 2-6

2.2.4 作用与反作用公理

两物体间相互作用的一对力，称为作用力和反作用力，它们总是大小相等、方向相反，沿同一直线，分别作用在这两个物体上。

这就是牛顿第三定律，对力学中一切相互作用，无论是静止的还是运动的，都普遍适用。该定律指出，作用力和反作用力总是成对出现的，且同时存在，同时消失，但分别作用在两个不同的物体上，因此不是一对平衡力。

2.2.5 刚化公理

变形体在某一力系作用下处于平衡，若将此变形体刚化为刚体，则平衡状态保持不变。

刚化公理提供了把变形体看作刚体的条件。若变形体处于平衡状态，则作用其上的力系一定满足刚体静力学的平衡条件。在刚体静力学的基础上，考虑变形体的特性，可进一步研究变形体的平衡问题。

2.3 力的投影与力沿坐标轴的分力

2.3.1 力在轴上的投影

设力 $\boldsymbol{F}$ 作用在 A 点，如图 2-7 所示，取任意轴 x，从力矢量的始端 A 和终端 B 分别向 x 轴作垂线，垂足为 a 和 b，线段 ab 的长度冠以适当的正负号，称为力 $\boldsymbol{F}$ 在 x 轴上的投影，用 X 表示。

$$X=F\cos\alpha \tag{2.1}$$

正负号规定：从力矢量的始端投影 a 到终端投影 b 的指向与 x 轴的正向一致时，投影为正，反之为负。所以，力在轴上的投影是代数量。

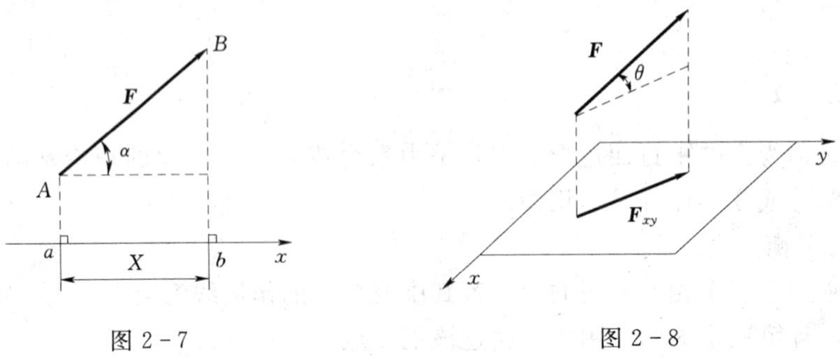

图 2－7　　　　图 2－8

2.3.2　力在平面上的投影

如图 2－8 所示，从力矢量的始端和终端分别向平面做垂直线，连接两个垂足即得到力在平面上的投影。与力在轴上的投影不同的是，此时两个垂足的连线有方向性，所以力在平面上的投影为一个矢量，其大小为：

$$F_{xy}=F\cos\theta \tag{2.2}$$

2.3.3　力在直角坐标轴上的投影

1. 直接投影法（一次投影法）

如图 2－9（a）所示，力 $\boldsymbol{F}$ 在空间直角坐标轴上的投影分别为：

$$X=F\cos\alpha,\ Y=F\cos\beta,\ Z=F\cos\gamma \tag{2.3}$$

式中：α、β、γ 分别是力 $\boldsymbol{F}$ 与 x、y、z 三个轴正向的夹角，$\cos\alpha$、$\cos\beta$、$\cos\gamma$ 分别称为力 $\boldsymbol{F}$ 对应于 x、y、z 三个轴的方向余弦。

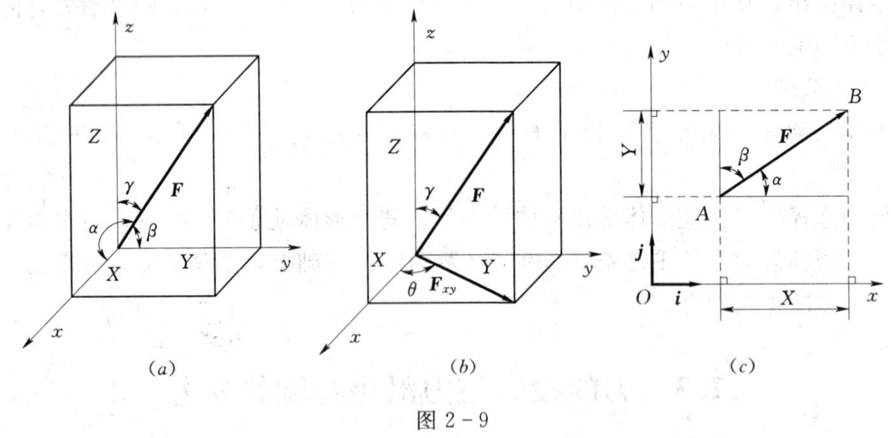

图 2－9

2. 间接投影法（二次投影法）

如图 2－9（b）所示，对于力 $\boldsymbol{F}$，可先向 z 轴和 Oxy 平面投影，然后将力 F 在 Oxy 平面上的投影再向 x 轴和 y 轴投影，可得力 $\boldsymbol{F}$ 在空间直角坐标轴上的投影为：

$$X = F\sin\gamma\cos\theta,\ Y = F\sin\gamma\sin\theta,\ Z = F\cos\gamma \tag{2.4}$$

式中：γ 是力 $\boldsymbol{F}$ 与 z 轴正向的夹角；θ 为 $\boldsymbol{F}_{xy}$ 与 x 轴正向的夹角。

如图 2－9（c）所示，力在平面直角坐标轴上的投影分别为：

$$X = F\cos\alpha,\ Y = F\cos\beta \tag{2.5}$$

式中：α、β 分别是力 $\boldsymbol{F}$ 与 x、y 轴正向的夹角；$\cos\alpha$、$\cos\beta$ 分别称为力 $\boldsymbol{F}$ 对应于 x、y 轴的方向余弦。

2.3.4　力沿直角坐标轴的分力

如图 2－10 所示，根据力的平行四边形法则，一个力可以沿直角坐标轴分解为几个分力，用矢量可表示为：

$$\boldsymbol{F} = X\boldsymbol{i} + Y\boldsymbol{j} + Z\boldsymbol{k} \text{ 或 } \boldsymbol{F} = X\boldsymbol{i} + Y\boldsymbol{j} \tag{2.6}$$

式中：$\boldsymbol{i}$、$\boldsymbol{j}$、$\boldsymbol{k}$ 分别为三个直角坐标轴 x、y、z 轴的单位矢量。

2.3.5　力在轴上的投影与力沿坐标轴的分力的关系

从图 2－10 可以看出，在直角坐标系中，力在轴上的投影的绝对值等于力沿坐标轴的分力的大小。但是力的投影是代数量，而力沿坐标轴的分力既有大小又有方向，是矢量，它们是两个完全不同的量。

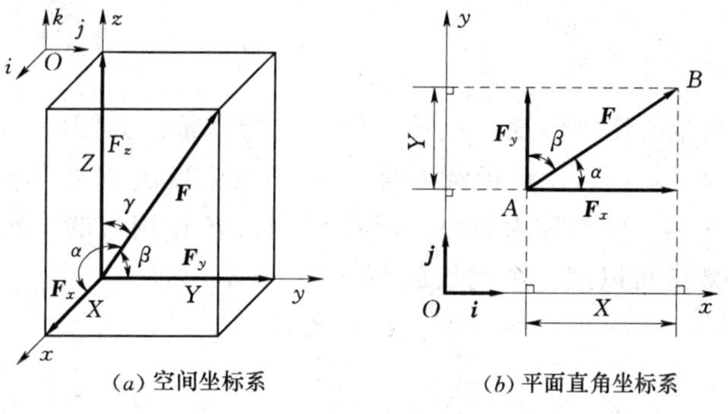

（a）空间坐标系　　（b）平面直角坐标系

图 2－10

以图 2－11 所示的平面问题为例，分力取决于至少两个坐标轴，其大小和方向也随着坐标轴位置的变化而变化，而力在轴上的投影只与一个轴有关，当力与该轴的位置确定后，投影就是一个确定的值；更重要的是在非直角坐标系中，力在轴上的投影的绝对值一般并不等于力沿坐标轴的分力的大小。

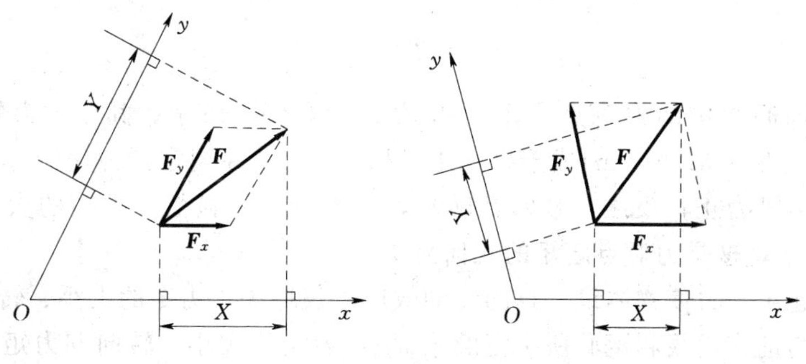

图 2－11

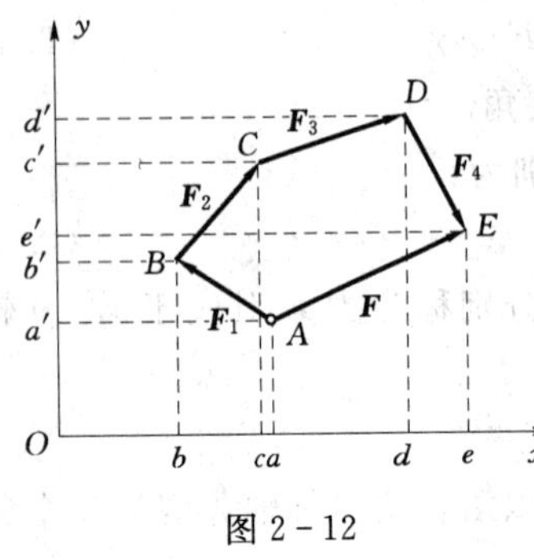

图 2-12

在工程实际中，常用的是直角坐标系，经常要利用力在轴上的投影的绝对值等于与力沿坐标轴的分力大小这一关系来进行力学计算。

2.3.6　合力投影定理

如图 2-12 所示，$\boldsymbol{F}$ 是 $\boldsymbol{F}_1$、$\boldsymbol{F}_2$、$\boldsymbol{F}_3$、$\boldsymbol{F}_4$ 的合力，ae、ab、bc、cd、de 分别是 $\boldsymbol{F}$、$\boldsymbol{F}_1$、$\boldsymbol{F}_2$、$\boldsymbol{F}_3$、$\boldsymbol{F}_4$ 在 x 轴上的投影，显然有：

$$ae = ab + bc + cd + de$$

即合力在一轴上的投影等于各分力在同一轴上投影的代数和，该结论可以推广到任意多个力的情形，称为合力投影定理，用数学表达式可表示为：

$$X = X_1 + X_2 + \cdots + X_n = \sum X_i \tag{2.7}$$

该定理是汇交力系合成的理论基础。

2.4　力　　矩

2.4.1　力对点之矩

力对点之矩是衡量力使物体绕一点转动效应的物理量。如图 2-13（a）所示，用扳手转动螺母，由经验可知，力使螺母绕 O 点转动的效应取决于两个因素：力的大小和力的作用线到 O 点的距离。O 点称为矩心，矩心 O 到力 $\boldsymbol{F}$ 作用线的距离 d 称为力臂。力使螺母绕 O 点转动的效应可以用一个代数量 $M_O(\boldsymbol{F})$ 表示，即：

$$M_O(\boldsymbol{F}) = \pm Fd \tag{2.8}$$

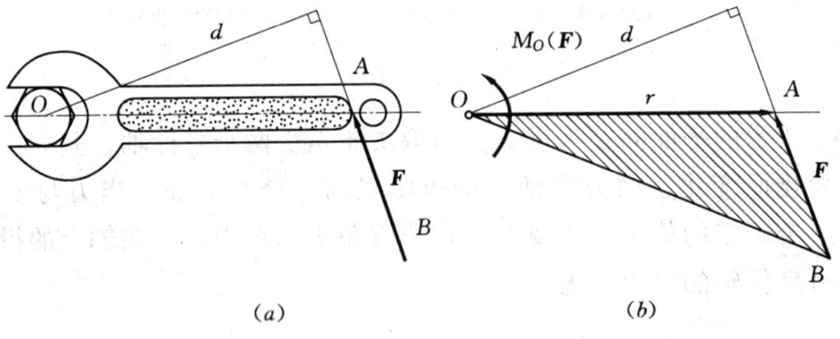

图 2-13

这就是平面问题中的力对点之矩，如图 2-13（b）所示。其中，力矩的大小等于 Fd，常用单位为牛·米(N·m)或千牛·米（kN·m)，并规定：力使刚体绕矩心逆时针方向转动时，力矩为正；反之，顺时针转动，力矩为负。显然，力矩的大小等于三角形 OAB 面积的 2 倍，这是力对点之矩的几何意义。

在空间问题中，力使物体绕一点的转动效应不仅取决于力矩的大小、转向，还取决于力矩作用面（力的作用线和矩心所决定的平面)，力矩的大小、转向和力矩作用面称为力矩三要素，可以用一个矢量——力矩矢 $\boldsymbol{M}_O(\boldsymbol{F})$ 表示。

如图 2-14 所示，力矩矢的模等于力的大小与力臂的乘积（ΔOAB 面积的 2 倍）；矢量的方位与该力和矩心组成的平面的法线方位相同；矢量的指向可由右手螺旋法则确定。具体作法为：以 $\boldsymbol{F}$ 表示力，以 $\boldsymbol{r}$ 表示力作用点相对于矩心 O 的矢径，四指的转向与从矢径 r 按不超过 180°的夹角转向 $\boldsymbol{F}$ 的转向相同，大拇指的指向就是力矩矢的指向。力矩矢用矢量表示为：

$$\boldsymbol{M}_O(\boldsymbol{F})=\boldsymbol{r}\times\boldsymbol{F} \tag{2.9}$$

图 2-14

以矩心 O 为原点，作空间直角坐标系 $Oxyz$，如图 2-14 所示，则有矢径 $\boldsymbol{r}=x\boldsymbol{i}+y\boldsymbol{j}+z\boldsymbol{k}$ 和力 $\boldsymbol{F}=X\boldsymbol{i}+Y\boldsymbol{j}+Z\boldsymbol{k}$，采用行列式形式表示力矩为：

$$\boldsymbol{M}_O(\boldsymbol{F})=\boldsymbol{r}\times\boldsymbol{F}=\begin{vmatrix}\boldsymbol{i} & \boldsymbol{j} & \boldsymbol{k}\\ x & y & z\\ X & Y & Z\end{vmatrix}=(yZ-zY)\boldsymbol{i}+(zX-xZ)\boldsymbol{j}+(xY-yX)\boldsymbol{k} \tag{2.10}$$

2.4.2 力对轴之矩

力对轴之矩是衡量力使物体绕一轴的转动效应的物理量。如图 2-15（a）所示，分析关门时人手作用于门把上的力对门的作用效应。如图 2-15（b）所示，将力 $\boldsymbol{F}$ 在作用点 A 处分解为平行于 z 轴的力 $\boldsymbol{F}_z$ 和在垂直于 z 轴的平面内的分力 $\boldsymbol{F}_{xy}$。由经验可知，$\boldsymbol{F}_z$ 不能使门转动，只有分力 $\boldsymbol{F}_{xy}$ 才能使门绕 z 轴转动。若分力 $\boldsymbol{F}_{xy}$ 所在平面与 z 轴的交点为 O，则力 $\boldsymbol{F}_{xy}$ 对门轴之矩可用力 $\boldsymbol{F}_{xy}$ 对 O 点之矩来计算。设 O 点到力 $\boldsymbol{F}_{xy}$ 的作用线的距离为 d，则：

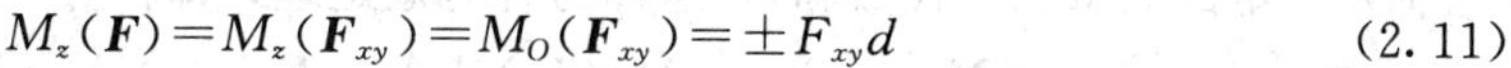

$$M_z(\boldsymbol{F})=M_z(\boldsymbol{F}_{xy})=M_O(\boldsymbol{F}_{xy})=\pm F_{xy}d \tag{2.11}$$

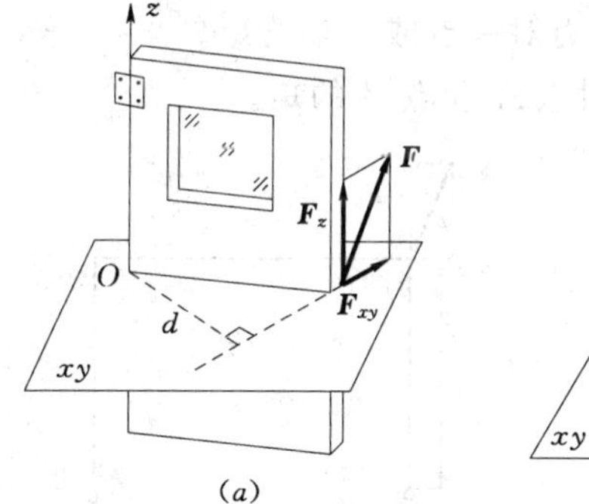

(a)

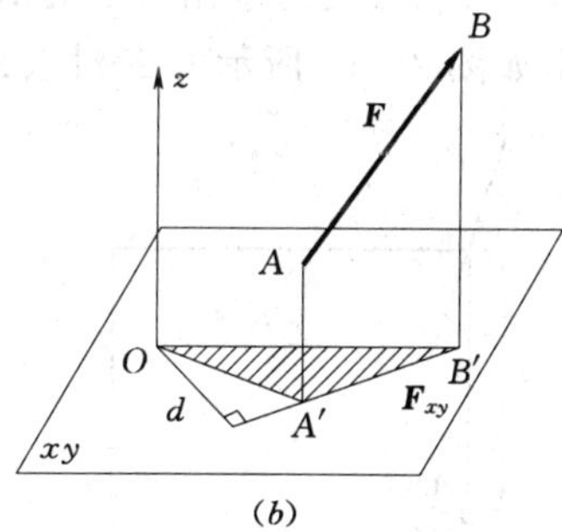

(b)

图 2-15

所以力对轴之矩实质上是平面问题中的力对点之矩，是一个代数量，它等于力在与轴垂直的平面上的分力对该轴与平面交点之矩，如图 2-15（b）所示，记作 $M_z(\boldsymbol{F})$，常用单位为牛·米（N·m）或千牛·米（kN·m）。

力对轴之矩的正负号可用两种方法确定：一是右手螺旋法，如图 2-16（a）、（b）所示，用右手握住转轴，四指转向与物体转动方向一致，伸开拇指，若拇指指向与转轴正向一致，则力对该轴之矩为正；反之为负；二是从转轴的正向看，逆时针转向的力矩为正，顺时针转向的力矩为负。

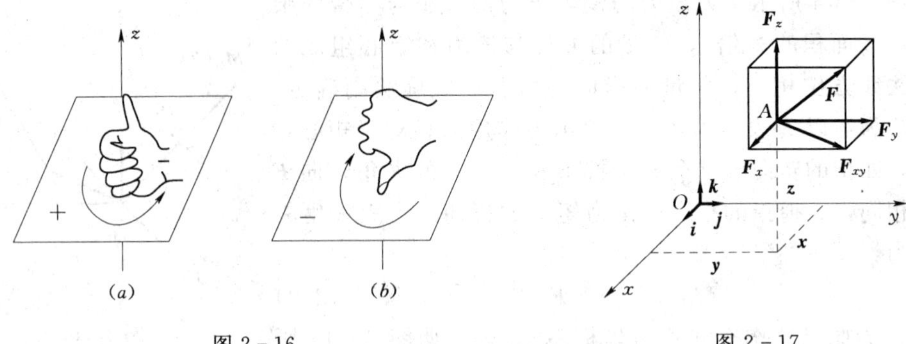

图 2-16　　　　图 2-17

2.4.3　力对点之矩与力对轴之矩的关系

如图 2-17 所示，力 $\boldsymbol{F}$ 沿三个直角坐标轴上的分力分别为 $\boldsymbol{F}_x$、$\boldsymbol{F}_y$、$\boldsymbol{F}_z$，力的作用点 A 的坐标为 $(x,\ y,\ z)$，$\boldsymbol{i}$、$\boldsymbol{j}$、$\boldsymbol{k}$ 分别为三个坐标轴的单位矢量，力 $\boldsymbol{F}$ 对 z 轴之矩为：

$$M_z(\boldsymbol{F})=M_z(\boldsymbol{F}_{xy})=M_O(\boldsymbol{F}_{xy})=M_O(\boldsymbol{F}_x)+M_O(\boldsymbol{F}_y)=xY-yX \tag{2.12}$$

于是可得：

$$M_x(\boldsymbol{F})=yZ-zY,\ M_y(\boldsymbol{F})=zX-xZ,\ M_z(\boldsymbol{F})=xY-yX \tag{2.13}$$

对比式（2.10）力对点之矩的数学表达式，可得力对点之矩与力对轴之矩的关系：力对点之矩在通过该点的某轴上的投影，等于力对该轴之矩。

2.4.4　合力矩定理

一个力系如果可以合成为一个合力，则合力对一点（或轴）之矩，等于各分力对该点（或轴）力矩的矢量和（代数和），这称为合力矩定理，即：

$$\boldsymbol{M}_O(\boldsymbol{F}_R)=\sum\boldsymbol{M}_O(\boldsymbol{F}_i)\text{或}M_z(\boldsymbol{F}_R)=\sum M_z(\boldsymbol{F}_i) \tag{2.14}$$

利用式（2.14）可以方便地求出一个力对一点或一轴的矩。

【例 2-1】　求如图 2-18 所示力 $\boldsymbol{F}$ 对点 A 和点 B 的矩。

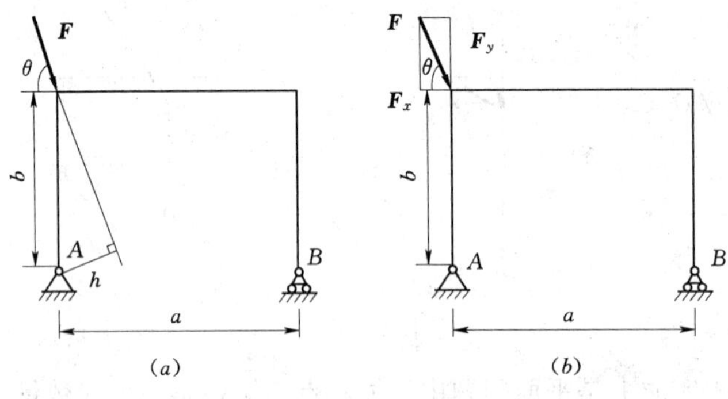

图 2-18

解：（1）求力 $\boldsymbol{F}$ 对点 A 的力矩。应用力矩的定义式，则：

$$M_A(\boldsymbol{F})=-Fh=-Fb\cos\theta$$

（2）求力 $\boldsymbol{F}$ 对点 B 的力矩。将力 $\boldsymbol{F}$ 分解为如图 2-18（b）所示，其中 $F_1=F\cos\theta$，$F_2=F\sin\theta$，根据合力矩定理得

$$M_B(\boldsymbol{F})=M_B(\boldsymbol{F}_x)+M_B(F_y)=-F\cos\theta\cdot b+F\sin\theta\cdot a=F(a\sin\theta-b\cos\theta)$$

【例 2-2】 曲拐轴受力如图 2-19（a）所示，已知 $F=600\text{N}$。求：

（1）力 $\boldsymbol{F}$ 在 x、y、z 轴上的投影；（2）力 $\boldsymbol{F}$ 对 x、y、z 轴之矩。

解：（1）求力 $\boldsymbol{F}$ 在 x、y、z 轴上的投影。如图 2-19（b）所示，应用二次投影法，先将力 $\boldsymbol{F}$ 向 Axy 平面和 z 轴分解，得到 $\boldsymbol{F}_{xy}$ 和 $\boldsymbol{F}_z$；再将 $\boldsymbol{F}_{xy}$ 向 x、y 轴分解，便得到 $\boldsymbol{F}_x$ 和 $\boldsymbol{F}_y$。于是有：

$$X=F_x=F_{xy}\cos45°=F\cos60°\times\cos45°=212\text{N}$$

$$Y=F_y=F_{xy}\sin45°=F\cos60°\times\sin45°=212\text{N}$$

$$Z=F_z=F\sin60°=520\text{N}$$

（2）求力 $\boldsymbol{F}$ 对 x、y、z 轴之矩。如图 2-19（b）所示，先将力 $\boldsymbol{F}$ 在作用点处沿 x、y、z 方向分解，得到 3 个分量 $\boldsymbol{F}_x$、$\boldsymbol{F}_y$、$\boldsymbol{F}_z$。

根据合力矩定理，可求得力 $\boldsymbol{F}$ 对 x、y、z 三轴之矩如下：

$$M_x(\boldsymbol{F})=M_x(\boldsymbol{F}_x)+M_x(\boldsymbol{F}_y)+M_x(\boldsymbol{F}_z)=42.4\text{N}\cdot\text{m}$$

同理可得：$M_y(\boldsymbol{F})=-68.4\text{N}\cdot\text{m}$，$M_z(\boldsymbol{F})=10.6\text{N}\cdot\text{m}$。

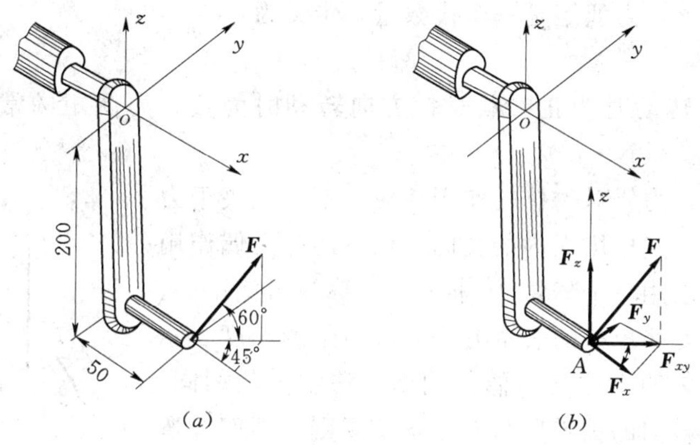

图 2-19

2.5 力　　偶

2.5.1 力偶的概念

在生产和生活中，常对物体施加大小相等、方向相反、作用线平行不共线的两个力，如图 2-20 所示。

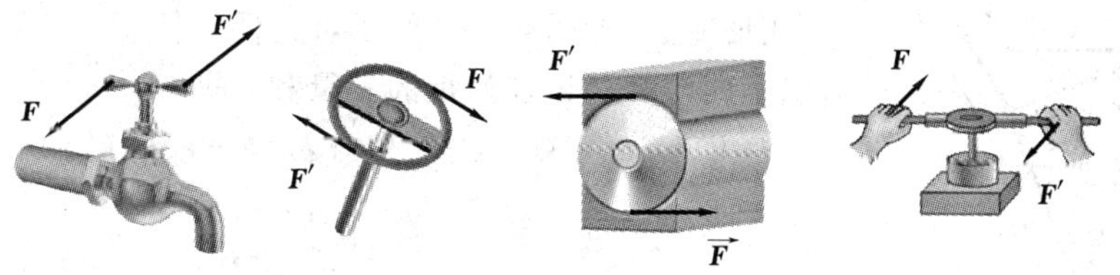

图 2-20

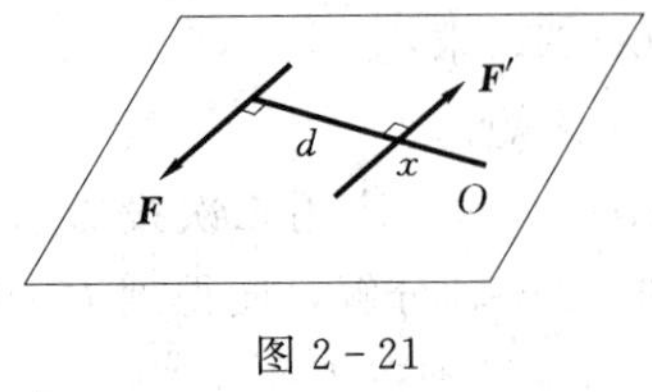

图 2-21

经验表明，这样的两个力对物体不会产生移动效应，只产生转动效应。这种大小相等、方向相反、作用线平行不共线的两个力称为力偶，记作（$\boldsymbol{F}$，$\boldsymbol{F}'$），如图 2-21 所示。力偶中两个力所在的平面称为力偶的作用面，两个力作用线之间的垂直距离称为力偶臂，用 d 表示。

2.5.2　力偶矩和力偶矩矢

如图 2-21 所示，在力偶作用面内任取一点 O 为矩心，设 O 点与力 F 的距离为 x，则力偶的两个力对 O 点之矩的和为：

$$M_O(\boldsymbol{F},\boldsymbol{F}') = -Fx + F'(x+d)$$

把 $M_O = Fd$ 称为力偶矩，用 $M(\boldsymbol{F}, \boldsymbol{F}')$ 或 M 表示。显然，力偶对物体的转动效应取决于力的大小和力偶臂的长短，而与矩心无关。所以力偶矩不用标出矩心，这是力偶矩与力矩的重要区别之一。

在平面问题中，力偶对物体的作用效果，由两个因素决定：力偶矩的大小和力偶在作用面内的转向。因此，力偶矩是一个代数量，定义为：

$$M = \pm Fd \tag{2.15}$$

并规定逆时针方向转动时为正，顺时针方向转动时为负。力偶矩的常用单位为牛·米(N·m)或千牛·米（kN·m)。

在空间问题中，力偶对物体的作用效应，不仅取决于力偶矩的大小和力偶在其作用面内的转向，而且还与力偶作用面的方位有关，可以用一个矢量 $\boldsymbol{M}$ 来表示，称为力偶矩矢。如图 2-22 所示，力偶矩矢的表示方法为：矩矢的长度表示力偶矩的大小，矩矢的方位与力偶作用面的法线方位相同，矩矢的指向与力偶转向的关系服从右手螺旋规则，即四指弯曲的指向表示力偶的转向，大拇指的指向表示力偶矩矢的指向。

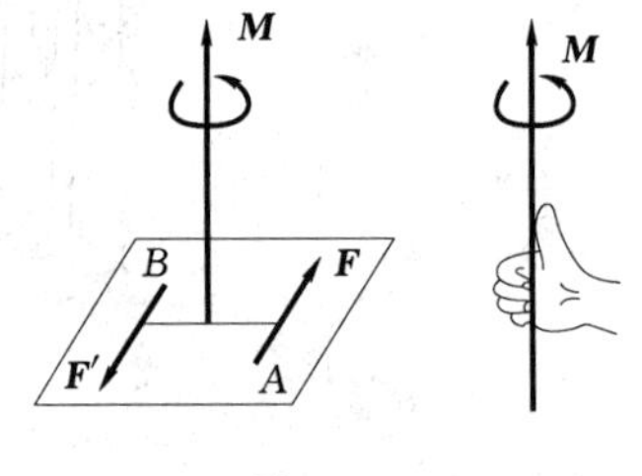

图 2-22

2.5.3　力偶的性质

力和力偶是力学中的两个基本要素，与力相比，力偶具有以下性质：

（1）力偶在任一轴上的投影都等于零，因此力偶没有合力，一个力偶不能与一个力等效或相互代替，也不能与一个力来平衡。

（2）力偶对物体的转动效应可用力偶矩矢来衡量，其大小和方向与矩心无关，是一个自由矢量。

【证明】 如图 2-23 所示，力偶对任意一固定点的矩等于力偶中两个力对该点的矩的矢量和，即

$$\begin{aligned}\boldsymbol{M}_O(\boldsymbol{F},\boldsymbol{F}') &= \boldsymbol{r}_A \times \boldsymbol{F} + \boldsymbol{r}_B \times \boldsymbol{F}' \\ &= (\boldsymbol{r}_A + \boldsymbol{r}_B) \times \boldsymbol{F} \\ &= \boldsymbol{r}_{BA} \times \boldsymbol{F} \\ &= Fd\boldsymbol{n}\end{aligned}$$

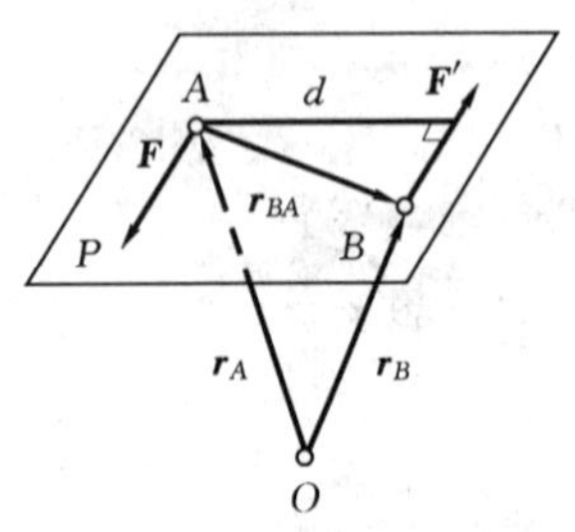

图 2-23

（3）只要保持力偶矩的大小和力偶的转向不变，它可在

其作用面内任意移转，也可以任意改变力偶中力的大小和力偶臂的长短，而不改变力偶对物体的运动效应。

2.5.4 力偶的等效定理

力偶矩矢相同的两个力偶等效，这称为力偶的等效定理。该定理也可表述为：共面的两个力偶，如果力偶矩大小相等、转向相同，则两个力偶等效。

只有力偶矩是力偶作用效果的唯一量度，在力偶作用面内力偶的表示方法主要有三种，如图 2-24 所示，其中 M 通常只表示力偶矩的大小。

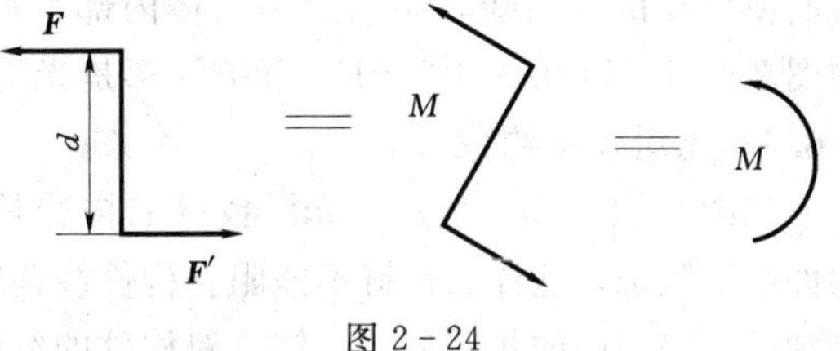

图 2-24

2.6 约束和约束反力

自然界中有各种各样的物体。有些物体，例如宇宙中运行的行星、空中飞行的飞机、小鸟等，它们在空间能自由运动，位移不受任何限制，这类物体称为自由体；而有些物体，某些位移受到周围物体的限制，在一个或几个方向上不能自由运动，这类物体称为非自由体。工程中常见的物体是非自由体。

对非自由体的某些位移起限制作用的物体称为约束，由于约束可以限制物体的运动，当物体向着约束所能限制的方向运动或有运动趋势时，约束就必然对物体施加力的作用，从而阻碍其运动状态的改变。这种阻碍物体运动施加的力称为约束反力或简称反力。约束反力的方向总是与约束所能阻止的物体的运动或运动趋势的方向相反，其作用点在约束和被约束物体的接触点处。主动力（工程上多称为荷载），一般是已知的，例如重力、风力、水压力、土压力等。而约束反力是在主动力作用下产生的一种被动力，随着主动力的变化而变化。

实际工程中有多种约束形式，约束类型不同，其约束反力也不相同。下面介绍工程中常见的几种典型的理想约束实例以及其约束反力的特点和表示方法。

2.6.1 柔索约束

绳索、皮带、链条等柔性物体称为柔索。作为约束，它只能阻止物体沿其中心线伸长方向的运动，而不能阻止其他方向的运动。因此柔索的约束反力沿着柔索中心线，指向受力物体外部，一定是拉力，如图 2-25 中的 $\boldsymbol{F}_T$ 就是拉力。

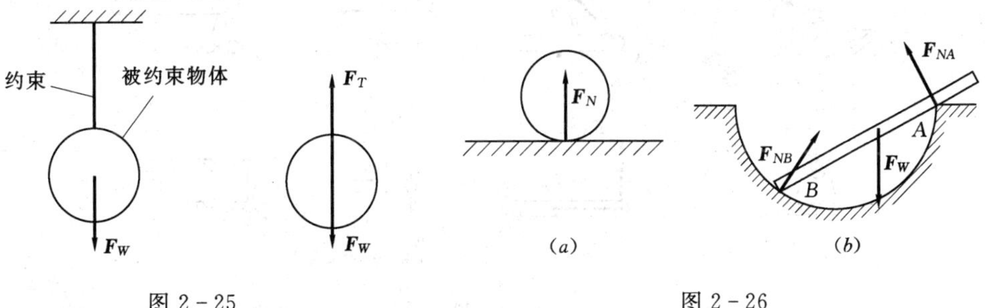

图 2-25　　图 2-26

2.6.2　光滑面约束

摩擦力很小或者可忽略不计的支承面称作光滑面。这时无论支承面的形状如何，物体与支承面接触的点可以沿其支承面自由滑动，也可以向着脱离支承面的任何方向运动，但不能沿其接触面的公法线而指向支承面的运动。因此光滑面约束的反力通过接触点，沿接触面在该点的公法线，指向受力物体内部，一定是压力。如图 2-26（*a*）所示中的 $\boldsymbol{F}_N$ 及如图 2-26（*b*）所示中的 $\boldsymbol{F}_{NA}$ 和 $\boldsymbol{F}_{NB}$ 都是光滑面约束的约束反力。

2.6.3　光滑铰链约束

如图 2-27（*a*）所示，光滑铰链的构造是在构件连接处钻上圆孔，再用圆柱形销钉将构件连接起来。这样的销钉不能阻止构件绕销钉轴线的相对转动，只能阻止它们在垂直于销钉轴线的平面内的相对移动。销钉对构件的约束实质上是光滑面约束，其反力的作用线一定通过销钉中心，但随着外力的变化而变化，大小和方向都不确定，如图 2-27（*b*）所示。光滑铰链约束的反力可用一个力和一个未知角度表示，也可以用两个相互垂直的力表示，如图 2-27（*c*）、（*d*）所示。光滑铰链的两种常用简化记号如图 2-27（*e*）、（*f*）所示。

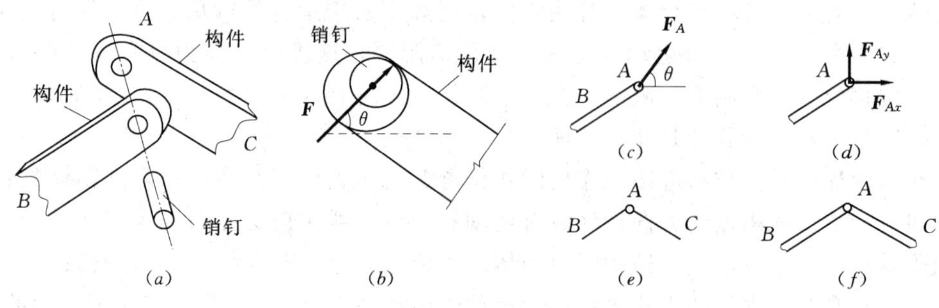

图 2-27

2.6.4　固定铰支座

将构成铰链的一个构件固定在基础上，另一个构件可以绕销钉转动，这种约束称为固定铰支座，如图 2-28（*a*）所示。固定铰支座的约束反力实质上是光滑面约束反力，但因接触点的位置往往不能确定，所以约束反力的方向也就不能确定。因此，固定铰链约束反力的作用线通过铰链中心，大小和方向不确定，可用一个力和一个未知角度表示，但为了研究问题方便，通常用两个相互垂直的分力 $\boldsymbol{F}_{Ax}$、$\boldsymbol{F}_{Ay}$ 表示，如图 2-28（*b*）所示。固定铰支座的简化记号如图 2-28（*c*）所示。

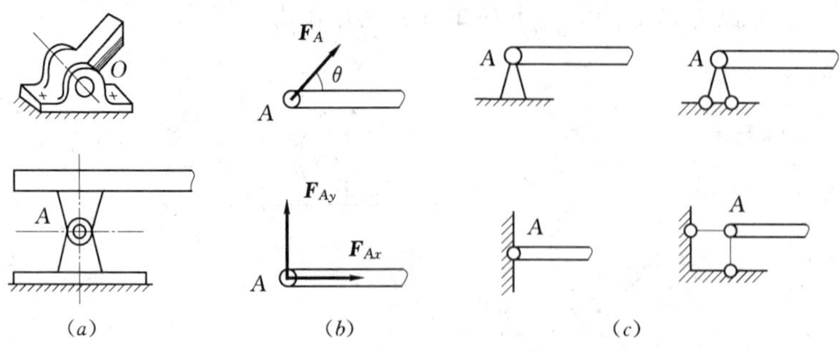

图 2-28

2.6.5 辊轴支座

若将构成铰链的一个构件放在几个可滚动的滚柱上，滚柱支承在光滑的平面上，这就成为辊轴支座或称为滚动支座，如图 2-29（*a*）所示。辊轴支座只能限制物体沿与支承面垂直方向的位移，因此其约束反力垂直于支承面且通过铰链中心，其简图及约束反力分别如图 2-29（*b*）、（*c*）所示。

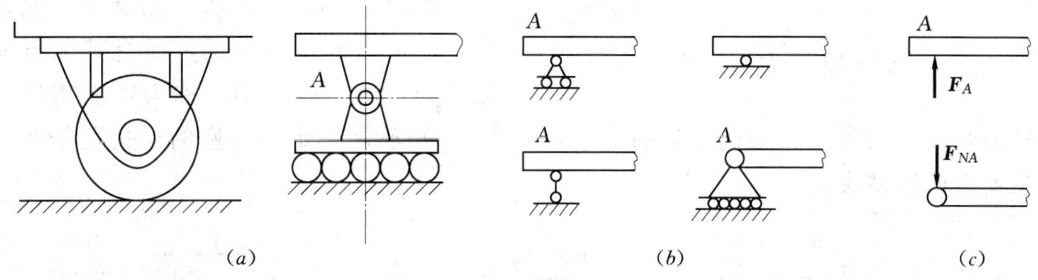

图 2-29

2.6.6 向心轴承

向心轴承可分为向心滑动轴承和向心滚动轴承，如图 2-30（*a*）、（*b*）、（*c*）所示。转动轴可以在轴承孔内任意转动，也可以沿孔的中心线移动，但不能沿径向向外移动。这一约束与铰链相同，只不过此时圆轴本身是被约束体，向心轴承对轴的约束反力可用在垂直于轴线的平面内的两个分量来表示，其简化记号及约束反力如图 2-30（*b*）、（*c*）、（*d*）所示。

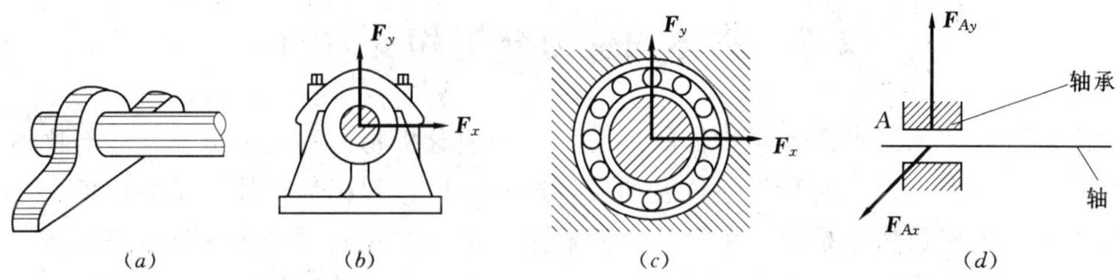

图 2-30

2.6.7 止推轴承

止推轴承与径向轴承不同，它除了能限制轴的径向位移以外，还能限制轴沿轴向的位移。因此，它比径向轴承多一个沿轴向的约束力，其约束反力有三个正交分量表示。止推轴承在某种程度上可以看作是径向轴承与光滑面约束的组合。止推轴承的简图及其约束反力如图 2-31 所示。

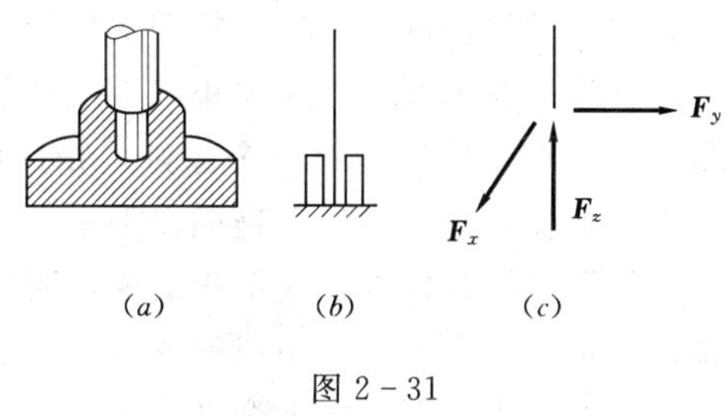

图 2-31

2.6.8 球铰

一根杆件，端部连一圆球，圆球放在支座的球窝里，杆件可绕过球心的任意轴转动，但不能移动，如图 2-32（*a*）所示，这种约束形式称为球铰链约束，简称球铰。与固定

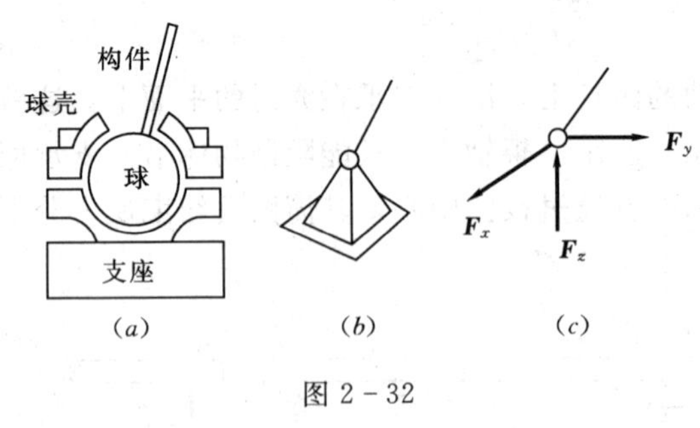

图 2-32

铰支座相似，其约束反力实质上是光滑面约束反力，作用线通过球心但方向不定，可用三个相互垂直的分力表示，其简图及约束反力如图 2-32 (b)、(c) 所示。

2.6.9　定向支座

如图 2-33 (a) 所示的支座，允许杆端沿一定方向自由移动，而沿其他方向不能移动，也不能转动，称为定向支座，其约束反力是一个力和一个力偶。如图 2-33 (b)、(c) 所示，定向支座的简化记号和约束反力主要有两种情况。

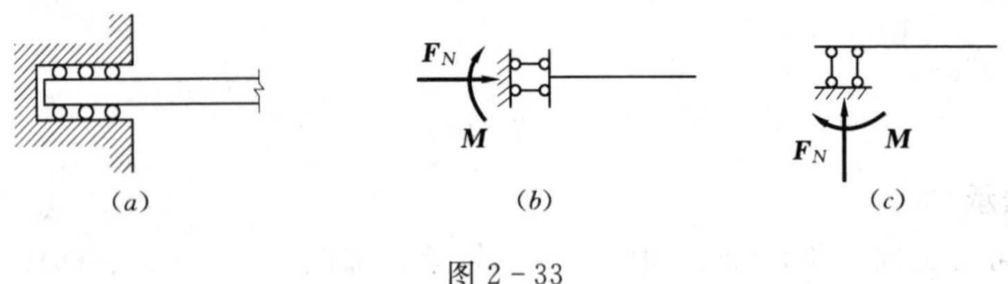

图 2-33

工程中的约束形式是多种多样的，除了以上介绍的几种典型约束外，还有一些其他形式的约束。在实际问题中需要对实际约束的构造及其性质进行分析，分清主次，略去一些次要因素，将其简化成理想约束。

2.7　物体的受力分析和受力图

无论是研究物体的平衡还是物体的运动，都必须分析物体的受力情况，分析物体受几个力的作用，其大小、方向和作用位置如何，这种分析过程称为物体的受力分析。

工程上绝大多数物体是非自由体，它们通过一定的方式同周围物体相互连接着。为了研究和分析某一物体的受力情况，必须解除全部约束，把它从其他物体中分离出来，这称为分离体。画出分离体图，在其上画上全部主动力，并在解除约束处画上相应的约束反力，这种表示物体的受力情况的图形称为受力图或示力图。

画物体的受力图，不仅要正确地反映物体的受力情况，还应有利于后续的力学计算，这是画受力图需要掌握的两个原则。物体的受力图，要包括全部主动力和约束反力的方位、指向、作用点，一般可遵循以下三个步骤：

(1) 根据题目的要求或工程需要，明确研究对象，画分离体图。研究对象可以是一个物体，也可以是几个物体组成的系统。

(2) 在分离体图上画上全部主动力。

(3) 根据约束及其反力的性质，在解除约束处画上相应的约束反力，即可得到受力图。

对物体进行受力分析，画受力图，是进行力学计算的一个重要环节。正确地画出受力图是力学计算取得正确结果的前提和关键。如果受力分析出现错误，必然会导致后面力学计算的错误结果，在实际工作中就可能酿成工程事故，造成不必要的损失。所以，在学习力学时，对受力图从一开始就必须认真对待、反复练习、熟练掌握。

【例 2-3】 如图 2-34（*a*）所示，高炉运送矿石的小车总重为 $\boldsymbol{F}_W$，在绳索牵引下停在倾角为 α 的光滑斜面上，试画出小车的受力图。

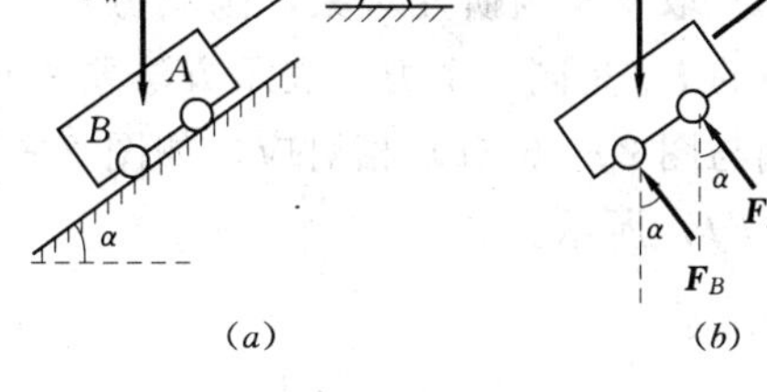

图 2-34

解：（1）取小车为研究对象，画其分离体图。

（2）在小车的隔离体图上画上主动力，即重力 $\boldsymbol{F}_W$。

（3）画上约束反力，包括 A、B 两点的光滑面约束反力 $\boldsymbol{F}_A$、$\boldsymbol{F}_B$ 和柔索约束反力一拉力 $\boldsymbol{F}_T$，如图 2-34（*b*）所示即为小车的受力图。

【例 2-4】 如图 2-35（*a*）所示，自重不计的梁 AB 中间受集中力 $\boldsymbol{F}_P$ 作用，试画出梁 AB 的受力图。

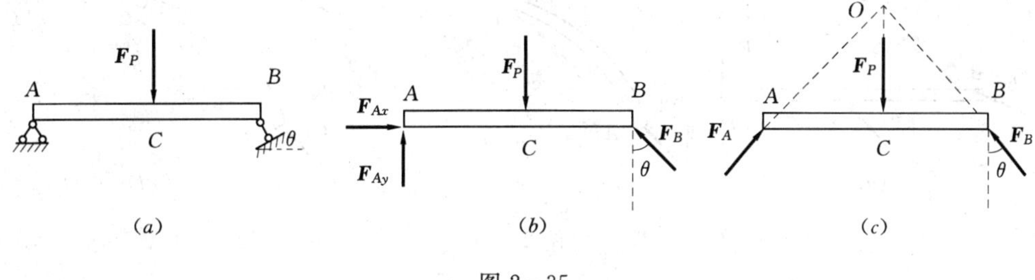

图 2-35

解：（1）取梁 AB 为研究对象，画其分离体图。

（2）画上主动力 $\boldsymbol{F}_P$。

（3）画约束反力。B 处为辊轴支座，反力用 $\boldsymbol{F}_B$ 表示，方位垂直于斜面，指向假设。A 处为固定铰支座，反力有两种表示方法：一种是用两个相互垂直的力 $\boldsymbol{F}_{Ax}$ 和 $\boldsymbol{F}_{Ay}$ 表示，指向假设，如图 2-35（*b*）所示；另一种是利用三力平衡汇交原理，先确定 $\boldsymbol{F}_B$ 和 $\boldsymbol{F}_P$ 的交点 O，则 $\boldsymbol{F}_A$ 的作用线必定过 O 点，指向假设，如图 2-35（*c*）所示。

【例 2-5】 如图 2-36（*a*）所示支架，各杆自重不计，$\boldsymbol{F}_P$ 为主动力，试分别画出杆 AC、BD 和整个支架的受力图。

解：（1）先取杆 AC 为研究对象，画其分离体图。A、C 处均为铰，又曲杆 AC 中间不受任何外力作用，因此 AC 是二力杆件。A、C 两处的约束反力必在两铰的连线上，分别用 $\boldsymbol{F}_A$ 和 $\boldsymbol{F}_C$ 表示，如图 2-36（*b*）所示。

【说明】 ①$\boldsymbol{F}_A$ 和 $\boldsymbol{F}_C$ 指向虽然可以假定，但必须方向相反，因为它们是一对平衡力；②正确地判定二力杆件是物体受力分析中的一个要点，这样可使受力分析和今后的力学计算简化，需要熟练掌握。

（2）取杆 BD 为研究对象，画其分离体图，画上主动力 $\boldsymbol{F}_P$。在 C 处的反力 $\boldsymbol{F}_C$ 与图 2-36（*b*）中的力 $\boldsymbol{F}_C$ 是作用力和反作用力的关系，即有 $\boldsymbol{F}'_C=-\boldsymbol{F}_C$。$B$ 处为固定铰支座，

反力可以用两个相互垂直的力 $\boldsymbol{F}_{Bx}$ 和 $\boldsymbol{F}_{By}$ 表示，指向假设，如图 2－36（*c*）所示；也可由三力平衡汇交原理，确定其约束反力作用线的方位，用一个力 $\boldsymbol{F}_B$ 表示，指向假设，如图 2－36（*d*）所示。

（3）取支架为研究对象，画其分离体图，并画上主动力 $\boldsymbol{F}_P$。*A* 处的反力与图 2－36（*b*）中的 $\boldsymbol{F}_A$ 是同一个力，表示方法要一致，包括力的名称、方向和作用点。*B* 处的反力可分别与图 2－36（*c*）相对应，如图 2－36（*e*）所示；也可与图 2－36（*d*）对应，如图 2－36（*f*）所示。

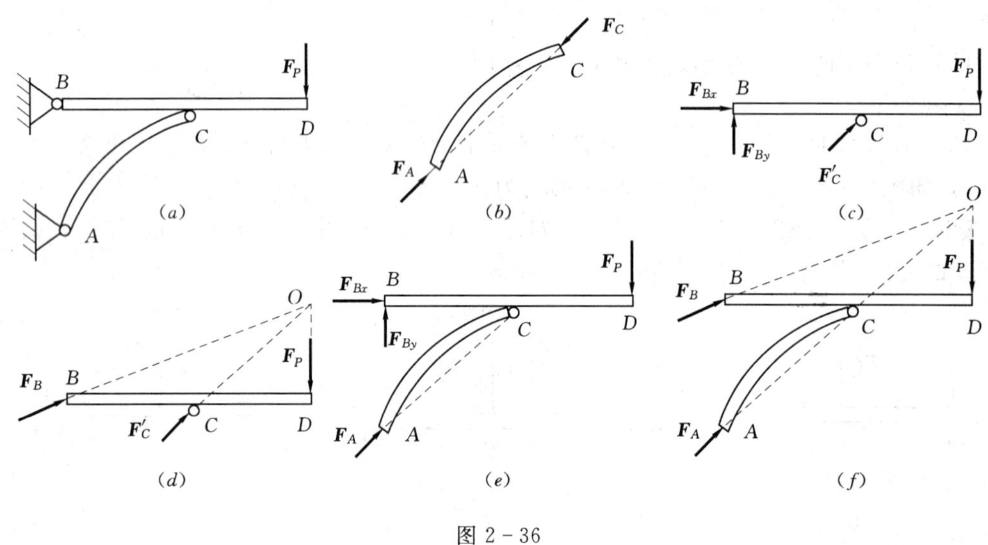

图 2－36

【说明】 在画支架的受力图时，铰 C 处两杆之间的约束反力有两个，即 $\boldsymbol{F}_C$ 和 $\boldsymbol{F}'_C$，是作用力和反作用力的关系。它们成对地出现在研究对象内部，对研究对象的作用效果可相互抵消，不影响其平衡，所以在受力图上可不必画出。这种约束反力称为内约束反力，相应的约束称为内约束。与此相对应，研究对象外部的约束称为外约束，相应的反力称为外约束反力。在受力图上只画外约束反力，不画内约束反力。但是要注意内约束和外约束是相对于研究对象而言的，它们可以相互转化。

【例 2－6】 如图 2－37（*a*）所示结构中，绳索和各杆自重均不计，试分别画出下列指定物体的受力图。①杆 *BC*；②重物；③杆 *AB*；④销钉 *B*；⑤杆 *AB* 加销钉 *B*；⑥杆 *BC* 加销钉 *B*。

解：（1）杆 *BC* 是二力杆件，受力图如图 2－37（*b*）所示。

（2）重物的受力图如图 2－37（*c*）所示，这里 $\boldsymbol{F}_T$ 不能写成 $\boldsymbol{F}_W$，因为 $\boldsymbol{F}_W$ 是重物的重力，受力物体是重物；而 $\boldsymbol{F}_T$ 是柔索约束反力，受力物体是销钉。

（3）如图 2－37（*d*）所示，除主动力 $\boldsymbol{F}_1$ 作用外，杆 *AB* 受两处的约束力作用：*A* 处为固定铰支座，用两个相互垂直的力 $\boldsymbol{F}_{Ax}$ 和 $\boldsymbol{F}_{Ay}$ 表示，指向假定；*B* 处为铰链约束，用两个相互垂直的力表示，注意其施力物体是销钉，与图 2－37（*b*）中的力 $\boldsymbol{F}_{BC}$ 不是作用力和反作用力的关系，指向可以假定。

（4）销钉 *B* 的受力图如图 2－37（*e*）所示，这里 $\boldsymbol{F}'_{BC}$ 与图 2－37（*b*）中的 $\boldsymbol{F}_{BC}$、$\boldsymbol{F}'_T$ 与

图 2-37（c）中的 $\boldsymbol{F}_T$、$\boldsymbol{F}'_{Bx}$ 和 $\boldsymbol{F}'_{By}$ 与图 2-37（d）$\boldsymbol{F}_{Bx}$ 和 $\boldsymbol{F}_{By}$ 分别是作用力和反作用力的关系，它们的表示方法要一致。

（5）杆 AB 加销钉 B 的受力图如图 2-37（f）所示。

（6）杆 BC 加销钉 B 的受力图如图 2-37（g）所示。

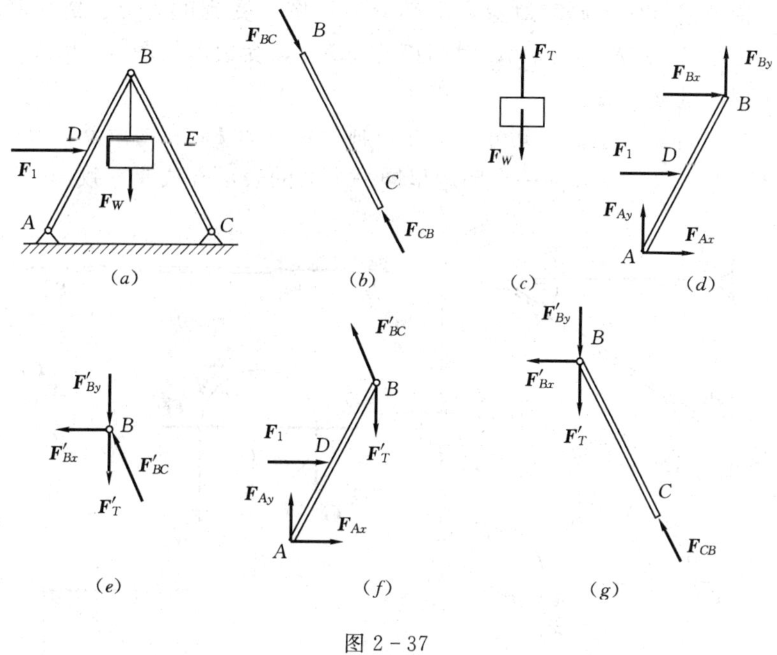

图 2-37

【说明】 实际上，在理想约束中，销钉只是将系统中的多个构件连接在一起，是一个传力构件，而各杆之间并不存在力的作用，所以在理论上受力分析时应当将销钉单独作为一个特殊构件来分析其受力情况。但是为了简化物体的受力分析并有利于以后的力学计算，有时把销钉看作固定在与它相连的一个物体上会更合适。关于销钉的处理应掌握这样一个原则，即把销钉固定在非二力构件上。具体来说，则可分为以下几种情况：

（1）销钉上有集中力（常为主动力或柔体约束反力）作用时，通常应把销钉作为一个构件单独分析其受力情况。

（2）销钉上无集中力作用时，①各物体均为二力构件，单独分析销钉；②各物体均不是二力构件，销钉可与任一物体固定在一起，且不需要说明；③各物体中既有二力构件，也有非二力构件，销钉可固定在任一非二力构件上，且不需要说明；④各物体中有滑轮时，销钉通常固定在滑轮上，且不需要说明。

【例 2-7】 如图 2-38（a）所示结构中，杆 AC、BC 和滑轮铰接在一起，绳索绕过滑轮，一端连在杆 BC 的 E 点，另一端挂一重为 $\boldsymbol{F}_W$ 的重物 D。设绳索、滑轮、各杆自重不计，各连接处光滑接触，试分别画出滑轮 C、杆 AC、杆 BC、重物 D 及整体的受力图。

解： 杆 AC、杆 BC 及滑轮用销钉 C 连接。此时，往往把销钉固定在滑轮上。

（1）取杆 AC 为研究对象，画其分离体图。A、C 均为铰，则杆 AC 是二力杆件，受力图如图 2-38（b）所示，其中 $\boldsymbol{F}_{CA}$ 是销钉 C 对杆 AC 的作用力，$\boldsymbol{F}_{AC}$ 和 $\boldsymbol{F}_{CA}$ 方向相反。

（2）取重物 D 为研究对象，画其分离体图，画上主动力 $\boldsymbol{F}_W$ 和柔体约束反力 $\boldsymbol{F}_D$，受力图如图 2－38（c）所示。

（3）取杆 BC 为研究对象，画其分离体图，画上约束反力，包括 B 处的 $\boldsymbol{F}_{Bx}$ 和 $\boldsymbol{F}_{By}$，铰 C 处的 $\boldsymbol{F}_{Cx}$ 和 $\boldsymbol{F}_{Cy}$ 处的绳子的拉力 $\boldsymbol{F}_E$，受力图如图 2－38（d）所示。

（4）取滑轮带销钉作为研究对象，画其分离体图，受到的力有：绳子拉力 $\boldsymbol{F}'_E$、$\boldsymbol{F}'_D$，杆 BC 对销钉的力 $\boldsymbol{F}_{Cx}$ 和 $\boldsymbol{F}_{Cy}$，杆 AC 对销钉的力 $\boldsymbol{F}_{CA}$，受力图如图 2－38（e）所示。注意作用力和反作用力的表示方法。

（5）取整体为研究对象，画其分离体图，画上主动力 $\boldsymbol{F}_W$ 和约束反力 $\boldsymbol{F}_{AC}$、$\boldsymbol{F}_{Bx}$、$\boldsymbol{F}_{By}$。受力图见图 2－38（f）。注意同一个问题里同一个力的表示方法要一致。

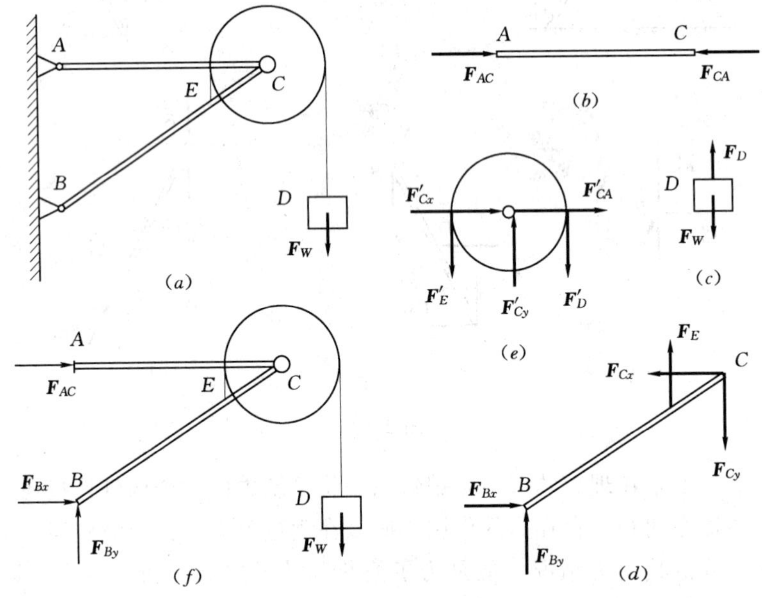

图 2－38

通过上述例题，受力图画法要点总结如下：

（1）明确研究对象。根据需要，研究对象可以是一个物体，也可以是几个物体组成的系统。

（2）画分离体图。一定要画出研究对象的分离体图，在其上画出主动力和约束力。而不要把所有的力都在一个图上表示出来，避免无法分清研究对象以及各力的受力物体和施力物体，从而很难正确地反映研究对象的受力情况。

（3）理解并熟练掌握典型理想约束的性质及其反力的表示方法。在画约束反力时，一定要严格根据约束的性质来画，而绝对不要只凭主观猜想。

（4）同一个问题中同一个力的表示方法要一致，包括力的名称、方向和作用点。

（5）注意作用力和反作用力的表示方法，通常用 $\boldsymbol{F}$ 和 $\boldsymbol{F}'$ 的形式来表示这种关系。

（6）注意力的矢量表示法。

（7）受力图上只画外约束反力，不画内约束反力。

（8）既不要少画力，也不要多画力。

2.8 结构的计算简图

进行结构力学分析之前，应首先将实际结构进行抽象和简化，这种经合理抽象和简化，用来代替实际结构的力学模型叫做结构的计算简图。

按照空间观点，结构可以分为平面结构和空间结构，实际的工程结构都是空间结构。但是，根据空间结构的组成特点、荷载的作用方式和传递路径等，在一定程度上可以近似分解为一个或几个独立的平面结构，这样对整个空间体系的计算就可以简化为对平面体系结构的计算。本书主要讨论平面结构的计算，当然，也有一些结构具有明显的空间特征而不宜简化成平面结构。

合理地选取结构的计算简图是结构计算中必须首先解决的问题，占有相当重要的地位，它直接影响着计算工作量的大小和分析结构与实际间的差异。需要说明的是，计算简图的选用需要较深厚的力学基础和丰富的工程实践经验，并且需要实践的检验。

计算简图的简化与选取与许多因素有关，一般应遵循下列两条原则：①正确反映结构的实际受力情况，使计算结果尽可能与实际相符；②对结构的内力和变形影响较小的次要因素，可以较大地简化甚至忽略，使计算大大简化。实际结构简化为计算简图，应考虑以下几方面的内容。

2.8.1 杆件的简化

工程力学中，结构构件的简化主要是考虑由于杆件截面尺寸比其长度小得多，在计算简图中，可以用杆件纵轴线代替杆件，忽略截面形状和尺寸的影响。

2.8.2 荷载的简化

荷载是主动作用在结构上的外力，如结构自重、人的重量、水压力、风压力等。根据特征的不同，荷载可有下列的分类：

(1) 根据荷载作用时间的久暂，荷载可分为恒荷载和活荷载（也叫可变荷载）。恒荷载是长期作用在结构上的大小和方向不变的荷载，如结构的自重等，活荷载是随着时间的推移，其大小、方向或作用位置发生变化的荷载，如雪荷载、风荷载、人的重量等。

(2) 根据荷载的分布范围，荷载可分为集中荷载和分布荷载。集中荷载是指分布面积远小于结构尺寸的荷载，由于这种荷载的分布面积较集中，在计算简图上可把这种荷载作用于结构上的某一点处。分布荷载是指连续分布在结构上的荷载，当连续分布在结构内部各点上时叫体分布荷载，当连续分布在结构表面上时叫面分布荷载，当沿着某条线连续分布时叫线分布荷载，均匀分布时叫均布荷载。

(3) 根据荷载位置的变化情况，荷载可分为固定荷载和移动荷载。固定荷载是指荷载的作用位置固定不变的荷载，如所有恒载、风载、雪载等；移动荷载是指在荷载作用期间，其位置不断变化的荷载，如吊车梁上的吊车荷载、钢轨上的火车荷载等。

(4) 根据荷载的作用性质，荷载可分为静力荷载和动力荷载。静力荷载的数量、方向和位置不随时间变化或变化极为缓慢，因而不使结构产生明显的运动，例如结构的自重和其他恒载；动力荷载是随时间迅速变化的荷载，使结构产生显著的运动，例如锤头冲击锻坯时的冲击荷载、地震作用等。

本书主要研究固定的集中荷载和均布荷载。

2.8.3 支座的简化

结构构件与基础间的连接装置就是支座。在对支座简化时，一般忽略支座与构件接触面间摩擦以及接触面大小的影响，认为支座与杆件是以一支承点（即反力的合力作用点）连接起来的。

平面问题中，支座根据实际构造和约束特点可分为辊轴支座、固定铰支座、定向支座和固定端四种，前三种均在前面讲述过，固定端将在下一章讲述。

2.8.4 结点的简化

结构中，把各个杆件连接在一起的区域称为结点，通常根据其实际构造和结构受力特点，分为铰结点、刚结点和组合结点三种。

（1）铰结点即是光滑铰链约束，其特点是只能阻止与铰相连的各杆件的相对移动，一般用小圆圈表示，如图 2-39（a）所示。

（2）刚结点的特征是结点能阻止与之相连的各杆件在任意方向的移动和转动，如图 2-39（b）所示。

（3）组合结点是由上述两种不同的结点组合而成的结点，这种结点的一部分具有铰结点的特征，而另一部分具有刚结点的性质，如图 2-39（c）所示。

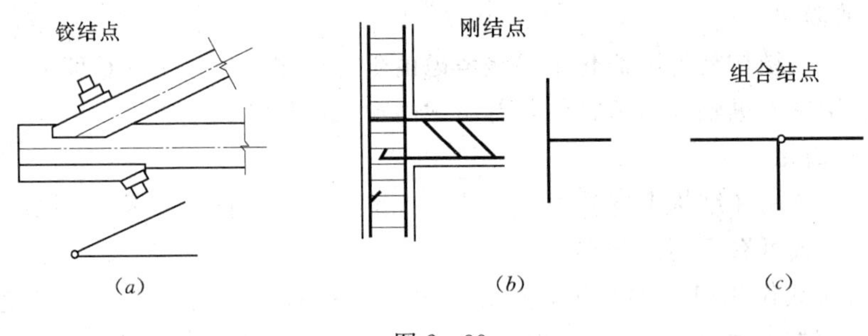

图 2-39

2.8.5 杆系的简化

平面杆系结构可以分为下列几种类型。

（1）梁。梁是一种受弯构件，轴线常为一直线，如图 2-40（a）所示是单跨梁，如图 2-40（b）所示是多跨连续梁，其支座可以是铰支座、可动铰支座，也可以是固定支座。

（2）拱。拱的轴线为曲线，在竖向力作用下，支座不仅有竖向支座反力，而且还存在水平支座反力，如图 2-40（c）所示为一两铰拱。

（3）刚架。刚架由梁、柱组成，梁、柱结点多为刚结点，柱下支座常为固定支座，如图 2-40（d）所示。

（4）桁架。桁架是由若干杆件通过铰结点连接起来的结构，支座常为固定铰支座或可动铰支座，各杆轴线为直线，当荷载只作用于桁架结点上时，各杆都是二力杆件，如图 2-40（e）所示。

（5）组合结构。组合结构中部分是连杆，部分是梁或刚架，如图 2-40（f）所示。

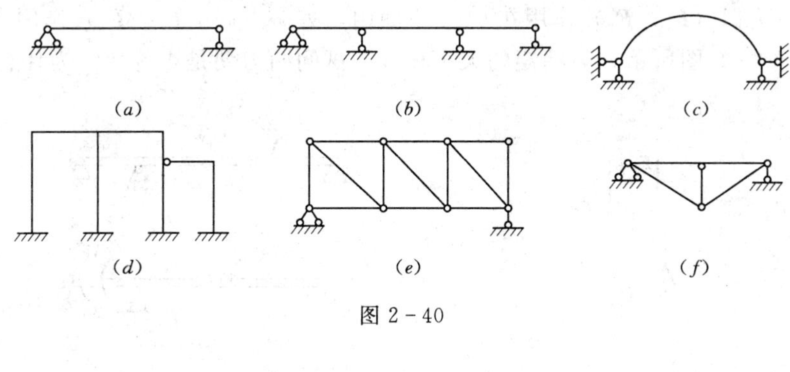

图 2－40

思 考 题

2－1　判断下列说法是否正确。

(1) 只受两个力作用的构件就是二力构件。

(2) 在一个物体上作用两个等值、反向、共线的力，这个物体一定平衡。

(3) 一个物体受三个力作用而平衡，这三个力一定汇交于一点。

(4) 汽车可以在地面上随意运动，所以汽车是自由体。自由落体只能沿直线铅垂下落，所以自由落体不是自由体。

(5) 二力平衡公理、加减平衡力系公理和力的可传性原理只适用于刚体。力的平行四边形法则和力的作用与反作用定律也只适用于刚体。

2－2　设有两个力 $\boldsymbol{F}_1$ 和 $\boldsymbol{F}_2$，下列三种情况所表示的意义有何不同？

(a) $F_1=F_2$；　(b) $\boldsymbol{F}_1=\boldsymbol{F}_2$；　(c) 力 $\boldsymbol{F}_1$ 等于力 $\boldsymbol{F}_2$。

2－3　如思考题 2－3 图所示四种情况下，力 $\boldsymbol{F}$ 对同一小车作用的外效应是否相同？为什么？

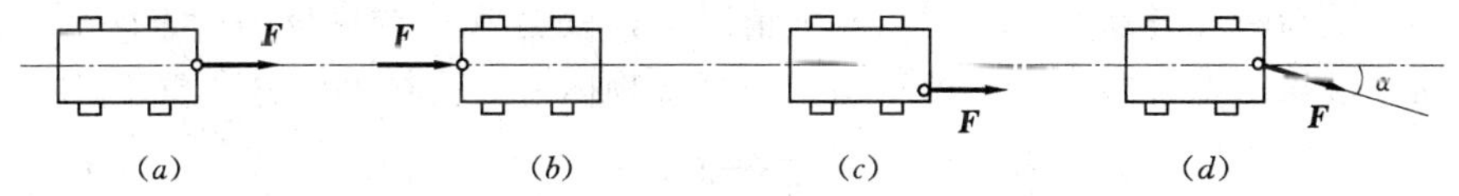

思考题 2－3 图

2－4　什么叫二力构件？分析二力构件受力时与构件的形状有无关系？试在思考题 2－4 图示各杆的 A、B 两点各加一个力，使该杆处于平衡。

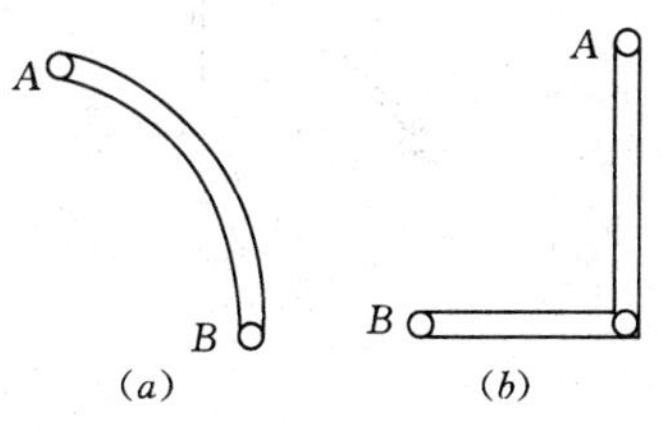

思考题 2－4 图

2－5　为什么力（矢量）在轴上的投影是代数量，而在平面上的投影为矢量？

2－6　何谓力矩？何谓力偶矩？两者有何不同？

2－7　在什么情况下力对轴之矩为零？如何判断力对轴之矩的正负号？

2－8　二力平衡条件、作用与反作用定律、力偶，都是大小相等、方向相反的两个力，试比较一下它们有什么相似之处，在本质上又有什么不同。

2-9　一力偶（$\boldsymbol{F}_1$，$\boldsymbol{F}_1'$）作用在 Oxy 平面内，另一力偶（$\boldsymbol{F}_2$，$\boldsymbol{F}_2'$）作用在 Oyz 平面内，如思考题 2-9 图所示，力偶矩的大小相等，试问两力偶是否等效？为什么？

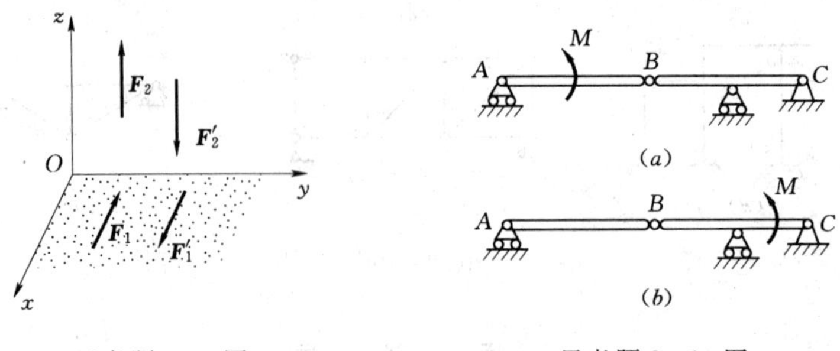

思考题 2-9 图　　　　思考题 2-10 图

2-10　“力偶可以在其作用面内任意移转”，根据力偶的这一性质，是否可以将思考题 2-10 图中（a）变为图（b）？为什么？

2-11　司机驾驶汽车时，有时用双手对方向盘施加一力偶（$\boldsymbol{F}/2$，$\boldsymbol{F}'/2$），有时用单手对方向盘施加一个力 $\boldsymbol{F}$，如思考题 2-11 图所示。问这两种方法产生的效果有什么不同？

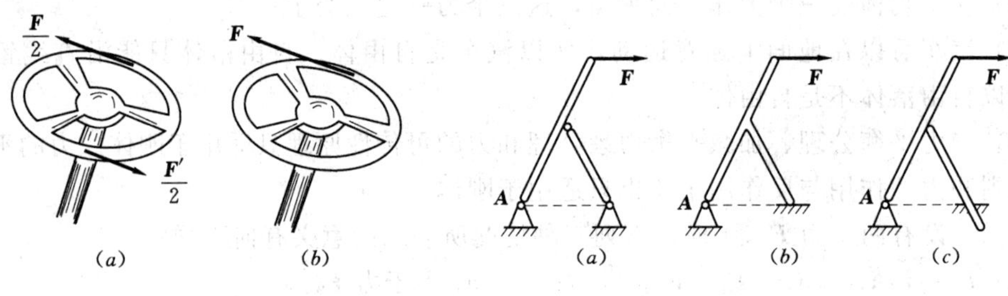

思考题 2-11 图　　　　思考题 2-13 图

2-12　确定约束反力方向的原则是什么？光滑铰链约束有什么特点？

2-13　试判断思考题 2-13 图示三种情况下，铰链 A 处约束反力的方向。

2-14　试指出思考题 2-14 图示构架中哪些物体是二力构件？杆自重不计。

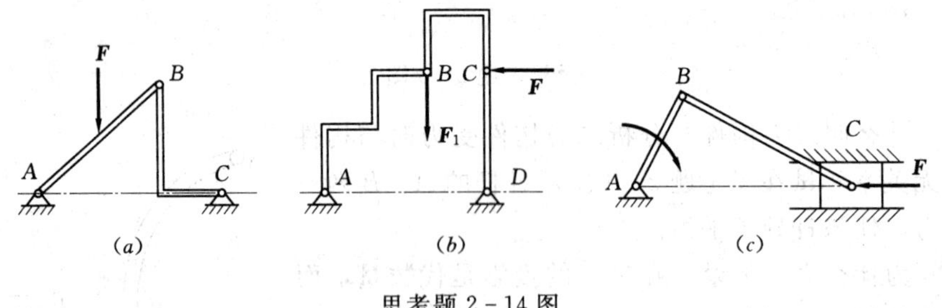

思考题 2-14 图

习　题

2-1　习题 2-1 图示空间三力 $F_1=500\text{N}$，$F_2=1000\text{N}$，$F_3=700\text{N}$，求此三力在 x、y、z 轴上的投影；并写出三力的矢量表达式。

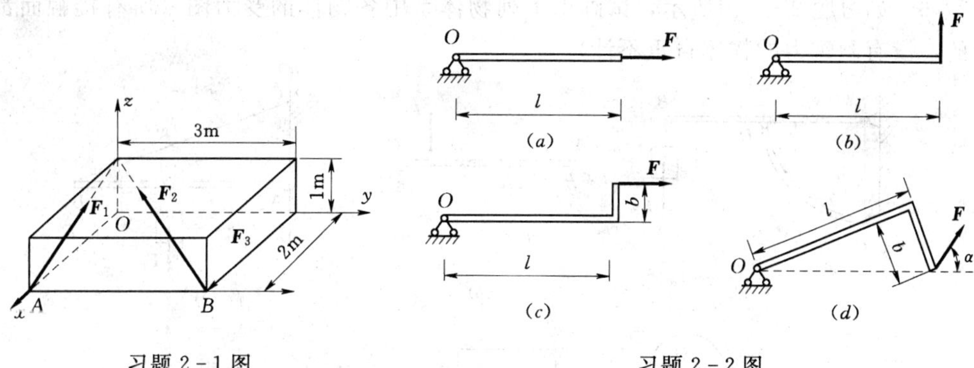

习题 2-1 图　　　　习题 2-2 图

2-2　试计算习题 2-2 图各图中力 **F** 对点 O 的矩。

2-3　如习题 2-3 图所示圆柱直齿轮，受到啮合力 **F** 的作用。设 $F=1400\text{N}$，压力角 $\alpha=20°$，齿轮的节圆（啮合圆）的直径 $D=120\text{mm}$。试求力 **F** 对齿轮轴心 O 的力矩。

2-4　铅垂力 $F=500$ N，作用于曲柄上，如习题 2-4 图所示，求该力对于各坐标轴之矩。

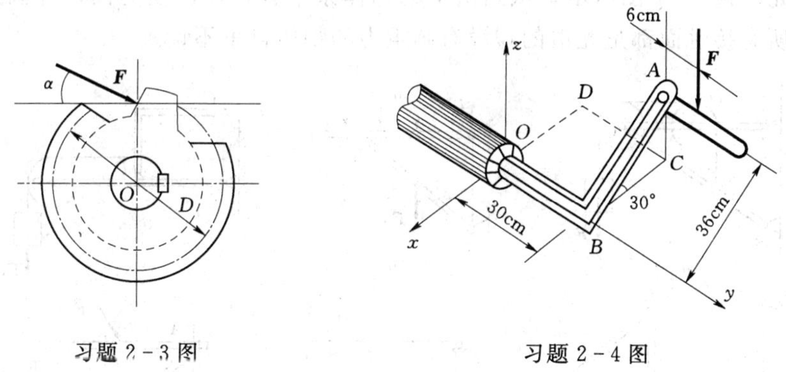

习题 2-3 图　　　　习题 2-4 图

2-5　如习题 2-5 图所示，分析下面各物体所受的约束类型及约束反力，并画出它们的受力图（所有接触面都是光滑的，没有画重力的物体自重不计）。

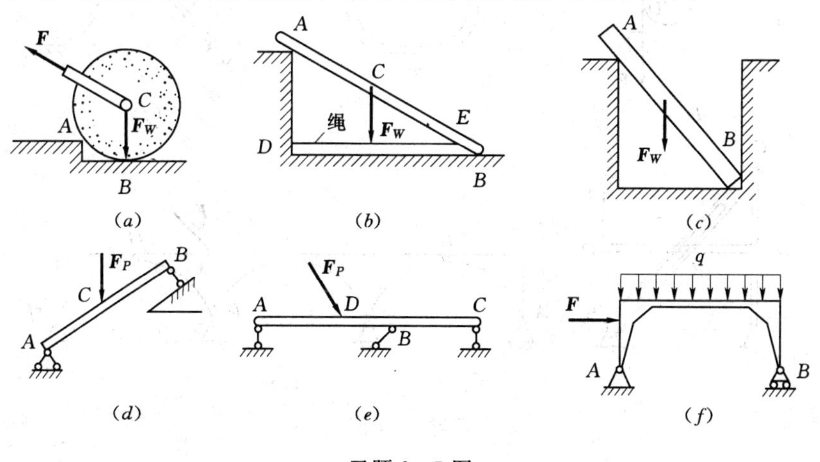

习题 2-5 图

2－6　如习题2－6图所示，试画出下列物体系中各物体的受力图（所有接触面都是光滑的，没有画重力的物体自重不计）。

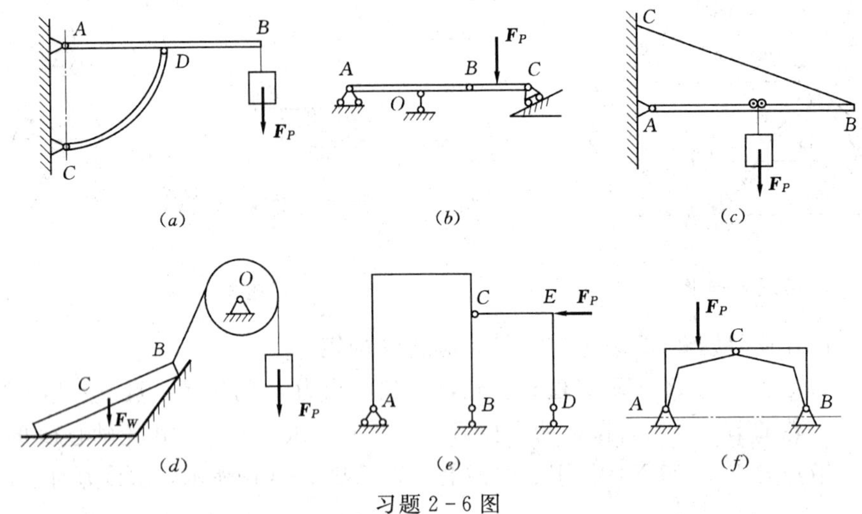

习题2－6图

2－7　如习题2－7图所示，试画出下列物体系中各物体的受力图，并画出它们的整体受力图（所有接触面都是光滑的，没有画重力的物体自重不计）。

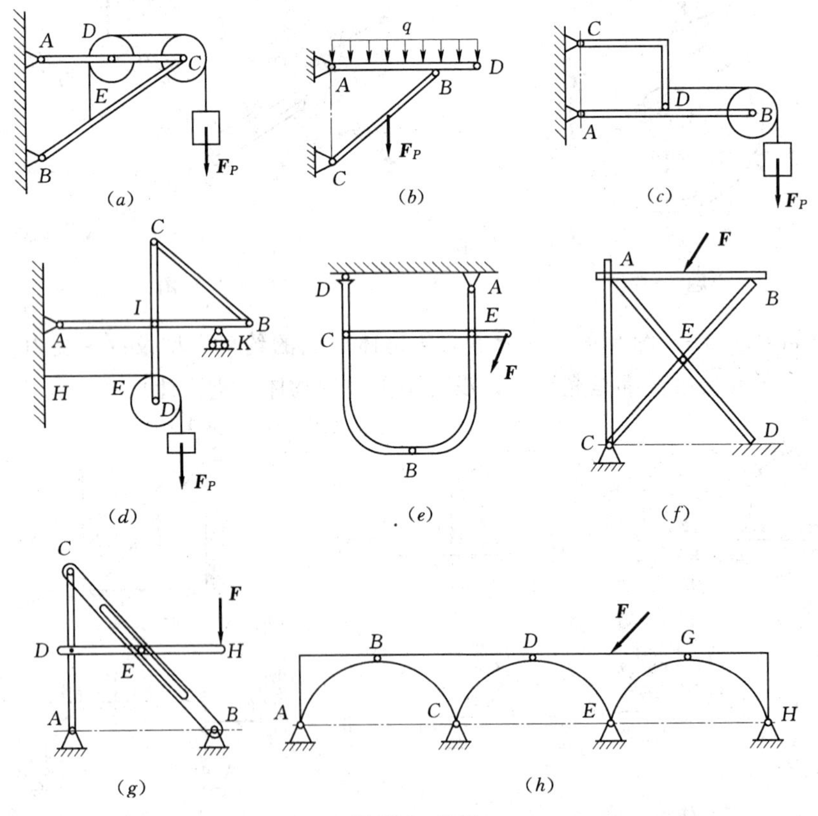

习题2－7图

第3章　平　面　力　系

作用在物体上的力系，按其各力作用线的分布情况进行分类，若力系中各力的作用线都在同一平面内，则称为平面力系。平面力系中按各力的作用线是否交于同一点或相互平行，又分为平面汇交力系、平面平行力系和平面任意力系。若力系各力的作用线不在同一个平面内，则称空间力系。

实际问题中物体的受力究竟按哪种力系计算，要根据研究问题的特点和计算精度的要求具体确定，如工程中有些结构虽然不是受平面力系作用，但其结构本身（包括支座）及其所承受的荷载有一个共同的对称面，此时作用在结构上的力系就可以简化为在对称面内的平面力系，因此平面力系是工程应用中最常见的力系。本章将遵循由特殊到一般的规律讨论平面力系的合成、简化以及平衡条件的建立和应用。

3.1　平面汇交力系

平面汇交力系是指各力的作用线在同一平面内且汇交于同一点的力系，其工程实例如图 3-1 所示。

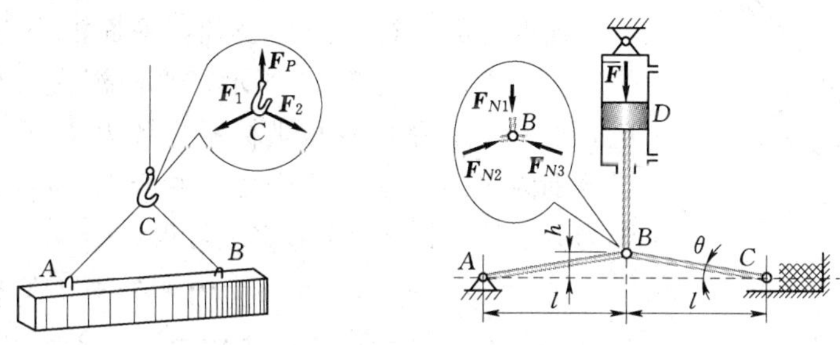

图 3-1

3.1.1　几何法

设一物体受由 $\boldsymbol{F}_1$、$\boldsymbol{F}_2$、$\boldsymbol{F}_3$、$\boldsymbol{F}_4$ 组成的平面汇交力系的作用，如图 3-2（*a*）所示。可根据力的平行四边形公理，连续应用力的三角形法则，将该力系合成为一个合力 $\boldsymbol{F}_R$，其作用点在汇交点 A，如图 3-2（*b*）所示，用矢量式表示为：

$$\boldsymbol{F}_R=\boldsymbol{F}_1+\boldsymbol{F}_2+\boldsymbol{F}_3+\boldsymbol{F}_4$$

即平面汇交力系可以简化为一个合力，合力等于各力的矢量和，合力的作用线通过各力的汇交点。实际作图时，图中虚线所示的 $\boldsymbol{F}_{R1}$ 和 $\boldsymbol{F}_{R2}$ 不必画出，只需按一定比例依次作矢量 $\boldsymbol{AB}$、$\boldsymbol{BC}$、$\boldsymbol{CD}$ 和 $\boldsymbol{DE}$ 分别代表力 $\boldsymbol{F}_1$、$\boldsymbol{F}_2$、$\boldsymbol{F}_3$ 和 $\boldsymbol{F}_4$，从力 $\boldsymbol{F}_1$ 的起点 A 指向力 $\boldsymbol{F}_4$ 的终点

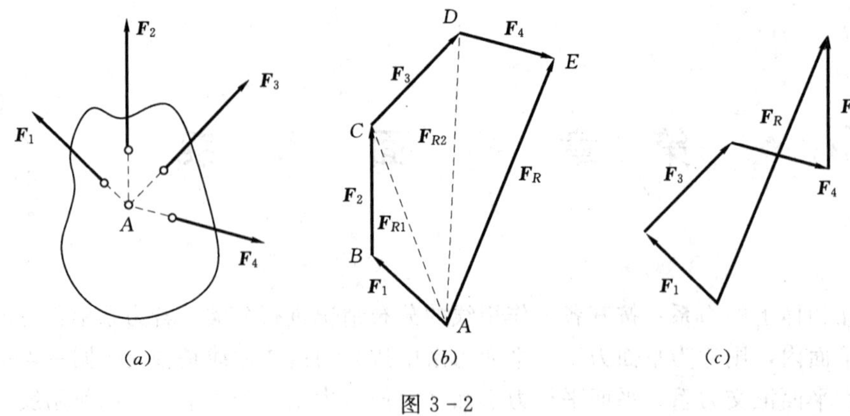

图 3-2

的矢量 $\boldsymbol{AE}$ 就代表合力 $\boldsymbol{F}_R$，所得的多边形 $ABCDE$ 称为力多边形。这种求平面汇交力系的合力的方法称为几何法，也称力多边形法。几何法作图时，力多边形中的各力有次序可以不同，但合力的大小和方向不变，如图 3-2（c）所示。

按照平面汇交力系合成的几何法可得到一个力多边形，如果力系平衡，那么得到的将是闭合的力多边形（各力矢量首尾相接）。所以，平面汇交力系平衡的几何条件是力多边形闭合。有些简单的平面汇交力系平衡问题，利用几何条件，可以比较简便地得到所需结果，而不必进行复杂的力学计算。

需要注意的是，当力系中分力较少（特别是 3 个）时，使用几何通常比较简便，但是力多边形必须按照选用的比例尺准确画出，以提高作图精度。当力系中分力较多时，则误差较大，多采用解析法。

3.1.2 解析法

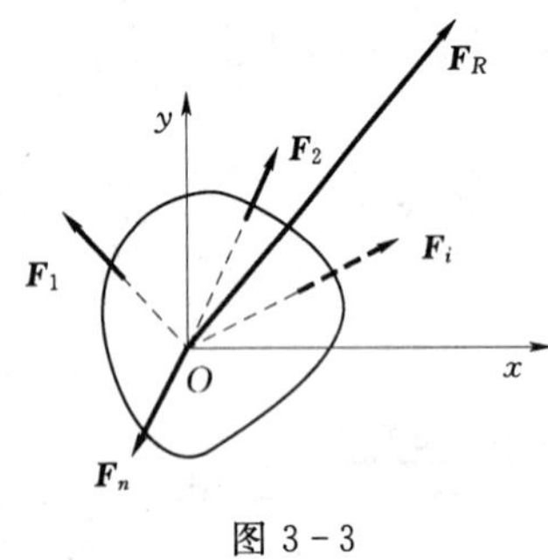

图 3-3

根据力的平行四边形公理，平面汇交力系合成的结果是一个合力。如图 3-3 所示，平面汇交力系 $\boldsymbol{F}_1$、$\boldsymbol{F}_2$，…，$\boldsymbol{F}_n$，过 O 点作平面直角坐标系，各力 $\boldsymbol{F}_i$ 在 x、y 轴上的投影分别为 X_i、Y_i。设汇交力系的合力 $\boldsymbol{F}_R$ 在 x、y 轴上的投影为 X、Y。由合力投影定理可得：

$$\left.\begin{aligned}X&=X_1+X_2+\cdots+X_n=\sum X_i\\Y&=Y_1+Y_2+\cdots+Y_n=\sum Y_i\end{aligned}\right\}\tag{3.1}$$

合力 $\boldsymbol{F}_R$ 的大小和方向可由下面各式确定。

$$F_R=\sqrt{X^2+Y^2}=\sqrt{(\sum X_i)^2+(\sum Y_i)^2}$$

$$\cos\alpha=\frac{X}{F_R},\ \cos\beta=\frac{Y}{F_R}\tag{3.2}$$

这就是平面汇交力系合成的解析法。

如果一个平面汇交力系的合力等于零，则该力系成为平衡力系。反过来说，如果一个平面汇交力系平衡，其合力必为零。所以，平面汇交力系平衡的必要与充分条件是：力系的合力等于零，即 $\boldsymbol{F}_R=0$，亦即：

$$\boldsymbol{F}_R=\boldsymbol{F}_1+\boldsymbol{F}_2+\cdots+\boldsymbol{F}_n=\sum\boldsymbol{F}_i=0\tag{3.3}$$

要使合力 $\boldsymbol{F}_R=0$，只需要令其大小为零即可，于是有：

$$\sum X_i = 0, \ \sum Y_i = 0 \tag{3.4}$$

即力系中各力在 x、y 轴上投影的代数和均等于零。这两个方程式称为平面汇交力系的平衡方程。

对于平面汇交力系只有两个独立的平衡方程，可以求解两个未知数。必须说明的是，平衡方程虽然是由直角坐标系导出的，但在实际应用中，并不一定取直角坐标系，只需取互不平行的两轴为投影轴即可。

根据具体情况，适当选取投影轴与不必要的未知力垂直，使力系在该轴的投影方程中不出现该未知力，往往可以简化计算。解答平衡问题时，未知力的指向可以任意假设，如结果为正值，表示假设的指向就是实际的指向；如结果为负值，表示假设的指向与实际的指向相反。

【例 3-1】 同一平面的三根钢索边连接在一个固定环上，如图 3-4（*a*）所示，已知三根钢索的拉力分别为：$F_1=500\text{N}$，$F_2=1000\text{N}$，$F_3=2000\text{N}$。试求三根钢索在环上作用的合力。

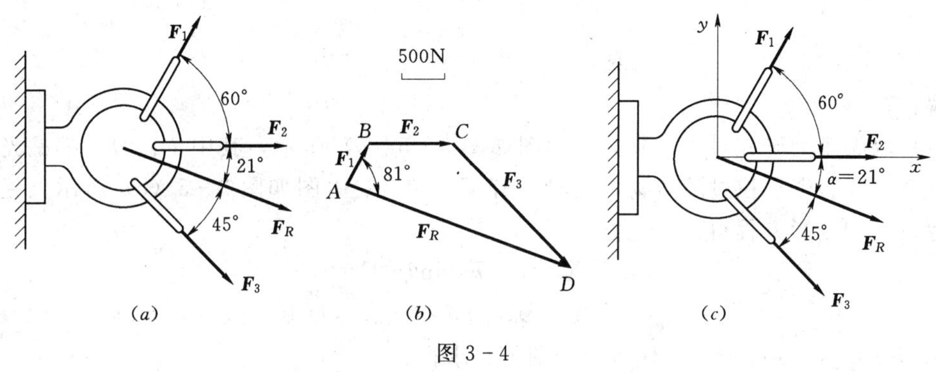

图 3-4

解： 1. 几何法

（1）先确定力的比例尺如图 3-4（*b*）所示。

（2）应用多边形法，将力 $\boldsymbol{F}_1$、$\boldsymbol{F}_2$ 和 $\boldsymbol{F}_3$ 首尾相接后，再从 $\boldsymbol{F}_1$ 的起点 A 至 $\boldsymbol{F}_3$ 的终点 D 连一直线，此封闭边 AD 即合力矢 $\boldsymbol{F}_R$。

（3）用直尺和量角器即可确定合力矢 $\boldsymbol{F}_R$ 的大小和方向。$F_R=2840\text{N}$，$\boldsymbol{F}_R$ 与 $\boldsymbol{F}_1$ 的夹角为 81°（与 x 轴夹角为 21°）。

（4）最后将结果在原图中标出，如图 3-4（*c*）所示。

2. 解析法

建立如图 3-4（*c*）所示直角坐标系。根据合力投影定理，有：

$$X=\sum X_i=F_1\cos60°+F_2+F_3\cos45°=2664(\text{N})$$

$$Y=\sum Y_i=F_1\sin60°-F_3\sin45°=-981(\text{N})$$

合力的大小和方向为：

$$F_R=\sqrt{X^2+Y^2}=2840(\text{N})$$

$$\cos\alpha=\left|\frac{X}{F_R}\right|=0.938, \ \alpha=20.5°$$

【例 3-2】 已知如图 3-5（*a*）所示碾子自重为 $F_P=20\text{kN}$，半径为 $R=0.6\text{m}$，欲将

它拉过高为 $h=0.08\text{m}$ 的障碍物。求：(1) 当拉力 $\boldsymbol{F}$ 在水平方向时至少多大？(2) 力 $\boldsymbol{F}$ 沿什么方向拉动碾子最省力，此时力 $\boldsymbol{F}_{\min}$ 多大？

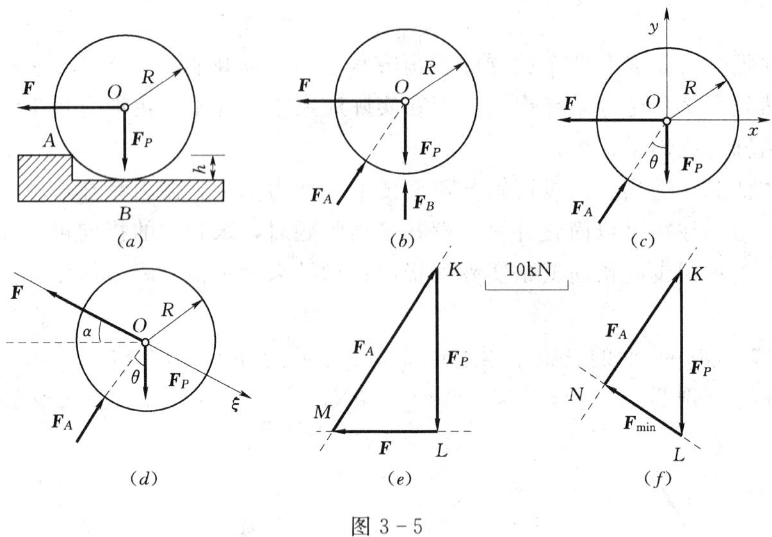

图3-5

解：1. 解析法

(1) 取碾子为研究对象，画其受力图如图3-5 (*b*) 所示，其中 $\boldsymbol{F}_A$、$\boldsymbol{F}_B$ 都是光滑面约束反力。要将碾子拉过障碍物，此时应有 $F_B=0$，受力图如图3-5 (*c*) 所示。建立直角坐标系，列投影方程得：

$$\sum X_i=0,\quad F_A\sin\theta-F=0$$

$$\sum Y_i=0,\quad -F_P+F_A\cos\theta=0$$

其中 $\sin\theta=0.6$，$\cos\theta=0.8$，代入由平衡方程求得：

$$F=F_P\tan\theta=11.55\text{kN}$$

(2) 求拉力 $\boldsymbol{F}$ 的最小值。令力的方向与水平线的夹角为 α，画受力图如图3-5 (*d*) 所示。这里只求力 $\boldsymbol{F}_{\min}$，而可以不求力 $\boldsymbol{F}_A$，选择如图3-5 (*d*) 所示的 ξ 轴为投影轴，列平衡方程得：

$$F_P\sin\theta-F\cos(\theta-\alpha)=0$$

解得 $F=\dfrac{F_P\sin\theta}{\cos(\theta-\alpha)}$。显然当 $\alpha=\theta$ 时，力 $\boldsymbol{F}$ 有最小值，即 $F_{\min}=F_P\sin\theta=10\text{kN}$。

2. 几何法

(1) 由图3-5 (*b*) 可知，力 $\boldsymbol{F}$、$\boldsymbol{F}_P$、$\boldsymbol{F}_A$ 组成一个平衡的平面汇交力系，其力三角形必然自行封闭。先按图示比例尺画出线段 KL 表示已知力 $\boldsymbol{F}_P$，然后经过 K 和 L 分别作直线与力 $\boldsymbol{F}$ 和 $\boldsymbol{F}_A$ 平行，两直线交于点 M，则线段 LM 就代表了力 $\boldsymbol{F}$，如图3-5 (*e*) 所示。按比例尺可以量得 $F=11.5\text{kN}$。

(2) 由图3-5 (*d*) 可知，力 $\boldsymbol{F}$、$\boldsymbol{F}_P$、$\boldsymbol{F}_A$ 组成的力三角形必然自行封闭。先按图示比例尺画出线段 KL 表示已知力 $\boldsymbol{F}_P$，然后经过点 K 作直线与力 $\boldsymbol{F}_A$ 平行，要使力 $\boldsymbol{F}$ 最小，那么点到该直线的最小距离 LN 代表了力 $\boldsymbol{F}_{\min}$，即力 $\boldsymbol{F}$ 和 $\boldsymbol{F}_A$ 垂直，如图3-5 (*f*) 所示。按比例尺可以量得 $F_{\min}=10\text{kN}$。

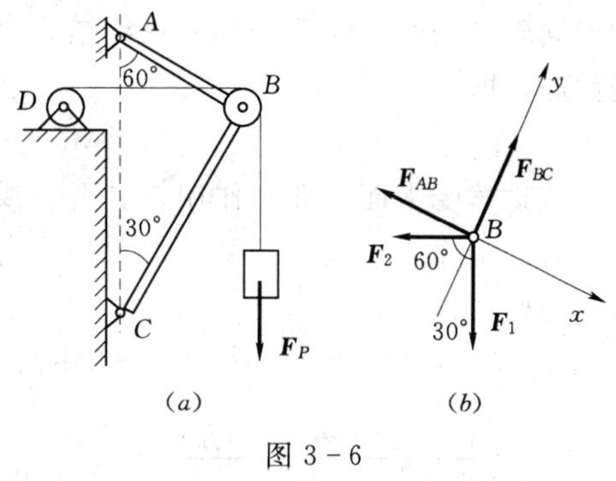

图 3-6

【例 3-3】 如图 3-6（a）所示重物重 $F_P=20\text{kN}$，用钢丝绳挂在支架的滑轮 B 上，钢丝绳的另一端绕在铰车 D 上。杆 AB 与 BC 铰接，并以铰链 A，C 与墙连接。如两杆与滑轮的自重不计并忽略摩擦和滑轮的大小，试求平衡时杆 AB 和 BC 所受的力。

解：显然，$F_1=F_2=F_P$。取销钉 B 为研究对象，画力图如图 3-6（b）所示，列平衡方程得：

$$\sum X_i=0,\ -F_{BA}+F_1\cos60°-F_2\cos30°=0$$
$$\sum Y_i=0,\ F_{BC}-F_1\cos30°-F_2\cos60°=0$$

所以有：

$$F_{BA}=-0.366F_P=-7.321(\text{kN}),\ F_{BC}=1.366F_P=27.32(\text{kN})$$

总结以上例题得出利用平面汇交力系的平衡方程求解问题的基本过程为：取、画、列、解。即取合适的对象为脱离体，也就是脱离体上的未知量的个数一般不超过两个；正确画出脱离体的受力图；列出脱离体的平衡方程；解出未知量。

3.2 平面力偶系

由在同一个平面内的多个力偶组成的力系称为平面力偶系，如图 3-7 所示的减速箱。下面将讨论平面力偶系的简化与平衡问题。

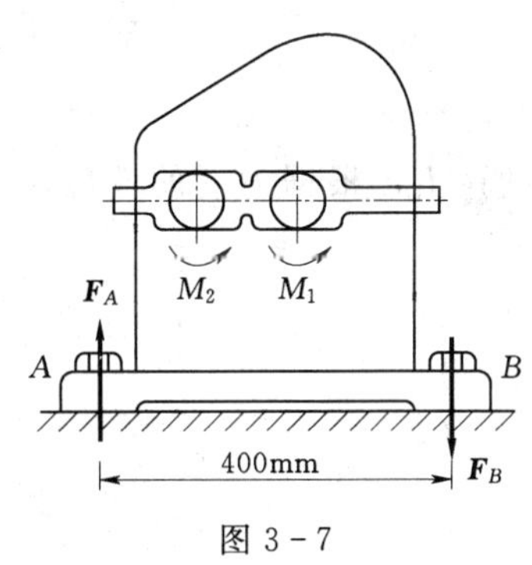

图 3-7

首先考虑两个力偶的情形，如图 3-8（a）所示。在某平面内作用有两个力偶 M_1 和 M_2，任选一线段 $AB=d$ 作为公共力偶臂，将力偶 M_1、M_2 搬移，并把力偶中的力分别改变为如图 3-8（b）所示的情形。

$$F_1=F_1'=\frac{M_1}{d},\ F_2=F_2'=\frac{M_2}{d}$$

根据力偶等效定理，图 3-8（a）与（b）是等效的。于是，力偶 M_1 与 M_2 可合成为一个合力偶，如图 3-8（c）所示，其合力偶矩为：

$$M=F_Rd=(F_1-F_2)d=M_1+M_2$$

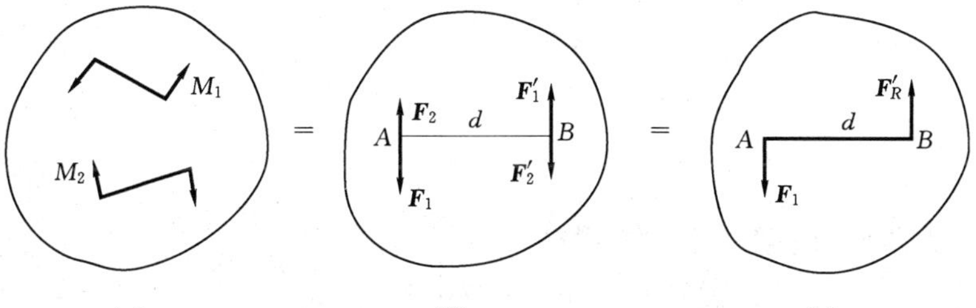

（a）　（b）　（c）

图 3-8

同理，平面力偶系合成的最终结果可得到一个合力偶，合力偶的矩等于各分力偶矩的代数和，即：

$$M=M_1+M_2+\cdots+M_n=\sum M_i \tag{3.5}$$

若物体受平面力偶系作用，其合力偶 $M=0$，则物体处于平衡状态；反之，若物体在平面力偶系作用下处于平衡状态，则合力偶 $M=0$，故物体在平面力偶系作用下平衡的充分、必要条件为：

$$M=M_1+M_2+\cdots+M_n=\sum M_i=0 \tag{3.6}$$

对于平面力偶系只有一个独立的平衡方程，可以求解一个未知数。

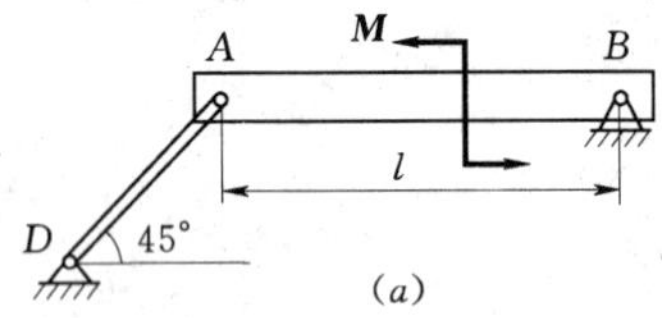

图 3-9

【例 3-4】 如图 3-9（a）所示，不计梁 AB 和支杆 AD 的自重，求 A 端和 B 端的约束力。

解： 选梁 AB 为研究对象。梁所受的主动力为一力偶，AD 是二力杆，因此 A 端的约束力必沿 AD 杆。根据力偶只能与力偶平衡的性质，可以判断 A 端与 B 端的约束力 $\boldsymbol{F}_A$ 和 $\boldsymbol{F}_B$ 构成一个力偶，有：$\boldsymbol{F}_A=-\boldsymbol{F}_B$。梁 AB 受力如图 3-9（b）所示。列平衡方程：

$$\sum M_i=0，M-F_A l\cos 45°=0$$

$$F_A=F_B=\frac{M}{l\cos 45°}=\frac{\sqrt{2}M}{l}$$

【例 3-5】 铰接四连杆机构 $OABO_1$ 在如图 3-10（a）所示。已知：$OA=4l$，$O_1B=6l$。作用在 OA 上的力偶 M_1 和作用在 O_1B 上的力偶 M_2，各杆重量不计。要使系统平衡，求 M_1/M_2 的比值。

解： AB 杆为二力杆，假设它受拉，其受力图如图 3-10（b）所示。

（1）选 OA 为研究对象。取 OA 为研究对象，其上受力偶 M_1，根据力偶的性质，O 处的约束反力 $\boldsymbol{F}_O$ 与 $\boldsymbol{F}_{AB}$ 必构成力偶，OA 杆的受力图如图 3-10（c）所示。

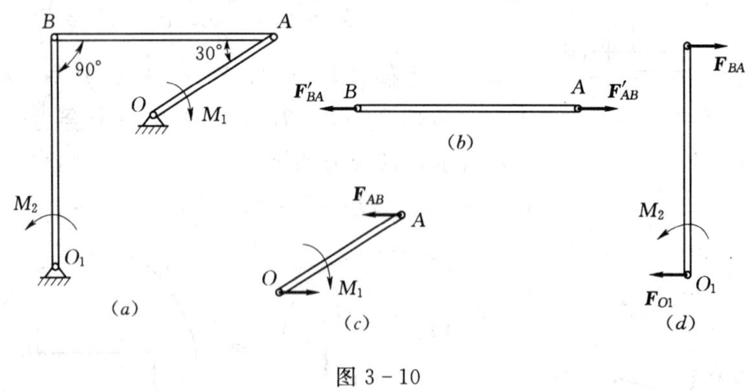

图 3-10

根据平面力偶系的平衡方程列方程：

$$\sum M_i=0，F_{AB}\cdot 4l\sin 30°-M_1=0$$

（2）选 O_1B 为研究对象。O_1B 杆的受力图如图 3-10（d）所示。列平衡方程：

$$\sum M_i = 0, M_2 - F_{BA} \cdot 6l = 0$$

（3）由以上两式可得：

$$M_1 / M_2 = 1/3$$

3.3 平面任意力系

作用线位于同一平面内但不全相交于一点、也不全互相平行的力系，称为平面任意力系，又称平面一般力系。

在工程实际中，有很多都是平面任意力系的问题，或者可以简化为平面任意力系的问题。例如有些结构的厚度相对于其余两个方向的尺寸小得多，称这种结构为平面结构，作用在平面结构上的各力一般组成平面任意力系。

如图 3-11（*a*）所示的桥梁建设中常用的三铰拱结构，就是平面任意力系问题。还有些结构虽然不是平面结构，所受的力也不是平面任意力系，但如果结构本身与其上的荷载都具有一个对称面，作用在结构上的力系可以简化为在这对称面内的平面任意力系，如图 3-11（*b*）所示的混凝土大坝，由于沿大坝长度方向上其截面形状及受力的分布情况相同，因此取单位长度的坝段进行研究，将作用在该坝段上的重力、水压力和地基反力简化到它的中央对称平面内，构成一平面任意力系。

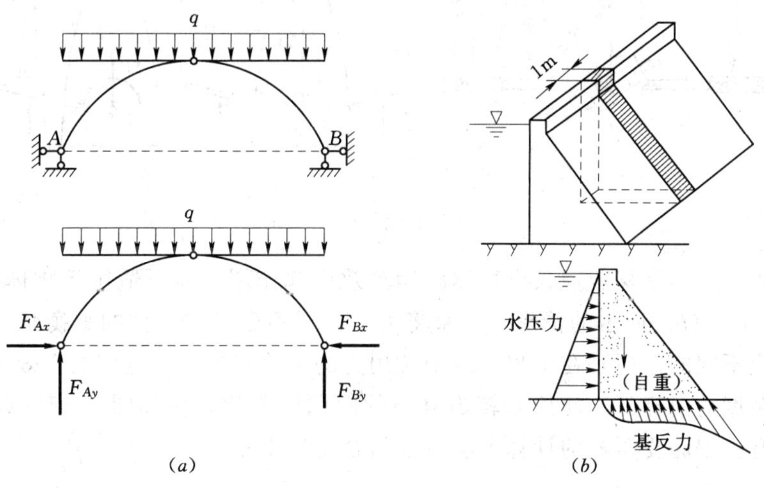

图 3-11

3.3.1 力的平移定理

如图 3-12（*a*）所示，设刚体的 A 点作用着一个力 $\boldsymbol{F}$，在此刚体上任取一点 B。根据加减平衡力系定理，在 O 点加两个等值、反向的力 $\boldsymbol{F}'$ 和 $\boldsymbol{F}''$，如图 3-12（*b*）所示，其作用线都与力 $\boldsymbol{F}$ 平行，大小都与力 $\boldsymbol{F}$ 相等，这样并不影响原力 $\boldsymbol{F}$ 对刚体作用的效应。显然，力 $\boldsymbol{F}$ 和 $\boldsymbol{F}''$ 构成了一个力偶，其力偶矩为 $M = Fd = M_B(\boldsymbol{F})$，如图 3-12（*c*）所示。由此可得力的平移定理：作用于刚体上的力，可以平行移动至任一点，但必须在原力与该点所决定的平面内附加一个力偶，附加力偶的力偶矩等于原力对该点的矩。

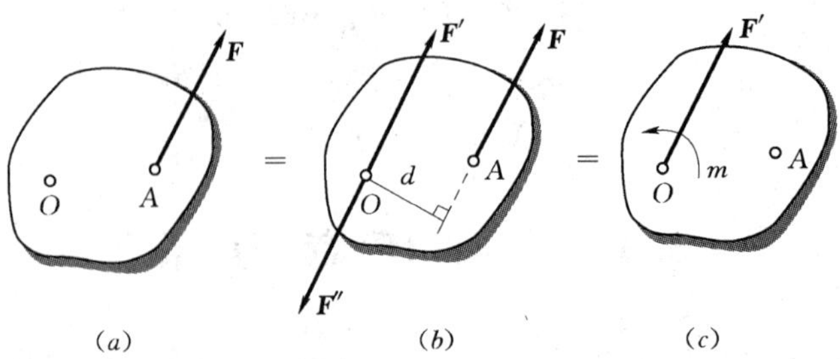

图 3-12

力的平移定理是任意力系向一点简化的理论基础，它表明，共面的一个力和一个力偶是可以与一个力等效的，即一个力可以分解为共面的一个力和一个力偶；反之，共面的一个力和一个力偶也可以合成为一个力。该定理可以解释生产和生活中的许多现象，如图3-13（a）、（b）、（c）所示的丝锥攻丝、乒乓球和划船问题。

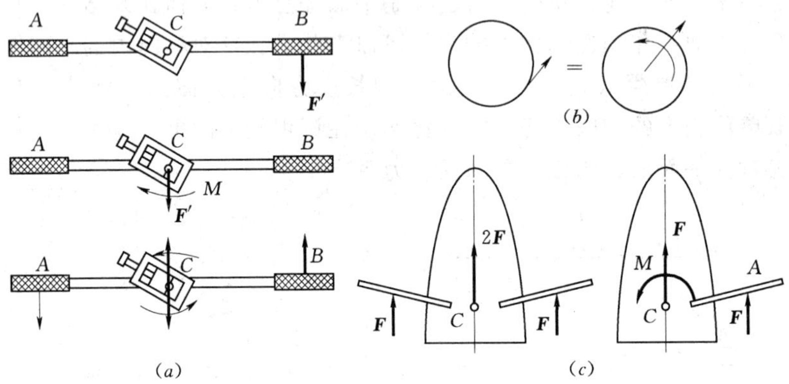

图 3-13

必须注意，力的平移定理只对物体的运动效应起作用，而不适用于物体的变形效应，如图3-14（a）、（b）所示的情形，尽管将力平移后不会影响物体的平衡状态，但是其变形情况是完全不同的。但是在工程实际中常用力的平移定理得到近似的等效力系，在满足一定的计算精度的前提下，使原来较为复杂的问题简单化，例如图3-14（b）所示的偏心受压柱。有关偏心受压柱的计算方法将在组合变形中专门讨论。

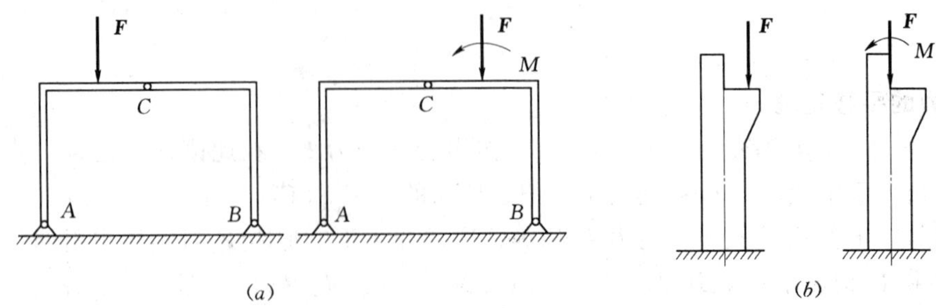

图 3-14

3.3.2 平面任意力系向一点的简化

设在物体上作用有平面任意力系 $\boldsymbol{F}_1$、$\boldsymbol{F}_2$、…、$\boldsymbol{F}_n$，如图 3-15（a）所示。为了将力系简化，在其作用面内取任意一点 O，称为简化中心。根据力线平移定理，将力系中各力都平移到 O 点，得到平面汇交力系 $\boldsymbol{F}'_1$、$\boldsymbol{F}'_2$、…、$\boldsymbol{F}'_n$和力偶矩为 m_1、m_2、…、m_n 的附加平面力偶系，如图 3-15（b）所示，由前述理论可知平面汇交力系可合成为作用在 O 点的一个力，附加的平面力偶系可合成为一个力偶，如图 3-15（c）所示。

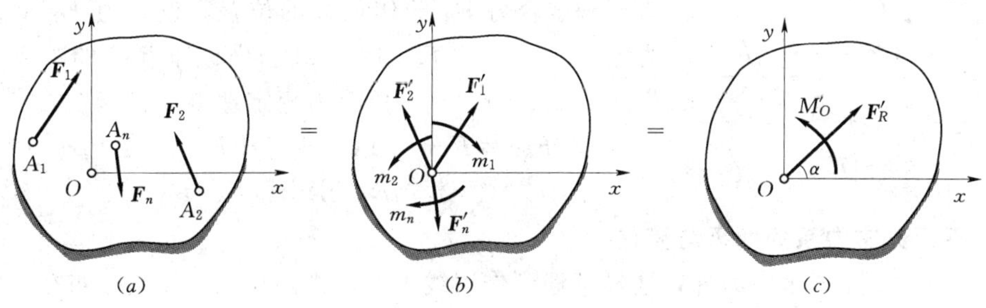

图 3-15

平面任意力系简化为作用于简化中心的一个力和一个力偶。这个力矢量 $\boldsymbol{F}'_R$称为原力系的主矢，等于原力系各力的矢量和；这个力偶的力偶矩 M'_O称为原力系对简化中心的主矩，等于原力系中各力对简化中心 O 的矩。

$$\begin{aligned}\boldsymbol{F}'_R&=\boldsymbol{F}'_1+\boldsymbol{F}'_2+\cdots+\boldsymbol{F}'_n=\sum\boldsymbol{F}'_i=\boldsymbol{F}_1+\boldsymbol{F}_2+\cdots+\boldsymbol{F}_n=\sum\boldsymbol{F}_i\\ M'_O&=M_O(\boldsymbol{F}_1)+M_O(\boldsymbol{F}_2)+\cdots+M_O(\boldsymbol{F}_n)=M_O(\boldsymbol{F}_i)\end{aligned}\tag{3.7}$$

主矢和主矩的大小和方向可根据式（3.1）、式（3.2）和式（3.6）通过下列各式计算确定。

将平面任意力系向任一点简化后，根据主矢和主矩是否为零的情况，其结果可能出现下列几种情形：

（1）主矢 $\boldsymbol{F}'_R=0$，主矩 $M'_O=0$，此时力系平衡。

（2）主矢 $\boldsymbol{F}'_R\neq0$，主矩 $M'_O=0$，此时力系的最后简化结果为作用于简化中心的一个力 $\boldsymbol{F}'_R$，这个力可称为原力系的合力。

（3）主矢 $\boldsymbol{F}'_R=0$，主矩 $M'_O\neq0$，此时力系的最后简化结果为一个力偶，其力偶矩等于主矩 M'_O，且与简化中心的位置无关。

（4）主矢 $\boldsymbol{F}'_R\neq0$，主矩 $M'_O\neq0$，这是简化结果的最一般情形。由力的平移定理得力系可简化为一合力 $\boldsymbol{F}_R$，有 $\boldsymbol{F}_R=\boldsymbol{F}'_R$，其作用线距离简化中心 $d=M'_O/F'_R$，且它对中心的矩的转向与主矩 M'_O的转向一致，如图 3-16 所示。

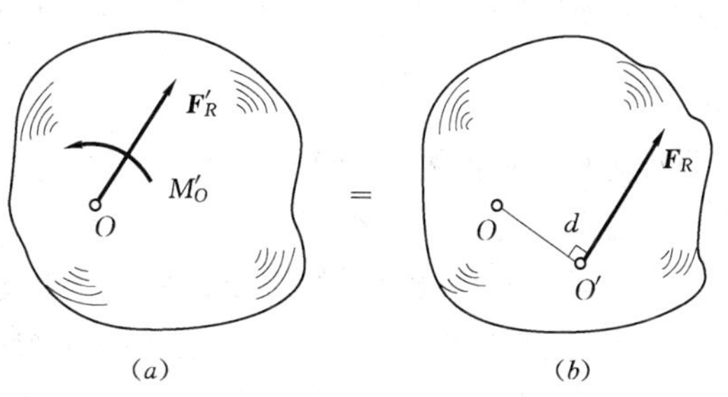

图 3-16

综上所述，平面任意力系向任一点简化的最终结果有平衡、一个合力和一个力偶三种情况。

3.3.3 平面平行力系的简化

若平面力系中各力的作用线相互平行，则称这种力系为平面平行力系。下面讨论如图 3-17 所示的平面平行力系的简化问题。可取坐标系的 y 轴与各力作用线平行，则平面平行力系向 O 点简化可得一个力 $\boldsymbol{F}_R'$ 和一个力偶 M_O'，显然，它们可以合成为一个合力 $\boldsymbol{F}_R$。

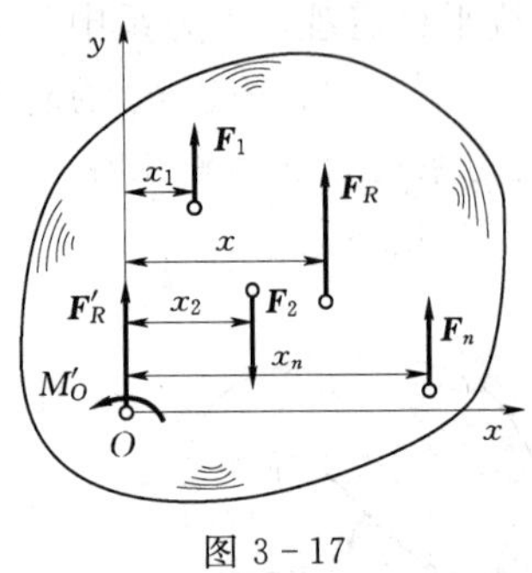

图 3-17

现确定合力 $\boldsymbol{F}_R$ 的作用线的位置。设合力 $\boldsymbol{F}_R$ 及力系中各力 $\boldsymbol{F}_1$、$\boldsymbol{F}_2$、…、$\boldsymbol{F}_n$ 的作用线与坐标原点 O 的距离分别为 x 及 x_1、x_2、…、x_n。由合力矩定理得：

$$F_R x = F_1 x_1 + F_2 x_2 + \cdots + F_n x_n = \sum F_i x_i$$

$$x = \sum F_i x_i / F_R \tag{3.8}$$

3.3.4 平行分布力系的抽象与简化

在工程上，除了集中力外，还经常遇到作用线平行、指向相同、连续分布在一定范围上的力系，这称为平行分布力系或平行分布荷载。这些荷载中，有的是作用在某一体积上，称为体分布荷载，如重力；有的是作用在某一面积上，称为面分布荷载，如屋面板上的荷载、水坝上的水压力、挡土墙上的土压力；有的荷载作用在某一狭长的面积上，可简化为作用在一条线上，称为线分布荷载。例如，当梁的宽度尺寸远小于梁的长度尺寸时，分布在梁面上的荷载可以简化为沿梁面的纵轴线分布的线荷载如图 3-18（a）所示；而梁的自重也可以简化为沿其中心线分布的线荷载。又如，一挡水墙受静水压力作用，在同一深度处的静水压力是相等的。取单位长度的挡水墙来考虑，将其所受静水压力简化到中心平面内，即得到沿这段挡水墙的中心线 AB 分布的线荷载如图 3-18（b）所示。这种用理想的线荷载来代替狭长面积上的面荷载或狭长体积上的体荷载，对物体的平衡并无影响，但可使计算大为简化。

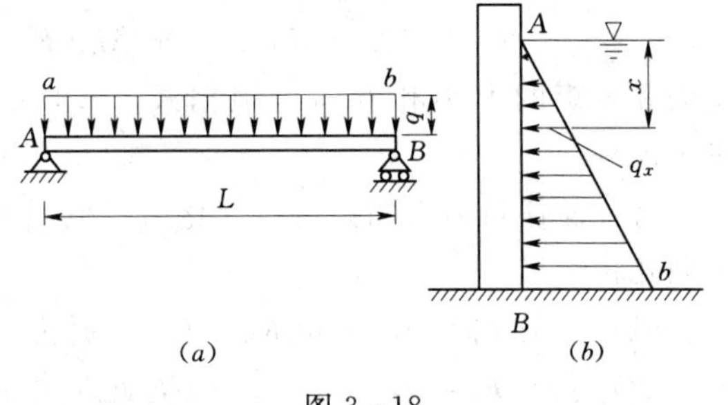

图 3-18

单位长度上线分布荷载的大小称为集度，以 q 表示，常用单位为牛/米（N/m）或千牛/米（kN/m）。若以 ΔF 表示微长度 ΔL 上平行分布荷载的合力，则线分布荷载的集度：

$$q = \lim_{\Delta L \to 0} \frac{\Delta F}{\Delta L} \tag{3.9}$$

若分布荷载的集度处处相等，则称为均布荷载，否则就称为非均布荷载。表示荷载集度分布情况的图，称为荷载图。

下面讨论沿直线分布的线分布荷载的简化问题。如图 3-19 所示，竖直向上的线分布荷载 $q(x)$，建立直角坐标系 Oxy，令 y 轴与荷载作用线平行，在距原点 O 为 x 处取微长度 $\mathrm{d}x$。由于 $\mathrm{d}x$ 很小，可认为在 $\mathrm{d}x$ 上荷载的集度均为 $q(x)$，则长度 $\mathrm{d}x$ 上所受的荷载的大小为 $\mathrm{d}F = q(x)\mathrm{d}x$，即等于 $\mathrm{d}x$ 长度上荷载图的面积，因而在 AB 线段上所受荷载合力的大小为：

$$F = \int_a^b q(x)\mathrm{d}x \tag{3.10}$$

即等于荷载图的面积。至于合力 $\boldsymbol{F}$ 的作用位置，由式（3.11）计算：

$$x_C = \frac{\int_a^b xq(x)\mathrm{d}x}{\int_a^b q(x)\mathrm{d}x} \tag{3.11}$$

上式的 x_C 就是荷载图的形心坐标。

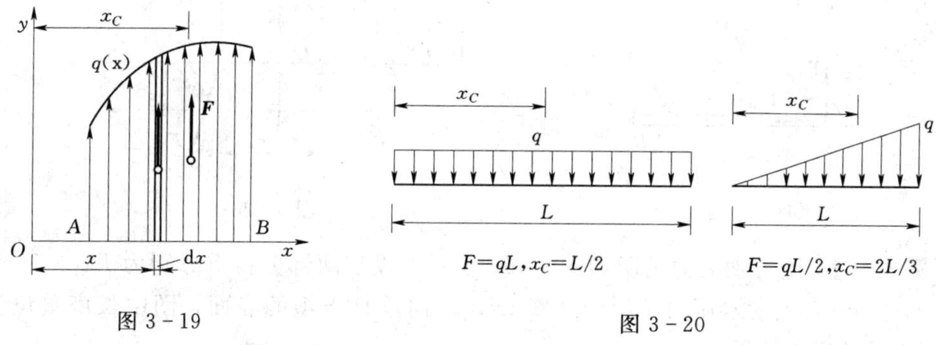

图 3-19　　　　图 3-20

于是可得结论：沿直线平行分布线荷载的合力，大小等于荷载图的面积，方向与荷载相同，作用线通过荷载图的形心。如图 3-20 所示给出了常用的均布荷载和三角形分布荷载的合力及其作用位置。

3.3.5　平面固定端约束

将物体的一端牢固地插入基础或固定在其他静止的物体上，就构成固定端约束，也称固定支座，如图 3-21 所示。

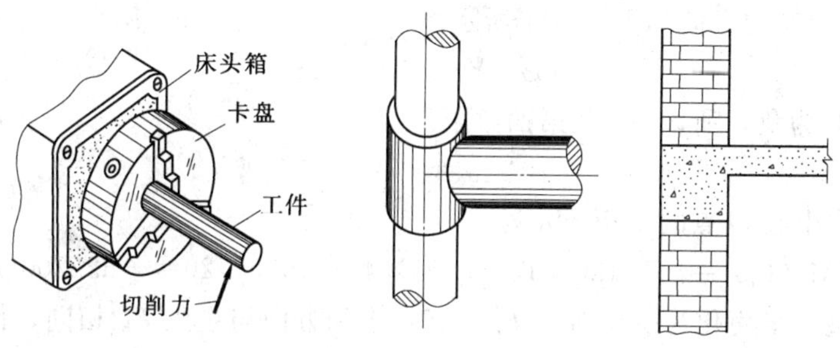

图 3-21

利用平面任意力系的简化结果可以对固定端约束的约束反力进行理论解释，以图 3-22（a）所示悬臂梁为例，悬臂梁 AB 的 A 端固定在墙上，由于墙的约束，梁既不能沿任意方位移动，也不能绕任意方位的轴转动。当梁上受到平面主动力系作用时，插入墙壁的固定端所受到的约束反力系也是平面任意力系，如图 3-22（b）所示。在梁上固定端约束范围内任选一点 A 作为简化中心，可将约束反力系简化为作用在 A 点的一个力 $\boldsymbol{F}_A$ 和一个力偶矩为 M_A 的力偶，如图 3-22（c）所示。或用 $\boldsymbol{F}_A$ 沿坐标轴的两个分量 $\boldsymbol{F}_{Ax}$、$\boldsymbol{F}_{Ay}$ 和一个力偶矩为 M_A 的力偶表示，如图 3-22（d）所示。

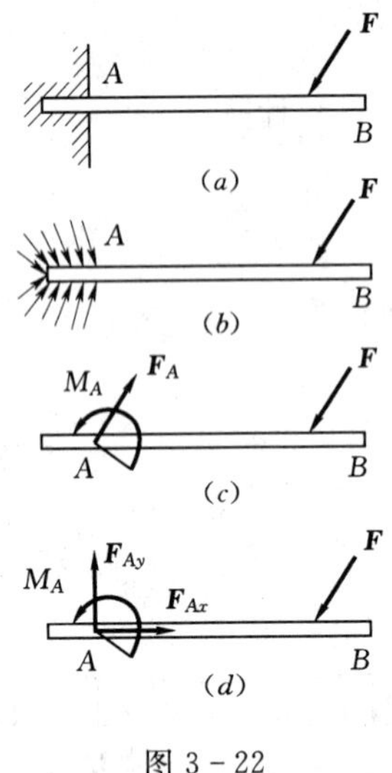

图 3-22

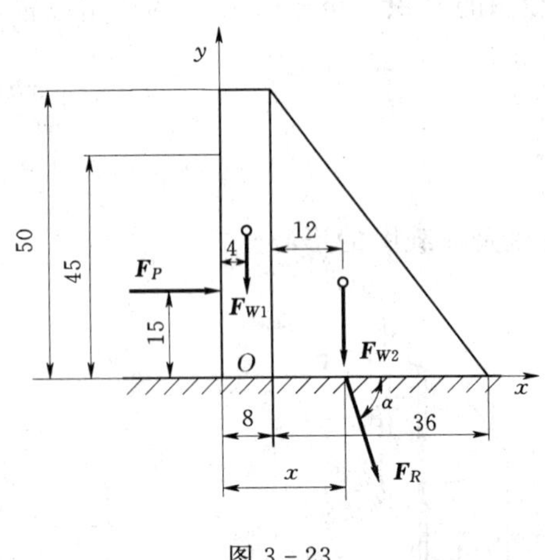

图 3-23

【例 3-6】 重力坝受力情况如图 3-23 所示。设坝两部分自重分别为 $F_{W1}=9600\text{kN}$，$F_{W2}=21600\text{kN}$，上游水压力 $F_P=10120\text{kN}$，方向垂直于坝的表面，图中长度单位为 m。试求该力系的简化结果。

解： 将力系向 O 点简化，求力系的主矢 $\boldsymbol{F}_R$ 和主矩 M_O。

力系的主矢 $\boldsymbol{F}_R$ 和在 x、y 轴上的投影分别为：

$$X=\sum X_i=F_P=10120\text{kN}$$

$$Y=\sum Y_i=-F_{W1}-F_{W2}=-9600-21600=-31200(\text{kN})$$

力系的主矢 $\boldsymbol{F}_R$ 的大小为：

$$F_R=\sqrt{(\sum X_i)^2+(\sum Y_i)^2}=32800(\text{kN})$$

力系的主矢 $\boldsymbol{F}_R$ 的方向如图 3-21 所示。

$$\tan\alpha=Y/X=-3.0830$$

因为 X 为正，Y 为负，所以 $\boldsymbol{F}_R$ 在第四象限。

$$\alpha=-72^\circ$$

力系对简化中心 O 点的主矩 M_O 为：

$$M_O=\sum M_O(\boldsymbol{F}_i)=-10120\times15-9600\times4-21600\times20=-622200(\text{kN}\cdot\text{m})$$

力系仍可进一步简化为一个合力 $\boldsymbol{F}'_R$，其大小和方向与主矢 $\boldsymbol{F}_R$ 相同，作用线与 x 的交点到点 O 的距离为：

$$x=\frac{M_O}{Y}=\frac{-622200}{-31200}=19.9(\text{m})$$

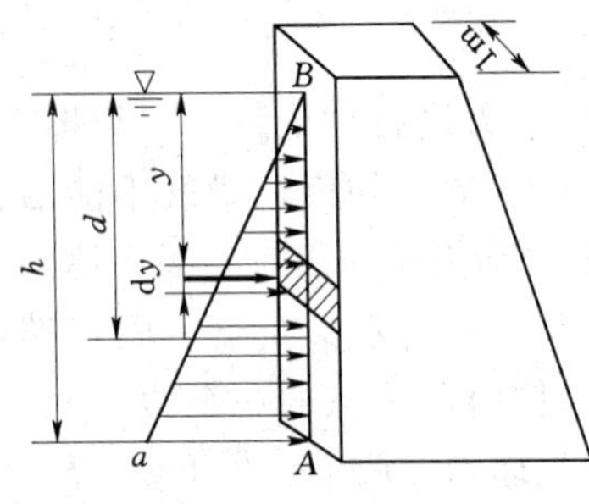

图 3-24

【例 3-7】 如图 3-24 所示，已知坝前水深 $h=8\text{m}$，水的容重 $\gamma=9.8\text{kN/m}^3$，求 1m 长的坝面上水压力的合力。

解： 在深度为 y 处，水的压强为 $p=\gamma y$，它与深度 y 成正比，在同一深处，压强是相同的。当取长度为 1m

的一段坝来考虑时，作用于坝面上的水压力可以简化成沿坝面中心线平行分布的线荷载，如图 3-24 所示，在深度为 y 处的荷载集度为：

$$q=\frac{\gamma y(1\times \mathrm{d}y)}{\mathrm{d}y}=\gamma y(\mathrm{kN/m})$$

其荷载图为图 3-24 中三角形 AaB 所示，则合力 $\boldsymbol{F}$ 的大小为：

$$F=\int_0^h q\mathrm{d}y=\int_0^h \gamma y\mathrm{d}y=\frac{\gamma h^2}{2}=\frac{9.8\times 8^2}{2}=314(\mathrm{kN})$$

根据合力矩定理，合力 $\boldsymbol{F}$ 的作用线离水面的距离为：

$$d=\frac{\int_0^h y(q\mathrm{d}y)}{F}=\frac{\int_0^h \gamma y^2\mathrm{d}y}{F}=\frac{\frac{\gamma h^3}{3}}{\frac{\gamma h^2}{2}}=\frac{2}{3}h=\frac{2}{3}\times 8=5.33(\mathrm{m})$$

本例也可根据上述直线平行分布线荷载的合力的结论，求出合力 $\boldsymbol{F}$ 的大小及作用线的位置，请自行演算。

3.3.6 平面任意力系的平衡方程

由平面任意力系向一点简化结果的讨论可知，力系的主矢和主矩同时为零时，力系平衡；反之亦然。所以，平面任意力系平衡的充分必要条件是力系的主矢和主矩同时都等于零，即：

$$\boldsymbol{F}_R'=0,\quad M_O'=0 \tag{3.12}$$

该平衡条件可等效于以下三种形式的平衡方程。

1. 基本形式

根据主矢量和主矩的解析表达式，得：

$$\sum X_i=0,\quad \sum Y_i=0,\quad \sum M_O=0 \tag{3.13}$$

称为平面任意力系基本形式的平衡方程，即平面任意力系平衡的充要条件是：力系中各力在任意两个坐标轴上投影的代数和分别等于零，以及各力对平面内任一点的矩的代数和等于零。其中前两个称为投影方程，后一个称为力矩方程，但是 x 轴和 y 轴两个投影轴不能平行。

2. 二力矩形式

$$\sum M_A=0,\quad \sum M_B=0,\quad \sum M_i=0 \tag{3.14}$$

称为平面任意力系二力矩形式的平衡方程，其附加条件是：x 轴不垂直于 A、B 两点的连线。

3. 三力矩形式

$$\sum M_A=0,\quad \sum M_B=0,\quad \sum M_C=0 \tag{3.15}$$

称为平面任意力系三力矩形式的平衡方程，其附加条件是：A、B、C 三点不共线。

平面任意力系的平衡方程，无论采取基本形式、二力矩形式还是三力矩形式，对投影轴和矩心的选择除了上面提及的条件外，没有其他限制。但是必须注意，独立的平衡方程只有三个，因为平面任意力系只要满足三个独立的平衡方程，就一定平衡，其他方程都是力系平衡的必然结果，而不能再构成力系平衡的条件。所以，对于一个平面任意力系，只能写出三个独立的平衡方程，求解三个未知量。

应用平衡方程解题时，如能注意到投影轴与一个或两个未知力垂直，则在该轴方向的投影方程中，这一个或两个未知力就不出现。同样，如选取两个未知力的交点为矩心，则在该力矩方程中，这两个未知力也就不出现。这样，往往使平衡方程中只包含一个未知量，从而可以避免解联立方程。

将平面任意力系的平衡方程应用到平面平行力系中，在 Oxy 平面中，取 y 轴与各力作用线平行，则 $\sum X_i=0$ 恒满足，平面平行力系的平衡方程为：

$$\sum Y_i=0,\ \sum M_O=0 \tag{3.16}$$

或

$$\sum M_A=0,\ \sum M_B=0 \tag{3.17}$$

式（3.16）的附加条件是：y 轴不与力的作用线垂直；式（3.17）的附加条件是：A、B 两点连线不能与力系中各力的作用线平行。

【例 3-8】 一刚架受力如图 3-25（a）所示，试求固定端 A 处的约束反力。

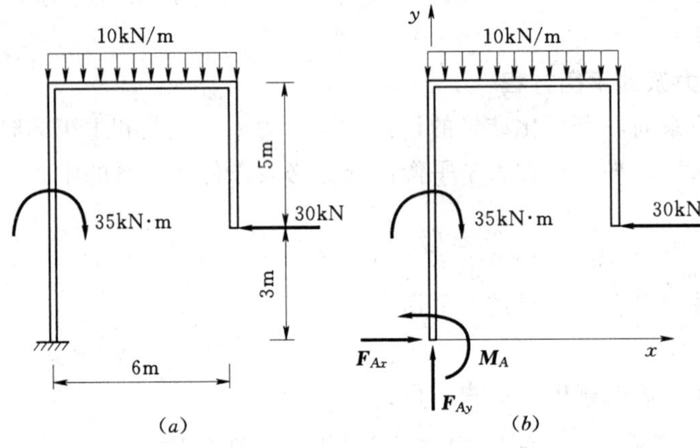

图 3-25

解： 取刚架为研究对象，画受力图如图 3-25（b）所示。根据基本形式的平衡方程得：

$$\sum X_i=0,\ F_{Ax}-30=0$$
$$\sum Y_i=0,\ F_{Ay}-10\times6=0$$
$$\sum M_A=0,\ M_A-35-10\times6\times3+30\times3=0$$

由以上三式解得：

$$F_{Ax}=30\text{kN},\ F_{Ay}=60\text{kN},\ M_A=125\text{kN}\cdot\text{m}$$

【例 3-9】 如图 3-26（a）所示弧形闸门，自重 $F_W=150$kN，水压力 $F_P=3000$kN，铰 A 处的摩擦力偶 $m_A=60$kN·m。求刚开启闸门时的拉力及铰 A 处的约束反力。

解： 取弧形闸门为研究对象，画其受力图如图 3-26（b）所示。当刚开启闸门时，必有 $\boldsymbol{F}_{NB}=0$，所以共有 3 个未知力 $\boldsymbol{F}_{Ax}$、$\boldsymbol{F}_{Ay}$ 和 $\boldsymbol{F}_T$，由平面任意力系的 3 个平衡方程可得：

$$\sum M_A=0,\ -F_T\times6-F_P\times0.1+F_W\times4+m_A=0$$
$$\sum X_i=0,\ F_{Ax}+F_P\cos30^\circ=0$$
$$\sum Y_i=0,\ F_{Ay}-F_W+F_T+F_P\sin30^\circ=0$$

代入数据，求得 $F_T=60$kN，$F_{Ax}=-2598$kN，$F_{Ay}=-1410$kN。

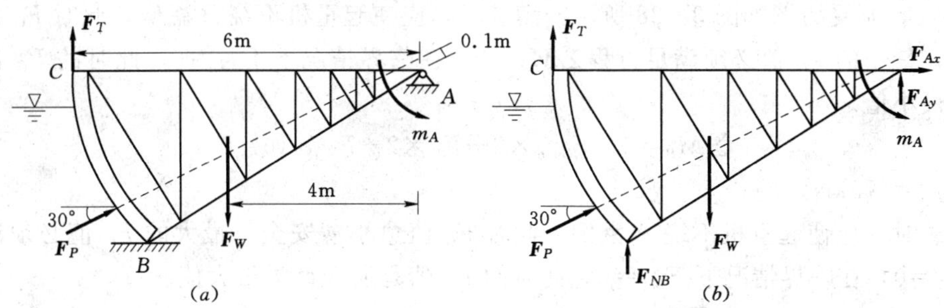

图 3-26

【例 3-10】 如图 3-27（*a*）所示水平杆，由①、②、③三根吊杆支承，已知 $F_{P1}=50$ kN，$F_{P2}=75$kN，梁的自重不计，试求三根吊杆所受之力。

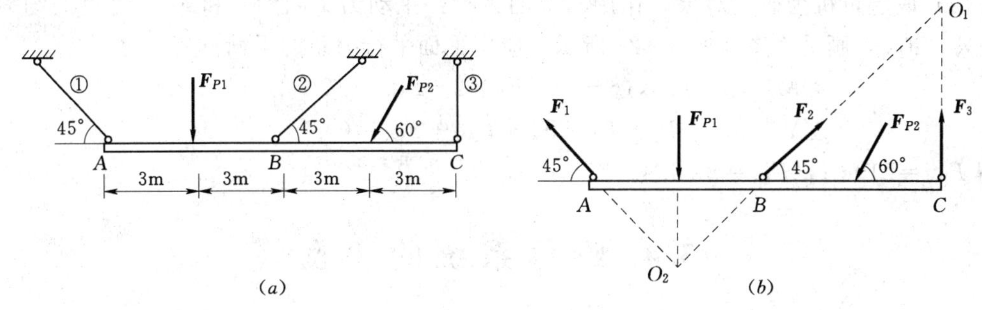

图 3-27

解：设三杆均受拉，分别用 $\boldsymbol{F}_1$、$\boldsymbol{F}_2$、$\boldsymbol{F}_3$ 表示，画出受力图如图 3-27（*b*）所示，采用二力矩形式的平衡方程，得：

$$\sum M_{O1}=0, F_1\cos45°\times6+F_1\sin45°\times12+F_{P1}\times9-F_{P2}\cos60°\times9-F_{P2}\sin60°\times3=0$$

$$\sum M_{O2}=0, F_3\times9+F_{P1}\times9+F_{P2}\cos60°\times3-F_{P2}\sin60°\times6=0$$

$$\sum X_i=0, F_2\cos45°-F_{P2}\cos60°-F_1\cos45°=0$$

由以上三式代入数据可求得：

$F_1=33.0$kN，$F_2=30.8$kN，$F_3=86.0$kN

【例 3-11】 塔式起重机如图 3-28 所示。机架重 $F_P=700$kN，作用线通过塔架的中心。最大起吊重量为 $F_W=200$kN，最大悬臂长为 12m，轨道 AB 的间距为 4m。平衡块重 F_G，到机身中心线距离为 6m。试问：（1）保证起重机在满载和空载都不致翻倒，求平衡块的重量 F_G 应为多少？（2）当平衡块重 $F_G=180$kN 时，求满载时轨道 A、B 给起重机轮子的约束反力。

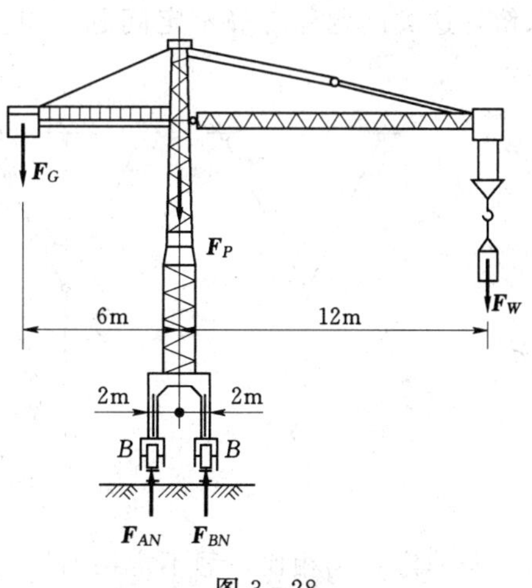

图 3-28

解：（1）取起重机为研究对象。作用其上的力有：主动 $\boldsymbol{F}_W$、$\boldsymbol{F}_P$ 和 $\boldsymbol{F}_G$，轨道的约束反力

$\boldsymbol{F}_{AN}$、$\boldsymbol{F}_{BN}$，画受力图如图 3-28 所示。满载时，应使起重机不绕 B 翻倒，此时 F_G 值愈大愈安全，最小的 F_G 值必须满足方程 $\sum M_B=0$，在临界情况下 $F_{AN}=0$，此时的 F_G 值是所允许的最小值。

$$\sum M_B=0,\ F_{G\min}\times 8+F_P\times 2-F_W\times 10=0$$

解得 $F_{G\min}=75\text{kN}$。

空载时，应使起重机不绕 A 翻倒，此时 F_G 值愈小愈安全，最大的 F_G 值必须满足方程 $\sum M_A=0$，在临界情况下 $F_{BN}=0$，此时的 F_G 值是所允许的最大值。

$$\sum M_A=0,\ F_{G\max}\times(6-2)-F_P\times 2=0$$

解得 $F_{G\max}=350\text{kN}$。

起重机实际工作时不允许处于极限状态，保证起重机在满载和空载时都不致翻倒，平衡块的重量 F_G 应在所允许的最大值和最小值之间，即 $75\text{kN}<F_G<350\text{kN}$。

(2) 取起重机为研究对象。作用其上的力有：主动力 $\boldsymbol{F}_W$、$\boldsymbol{F}_P$ 和 $\boldsymbol{F}_G$，轨道的约束反力 $\boldsymbol{F}_{AN}$、$\boldsymbol{F}_{BN}$，画受力图如图 3-28 所示。应用平面平行力系的平衡方程，得：

$$\sum M_A=0,\ F_G\times(6-2)-F_P\times 2-F_W\times(12+2)+F_{BN}\times 4=0$$

$$\sum Y_i=0,\ -F_P-F_G-F_W+F_{AN}+F_{BN}=0$$

解得 $F_{AN}=210\text{kN}$，$F_{BN}=870\text{kN}$。

3.4 物体系统的平衡

前面讨论了几种力系的简化和平衡问题，每一种力系都有确定的独立平衡方程的数目：平面任意力系有三个，平面汇交力系和平面平行力系各有两个，平面力偶系只有一个。

当物体在某一力系作用下处于平衡时，如果未知量的数目等于或少于独立平衡方程的个数，则由平衡方程可以求解全部未知量，这类问题称为静定问题，相应的结构称为静定结构，如图 3-29 (*a*)、(*c*) 所示。反之，如果未知量的数目超过独立平衡方程的个数，则仅由平衡方程不可能求解全部未知量，而必须同时考虑变形条件列出某些补充方程才能求解，这类问题称为静不定问题，相应的结构称为静不定结构，如图 3-29 (*b*)、(*d*) 所示。

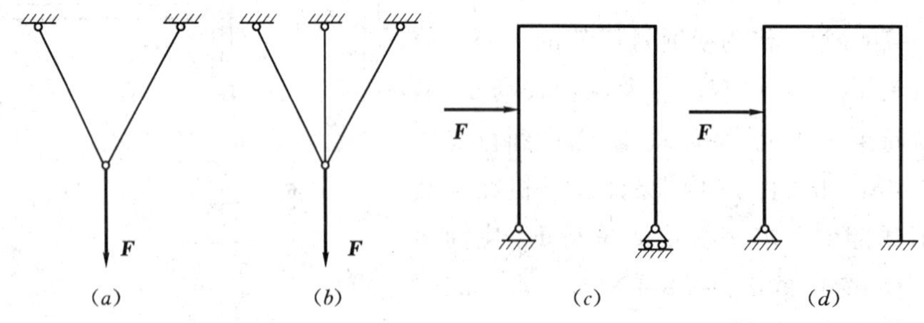

图 3-29

与静定结构相比，静不定结构特点就在于有“多余约束”。“多余”是指从维持静力平衡这个观点看是多余的，而从工程要求来看则是完全必要的，它是维持结构或构件正常工作必不可少的条件。结构中多余约束的个数称为静不定次数，也就是说有几个多余约束就是几次静不定结构。如图 3-29（*b*）、（*d*）中所示结构分别是一次和二次静不定结构。这里主要研究刚体系统的静定问题，关于变形体的静不定问题将在以后的章节中讨论。

在实际工程中，结构往往不是一个物体，而是两个或两个以上的物体组成的物体系统。各物体之间以一定的方式联系着，整体系统又以适当方式与其他物体（如基础）相联系。当系统受到主动力作用时，各约束处一般都将产生约束反力，通常这些约束反力都是未知的，需要利用力系的平衡规律来求解。

平面系统中，若把每个物体都看作受平面任意力系作用，则由 n 个物体组成的系统就有 $3n$ 个独立的平衡方程，可以求解 $3n$ 个未知量。物体系统平衡时，组成该系统的每一个刚体都处在平衡状态，因而可以选取整个系统、系统内每一个刚体、系统内若干个刚体的组合为研究对象，分别写出平衡方程求得未知量。在求解过程中，究竟以什么为研究对象，以及如何确定研究对象选择的先后次序，其原则是尽量使平衡方程中包含的未知量最少，在条件许可的情况下，最好是一个方程只包含一个未知量，避免解方程组。

下面举例说明物体系统的平衡问题的求解方法。

【例 3-12】 三铰刚架 ABC 如图 3-30（*a*）所示，试求 A、B 处的约束反力。

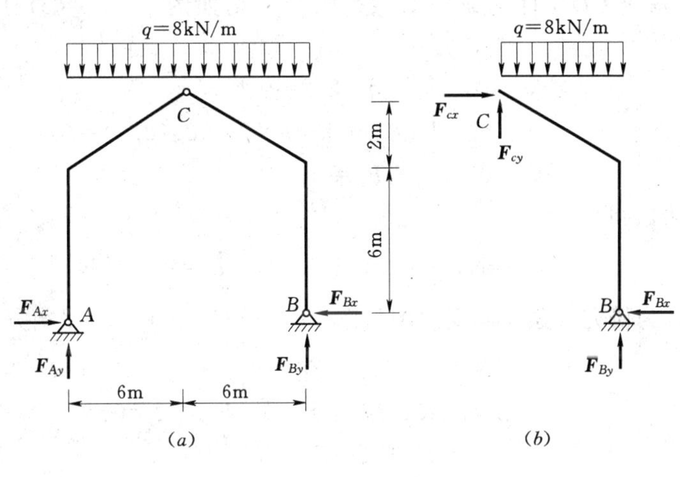

图 3-30

解：（1）首先以整体为研究对象，画出其受力图如图 3-30（*a*）所示，列平衡方程得：

$$\sum M_B=0,\ -F_{Ay}\times 12-8\times 12\times 6=0$$

$$\sum Y_i=0,\ F_{Ay}+F_{By}-8\times 12=0$$

解得 $F_{Ay}=F_{By}=48\text{kN}$。

（2）再以 BC 为研究对象，画出其受力图如图 3-30（*b*）所示，列平衡方程得：

$$\sum M_C=0,\ -F_{Bx}\times(6+2)+F_{By}\times 6-8\times 6\times 3=0$$

解得 $F_{Bx}=18\text{kN}$。

（3）最后以整体为研究对象，其受力图如图 3-30（*a*）所示，列平衡方程得：

$$\sum X_i=0,\ F_{Ax}-F_{Bx}=0$$

解得 $F_{Ax}=18\text{kN}$。

【例 3-13】 如图 3-31（a）所示结构中，已知 $F=10\text{kN}$，$m=12\text{kN}\cdot\text{m}$，$q=0.4\text{kN/m}$，求 A、B、C 三处的约束反力。

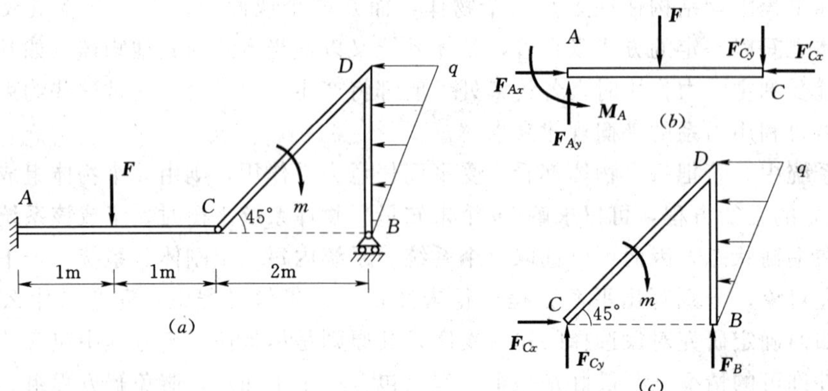

图 3-31

解：（1）首先取 CDB 杆为研究对象，画受力图如图 3-31（c）所示，列平衡方程得：

$$\sum X_i=0,\ F_{Cx}-q\times 2/2=0$$

$$\sum M_C=0,\ F_B\times 2-m+q\times 2\times(2\times 2/3)=0$$

$$\sum Y_i=0,\ F_{Cy}+F_B=0$$

由以上三式可解得

$$F_{Cx}=0.4\text{kN},\ F_{Cy}=-5.73\text{kN},\ F_B=5.73\text{kN}$$

（2）取 AC 杆为研究对象，画受力图如图 3-31（b）所示，列平衡方程得：

$$\sum X_i=0,\ F_{Cx}-F'_{Cx}=0$$

$$\sum M_A=0,\ M_A-F\times 1-F'_{Cx}\times 2=0$$

$$\sum Y_i=0,\ F_{Ay}-F'_{Cy}=0$$

由以上三式可解得

$$F_{Ax}=0.4\text{kN},\ F_{Ay}=4.27\text{kN},\ M_A=-1.46\text{kN}\cdot\text{m}$$

【例 3-14】 构架尺寸及所受荷载如图 3-32（a）所示，求铰链 E 和 H 的约束反力。

解：（1）取整体为研究对象画受力图如图 3-32（b）所示。

$$\sum X_i=0,\ F_{Ax}+500=0$$

$$F_{Ax}=-500\text{N}$$

（2）取 $AEGC$ 杆为研究对象画受力图如图 3-32（c）所示。

$$\sum M_G(\boldsymbol{F}_i)=0,\ 2\times 500-2F_{Ex}+4\times 500=0$$

$$F_{Ex}=1500\text{N}$$

（3）取 DEH 杆为研究对象画受力图如图 3-32（d）所示。

$$\sum X_i=0,\ F_{Hx}-5F'_{Ex}=0$$

$$F_{Hx}=1500\text{N}$$

$$\sum M_E(\boldsymbol{F}_i)=0,\ 2\times500+2F_{Hy}=0$$

$$F_{Hy}=-500\text{N}$$

$$\sum Y_i=0,\ -500-F'_{Ey}+F_{Hy}=0$$

$$F'_{Ey}=-1000\text{N}$$

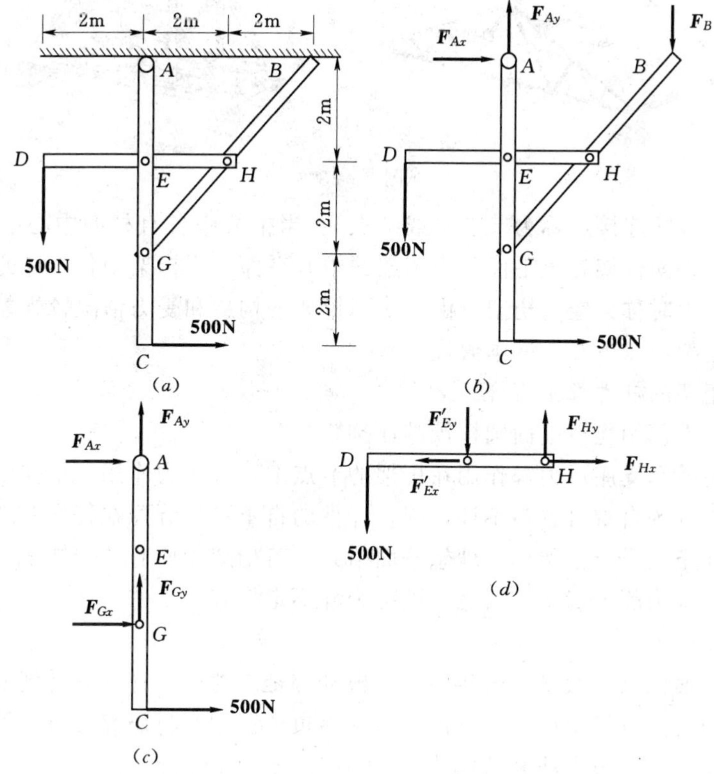

图 3-32

综合以上例题，求解物体系统平衡问题的基本步骤和方法总结如下：

(1) 分析独立平衡方程的数目与未知量的数目，如果彼此相等，则此物体系统的平衡问题应用平衡方程即能求解（即该问题为静定问题）。

(2) 适当选取研究对象，作研究对象的受力图。研究对象可以是整个物体系统，也可以是其中一部分物体或单个物体，其原则是便于求解。

(3) 对所选取的研究对象，列出平衡方程。为了尽可能地利用一个方程求解一个未知量，可以尽量选择与未知力垂直的轴为投影轴，列出投影方程；也可选未知力的交点为矩心，列出力矩方程。

(4) 由平衡方程求解未知量。

(5) 选择合适的平衡方程进行校核。

3.5 平面静定桁架

桁架是指由很多直杆在端部以适当的方式连接而成的几何形状不变的结构。它是工程上常见的一种结构形式，在房屋、桥梁、弧形闸门、输电塔、起重机架以及其他工程中应用极为广泛，如图3-33所示。

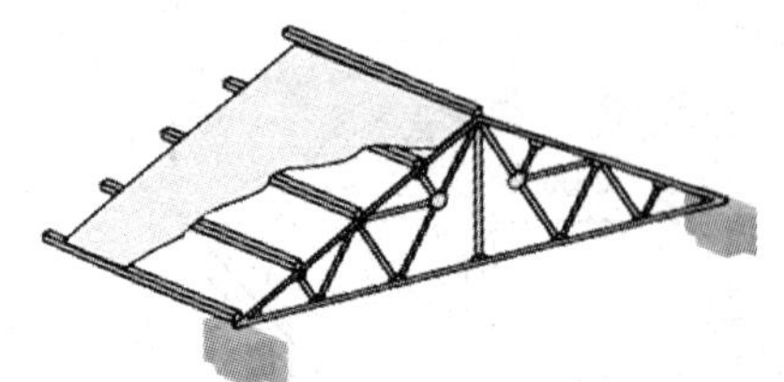
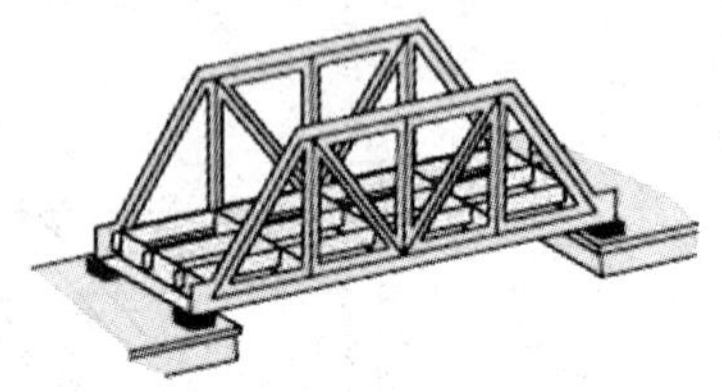

图3-33

桁架中各杆件的连接点称为节点（或结点）。当桁架中各直杆的中心线和荷载都在同一平面内时称为平面桁架，该平面称为桁架的中心平面；当桁架中各直杆的中心线和荷载不全在同一平面内时称为空间桁架。由于实际桁架的构造和受力情况较为复杂，为了简化计算，通常对桁架作以下几个基本假设：

（1）构成桁架的杆件都是直杆。

（2）各刚杆端部用光滑平面圆柱铰链连接。

（3）所有荷载和支座反力都作用在桁架的节点上，且各力作用线都在中心平面内。

（4）桁架杆件的自重可忽略不计，或将杆件的自重平均分配在杆件两端的节点上。

符合以上几条假设的桁架称为理想平面桁架。若桁架中所有的未知量能用静力学平衡方程全部求解，称为静定桁架，反之，则称为静不定桁架。本书只讨论静定平面桁架的内力问题。

根据理想平面桁架的假设，桁架中每一根杆都是二力杆，杆件只受到沿其轴线的力的作用，称为轴力，并且规定拉力为正值，压力为负值。现在将研究分析计算静定平面桁架杆件轴力的基本方法：节点法和截面法。

3.5.1 节点法

当桁架在外力作用下处于平衡时，桁架中的每一节点也必然平衡。节点法就是假想将连接某一节点的各杆截断，取该节点为研究对象，利用平面汇交力系的平衡方程求解未知量的方法。此时作用在节点上的力一般有：荷载、支座约束反力和杆件轴力。

利用节点法计算静定平面桁架中杆件的轴力时，要注意由于平面汇交力系独立的平衡方程只有两个，应先从由两杆连接而成的节点开始分析，而且每一节点的受力图中，未知力的数目一般不宜超过两个。特殊情况下，未知力数目也可超过两个。例如，虽然有三个未知力，但其中有两个力共线，若以垂直于该两力作用线的方向取投影轴，则可求得第三个力。另外，在表示杆件的轴力时，一般都假设为拉力，若求得结果为负值，即表示实际轴力为压力。

由于组成桁架的杆件较多，要逐一研究每一个节点，计算所有未知力，计算工作量较大，若能先判断出轴力为零的杆件，则可减少一部分工作量。桁架中轴力为零的杆件称为零杆，平面问题中，对零杆的判断主要有以下三种情况：

（1）节点上只有两根不共线的杆件，且节点处无外力作用，则两杆均为零杆，如图 3-34（a）所示。

（2）节点上有两根不共线的杆件，且节点处的外力沿其中一杆轴线方向，则另一杆必为零杆，如图 3-34（b）所示。

（3）节点上有三根杆件，其中两杆共线，且节点上无外力作用，则第三杆必为零杆，如图 3-34（c）所示。

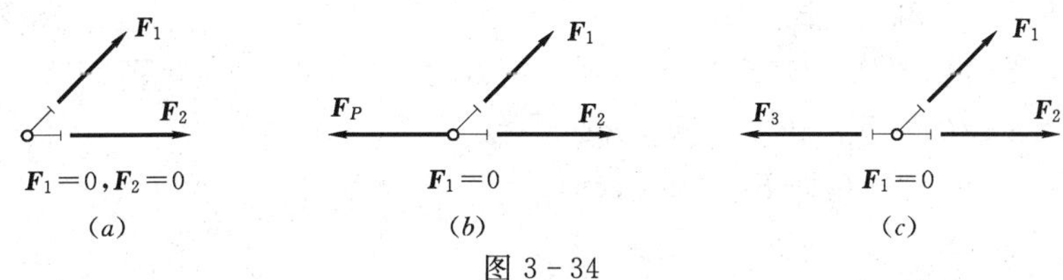

图 3-34

3.5.2 截面法

用节点法可以求出桁架中各根杆件的轴力，但是当桁架杆件较多，而又只需计算其中几根杆件的轴力时，用节点法就十分麻烦，此时往往采用截面法。截面法就是选取适宜的截面，假想地将某些杆件截断，将桁架分为两部分，取其中任一部分为研究对象，利用平面任意力系的平衡方程，计算被截断杆件轴力的方法。此时作用在这部分桁架上的力一般有：荷载、支座约束反力和被截断杆件的轴力。

由于平面任意力系只有三个独立的平衡方程，所以在选择截面时，截断的杆件一般不要超过三根，以便能求解全部的未知力。但在特殊情况下，被截断的杆件也可超过三根。例如，在被截断的 n 根杆件中，有 $n-1$ 根杆汇交于一点，则可以取该点为矩心，列力矩方程，求出第 n 根杆件的轴力。

计算桁架轴力要注意：首先，应求支座反力，判断桁架是否静定，判断桁架的零杆；其次，所有杆件的内力先设为拉力，计算结果为负，说明该杆为压力；用节点法时，节点上的未知力一般不能多于两个，用截面法时，节点上的总未知力一般不能多于三个，否则就不能全部解出；节点法和截面法通常要联合应用，一般先用截面法再用节点法。

【例 3-15】 如图 3-35（a）所示平面桁架，已知 $F_C=4\text{kN}$，$F_E=2\text{kN}$。（1）节点法求各杆内力；（2）截面法求 FE，CE，CD 杆内力。

解：（1）节点法求各杆内力。

先取整体为研究对象，求支座反力。画受力图如图 3-35（a）所示，列平衡方程得：

$$\sum X_i=0,\quad F_{Ax}+F_E=0$$

$$\sum Y_i=0,\quad F_B+F_{Ay}-F_C=0$$

$$\sum M_A=0,\quad -F_C a-F_E a+F_B\times 3a=0$$

解得 $F_{Ax}=-2\text{kN}$，$F_{Ay}=2\text{kN}$，$F_B=2\text{kN}$。

取节点 A，受力如图 3-35（b）所示。列平衡方程得：

$$\sum X_i=0,\quad F_{Ax}+F_{AC}+F_{AH}\cos 45°=0$$

$$\sum Y_i=0,\quad F_{Ay}+F_{AH}\cos 45°=0$$

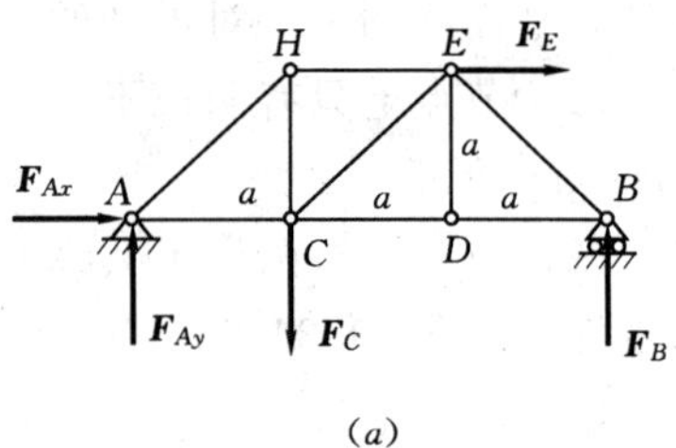

(a)

解得

$$F_{AH}=-2\sqrt{2}\text{kN},\ F_{AC}=4\text{kN}$$

取节点 H，受力如图 3-35（c）所示。列平衡方程得：

$$\sum X_i=0,\ F_{HE}-F_{HA}\cos45°=0$$

$$\sum Y_i=0,\ -F_{HC}-F_{HA}\cos45°=0$$

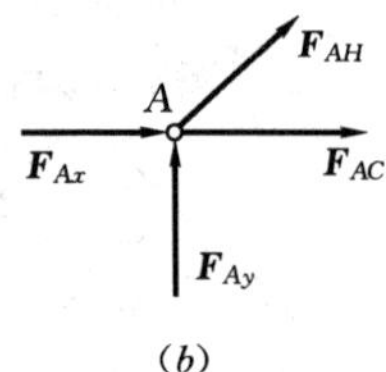

(b)

解得

$$F_{HE}=-2\text{kN},\ F_{HC}=2\text{kN}$$

取节点 C,受力如图 3-35(d)所示。列平衡方程得：

$$\sum x_i=0,-F_{CA}+F_{CD}+F_{CE}\cos45°=0$$

$$\sum Y_i=0,\ -F_C+F_{CF}+F_{CE}\cos45°=0$$

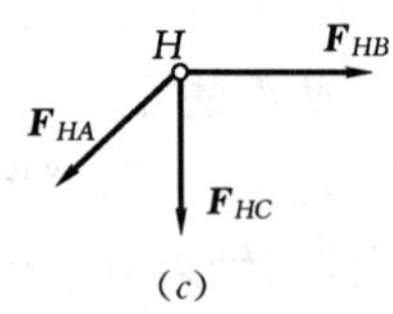

(c)

解得

$$F_{CE}=2\sqrt{2}\text{kN},\ F_{CD}=2\text{kN}$$

取节点 D，受力如图 3-35（e）所示。列平衡方程得：

$$\sum X_i=0,\ F_{DB}-F_{DC}=0$$

$$\sum Y_i=0,\ F_{DE}=0$$

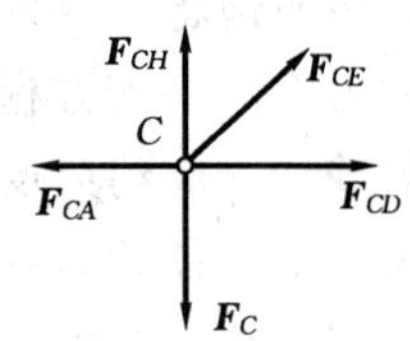

(d)

解得

$$F_{DB}=3\text{kN},\ F_{DE}=0$$

取节点 B，受力如图 3-35（f）所示。列平衡方程得：

$$\sum X_i=0,\ -F_{BD}-F_{BE}\cos45°=0$$

$$\sum Y_i=0,\ F_B+F_{BE}\cos45°=0$$

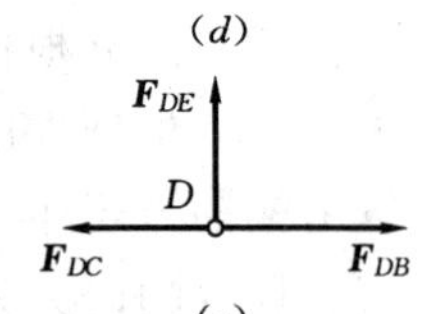

(e)

解得

$$F_{BD}=F_{BE}=-2\sqrt{2}\text{kN}$$

（2）截面法求 FE，CE，CD 杆内力。

作一截面 $m-m$ 将三杆截断，取左部分为分离体，受力分析如图 3-35（g）所示。

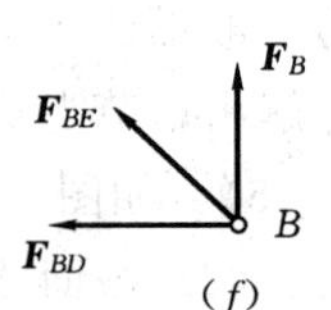

(f)

$$\sum X_i=0,\quad F_{CD}+F_{Ax}+F_{HE}+F_{CE}\cos45°=0$$

$$\sum Y_i=0,\ F_{Ay}-F_C+F_{CE}\cos45°=0$$

$$\sum M_A(F)=0,\quad -F_{HE}\times a-F_{Ay}\times a=0$$

解得

$$F_{CE}=-2\sqrt{2}\text{kN},\ F_{CD}=2\text{kN},\ F_{HE}=-2\text{kN}$$

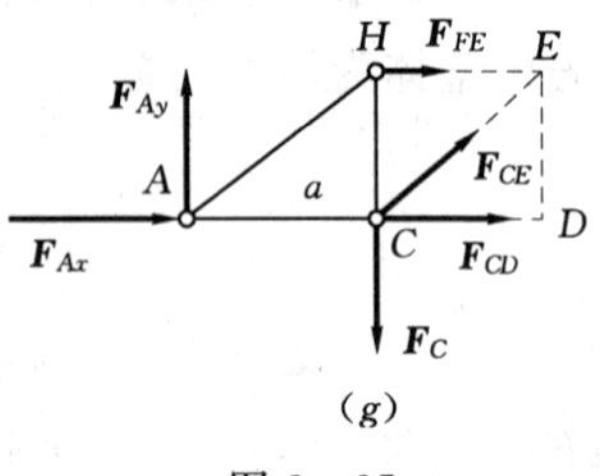

(g)

图 3-35

【例 3-16】 计算如图 3-36（a）所示桁架中 1、2、3 三杆的轴力。

【分析】 图 3-36（a）中桁架 1、2、3 三杆虽然离支座 A、B 较近，但由于两节点都有三杆的未知轴力，无法利用节点法来从支座节点处求解；如用节点法从 H 节点处开始计算，虽然行得通，但是太繁琐。若用截面法求解，无论怎样选择截面，都至少有四根杆件，无法利用三个方程求解三个未知力。观察到 1、2、3 三杆与 CF 杆在 C 节点处相连，若能利用截面法求得其中两杆的轴力，则可以 C 节点为研究对象，求得另外两个杆件的未知力。

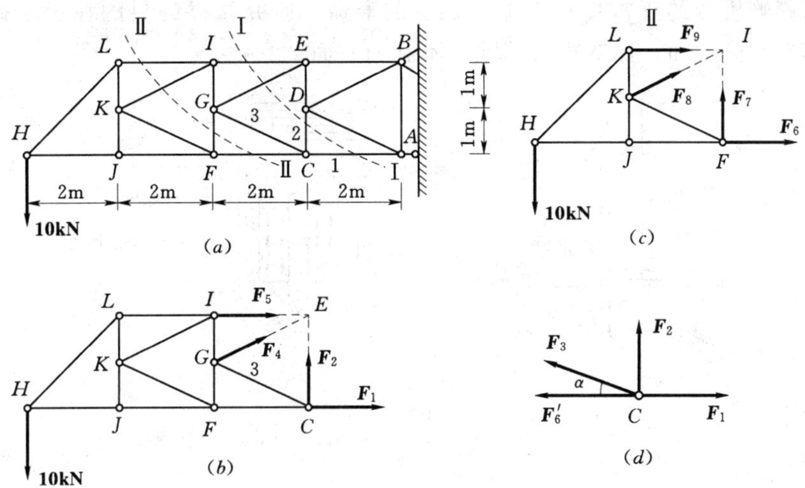

图 3-36

解：（1）用Ⅰ－Ⅰ截面，将桁架截开，并取左边部分为研究对象，画出受力图如图 3-36（b）所示。以 E 点为矩心，写力矩方程，得：

$$\sum M_E=0,\ 10\times 6+F_1\times 2=0$$

解得

$$F_1=-30\text{kN}$$

（2）用Ⅱ－Ⅱ截面，将桁架截开，并取左边部分为研究对象，画出受力图如图 3-36（c）所示。以Ⅰ点为矩心，写力矩方程，得：

$$\sum M_I=0,\ 10\times 4+F_6\times 2=0$$

解得

$$F_6=-20\text{kN}$$

（3）取节点 C 为研究对象，画受力图如图 3-36（d）所示，列平衡方程得：

$$\sum X_i=0,\ F_1-F_6'-F_3\cos\alpha=0$$

$$\sum Y_i=0,\ F_2+F_3\sin\alpha=0$$

将 $F_1=-30\text{kN}$，$F_6'=F_6=-20\text{kN}$，$\sin\alpha=1/\sqrt{5}$，$\cos\alpha=2/\sqrt{5}$，代入以上两式，解得：

$$F_2=5\text{kN},\ F_3=-11.2\text{kN}$$

3.6 摩擦平衡问题

当两个物体相互接触，且接触处有相对运动或相对运动趋势时，在接触处就产生阻碍其相对运动的力，即摩擦力，这种现象称为摩擦。根据相互接触的两物体之间的相对运动的情况，摩擦可分为滑动摩擦和滚动摩擦，本节将主要研究滑动摩擦。

摩擦是自然界中普遍存在的一种现象。同一切事物一样，摩擦具有双重性：既有有利的一面，为人类做出了巨大贡献；也有不利的一面，消耗着大量的能量。如图 3-37 所示，重力坝依靠摩擦来防止坝体的滑动，在软土地基上采用的摩擦桩依靠桩表面与土体间的摩擦力来支承基础上部的荷载，还有机械中的传动和制动装置中，摩擦都起到了很大的作用。但是，各种机器在运转的过程中，摩擦会使机器发热，消耗能量，降低效率，磨损部件，从而影响机器的正常使用，缩短机器的寿命。研究摩擦的目的在于掌握摩擦的规律，利用其有利的一面，而减少或消除其不利的一面。

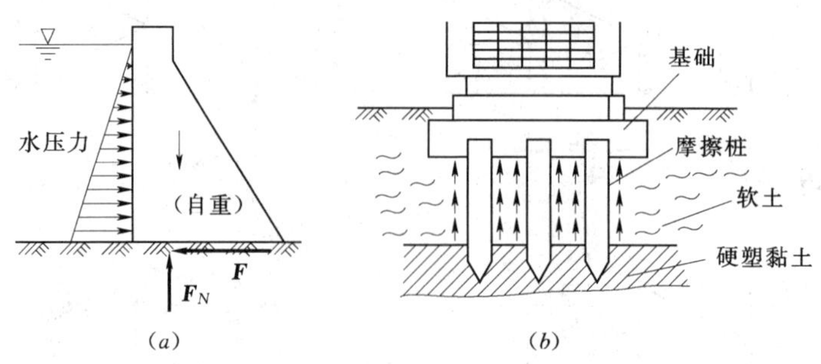

图 3-37

3.6.1 滑动摩擦

两个相互接触的物体，当接触面之间有相对滑动或相对滑动的趋势时，即为滑动摩擦现象，相应的摩擦力称为滑动摩擦力。当两物体只有相对滑动趋势时，称为静滑动摩擦，两物体相对滑动时，称为动滑动摩擦。

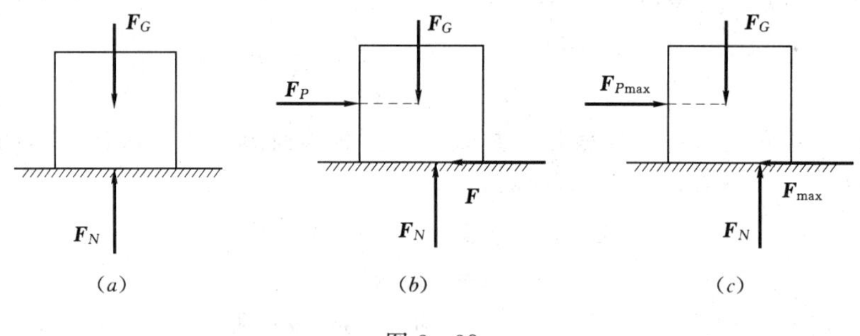

图 3-38

如图 3-38（*a*）所示设有一重为 $\boldsymbol{F}_G$ 的物体，放在粗糙的水平面上处于静止状态。在物体上施加水平主动力 $\boldsymbol{F}_P$，并令其从零开始逐渐增加，物体受到接触面的作用力除法向力 $\boldsymbol{F}_N$ 外还有摩擦力 $\boldsymbol{F}$，其受力图如图 3-38（*b*）所示。

当 $\boldsymbol{F}_P=0$ 时，由于两物体无相对滑动趋势，故静滑动摩擦力 $\boldsymbol{F}=0$。当 $\boldsymbol{F}_P$ 开始增加时，静摩擦力 $\boldsymbol{F}$ 也随之增加，物体仍保持静止，由平衡条件可知 $\boldsymbol{F}=\boldsymbol{F}_P$。当 $\boldsymbol{F}_P$ 再继续增加，达到某一数值 $\boldsymbol{F}_{P\max}$时，物块处于将要滑动但尚未开始滑动的临界平衡状态，如图 3-38（*c*）所示。这时静摩擦力达到最大值，称为最大静摩擦力，以 $\boldsymbol{F}_{\max}$ 表示。与此同时，物体将由静止开始滑动，其摩擦力也由最大静摩擦力 $\boldsymbol{F}_{\max}$突变为动摩擦力 $\boldsymbol{F}_d$。此后若 $\boldsymbol{F}_P$ 再增加，则摩擦力基本上保持为常量 $\boldsymbol{F}_d$。若速度更高，则 $\boldsymbol{F}_d$ 值会略有降低。上述过程中 $\boldsymbol{F}_P\sim\boldsymbol{F}$ 关系曲线如图 3-39

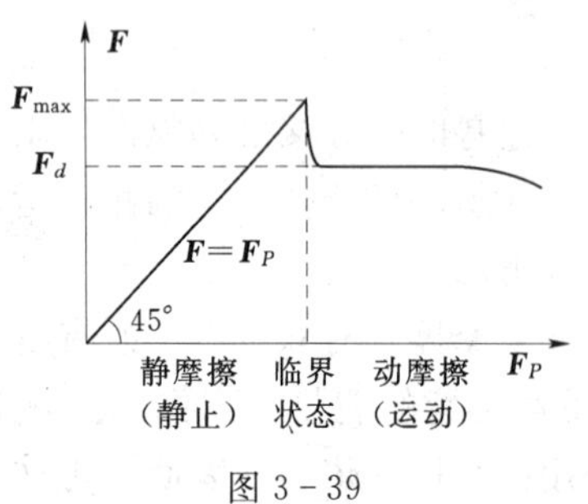

图 3-39

所示。

大量实验证明：最大静摩擦力 $\boldsymbol{F}_{max}$ 的方向与相对滑动趋势方向相反，其大小与两接触面间的正压力 F_N 成正比，而与接触面积无关，即：

$$F_{max}=fF_N \tag{3.18}$$

这就是静摩擦定律，又称库仑摩擦定律。式（3.18）中比例常数 f 称为静摩擦系数，其大小与两接触物体的材料以及表面情况（粗糙度、干湿度和温度等）有关，可在一般工程手册中查到，但由于影响静摩擦系数的因素很多，必要时应由实验来测定。表 3-1 中列出了一部分常用材料的静摩擦系数，供参考。

表 3-1　常用材料的静摩擦系数的近似值

材　　料	静摩擦系数	材　　料	静摩擦系数
钢一钢	0.1～0.20	混凝土一岩石	0.50～0.80
铸铁一木材	0.4～0.50	混凝土一砖	0.70～0.80
铸铁一橡胶	0.5～0.70	混凝土一土	0.30～0.40
铸铁一石棉基材料	0.3～0.40	土一土	0.25～1.00
木材一木材	0.4～0.60	土一木材	0.30～0.70

上述分析表明，一般静摩擦力的大小应在零与最大静摩擦力之间，即：

$$0\leqslant F\leqslant F_{max} \tag{3.19}$$

当两个相互接触的物体有相对滑动时，接触面间存在的摩擦力称为动滑动摩擦力，简称动摩擦力，以 $\boldsymbol{F}_d$ 表示，其方向与相对运动速度的方向相反，大小与接触物体间的正压力 F_N 成正比，即：

$$F_d=f'F_N \tag{3.20}$$

这就是动滑动摩擦定律，简称动摩擦定律。式（3.20）中比例常数 f' 称为动摩擦系数，它除了与接触物体的材料以及表面情况等因素有关外，当滑动速度较大时，还与物体相对运动速度有关。一般情况下，动摩擦系数略小于静摩擦系数，即 $f'<f$。由经验可知，推动物体从静止开始滑动比较费力，一旦滑动起来后，要维持物体继续滑动就比较省力，这是由于物体由静止开始运动后，动摩擦力 $\boldsymbol{F}_d$ 小于最大静摩擦力 $\boldsymbol{F}_{max}$。

从以上讨论中可知，当考虑摩擦问题时，首先要分清物体是处于静止、临界平衡还是滑动状态，然后再选择相应的方法来计算摩擦力。

3.6.2 摩擦角与自锁

如图 3-40（a）所示中，物体处于静止状态，接触面对物体的作用力有法向反力 $\boldsymbol{F}_N$ 和切向反力 $\boldsymbol{F}$（即静摩擦力），把 $\boldsymbol{F}_R=\boldsymbol{F}+\boldsymbol{F}_N$ 称为全约束反力，简称全反力。全反力 $\boldsymbol{F}_R$ 与接触面法线的夹角用 φ 表示。当物体处于临界平衡状态时，静摩擦力达到最大值 $\boldsymbol{F}_{max}$，φ 也达到最大值 φ_m，这时角度 φ_m 称为摩擦角，如图 3-40（b）所示，显然有：

$$\tan\varphi_m=\frac{F_{max}}{F_N}=\frac{fF_N}{F_N}=f \tag{3.21}$$

即摩擦角的正切等于静摩擦系数。因此，摩擦角 φ_m 与静摩擦系数 f 都是表示材料摩擦性质的物理量。

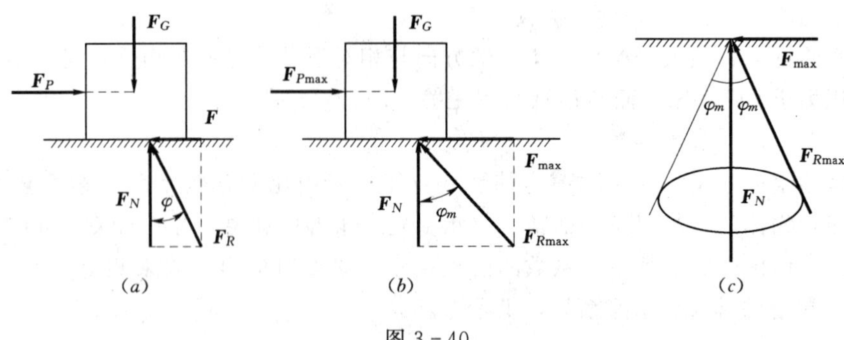

图 3-40

当物体的滑动趋势方向改变时，全约束反力 $\boldsymbol{F}_R$ 作用线的方位也随之改变。假设两物体接触面沿任意方向的静摩擦系数都相同，这样在两物体处于临界平衡状态时，全约束反力 $\boldsymbol{F}_R$ 的作用线在空间将形成一个顶角为 $2\varphi_m$ 的正圆锥面，称为摩擦锥，如图 3-40（c）所示。由于静摩擦力不能超过最大值 $\boldsymbol{F}_{\max}$，因此，全约束反力的作用线也不可能超出摩擦角以外，即物体处于平衡时，全约束反力的作用线必在摩擦锥内。

如图 3-41（a）所示，如果作用于物体上的全部主动力的合力 $\boldsymbol{F}_Q$ 的作用线在摩擦角 φ_m 之内，则无论这个力多么大，物体必保持静止，这种现象称为自锁。在此情况下，主动力的合力 $\boldsymbol{F}_Q$ 和全约束反力 $\boldsymbol{F}_R$ 必能满足二力平衡条件，实际上，这时摩擦力总是等于或小于最大静摩擦力，所以物体必处于静平衡状态。显然，这时的平衡条件只与摩擦角有关，而与主动力的大小无关，称为自锁条件。

如图 3-41（b）所示，如果物体上作用的全部主动力的合力 $\boldsymbol{F}_Q$ 的作用线在摩擦角 φ_m 之外，则无论这个力多么小，物体一定会滑动，因为在此情况下，支承面的全约束反力 $\boldsymbol{F}_R$ 和主动力的合力 $\boldsymbol{F}_Q$ 不能满足二力平衡条件。实际上，这时主动力合力的水平分量大于最大静摩擦力，所以物体不会处于平衡状态。

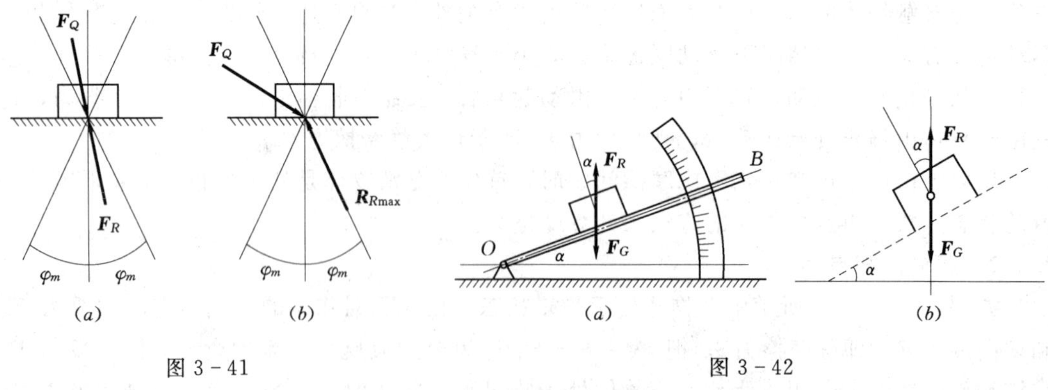

图 3-41　　图 3-42

利用摩擦角的概念，还可以用简单的实验方法测定摩擦系数。如图 3-42（a）所示，把要测定的两种材料做成斜面和物块，把物块放在斜面上，并逐步从零起增大斜面的倾角 φ，直到物块刚开始下滑时为止，记下这时斜面的倾角 φ，该角即为要测定的摩擦角 φ_m，其正切即为要测定的摩擦系数 f。因为物块仅受重力 $\boldsymbol{F}_G$ 和全约束反力 $\boldsymbol{F}_R$ 作用而平衡，所以 $\boldsymbol{F}_R$ 与 $\boldsymbol{F}_G$ 应等值、反向、共线，力的作用线为铅直，$\boldsymbol{F}_R$ 与斜面法线的夹角等于斜面倾

角 α，即：

$$f=\tan\varphi_m=\tan\alpha \tag{3.22}$$

当物块处于临界平衡时，如图 3-42（b）所示，有 $\alpha=\varphi_m$。因此，斜面的自锁条件，即物块在铅直荷载 $\boldsymbol{F}_P$ 的作用下，不沿斜面下滑的条件。显然，斜面的自锁条件是斜面的倾角不大于摩擦角。即：$\alpha\leqslant\varphi_m$。

3.6.3　考虑摩擦时物体的平衡问题

考虑摩擦时，物体的平衡问题的求解方法与忽略摩擦的平衡问题基本相同，只是在分析受力时必须考虑静摩擦力，而静摩擦力的方向总是与相对滑动趋势的方向相反。所以，对考虑摩擦的平衡问题，除应满足一般的平衡条件外，还必须列出摩擦平衡的补充方程，即：

$$0\leqslant F\leqslant fF_N \tag{3.23}$$

补充方程的数目要与未知的摩擦力的数目相同。

摩擦平衡的方程是一个不等式方程，可直接代入方程中进行运算。但在许多实际的工程问题中，只需要分析临界平衡状态，这时静摩擦力为最大值，补充方程中只取等号。有时为了方便，先对临界平衡状态进行分析计算，求得结果后再进行详细的讨论。由于静摩擦力的大小有一定的变化范围，即 $0\leqslant F\leqslant F_{max}$，所以，关于这一类问题的解答往往具有一个变化的范围。这是考虑摩擦时物体平衡问题的特点。

【例 3-17】　物块 A 重为 $\boldsymbol{F}_W$，放在倾角为 $\alpha(\alpha>\varphi_m)$ 的粗糙斜面上，用一轻绳跨过一定滑轮 O，连接物块 A 和 B，如图 3-43（a）所示。若物块 A 与斜面的摩擦系数为 f，绳与斜面的夹角为 β。求系统静平衡时，物块 B 的重量 F_G 为多少？

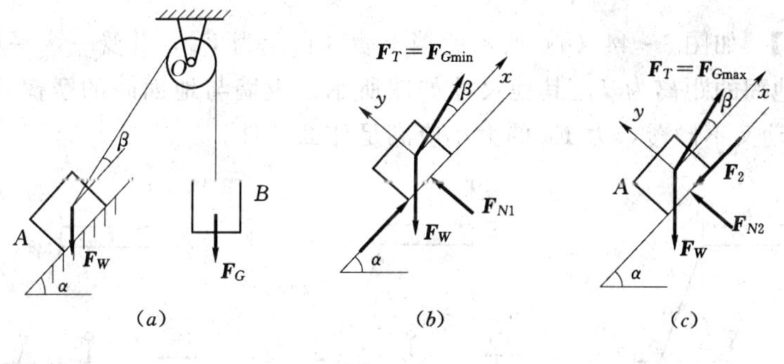

图 3-43

解： 显然，当物块 B 很轻时，物块 A 将下滑；当物块 B 很重时，物块 A 将上滑。因此系统平衡时，物块 B 的重量必在一定的范围内。因此，应分别对物块 A 下滑和上滑的临界状态作分析。

（1）先求物块 B 的最小值 F_{Gmin}。

取物块 A 为研究对象。当物块 B 取最小值 F_{Gmin} 时，物块 A 处于将要向下滑动的临界状态。这时，接触面上的摩擦力 $\boldsymbol{F}_1$ 沿斜面向上，并达到最大值。物块 A 受重力 $\boldsymbol{F}_W$、绳子的张力 $\boldsymbol{F}_T$、法向反力 $\boldsymbol{F}_{N1}$ 及摩擦力 $\boldsymbol{F}_1$ 的作用而平衡，其受力图及坐标系的选取如图 3-43（b）所示。由题意知 $F_T=F_{Gmin}$。列出平衡方程为：

$$\sum X_i=0, F_1+F_{G\min}\cos\beta-F_W\sin\alpha=0$$

$$\sum Y_i=0, F_{N1}+F_{G\min}\sin\beta-F_W\cos\alpha=0$$

此外，还应列出摩擦平衡方程为：

$$F_1=fF_{N1}$$

由以上三式联立求解，可得：

$$F_{G\min}=\frac{f\cos\alpha-\sin\alpha}{f\sin\beta-\cos\beta}F_W$$

（2）再求物块 B 的最大值 $F_{G\max}$。

仍取物块 A 为研究对象。当物块 B 取最大值 $F_{G\max}$ 时，物块 A 处于将要向上滑动的临界状态。这时摩擦力沿斜面向下，并达到另一最大值 $\boldsymbol{F}_2$，物块 A 的受力情况及坐标系的选取如图 3－43（c）所示。这时，由题意知 $F_T=F_{G\max}$。列出平衡方程为：

$$\sum X_i=0,\ F_{G\max}\cos\beta-F_W\sin\alpha-F_2=0$$

$$\sum Y_i=0,\ F_{N2}+F_{G\max}\sin\beta-F_W\cos\alpha=0$$

此外，根据静摩擦定律，还可列出摩擦平衡方程为：

$$F_2=fF_{N2}$$

由以上三式联立求解，可得：

$$F_{G\min}=\frac{f\cos\alpha+\sin\alpha}{f\sin\beta+\cos\beta}F_W$$

综合上述两种结果，可见只有当 F_G 满足下述条件时，系统才能处于平衡状态：

$$\frac{f\cos\alpha-\sin\alpha}{f\sin\beta-\cos\beta}F_W\leqslant F_G\leqslant\frac{f\cos\alpha+\sin\alpha}{f\sin\beta+\cos\beta}F_W$$

【例 3－18】 如图 3－44（a）所示的挡土墙，自重为 $\boldsymbol{F}_W$，并受一水平止压力 $\boldsymbol{F}_P$ 的作用，力 $\boldsymbol{F}_P$ 距地面的距离为 d，其他尺寸如图所示。设墙与地面间的摩擦系数为 f。试求欲使墙既不滑动又不倾覆，力 $\boldsymbol{F}_P$ 的大小应满足什么条件。

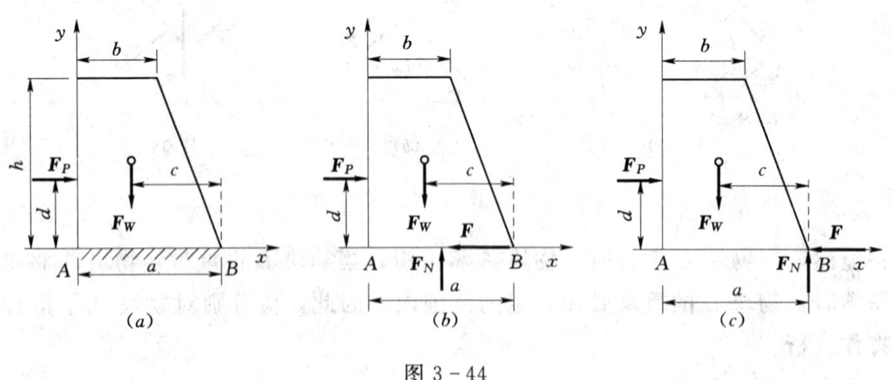

图 3－44

解：（1）先分析挡土墙不滑动的条件。

取挡土墙为研究对象。在土压力 $\boldsymbol{F}_P$ 的作用下，墙体有向右滑动的趋势，地基对挡土墙的摩擦力 $\boldsymbol{F}$ 向左，挡土墙在力 $\boldsymbol{F}_P$、$\boldsymbol{F}_W$、$\boldsymbol{F}$ 和 $\boldsymbol{F}_N$ 的作用下处于平衡状态，如图 3－44（b）所示。取直角坐标 Axy，列出平衡方程得：

$$\sum X_i=0,\ F_P-F=0$$
$$\sum Y_i=0,\ F_N-F_W=0$$

解得：
$$F=F_P,\ F_N=F_W$$

根据静摩擦力的特点可知 $F\leqslant F_{\max}=fF_N$，因此，为了保证墙不滑动，力 $\boldsymbol{F}_P$ 的大小应满足的条件为：

$$F_P\leqslant fF_W$$

（2）分析挡土墙不倾覆的条件。

仍然取挡土墙为研究对象。显然，当挡土墙即将开始倾覆时，力 $\boldsymbol{F}_N$ 和 $\boldsymbol{F}$ 将作用于 B 点，如图 3-44（c）所示。力 $\boldsymbol{F}_P$ 的使墙绕 B 点倾覆的力矩，称为倾覆力矩，其值为 F_Pd；同时重力 $\boldsymbol{F}_W$ 则阻止墙绕 B 点倾覆，力 $\boldsymbol{F}_W$ 对 $\boldsymbol{B}$ 点的力矩，称为稳定力矩，其值为 Mc。要使墙不倾覆，稳定力矩必须大于倾覆力矩，即 $F_Pd\leqslant Mc$，故墙不倾覆的条件为：

$$F_P\leqslant Mc/d$$

根据上面的分析可知，要使挡土墙既不滑动又不倾覆，力 $\boldsymbol{F}_P$ 的大小必须同时满足以上两个条件，取其较小值即可。

3.6.4 滚动摩擦的概念

如图 3-45（a）所示，在粗糙地面上放置半径为 R、重为 F_W 的轮子，设为刚性接触，则力 $\boldsymbol{F}_W$ 与反力 $\boldsymbol{F}_N$ 平衡。在轮心 O 作用一水平力 $\boldsymbol{F}_P$，轮子就有向前滑动的趋势，地面将产生向后的摩擦力 $\boldsymbol{F}$。设地面有足够的摩擦阻止轮子的滑动，则力 $\boldsymbol{F}$ 与 $\boldsymbol{F}_P$ 等值，反向而不共线，因此（$\boldsymbol{F}$，$\boldsymbol{F}_P$）组成一力偶，其力偶矩为 F_PR。这样，无论力 $\boldsymbol{F}_P$ 多么小，轮子在力偶（$\boldsymbol{F}$，$\boldsymbol{F}_P$）作用下总是要向前滚动的，这表明地面对滚动毫无阻碍，显然这与实际情况不符。

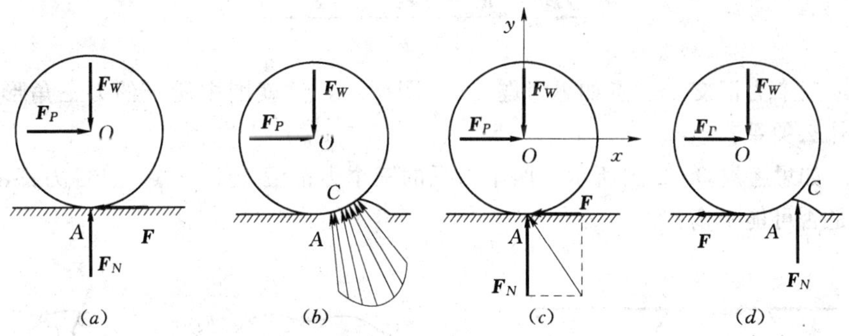

图 3-45

事实上，力 $\boldsymbol{F}_P$ 不大时，轮子保持静止，只有在 $\boldsymbol{F}_P$ 达到一定数值时，轮子才开始滚动。这说明地面对轮子必有滚动阻力，称为滚动摩阻。产生滚动摩阻的原因是由于轮子和地面都不是刚体，它们受力后都会有局部微小变形，地面产生的阻力不均匀地分布在一小块接触面上，如图 3-45（b）所示，将这些力向接触最低点 A 简化为一个力 $\boldsymbol{F}_R$ 和力偶矩为 m 的力偶，称该力偶为滚动摩擦力偶或滚阻力偶。力 $\boldsymbol{F}_R$ 还可分解为法向反力 $\boldsymbol{F}_N$ 和静摩擦力 $\boldsymbol{F}$，如图 3-45（c）所示。

根据力的合成理论，将作用在 A 点的法向反力 $\boldsymbol{F}_N$ 和滚阻力偶合成一个作用在 C 点的

约束力 $\boldsymbol{F}'_N$，如图 3-35（d）所示，且 $F'_N=F_N$，$\boldsymbol{F}'_N$的作用线朝向滚动的前方距中心线偏移了一段距离 d。这样，$\boldsymbol{F}'_N$与 $\boldsymbol{F}_W$ 组成一个力偶，正是此力偶起阻碍滚动的作用，其转向与主动力偶（$\boldsymbol{F}$，$\boldsymbol{F}_P$）转动趋势的方向相反。显然，此滚阻力偶矩为 $m=F'_Nd$。

由图 3-45（c）可知，当轮子平衡时，由$\sum M_A=0$，得：

$$m=F_PR$$

即滚阻力偶的矩随主动力偶矩的增大而增大，它也有最大值 $m_{\max}$，此时滚动达临界状态。实验得出近似的关系：最大滚阻力偶矩与法向约束反力 F_N 成正比

$$m_{\max}=kF_N \tag{3.24}$$

式（3.24）就是滚动摩阻定律。其中 k 称为滚动摩阻系数，它以长度为单位，起着力偶臂的作用，是上述的偏离 d 的极限值。它的大小由实验测定，可在工程手册中查到。它的值与接触材料的性质有关，特别与接触材料的硬度有关。例如材料硬些，接触面受荷载后变形就小些，最大偏离 k 也会小些。轮胎要打足气，火车的轨道要用钢轨，轮子用铁轮等都是增加硬度以减小滚动摩阻的例子。

因平衡时 $F_N=F_W$，则轮子不滚的条件是 $F_PR\leqslant kF_W$ 或 $F_P\leqslant kF_W/R$。轮子不滑动的条件是 $F_P\leqslant fF_W$。轮子既不滚动又不滑动，必须满足条件 $F_P\leqslant kF_W/R$ 和 $F_P\leqslant fF_W$。

通常 k/R 远比 f 小，所以轮子总是未滑先滚，因此要使轮子滚动远比滑动容易得多，省力得多。例如，半径 R 为 45cm 的打足了气的橡胶轮子在混凝土路面上滚动时，设其 $k\approx0.315$，$f=0.7$，如使轮子开始滚动和开始滑动的最小水平力分别为 $\boldsymbol{F}_{P1}$ 和 $\boldsymbol{F}_{P2}$，则容易计算出 $F_{P1}/F_{P2}=100$。可见使轮子开始滑动的力比使它开始滚动的力大 100 倍，自然滚动比滑动省力。由于滚动摩阻很小，一般都忽略不计。

思 考 题

3-1 三个力汇交于一点如思考题 3-1 图所示，试就图中所画的力三角形，判断这三个力有什么关系？

3-2 如思考题 3-2 图所示，两个力系的三个力都汇交于一点，且各力都不等于零，试问它们是否可能平衡？

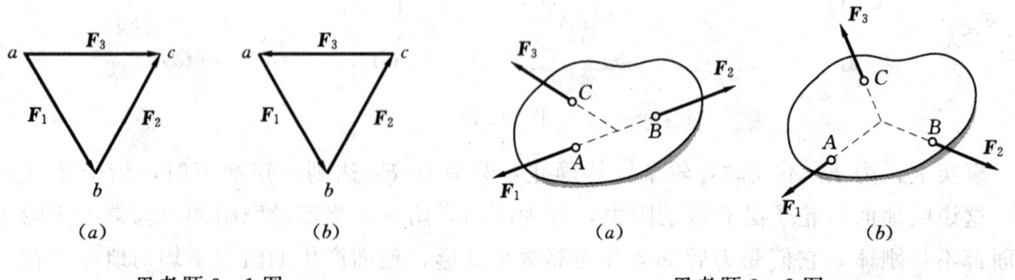

思考题 3-1 图　　　　思考题 3-2 图

3-3 从力偶理论知道，力偶不能用单独一个力来平衡，为什么思考题 3-3 图中圆盘又能平衡呢？

3-4 怎样的力叫力系的合力？它与力系的主矢量有何区别？

3－5　平面任意力系向作用面内任一点简化的结果是什么？向不同的点简化，所得结果有何异同？

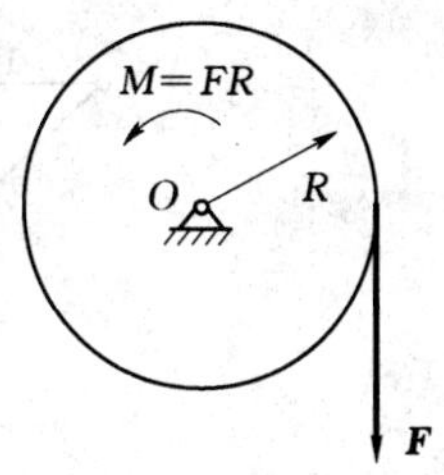

思考题 3－3 图

3－6　设一平面任意力系向某一点简化正好得一合力，如另选适当的点为简化中心，问力系能否简化为一力偶？为什么？

3－7　一平面任意力系的力多边形自行封闭，力系简化的最后结果可能是什么？

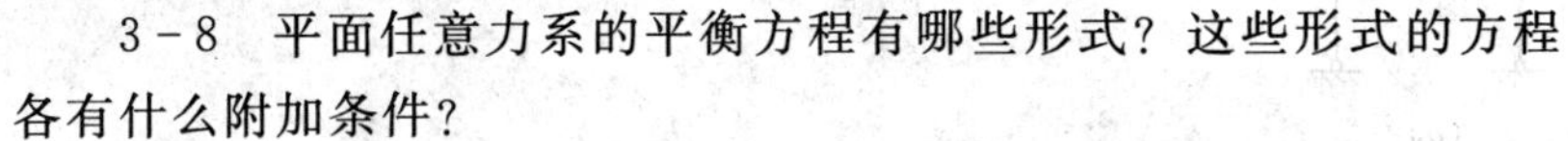

3－8　平面任意力系的平衡方程有哪些形式？这些形式的方程各有什么附加条件？

3－9　当平面任意力系简化为一个力偶，主矩与简化中心的位置无关？为什么？

3－10　思考题 3－10 图示为作用在一平面上 A、B、C、D 四点的四个力 $\boldsymbol{F}_1$、$\boldsymbol{F}_2$、$\boldsymbol{F}_3$、$\boldsymbol{F}_4$，这四个力画出的力多边形刚好首尾相接。问：(1) 此力系是否平衡？(2) 此力系简化的结果是什么？

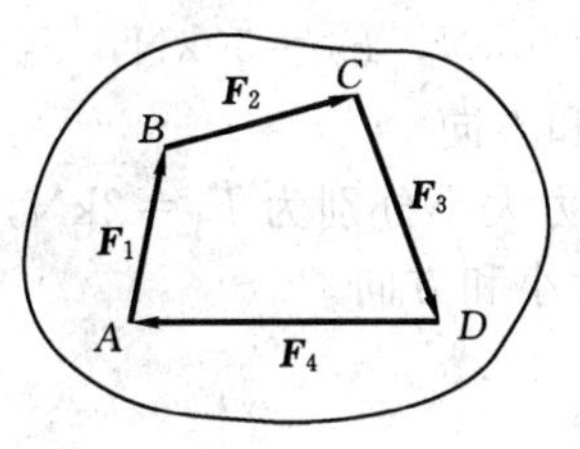

思考题 3－10 图

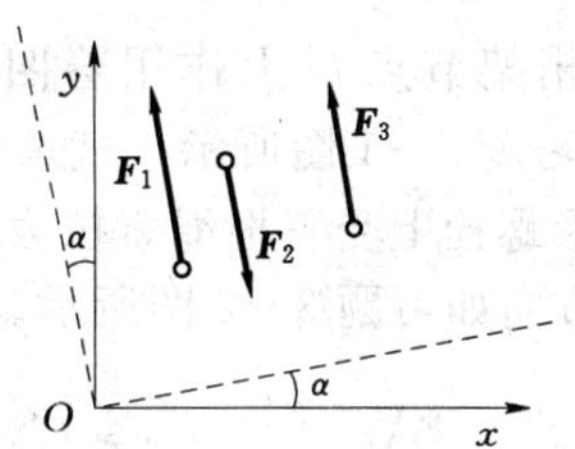

思考题 3－11 图

3－11　如思考题 3－11 图所示，如选取的坐标系的 y 轴不与各力平行，则平面平行力系的平衡方程是否可写出 $\sum X_i=0$，$\sum Y_i=0$，$\sum M_O(F_i)=0$ 三个独立的平衡方程？为什么？

3－12　不平衡的平面任意力系，已知该力系在 y 轴上投影的代数和等于零，且对平面内任意一点之矩的代数和等于零。问此力系简化的结果是什么？

3－13　如思考题 3－13 图所示，x 轴与 y 轴夹角为 α，设一力系在 xOy 平面内，对 y 轴和 x 轴上的 A、B 点有 $\sum M_A(\boldsymbol{F}_i)=0$，$\sum M_B(\boldsymbol{F}_i)=0$，且 $\sum Y_i=0$，但 $\sum X_i\neq0$。已知 $OA=L$，则 B 点在 x 轴上的位置 $x=OB=$？

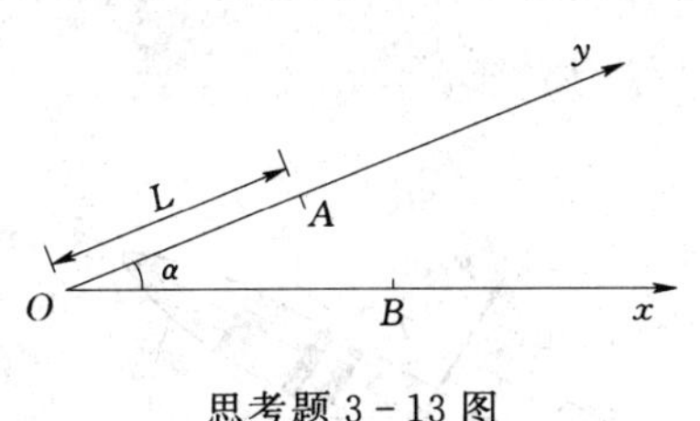

思考题 3－13 图

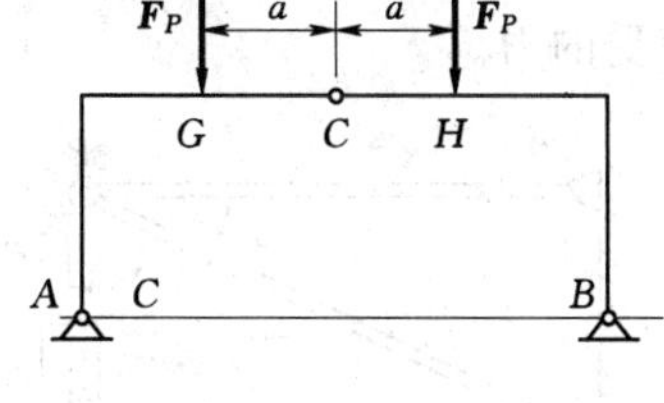

思考题 3－14 图

3－14　如思考题 3－14 图所示，在三铰刚架的 G、H 处各作用一铅垂力 F_P，求铰链 A、B、C 的约束反力时，是否可将铅垂力合成，以作用于 C 点而大小等于 $2F_P$ 的一个铅垂力来代替？通过以上分析，说明在什么条件下，求结支座反力时才可应用力系的等效代换？

3－15　试指出思考题 3－15 图示桁架中的零杆。

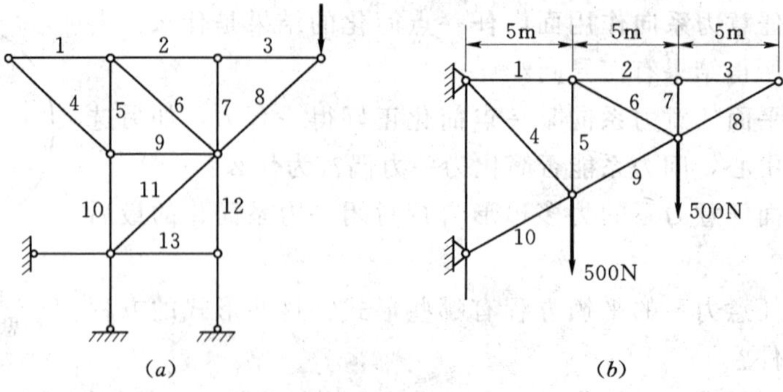

(a)　　　　　　　　(b)

思考题 3-15 图

习　题

3-1　在桁架节点 O 上作用着四个力，$F_1=60\text{kN}$，$F_2=50\text{kN}$，$F_3=30\text{kN}$，$F_4=40\text{kN}$，方向如习题 3-1 图所示。试求合力的大小和方向。

3-2　环形螺栓上受三根绳索拉力的作用，三力大小分别为 $F_1=2\text{kN}$，$F_2=2.5\text{kN}$，$F_3=1.5\text{kN}$，方向如习题 3-2 图所示。求合力的大小和方向。

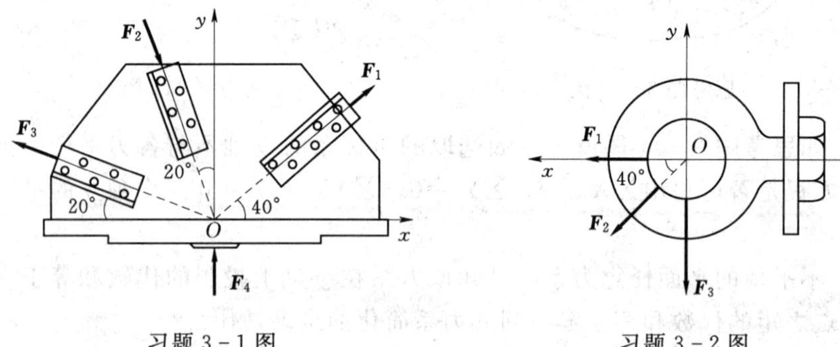

习题 3-1 图　　　　　　　　习题 3-2 图

3-3　物体重 $F_W=20\text{kN}$，用绳子挂在支架的滑轮 B 上，绳子的另一端接在铰车 D 上，如习题 3-3 图所示。转动铰车，物体便能升降。设滑轮的大小、AB 与 CB 杆自重及摩擦略去不计，A、B、C 三处均为铰链连接。当物体处于平衡状态时，试求拉杆 AB 和支杆 CB 所受的力。

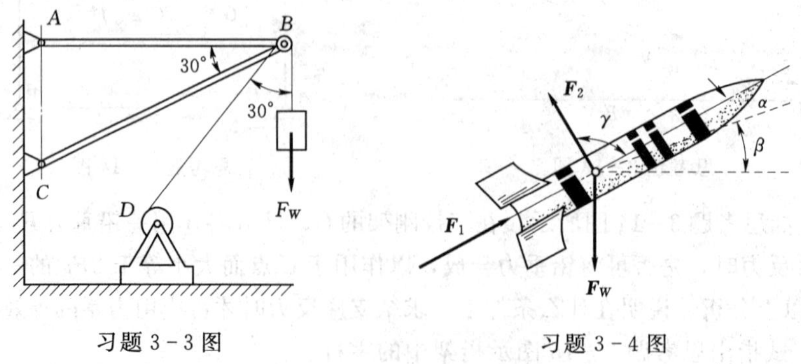

习题 3-3 图　　　　　　　　习题 3-4 图

3－4　火箭沿与水平面成 $\beta=25°$角的方向作匀速直线运动，如习题 3－4 图所示。火箭的推力 $F_1=100\text{kN}$，与运动方向成 $\alpha=25°$角。如火箭重 $W=200\text{kN}$，求空气力 $\boldsymbol{F}_2$ 和它与飞行方向的夹角 γ。

3－5　如习题 3－5 图所示 A、B、C、D 四个小滑轮装在板上，两根绳子通过滑轮用的力拉住。$F_1=F_2=400\text{N}$、$F_3=F_4=300\text{N}$，试求该力偶系的合力偶矩的大小和转向。滑轮的大小忽略不计。

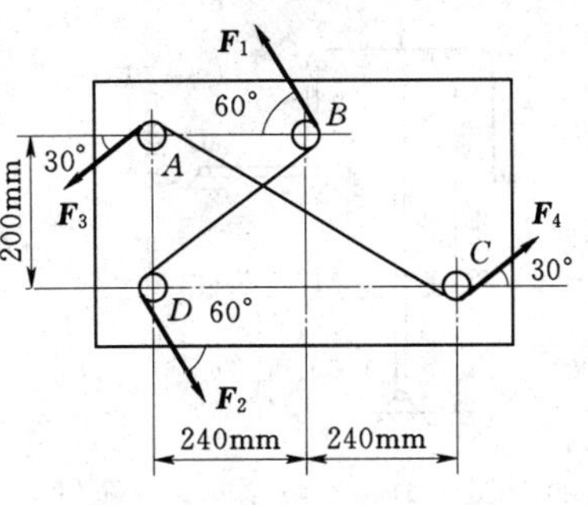

习题 3－5 图

3－6　已知梁 AB 上作用一力偶，力偶矩为 M，梁长为 l，梁重不计。求在习题 3－6 图 (a)、(b)、(c) 三种情况下，支座 A 和 B 的约束反力。

3－7　习题 3－7 图示结构中，在构件 BC 上作用一力偶，其力偶矩 $M=1.5\text{kN}\cdot\text{m}$。已知 $a=30\text{cm}$，求支座 A、C 处的约束反力。

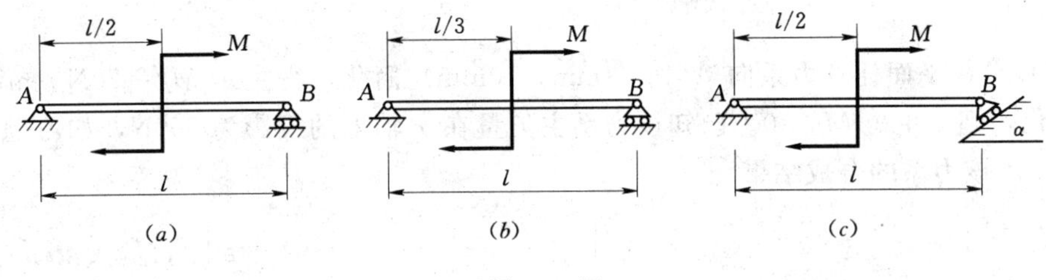

习题 3－6 图

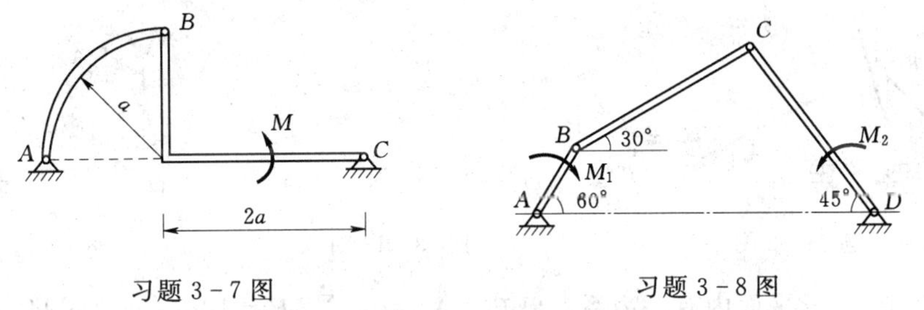

习题 3－7 图　　习题 3－8 图

3－8　平面机构 $ABCD$ 中的 $AB=10\text{cm}$，$CD=22\text{cm}$，杆 AB 及 CD 上各作用一力偶，在习题 3－8 图示位置平衡。已知 $M_1=0.4\text{N}\cdot\text{m}$，杆重不计。求 A、D 两处的约束反力及力偶矩 M_2。

3－9　习题 3－9 图示结构中各构件的自重不计，在 T 形构件 ABC 上作用有两个力和一个力偶，力 $F=2000\text{N}$，力偶矩 $M=1000\text{N}\cdot\text{m}$。试求 A 和 D 点的约束反力。

3－10　如习题 3－10 图所示，曲柄连杆活塞机构的活塞上受力 $F=400\text{N}$。如不计所有构件的重量，试问在曲柄上应加多大的力偶矩 M 方能使机构在图示位置平衡？

3－11　平面上有五个力作用，如习题 3－11 图所示。已知 $F_1=F_2=F_3=F_5=1000\text{N}$，$F_4$ 的大小及位置未定。如果要使这五个力的合力 $\boldsymbol{F}_R$ 通过长方形的形心 C 并铅垂向上，求 F_4 的大小及距离 d，并求此时合力的大小。

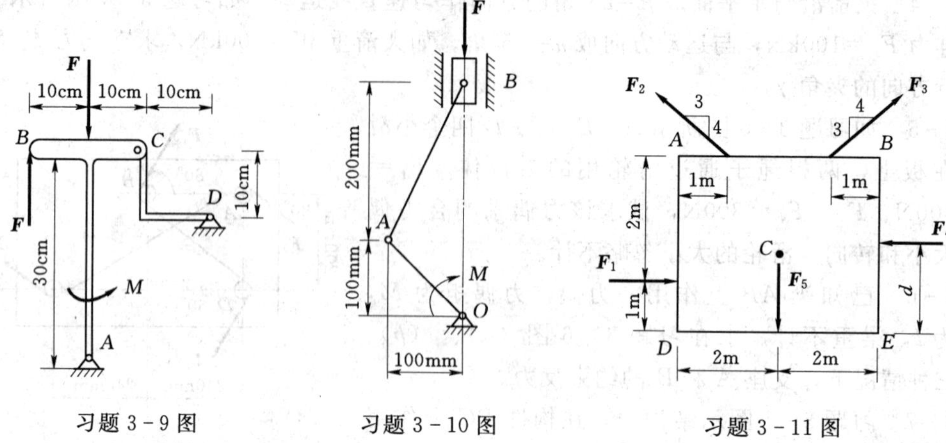

习题 3-9 图　　习题 3-10 图　　习题 3-11 图

3-12　一平面任意力系如习题 3-12 图所示。已知 $F_1=150\text{N}$，$F_2=200\text{N}$，$F_3=300\text{N}$，力偶矩 $m=1600\text{N}\cdot\text{cm}$。试将该力系向 O 点简化，求合力的大小及其与点 O 的距离 d。

3-13　一平面任意力系向 $A(10\sqrt{3}\text{mm}, 10\text{mm})$ 简化，得主矩 $M_A=20\text{N}\cdot\text{m}$；向原点 O 简化，则得主矩 $M_O=0$。已知该力系主矢量在 x 轴上的投影为 500N，如习题 3-13 图所示。求该力系的合成结果。

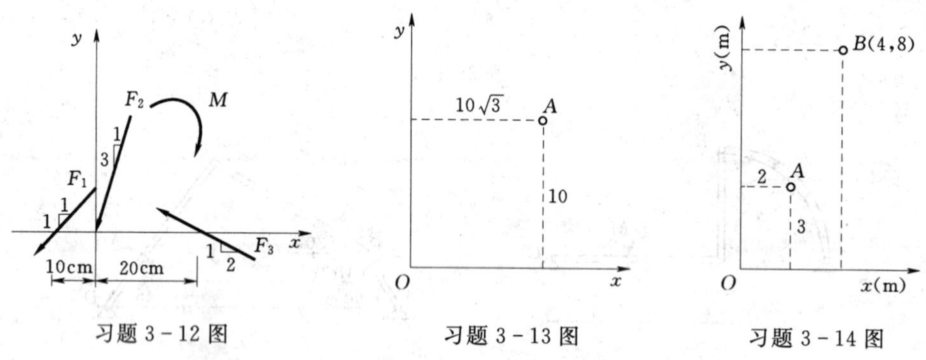

习题 3-12 图　　习题 3-13 图　　习题 3-14 图

3-14　在 Oxy 平面内有一力系，已知 $\sum X_i=0$，$\sum M_A=12\text{N}\cdot\text{m}$，$\sum M_B=15\text{N}\cdot\text{m}$，如习题 3-14 图所示，求此力系合力。

3-15　一矩形进水闸门的计算简图如习题 3-15 图所示。已知闸门宽（垂直于纸面）1m，$AB=2\text{m}$，重 $F_W=15\text{kN}$，上端用铰 A 支承。若水面与 A 齐平且门后无水，求开启闸门时绳的张力 $\boldsymbol{F}$（提示：闸门上所受静水压力为 γh，其中 $\gamma=9.8\text{kN/m}^3$ 为水的容重，h 为水深）。

3-16　均质杆 AB 长 L，重 F_W，搁置在光滑的半圆槽内，圆槽半径为 r，在 D 点作用一铅直方向主动力 $\boldsymbol{F}$，如习题 3-16 图所示。求平衡时杆与水平线的夹角 α。

3-17　基础梁 AB 上作用集中力 F_1、F_2，如习题 3-17 图所示。已知 $F_1=200\text{kN}$、$F_2=400\text{kN}$。假设梁下的地基反力为直线分布，求平行分布力在 A、B 两端的集度。

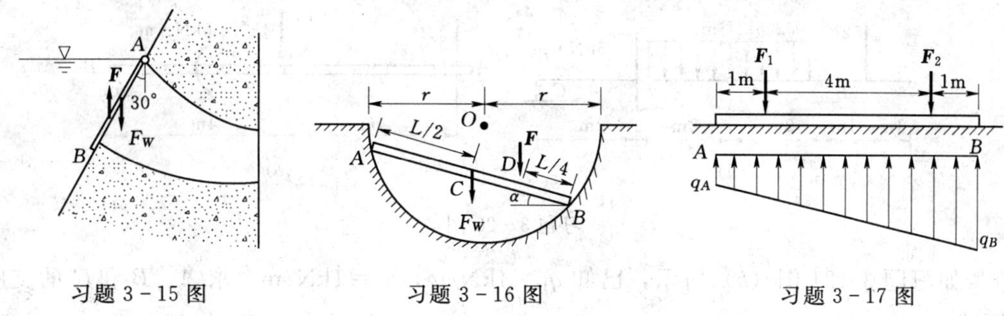

习题 3-15 图　　习题 3-16 图　　习题 3-17 图

3-18　试求习题 3-18 图（a）～（f）所示各梁的支座反力。已知 $F=10\text{kN}$，$q=q_0=10\text{kN/m}$，$m=20\text{kN}\cdot\text{m}$。

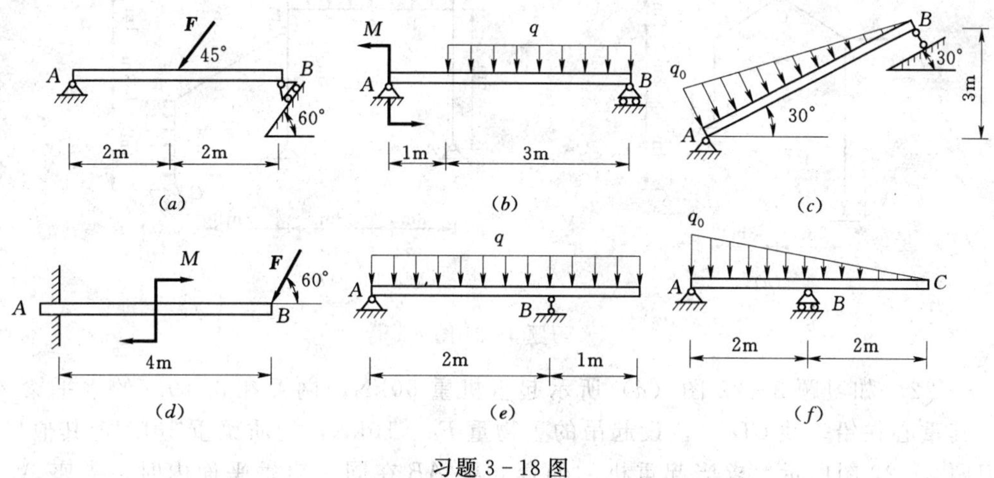

习题 3-18 图

3-19　如习题 3-19 图所示，试求各刚架的支座反力。已知 $F=5\text{kN}$，$q=4\text{kN/m}$，$M=3\text{kN}\cdot\text{m}$。

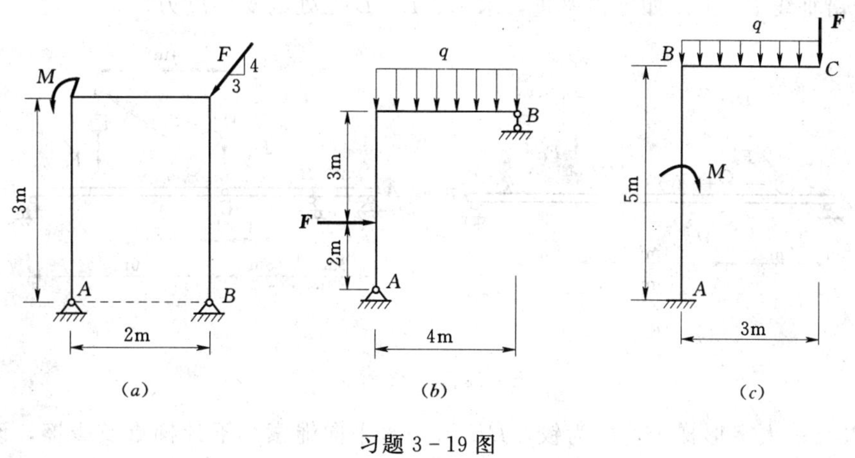

习题 3-19 图

3-20　求如习题 3-20 图所示多跨静定梁的支座反力。

3-21　三铰刚架如习题 3-21 图（a）所示，已知 $F=20\text{kN}$，$q=10\text{kN/m}$，两跨静

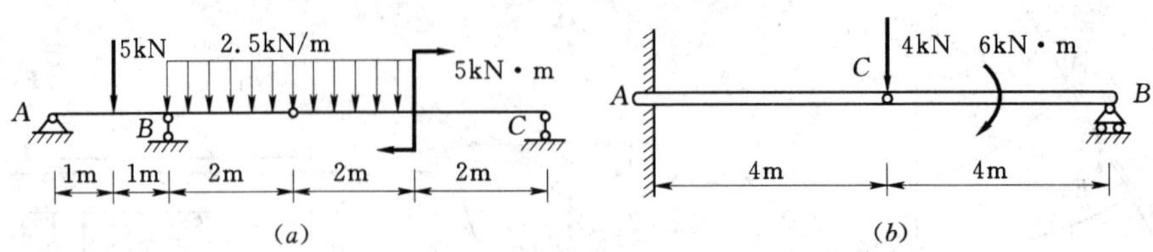

习题 3-20 图

定刚架如习题 3-21 图（b）所示，已知 $q_1=4\text{kN/m}$，$q_2=1\text{kN/m}$，求 A、B 和 C 的支座反力。

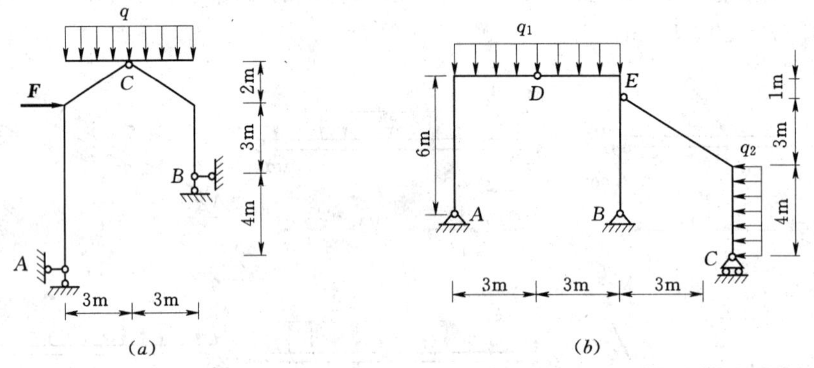

习题 3-21 图

3-22 如习题 3-22 图（a）所示起重机重 50kN，搁置在长 10m 的水平梁 AB 上，其重心在铅垂线 CD 上。设起吊的重物重 $F_G=10\text{kN}$，均质梁重 30kN，其他尺寸如习题 3-22 图所示。求当起重机的伸臂和梁 AB 在同一铅垂平面内时，支座 A、B 的反力。

习题 3-22 图（b）所示梁上起重机载有重物 $F_G=10\text{kN}$，起重机重 $F_W=50\text{kN}$，其作用线位于铅垂线 EC 上。如不计梁重，求 A、B、D 三处的支座反力。

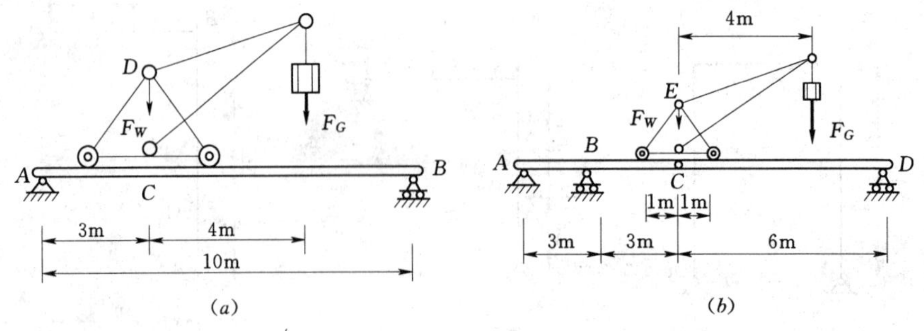

习题 3-22 图

3-23 一人字形梯子，C 为铰，DE 为一水平向绳索，不计梯重及摩擦，设有一重为 F_W 的人站在 F 点，如习题 3-23 图所示。若 a、L、h 和 β 均为已知，求梯子平衡时绳 DE 中的张力。

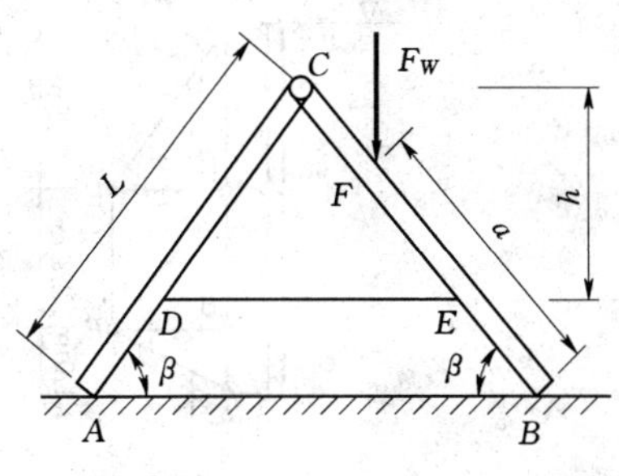

习题 3 - 23 图

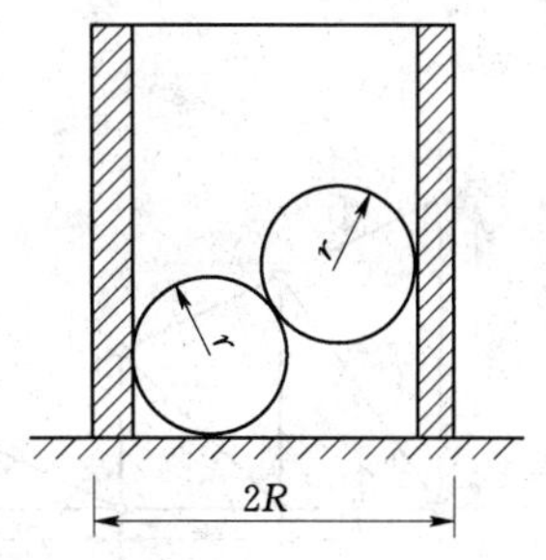

习题 3 - 24 图

3 - 24　无底的圆柱形空筒放于光滑地面上，内放两个圆球，如习题 3 - 24 图所示。若每个球重为 F_W，半径为 r，筒的半径为 R，各接触面之间的摩擦略去不计。求圆筒不致翻倒的最小重量 $F_{W\min}$（$r<R<2r$）。

3 - 25　重 F_W 的均质球半径为 r，放在墙与杆 AB 之间，如习题 3 - 25 图所示。设杆的 A 端为铰支，B 端用水平绳索拉住。已知 AB 杆长为 L，其与墙的夹角为 α。如不计杆重，并设各接触处均为光滑，求绳索的拉力。又当 α 为何值时，绳的拉力为最小。

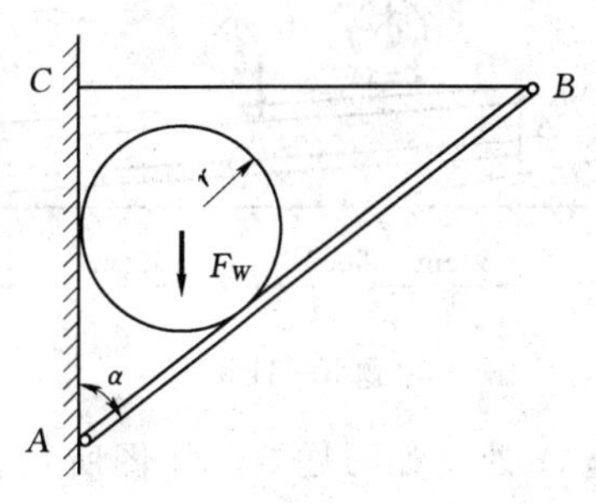

习题 3 - 25 图

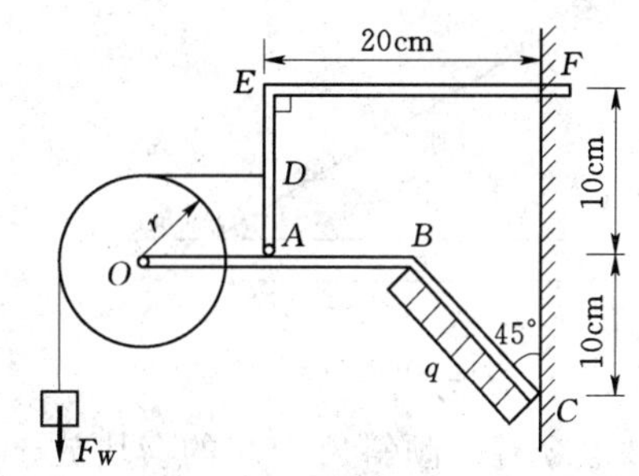

习题 3 - 26 图

3 - 26　物体系统如习题 3 - 26 图所示，已知 $F_W=100\text{N}$，$q=5\text{N/cm}$，滑轮半径 $r=5\text{cm}$，$OA=AB=10\text{cm}$，$AD=DE=5\text{cm}$，其余尺寸见习题 3 - 26 图。不计摩擦及滑轮重，试求固定端 F 处的约束反力。

3 - 27　试用节点法求习题 3 - 27 图示桁架各杆的内力。

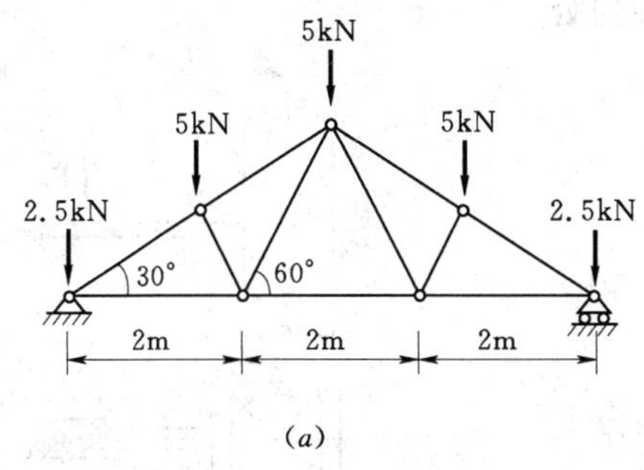

(a)

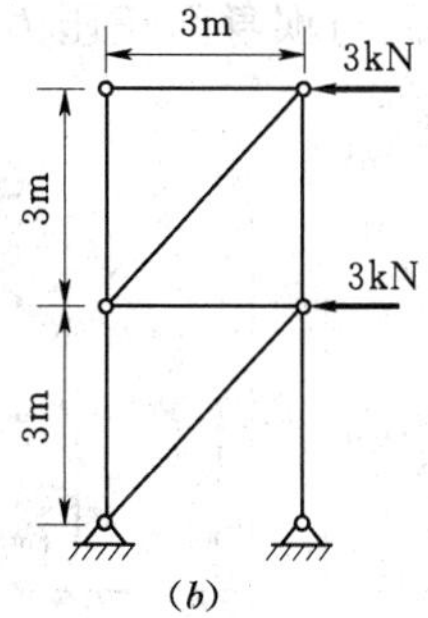

(b)

习题 3 - 27 图

3 - 28　试用截面法求习题 3 - 28 图示桁架中①、②、③所受的力。

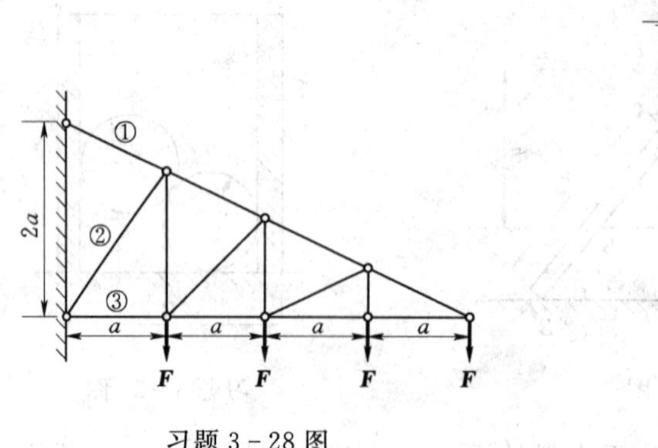

习题 3-28 图　　　　习题 3-29 图

3-29　习题 3-29 图示闸门纵向桁架承受宽 2m 的面板水压力，设水深与闸门顶齐平，试求桁架各杆内力。

3-30　习题 3-30 图示为流水线中输送工件的滑道，为了减少建成流水线的工作量，要求高度差 H 尽量小，设工件与滑道间的摩擦系数 $f=0.3$，$L=2\text{m}$，试问 H 不能低于何值？

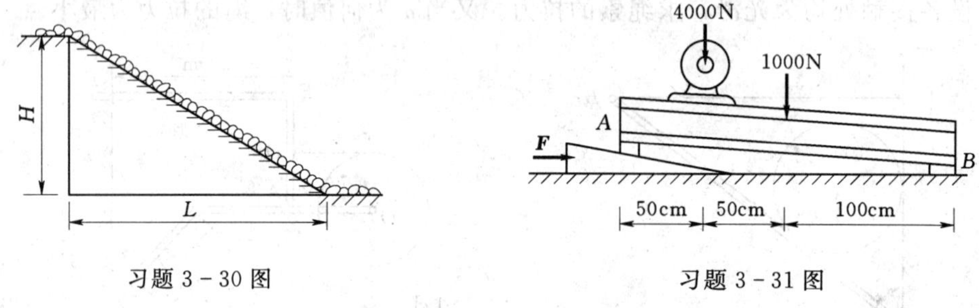

习题 3-30 图　　　　习题 3-31 图

3-31　今有一倾斜角为 6°的楔块放于机器底座 A 处，如习题 3-31 图所示。已知各接触面的静摩擦系数 $f=0.15$，试求：(1) 楔块滑动时所需力 $\boldsymbol{F}$ 的大小及此时机器底座是否沿地面滑动；(2) 若将楔块放 B 处时，$\boldsymbol{F}$ 的大小等于多少？此时机器底座是否沿地面滑动？

3-32　混凝土坝的横断面如习题 3-32 图所示，坝高 50m，底宽 44m。水深 45m。设水压力按直线分布，水的容重 $\gamma_1=10\text{kN/m}^3$，混凝土的容重 $\gamma_2=20\text{kN/m}^3$，坝与地面的静摩擦系数 $f=0.6$。问：(1) 此坝是否会滑动？(2) 此坝是否会绕 B 点而翻倒？(3) 平衡时地面与坝身间正压力的位置在何处？

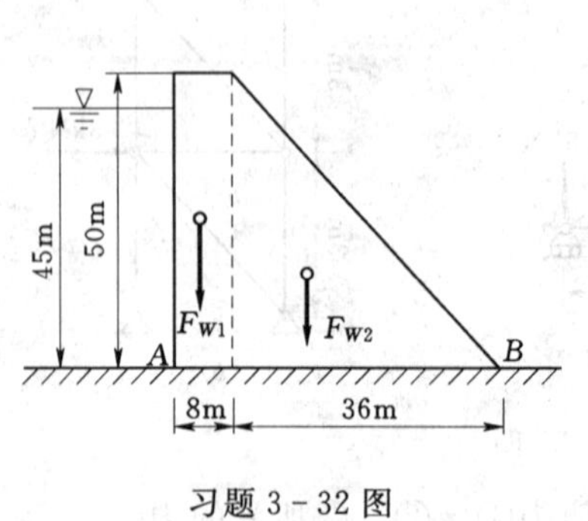

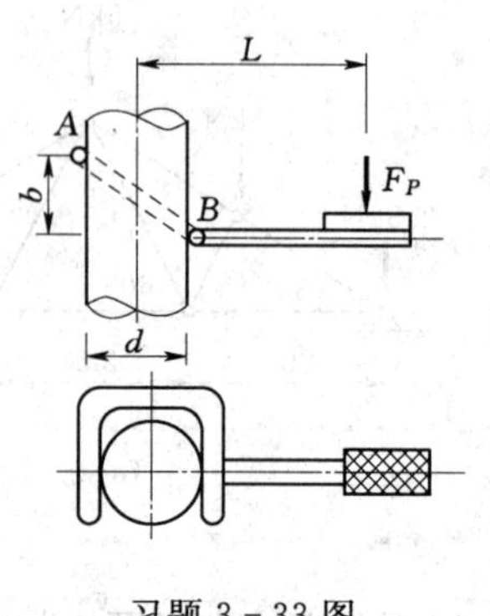

习题 3-32 图　　　　习题 3-33 图

3-33　攀登电线杆的脚套钩如习题 3-33 图所示。设电线杆直径 $d=300\text{mm}$，A、B 间的铅直距离 $b=100\text{mm}$。若套钩与电线杆之间的摩擦系数 $f=0.5$，求工人操作时，为了安全，站在套钩上的最小距离 L 应为多大？

3-34　习题 3-34 图示物块 A 和 B，用光滑铰链与无重水平杆 CD 连接。物块 B 重 $200N$，与斜面的摩擦角 $\varphi_m=15°$，斜面与铅直面之间的夹角为 30°。物块 A 放在水平面上，与水平面的摩擦系数 $f=0.4$，不计杆重。欲使物块 B 不下滑，求物块 A 的最小重量。

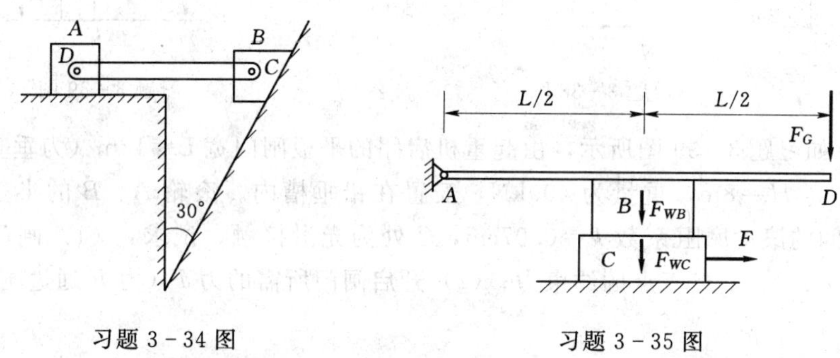

习题 3-34 图　　　　习题 3-35 图

3-35　习题 3-35 图示水平面上重迭放着两物块 B、C，AB 杆平放在 B 物块上，A 为铰链支座。已知 $F_G=40\text{kN}$，$F_{WB}=F_{WC}=20\text{kN}$，各接触面间摩擦系数均为 0.1，求拉出 C 物块所需 $\boldsymbol{F}$ 的最小值（提示：本题应分别考虑 B、C 两物块同时被拉出和 C 物块单独被拉出两种情况）。

3-36　如习题 3-36 图所示，球重 $F_G=25\text{N}$，由重为 $F_W=40\text{N}$ 的均质细杆 OA 支撑，靠在重为 $F_{W1}=50\text{N}$ 的物块 M 上，试求物块平衡开始破坏时，物块与水平面之间的摩擦系数 f。设 $\alpha=30°$，球与物块光滑接触。

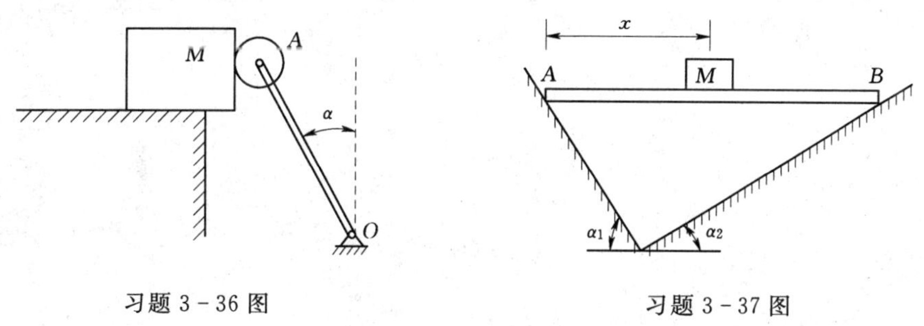

习题 3-36 图　　　　习题 3-37 图

3-37　板 AB 长 L，A、B 两端分别搁在倾角 $\alpha_1=50°$，$\alpha_2=30°$的两斜面上，如习题 3-37 图所示。已知板端与斜面之间的摩擦角 $\varphi_m=25°$。欲使物块 M 放在板上而板保持水平不动，试求物块放置的范围。板重不计。

3-38　一静定组合梁受力如习题 3-38 图所示，重 $\boldsymbol{F}_W$ 为 600N 的重物 E 放在倾角为 30°的倾斜面上，并用绳绕过定滑轮 O 后，扣在 CB 梁的 D 点。已知重物 E 与斜面间的静摩擦系数为 0.3，其余各接触处的摩擦不计。问：(1) 系统是否平衡？并验证之。(2) 若系统平衡，固定端的约束反力和斜面上的摩擦力各为多大？

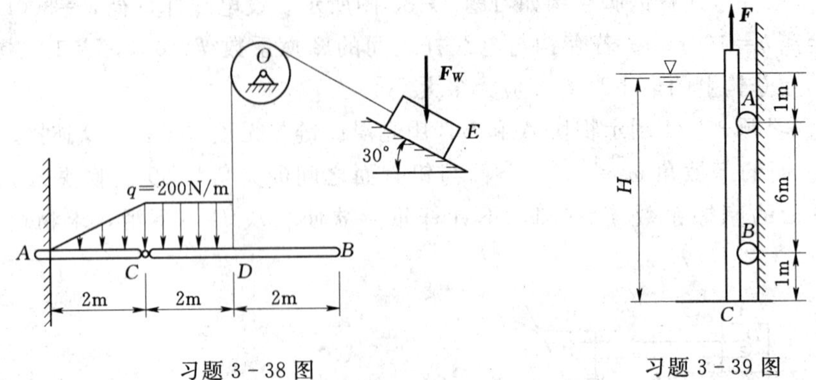

习题 3-38 图　　　　习题 3-39 图

3-39　如习题 3-39 图所示，由起重机启闭的平板闸门宽 $L=12\text{m}$（为垂直于图面方向的长度），高 $H=8\text{m}$，重量为 400kN，安置在铅垂槽内。滚轮 A、B 的半径为 10cm，滚轮与滑槽间的滚动摩阻系数 $k=0.07\text{cm}$，C 处为光滑接触。试求：(1) 闸门未启支时（即 $F=0$ 时）A、B、C 三点的约束力；(2) 开启闸门所需的力 F（力 F 通过闸门重心）。

第4章　空　间　力　系

力系中各力的作用线不在同一平面内，该力系称为空间力系。按力系各力作用线的分布情况，空间力系也可分为空间汇交力系、空间力偶系、空间平行力系和空间一般力系。本章将在平面力系的基础上讨论各种空间力系的简化与平衡问题。

4.1　空间汇交力系

空间汇交力系是指各力的作用线不都在同一平面内且汇交于同一点的力系，工程实例如图4－1所示。

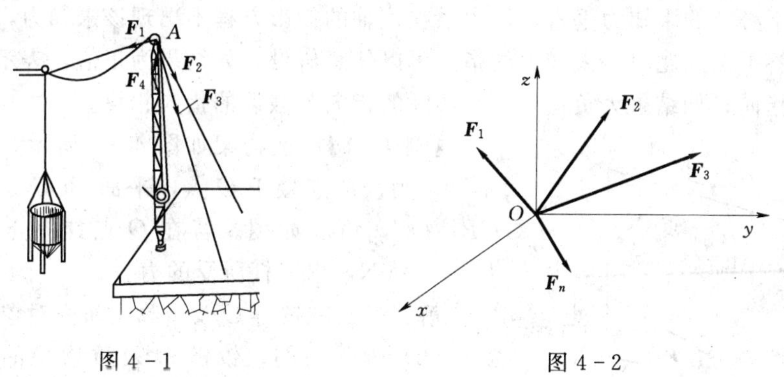

图4－1　　　　图4－2

4.1.1　空间汇交力系的合成

如图4－2所示，空间汇交力系 $\boldsymbol{F}_1$、$\boldsymbol{F}_2$，…，$\boldsymbol{F}_n$，过 O 点作空间直角坐标系，各力 $\boldsymbol{F}_i$ 在 x、y、z 轴上的投影分别为 X_i、Y_i、Z_i。设汇交力系的合力 $\boldsymbol{F}_R$ 在 x、y、z 轴上的投影为 X、Y、Z。由合力投影定理可得：

$$\left.\begin{aligned} X&=X_1+X_2+\cdots+X_n=\sum X_i\\ Y&=Y_1+Y_2+\cdots+X_n=\sum Y_i\\ Z&=Z_1+Z_2+\cdots+Z_n=\sum Z_i \end{aligned}\right\} \tag{4.1}$$

合力的大小和方向可由下式确定：

$$\left.\begin{aligned} &F_R=\sqrt{X^2+Y^2+Z^2}=\sqrt{(\sum X_i)^2+(\sum Y_i)^2+(\sum Z_i)^2}\\ &\cos\alpha=\frac{X}{F_R},\ \cos\beta=\frac{Y}{F_R},\ \cos\gamma=\frac{Z}{F_R} \end{aligned}\right\} \tag{4.2}$$

这就是空间汇交力系合成的解析法。理论上几何法同样适用于空间汇交力系的合成，但实际上应用时并不方便，工程上多采用解析法。

4.1.2　空间汇交力系的平衡

如果一个空间汇交力系的合力等于零，则该力系成为平衡力系。反过来说，如果一个空间汇交力系成平衡，其合力必为零。所以，空间汇交力系平衡的必要与充分条件是力系的合力等于零，即：

$$\boldsymbol{F}_R=\boldsymbol{F}_1+\boldsymbol{F}_2+\cdots+\boldsymbol{F}_n=\sum\boldsymbol{F}_i=0 \tag{4.3}$$

这只需要令合力的大小等于零即可，所以有：

$$F_R=\sqrt{(\sum X_i)^2+(\sum Y_i)^2+(\sum Z_i)^2}=0 \tag{4.4}$$

式（4.4）等价于三个代数方程：

$$\sum X_i=0,\ \sum Y_i=0,\ \sum Z_i=0 \tag{4.5}$$

即力系中各力在 x、y、z 三轴中的每一轴上的投影的代数和均等于零。这三个方程称为空间汇交力系的平衡方程。

对于空间汇交力系，有三个独立平衡方程，可用来求解三个未知数；而平面汇交力系可以看作是空间汇交力系的特例。

必须说明，平衡方程虽然是由直角坐标系导出的，但在实际应用中，并不一定取直角坐标，只须取互不平行且不都在同一平面内的三轴为投影轴即可。根据具体情况，适当选取投影轴与不必要的未知力垂直，使力系在该轴的投影方程不出现该未知力，往往可以简化计算。解答平衡问题时，未知力的指向可以任意假设，如结果为正值，表示假设的指向就是实际的指向；如结果为负值，表示实际的指向与假设的指向相反。

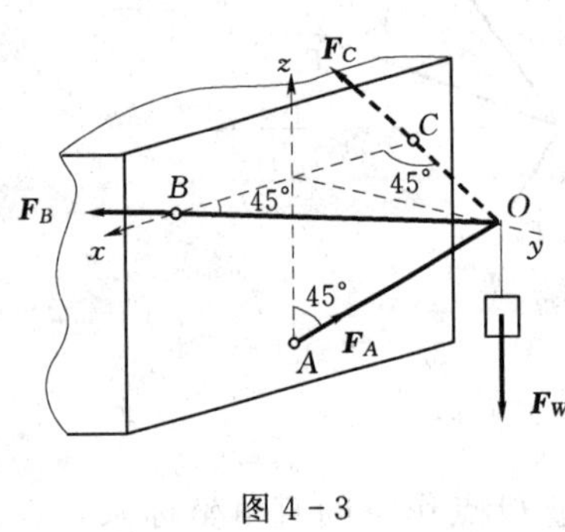

图 4-3

【例 4-1】　挂物架如图 4-3 所示，三杆的重量不计，用铰链连接于 O 点，平面 BOC 是水平的，且 $OB=OC$，角度如图。若在 O 点挂一重物，其重为 $F_W=1000\text{N}$，求三杆所受的力。

解：（1）取铰链 O 及重物为研究对象。

（2）画受力图。铰链 O 及重物受的力有：重力 $\boldsymbol{F}_W$，三杆对它的作用力 $\boldsymbol{F}_B$、$\boldsymbol{F}_C$ 及 $\boldsymbol{F}_A$。三杆均为二力杆，受力沿杆中心线。设 OC、OB 为拉杆，$\boldsymbol{F}_B$、$\boldsymbol{F}_C$ 均背离 O 点，OA 杆为压杆，$\boldsymbol{F}_A$ 指向 O 点，其受力图如图 4-3 所示。

（3）建立空间直角坐标系如图 4-3 所示。

（4）列平衡方程得：

$$\sum X_i=0,\ F_B\cos45°-F_C\cos45°=0$$

$$\sum Y_i=0,\ -F_B\sin45°-F_C\sin45°+F_A\sin45°=0$$

$$\sum Z_i=0,\ F_A\cos45°-F_W=0$$

（5）解方程得：$F_A=1414\text{N}$，$F_B=F_C=707\text{N}$

F_A，F_B，F_C 均为正值，说明受力图中力的指向与真实情况一样。

【例 4-2】　如图 4-4（a）所示，桅杆式起重机可简化为如图所示结构。AC 为立柱，BC、CD 和 CE 均为钢索，AB 为起重杆。A 端可简化为球铰链约束。设 B 点滑轮上起吊重物重量 $F_P=20\text{kN}$，$AD=AE=6\text{m}$，其余尺寸如图 4-4 所示。起重杆所在平面 ABC 与对称面

ACG 重合。不计立柱和起重杆的自重，求起重杆 AB、立柱 AC 和钢索 CD、CE 所受的力。

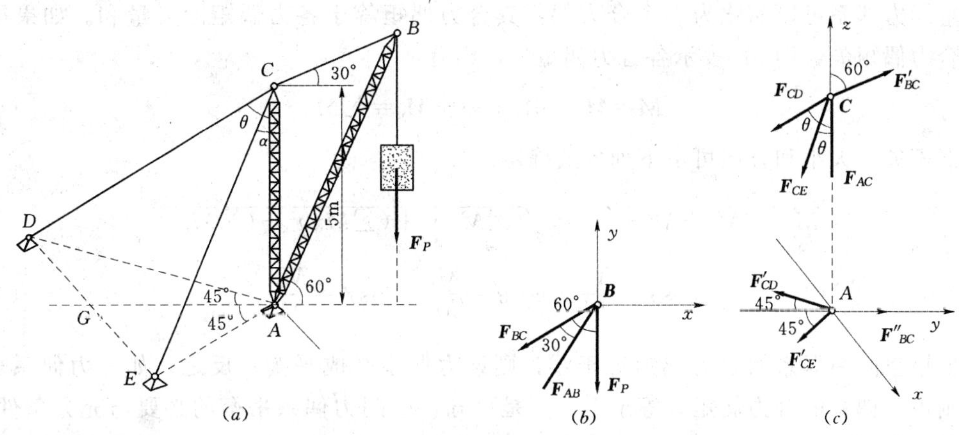

图 4-4

解：（1）先取滑轮 B 为研究对象，画受力图如图 4-4（b）所示。这是一平面汇交力系，列平衡方程得：

$$\sum X_i=0，F_{AB}\cos60°-F_{BC}\cos30°=0$$

$$\sum Y_i=0，F_{AB}\sin60°-F_{BC}\sin30°-F_P=0$$

$$F_{BC}=F_P=20\text{kN}，F_{AB}=\sqrt{3}F_P=34.6(\text{kN})$$

（2）再选取 C 点为研究对象，它的受力图如图 4-4（c）所示。这是一空间汇交力系，作直角坐标系 Axy，把力系中各力投影到 Axy 平面和 Az 轴上。先列出对 Az 轴的投影方程。

$$\sum Z_i=0，F'_{BC}\cos60°+F_{AC}-F_{CD}\cos\theta-F_{CE}\cos\theta=0$$

此力系在 Axy 平面上投影为一平面汇交力系，其中：

$$\theta=\arctan\frac{AD}{AC}=\arctan\frac{6}{5}=50.2°$$

$$F_{BC}=F'_{BC}\sin60°F'_{CD}=F_{CD}\sin50.2° \quad F'_{CE}=F_{CE}\sin50.2°$$

列平衡方程得：

$$\sum X_i=0,F'_{CE}\sin45°-F'_{CD}\sin45°=0$$

$$\sum Y_i=0,F'_{BC}-F'_{CD}\cos45°-F'_{CE}\cos45°=0$$

$$F_{CD}=F_{CE}=\frac{F_{BC}\sin60°}{2\sin50.2°\cos45°}=15.9(\text{kN})$$

$$F_{AC}=2F_{CD}\cos50.2°-F'_{BC}\cos60°=10.4(\text{kN})$$

4.2 空间力偶系

由若干不全在同一平面内的力偶组成的力系，称为空间力偶系。

由于空间力偶矩矢为自由矢量，所以力偶矩矢可以在空间平行于它自身任意地滑动和移动，因此总可以把它们平移，使之汇交于某一点，这样空间力偶系与前面介绍的空间汇交力系在矢量形式上是相同的，都是共点矢量的简化问题。根据汇交力系的简化结果可知，空间力偶系可以简化为一个合力偶，其合力偶矩等于各力偶矩的矢量和。如果用 $\boldsymbol{M}$ 表示合力偶矩矢，用 $\boldsymbol{M}_i$ 表示各合力偶矩矢，则有：

$$\boldsymbol{M}=\boldsymbol{M}_1+\boldsymbol{M}_2+\cdots+\boldsymbol{M}_n=\sum\boldsymbol{M}_i \tag{4.6}$$

合力偶矩矢的大小和方向可由下列各式确定。

$$M=\sqrt{M_x^2+M_y^2+M_z^2}=\sqrt{(\sum M_{xi})^2+(\sum M_{yi})^2+(\sum M_{zi})^2}$$

$$\cos\alpha'=\frac{M_x}{M},\ \cos\beta'=\frac{M_y}{M},\ \cos\gamma'=\frac{M_z}{M} \tag{4.7}$$

如果空间力偶系的合力偶矩等于零，则该力偶系必成平衡；反之，如一力偶系成平衡，则该力偶系的合力偶矩必等于零。于是可知，空间力偶系平衡的必要与充分条件是：合力偶矩等于零，即：

$$\boldsymbol{M}=\boldsymbol{M}_1+\boldsymbol{M}_2+\cdots+\boldsymbol{M}_n=\sum\boldsymbol{M}_i=0 \tag{4.8}$$

即力偶系中所有力偶矩的矢量和等于零，这等价于以下三个代数方程：

$$\sum M_{xi}=0,\ \sum M_{yi}=0,\ \sum M_{zi}=0 \tag{4.9}$$

这称为空间力偶系的平衡方程。对于空间力偶系，有三个独立的平衡方程，可用来求解三个未知数，而平面力偶系可以看作是空间力偶系的特例。

需要说明的是尽管理论上存在纯粹的空间力偶系，但在实际工程中这种情形却非常少见。即使遇到空间力偶系一般均按照空间任意力系的理论来求解。

4.3　空间任意力系

空间任意力系是指各力的作用线不都在同一个平面内，既不完全平行，不相交于一点，也不都是由力偶组成的力系，如图 4-5 所示的闸门和脚踏拉杆装置。

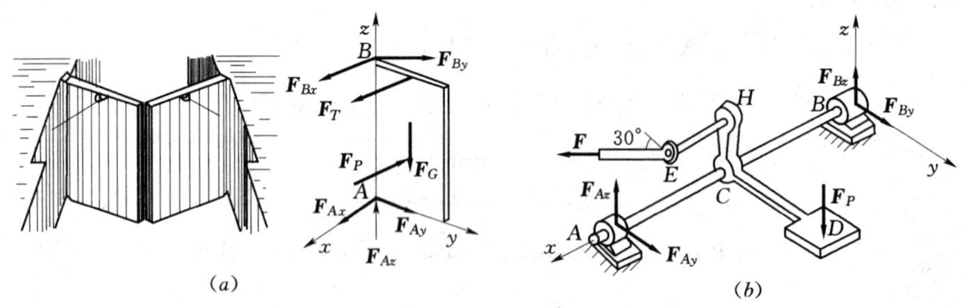

图 4-5

实际上所有的力系都是空间任意力系，其他力系都可以看作是它的特殊情形。只是为了研究问题的方便而把力系分为不同的类型，下面将在空间汇交力系和空间力偶系的基础上研究空间任意力系的简化与平衡问题。

4.3.1 空间任意力系向一点的简化

与平面任意力系的简化方法相同，可依据力的平移定理，将空间任意力系中的每个力向简化中心 O 点平移，同时附加一个相应的力偶。这样，原来的空间任意力系被空间汇交力系和空间力偶系等效替换，可进一步得到与其等效的主矢和主矩，如图 4-6 所示。

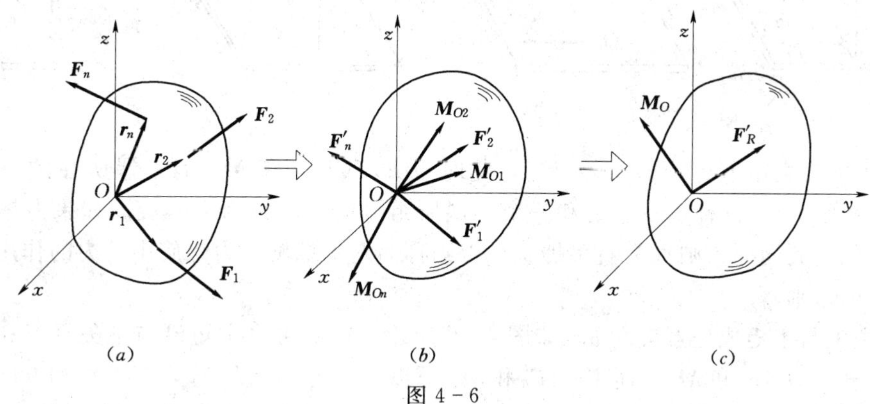

图 4-6

其中：

$$\boldsymbol{F}_1'=\boldsymbol{F}_1,\ \boldsymbol{F}_2'=\boldsymbol{F}_2,\ \cdots,\ \boldsymbol{F}_n'=\boldsymbol{F}_n$$

$$\boldsymbol{M}_{O1}=\boldsymbol{M}_O(\boldsymbol{F}_1),\ \boldsymbol{M}_{O2}=\boldsymbol{M}_O(\boldsymbol{F}_2),\ \cdots,\ \boldsymbol{M}_{On}=\boldsymbol{M}_O(\boldsymbol{F}_n) \tag{4.10}$$

主矢和主矩的大小和方向可分别由下列各式确定：

$$\begin{aligned}
&F_R'=\sqrt{X^2+Y^2+Z^2}=\sqrt{(\sum X_i)^2+(\sum Y_i)^2+(\sum Z_i)^2}\\
&\cos\alpha=\frac{X}{F_R'},\ \cos\beta=\frac{Y}{F_R'},\ \cos\gamma=\frac{Z}{F_R'}\\
&M_O=\sqrt{M_{Ox}^2+M_{Oy}^2+M_{Oz}^2}=\sqrt{(\sum M_{Oxi})^2+(\sum M_{Oyi})^2+(\sum M_{Ozi})^2}\\
&\cos\alpha'=\frac{M_x}{M},\ \cos\beta'=\frac{M_y}{M},\ \cos\gamma'=\frac{M_z}{M}
\end{aligned} \tag{4.11}$$

所以，空间任意力系向任一点 O 简化，可得一力和一力偶。这个力即为该力系的主矢，作用线通过简化中心 O；这个力偶即为该力系对简化中心 O 的主矩。与平面任意力系一样，主矢与简化中心的位置无关，主矩一般与简化中心的位置有关。

将空间任意力系向任一点简化后，其结果可能出现下列几种情形：

（1）主矢 $\boldsymbol{F}_R'=0$，主矩 $\boldsymbol{M}_O=0$，此时力系平衡。

（2）主矢 $\boldsymbol{F}_R'\neq0$，主矩 $\boldsymbol{M}_O=0$，此时力系的最后简化结果为作用于简化中心的一个力 $\boldsymbol{F}_R'$，这个力可称为原力系的合力。

（3）主矢 $\boldsymbol{F}_R'=0$，主矩 $\boldsymbol{M}_O\neq0$，此时力系的最后简化结果为一个力偶，其矩矢为 $\boldsymbol{M}_O$，与简化中心的位置无关。

（4）主矢 $\boldsymbol{F}_R'\neq0$，主矩 $\boldsymbol{M}_O\neq0$，这是简化结果的最一般情形，它还可以进一步分为三种情况：

1）主矢与主矩垂直，即 $\boldsymbol{F}_R'\perp\boldsymbol{M}_O$，此时主矢 $\boldsymbol{F}_R'$ 与矩矢为 $\boldsymbol{M}_O$ 的力偶在同一平面内（如图 4-7 所示）。由力的平移定理得力系可简化为一合力，有 $\boldsymbol{F}_R=\boldsymbol{F}_R'$，作用在离简化中心为 d 的点 O_1 上，且 $OO_1=d=M_O/F_R'$。

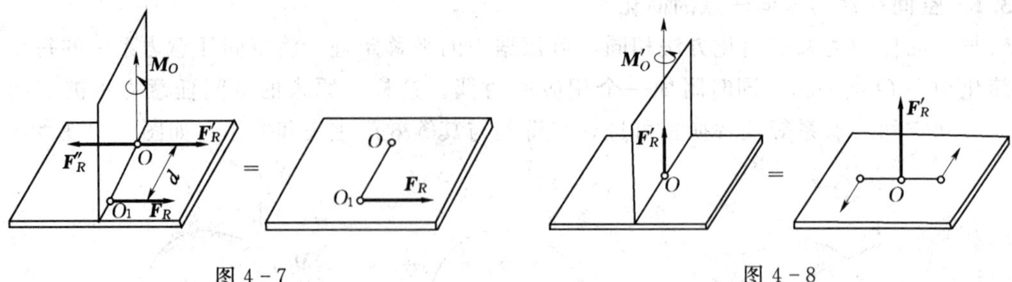

图 4-7　　　　图 4-8

2）主矢与主矩平行，即 $\boldsymbol{F}'_R /\!/ \boldsymbol{M}_O$，此时主矢 $\boldsymbol{F}'_R$与矩矢 $\boldsymbol{M}_O$ 的力偶所在的平面垂直（如图 4-8 所示）。这种由一个力和一个力偶所组成的力系称为力螺旋。如果力螺旋中的力矢与力偶矩矢同向，则称为右手螺旋，否则称为左手螺旋。力螺旋中的力的作用线称为原力系的中心轴。

3）主矢与主矩成任意夹角 α，如图 4-9 所示。此时可将主矩沿与主矢平行和垂直的两个方向分解力 $\boldsymbol{M}_1$ 和 $\boldsymbol{M}_2$。而主矢 $\boldsymbol{F}'_R$和 $\boldsymbol{M}_2$ 可以合成为一个力 $\boldsymbol{F}_R$，其大小和方向与主矢相同，作用在点 O_1 上，且 $OO_1=M_2/F'_R$。这样原力系就简化为作用于点 O_1 的一个力 $\boldsymbol{F}_R$ 和一个矩矢为 $\boldsymbol{M}_1$ 的力偶，也就是一个力螺旋。

综上所述，空间任意力系向任一点简化的最后结果有平衡、一个合力、一个力偶或一个力螺旋四种情况。

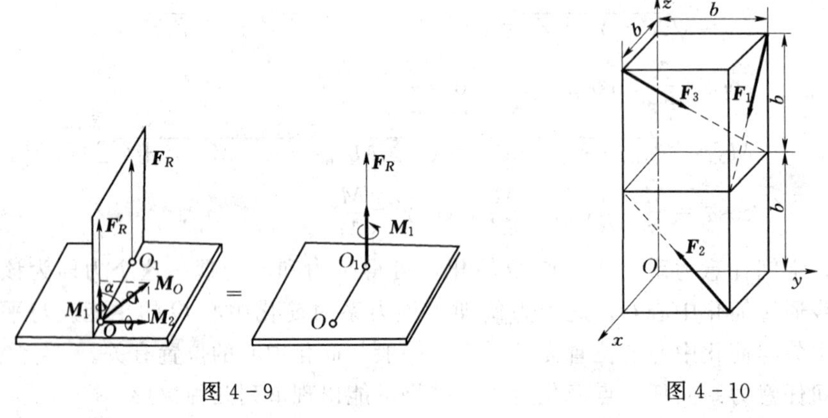

图 4-9　　　　图 4-10

【例 4-3】 长方体上作用着三个力 $\boldsymbol{F}_1$、$\boldsymbol{F}_2$ 和 $\boldsymbol{F}_3$，它们的大小都等于 F。b 为已知，如图 4-10 所示，求力系的主矢和对 O 点的主矩。

解：先由合力投影定理计算力系的主矢。

$$F'_{Rx}=\sum X_i=\frac{\sqrt{2}}{2}F_1+0-\frac{\sqrt{3}}{3}F_3=0.1289F$$

$$F'_{Ry}=\sum Y_i=0-\frac{\sqrt{2}}{2}F_2+\frac{\sqrt{3}}{3}F_3=-0.1289F$$

$$F'_{Rz}=\sum Z_i=-\frac{\sqrt{2}}{2}F_1+\frac{\sqrt{2}}{2}F_2-\frac{\sqrt{3}}{3}F_3=0.5774F$$

于是，力系主矢的大小为：

$$F'_R=\sqrt{\sum X_i{}^2+\sum Y_i{}^2+\sum Z_i{}^2}=0.6059F$$

下面再由式（4.10）求力系对 O 点的主矩。

$$M_{Ox}(\boldsymbol{F}_1)=-\frac{\sqrt{2}}{2}Fb,M_{Ox}(\boldsymbol{F}_2)=+\frac{\sqrt{2}}{2}Fb,M_{Ox}(F_3)=-\frac{2\sqrt{3}}{3}Fb$$

于是有：

$$M_{Ox}=\sum M_{Ox}(F_i)=-\frac{2\sqrt{3}}{3}Fb=-1.155Fb$$

同理可得：

$$M_{Oy}=\sum M_{Oy}(F_i)=\left(\frac{\sqrt{2}}{2}-\frac{\sqrt{3}}{3}\right)Fb=0.1289Fb$$

$$M_{Oz}=\sum M_{Oz}(F_i)=\left(\frac{\sqrt{3}}{3}-\sqrt{2}\right)Fb=0.8369Fb$$

力系对 O 点的主矩为：

$$M_O=\sqrt{M_{Ox}^2+M_{Oy}^2+M_{Oz}^2}=1.4322Fb$$

然后通过计算主矢和主矩的方向余弦，即可确定主矢和主矩的方向，这一点可自行练习。

4.3.2 空间任意力系的平衡

如果空间任意力系的主矢和对于任一简化中心的主矩同时等于零，表明与该力系等效的汇交力系及附加力偶系分别成平衡，因而该力系必为平衡力系。反之，如果主矢与主矩不同时为零，就成为前述讨论过的情形之一，原力系必非平衡力系。因此，空间任意力系成平衡的必要与充分条件是力系的主矢量及对于任一点的主矩都等于零，即：

$$F'_R=0,\quad M_O=0 \tag{4.12}$$

式（4.12）可用代数方程表为：

$$\begin{aligned}&\sum X_i=0,\quad \sum Y_i=0,\quad \sum Z_i=0\\&\sum M_{xi}=0,\quad \sum M_{yi}=0,\quad \sum M_{zi}=0\end{aligned} \tag{4.13}$$

这六个方程就是空间任意力系的平衡方程。它们表示：力系中所有的力在三个直角坐标轴中的每一轴上的投影的代数和等于零，所有的力对于每一轴的矩的代数和等于零。

空间任意力系是物体受力的最一般情况，其他类型的力系都可以认为是空间任意力系的特殊情形，因而它们的平衡方程也可以由空间任意力系的平衡方程导出。例如对空间平行力系，令 z 轴平行于各力，空间平行力系的平衡方程为：

$$\sum Z_i=0,\quad \sum M_{xi}=0,\quad \sum M_{yi}=0 \tag{4.14}$$

前面讨论过的汇交力系和平面力系等类型力系的平衡方程也可以相似地得到。

空间任意力系的平衡方程虽然是由直角坐标系导出的，但在解答具体问题时，不一定使三个投影轴或矩轴互相垂直，但也没有必要使矩轴和投影轴重合，而可以分别选取适宜的轴线为投影轴或矩轴，使每一平衡方程中包含的未知数最少，以简化计算。此外，有时为了方便，也可减少平衡方程中的投影方程，而将平衡方程表示为四力矩形式以至六力矩形式。但是，独立平衡方程的总数仍只是六个。

求解空间力系的平衡问题，其基本方法与步骤同平面力系问题相同。即：

（1）确定研究对象，取脱离体，画受力图。

（2）确定力系类型，列平衡方程。

(3) 代入已知条件，求解未知量。

其中，正确地选择研究对象，画受力图是解决问题的关键。

【例 4-4】 如图 4-11 所示，一小型起重机，车身重 $F_P=12\text{kN}$，重力作用线通过点 D，起吊重物重量 $F_W=5\text{kN}$。求重物在图示位置时，地面对车轮的反力。

解：取起重机整体为研究对象，受力如图 4-11 所示，这些力组成一空间平行力系。取图示坐标系 $Oxyz$，列平衡方程得：

$$\sum M_{xi}=0,\quad -2F_{NA}+1.1F_P-0.6F_W=0$$

$$\sum M_{yi}=0,\quad -0.7F_{NA}-1.4F_{NC}+0.7F_P+0.4F_W=0$$

$$\sum F_{zi}=0,\quad -F_P-F_W+F_{NA}+F_{NB}+F_{NC}=0$$

解方程得：

$$F_{NA}=(1.1F_P-0.6F_W)/2=5.1(\text{kN})$$

$$F_{NC}=(0.7F_P+0.4F_W-0.7F_{NA})/1.4=4.88(\text{kN})$$

$$F_{NB}=F_P+F_W-F_{NA}-F_{NC}=7.02(\text{kN})$$

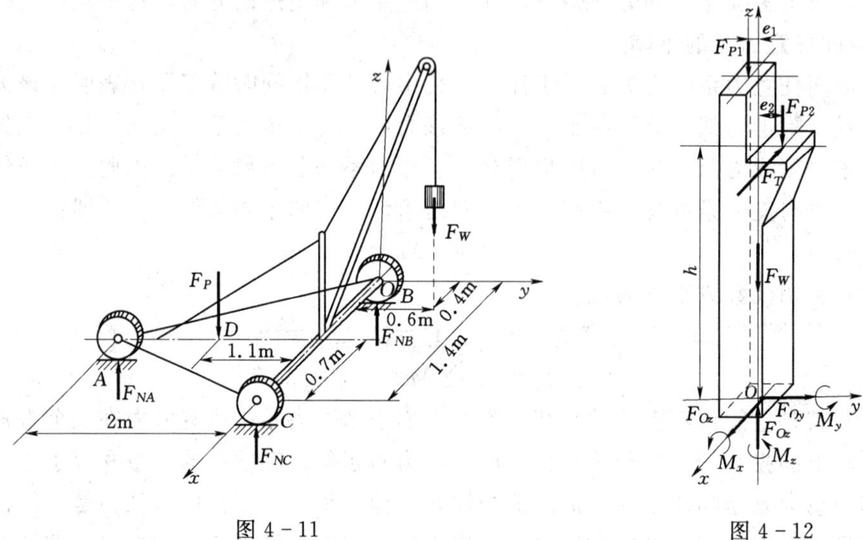

图 4-11　　　　图 4-12

【例 4-5】 如图 4-12 所示为一厂房的柱子，其下端固定，受力如图所示。力 $\boldsymbol{F}_{P1}$、$\boldsymbol{F}_{P2}$ 在平面 yz 内，制动力 $\boldsymbol{F}_T$ 平行于轴 x。已知 $F_{P1}=120\text{kN}$，$F_{P2}=300\text{kN}$，$F_T=25\text{kN}$，重力 $F_W=40\text{kN}$，$e_1=0.1\text{m}$，$e_2=0.34\text{m}$，$H=6\text{m}$。试求基础对柱的约束反力。

解：取柱为研究对象，受力如图 4-12 所示，它们组成一空间任意力系。列平衡方程得：

$$\sum X_i=0,\quad F_{Ox}-F_T=0$$

$$\sum Y_i=0,\quad F_{Oy}=0$$

$$\sum Z_i=0,\quad F_{Oz}-F_{P1}-F_{P2}-F_W=0$$

$$\sum M_{xi}=0,\quad M_x+F_{P1}e_1-F_{P2}e_2=0$$

$$\sum M_{yi}=0,\quad M_y-F_TH=0$$

$$\sum M_{zi}=0,\quad M_z+F_Te_2=0$$

将已知值代入以上方程求得：

$$F_{Ox}=25\text{kN},\quad F_{Oy}=0,\quad F_{Oz}=460\text{kN}$$

$$M_x=90\text{kN}\cdot\text{m},\ M_y=150\text{kN}\cdot\text{m},\ M_z=-8.5\text{kN}\cdot\text{m}$$

【例 4-6】 某闸门尺寸及受力如图 4-13 所示。已知闸门重 $F_W=150\text{kN}$，总水压力 $F_P=2700\text{kN}$，推拉杆在水平面内且与闸门顶边夹角 $\alpha=45°$。设在图示位置成平衡，试求推拉杆的拉力 F_T 及 A、B 两处的反力。

解： 取闸门为研究对象，受力如图所示，它们组成一个空间任意力系。建立如图 4-13 所示的坐标系，列平衡方程得：

$$\sum M_{zi}=0,\ F_P\times 4-F_T\sin\alpha\times 3.5=0$$

$$\sum F_{zi}=0,\ F_{Az}-F_W=0$$

$$\sum M_{xi}=0,\ F_{Ay}\times 10-F_W\times 4=0$$

$$\sum M_{yi}=0,\ F_P\times 6.5-F_{Ax}\times 10=0$$

$$\sum M_{x1i}=0,\ F_T\cos\alpha\times 10-F_W\times 4-F_{By}\times 10=0$$

$$\sum M_{y1i}=0,\ F_{Bx}\times 10+F_T\sin\alpha\times 10-F_P\times 3.5=0$$

解得

$$F_T=4364\text{kN},\ F_{Az}=150\text{kN},\ F_{Ay}=60\text{kN},\quad F_{Ax}=1755\text{kN}$$

$$F_{Bx}=-2141\text{kN},\ F_{By}=3026\text{kN}$$

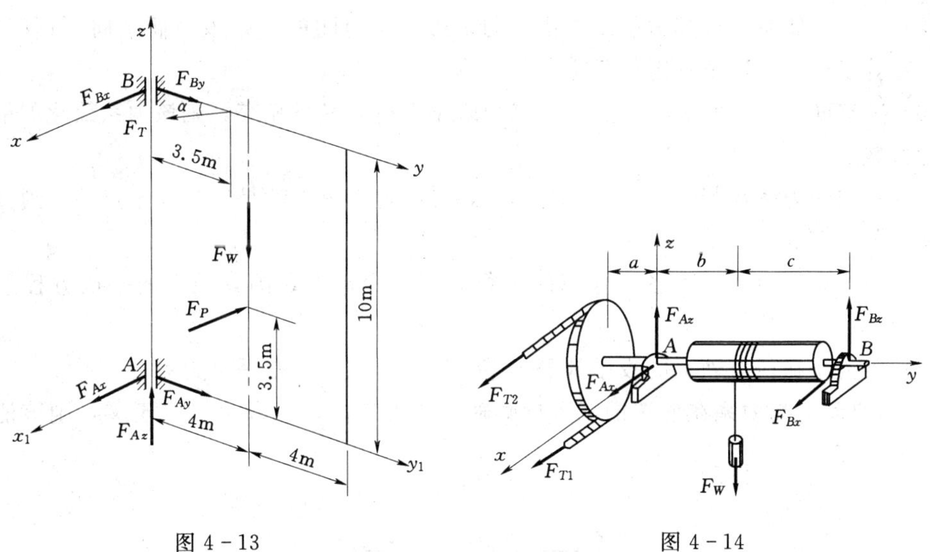

图 4-13　　　　图 4-14

【例 4-7】 绞车的轴安装于水平位置，如图 4-14 所示。已知带轮半径 $R_1=250\text{mm}$，鼓轮半径 $R_2=100\text{mm}$，$a=300\text{mm}$，$b=400\text{mm}$，$c=600\text{mm}$，起重量 $F_W=10\text{kN}$。设传动带在垂直于图平面的水平方向，且拉力 $F_{T1}=2F_{T2}$，求匀速吊起重物时，传送带的拉力及两轴承处的约束力。绞车自重不计。

解： 以整个系统作为考察对象，受力情况如图所示。因系统各部分都作匀速运动，作用于系统的力必成平衡。取坐标系如图所示，其中轴 x 平行一传动带，轴 y 沿着绞车轴。

列平衡方程并求解如下：

$$\sum M_{yi}=0,\ F_W R_2+(F_{T2}-F_{T1})R_1=0$$
$$\sum M_{xi}=0,\ F_{Bz}(b+c)-F_W b=0$$
$$\sum M_{zi}=0,\ (F_{T1}+F_{T2})a-F_{Bx}(b+c)=0$$
$$\sum F_{xi}=0,\ F_{Ax}+F_{Bx}+F_{T1}+F_{T2}=0$$
$$\sum F_{zi}=0,\ F_{Az}+F_{Bz}-F_W=0$$

解得

$$F_{T1}=8\text{kN},F_{Bz}=4\text{kN},F_{Bx}=3.6\text{kN},F_{Ax}=-15.6\text{kN},F_{Az}=6\text{kN}$$

思　考　题

4-1　判断下列说法是否正确。

（1）一个力沿任一组坐标轴分解所得的分力的大小和这力在该坐标轴上的投影的大小相等。

（2）在空间问题中，力对轴的矩是代数量，而对点的矩是矢量。

（3）力对于一点的矩在一轴上投影等于该力对于该轴的矩。

（4）一个空间力系向某点简化后得到的主矢和主矩互相平行，则此力系可进一步简化为一合力。

（5）某一力偶系，若其力偶矩矢构成的多边形是封闭的，则该力偶系向一点简化时，主矢一定等于零，主矩也一定等于零。

（6）某空间力系由两个力构成，此二力既不平行，又不相交，则该力系简化的最后结果必为力螺旋。

（7）一空间力系，若各力的作用线不是通过固定点 A，就是通过固定点 B，则其独立的平衡方程只有五个。

（8）一个空间力系，若各力作用线平行某一固定平面，则其独立的平衡方程最多有三个。

（9）某力系在任意轴上的投影都等于零，则该力系一定是平衡力系。

（10）空间汇交力系在任选的三个投影轴上的投影的代数和分别等于零，则该汇交力系一定成平衡。

习　题

4-1　空间汇交力系由三力组成，$F_1=2\text{kN}$，$F_2=4\text{kN}$，$F_3=15\text{kN}$，尺寸 $a=100\text{cm}$，$b=150\text{cm}$，$c=80\text{cm}$，位置见习题4-1图。求它们的合力的大小和方向。

4-2　习题4-2图示空间构架由三根无重直杆组成，在 D 端用球铰链连接，如习题4-2图所示。A、B 和 C 端则用球铰链固定在水平地板上。如果挂在 D 端的物重 $F_W=10\text{kN}$，试求铰链 A、B 和 C 的反力。

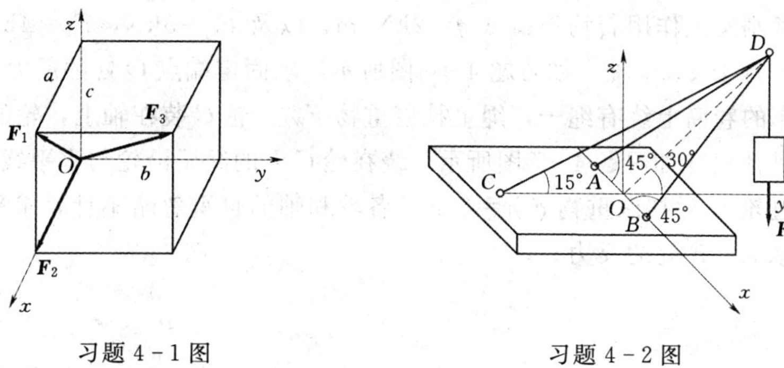

习题 4－1 图　　　　习题 4－2 图

4－3　在习题 4－3 图示起重机中，已知：$AB=BC=AD=AE$，点 A、B、D 和 E 均为球铰链连接，如三角形 ABC 的投影为 AF 线，AF 与 y 轴的夹角为 α，如习题 4－3 图所示。求铅直支柱和各斜杆的内力。

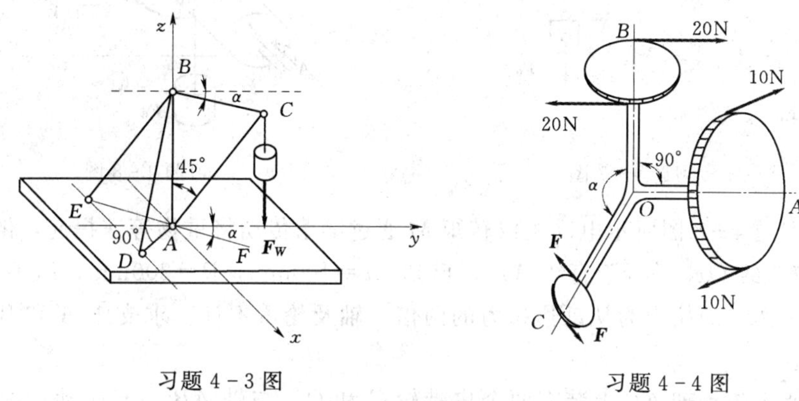

习题 4－3 图　　　　习题 4－4 图

4－4　习题 4－4 图示三圆盘 A、B 和 C 的半径分别为 150mm、100mm 和 50mm。三轴 OA、OB 和 OC 在同一平面内，$\angle AOB$ 为直角。在这三圆盘上分别作用力偶，组成各力偶的力作用在轮缘上，它们的大小分别等丁 10N、20N 和 F。如这三圆盘所构成的物系是自由的，不计物系的重量，求能使此物系平衡的力 $\boldsymbol{F}$ 的大小和角 α。

4－5　如习题 4－5 图所示，在三角架 $ABCD$ 的顶点 B 上悬挂重物 E，其重量为 100kN，三只脚长度相等，固定在水平地板上并且互成等角。如已知脚和悬线 BE 成角 30°，求 A、C、D 三点的反力。

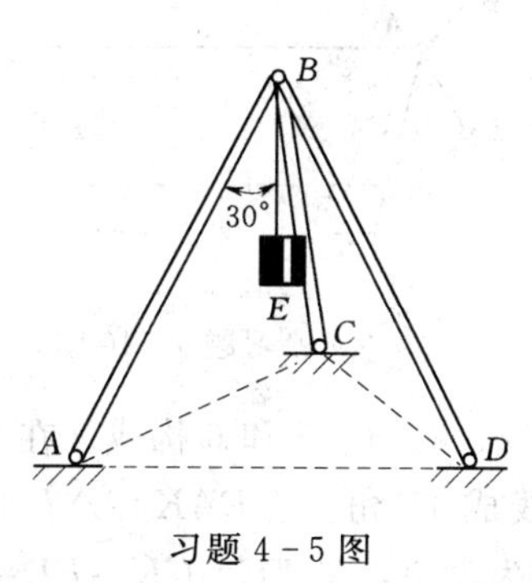

习题 4－5 图

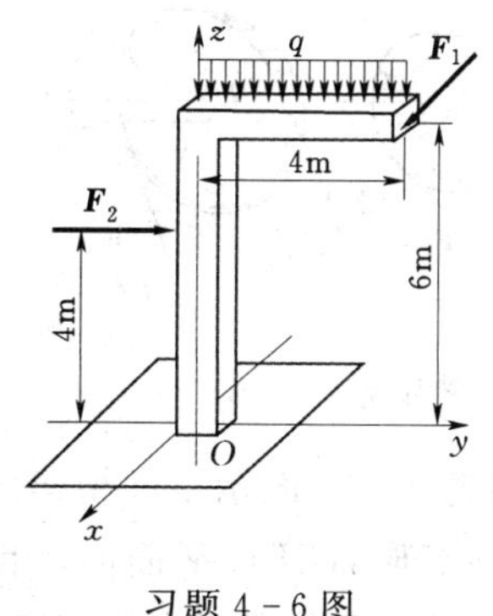

习题 4－6 图

4－6 悬臂刚架上作用着均布荷载 $q=2\text{kN/m}$，以及 $F_1=5\text{kN}$，$F_2=4\text{kN}$ 的两个力，其作用线分别平行于 x、y 轴，如习题 4－6 图所示。求固定端点 O 处的反力。

4－7 绞车的卷筒上绕有绳子，绳上挂着重物 F_{W2}。轮 C 装在轴上，轮的半径为卷筒半径的六倍，其他尺寸如习题 4－7 图所示。绕在轮 C 上的绳子沿轮与水平线成 30°角的切线引出，绳跨过轮 D 后挂以重物 $F_{W1}=60\text{N}$。各轮和轴的自重忽略不计，求平衡时 F_{W2} 的重量，以及轴承 A、B 处的反力。

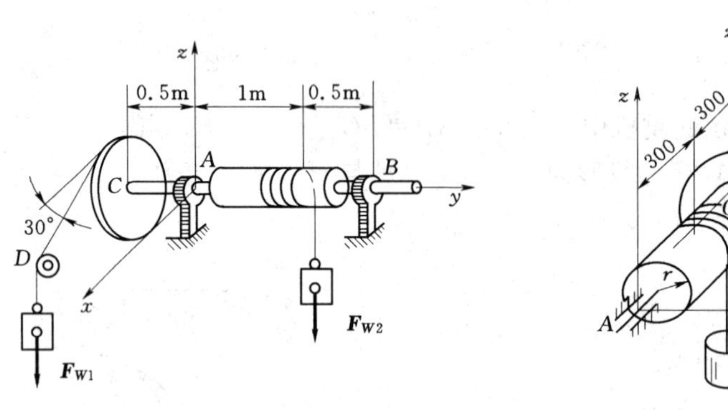

习题 4－7 图

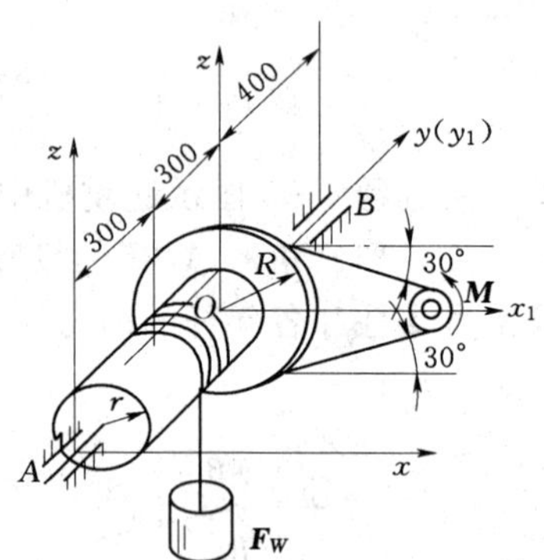

习题 4－8 图

4－8 习题 4－8 图所示电动机以转矩 M 通过链条传动将重物等速提起，链条与水平线成 30°角（直线 Ox_1 平行于直线 Ax）。已知：$r=100\text{mm}$，$R=200\text{mm}$，$F_W=10\text{kN}$，链条主动边（下边）的拉力为从动边拉力的两倍。轴及轮重不计。求支座 A 和 B 的反力及链条的拉力。

4－9 水平传动轴 AB 上装有两个皮带轮 C 和 D，与轴 AB 一起转动，如习题 4－9 图所示。皮带轮的半径各为 $r_1=200\text{mm}$ 和 $r_2=250\text{mm}$，皮带轮与轴承间的距离为 $a=b=500\text{mm}$，两皮带轮间的距离 $c=1000\text{mm}$。套在轮 C 上的皮带是水平的，其拉力为 $F_1=2F_2=5000\text{N}$；套在轮 D 上的皮带与铅直线成角 $\alpha=30°$，其拉力为 $F_3=2F_4$。求在平衡情况下，拉力 F_3 和 F_4 的值，并求由皮带拉力所引起的轴承反力。

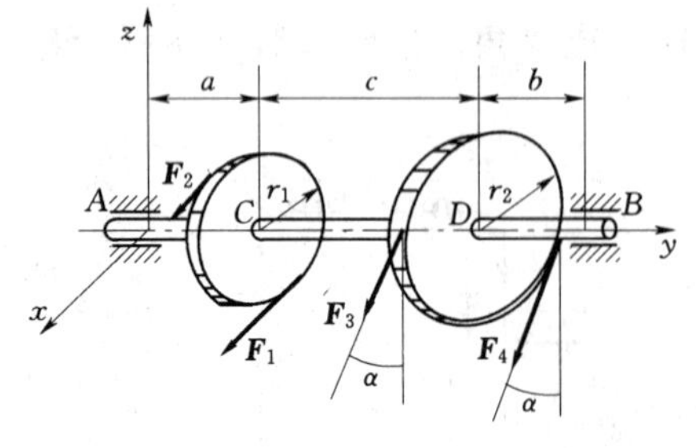

习题 4－9 图

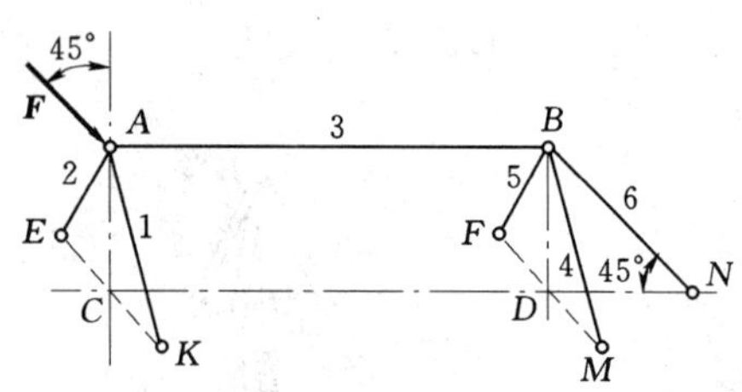

习题 4－10 图

4－10 习题 4－10 图示空间桁架由六杆 1、2、3、4、5 和 6 构成。在节点 A 上作用一力 $\boldsymbol{F}$，此力在矩形 $ABDC$ 平面内，且与铅直线成 45°角。$\triangle EAK=\triangle FBM$。等腰三角形 EAK、FBM 和 NDB 在顶点 A、B 和 D 处均为直角，又 $EC=CK=FD=DM$。若 $F=$

10kN，求各杆的内力。

4－11　如习题4－11图所示，已知镗刀杆刀头上受切削力 $F_z=500\text{N}$，径向力 $F_x=150\text{N}$，轴向力 $F_y=75\text{N}$，刀尖位于 Oxy 平面内，其坐标 $x=75\text{mm}$，$y=200\text{mm}$。工件重量忽略不计，试求被切削工件左端 O 处的约束反力。

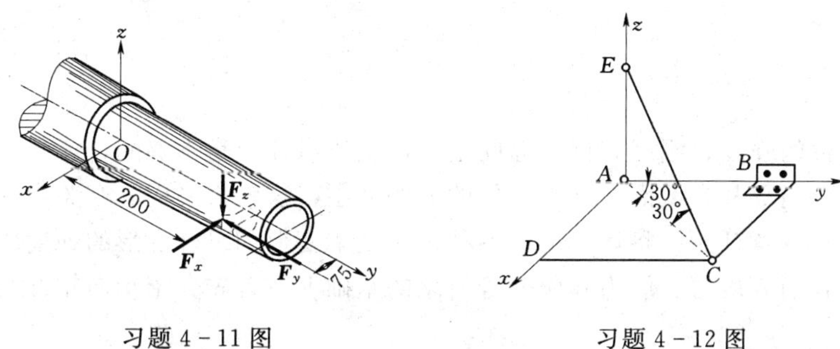

习题4－11图　　　　习题4－12图

4－12　如习题4－12图所示，均质长方形薄板重 $F_W=200\text{N}$，用球铰链 A 和蝶铰链 B 固定在墙上，并用绳子 CE 维持在水平位置。求绳子的拉力和支座反力。

4－13　无重曲杆 $ABCD$ 有两个直角，且平面 ABC 与平面 BCD 垂直。杆的 D 端为球铰支座，另一端 A 端受轴承支持，如习题4－13图所示。在曲杆的 AB、BC 和 CD 上作用三个力偶，力偶所在平面分别垂直于 AB、BC 和 CD 三线段。已知力偶矩 M_2 和 M_3，求使曲杆处于平衡的力偶矩 M_1 和支座反力。

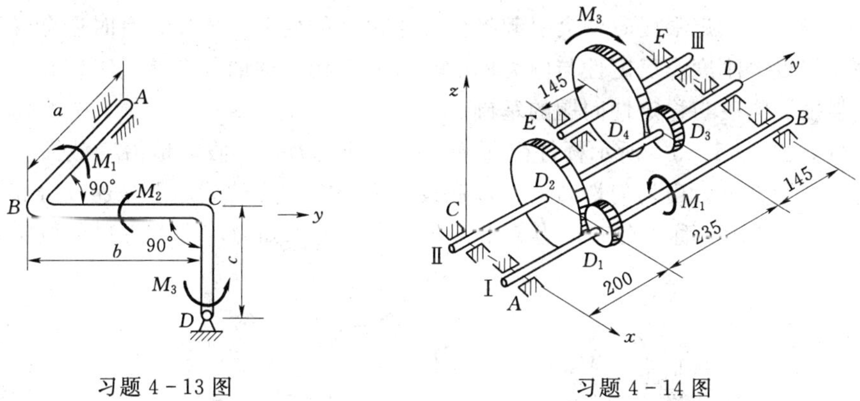

习题4－13图　　　　习题4－14图

4－14　某减速箱由三轴组成如习题4－14图所示，动力由Ⅰ轴输入，在Ⅰ轴上作用转矩 $M_1=697\text{N}\cdot\text{m}$。如齿轮节圆直径为 $D_1=160\text{mm}$，$D_2=632\text{mm}$，$D_3=204\text{mm}$，齿轮压力角为20°。不计摩擦及轮、轴重量，试求等速传动时，轴承 A、B、C、D 的约束反力。

第5章 轴向拉伸与压缩

要了解构件的强度、刚度和稳定性问题，仅仅依靠外力是不够的，还要研究在外力作用下引起的构件内部某一截面上某一点处的力的大小，这就需要引入有关内力、应力和应变的概念。从这一章开始，将逐一讨论各种常见基本变形和组合变形的强度、刚度和稳定性问题。本章在引入内力、应力和应变等概念的基础上，首先介绍轴向拉伸与压缩方面的内容。

5.1 内力、应力和应变

5.1.1 内力与截面法

在外力等因素作用下，致使构件内部各点之间发生位移而产生的相互作用力，称为内力。事实上，这个内力是由于外力的作用而产生的一个“附加内力”，随外力的变化而变化。

当内力增大到一定限度时就会引起构件产生过大的变形、破坏，有时还会导致构件失稳。构件的强度、刚度及稳定性与内力的大小及其在构件内的分布情况密切相关，内力是解决构件强度、刚度与稳定性问题的基础。

为分析如图5-1（a）所示杆件截面$m-m$上的内力，可假想地沿着截面$m-m$把杆件切成Ⅰ、Ⅱ两部分。由均匀性与连续性假设，内力在切开的截面上是连续分布的，如图5-1（b）、（c）所示，称为分布内力。由于分布内力是未知的，可以将它用位于该截面形

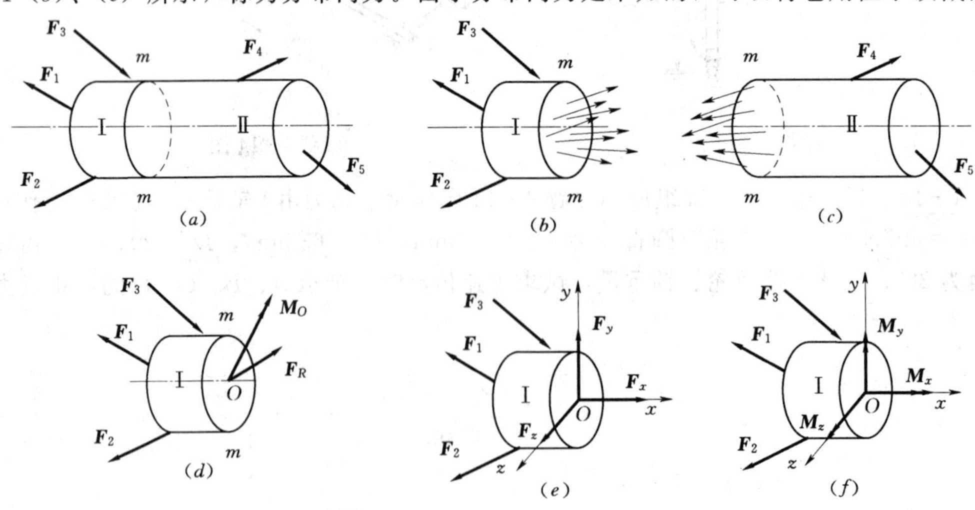

图5-1

心 O 处的简化结果（一般是一个力 $\boldsymbol{F}_R$ 和一个力偶 $\boldsymbol{M}_O$）来等效代替，如图 5-1（d）所示。

通常还可把力 $\boldsymbol{F}_R$ 和力偶 $\boldsymbol{M}_O$ 分别向三个直角坐标轴上分解，得到六个分量，如图 5-1（e）、（f）所示。其中 $\boldsymbol{F}_x$ 有使杆件沿轴线拉伸或压缩的趋势，称为轴力；$\boldsymbol{F}_y$ 和 $\boldsymbol{F}_z$ 有使杆件沿截面发生剪切的趋势，称为剪力；$\boldsymbol{M}_x$ 有使杆件绕轴线扭转的趋势，称为扭矩；$\boldsymbol{M}_y$ 和 $\boldsymbol{M}_z$ 有使杆件发生弯曲的趋势，称为弯矩。

根据弹性体平衡原理：如果一个弹性体是平衡的，那么组成这个弹性体的任何一部分也是平衡的。所以，将杆件假想地切开，取其中的一部分为研究对象，画其受力图，截面上的内力与杆件上的外力会组成一个平衡力系，利用平衡方程就可以确定内力，这种求内力的方法称为截面法。

利用截面法求解内力的过程归纳为三个步骤：

（1）截：假想地沿着所要研究内力的截面将构件截成两部分。

（2）代：取其任一部分为研究对象，将弃去部分对保留部分的作用用内力代替。

（3）平：对保留部分建立静力平衡方程，可求出未知内力。

5.1.2 应力

构件截面上的分布内力的集度称为应力。若在如图 5-2（a）所示的截面 m—m 上围绕点 K 取出一微面积 ΔA，作用在该微面积上的分布内力的合力为 $\Delta \boldsymbol{F}_P$。ΔF_P 与 ΔA 的比值称为微面积 ΔA 上的平均应力，即：

$$p_M=\frac{\Delta F_P}{\Delta A}$$

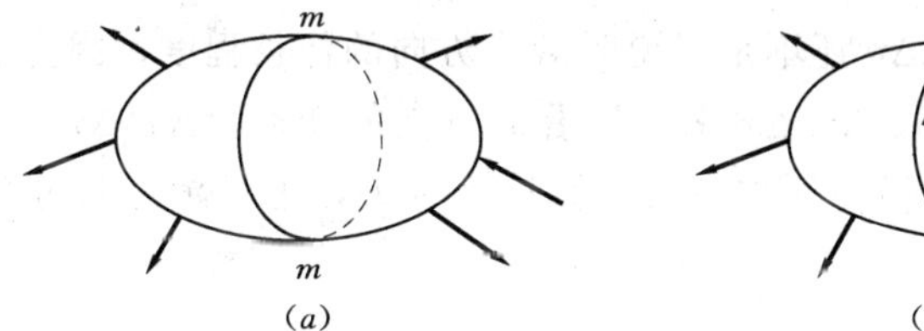

图 5-2

当所取的面积趋于无穷小时，上述平均应力趋于一极限值。这一极限值称为截面上一点处的应力。

$$p=\lim_{\Delta A\to 0}\frac{\Delta F_P}{\Delta A}=\frac{\mathrm{d}F_P}{\mathrm{d}A} \tag{5.1}$$

若将 $\Delta \boldsymbol{F}_P$ 沿截面法向与切向分解，得法向与切向分量 $\Delta \boldsymbol{F}_N$ 与 $\Delta \boldsymbol{F}_Q$。根据应力定义有：

$$\begin{aligned}\sigma&=\lim_{\Delta A\to 0}\frac{\Delta F_N}{\Delta A}=\frac{\mathrm{d}F_N}{\mathrm{d}A}\\ \tau&=\lim_{\Delta A\to 0}\frac{\Delta F_Q}{\Delta A}=\frac{\mathrm{d}F_Q}{\mathrm{d}A}\end{aligned} \tag{5.2}$$

式中：p 称为截面上点 K 的总应力；σ 称为点 K 的正应力；τ 称为点 K 的切应力或剪应力。

应力的量纲是［力］/［长度］^{2}，在国际单位制中常用的单位是牛/米^2（N/m^2），也称为帕斯卡（Pascal），符号为 Pa。由于 Pa 的单位很小，力学中常采用 kPa 和 MPa。

5.1.3　应变与胡克定律

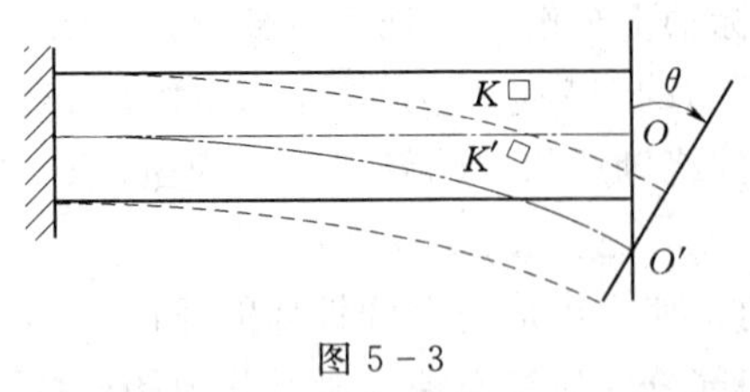

图 5－3

构件受到外力的作用会发生变形，构件中各质点的位置也要发生相应的变化，如图 5－3 所示。变形的大小是用位移和应变这两个量来度量的。

位移是指发生变形后，构件中各质点及各截面在空间位置上的改变，可分为线位移和角位移。在图 5－3 中，OO'为线位移，θ 为角位移。

应变是另外一个描述变形的物理量。为了说明应变，如图 5－3 所示的构件中，围绕某点 K 截取一微小六面体来研究，如图 5－4（a）所示，称为单元体。

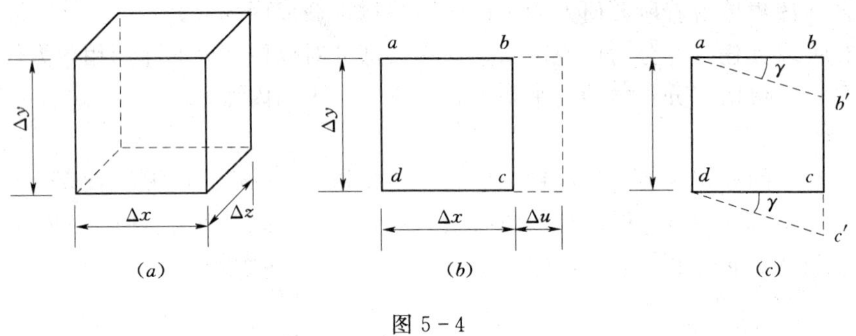

图 5－4

如沿 x 方向原长为 Δx，变形后为 $\Delta x+\Delta u$，如图 5－4（b）所示，Δu 是沿 x 方向的伸长量，称为绝对伸长。但 Δu 还不足以说明沿 x 方向的伸长程度，因为 Δu 还与边长 Δx 的大小有关，因而取相对伸长 $\Delta u/\Delta x$ 来度量沿 x 方向的变形。$\Delta u/\Delta x$ 实际上是 Δx 范围内单位长度的平均伸长量，仍与所取的 Δx 的长短有关，为了消除尺寸的影响，取下列极限：

$$\varepsilon_x=\lim_{\Delta x\to 0}\frac{\Delta u}{\Delta x} \tag{5.3}$$

ε_x 称为 K 点处沿 x 方向的正应变或线应变。

如棱边 ab 和 ab'间的夹角变形前为直角，变形后该直角减小 γ，角度的改变量 γ 称为切应变或剪应变。

构件中不同点处的线应变及切应变一般是各不相同的，它们是位置的函数。

应变与应力存在着一定的对应关系。线应变与正应力相对应，切应变与切应力相对应。实验结果表明：在弹性范围内加载（应力小于某一极限值），对于只受单向正应力或只受切应力的单元体，正应力与正应变以及剪应力与剪应变之间存在着线性关系：

$$\sigma_x=E\varepsilon_x\quad 或\quad \varepsilon_x=\frac{\sigma_x}{E} \tag{5.4}$$

$$\tau=G\gamma\quad 或\quad \gamma=\frac{\tau}{G} \tag{5.5}$$

上述两式称为胡克定律。其中 E 称为弹性模量，G 称为剪切弹性模量或剪变模量，它们表征材料抵抗弹性变形的能力。在我国法定计量单位中，弹性模量和剪变模量的常用单位为 GPa，其值为 $1GPa=10^9Pa=10^3MPa$。

弹性模量和剪变模量是表征材料力学行为的弹性常数，其值因材料而异，并由试验测定。工程中几种常用材料的 E、G 值可通过有关资料查得。

5.2 轴向拉压杆的轴力与轴力图

在工程结构和机械设备中，经常会遇到一些主要承受拉力或压力的杆件，如图 5-5（*a*）所示钢木桁架结构中的钢拉杆，如图 5-5（*b*）所示起重机中的斜拉杆 AB，如图 5-5（*c*）所示曲柄连杆机构中的压杆 AB 和如图 5-5（*d*）所示螺栓连接中的螺杆。

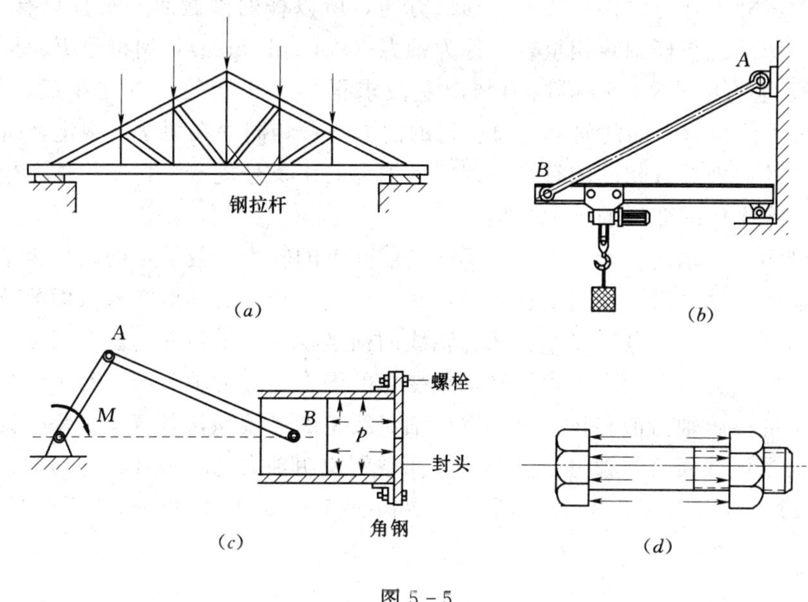

图 5-5

这些结构中杆件受力特点是：作用在杆端上的两力为大小相等，方向相反，作用线与杆轴线重合。杆件主要的变形特点是：沿着轴线方向伸长或缩短。一般把这种变形称为轴向拉伸或压缩，把以发生轴向拉压变形为主要变形的构件称为轴向拉压杆。如果不考虑实际拉（压）杆端部的具体连接情况，将杆件的形状和受力情况进行简化，就可以得到一个简单的力学模型如图 5-6 所示。

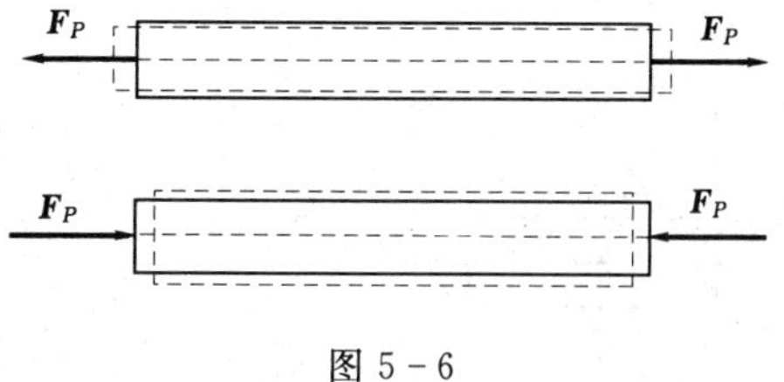

图 5-6

为了对构件进行强度、刚度分析，首先必须了解构件内横截面上的内力情况。下面通过求解如图 5-7（*a*）所示的拉杆 $m—m$ 横截面上的内力来阐明这种方法，其主要步骤为：

（1）截。在欲求内力的截面处，假想地将其切开，取其中一部分为研究对象，例如左段。

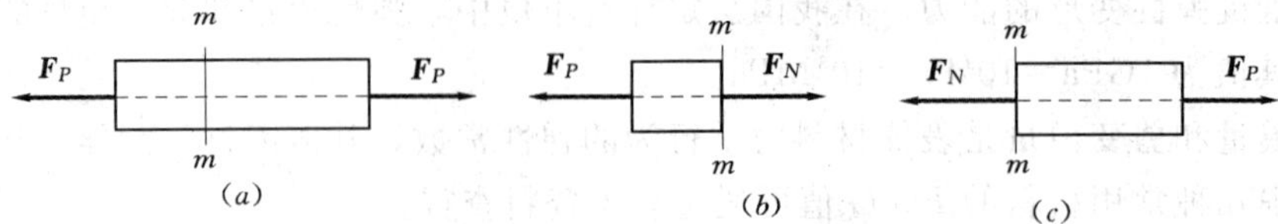

图 5-7

（2）代。用力来代替右段对左段的作用，画出其受力图，如图 5-7（b）所示。根据共线力系的平衡条件可知，内力的合力作用线必与杆的轴线重合，用 F_N 来表示。

（3）平。根据弹性体的平衡原理和力系的平衡条件列平衡方程得：

$$\sum X_i=0,\ F_N-F_P=0,\ F_N=F_P$$

由于外力或外力合力的作用线沿杆轴线方向，所以杆的横截面上有且只有一个内力，并且该内力的作用线与杆轴线相重合，称为轴力（normal force），用符号 F_N 表示。

若取右段为研究对象，所得内力与由左段求得的大小相等，方向相反，如图 5-7（c）所示。为了使得取不同的研究对象所得的内力符号相同，在力学中规定，对杆件产生相同变形效果的内力具有相同的符号。因此，轴力的正负号规定为：使构件产生拉伸变形的轴力为正，产生压缩变形的轴力为负。

杆件受到多个沿轴向外力作用时，不同横截面上的轴力一般是不同的。为了直观地反映出杆的各截面上轴力沿杆长的变化规律，并找出最大轴力及其所在横截面的位置，通常需要画出轴力图。其方法是：以平行于杆轴线的横坐标表示横截面的位置，以纵坐标表示相应横截面上的轴力值，画出轴力沿杆轴线变化的图形，称为轴力图。为了清楚地表示轴力图，在图上应标出轴力值和正负号，并用细竖线将图形填满，其意义是每一截面处细竖线的长度代表了该截面处的轴力值大小。下面举例说明轴力的求解和轴力图的作法。

【例 5-1】 求如图 5-8（a）所示杆中截面 1—1、2—2 和 3—3 上的轴力并作轴力图。

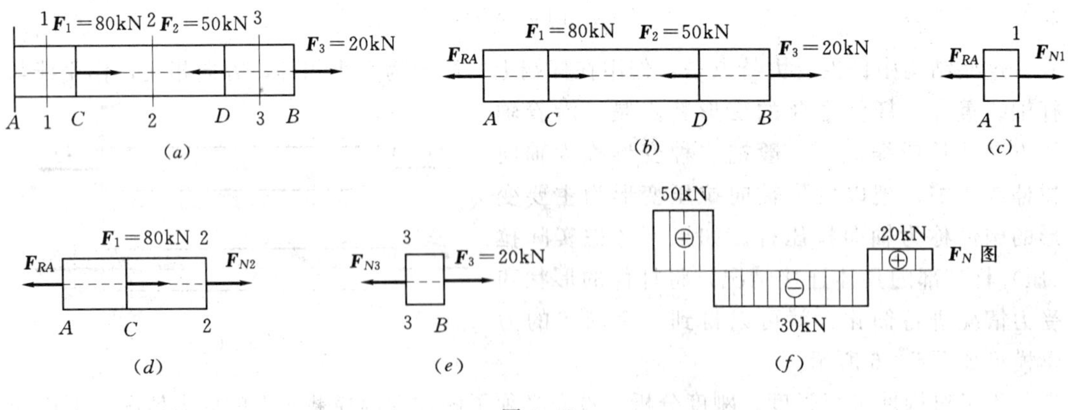

图 5-8

解：（1）计算支座反力 F_{RA}。

以整体为研究对象，受力分析如图 5-8（b）所示。由平衡方程得：

$$\sum X_i=0,\ -F_{RA}+F_1-F_2+F_3=0,\ F_{RA}=50\text{kN}$$

(2) 计算指定截面上的轴力。

假想将构件沿 1—1 截面截开。取左段为研究对象，假定 F_{N1} 为拉力，如图 5-8 (*c*) 所示，由平衡方程得：

$$\sum X_i=0,\ F_{N1}-F_{RA}=0,\ F_{N1}=F_{RA}=50\text{kN}$$

结果为正，表示 F_{N1} 的指向与假定相同，为拉力。

假想将构件沿 2—2 截面截开，取左段为研究对象，如图 5-8 (*d*) 所示。由平衡方程得：

$$\sum X_i=0,\ F_{N2}-F_{RA}+F_1=0,\ F_{N1}=F_{RA}-F_1=50-80=-30(\text{kN})$$

结果为负，表示 F_{N2} 为压力。

假想将构件沿 3—3 截面截开，取右段为研究对象，如图 5-8 (*e*) 所示。由平衡方程得：

$$\sum X_i=0,\ -F_{N3}+F_3=0,\ F_{N3}=F_3=20\text{kN}$$

结果为正，表示 F_{N3} 为拉力。

(3) 作轴力图。

因为 *AC*、*CD*、*DB* 三段上均无其他荷载作用，故各段内各横截面上的轴力分别与截面 1—1、2—2、3—3 上的轴力相等。取一条与轴线平行的直线表示横截面的位置，按一定的比例尺将拉力画在该直线的上侧，压力画在下侧，标上数值和单位，用细竖线将图形均匀填满，标上正负号，写上图名即可，如图 5-8 (*f*) 所示。

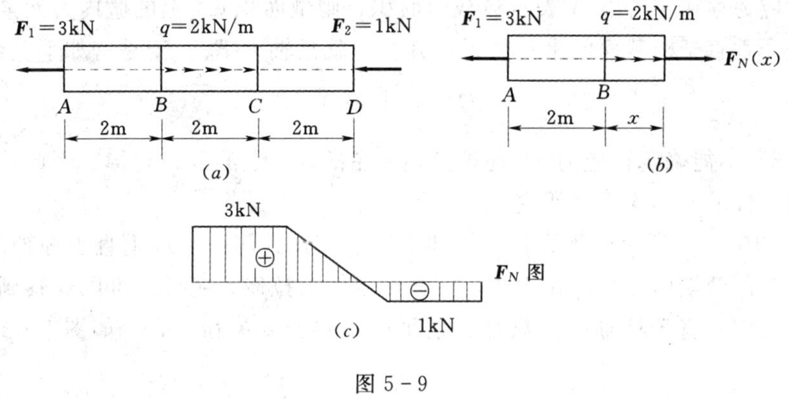

图 5-9

【例 5-2】 如图 5-9 (*a*) 所示杆，除受集中力 $F_1=3$kN 和 $F_2=1$kN 作用外，在 *BC* 段作用有沿杆长均匀分布的轴向外力，集度为 $q=2$kN/m。画出杆的轴力图。

解：按照上例的作法，可以求得 *AB* 段和 *CD* 段的轴力分别为 $F_{NAB}=3$kN（拉力）和 $F_{NCD}=-1$kN（压力）。

对于 *BC* 段，假想沿距 *B* 点为 x 的截面将杆截开，取左段为研究对象，如图 5-9 (*b*) 所示。由平衡方程，可求得 x 截面的轴力为：

$$F_N(x)=3-2x\quad(0\leqslant x\leqslant 2\text{m})$$

上式称为 *BC* 段的轴力方程，单位是 kN。由此可见，在 *BC* 段内，$F_N(x)$ 沿杆长呈线性变化。当 $x=0$ 时，$F_N=3$kN；当 $x=2$m 时，$F_N=-1$kN。通过这两个值就可以确定 *BC*

段的轴力图。

按照轴力图的作图方法，作杆件的轴力图如图 5-9（*c*）所示。

通过以上轴力的求解方法和轴力图的作法，可以得到以下结论：

（1）轴向拉压杆某一横截面上的轴力就等于其左侧（或右侧）所有轴向外力的代数和。外力离开截面引起拉力，指向截面时引起压力。

（2）在杆集中力作用处的左右两侧横截面上，轴力有突变，突变值等于集中力的大小。

（3）在无荷载作用的杆段，轴力图是一条与轴线平行的直线，在有均布轴向荷载的杆段，轴力图是一条与轴线有一定夹角的直线。

（4）从轴力图上可以直观地看到轴力沿横截面位置的变化规律，并能方便地得到最大轴力值及其所在截面，这能够为将来的强度和变形计算提供理论基础。

5.3　轴向拉压杆的应力

杆件的强度问题除了与截面上的内力有关，还和截面形状、尺寸以及组成材料的性质等因素有关。本节主要研究轴向拉压杆截面上内力的分布规律。

5.3.1　横截面上的应力

在拉压杆的横截面上，与轴力 F_N 对应的应力是正应力 σ。由连续性假设知，横截面上处处都有应力存在。若以 A 表示横截面面积，则微面积 $\mathrm{d}A$ 上的微内力元素 $\sigma\mathrm{d}A$（微内力）构成一个垂直于横截面的平行力系，其合力就是轴力 F_N。于是有如下关系：

$$F_N = \int_A \sigma \mathrm{d}A \tag{5.6}$$

仅由式（5.6）不能确定正应力 σ，还须知道 σ 在横截面上的分布规律。因此，必须通过实验，从观察杆件的变形入手来研究。

如图 5-10（*a*）所示的等直杆，拉伸变形前，在其侧面上作垂直于杆轴的直线 ab 和 cd，然后在杆的两端施加轴向拉力 $\boldsymbol{F}$，使杆发生轴向拉伸。变形后可以观察到 ab 和 cd 仍为直线，且仍然垂直于杆轴线，只是分别平行地移至 $a'b'$ 和 $c'd'$，如图 5-10（*b*）虚线所示。

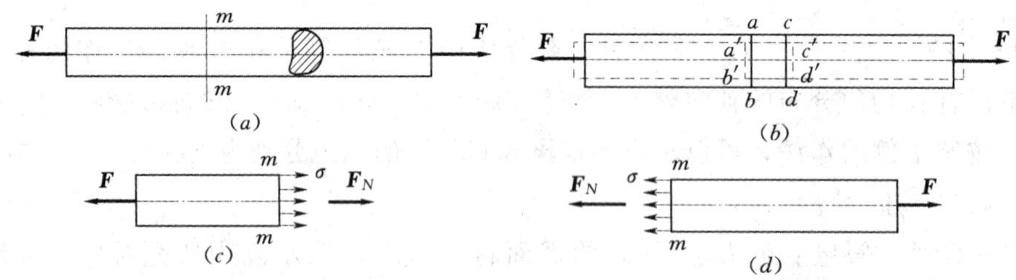

图 5-10

根据表面观察到的变形现象，可以假设：变形前原为平面的横截面，变形后仍保持为平面且仍垂直于杆轴线，这个假设称为平面假设。根据平面假设，拉杆变形后两横截面作相对平移，则任意两个横截面间所有纵向纤维的伸长量相等，即伸长变形是均匀的。

由于假设材料是均匀的，即各纵向纤维力学性质相同，可以推知各纵向纤维受力是相同的。所以横截面上各点处的正应力 σ 都相等，即正应力均匀分布于横截面上，见图 5-10（c）和（d），σ 为常量。于是由式（5.6）得：

$$F_N = \int_A \sigma \mathrm{d}A = \sigma \int_A \mathrm{d}A = \sigma A$$

则

$$\sigma = \frac{F_N}{A} \tag{5.7}$$

这就是轴向拉压杆横截面上正应力的计算公式。式中，F_N 为轴力，A 为杆的横截面面积。通常规定拉应力为正，压应力为负。

使用式（5.7）时，要求外力合力的作用线必须与杆件轴线相重合，即杆件发生轴向拉压变形。若轴力沿轴线变化可先作出轴力图，再由式（5.7）求出不同横截面下的应力。当杆件的截面尺寸也沿轴线变化时，如图 5-11 所示，式（5.7）可写成：

$$\sigma(x) = \frac{F_N(x)}{A(x)} \tag{5.8}$$

式中，$\sigma(x)$、$F_N(x)$ 和 $A(x)$ 表示这些量都是横截面位置（坐标 x）的函数。

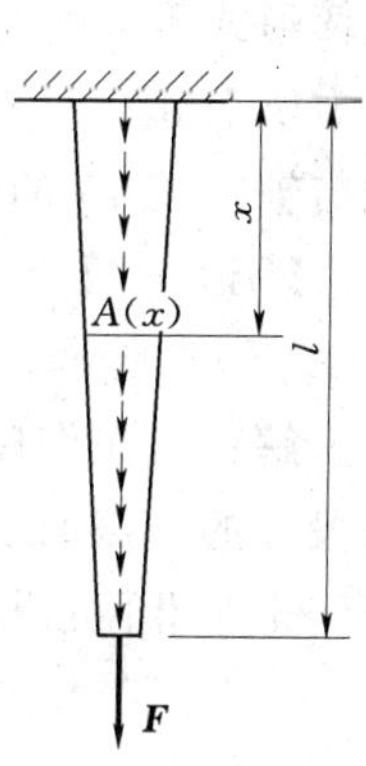

图 5-11

5.3.2 斜截面上的应力

以上讨论了轴向拉伸或压缩时直杆横截面上的正应力，但不同材料的实验表明，拉压杆的破坏并不总是沿横截面发生，有时却是沿斜面发生的。为了更全面地了解杆内的应力情况，现在研究斜截面上的应力。

如图 5-12（a）所示拉杆，利用截面法，沿任一斜截面 m—m 将杆截开，取左段为研究对象，该截面的方位以其外法线 n 与 x 轴的夹角 α 表示。由前述分析可知，杆件横截面上的应力均匀分布，由此可以推断，斜截面 m—m 上的总应力 p_α 也为均匀分布，如图 5-12（b）所示，且方向必与杆轴平行。

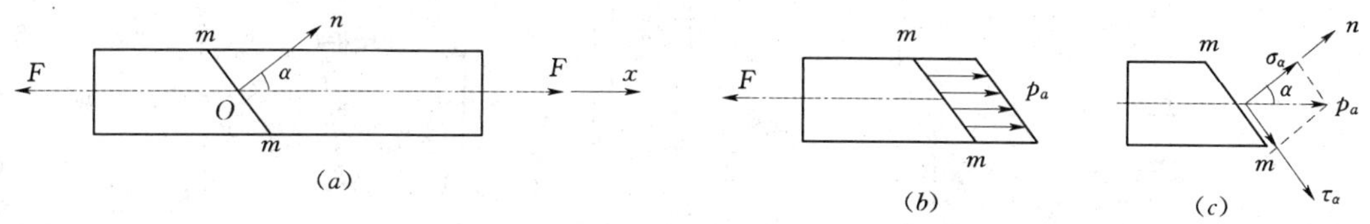

图 5-12

设杆件横截面面积为 A，与横截面成 α 角的斜面 m—m 的面积为 A_α，A_α 与 A 之间的关系为 $A_\alpha = A/\cos\alpha$。于是有：

$$p_\alpha = \frac{F_{N\alpha}}{A_\alpha} = \frac{F}{A/\cos\alpha} = \sigma\cos\alpha \tag{5.9}$$

式中，σ 为拉杆在横截面上的正应力。

将总应力 p_α 沿截面法向与切向分解，如图 5-12（c）所示，得斜截面上的正应力与切应力分别为：

$$\sigma_\alpha = p_\alpha \cos\alpha = \sigma\cos^2\alpha \tag{5.10}$$

$$\tau_\alpha = p_\alpha \sin\alpha = \sigma\cos\alpha\sin\alpha = \frac{\sigma}{2}\sin 2\alpha \tag{5.11}$$

由式（5.10）及式（5.11）可知，σ_α 和 τ_α 都是 α 的函数，所以都随着斜截面方位角 α 的不同而变化。最大正应力 $\sigma_{max}=\sigma$ 发生在横截面上，切应力 $\tau=0$；最大切应力 $\tau_{max}=\sigma/2$ 发生在与横截面成 45°的斜截面上，该面上的正应力和切应力相等；而在 $\alpha=90°$（平行于杆轴线）的纵向截面上则没有任何应力。这些结论可以解释力学性质不同的轴向拉压杆的破坏形式不同的原因。例如铸铁拉伸破坏时，断裂面之所以与轴线相垂直，是由于最大正应力所引起；而铸铁压缩破坏时，断裂面与轴线约成 45°，以及低碳钢拉伸到屈服时，出现与轴线成 45°的滑移线则是由于最大剪应力所引起的。

【例 5-3】 一正方形截面的阶梯形砖柱，其受力情况、各段长度及横截面尺寸如图 5-13（a）所示。已知 $F=40\text{kN}$。试求荷载引起的最大工作应力。

解： 首先作柱的轴力图，如图 5-13（b）所示。由于此柱为变截面杆，应分别求出每段柱的横截面上的正应力，从而确定全柱的最大工作应力。

Ⅰ、Ⅱ两段柱横截面上的正应力，分别由已求得的轴力和已知的横截面尺寸算得：

$$\sigma_{\text{I}} = \frac{F_{N\text{I}}}{A_{\text{I}}} = \frac{-40\times10^3}{240\times240} = -0.69(\text{MPa})$$

$$\sigma_{\text{II}} = \frac{F_{N\text{II}}}{A_{\text{II}}} = \frac{-120\times10^3}{370\times370} = -0.88(\text{MPa})$$

由上述结果可见，砖柱的最大工作应力在柱的下段，其值为 0.88MPa，是压应力。

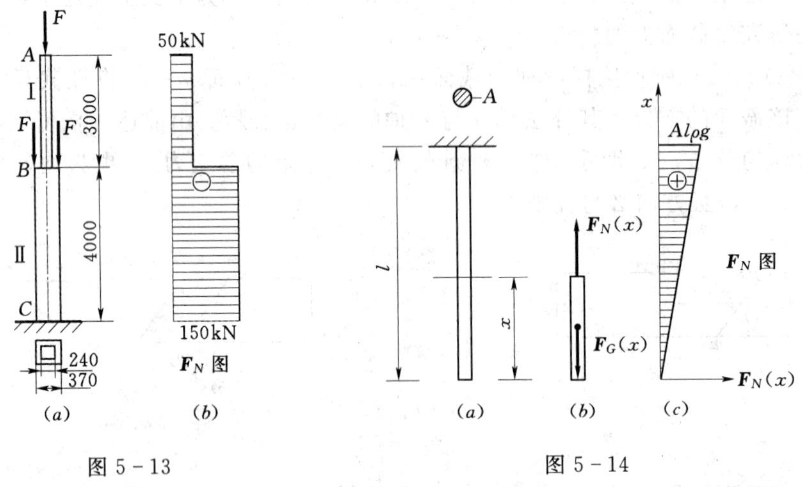

图 5-13　　　　图 5-14

【例 5-4】 一钻杆简图如图 5-14（a）所示，上端固定，下端自由，长为 l，截面面积为 A，材料容重为 γ。试分析该杆由自重引起的横截面上的应力沿杆长的分布规律。

解： 应用截面法，在距下端距离为 x 处将杆截开，取下段为脱离体，如图 5-14（b）所示，下段杆的重量为 $F_G(x)=xA\gamma$。

设横截面上的轴力为 $F_N(x)$，则由平衡条件得：

$$\sum X_i=0, F_N(x)-F_G(x)=0, F_N(x)=xA\gamma$$

那么横截面上的应力为：

$$\sigma(x)=\frac{F_N(x)}{A}=\gamma x$$

即 $F_N(x)$ 和 $\sigma(x)$ 都是 x 的线性函数，作钻杆的轴力图如图 5－14（c）所示。

显然，钻杆中的最大轴力值 $F_{N\max}=\gamma Al$ 和最大应力值 $\sigma_{\max}=\gamma l$ 都发生在上端固定端截面处，且横截面上的正应力分布类似于轴力图。

5.4 材料在轴向拉伸和压缩时的力学性能

工程力学是研究构件的强度、刚度和稳定性等问题的。而构件的强度、刚度和稳定性，除了与构件的几何尺寸及受力情况有关外，还与材料的力学性能有关。实践证明，材料的力学性能不仅决定于材料本身的成分、组织以及冶炼、加工、热处理等过程，而且决定于加载方式、应力状态和温度。本节主要介绍工程中常用材料在常温、静载条件下轴向拉伸和压缩时的力学性能。

为了便于不同材料的试验结果的可比性，需将试验材料按国家标准（GB/T 288—2002）《金属材料室温拉伸试验方法》中的规定加工成标准试件。

为了避开试样两端受力部分对测试结果的影响，试验前先在试样的中间等直部分上划两条横线，如图 5－15 所示。当试样受力时，横线之间的一段杆中任何横截面上的应力均相等，这一段即为杆的工作段，其长度称为标距。在试验时就测量工作段的变形。

常用的试样有圆截面和矩形截面两种。为了能比较不同粗细的试样在拉断后工作段的变形程度，通常对圆截面标准试样的标距长度 l 与其横截面直径 d 的比例加以规定。矩形截面标准试样，则规定其标距长度 l 与横截面面积 A 的比例。常用的标准比例有两种，即 $l=10d$ 和 $l=5d$（对圆截面试样）或 $l=11.3\sqrt{A}$和 $l=5.65\sqrt{A}$（对矩形截面试样）。

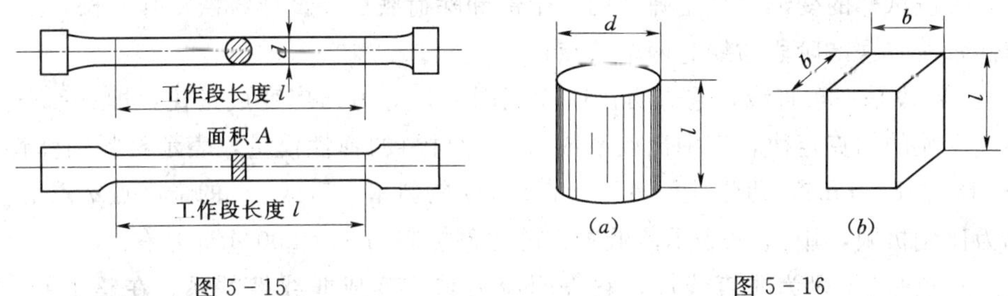

图 5－15　　图 5－16

压缩试样通常用圆形截面或正方形截面的短柱体，如图 5－16 所示，其长度 l 与横截面直径 d 或边长 b 的比值一般规定为 1～3，这样才能避免试样在试验过程中被压弯。

轴向拉伸或压缩试验时使用的设备是多功能万能试验机。万能试验机由机架、加载系统、测力示值系统、荷载位移记录系统以及夹具、附具等六个基本部分组成。关于试验机的具体构造和原理，可参阅有关材料力学实验书籍。

5.4.1 低碳钢轴向拉伸时的力学性能

将准备好的低碳钢试样装到试验机上，开动试验机使试样两端受轴向拉力 $\boldsymbol{F}$ 的作用。当力 F 由零逐渐增加时，试样逐渐伸长，用仪器测量标距 l 的伸长 Δl，将各 F 值与相应

的 Δl 之值记录下来，直到试样被拉断时为止。然后，以 Δl 为横坐标，力 F 为纵坐标，在纸上标出若干个点，以曲线相连，可得一条 $F-\Delta l$ 曲线，如图 5-17 所示，称为低碳钢的拉伸曲线或拉伸图。一般万能试验机可以自动绘出拉伸曲线。

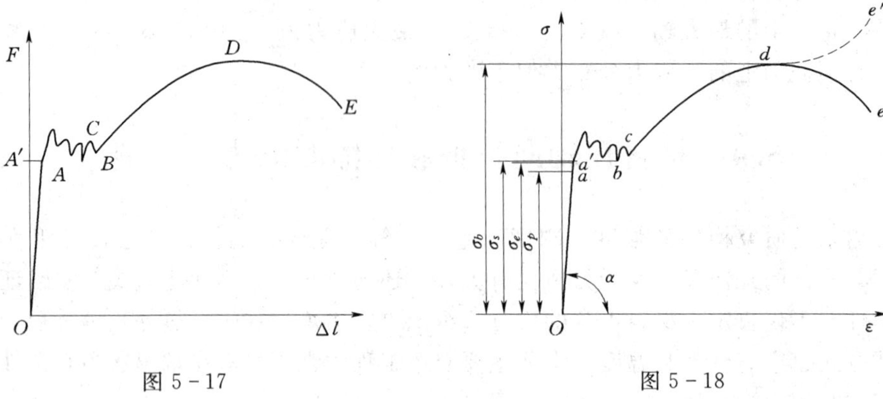

图 5-17　　图 5-18

低碳钢试样的拉伸图只能代表试样的力学性能，因为该图的横坐标和纵坐标均与试样的几何尺寸有关。为了消除试样尺寸的影响，将拉伸图中的 F 值除以试样横截面的原面积，即用应力来表示：$\sigma=F/A$；将 Δl 除以试样工作段的原长 l，即用应变来表示：$\varepsilon=\Delta l/l$。这样，所得曲线即与试样的尺寸无关，而可以代表材料的力学性质，称为应力—应变曲线或 σ—ε 曲线，如图 5-18 所示。

低碳钢是工程中使用最广泛的材料之一，同时，低碳钢试样在拉伸试验中所表现出的变形与抗力之间的关系也比较典型。由 σ—ε 曲线可见，低碳钢在整个拉伸试验过程中大致可分为四个阶段。

1. 弹性阶段

这一阶段试样的变形完全是弹性的，全部卸除荷载后，试样将恢复其原长，这一阶段称为弹性阶段。这一阶段曲线有两个特点：

一是 Oa 段是一条直线，它表明在这段范围内，应力与应变成正比，即 $\sigma=E\varepsilon$。这就是拉伸或压缩的胡克定律，其中比例系数 E 即为材料的弹性模量，表示材料的弹性性质。在图 5-18 中 $E=\tan\alpha$，即弹性模量等于直线 Oa 的斜率。直线 Oa 的最高点 a 点对应的应力，称为比例极限，用 σ_p 来表示。低碳钢的比例极限为 $\sigma_p=200\text{MPa}$ 左右。

另一特点是 aa' 段为非直线段，它表明应力与应变成非线性关系。在整个 Oa' 阶段，试件的变形完全是弹性的，即外力撤除后，变形完全消失，试件恢复到原来的长度，这种变形称为弹性变形。a' 点对应的应力是材料只产生弹性变形的最高应力，称为弹性极限，用 σ_e 表示。其值与 σ_p 接近，在工程上常忽略这两点的差别，对比例极限和弹性极限不作严格区别，因此通常说应力不超过弹性极限时，材料服从胡克定律。

2. 屈服阶段

在应力超过弹性极限后，应力会在一个较小的范围内上下波动，同时应变有非常明显的增加，在 σ—ε 曲线上出现接近水平线的小锯齿形线段。这种应力基本保持不变，而应变显著增加的现象，称为屈服或流动。在屈服阶段内的最高应力和最低应力分别称为屈服上限和屈服下限。屈服下限相对较为稳定，能够反映材料的性质，通常就把下屈服极限称为屈服极限，用 σ_s 来表示。低碳钢的屈服极限为 $\sigma_s=240\text{MPa}$ 左右。

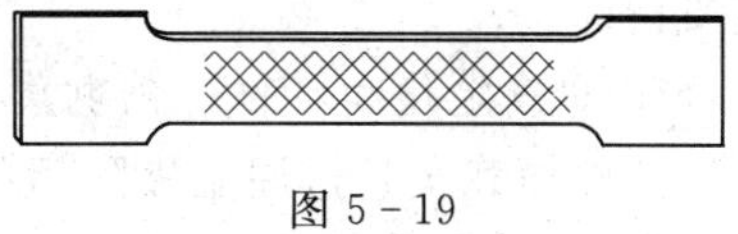

图 5-19

对于表面光滑的试件，屈服之后在试件表面上隐约可见与轴线成 45°的条纹，称其为滑移线，如图 5-19 所示。由于拉伸时，与轴线成 45°倾角的斜截面上切应力为最大值，可见屈服现象与最大切应力有关。材料屈服表现为显著的永久变形，即塑性变形，而构件的塑性变形将影响机器的正常工作，所以屈服极限 σ_s 是衡量材料强度的重要指标。

3. 强化阶段

试样经过屈服阶段后，材料又恢复了抵抗变形的能力，这是由于材料滑移到一定程度时，晶格间因形状的改变又产生了新的阻力。要使试件继续变形，必须增加拉力，这种现象称为材料的强化，这一阶段称为强化阶段。该阶段的最高点 d 所对应的应力称为强度极限。它是衡量材料强度的另一重要指标。在强化阶段，试件标距长度明显地变长，直径明显地缩小。对于低碳钢来讲，强度极限为 $\sigma_b=400\text{MPa}$ 左右。

4. 局部变形阶段

过 d 点后，试件的变形将集中在试样的某一较薄弱的区域内，该处的横截面面积显著地收缩，出现"颈缩"现象。

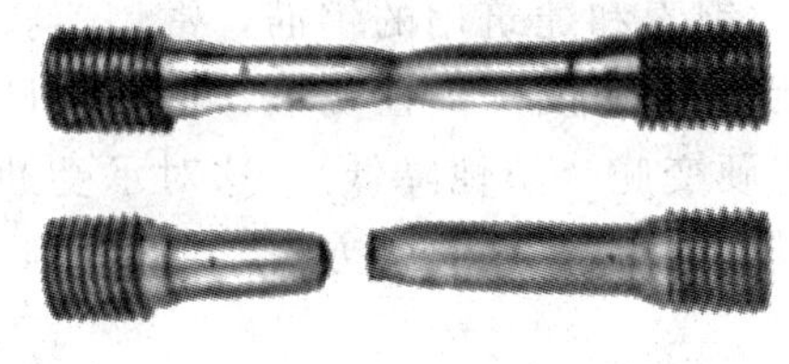

图 5-20

在试样继续变形的过程中，由于"颈缩"部分的横截面面积急剧缩小，因此，荷载读数反而降低，如图 5-17 所示中的 DE 线段。在图 5-18 中实线 de 是以横截面原始面积计算出的应力随之下降，直到 e 点，试件被拉断，所以其形状与图 5-17 中的 DE 线段相似，也是下降，如图 5-20 所示。但实际颈缩处的应力仍是增长的，如图 5-18 中虚线 de'所示。

为了衡量材料的塑性性能，通常以试样拉断后的标距长度 l_1 与其原长 l 之差除以 l 的比值，并表示成百分数来表示，称为延伸率，即：

$$\delta=\frac{l_1-l}{l}\times100\% \tag{5.12}$$

因此，延伸率是衡量材料塑性的指标。工程上通常按延伸率的大小把材料分成两大类：$\delta>5\%$的材料称为塑性材料，如碳钢、黄铜、铝合金等；而把 $\delta<5\%$的材料称为脆性材料，如铸铁、玻璃、陶瓷等。低碳钢的延伸率很高，其平均值为 20%～30%，这说明低碳钢的塑性性能很好。

工程中也常用断面收缩率 ψ 作为衡量材料的塑性变形程度的另一个指标。设原始横截面面积为 A 的试件，拉断后颈缩处的最小截面面积变为 A_1，用百分比表示的比值称为断面收缩率，即：

$$\psi=\frac{A-A_1}{A}\times100\% \tag{5.13}$$

可见，应力—应变曲线上的比例极限 σ_p、弹性极限 σ_e、屈服极限 σ_s 和强度极限 σ_b，反映不同阶段材料的变形和强度特性。其中屈服极限表示材料出现了显著的塑性变形，强度极限表示材料将失去承载能力。因此屈服极限 σ_s 和强度极限 σ_b 是衡量材料强度的两个重要指标。

5. 卸载定律和冷作硬化现象

试件加载至超过屈服极限后的某一点 m 后，停止加载，并逐渐卸除荷载，σ—ε 关系将沿着斜直线 mn 变化，称为卸载线，卸载线 mn 近似地平行于弹性阶段的直线段部分 Oa，如图 5-21 所示。在卸载过程中，应力和应变按直线规律变化的规律称为卸载定律。卸载完成后，nk 表示消失了的弹性变形，而 On 表示保留下来的塑性变形。可见，在拉伸过程中，当 $\sigma > \sigma_e$ 时，试件的变形由弹性变形和塑性变形两部分组成。

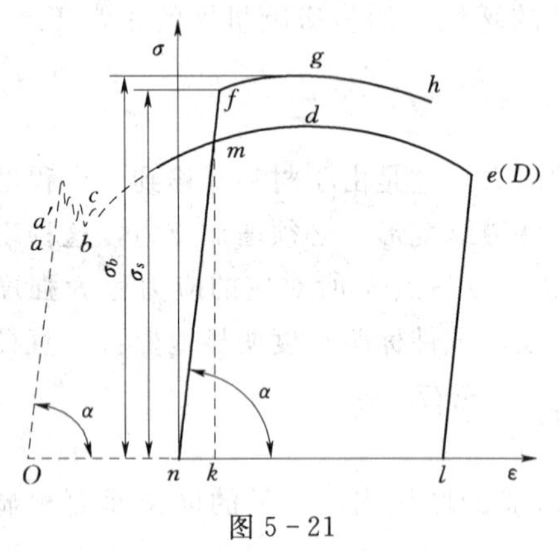

图 5-21

如果立即重新加载，变形将重新沿直线 nm 到达点 m，然后大致沿着曲线 mde 继续增加，直到拉断。材料经过这样处理后，其比例极限和屈服极限将得到提高，而拉断时的塑性变形减少，即塑性降低了。这种通过卸载的方式而使材料的性质获得改变的做法称为冷作硬化。工程上经常利用冷作硬化来提高材料的弹性范围。如起重机用的钢索和建筑用的钢筋，常用冷拔工艺以提高强度。又如对某些零件进行喷丸处理，使其表面发生塑性变形，形成冷硬层，以提高零件表面层的强度。而冷作硬化使材料变硬变脆（塑性降低），这对承受冲击和振动荷载是不利的，构件容易产生裂纹，采用热处理（退火）的方法，可以消除冷作硬化带来的影响。

值得注意的是，若试样拉伸至强化阶段后卸载，经过一段时间后再受拉，则其线弹性范围的最大荷载还会有所提高，如图 5-21 中 $nfgh$ 所示。这种现象称为冷作时效。钢筋冷拉后，其抗压的强度指标并不提高，所以在钢筋混凝土中，受压钢筋不用冷拉。

5.4.2 其他塑性金属材料拉伸时的力学性能

其他金属材料的拉伸试验和低碳钢拉伸实验方法相同，如图 5-22 所示分别给出了几种材料的应力—应变曲线。

从图 5-22 中可以看出，有些材料如 16Mn 钢的 σ—ε 线和低碳钢相似，有明显的弹性阶段、屈服阶段、强化阶段和局部变形阶段。有些材料，如黄铜 H62，没有屈服阶段，但其余三个阶段却很明显。还有些材料，如高碳钢 T10A，没有屈服阶段和局部变形阶段，只有弹性阶段和强化阶段。但这些材料的共同特点是延伸率均较大，与低碳钢一样都属于塑性材料。

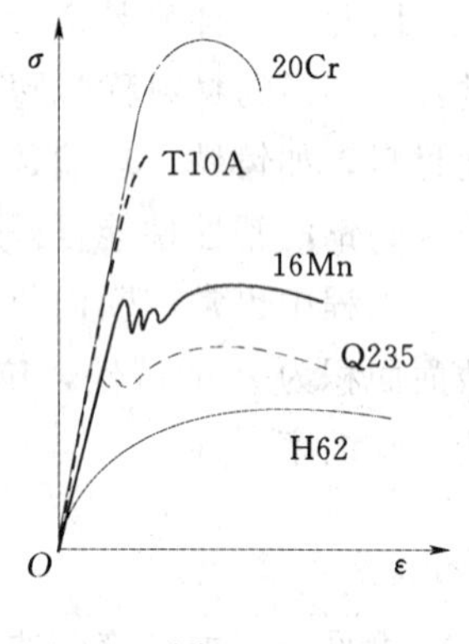

图 5-22

对于没有屈服阶段的塑性材料，通常用名义屈服极限作为衡量材料强度的指标。规定将对应于塑性应变为 0.2%时的应力定为名义屈服极限，并以 $\sigma_{0.2}$ 表示，如图 5-23 所示。

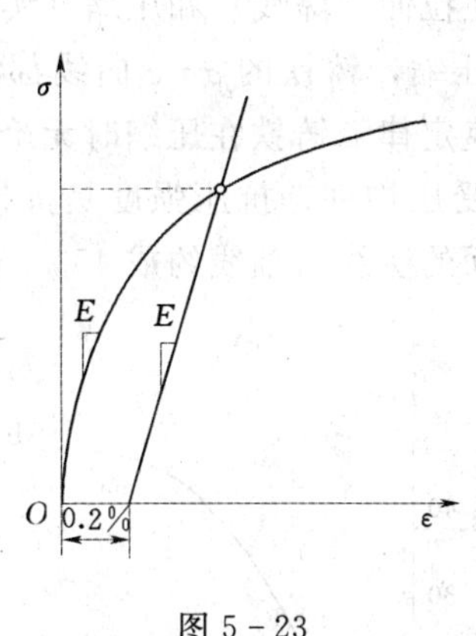

图 5-23

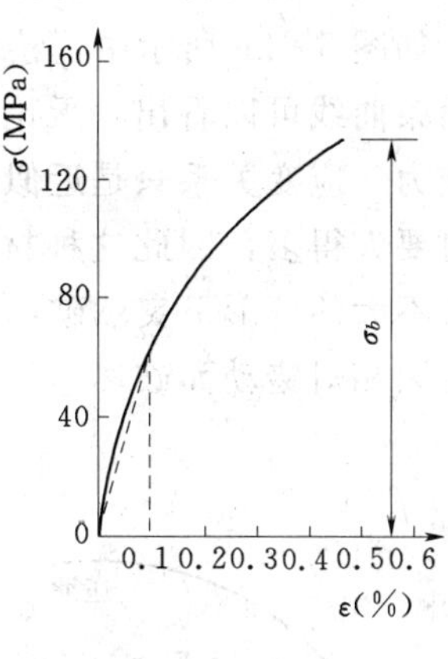

图 5-24

5.4.3 铸铁等脆性材料轴向拉伸时的力学性能

有些材料，如铸铁、陶瓷等发生断裂前没有明显的塑性变形，这类材料称为脆性材料。铸铁是工程中最常用的脆性材料之一。铸铁在轴向拉伸时的应力—应变关系是一条微弯曲线，即应力应变不成正比，如图 5-24 所示。

试件拉断前变形很小，几乎没有塑性变形，没有屈服阶段、强化阶段和局部变形阶段。试件拉断后，断口平齐、粗糙，只能测得拉伸时的强度极限 σ_b。因此强度极限 σ_b 是衡量强度的唯一指标。因此，在工程计算中，通常取总应变为 0.1%时 $\sigma-\varepsilon$ 曲线的割线（如图 5-24 所示的虚线）斜率来确定其弹性模量，称为割线弹性模量。

5.4.4 金属材料轴向压缩时的力学性能

下面介绍低碳钢在压缩时的力学性能。将短圆柱体压缩试件置于万能试验机的承压平台间，并使之发生压缩变形。与拉伸试验相同，可绘出试件在试验过程的缩短量 Δl 与荷载 F 之间的关系曲线，称为试件的压缩图。为了使得到的曲线与所用试样的横截面面积和长度无关，同样可以将压缩图改画成 $\sigma—\varepsilon$ 曲线，如图 5-25 实线所示。为了便于比较材料在拉伸和压缩时的力学性能，在图中以虚线绘出了低碳钢在拉伸时的 $\sigma—\varepsilon$ 曲线。

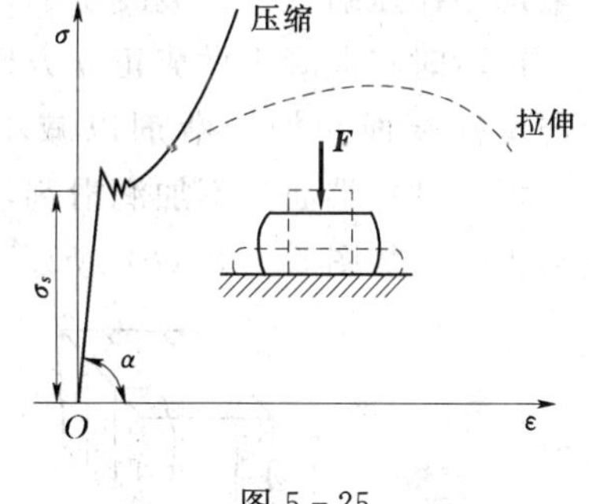

图 5-25

从图 5-25 可以看出，当 $\sigma \leqslant \sigma_s$ 时，两曲线近乎重合，表明低碳钢在压缩时的弹性模量、弹性极限和屈服极限等与拉伸时基本相同。当 $\sigma > \sigma_s$ 时，曲线逐渐上升，横向和轴向变形较为显著，压缩试件会被越压越扁，横截面积不断增大，呈鼓状。试件抗压能力也继续提高，使得低碳钢试样的压缩强度无法测定。

多数金属都有类似低碳钢的性质，所以塑性材料压缩时，在屈服阶段以前的特征值，都可用拉伸时的特征值，只是把拉换成压而已。但也有一些金属，例如铬钼硅金钢，在拉伸和压缩时的屈服极限并不相同，因此，对这些材料需要做压缩试验，以确定其压缩屈服极限。

与塑性材料不同，脆性材料在拉伸和压缩时的力学性能有较大的区别。铸铁是一种典型的脆性材料。如图 5－26 所示中，绘出了铸铁在拉伸（虚线）和压缩（实线）时的 σ—ε 曲线，比较这两条曲线可以看出：无论拉伸还是压缩，铸铁的 σ—ε 曲线都没有明显的直线阶段，所以应力—应变关系只是近似地符合胡克定律；铸铁在压缩时无论强度还是延伸率都比在拉伸时要大得多，因此这种材料宜用作受压构件；抗压强度是抗拉强度的 2～5 倍；试件在变形不大的情形下突然破坏，破坏断面的法线与轴线约成 45°～55°的倾角，表明试件沿斜截面因相对错动而破坏。

σ(MPa)
500
400
300
200
150
100
50
0
压缩
F
F
拉伸
0.5
1.0
2.0
3.0
4.0
ε(%)

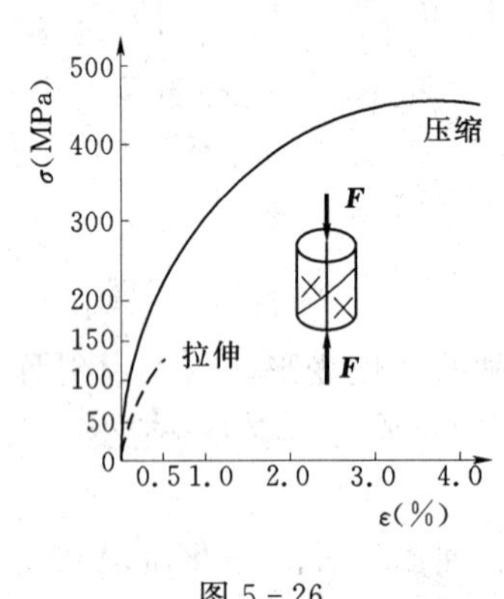

图 5－26

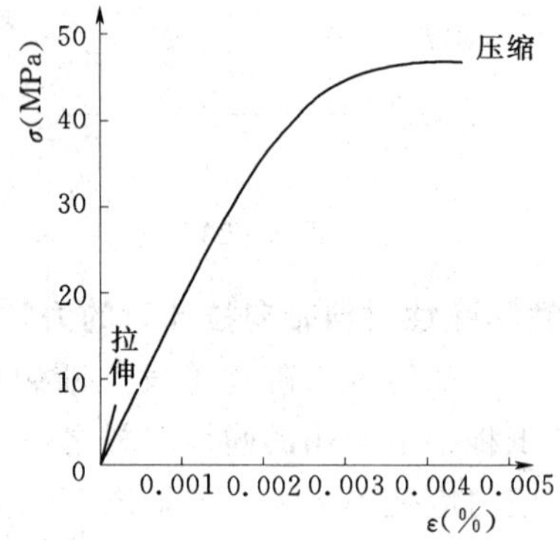

σ(MPa)
50
40
30
20
10
0
压缩
拉伸
0.001
0.002
0.003
0.004
0.005
ε(%)

图 5－27

5.4.5　几种非金属材料的力学性能

1. 混凝土

混凝土是由水泥、石子和砂加水搅拌均匀经水化作用后而成的人造材料，是典型的脆性材料。混凝土的拉伸强度很小，约为压缩强度的 1/5～1/20，如图 5－27 所示，因此，一般都用作压缩构件。混凝土的标号也是根据其压缩强度标定的。

试验时将混凝土做成正立方体试样，两端由压板传递压力，压坏时有两种形式：①压板与试样端面间加润滑剂以减小摩擦力，压坏时沿纵向开裂，如图 5－28（*a*）所示；②压板与试样端面间不加润滑剂，由于摩擦力大，压坏时是靠近中间剥落而形成两个对接的截锥体，如图 5－28（*b*）所示。两种破坏形式所对应的压缩强度也有差异。

(a)
(b)

图 5－28

σ
顺纹拉伸
顺纹压缩
横纹压缩
O
ε

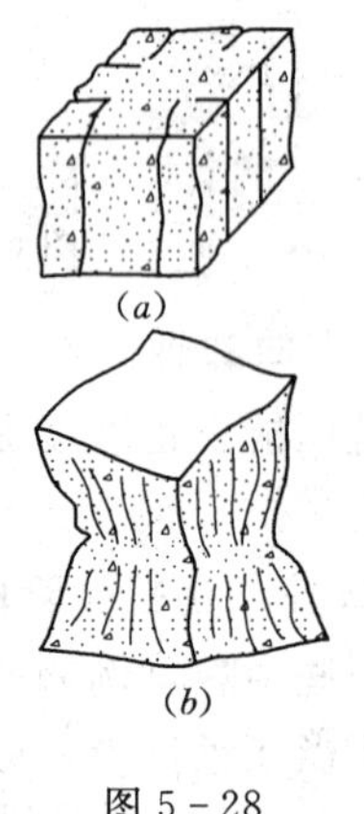

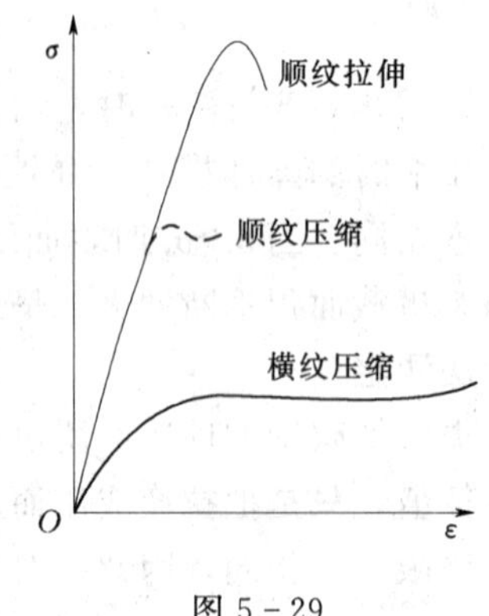

图 5－29

2. 木材

木材的力学性能随应力方向与木纹方向间倾角大小的不同而有很大的差异，即木材的力学性能具有方向性，称为各向异性材料。如图 5-29 所示为木材在顺纹拉伸、顺纹压缩和横纹压缩的 σ—ε 曲线，由图 5-29 可见，顺纹压缩的强度要比横纹压缩的高，顺纹压缩的强度稍低于顺纹的拉伸强度，但受木节等缺陷的影响较小，因此在工程中广泛用作柱、斜撑等承压构件。由于木材的力学性能具有方向性，因而在设计计算中，其弹性模量 E 和许用应力 $[\sigma]$，都应随应力方向与木纹方向间倾角的不同而采用不同的数量，详情可参阅 GBJ 5—74《木结构设计规范》。

3. 玻璃钢

玻璃钢是由玻璃纤维作为增强材料，与热固性树脂粘合而成的一种复合材料。玻璃钢的主要优点是重量轻、强度高、成型工艺简单、耐腐蚀、抗震性能好，且拉、压时的力学性能基本相同，如图 5-30 所示绘出了一种玻璃钢的 σ—ε 曲线。因此，玻璃钢作为结构材料在工程中得到广泛应用。

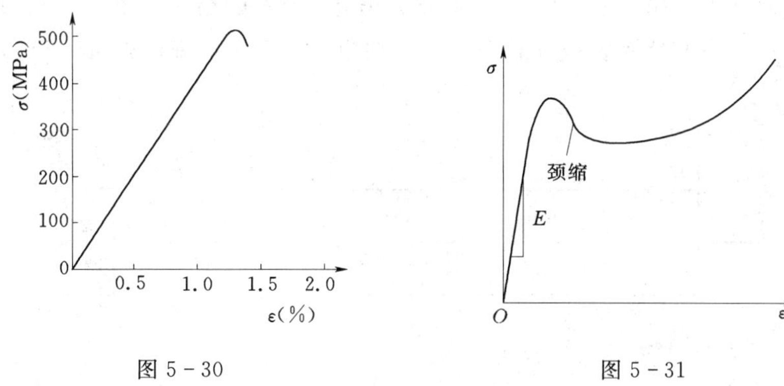

图 5-30　　图 5-31

4. 工程塑料

工程塑料是指被用做工业零件或外壳材料的工业用塑料，是强度、耐冲击性、耐热性、硬度及抗老化性均优的塑料。如图 5-31 所示绘出了一种工程塑料的 σ—ε 曲线。

5.4.6　塑性材料和脆性材料的主要区别

综合上述关于塑性材料和脆性材料的力学性能，归纳其区别如下。

（1）多数塑性材料在弹性变形范围内，应力与应变成正比关系，符合胡克定律；多数脆性材料在拉伸或压缩时 σ—ε 图一开始就是一条微弯曲线，即应力与应变不成正比关系，不符合胡克定律，但由于 σ—ε 曲线的曲率较小，所以在应用上假设它们成正比关系。

（2）塑性材料断裂时延伸率大，塑性性能好；脆性材料断裂时延伸率很小，塑性性能很差。所以塑性材料可以压成薄片或抽成细丝，而脆性材料则不能。

（3）表征塑性材料力学性能的指标有弹性模量、弹性极限、屈服极限、强度极限、延伸率和截面收缩率等；表征脆性材料力学性能的只有弹性模量和强度极限。

（4）多数塑性材料在屈服阶段以前，抗拉和抗压的性能基本相同，所以应用范围广；多数脆性材料抗压性能远大于抗拉性能，且价格低廉又便于就地取材，所以主要用于制作受压构件。

(5) 塑性材料承受动荷载的能力强，脆性材料承受动荷载的能力很差，所以承受动荷载作用的构件多由塑性材料制作。

值得注意的是，在常温、静载条件下，根据拉伸试验所得材料的延伸率，将材料区分为塑性材料和脆性材料。但是，材料是塑性的还是脆性的，将随材料所处的温度、加载速度和应力状态等条件的变化而不同。例如，具有尖锐切槽的低碳钢试样，在轴向拉伸时将在切槽处发生突然的脆性断裂。又如，将铸铁放在高压介质下作拉伸试验，拉断时也会发生塑性变形和颈缩现象。

5.4.7 圣维南原理和应力集中现象

应该指出，式 (5.7) 只有在杆上离外力作用点稍远处才成立。当作用在杆端的轴向外力，沿横截面非均匀分布时，外力作用点附近各截面的应力，也为非均匀分布。

圣维南原理指出，力作用于杆端方式的不同，只会使与杆端距离不大于杆的横向尺寸的范围内受到影响。此原理已被大量试验与计算所证实。例如，如图 5-32 (*a*) 所示承受集中力 $\boldsymbol{F}$ 作用的杆，其截面宽度为 h，在 $x=h/4$ 与 $x=h/2$ 的横截面 1—1 与 2—2 上，应力虽为非均匀分布，如图 5-32 (*b*) 所示，但在 $x=h$ 的横截面 3—3 上，应力则趋向均匀，如图 5-32 (*c*) 所示。故在轴向拉压杆的应力计算中，都以式 (5.7) 为准。

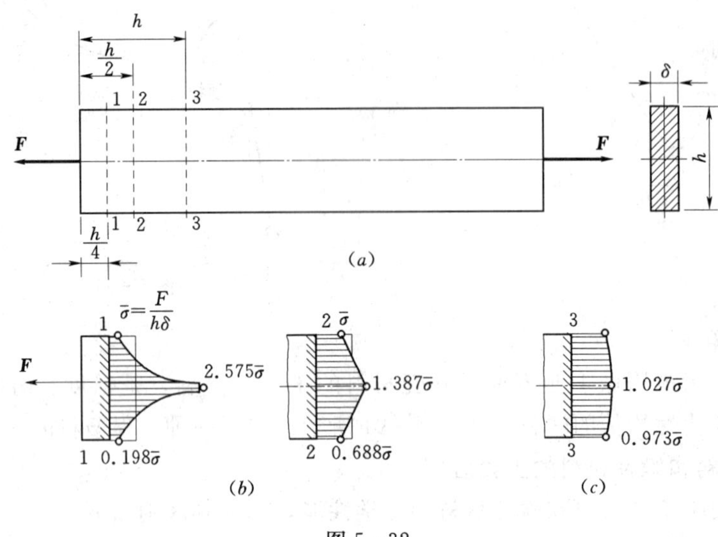

图 5-32

另外，在工程实际中，由于构造与使用等方面的需要，许多构件常常带有沟槽（如螺纹)、孔和圆角（构件由粗到细的过渡圆角）等。在外力作用下，构件在形状或截面尺寸有突然变化处，将出现局部的应力骤增现象，称为应力集中。例如，如图 5-33 (*a*) 所示的含圆孔的受拉薄板，圆孔处截面 A—A 上的应力分布如图 5-33 (*b*) 所示，在孔的附近处应力骤然增加，而离孔稍远处应力就迅速下降并趋于均匀。

值得注意的是，杆件外形的骤变越剧烈，应力集中的程度就越严重。应力集中的程度用所谓应力集中因数 K 表示，其定义为：

$$K=\frac{\sigma_{\max}}{\sigma_m} \tag{5.14}$$

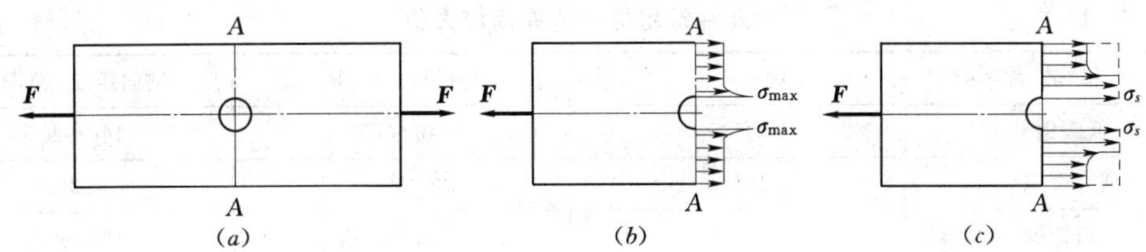

图 5-33

式中，σ_{max}为最大局部应力；σ_m 为该截面上的平均应力。

对于由脆性材料制成的构件，当由应力集中所形成的最大局部应力到达强度极限时，构件即发生破坏。因此，在设计脆性材料构件时，应考虑应力集中的影响。

对于由塑性材料制成的构件，应力集中对其在静荷载作用下的强度则几乎无影响。因为当最大应力 σ_{max}达到屈服应力 σ_s 后，如果继续增大荷载，则所增加的荷载将由同一截面的未屈服部分承担，以致屈服区域不断扩大，如图 5-33（c）所示，应力分布逐渐趋于均匀化。所以，在研究塑性材料构件的静强度问题时，通常可以不考虑应力集中的影响。但在动荷载作用下，则无论是塑性材料，还是脆性材料制成的杆件，都应考虑应力集中的影响。

5.4.8　许用应力

工程中，构件的破坏形式通常表现为两种类型：脆性断裂和塑性屈服。发生脆性断裂的构件，破坏前没有产生明显的变形而发生突然破坏；而发生塑性屈服的构件，破坏前会产生较大的塑性变形。一般把材料破坏时对应的应力称为极限应力或危险应力，也称为材料强度的标准值，用符号 σ_u 来表示。关于 σ_u 的选择，对塑性材料，当它达到屈服时就发生显著的塑性变形，影响其正常工作，所以取屈服极限 σ_s 作为极限应力；对脆性材料，断裂破坏对应的强度极限 σ_b 就是极限应力。

为保证构件能够正常工作，要求其有足够的强度，即在荷载作用下，构件的实际应力 σ（称为工作应力）必须低于极限应力。材料的极限应力是用标准试件在实验室这种相对稳定的环境中测定的；而实际的结构和构件往往在较为复杂的环境中工作，在这种条件下，一方面很难精确地计算出作用在构件上的荷载；另一方面材料的均匀度、锈蚀，施工中的误差；此外，计算时力学模型的简化与实际存在误差，所以，要求构件在强调极限应力的同时还应具有必要的安全储备。通常将极限应力除以一个大于 1 的安全系数 n，作为构件的许用应力 $[\sigma]$，即：

$$[\sigma]=\frac{\sigma}{n} \tag{5.15}$$

确定材料的许用应力和安全因数是一项严谨的工作，安全因数定低了，构件不安全，定高了则经济上不合理。各种材料在不同工作条件下的安全因数或许用应力，可从有关规范或设计手册中查到。在一般静强度计算中，对于塑性材料，按屈服应力所规定的安全因数 n_s，通常取为 1.5～2.2；对于脆性材料，按强度极限所规定的安全因数 n_b，通常取为 3.0～5.0，甚至更大。

几种常用材料在一般情况下的许用应力值见表 5-1。

表 5-1　　**几种常用材料的许用应力值**

材料名称	牌　号	轴向拉伸（MPa）	轴向压缩（MPa）
低碳钢	Q235	140～170	140～170
低合金钢	16Mn	230	230
灰口铸铁	—	35～55	160～200
木材（顺纹）	—	5.5～10.0	8～16
混凝土	C20	0.44	7
	C30	0.6	10.3

注　适用于常温、静载和一般工作条件下的拉杆和压杆。

5.5　轴向拉压杆的强度计算

为了保证构件能够安全可靠地正常工作，要求构件的最大工作应力 σ_{max} 不超过材料的许用应力 $[\sigma]$。对于轴向拉压杆来说，有：

$$\sigma_{max}=\frac{F_N}{A}\leqslant[\sigma] \tag{5.16}$$

称为轴向拉伸或压缩时的强度条件。根据该条件可进行以下三方面的计算：

（1）强度校核。若已知截面尺寸、荷载及材料的许用应力则可根据式（5.16），校核构件是否满足强度要求。

（2）截面设计。若已知作用在构件上的荷载与材料的许用应力，则可根据式（5.16）计算构件横截面面积的最小值 A 为：

$$A\geqslant\frac{F_{N\max}}{[\sigma]} \tag{5.17}$$

（3）确定许可荷载。若已知轴向拉压构件的横截面尺寸以及材料的许用应力，则可根据式（5.16）确定构件或结构所能承受的最大荷载为：

$$F_{N\max}\leqslant[\sigma]A \tag{5.18}$$

下面通过几个例题来对轴向拉压杆的强度进行计算。

【例 5-5】 一钢筋混凝土组合屋架，如图 5-34（*a*）所示，受均布荷载 q 作用，屋架的上弦杆 AC 和 BC 由钢筋混凝土制成，下弦杆 AB 为 Q235 钢制成的圆截面钢拉杆。已知：$q=10\text{kN/m}$，$l=8.8\text{m}$，$h=1.6\text{m}$，钢的许用应力 $[\sigma]=170\text{MPa}$，试设计钢拉杆 AB 的直径。

解：（1）求支座反力。

$$F_A=F_B=\frac{1}{2}ql=\frac{1}{2}\times10\times8.8=44(\text{kN})$$

（2）用截面法求轴力。

取左半个屋架为脱离体，受力如图 5-34（*b*）所示。由平衡条件得：

$$\sum M_C=0，F_A\times4.4-q\times\frac{l}{2}\times\frac{l}{4}-F_{NAB}\times1.6=0$$

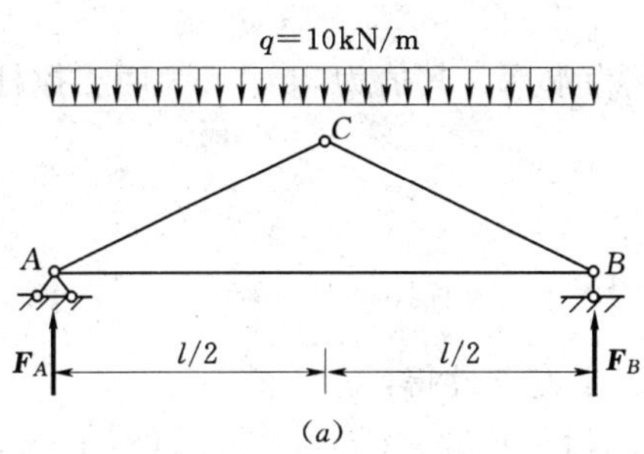

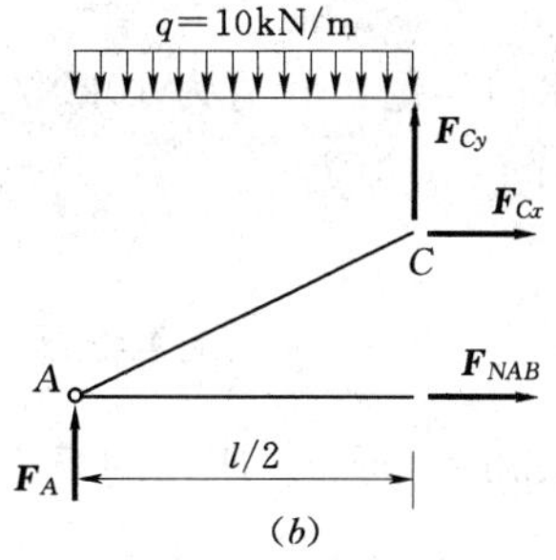

图 5-34

解得：
$$F_{NAB}=60.5\text{kN}$$

(3) 设计钢拉杆的直径。

由强度条件得：

$$\frac{F_{NAB}}{A}=\frac{4F_{NAB}}{\pi d^2}\leqslant[\sigma]$$

解得：

$$d\geqslant\sqrt{\frac{4F_{NAB}}{\pi[\sigma]}}=\sqrt{\frac{4\times 60.5\times 10^3}{\pi\times 170}}=21.29(\text{mm})$$

【例 5-6】 防水闸门用一排支杆支撑着，如图 5-35 (*a*) 所示，*AB* 为其中一根支撑杆。各杆为 $d=100$mm 的圆木，其许用应力 $[\sigma]=10$MPa。试求支杆间的最大距离。

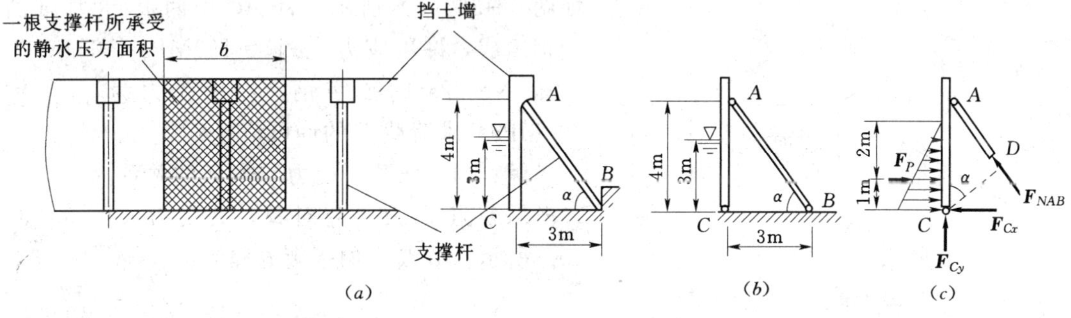

图 5-35

解：这是一个实际问题，在设计计算过程中首先需要进行适当地简化，画出简化后的计算简图，然后根据强度条件进行计算。

(1) 计算简图。

防水闸门在水压作用下可以稍有转动，下端可近似地视为铰链约束。*AB* 杆上端支撑在闸门上，下端支撑在地面上，两端均允许有转动，故可简化为铰链约束。于是 *AB* 杆的计算简图如图 5-35 (*b*) 所示。

(2) 计算 *AB* 杆的轴力。

水压力通过防水闸门传递到 *AB* 杆上，如图 5-35 (*a*) 中阴影部分所示，每根支撑杆所承受的总水压力为：

$$F_P=\frac{1}{2}\gamma h^2 b$$

式中，γ 为水的容重，其值为 10kN/m^3；h 为水深，其值为 3m；b 为两支撑杆中心线之间的距离。

于是有：

$$F_P=\frac{1}{2}\times 10\times 10^3\times 3^2\times b=45\times 10^3 b$$

根据如图 5－35（*c*）所示的受力图，由平衡条件得：

$$\sum M_C=0,\ -F_P\times 1+F_{NAB}\times CD=0$$

其中 $CD=3\sin\alpha=3\times\frac{4}{\sqrt{3^2+4^2}}=2.4\ (\text{m})$，得：

$$F_{NAB}=\frac{F_P}{2.4}=\frac{45\times 10^3 b}{2.4}=18.75\times 10^3 b$$

（3）根据 AB 杆的强度条件确定间距 b 的值。

由强度条件得：

$$\sigma=\frac{F_{NAB}}{A}=\frac{4\times 18.75\times 10^3 b}{\pi\times d^2}\leqslant[\sigma]$$

解得：

$$b\leqslant\frac{[\sigma]\times\pi\times d^2}{4\times 18.75\times 10^3}=\frac{10\times 10^6\times 3.14\times 0.1^2}{4\times 18.75\times 10^3}=4.19(\text{m})$$

【例 5－7】 三角架由 AC 和 BC 两根杆组成，如图 5－36（*a*）所示。杆 AC 由两根 No.14a 的槽钢组成，许用应力 $[\sigma]=160\text{MPa}$；杆 BC 为一根 No.22a 的工字钢，许用应力为 $[\sigma]=100\text{MPa}$。求荷载 F 的许可值 $[\boldsymbol{F}]$。

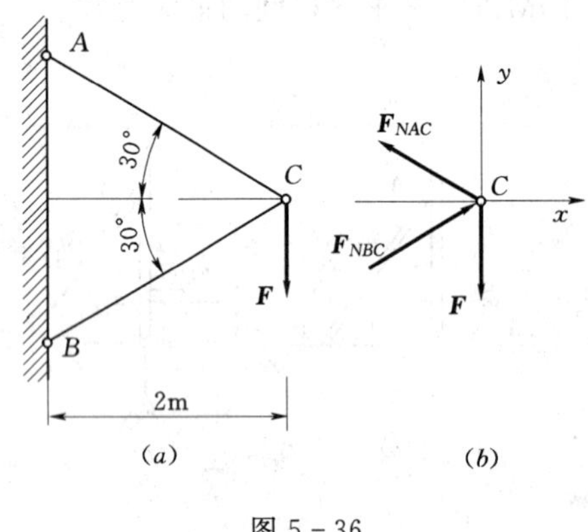

图 5－36

解：（1）求两杆内力与力 $\boldsymbol{F}$ 的关系。

取节点 C 为研究对象，其受力如图 5－36（*b*）所示。节点 C 的平衡方程为：

$$\sum F_x=0,\ F_{NBC}\cos\frac{\pi}{6}-F_{NAC}\cos\frac{\pi}{6}=0$$

$$\sum F_y=0,\ F_{NBC}\sin\frac{\pi}{6}+F_{NAC}\sin\frac{\pi}{6}-F=0$$

解得

$$F_{NBC}=F_{NAC}=F$$

（2）计算各杆的许可轴力。

由型钢表查得杆 AC 和 BC 的横截面面积分别为 $A_{AC}=18.51\times 2=37.02\text{mm}^2$，$A_{BC}=42\text{mm}^2$。根据强度条件得：

$$\sigma=\frac{F_N}{A}\leqslant[\sigma]$$

得两杆的许可轴力为：

$$[F_N]_{AC}=(160\times10^6)\times(37.02\times10^{-4})=592.32\times10^3(\text{N})=592.32(\text{kN})$$

$$[F_N]_{BC}=(100\times10^6)\times(42\times10^{-4})=420\times10^3(\text{N})=420(\text{kN})$$

（3）求许可荷载。

将 $[F_N]_{AC}$ 和 $[F_N]_{BC}$ 分别代入内力与外力的关系，便得到按各杆强度要求所算出的许可荷载为：

$$[F]_{AC}=[F_N]_{AC}=592.32\text{kN}$$

$$[F]_{BC}=[F_N]_{BC}=420\text{kN}$$

所以该结构的许可荷载应取 $[F]=420\text{kN}$。

5.6　轴向拉压杆的变形计算

杆件在轴向拉伸与压缩时，除引起内力和应力外还会发生变形。如图 5-37 所示中实线为变形前的形状，虚线为变形后的形状，杆件轴向与横向尺寸均发生变化。一般把杆件沿轴线方向的变形称为轴向变形或纵向变形，垂直于轴线方向的变形称为横向变形。

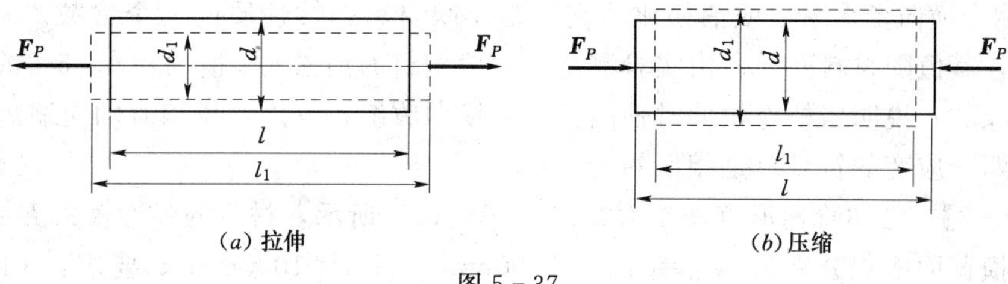

图 5-37

5.6.1　轴向变形

设杆件原长为 l，变形后的长度为 l_1，则长度改变量为：

$$\Delta l=l_1-l$$

Δl 称为杆件的轴向绝对变形，单位为 m 或 mm。

实验表明，工程中的常用材料，在弹性变形范围内，构件的伸长 Δl 与轴力 F_N 及杆长 l 与横截面面积 A 之间满足下列关系，即：

$$\Delta l=\frac{F_N l}{EA} \tag{5.19}$$

式（5.19）就是轴向拉伸或压缩时等直杆的轴向变形计算公式，称为胡克定律。式中比例常数 E 就是材料的弹性模量，其数值随材料而异，由实验测定，单位为帕斯卡（Pa）。

式（5.19）表明：Δl 与乘积 EA 成反比，即该乘积越大，伸长量 Δl 越小，所以 EA 代表杆件抵抗拉伸（或压缩）变形的能力，称为抗拉（压）刚度。

杆件的轴向绝对伸长量 Δl 并不能反映杆件的变形程度，它还与杆件的原长 l 有关。为了消除尺寸的影响，用绝对伸长量 Δl 除以杆件的原长 l 来度量杆件的变形程度，记作：

$$\varepsilon=\frac{\Delta l}{l} \tag{5.20}$$

ε 称为轴向线应变。杆件发生拉伸变形时，$\Delta l>0$，$\varepsilon>0$；压缩变形时，$\Delta l<0$，$\varepsilon<0$。

若将 $\Delta l=\frac{F_N l}{EA}$，$\sigma=\frac{F_N}{A}$ 代入式（5.20），可得：

$$\sigma = E\varepsilon \tag{5.21}$$

式（5.21）表明，在弹性变形范围内，应力与应变成正比。它表达了单向应力状态下的正应力和线应变之间的关系。

5.6.2　横向变形

设杆件变形前的横向尺寸为 d，变形后的横向尺寸为 d_1，则变形量为：

$$\Delta d = d_1 - d$$

Δd 被称为杆件的横向绝对变形，单位为 m 或 mm。相应的横向线应变为：

$$\varepsilon' = \frac{\Delta l}{l} \tag{5.22}$$

ε 为轴向线应变，ε' 为横向线应变，它们都是无量纲的量。杆件发生拉伸变形时：$\Delta d<0$，$\varepsilon'<0$；压缩变形时：$\Delta d>0$，$\varepsilon'>0$。

实验证明：在弹性范围内，横向线应变与轴向线应变之间保持一定的正比例关系，以 ν 代表它们的比值之绝对值，则有：

$$\varepsilon' = -\nu\varepsilon \tag{5.23}$$

ν 值称为横向变形系数或泊松比，它也是反映材料弹性性质的一个常数。ν 是一个无量纲的量，其值随材料而异，由实验测定。一般钢材的泊松比 ν 值约在 0.25～0.33 之间。

式（5.23）说明当杆件拉伸时轴向伸长，横向收缩；反之，压缩时轴向缩短，横向膨胀。所以两个应变的符号总是相反的。

【例 5-8】 已知阶梯形直杆受力如图 5-38（a）所示，材料的弹性模量 $E=200\text{GPa}$，杆各段的横截面面积分别为 $A_{AB}=A_{BC}=1500\text{mm}^2$，$A_{CD}=1000\text{mm}^2$。要求：（1）作轴力图；（2）计算杆的总伸长量。

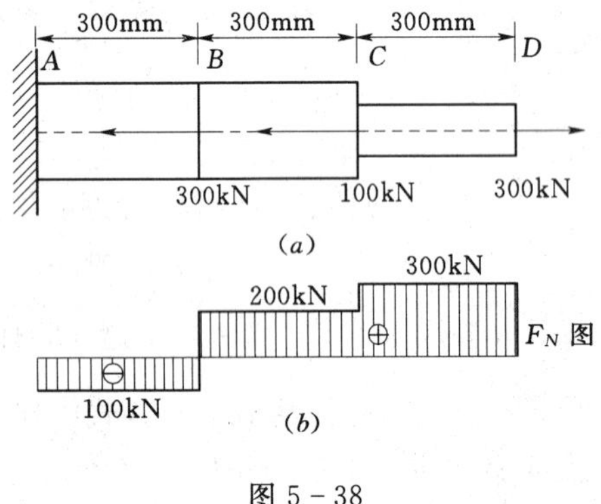

图 5-38

解：（1）作轴力图。

因为在 A、B、C、D 处都有集中力作用，所以 AB、BC 和 CD 三段杆的轴力各不相同。应用截面法得：

$$F_{NAB} = 300-100-300 = -100(\text{kN})$$

$$F_{NBC} = 300-100 = 200(\text{kN})$$

$$F_{NCD} = 300\text{kN}$$

轴力图如图 5-38（b）所示。

（2）计算杆的总伸长量。

因为杆各段轴力不等，且横截面面积也不完全相同，因而必须分段计算各段的变形，然后求和。各段杆的轴向变形分别为：

$$\Delta l_{AB} = \frac{F_{NAB} l_{AB}}{EA_{AB}} = \frac{-100\times10^3\times300}{200\times10^3\times1500} = -0.1(\text{mm})$$

$$\Delta l_{BC} = \frac{F_{NBC} l_{BC}}{EA_{BC}} = \frac{200\times10^3\times300}{200\times10^3\times1500} = 0.2(\text{mm})$$

$$\Delta l_{CD} = \frac{F_{NCD} l_{CD}}{EA_{CD}} = \frac{300\times10^3\times300}{200\times10^3\times1000} = 0.45(\text{mm})$$

杆的总伸长量为：

$$\Delta l=\sum_{i=1}^{3}\Delta l_i=-0.1+0.2+0.45=0.55(\text{mm})$$

【例 5-9】 如图 5-39（a）所示实心圆钢杆 AB 和 AC 在杆端 A 铰接，在 A 点作用有铅垂向下的力 F。已知 $F=30\text{kN}$，$d_{AB}=10\text{mm}$，$d_{AC}=14\text{mm}$，钢的弹性模量 $E=200\text{GPa}$。试求 A 点在铅垂方向的位移。

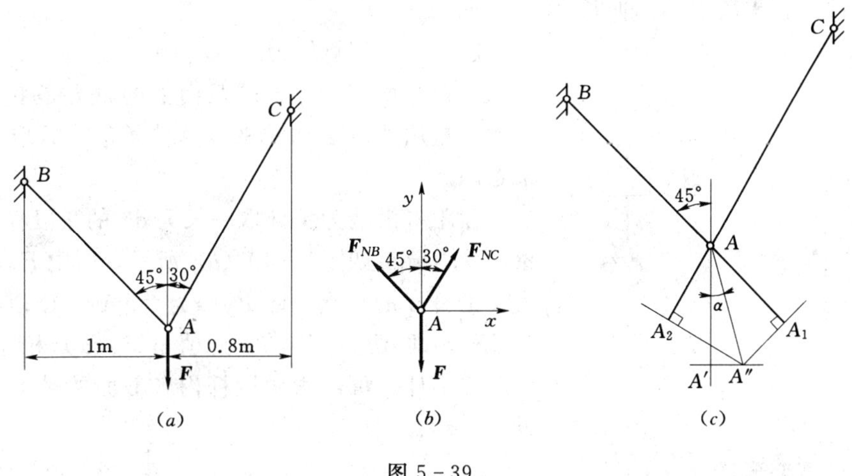

图 5-39

解：（1）利用静力平衡条件求二杆的轴力。

由于两杆受力后伸长，而使 A 点有位移，为求出各杆的伸长，先求出各杆的轴力。在微小变形情况下，求各杆的轴力时可将角度的微小变化忽略不计。以节点 A 为研究对象，受力如图 5-39（b）所示，由节点 A 的平衡条件有：

$$\sum X_i=0,\quad F_{NC}\sin 30^\circ-F_{NB}\sin 45^\circ=0$$

$$\sum Y_i=0,\quad F_{NC}\cos 30^\circ+F_{NB}\cos 45^\circ-F=0$$

解得各杆的轴力为：

$$F_{NB}-0.518F=15.53(\text{kN}),\quad F_{NC}=0.732F=21.96(\text{kN})$$

（2）计算杆 AB 和 AC 的伸长：

利用胡克定律有：

$$\Delta l_B=\frac{F_{NB}l_B}{EA_B}=\frac{15.53\times 10^3\times\sqrt{2}}{200\times 10^9\times\frac{\pi}{4}\times(0.01)^2}=1.399(\text{mm})$$

$$\Delta l_C=\frac{F_{NC}l_C}{EA_C}=\frac{21.96\times 10^3\times 0.8\times 2}{200\times 10^9\times\frac{\pi}{4}\times(0.014)^2}=1.142(\text{mm})$$

（3）利用图解法求 A 点在铅垂方向的位移。

如图 5-39（c）所示，分别过 AB 和 AC 伸长后的点 A_1 和 A_2 作二杆的垂线，相交于点 A''，再过点 A''作水平线，与过点 A 的铅垂线交于点 A'，则 AA''便是点 A 的铅垂位移。由图中的几何关系得：

$$\frac{\Delta l_B}{AA''}=\cos(45^\circ-\alpha),\quad \frac{\Delta l_C}{AA''}=\cos(30^\circ+\alpha)$$

可得：

$$\tan\alpha=0.12,\ \alpha=6.87°,\ AA'=1.778(\text{mm})$$

所以点 A 的铅垂位移为：

$$\Delta=AA'\cos\alpha=1.778\cos6.87°=1.765(\text{mm})$$

【例 5-10】 如图 5-40 (*a*) 所示一长 l 的等直杆，截面面积为 A，材料容重为 γ。求整个杆件由自重所引起的伸长 Δl。

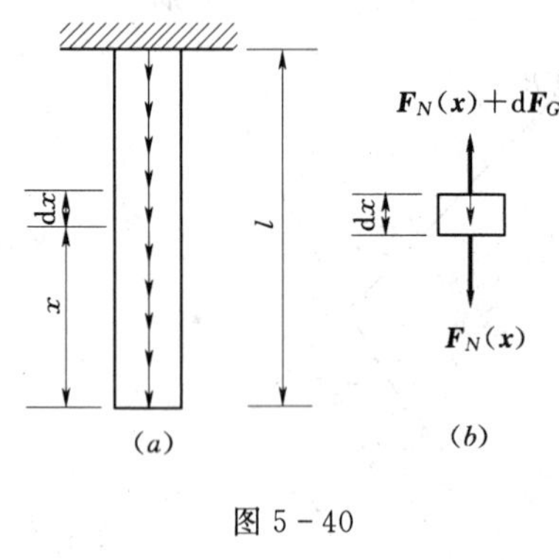

图 5-40

解：(1) 计算轴力。

在自重作用下，不同截面上的轴力是变量，所以不能直接用式 (5.19) 来计算伸长值，需取一微段杆来考虑。

在距自由端为 x 处取一长为 dx 的微段杆为研究对象，受力分析如图 5-40 (*b*) 所示，图中 $F_N(x)$ 是长为 x 的杆段的自重，即 $F_N(x)=xA\gamma$。微段杆的自重为 dF_G，即 $dF_G=A\gamma dx$，此值与 $F_N(x)$ 相比是微量，可忽略不计。可认为微段杆内各截面的轴力都等于常量 $F_N(x)$。

(2) 计算变形量。

应用胡克定律式 (5.19) 来计算微段杆的伸长 $\Delta(dx)$。

$$\Delta(dx)=\frac{F_N(x)dx}{EA}=\frac{\gamma x dx}{E}$$

整个构件的伸长为：

$$\Delta l=\int_l \Delta(dx)=\int_0^l \frac{\gamma x\,dx}{E}=\frac{\gamma l^2}{2E}=\frac{(\gamma Al)l}{2EA}=\frac{1}{2}\Delta l'$$

其中 $\Delta l'$ 等于把整个杆的自重作为集中荷载作用在杆端所引起的伸长。所以，等直杆自重所引起的伸长等于把自重当作集中荷载作用在杆端所引起伸长的一半。

5.7　简单拉压静不定问题

第 3 章平面力系中介绍了静定和静不定的概念，知道对于静不定问题仅仅利用静力平衡方程不能求解全部未知量。结构在正常工作时，其各部分的变形之间必然存在着一定的几何关系，称为变形协调条件。求解静不定问题的关键在于根据变形协调条件写出几何方程，然后将联系杆件的变形与内力之间的物理关系（如胡克定律）代入变形几何方程，即得所需的补充方程，然后与静力平衡方程联立求得全部未知量。对于不同结构，求解的具体方法有些区别。下面通过具体例子来加以说明。

【例 5-11】 两端固定的等直杆 AB，在 C 处承受轴向力 $\boldsymbol{F}$，如图 5-41 (*a*) 所示，杆的抗拉压刚度为 EA，试求两端的支座反力。

解：根据杆的受力特性，在 A、B 处各有一个未知力作用，受力如图 5-41 (*b*) 所示，是一个共线力系，独立的平衡方程有一个，多余约束力有一个，是一次静不定问题，须列一个补充方程与静力学平衡方程联立求解。为此，从下列三个方面来分析。

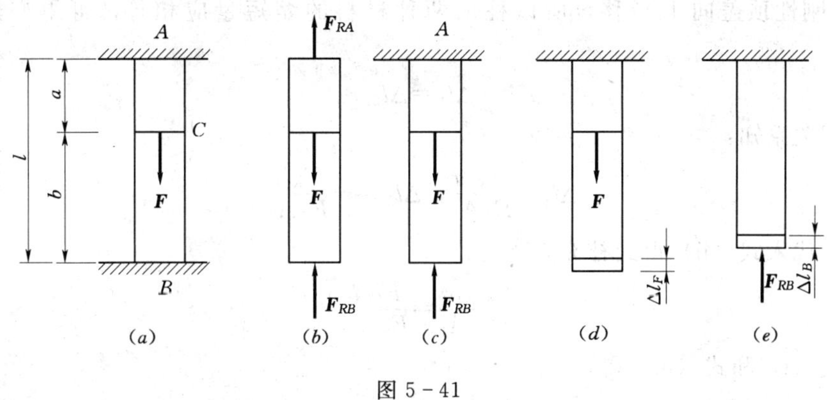

图 5-41

（1）静力方面。

可写出一个平衡方程为：

$$\sum Y_i=0,\ F_{RA}+F_{RB}-F=0 \tag{i}$$

（2）几何方面。

设取下固定端 B 为多余约束，暂时将它解除，以未知力 $\boldsymbol{F}_{RB}$ 来代替此约束对杆 AB 的作用，则得一静定杆，如图 5-41（c）所示，受已知力 $\boldsymbol{F}$ 和未知力 $\boldsymbol{F}_{RB}$ 作用，并引起变形。设杆由力 $\boldsymbol{F}$ 引起的变形为 Δl_F，如图 5-41（d）所示，由 $\boldsymbol{F}_{RB}$ 引起的变形为 Δl_B，如图 5-41（e）所示。但由于 B 端原是固定的，不能上下移动，由此应有下列几何关系：

$$\Delta l_F+\Delta l_B=0 \tag{ii}$$

上式称为变形协调方程。

（3）物理方面。

由胡克定律有：

$$\Delta l_F=\frac{Fa}{EA},\ \Delta l_B=-\frac{F_{RB}l}{EA}$$

将上式代入式（ii）即得补充方程：

$$\frac{Fa}{EA}-\frac{F_{RB}l}{EA}=0 \tag{iii}$$

最后，联解式（i）和式（iii）得：

$$F_{RA}=\frac{Fb}{l},\ F_{RB}=\frac{Fa}{l}$$

求出反力后，即可用截面法分别求得 AC 段和 BC 段的轴力。

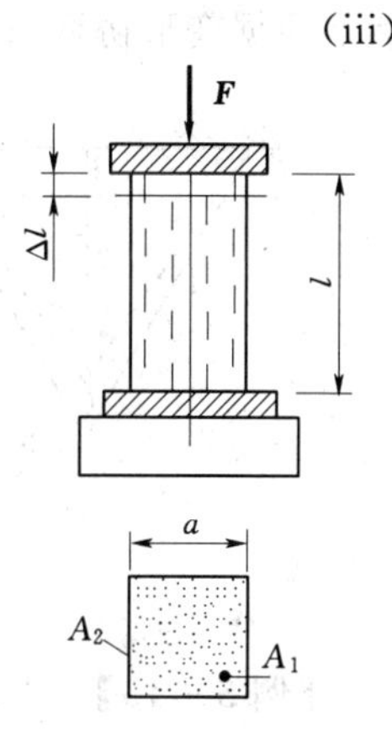

图 5-42

【例 5-12】 有一钢筋混凝土立柱，受轴向压力 $\boldsymbol{F}$ 作用，如图 5-42 所示。E_1、A_1 和 E_2、A_2 分别表示钢筋和混凝土的弹性模量及横截面面积，试求钢筋和混凝土部分的内力和应力各为多少？

解： 设钢筋和混凝土部分的内力分别为 $\boldsymbol{F}_{N1}$ 和 $\boldsymbol{F}_{N2}$，利用截面法，根据平衡方程得：

$$\sum Y_i=0,\ F_{N1}+F_{N2}-F=0 \tag{i}$$

这是一次超静定问题，必须根据变形协调条件再列出一个补充方程。由于立柱受力后缩短 Δl_1，刚性顶盖向下平移，所以柱内两种材料的缩短量应相等，可得变形几何方程为：

$$\Delta l_1 = \Delta l_2 \tag{ii}$$

由物理关系知：

$$\Delta l_1 = \frac{F_{N1}a}{E_1A_1},\ \Delta l_2 = -\frac{F_{N2}l}{E_2A_2}$$

将上式代入式（ii）得到补充方程为：

$$\frac{F_{N1}a}{E_1A_1} = \frac{F_{N2}l}{E_2A_2} \tag{iii}$$

联解式（i）和式（iii）得：

$$F_{N1} = \frac{1}{1+\dfrac{E_2A_2}{E_1A_1}}F,\ F_{N2} = \frac{1}{1+\dfrac{E_1A_1}{E_2A_2}}F$$

可见$\dfrac{F_{N1}}{F_{N2}} = \dfrac{E_1A_1}{E_2A_2}$，即两种材料所受内力之比等于它们的抗拉（压）刚度之比。又$\sigma' = \dfrac{F_{N1}}{A_1}$，$\sigma'' = \dfrac{F_{N2}}{A_2}$，所以$\dfrac{\sigma'}{\sigma''} = \dfrac{E_1}{E_2}$，即两种材料所受应力之比等于它们的弹性模量之比。

杆件在制造过程中，其尺寸有微小的误差是在所难免的。在静定问题中，这种误差本身只会使结构的几何形状略有改变，并不会在杆中产生附加的内力。如图5-43（*a*）所示的两根长度相同的杆件组成一个简单构架，若由于两根杆制成后的长度（图中实线表示）均比设计长度（图中虚线表示）超出了 δ，则装配好以后，只是两杆原应有的交点 C 下移一个微小的距离 Δ 至 C' 点，两杆的夹角略有改变，但杆内不会产生内力。但在静不定问题中，情况就不同了。如图5-43（*b*）所示的静不定桁架，若由于两斜杆的长度制造得不准确，均比设计长度长一些，这样就会使三杆交不到一起，而实际装配往往需强行完成，装配后的结构形状如图5-43（*c*）所示，设三杆交于 C'' 点（介于 C 与 C' 之间），由于各杆长度均有所变化，因而在结构尚未承受荷载作用时，各杆就已经有了内力和应力，这种内力和应力称为装配内力和装配应力，如图5-43（*d*）所示。计算装配应力的关键仍然是根据变形协调条件列出变形几何方程。

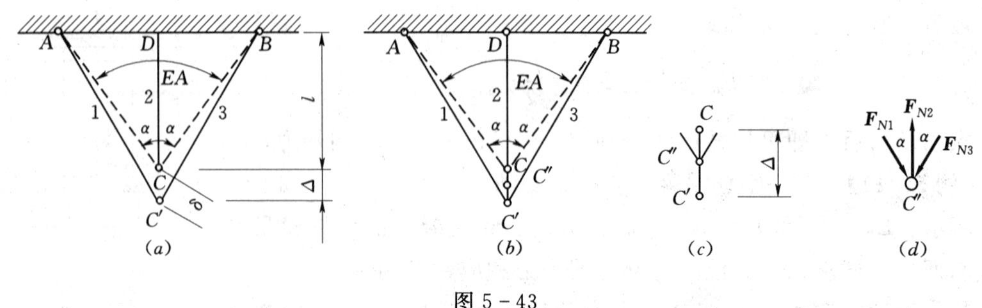

图5-43

【例5-13】　如图5-44（*a*）所示，两铸件用两钢杆1、2连接，其间距为 $l=200$mm。现需将制造如图5-44（*b*）所示的长出 $\Delta e = 0.11$mm 的铜杆3装入铸件之间，并保持三杆轴线平行且有间距 a。试计算各杆内的装配应力。已知：钢杆直径 $d=200\text{mm}$，铜杆横截面为 200mm×300mm 的矩形，钢的弹性模量 $E=210\text{GPa}$，铜的弹性模量 $E_3=100\text{GPa}$。铸铁很厚，其变形可略去不计。

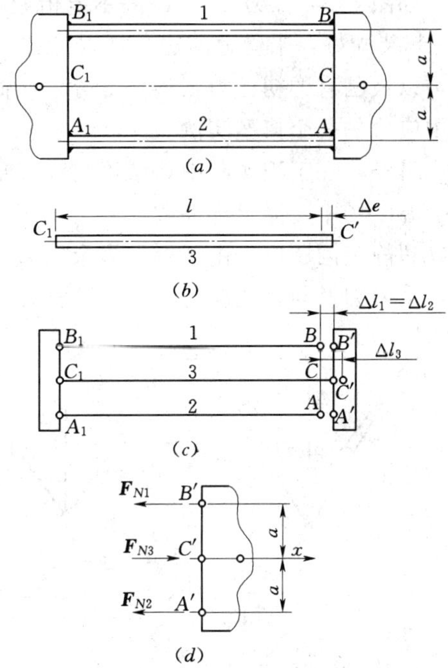

解：本题中三根杆的轴力均为未知，但平面平行力系只有两个独立的平衡方程，故为一次超静定问题。

因铸铁可视为刚体，其变形协调条件是三杆变形后的端点须在同一直线上。由于结构对称于杆 3，故其变形关系如图 5－44（c）所示。从而可得变形几何方程为：

$$\Delta l_3=\Delta e-\Delta l_1 \qquad \text{(i)}$$

物理关系为：

$$\Delta l_1=\frac{F_{N1}a}{EA}，\ \Delta l_3=-\frac{F_{N3}l}{E_3A_3}$$

以上两式中的 A 和 A_3 分别为钢杆和铜杆的横截面面积。Δl_3 计算式中的 l 在理论上应是杆 3 的原长 $l+\Delta e$，但由于 Δe 与 l 相比甚小，可忽略不计。

图 5－44

将上式代入式（i）即得补充方程：

$$\frac{F_{N3}l}{E_3A_3}=\Delta e-\frac{F_{N1}l}{EA} \qquad \text{(ii)}$$

在建立平衡方程时，由于上面已判定 1、2 两杆伸长而杆 3 缩短，故须相应地假设杆 1、2 的轴力为拉力，而杆 3 的轴力为压力。于是，铸铁的受力如图 5－44（d）所示。由对称关系可知 $F_{N1}=F_{N2}$，所以平衡方程为：

$$\sum X=0，\ F_{N3}-2F_{N1}-F_{N2}=F_{N3}-2F_{N1}=0 \qquad \text{(iii)}$$

联解式（ii）和式（iii），整理后即得装配内力为：

$$F_{N1}=F_{N2}=\frac{\Delta eEA}{l}\frac{1}{1+2\dfrac{EA}{E_3A_3}}，\ F_{N3}=\frac{\Delta eEA}{l}\frac{1}{1+\dfrac{E_3A_3}{2EA}}$$

所得结果均为正，说明原先假定杆 1、2 为拉力和杆 3 为压力是与实际一致的。代入相关数据，用装配内力除以相应的横截面面积即可得到各杆的装配应力为：

$$\sigma'=\sigma''=\frac{F_{N1}}{A}=\frac{\Delta eE}{l}\frac{1}{1+2\dfrac{EA}{E_3A_3}}=74.53(\text{MPa})$$

$$\sigma'''=\frac{F_{N1}}{A}=\frac{\Delta eE}{l}\frac{1}{1+2\dfrac{EA}{E_3A_3}}=19.51(\text{MPa})$$

从上面的例题可以看出，在静不定问题里，杆件尺寸的微小误差，会产生相当可观的装配应力。很多情况下这种装配应力会引起不利的后果，但是有时也可利用它为工程服务。如图 5－43（b）所示的静不定桁架，如果将杆 1、3 制造的比要求长些，再把它与杆 2 一起装配好，未受力前这二杆内已有了初压应力；然后施加荷载作用，此时产生的拉力就可以被已有的初压力抵消一部分，从而达到节省材料的目的。这是装配应力在预应力结构中应用的一个典型实例。

另外，在工程实际中，结构物或其部分杆件往往会遇到因温度的升降而产生伸缩。在均匀温度场中，静定杆件或杆系由温度引起的变形伸缩自由，一般不会在杆中产生内力。但在超静定问题中，由于有了多余约束，由温度变化所引起的变形将受到限制，从而在杆内产生内力及与之相应的应力，这种应力称为温度内力或温度应力。计算温度应力的关键也是根据杆件或杆系的变形协调条件及物理关系列出变形补充方程式。与前面不同的是，杆的变形包括两部分，即由温度变化所引起的变形，以及与温度内力相应的弹性变形。

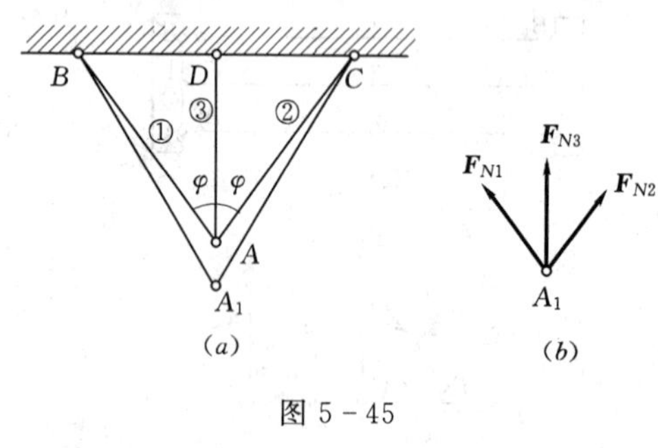

图 5－45

【例 5－14】 如图 5－45（a）所示，①、②、③杆用铰连接，当温度升高 $\Delta t=20$℃时，求各杆的温度应力。已知：杆①与杆②由铜制成，$E_1=E_2=100$GPa，$\varphi=30°$，$A_1=A_2=200\text{mm}^2$，线膨胀系数为 $\alpha_1=\alpha_2=16.5\times10^{-6}$m/(m·℃)；杆③由钢制成，其长度 $l=1$m，$E_3=200$GPa，$A_3=100\text{mm}^2$，$\alpha_3=12.5\times10^{-6}$m/(m·℃)。

解： 设 $\boldsymbol{F}_{N1}$、$\boldsymbol{F}_{N2}$ 和 $\boldsymbol{F}_{N3}$ 分别代表三杆因温度升高所产生的内力，假设均为拉力，考虑铰 A 的平衡，如图 5－45（b）所示，则有：

$$\sum X=0,\ F_{N3}\sin\varphi-F_{N2}\sin\varphi=0$$
$$\sum Y=0,\ 2F_{N1}\sin\varphi+F_{N2}\sin\varphi+F_{N3}=0$$

解得：

$$F_{N1}=F_{N2}=-\frac{F_{N3}}{2\cos\varphi} \tag{i}$$

变形几何关系为：

$$\Delta l_1=\Delta l_3\cos\varphi \tag{ii}$$

物理关系（温度变形与内力弹性变形）为：

$$\Delta l_1=\alpha_1\Delta t\frac{l}{\cos\varphi}+\frac{F_{N1}\frac{l}{\cos\varphi}}{E_1A_1}$$
$$\Delta l_3=\alpha_3\Delta tl+\frac{F_{N1}l}{E_3A_3}$$

将上式代入式（ii）得：

$$\alpha_1\Delta t\frac{l}{\cos\varphi}+\frac{F_{N1}l}{E_1A_1\cos\varphi}=\left(\alpha_3\Delta tl+\frac{F_{N3}l}{E_3A_3}\right)\cos\varphi \tag{iii}$$

联立求解式（i）和式（iii），得各杆轴力：

$$F_{N1}=F_{N2}=-860\text{N},F_{N3}=1492\text{N}$$

说明杆①与杆②承受的是压力，杆③承受的是拉力，各杆的温度应力为：

$$\sigma_{①}=\sigma_{②}=-4.3\text{MPa},\ \sigma_{③}=14.92\text{MPa}$$

应该指出，在静不定结构中，若构件具有较大的线膨胀系数，由于大的温差会带来高的应力，有时会超过材料的比例极限甚至屈服极限。因此，温度应力在设计中是不容忽视的。在工程中，常采取一些措施来设法避免或减低温度应力，如两段火车钢轨之间预先留出适当的空隙；蒸气管道的伸缩节；混凝土路面各段之间或房屋纵墙两段墙体之间留伸缩缝等。

综上所述，与静定结构相比，静不定结构具有如下特点：

(1) 由于多余约束的存在，使得内力在结构中的分布不再唯一地取决于几何形状，刚度较大的杆件会分担较大的内力，刚度较小的杆件则分担的内力较小。

(2) 在杆件存在制造上的几何尺寸误差时，因多余约束的存在而不得不强行装配，从而引起装配应力。

(3) 在结构温度发生变化时，各杆件因多余约束的存在而不能自由地发生变形而引起温度应力。

思　考　题

5-1　什么是内力？杆件的内力是杆件材料的分子间固有的合力吗？

5-2　什么是截面法？用截面法求内力的步骤是什么？

5-3　什么是应力？什么是正应力？什么是剪应力？它们与内力是什么关系？

5-4　什么是应变？什么是正应变？什么是剪应变？它们与应力是什么关系？

5-5　举出一些熟悉的轴向拉压杆的实例。

5-6　什么是平面假设？此假设根据何在？为什么推导轴向拉（压）横截面应力时必须作出这个假设？

5-7　轴向拉（压）杆中，发生最大正应力的横截面上，其剪应力等于零。在发生最大剪应力的截面上，其正应力是否也为零。

5-8　在工程中是否所有材料的应力、应变关系都符合胡克定律？胡克定律有什么适用条件。

5-9　杆长和横截面面积均相同而截面形状和材料均不同的两个直杆，在相同的轴向外力作用下，二杆横截面上的正应力值是否相同？二杆的轴向变形值又是否相同？

5-10　为什么要研究材料的力学性质？拉伸图与应力应变图有什么关系和区别？

5-11　常温静载下如何划分材料为塑性还是脆性？塑、脆性材料力学性能有何区别？

5-12　怎样确定材料许用应力？安全系数的选择与哪些因素有关？

5-13　思考题图 5-13 所示托架，若 AB 杆的材料选用铸铁，AC 杆的材料选用低碳钢。试分析这样选材是否合理？为什么？

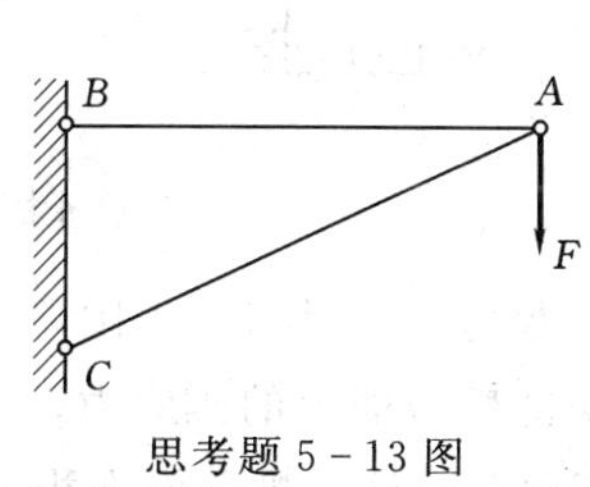

思考题 5-13 图

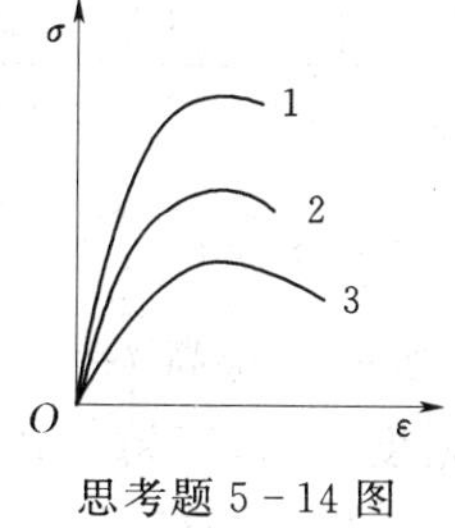

思考题 5-14 图

5－14　三种材料的 σ—ε 曲线如思考题 5－14 图所示，试指出：哪种材料的强度最高？哪种材料的弹性模量最大？哪种材料的塑性最好？

5－15　什么是钢材的冷作硬化？冷作硬化在工程中有何应用？

5－16　塑性材料和脆性材料的主要区别是什么？

5－17　何谓应力集中？什么情况下产生应力集中现象？用塑性材料和脆性材料制成的构件，对应力集中有什么不同的反映？

5－18　什么是多余约束？对实际结构而言，它们真是“多余”吗？静不定结构有何特点？

5－19　什么是装配应力？什么是温度应力？

5－20　轴向拉压杆的强度和变形与外力、内力、应力有什么关系？与材料的力学性能和截面的几何形状和尺寸又有什么关系？

习　题

5－1　试求习题 5－1 图示等直杆横截面 1—1、截面 2—2 和截面 3—3 上的轴力，并作轴力图。若横截面面积 $A=400\text{mm}^2$，试求各横截面上的应力。

5－2　试求习题 5－2 图示阶梯状直杆横截面 1—1、截面 2—2 和截面 3—3 上的轴力，并作轴力图。若横截面面积 $A_1=200\text{mm}^2$，$A_2=300\text{mm}^2$，$A_3=400\text{mm}^2$，求各横截面上的应力。

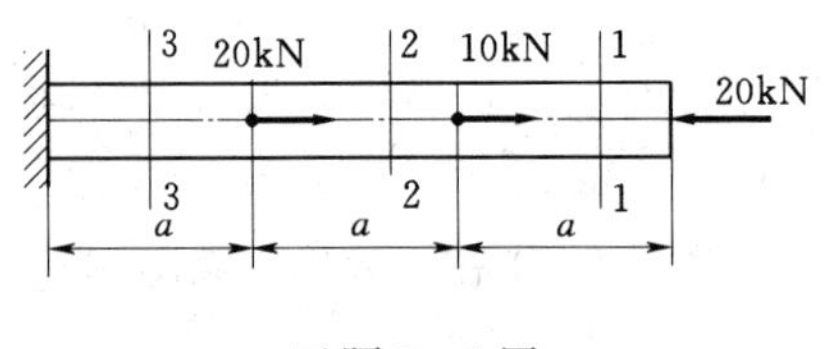

习题 5－1 图

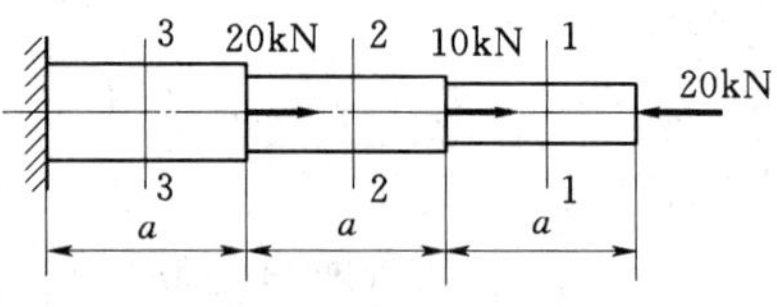

习题 5－2 图

5－3　习题 5－3 图示一混合屋架结构的计算简图。屋架的上弦用钢筋混凝土制成。下面的拉杆和中间竖向撑杆用角钢构成，其截面均为两个 75mm×75mm×8mm 的等边角钢。已知屋面承受集度为 $q=20\text{kN/m}$ 的竖直均布荷载。试求拉杆 AE 和 EG 横截面上的应力。

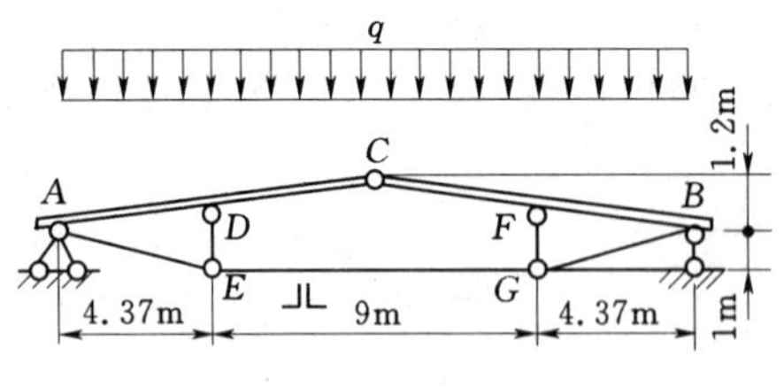

习题 5－3 图

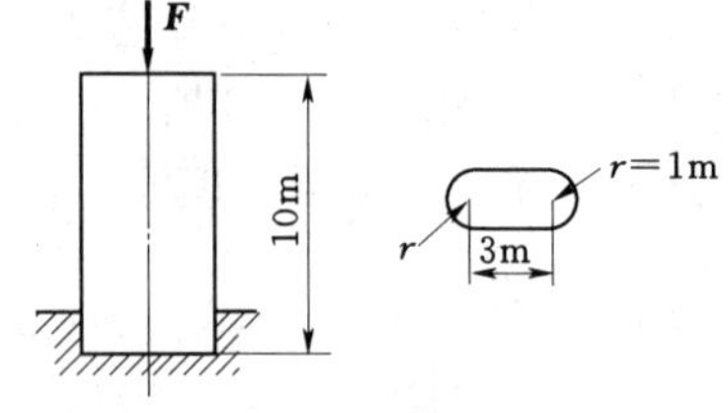

习题 5－4 图

5－4　石砌桥墩的墩身高 $l=10\text{m}$，其横截面尺寸如习题 5－4 图所示。如荷载 $F=1000\text{kN}$，材料的密度 $\rho=2.35\text{kg/m}^3$，试求墩身底部横截面上的压应力。

5－5　习题 5－5 图示拉杆承受轴向拉力 $F=10\text{kN}$，杆的横截面面积 $A=100\text{mm}^2$。如

以 α 表示斜截面与横截面的夹角，试求当 $\alpha=0°$、$30°$、$45°$、$60°$和 $90°$时各斜截面上的正应力和切应力，并用图表示其方向。

5-6　习题 5-6 图示圆杆受轴向力 $\boldsymbol{F}$ 作用，已知 $D=400\text{mm}$，$d=200\text{mm}$，杆内斜截面上的最大切应力 $\tau_{\max}=40\text{MPa}$。试求拉力 $\boldsymbol{F}$ 的大小。

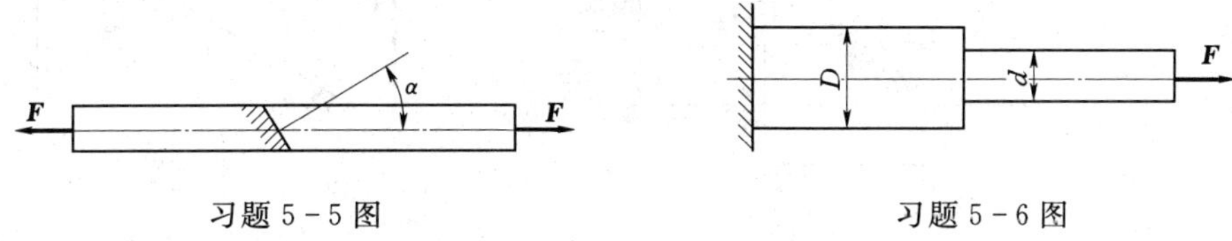

习题 5-5 图　　习题 5-6 图

5-7　简易起重设备的计算简图如习题 5-7 图所示。已知斜杆 AB 用两根 $63\text{mm}\times40\text{mm}\times4\text{mm}$ 不等边角钢组成，钢的许用应力 $[\sigma]=170\text{MPa}$。试问在提起重量为 $F_P=15\text{kN}$ 的重物时，斜杆 AB 是否满足强度条件？

5-8　一块厚 10mm、宽 200mm 的旧钢板，其截面被直径 $d=20\text{mm}$ 的圆孔所削弱，圆孔的排列对称与杆的轴线，如习题 5-8 图所示。钢板承受轴向拉力 $F=200\text{kN}$。材料的许用应力 $[\sigma]=170\text{MPa}$，试校核钢板的强度。

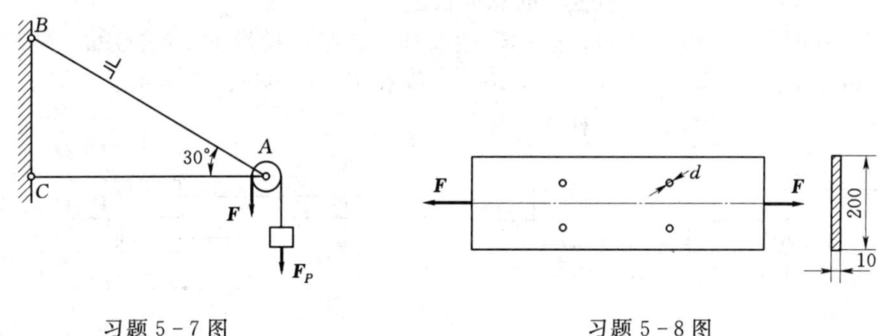

习题 5-7 图　　习题 5-8 图

5-9　一结构受力如习题 5-9 图所示，杆件 AB、AD 均由两根等边角钢组成。已知材料的许用应力 $[\sigma]=170\text{MPa}$，试选择杆 AB、AD 的角钢型号。

5-10　一桁架受力如习题 5-10 图所示。各杆都由两个等边角钢组成。已知材料的许用应力 $[\sigma]=170\text{MPa}$，试选择杆 AC、CD 的角钢型号。

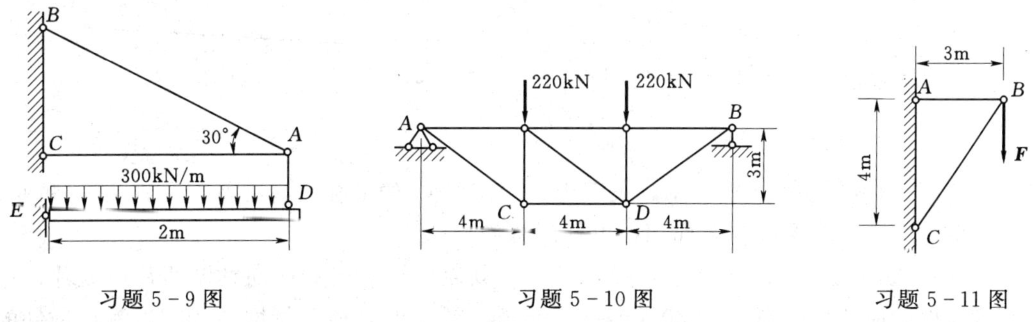

习题 5-9 图　　习题 5-10 图　　习题 5-11 图

5-11　习题 5-11 图示结构中，AB 为钢杆，其横截面面积 $A_1=600\text{mm}^2$，许用应力 $[\sigma]_1=140\text{MPa}$；BC 为木杆，其横截面面积 $A_2=30\times10^3\text{mm}^2$，许用应力 $[\sigma]_2=3.5\text{MPa}$。

试求最大许可荷载［F］。

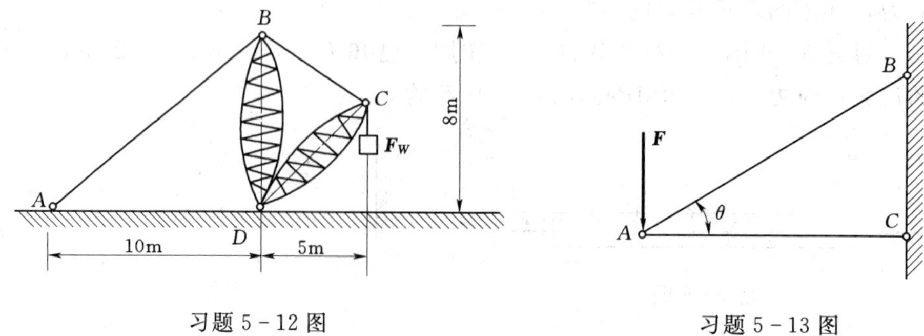

习题 5－12 图　　　　习题 5－13 图

5－12　习题 5－12 图示为一起重机简图。设拉索 AB 的横截面面积 $A=400\text{mm}^2$，许用应力［σ］$=60\text{MPa}$。试由拉索的强度条件，确定该起重机所能起吊的最大重量 F_w。

5－13　在习题 5－13 图示体系中，AB 和 AC 两杆的材料相同，且抗拉和抗压许用应力同为［σ］。为使杆系使用的材料最省，试求夹角 θ 的值。

5－14　如习题 5－14 图所示，钢杆的横截面面积 $A=200\text{mm}^2$，材料的弹性模量 $E=200\text{GPa}$，求各段的应变、伸长和全杆的总伸长。

5－15　如习题 5－15 图所示，阶梯形截面杆，其弹性模量 $E=200\text{GPa}$，横截面面积 $A_1=200\text{mm}^2$、$A_2=200\text{mm}^2$、$A_3=200\text{mm}^2$，荷载 $F_1=25\text{kN}$、$F_2=10\text{kN}$、$F_3=15\text{kN}$、$F_4=30\text{kN}$，求各段杆的伸长和全杆的总伸长。

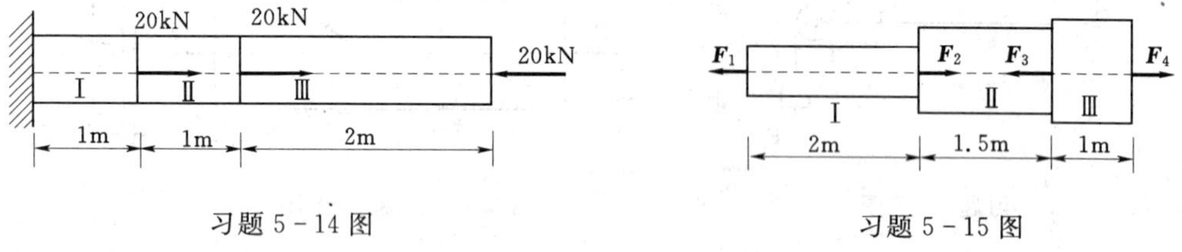

习题 5－14 图　　　　习题 5－15 图

5－16　如习题 5－16 图所示，长度为 l 的圆锥形杆，两端的直径分别为 d_1 和 d_2，弹性模量为 E，两端受拉力 F 作用，求杆的总伸长。

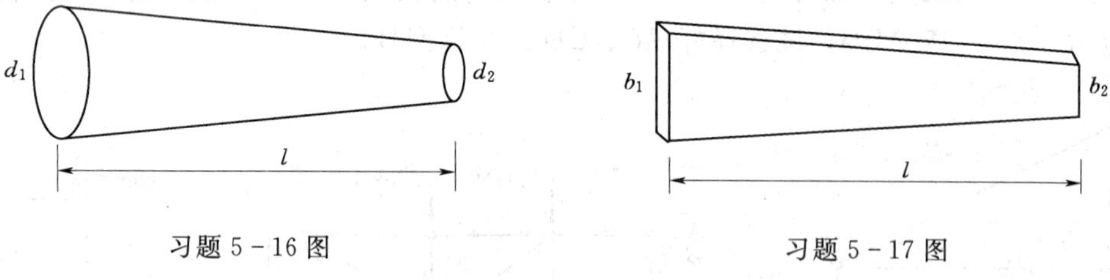

习题 5－16 图　　　　习题 5－17 图

5－17　如习题 5－17 图所示，长度为 l、厚度为 t 的平板，两端宽度分别为 b_1 和 b_2，弹性模量为 E，两端受拉力 F 作用，求杆的总伸长。

5－18　如习题 5－18 图所示，板块试件，其表面沿纵向和横向粘贴两片应变片，用来测量试件的应变。已知：$b=30\text{mm}$，$h=4\text{mm}$。试验时，荷载每增加 3kN，测得试件的纵向应变 $\varepsilon_1=120\times10^{-6}$，横向应变 $\varepsilon_2=-38\times10^{-6}$。求这各材料的弹性模量 E 和泊松比 ν。

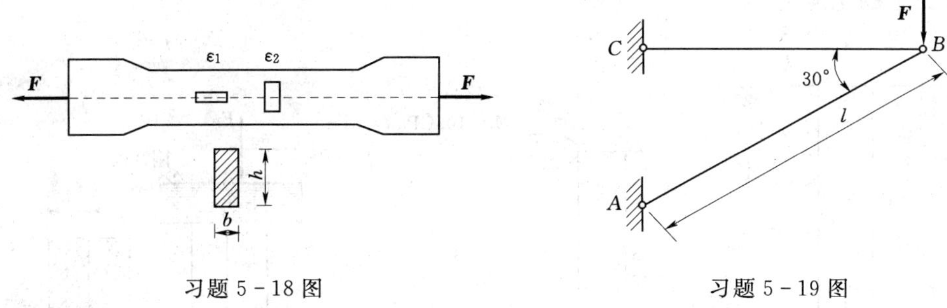

习题 5-18 图　　　　习题 5-19 图

5-19　如习题 5-19 图所示，结构中 AB 杆长为 l，直径为 d，材料的弹性模量为 E，泊松比 ν。在 B 点作用一竖起向下的力 $\boldsymbol{F}$，其值未知，现测得 AB 杆的直径改变量为 δ。求力 $\boldsymbol{F}$ 的大小和 AB 杆的缩短量。

5-20　如习题 5-20 图所示，一刚性杆 AB，由两根弹性杆 AC、BD 悬吊。已知刚性杆的长度为 l，两弹性杆的拉压刚度分别为 E_1A_1 和 E_2A_2，试求：当刚性杆 AB 保持水平时，力 $\boldsymbol{F}$ 的作用位置 x。

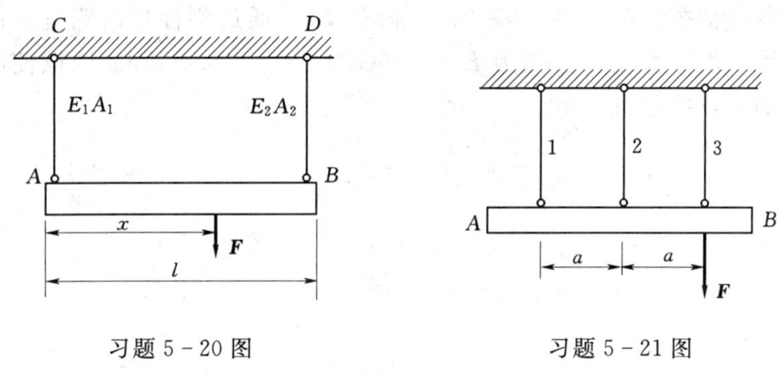

习题 5-20 图　　　　习题 5-21 图

5-21　如习题 5-21 图所示结构，AC 梁为刚性杆，杆 1、杆 2、杆 3 为相同的弹性杆，其横截面面积为 A、弹性模量为 E、长度为 l。结构沿杆 3 方向受力 $\boldsymbol{F}$ 作用。试求三杆的轴力。

5-22　如习题 5-22 图所示两端固定杆，承受轴向荷载作用。试求各杆段的轴力。

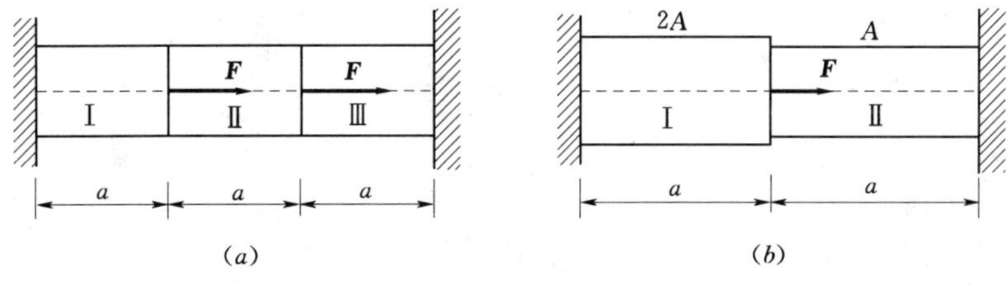

习题 5-22 图

5-23　如习题图 5-23 所示杆件在 A 端固定，另一端离刚性支撑 B 有一间隙，$\delta=1\text{mm}$，$E=100\text{GPa}$，$A=200\text{mm}^2$。试求当杆件在 C 处受力 $F=50\text{kN}$ 作用时杆的轴力。

5-24　铜芯与铝壳组成的复合棒材如习题 5-24 图所示，轴向荷载通过两端刚性板加在棒材上。现已知结构总长减少了 0.24mm。试求：(1) 所加轴向荷载的大小；(2) 铜芯横截面上的正应力。

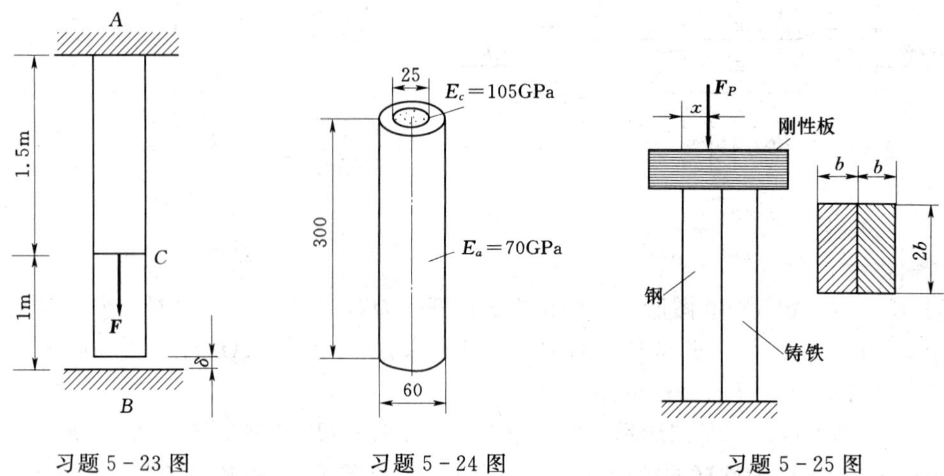

习题 5-23 图　　习题 5-24 图　　习题 5-25 图

5-25　习题 5-25 图示组合柱由钢和铸铁制成，组合柱横截面为边长为 $2b$ 的正方形，钢和铸铁各占横截面的一半（$b\times 2b$）。荷载 $\boldsymbol{F}_P$，通过刚性板沿铅垂方向加在组合柱上。已知钢和铸铁的弹性模量分别为 $E_s=196\text{GPa}$，$E_i=98.0\text{GPa}$。今欲使刚性板保持水平位置，试求加力点的位置 $x=$？

第6章 扭　　转

如图6－1（a）所示方向盘上有大小相等、方向相反的两个力，即一个力偶作用。根据平衡条件知，其转向轴上必然有一个大小相等、转向相反的力偶作用，如图6－1（b）所示。在这对力偶的作用下，转向轴各个横截面发生绕轴线的相对转动，具有这种特征的变形形式称为扭转。

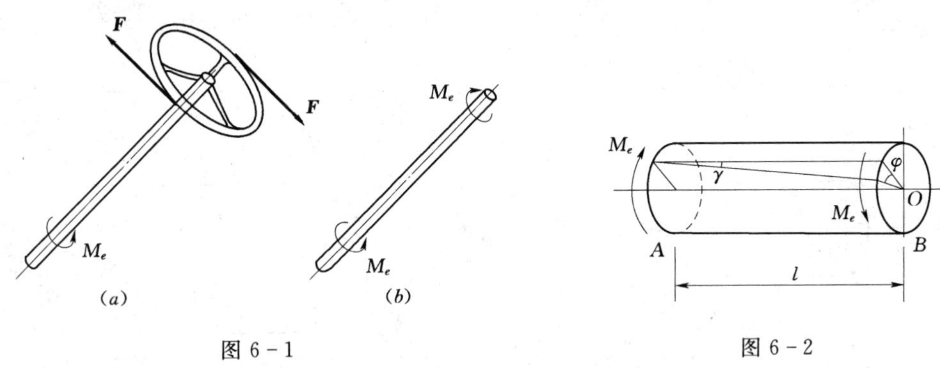

图6－1　　　　图6－2

从上述可知，杆件扭转变形的受力特征是：外力作用在垂直于轴线的平面内；变形特征是任意两横截面绕轴线相对转动一个角度，这个角度称为扭转角，如图6－2所示。使杆件产生扭转变形的外力偶称为扭力偶，其力偶矩称为扭力矩，通常用符号T表示，单位为N·m或kN·m。

在工程中，以扭转变形为主要变形形式的杆件，习惯上称为轴。本章将主要研究圆轴的扭转问题，介绍扭力偶矩的计算，在探讨轴的内力、应力与变形的基础上，研究轴的强度与刚度问题，并简要介绍矩形与椭圆等非圆截面实心轴的应力与变形。

6.1 轴的扭矩与扭矩图

6.1.1 扭力矩的计算

作用在轴上的扭力偶矩，一般可通过力的平移，并利用平衡条件确定。但是，对于传动轴等转动构件，通常只知道它们的转速与所传递的功率。因此，在分析传动轴等转动类构件的内力之前，首先需要根据传递与功率计算轴所承受的扭力偶矩。

若已知传动轮传递的功率P(kW)及转速n(r/min)。外力偶矩每分钟所作的功为：

$$W=2n\pi M \tag{6.1}$$

由功率导出，每分钟输入或输出的功为：

$$W=60P \tag{6.2}$$

M 所作的功也就是输入或输出的功，由式（6.1）、式（6.2），得外力偶矩的计算公式：

$$M=9550\frac{P}{n} \tag{6.3}$$

式中 M 为外力偶矩，单位为 N·m。

6.1.2　扭矩

设一根等直圆截面轴，两端受扭力偶 M_e 的作用，如图 6-3（*a*）所示，用截面法求任意横截面上的内力。设一假想平面沿任意横截面 $m—m$ 将轴截为两段，任取其中一段进行受力分析。因力偶只能与力偶平衡，所以横截面上的内力只能是一个力偶如图 6-3（*b*）、（*c*）所示。该力偶的作用效果是使截面发生绕轴线的转动，所以称为扭矩，通常记为 T，常用单位为 N·m 或 kN·m，其大小由平衡条件确定。

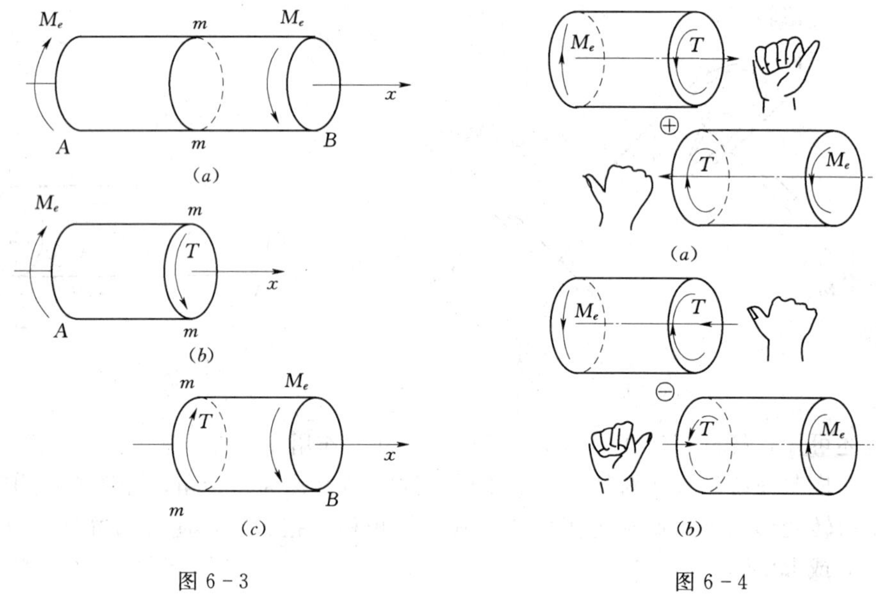

图 6-3　　　　　　　　　　　图 6-4

显然，分别取左右两部分为研究对象时求得的同一截面上的扭矩转向相反，这在扭矩的计算和表示上都存在一定的不方便之处，所以工程中对扭矩也有一个正负号的规定。

扭矩的正、负规定通常可以由右手螺旋法则判定：扭矩矢的指向与横截面的外法线方向一致，即离开截面时为正，反之为负，如图 6-4（*a*）所示为正扭矩，而如图 6-4（*b*）所示为负扭矩。

6.1.3　扭矩图

一般而言，不同横截面上的扭矩是不同的，且随着截面位置的变化而变化。为了讨论扭矩沿轴的轴线的变化规律及确定最大扭矩，通常用图形来表示，这种图称为扭矩图。

要绘制扭矩图，可建立 $T—x$ 为坐标轴的直角坐标系，令 x 轴与轴线平行，其值与各横截面的位置相对应，T 轴垂直于 x 轴，其值是横截面上扭矩的代数值。正扭矩画在 x 轴的上方，负扭矩画在 x 轴的下方，有时也无需画出 $T—x$ 坐标轴。下面将举例说明圆轴扭转时扭矩的计算方法和扭矩图的画法。

【例 6-1】　传动轴如图 6-5（*a*）所示。主动轮 A 输入功率 $P_A=36.75\text{kW}$，从动轮

B、C、D 输出功率分别为 $P_B = P_C = 11\text{kW}$，$P_D = 14.7\text{kW}$，轴的转速为 $n = 300\text{r/min}$。试画出轴的扭矩图。

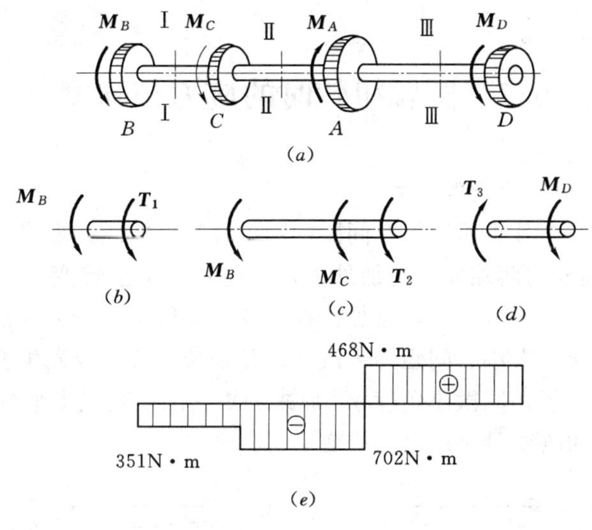

图 6-5

解：(1) 计算外力偶矩：由于给出功率以 kW 为单位，根据式 (6.3) 得：

$$M_A = 9550\frac{P_A}{n} = 9550\times\frac{36.75}{300} = 1170\ (\text{N}\cdot\text{m})$$

$$M_B = M_C = 9550\frac{P_B}{n} = 9550\times\frac{11}{300} = 351\ (\text{N}\cdot\text{m})$$

$$M_D = 9550\frac{P_D}{n} = 9550\times\frac{14.7}{300} = 468\ (\text{N}\cdot\text{m})$$

(2) 计算扭矩：由图 6-5 (*a*) 可知，外力偶矩的作用位置将轴分为三段：BC、CA 和 AD。现分别在各段中任取一横截面，利用截面法，根据平衡条件计算其扭矩。

BC 段：以 T_1 表示截面Ⅰ—Ⅰ上的扭矩，并任意地把 T_1 的方向假设为如图 6-5 (*b*) 所示。根据平衡条件 $\sum M_x = 0$ 得：

$$T_1 + M_B = 0$$

$$T_1 = -M_B = -351\text{N}\cdot\text{m}$$

结果的负号说明实际扭矩的方向与所设的相反，应为负扭矩。BC 段内各截面上的扭矩不变，均为 351N·m，所以这一段内扭矩图为一水平线。

同理，CA 段：$T_2 + M_C + M_B = 0$

$$T_2 = -M_C - M_B = -702\ (\text{N}\cdot\text{m})$$

AD 段：$T_3 - M_D = 0$

$$T_3 = M_D = 468\text{N}\cdot\text{m}$$

根据所得数据，即可画出扭矩图，如图 6-5 (*e*) 所示。由扭矩图可知，最大扭矩发生在 CA 段内，且 $T_{max} = 702\text{N}\cdot\text{m}$。

通过上述求解扭矩的过程可以得出以下结论：受扭轴上任一横截面的扭矩等于截面一

侧轴上所有外扭力矩的代数和，外扭力矩矢的指向与横截面的外法线方向一致，即离开截面时引起正扭矩，反之引起负扭矩。可以根据这一结论比较简便地求得任一横截面上的扭矩。

6.2　圆轴扭转时的应力与强度

6.2.1　圆轴扭转时的横截面上的应力

取一圆轴，受扭前在其表面画上等间距的圆周线和纵向线，形成一些矩形网格，如图 6－6（a）所示。在圆轴的两端面上施加外力偶，使其产生扭转变形。当外力偶矩由零缓慢增加时，两端面的扭转角也在不断增加。在小变形条件下，可以观察到以下变形现象：

（1）圆周线的形状、大小、间距均未改变，只是彼此绕轴线发生相对转动。

（2）纵向线都倾斜了相同微小角度 γ，原来的矩形网格变成了平行四边形，如图 6－6（b）所示。这种直角的改变量 γ 就是切应变。

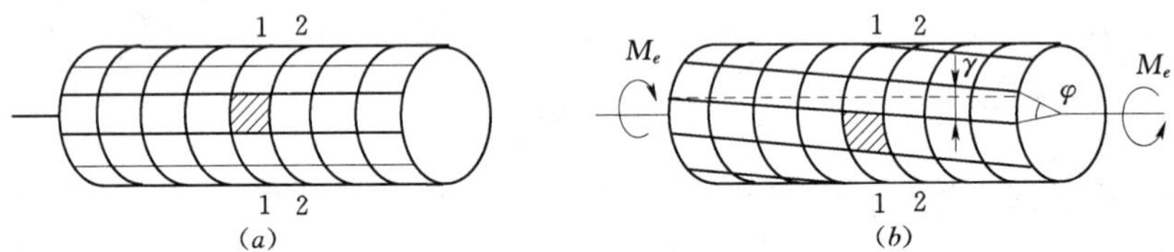

图 6－6

根据以上的变形现象，可以得出下面的推论和假设：

（1）由于圆周线形状、大小不变，说明代表横截面的圆周线仍为平面。因此可以假设，圆轴扭转时，变形前为平面的横截面，变形后仍保持平面。这一假设，称为平面假设。

（2）由于圆周线间距不变，且其形状、大小不变，可以推断：横截面和纵向截面上没有正应力。

（3）由于圆周线仅绕轴线相对转动，且使纵向线有相同的倾角，说明横截面上有切应力，且同一圆周上各点的切应力相等。

（4）由于矩形网格的直角改变量——切应变 γ 的方向位于圆周切线方向，说明切应力的方向是沿着圆周切线的方向。

综上所述，圆轴扭转时，横截面上将产生切应力，且切应力方向与圆周相切，如图 6－6（c）所示。

1. 几何方面

按照这一假设，圆轴扭转时，其横截面就像刚性平面一样，绕轴线旋转了一个角度。如图 6－7（a）所示，从圆轴中截取长为 dx 的微段。根据上述变形现象，该微段表面上纵向线 AD、BC 均转了一个 γ 角，纵向线的倾角 γ 就是横截面周边上任一点 D 处的切应变；微段的 2—2 截面相对于 1—1 截面转过了一个角度 $d\varphi$，因此其上的任意半径 O_2D 也转动了同一角度 $d\varphi$。再从微段中取出楔形块 O_1O_2ABCD，如图 6－7（b）所示。由于扭转变形，使位于圆轴表面的矩形 $ABCD$ 的 CD 边相对于 AB 发生微小的错动，错动的距离 DD'由几何关系可以求得：

$$DD'=\gamma \mathrm{d}x=R\mathrm{d}\varphi$$

所以：

$$\gamma=R\frac{\mathrm{d}\varphi}{\mathrm{d}x} \tag{6.4}$$

这就是圆截面边缘上 D 点处的切应变。显然，γ 发生在垂直于半径 O_2D 的平面内。

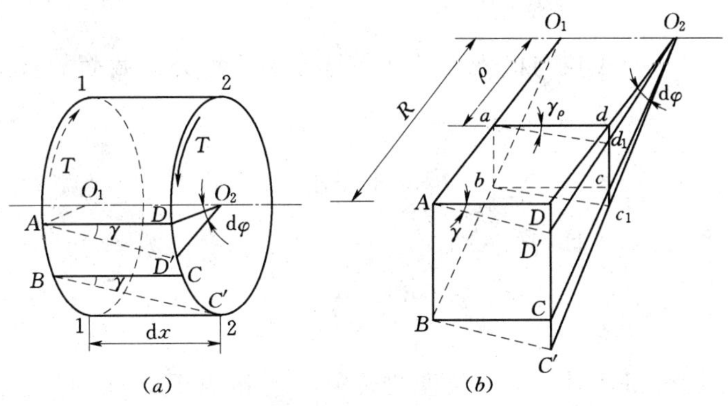

图 6-7

根据变形后横截面仍为平面，半径仍为直线的假设，用相同的方法，可以求得距圆心为 ρ 处的切应变，即：

$$\gamma_\rho=\rho\frac{\mathrm{d}\varphi}{\mathrm{d}x} \tag{6.5}$$

式中，$\frac{\mathrm{d}\varphi}{\mathrm{d}x}$表示扭转角 φ 沿轴线的变化率，对于给定的横截面来说，$\frac{\mathrm{d}\varphi}{\mathrm{d}x}$为一常数。故式（6.5）表明：横截面上任意点的切应变 γ_ρ 与该点到圆心的距离成正比，在同一圆周上，各点的切应变 γ_ρ 相同。

2. 物理方面

以 τ_ρ 表示横截面上距圆心为 ρ 处的切应力，由剪切胡克定律知

$$\tau_\rho=G\gamma_\rho$$

将式（6.5）代入上式

$$\tau_\rho=G\rho\frac{\mathrm{d}\varphi}{\mathrm{d}x} \tag{6.6}$$

式（6.6）表明：横截面上任意点的切应力 τ_ρ 与该点到圆心的距离 ρ 成正比，沿半径切应力的分布如图 6-8（a）所示。

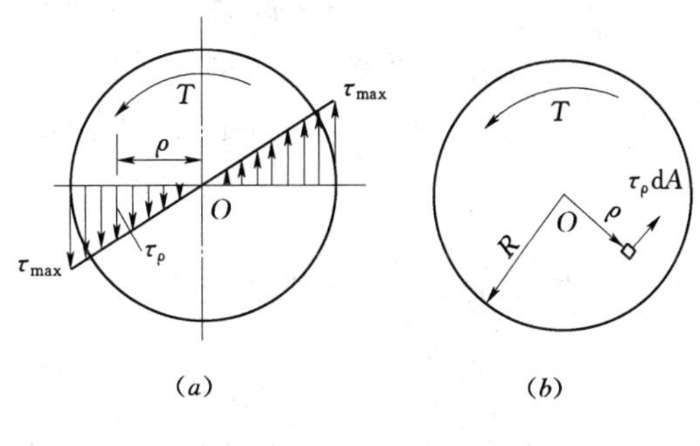

图 6-8

3. 静力学方面

横截面上切应力变化规律表达式式（6.6）中的$\frac{\mathrm{d}\varphi}{\mathrm{d}x}$是个待定的参数，为了确定

该参数，需考虑静力学方面的关系。如图 6-8（b）所示，在圆轴的横截面上，距圆心为 ρ 的微面积 $\mathrm{d}A$ 处，作用有微内力 $\tau_\rho \mathrm{d}A$，该微内力对圆心 O 之矩为 $\rho\tau_\rho \mathrm{d}A$。于是可得：

$$T = \int_A \rho\tau_\rho \mathrm{d}A \tag{6.7}$$

将式（6.6）代入式（6.7），并注意到在给定的截面上，$\frac{\mathrm{d}\varphi}{\mathrm{d}x}$为常量，于是得：

$$T = \int_A G\frac{\mathrm{d}\varphi}{\mathrm{d}x}\rho^2 \mathrm{d}A = G\frac{\mathrm{d}\varphi}{\mathrm{d}x}\int_A \rho^2 \mathrm{d}A \tag{6.8}$$

式（6.8）中的积分 $\int_A \rho^2 \mathrm{d}A$ 仅与横截面的几何量有关，称为横截面的极惯性矩，并用 I_P 表示，即：

$$I_P = \int_A \rho^2 \mathrm{d}A \tag{6.9}$$

将式（6.8）代入式（6.9），即得：

$$\frac{\mathrm{d}\varphi}{\mathrm{d}x} = \frac{T}{GI_P} \tag{6.10}$$

式（6.10）表示了圆轴扭转时，单位长度扭转角$\frac{\mathrm{d}\varphi}{\mathrm{d}x}$与扭矩 T 之间的关系。它是圆轴扭转变形的基本计算公式。

将式（6.10）代入式（6.6），得：

$$\tau_\rho = \frac{T}{I_P}\rho \tag{6.11}$$

式（6.11）就是圆轴扭转时，横截面上任一点的切应力计算公式。它表明，切应力在横截面上是沿径向呈线性分布的，如图 6-8（a）所示。

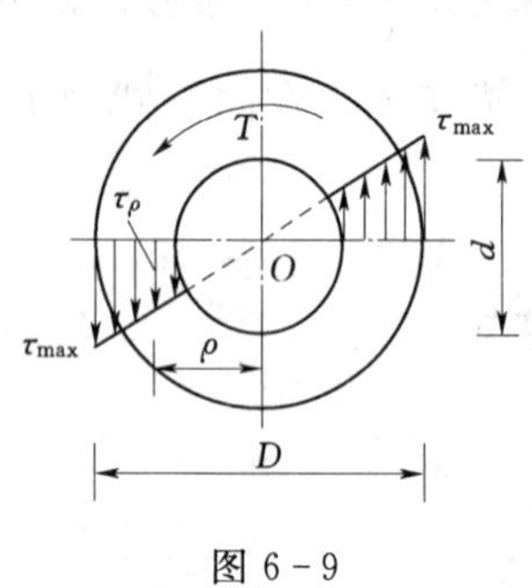

图 6-9

以上切应力计算公式是以平面假设为基础导出的。试验结果表明，只有对等截面圆轴，平面假设是正确的。又由于导出以上诸式时使用了胡克定律。因此，这些公式适用于在线弹性范围内的等直圆杆。对于圆截面沿轴线变化缓慢的小锥度锥形杆，也可近似地采用以上公式计算。

由于圆轴扭转时的平面假设同样适用于空心圆轴，因此，前面得出的公式也适用于空心圆截面杆。空心圆轴扭转时横截面上的切应力分布规律如图 6-9 所示。

6.2.2　圆轴扭转时的横截面上的最大切应力

由式（6.11）可知，在 $\rho=R$ 即圆截面边缘各点处，切应力最大，其值为：

$$\tau_{max} = \frac{TR}{I_P} \tag{6.12}$$

式中，比值 I_P/R 是一个与截面尺寸有关的量，称为抗扭截面系数，用 W_P 表示，即：

$$W_P = \frac{I_P}{R} \tag{6.13}$$

于是，圆轴扭转的最大切应力为：

$$\tau_{max}=\frac{T}{W_P} \tag{6.14}$$

可见，最大扭转切应力与扭矩成正比，与抗扭截面系数成反比。

显然，对于直径为 D 的圆截面轴，其抗扭截面系数为：

$$W_P=\frac{\pi D^3}{16} \tag{6.15}$$

而对于内径为 d、外径为 D 的空心圆截面，其抗截面系数则为：

$$W_P=\frac{\pi D^3}{16}(1-\alpha^4) \tag{6.16}$$

其中，$\alpha=d/D$。

6.2.3 薄壁圆筒的扭转切应力

对于受扭薄壁圆筒，可按空心圆截面轴进行分析计算，但由于管壁较薄，通常可以认为扭转切应力沿壁厚均匀分布（如图 6-10 所示），于是，利用切应力与扭矩间的静力学关系，得薄壁圆筒的扭转切应力为：（请读者自己证明）

$$\tau=\frac{T}{2\pi R_0^2\delta} \tag{6.17}$$

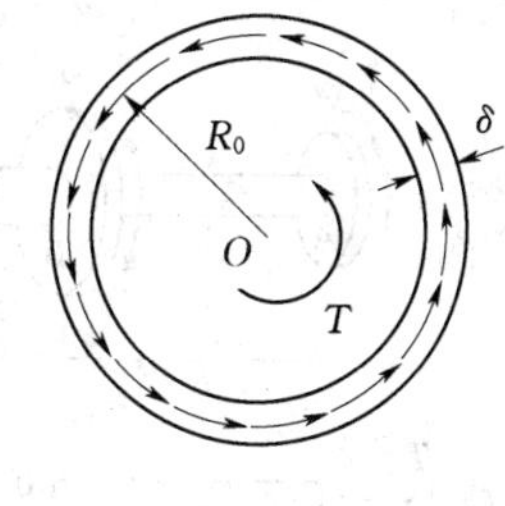

图 6-10

式中：R_0 为圆管的平均半径，δ 为壁厚。

精确分析表明，当 $\delta\leqslant R_0/10$ 时，上式足够精确，最大误差不超过 4.53%。式（6.17）不仅简单，而且适用范围广，它同时适用于弹性与非弹性，以及各向同性与各向异性的情况，因为关于扭转切应力沿壁厚均匀分布的假设，对于所有由匀质材料制成的薄壁圆筒均成立。

6.2.4 圆轴扭转强度条件

扭转试验是用圆截面试样在扭转试验机上进行。

试验表明：塑性材料试样受扭时，先是发生屈服，这时，在试样表面的横向与纵向出现滑移线，如图 6-11（a）所示。如果继续增大扭力偶矩，试样最后沿截面被剪断，如图 6-11（b）所示。脆性材料试样受扭时，变形则始终很小，最后在与轴线约成 45°倾角的螺旋面发生断裂，如图 6-11（c）所示。

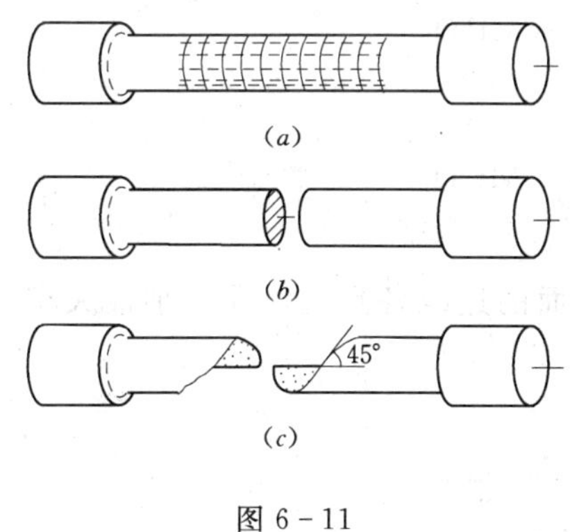

图 6-11

上述情况表明，对于受扭轴，失效的标志仍为屈服或断裂。试样扭转屈服时横截面上的最大切应力，称为扭转屈服应力；试样扭转断裂时横截面上的最大切应力称为扭转强度极限。扭转屈服应力与强度极限，统称为扭转极限应力，并用 τ_u 表示。

将材料的扭转极限应力 τ_u 除以安全因数 n，得扭转许用切应力为：

$$[\tau]=\frac{\tau_u}{n} \tag{6.18}$$

因此，为保证轴工作时不致因强度不够而破坏，最大扭转切应力 τ_{max} 不得超过扭转许用切

应力 [τ]，即：

$$\tau_{max} \leqslant [\tau] \tag{6.19}$$

此即圆轴扭转强度条件。对于等截面圆轴，则有：

$$\frac{T_{max}}{W_P} \leqslant [\tau] \tag{6.20}$$

理论与试验研究均表明，材料纯剪切时的许用切应力 [τ] 与许用应力 [σ] 之间存在下述关系：

对于塑性材料　　$[\tau]=(0.5\sim0.577)[\sigma]$

对于脆性材料　　$[\tau]=(0.8\sim1.0)[\sigma_t]$

式中，[σ_t] 为许用拉应力。

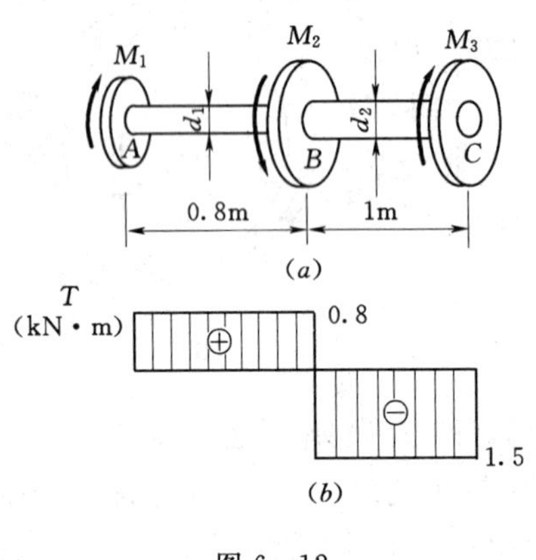

图 6－12

扭转时，轴表层即最大扭转切应力作用点处于纯剪切状态，也可利用上述关系确定。

【例 6－2】 如图 6－12（a）所示圆轴，AB 段直径 $d_1=120\text{mm}$，BC 段直径 $d_2=100\text{mm}$，外力偶矩 $M_1=22\text{kN}\cdot\text{m}$，$M_2=36\text{kN}\cdot\text{m}$，$M_3=14\text{kN}\cdot\text{m}$。试求该轴的最大切应力。

解：（1）作扭矩图。

用截面法求得 AB 段、BC 段的扭矩分别为：

$$T_1=M_1=22\text{kN}\cdot\text{m}$$

$$T_2=-M_3=-14\text{kN}\cdot\text{m}$$

作出该轴的扭矩图如图 6－12（b）所示。

（2）计算最大切应力。

由扭矩图可知，AB 段的扭矩较 BC 段的扭矩大，但因 BC 段直径较小，所以需分别计算各段轴横截面上的最大切应力。由公式得：

AB 段：

$$\tau_{max}=\frac{T_1}{W_{P1}}=\frac{22\times10^6}{\frac{\pi}{16}\times120^3}=64.8(\text{MPa})$$

BC 段：

$$\tau_{max}=\frac{T_2}{W_{P2}}=\frac{14\times10^6}{\frac{\pi}{16}\times100^3}=71.3(\text{MPa})$$

比较上述结果，该轴最大切应力位于 BC 段内任一截面的边缘各点处，即该轴最大切应力为：

$$\tau_{max}=71.3\text{MPa}$$

【例 6－3】 如图 6－13 所示汽车传动轴 AB，由 45 号钢无缝钢管制成，该轴的外径 $D=90\text{mm}$，壁厚 $t=2.5\text{mm}$，工作时的最大扭矩 $M_n=1.5\text{kN}\cdot\text{m}$，材料的许用剪应力 [$\tau$] $=60\text{MPa}$。求：（1）试校核 AB 轴的强度；（2）将 AB 轴改为实心轴，试在强度相同的条件下，确定轴的直径，并比较实心

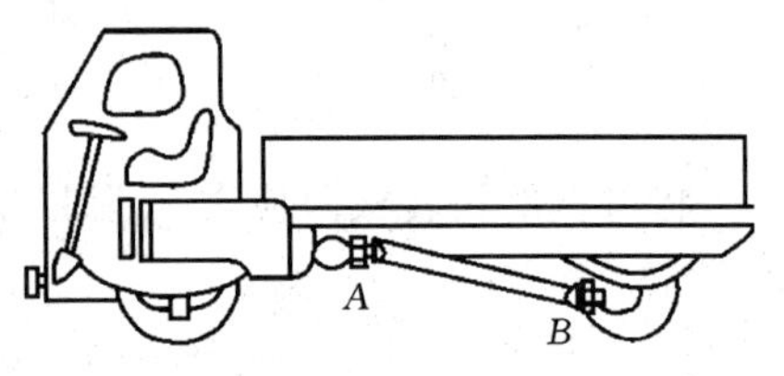

图 6－13

轴和空心轴的重量。

解：（1）校核 AB 轴的强度。

$$\alpha=\frac{d}{D}=\frac{D-2t}{D}=\frac{90-2\times 2.5}{90}=0.944$$

$$W_P=\frac{\pi D^3}{16}(1-\alpha^4)=\frac{\pi\times 90^3}{16}(1-0.944^4)=29400(\text{mm}^3)$$

轴的最大切应力为：

$$\tau_{\max}=\frac{M_n}{W_P}=\frac{1500}{29400\times 10^{-9}}=51\times 10^6(\text{MPa})=51\text{MPa}<[\tau]$$

故 AB 轴满足强度要求。

（2）确定实心轴的直径。

按题意，要求设计的实心轴应与原空心轴强度相同，因此要求实心轴的最大切应力也应该是：

$$\tau_{\max}=51\text{MPa}$$

设实心轴的直径为 D_1，则：

$$\tau_{\max}=\frac{M_n}{W_P}=\frac{1500}{\frac{\pi}{16}D_1^3}=51\times 10^6$$

$$D_1=\sqrt[3]{\frac{1500\times 16}{\pi\times 51\times 10^6}}=0.0531(\text{m})=53.1\text{mm}$$

在两轴长度相同，材料相同的情况下，两轴重量之比等于其横截面面积之比，即：

$$\frac{A_{空心}}{A_{实心}}=\frac{90^2-85^2}{53.1^2}=0.31$$

6.3　圆轴扭转时的变形与刚度

6.3.1　圆轴扭转变形

圆轴的扭转变形，用横截面间绕轴线的相对角位移即扭转角 φ 表示。由式（6.10）可知，微段 $\text{d}x$ 的扭转变形为：

$$\text{d}\varphi=\frac{T}{GI_P}\text{d}x \tag{6.21}$$

因此，相距 l 的两横截面间的扭转角为：

$$\varphi=\int_l \frac{T}{GI_P}\text{d}x \tag{6.22}$$

由此可见，对于长为 l、扭矩 T 为常数的等截面圆轴，其两端横截面间的相对转角即扭转角为：

$$\varphi=\frac{Tl}{GI_P} \tag{6.23}$$

式（6.23）为扭转胡克定律的表达形式。它表明扭转角 φ 与扭矩 T、轴长 l 成正比，与乘积 GI_P 成反比。乘积 GI_P 称为圆轴截面的抗扭刚度。

对于扭矩、横截面面积或切变模量沿杆同逐段变化的圆截面轴，其扭转变形为：

$$\varphi=\sum_{i=1}^{n}\frac{T_i l_i}{G_i I_{Pi}} \tag{6.24}$$

式中，T_i、l_i、G_i 与 I_{Pi} 分别为杆段 i 的扭矩、长度、切变模量与极惯性矩；n 为杆件的总段数。

6.3.2 圆轴扭转刚度条件

设计轴时，除应考虑强度问题外，对于许多轴，还常常对其变形有一定限制，即应满足刚度要求。

在工程实际中，通常是限制扭转角沿轴线的变化率：

$$\theta=\frac{d\varphi}{dx} \tag{6.25}$$

或单位长度内的扭转角，使其不超过某一规定的许用值［θ］，所以，圆轴扭转的刚度条件为：

$$\theta_{max}=\left(\frac{T}{GI_P}\right)_{max}\times\frac{180°}{\pi}\leqslant[\theta] \tag{6.26}$$

对于等截面圆轴，即要求：

$$\frac{T_{max}}{GI_P}\times\frac{180°}{\pi}\leqslant[\theta] \tag{6.27}$$

在式（6.27）中，［θ］代表单位长度许用扭转角。对于一般传动轴，［θ］＝（0.5°～1°）/m；对于精密度机器与仪表的轴，［θ］之值可根据有关设计标准或规范确定。

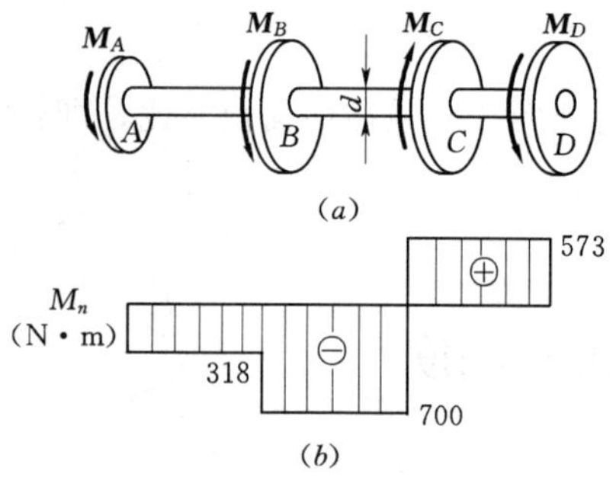

图 6-14

【例 6-4】 实心轴如图 6-14（a）所示。已知该轴转速 $n=300$r/min，主动轮输入功率 $P_C=40$kW，从动轮的输出功率分别为 $P_A=10$kW，$P_B=12$kW，$P_D=18$kW。材料的剪切弹性模量 $G=80$GPa，若［τ］＝50MPa，［θ］＝0.3°/m，试按强度条件和刚度条件设计此轴的直径。

解：（1）求外力偶矩。

$$M_A=9550\frac{P_A}{n}=9550\times\frac{10}{300}=318(\text{N}\cdot\text{m})$$

$$M_B=9550\frac{P_B}{n}=9550\times\frac{12}{300}=382(\text{N}\cdot\text{m})$$

$$M_C=9550\frac{P_C}{n}=9550\times\frac{40}{300}=1273(\text{N}\cdot\text{m})$$

$$M_D=9550\frac{P_D}{n}=9550\times\frac{18}{300}=573(\text{N}\cdot\text{m})$$

（2）求扭矩、画扭矩图。

$$M_{n1}=-M_A=-318\text{N}\cdot\text{m}$$

$$M_{n2}=-M_A-M_B=-318-382=-700(\text{N}\cdot\text{m})$$

$$M_{n3}=M_D=573\text{N}\cdot\text{m}$$

根据以上三个扭矩方程，画出扭矩图，如图 6-14（*b*）所示。由图可知，最大扭矩发生在 *BC* 段内，其值为：

$$|M_n|_{\max}=700\text{N}\cdot\text{m}$$

因该轴为等截面圆轴，所以危险截面为 *BC* 段内的各横截面。

（3）按强度条件设计轴的直径。由强度条件：

$$\tau_{\max}=\frac{M_{n\max}}{W_n}\leqslant[\tau]$$

$$W_n=\frac{\pi d^3}{16}$$

得

$$d\geqslant\sqrt[3]{\frac{16M_{n\max}}{\pi[\tau]}}=\sqrt[3]{\frac{16\times700\times10^3}{\pi\times50}}=41.5(\text{mm})$$

（4）按刚度条件设计轴的直径。由刚度条件：

$$\theta_{\max}=\frac{M_{n\max}}{GI_P}\times\frac{180^\circ}{\pi}\leqslant[\theta]$$

$$I_P=\frac{\pi d^4}{32}$$

得：

$$d\geqslant\sqrt[4]{\frac{32M_{n\max}\times180}{G\pi[\theta]}}=\sqrt[4]{\frac{32\times700\times10^3\times180}{80\times10^3\times\pi\times0.3\times10^{-3}}}=64.2(\text{mm})$$

为使轴同时满足强度条件和刚度条件，所设计轴的直径应不小于 64.2mm。

6.4 非圆截面杆的扭转简介

前面讨论了圆形截面杆的扭转，但实际工程中有时会遇到非圆截面直杆的扭转问题。如工程中的雨篷梁和矩形截面木梁的扭转就是一个矩形截面杆的扭转问题，如图 6-15 所示。

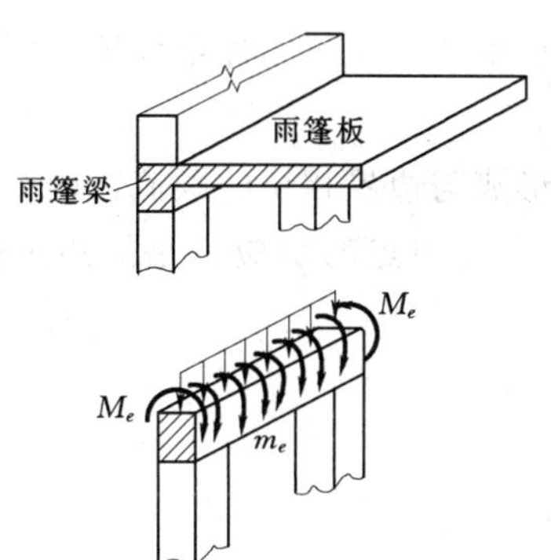

图 6-15

取一横截面为矩形的杆在其侧面画上纵向线和横向周界线，如图 6－16（a）所示，扭转变形后发现横向周界线已变为空间曲线，如图 6－16（a）所示。这表明变形后杆的横截面已不再保持为平面，这种现象称为翘曲。所以，平面假设对非圆截面杆件的扭转已不再适用。

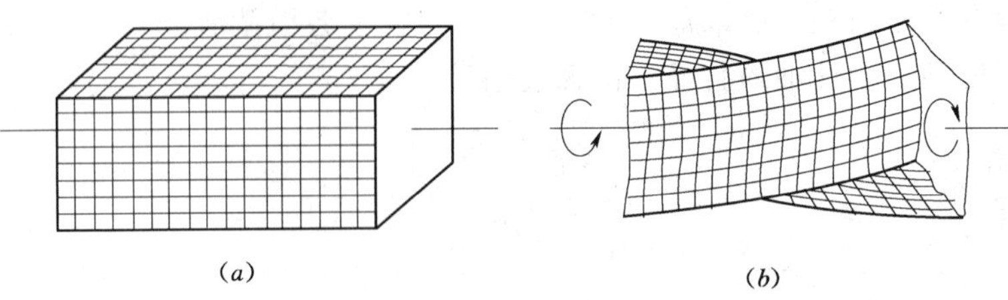

图 6－16

非圆截面杆件的扭转可分为自由扭转和约束扭转。等直杆两端受扭转力偶的作用，且翘曲不受任何限制的情况，属于自由扭转。这种情况下杆件各横截面的翘曲程度相同，纵向纤维的长度无变化，故横截面上没有正应力而只有切应力。如图 6－17（a）所示即表示工字钢的自由扭转。若由于约束条件或受力条件的限制造成杆件各横截面的翘曲程度不同，这势必引起相邻两截面间纵向纤维的长度改变。于是横截面上除切应力外还有正应力。这种情况称为约束扭转。如图 6－17（b）所示即为工字钢约束扭转。像工字钢、槽钢等薄壁杆件，约束扭转时横截面上的正应力往往是相当大的。但一些实体杆件如截面为矩形或椭圆形的杆件，因约束扭转而引起的正应力很小，与自由扭转并无太大差别。

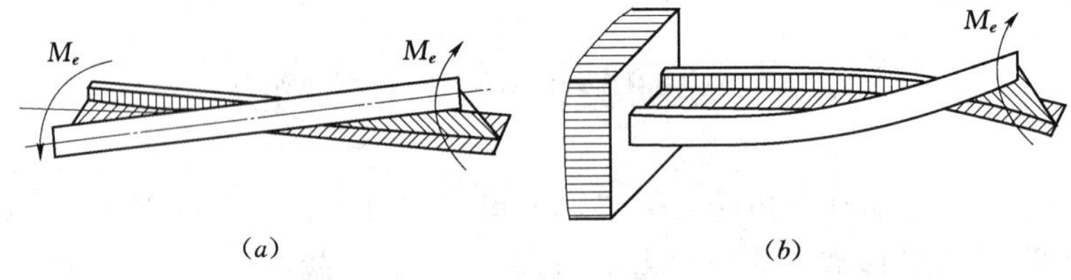

图 6－17

非圆截面杆的自由扭转，一般在弹性力学中讨论。这里就不加推导地引用弹性力学的一些结果并只限于矩形截面杆扭转的情况。

矩形截面杆自由扭转时，边缘各点的切应力形成与边界相切的顺流，四个角点上切应力等于零，最大切应力发生于矩形长边的中点，短边中点的切应力是短边上的最大切应力，切应力与扭转变形可按下列公式计算：

$$\tau_{max}=\frac{T}{W_t} \tag{6.28}$$

$$\tau_1=\gamma\tau_{max} \tag{6.29}$$

$$\varphi=\frac{Tl}{GI_t} \tag{6.30}$$

式中：τ_{max}为长边中点切应力；τ_1 为短边中点的切应力；φ 为杆件两端的扭转角；W_t 和 I_t

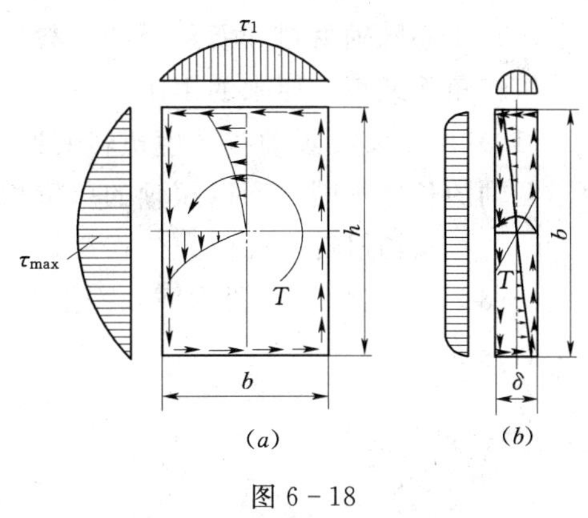

图 6-18

的量纲分别与 W_P 和 I_P 相同；GI_t 为杆件的抗扭刚度。

对于矩形截面的 W_t 和 I_t 分别为：

$$W_t = \alpha h b^2 \tag{6.31}$$

$$I_t = \beta h b^3 \tag{6.32}$$

式中：h 与 b 分别为矩形截面长边与短边长度；系数 α，β，γ 与 h/b 比值有关，其值见表 6-1。这时，横截面上的切应力分布如图 6-18（a）所示。

表 6-1　　矩形截面扭转的有关系数 α，β 和 γ

h/b	1.0	1.2	1.5	2.0	2.5	3.0	4.0	6.0	8.0	10.0	∞
α	0.208	0.219	0.231	0.246	0.258	0.267	0.282	0.299	0.307	0.313	0.333
β	0.141	0.166	0.196	0.229	0.249	0.263	0.281	0.299	0.307	0.313	0.333
γ	1.000	0.930	0.858	0.796	0.767	0.753	0.745	0.743	0.743	0.743	0.743

从表 6-1 中可以看出，当 $h/b \geqslant 10$ 时，α 与 β 均接近于 1/3。所以，对于长为 h、宽为 δ 的狭长矩形截面轴，如图 6-18（b）所示，其 W_t 和 I_t 分别为：

$$W_t = \frac{1}{3} h \delta^2, \quad I_t = \frac{1}{3} h \delta^3 \tag{6.33}$$

狭长矩形截面轴的扭转切应力分布如图 6-18（b）所示。

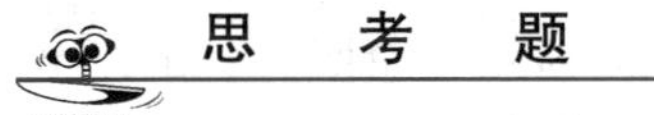

思　考　题

6-1　判断下列说法是否正确。

（1）只要在杆件的两端作用两个大小相等、方向相反的外力偶，杆件就会发生扭转变形。

（2）一转动圆轴，所受外力偶的方向不一定与轴的转向一致。

（3）传递一定功率的传动轴的转速越高，其横截面上所受的扭矩也就越大。

（4）受扭杆件横截面上扭矩的大小，不仅与杆件所受外力偶的力偶矩大小有关，而且与杆件横截面的形状、尺寸也有关。

（5）扭矩就是受扭杆件某一横截面左、右两部分在该横截面上相互作用的分布内力系合力偶矩。

（6）圆轴在产生扭转变形时作出的平面假设仅在弹性范围内成立。

（7）一空心圆轴在产生扭转变形时，其危险截面外缘处具有全轴的最大剪应力，而危险截面内缘处的剪应力为零。

（8）某一圆轴的抗扭强度可由其抗扭截面系数和许用剪应力的乘积度量。

(9) 实心圆轴材料和所承受的荷载情况都不改变，若使轴的直径增大一倍，则其单位长度扭转角将减小为原来的 1/16。

(10) 两根实心圆轴在产生扭转变形时，其材料、直径及所受外力偶之矩均相同，但由于两轴的长度不同，所以短轴的单位长度扭转角要大一些。

6-2　圆轴扭转的切应力公式是如何建立的？基本假设是什么？

6-3　思考题 6-3 图示横截面上扭矩均为 T 的实心与空心圆轴扭转切应力分布图是否正确？

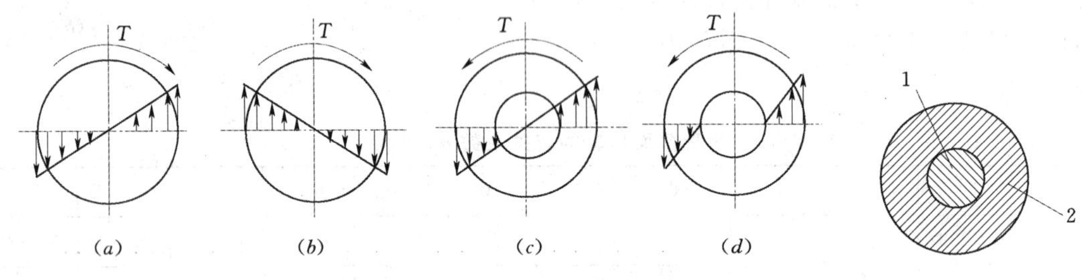

思考题 6-3 图　　思考题 6-4 图

6-4　由实心圆杆 1 及空心圆杆 2 组成的受扭圆轴如思考题 6-4 图所示。假设在扭转过程中两杆无相对滑动，若 (1) 两杆材料相同，即 $G_1=G_2$；(2) 两杆材料不同，$G_1=2G_2$，试绘出横截面上切应力沿水平直径的变化规律。

6-5　空心圆轴的外径为 D，内径为 d，其极惯性矩 I_P 与扭转截面系数 W_P 是否可按 $I_P=\frac{\pi D^4}{32}-\frac{\pi d^4}{32}$，$W_P=\frac{\pi D^3}{16}-\frac{\pi d^3}{16}$ 计算？为什么？

6-6　若将圆轴的直径增大一倍，其他条件不变，则最大切应力和扭转角将如何变化？

6-7　如思考题 6-7 图 (*a*) 所示受扭圆杆，由两个横截面 ABE、CDF 和一个通过杆轴的纵截面 $ABCD$ 截取的一个隔离体，由横截面上的切应力分布规律和切应力互等定理，可得隔离体各截面上的切应力分布如思考题 6-7 图 (*b*) 所示，试问：

(1) 纵截面 $ABCD$ 上的切应力所构成的合力偶矩为多大？

(2) 该合力偶是与这部分杆件上什么力偶平衡的？

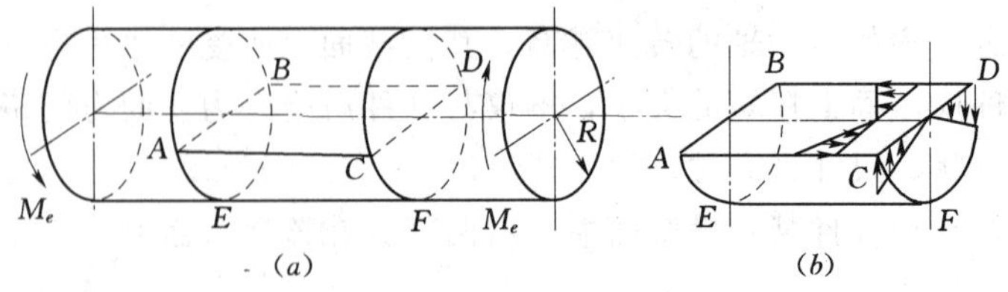

思考题 6-7

6-8　在强度条件相同的情况下，受扭空心圆轴为什么要比实心圆轴节省材料？

6-9　矩形截面杆扭转与圆轴扭转有什么不同？其横截面上的应力分布有什么特点？

习　　题

6-1　如习题 6-1 图所示，试画出下列各轴的扭矩图，并求出最大扭矩值。

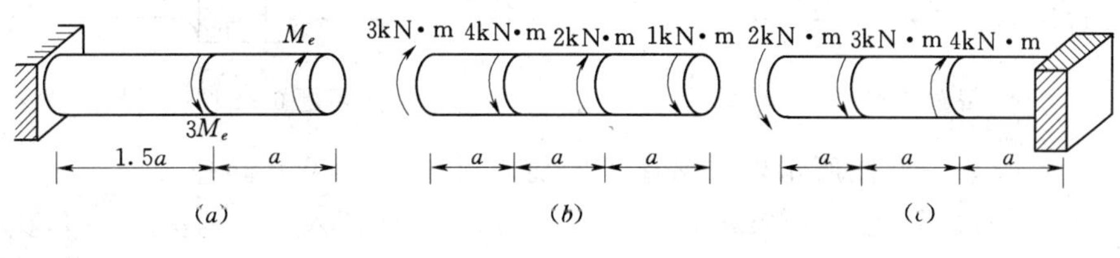

习题 6-1 图

6-2　如习题 6-2 图所示一阶梯传动轴，上面装有皮带轮。主动轮Ⅰ输出的功率为 $P_1=50\text{kW}$，从动轮Ⅱ传递的功率为 $P_2=30\text{kW}$，从动轮Ⅲ传递的功率为 $P_3=20\text{kW}$，轮轴作匀速转动，转速 $n=200\text{r/min}$。试作扭矩图。

6-3　如习题 6-3 图所示传动轴，转速 $n=350\text{r/mm}$。主动轮Ⅱ输出的功率为 $P_2=70\text{kW}$，从动轮Ⅰ和Ⅲ传递的功率分别为 $P_1=P_3=20\text{kW}$，从动轮Ⅳ传递的功率为 $P_4=30\text{kW}$。试作扭矩图。

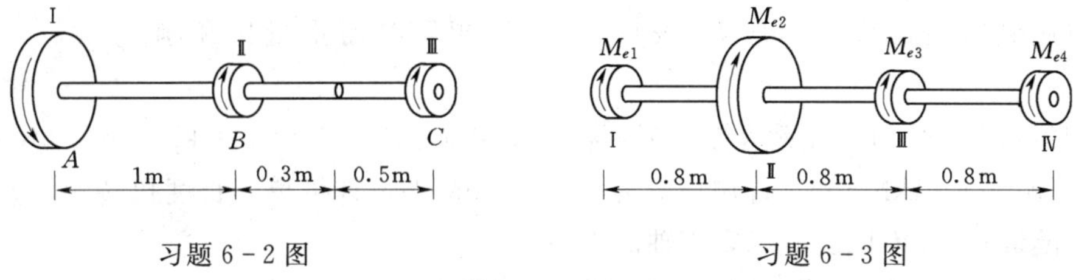

习题 6-2 图　　　　习题 6-3 图

6-4　习题 6-4 图示为一圆截面空心轴，其外径 $D=40\text{mm}$，内径 $d=20\text{mm}$，截面上扭矩 $T=1\text{kN}\cdot\text{m}$。试计算横截面上 $\rho=15\text{mm}$ 的 A 点处的切应力以及横截面上的最大和最小切应力。

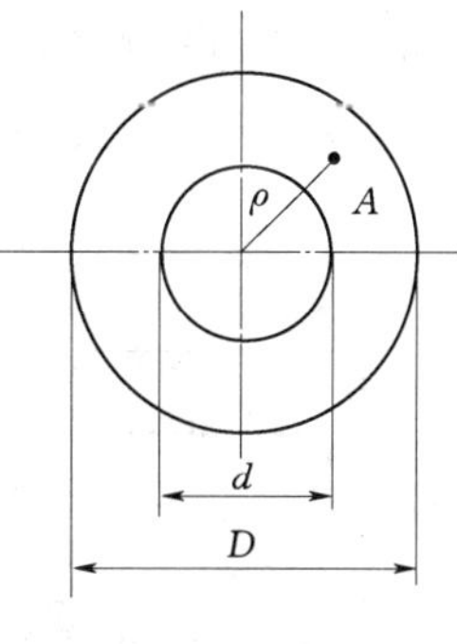

习题 6-4 图

6-5　圆轴的直径 $d=50\text{mm}$，转速为 $n=120\text{r/min}$。若该轴横截面上的最大切应力等于 60MPa，试问所传递功率为多大？

6-6　空心钢轴的外径 $D=100\text{mm}$，内径 $d=50\text{mm}$。已知间距 $l=2.7\text{m}$ 的两横截面的相对扭转角 $\varphi=1.8°$，材料的切变模量 $G=80\text{GPa}$。试求：(1) 轴内的最大切应力；(2) 当轴以转速 $n=80\text{r/min}$ 的速度旋转时，轴所传递的功率。

6-7　阶梯圆轴 AB 尺寸和所受荷载如习题 6-7 图所示。已知：$l=2\text{m}$，$d=100\text{mm}$，$m_1=m_2=2\text{kN}\cdot\text{m}$。试作出其扭矩图，并求最大剪应力和最大扭转角。

6-8　如习题 6-8 图所示，实心轴与空心轴通过牙嵌离合器相连接。已知轴的转速 $n=100\text{r/min}$，传递功率 $P=10\text{kW}$，许用切应力 $[\tau]=80\text{MPa}$。已知 $d_1/D_1=0.6$，试确定实心轴的直径 d 和空心轴的内外径 d_1 和 D_1。

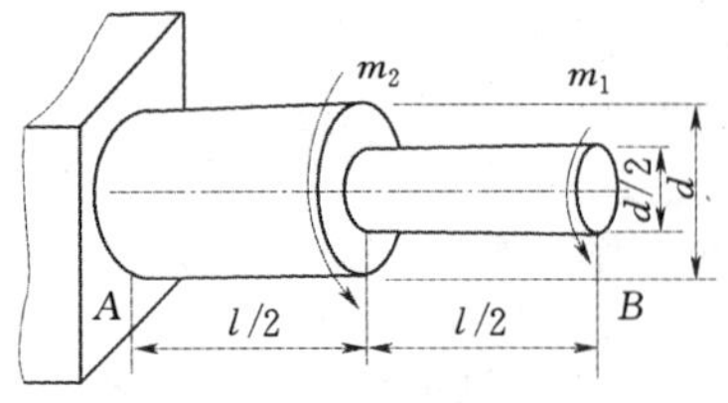

习题 6－7 图

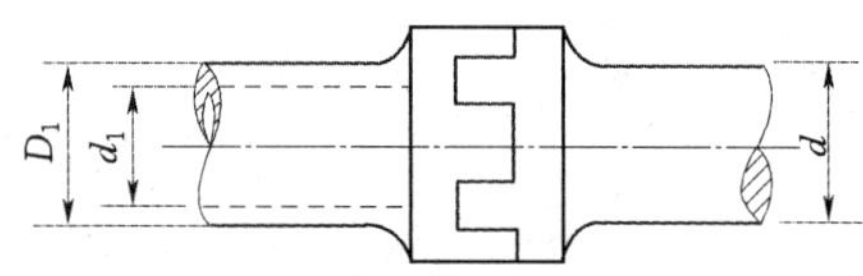

习题 6－8 图

6－9 如习题 6－9 图所示，一钻探机的功率为 $P=10$kW，转速 $n=180$r/min。钻杆的外径 $D=60$mm，内径 $d=50$mm；钻杆入土层的深度 $l=40$m，$[\tau]=40$MPa。如土壤对钻杆的阻力可看做是均匀分布的力偶，试求此分布力偶集度 m；作出钻杆的扭矩图，并进行强度校核。

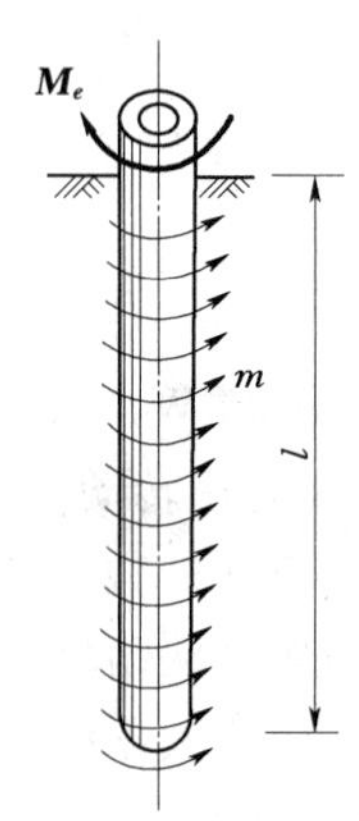

习题 6－9 图

6－10 某小型水电站的水轮机容量为 50kW，转速为 300r/min，钢轴直径为 75mm，若在正常运转下且只考虑扭转矩作用，其许用切应力 $[\tau]=20$MPa。试校核轴的强度。

6－11 长度相等的两根受扭圆轴，一为空心圆轴，一为实心圆轴，两者材料相同，受力情况也一样。实心轴直径为 d；空心轴外径为 D，内径为 d_0，且 $d_0/D=0.8$。试求当空心轴与实心轴的最大切应力 τ_{max}均达到材料的许用切应力 $[\tau]$，扭矩 T 相等时的重量比和刚度比。

6－12 习题 6－12 图所示等直圆杆，已知外力偶矩 $M_A=2.99$kN·m，$M_B=7.20$kN·m，$M_C=4.21$kN·m，许用切应力 $[\tau]=70$MPa，许可单位长度扭转角 $[\theta]=1°$/m，切变模量 $G=80$GPa。试确定该轴的直径 d。

6－13 如习题 6－13 图所示阶梯形圆杆，AE 段为空心，外径 $D=140$mm，内径 $d=100$mm；BC 段为实心，直径 $d=100$mm。外力偶矩 $M_A=18$kN·m，$M_B=32$kN·m，$M_C=14$kN·m。已知：$[\tau]=80$MPa，$[\theta]=1.2°$/m，$G=80$GPa。试校核该轴的强度和刚度。

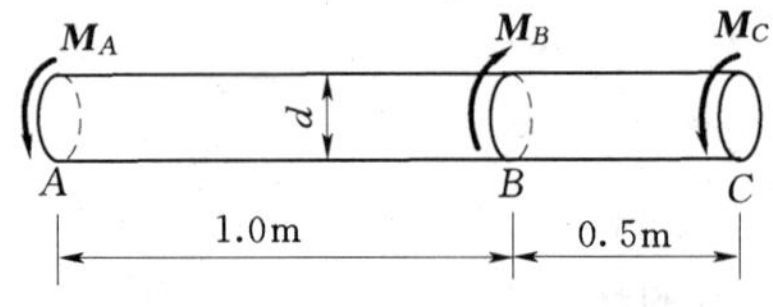

习题 6－12 图

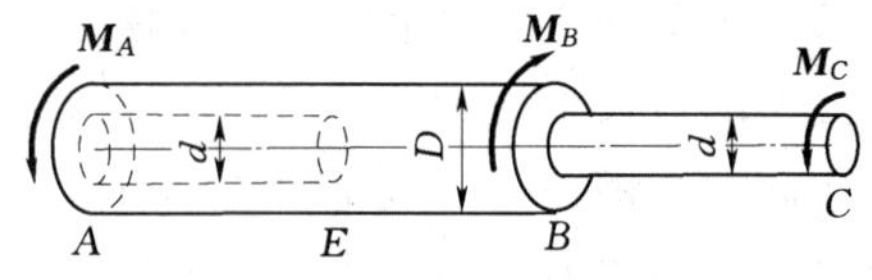

习题 6－13 图

6－14 习题 6－14 图示矩形截面杆，两端受集中力偶矩 $M_e=12$kN·m 的作用，沿杆全长受分布力偶矩作用，其集度 $m=10$kN·m。已知：$l=2.4$m，$b=0.2$m，$h=0.3$m。试求：(1) 作扭矩图；(2) 求最大切应力。

6－15 习题 6－15 图示矩形截面钢杆承受一对外力偶矩 $M_e=3$kN·m。已知材料的切变模量 $G=80$GPa，试求：(1) 杆内最大切应力的大小、位置和方向；(2) 横截面短边中点处的切应力；(3) 杆的单位长度扭转角。

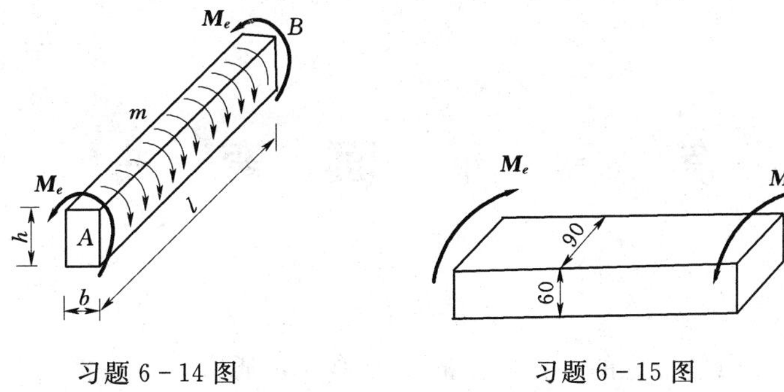

习题 6-14 图　　　　习题 6-15 图

6-16　习题 6-16 图示一实心圆轴，直径 d=50mm，自由端所受外扭矩 M_e=12kN·m，扭转后，轴表面上一点 A 沿圆周方向移动到 A'点，测量得 A 与 A'之间的弧距 S=6.3mm，已知材料的弹性模量 $E=2.0\times10^5$MPa，试求切变模量 G 和横向变形系数 ν。

6-17　习题 6-17 图示一左端固定的等直杆，其上作用力偶 M_e，试推导 B 截面相对于固定端的相对扭转角 φ 的公式。

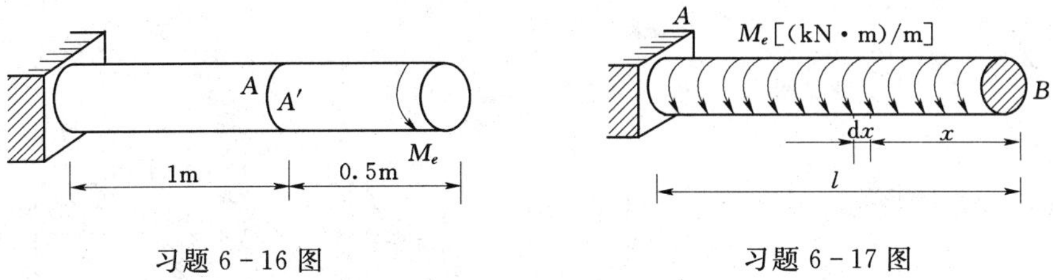

习题 6-16 图　　　　习题 6-17 图

第7章　平　面　弯　曲

弯曲是工程实际中最常见的一种杆件的变形形式，通常把以弯曲为主的杆件称为梁。当杆件受到一组垂直于其轴线的力即横向力或位于轴线平面内的外力偶作用时，杆的轴线由一条直线变为曲线，称为弯曲变形。

工程中常见的梁，其横截面往往至少有一根纵向对称轴如图 7-1（a）所示，该对称轴与梁轴线组成一纵向对称面，如图 7-1（b）所示。当梁上所有外力（包括荷载和反力）均作用在纵向对称面内时，梁轴线变形后的曲线也在此纵向对称面内，这种弯曲称为平面弯曲或对称弯曲。

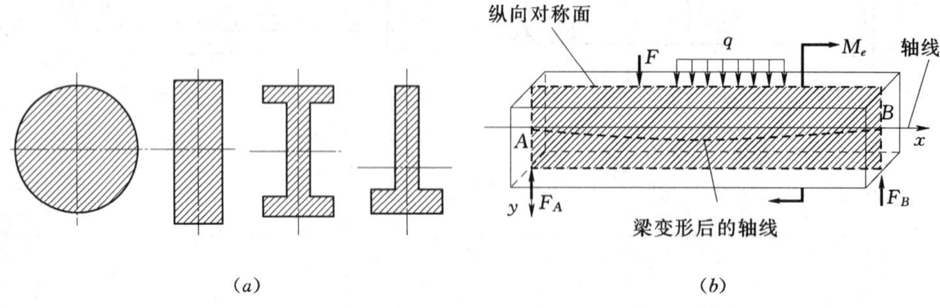

图 7-1

平面弯曲的梁一般是等截面直梁，可以用梁的轴线代表梁。梁上的荷载简化为集中力、集中力偶和分布荷载 q，均作用在纵向对称面内。梁的支座在平面问题中一般可简化为固定铰支座、活动铰支座和固定端三种。因此可得到简支梁、外伸梁和悬臂梁三种形式的简单梁，这三种形式梁的支座反力可以完全由静力平衡条件计算，所以也称为单跨静定梁，如图 7-2 所示。

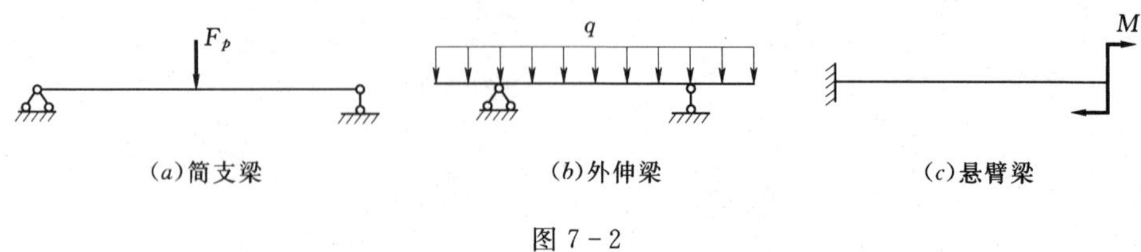

图 7-2

工程实际中许多构件都可以简化成平面弯曲的梁去研究，如图 7-3 所示中列举了几个例子并画出了它们的计算简图。

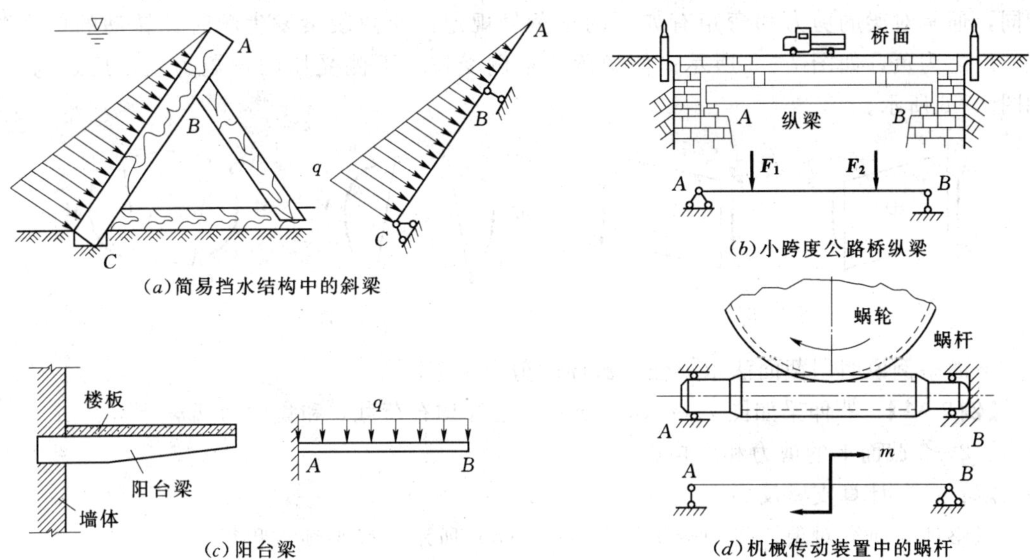

(a)简易挡水结构中的斜梁

(b)小跨度公路桥纵梁

(c)阳台梁

(d)机械传动装置中的蜗杆

图 7-3

7.1 梁的剪力和弯矩

取一受集中力 $\boldsymbol{F}_P$ 作用的简支梁，如图 7-4（a）所示，利用截面法研究其距离 A 端为 x 的任意横截面 $m—m$ 上的内力。

首先，取整个梁为研究对象，由平衡方程 $\sum M_A=0$ 和 $\sum M_B=0$，求得支座反力为：

$$F_A=\frac{F_P a}{l},\quad F_B=\frac{F_P(l-a)}{l}$$

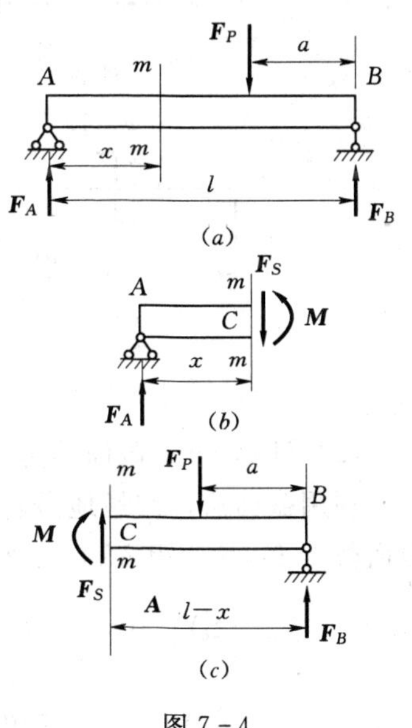

(a)

(b)

(c)

图 7-4

然后，假想地将梁沿着 $m—m$ 截面截开，取其中的左段为研究对象，画受力图如图 7-4（b）所示。由平衡条件可知梁横截面上的内力有两个：一个是平行于横截面的内力，称其为剪力，用符号 F_S 来表示；另外一个是位于荷载平面内的力偶，称其为弯矩，用符号 M 来表示。

最后列平衡方程计算梁的剪力 F_S 和弯矩 M。

由 $\sum Y_i=0$，$F_A-F_S=0$，得

$$F_S=F_A$$

由 $\sum M_C=0$，$F_A x-M=0$，得

$$M=F_A x$$

若取右段梁为研究对象，如图 7-4（c）所示，用同样的方法也可求得截面 $m—m$ 上的剪力 F_S 和弯矩 M。显然其结果与以左段梁为研究对象求得的值大小相等，但方向相反。

为了使得同一截面上无论取哪段梁为研究对象所得的内力值不仅大小相等，而且符号

相同，通常对梁的剪力和弯矩有如下的正负号规定：使微段梁发生顺时针转动的剪力为正，反之为负，如图 7-5 所示；使微段梁上侧受拉、下侧受压的弯矩为正，反之为负，如图 7-6 所示。

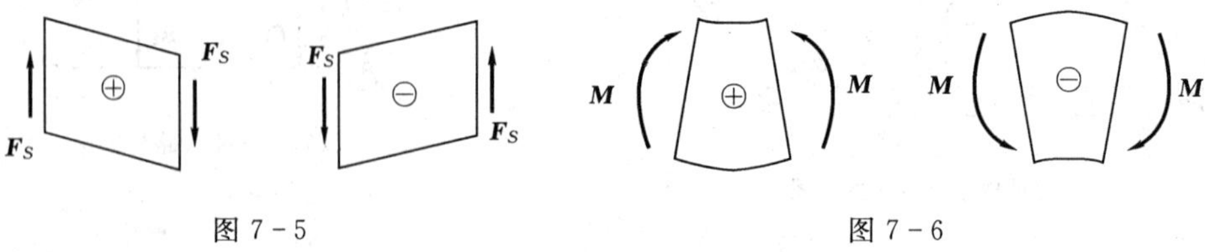

图 7-5　　　　图 7-6

下面举例说明用截面法求梁任一截面的剪力和弯矩。

【例 7-1】 外伸梁如图 7-7（a）所示，已知均布荷载 q 和集中力偶 $m=qa^2$，求指定 1—1、2—2 截面上的剪力和弯矩。

解：（1）计算支座反力。

以整体为研究对象，受力分析如图 7-7（a）所示，列平衡方程得：

$$\sum M_A=0,\quad F_B\cdot 2a-m-qa\cdot\frac{5}{2}a=0,\quad F_B=\frac{7}{4}qa$$

$$\sum Y_i=0,\quad -F_A+F_B-qa=0,\quad F_A=\frac{3}{4}qa$$

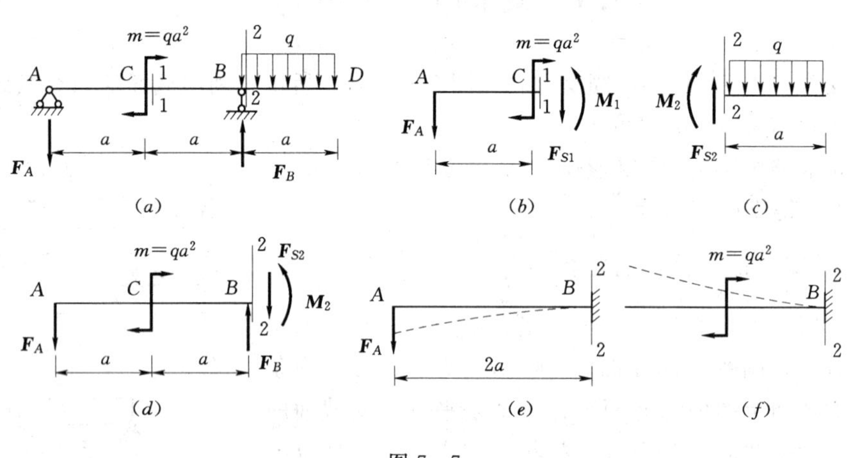

图 7-7

（2）计算 1—1 截面的剪力和弯矩。

利用截面法，假想地沿着 1—1 截面将梁分为两段，取左段梁为研究对象，并假设该截面剪力 F_{S1} 和弯矩 M_1，如图 7-7（b）所示。

$$\sum Y_i=0,\quad -F_A-F_{S1}=0,\quad F_{S1}=-F_A=-\frac{3}{4}qa$$

$$\sum M_C=0,\quad F_Aa+M_1-m=0,\quad M_1=m-F_Aa=qa^2-\frac{3}{4}qa^2=\frac{7}{4}qa^2$$

求得的 F_{S1} 结果为负值，说明剪力实际方向与假设相反，为负剪力；M_1 结果为正值，说明弯矩实际转向与假设相同，为正弯矩。

（3）计算 2—2 截面的剪力和弯矩。

由 2—2 截面将梁分为两段，取右段梁为研究对象，截面上剪力 F_{S2} 和弯矩 M_2，如图 7-7（c）所示。

$$\sum Y_i=0,\quad F_{S2}-qa=0,\quad F_{S2}=qa$$

$$\sum M_B=0,\quad -M_2-qa\cdot\frac{a}{2}=0,\quad M_2=-\frac{qa^2}{2}$$

通过以上例题可以看出：梁的任一截面上的剪力等于该截面一侧所有竖向外力的代数和，且外力对截面形心产生顺时针转向的矩引起正剪力，否则引进负剪力；梁的任一截面上的截面的弯矩等于该截面一侧所有外力对该截面形心矩的代数和，且外力使得上侧受拉引起正弯矩，否则引起负弯矩。利用上述结论可以方便地由荷载图求得任一截面上的剪力和弯矩。

例如在例 7-1 中，如图 7-7（d）所示，由于 $\boldsymbol{F}_A$ 对 2—2 截面产生逆时针转向的矩，$\boldsymbol{F}_B$ 对 2—2 截面产生顺时针转向的矩，所以 2—2 截面上的剪力为：

$$F_{S2}=-F_A+F_B=-\frac{3}{4}qa+\frac{7}{4}qa=qa$$

另外，如图 7-7（e）所示，$\boldsymbol{F}_A$ 使得梁产生图中虚线所示的变形，是上侧受拉，下侧受压，引起负弯矩，又如图 7-7（f）所示，力偶 m 使得梁产生图中虚线所示的变形，是下侧受拉，上侧受压，引起正弯矩，所以 2—2 截面上的弯矩为：

$$M_2=-F_A\cdot 2a+m=-\frac{3}{4}qa\cdot 2a+qa^2=\frac{1}{2}qa^2$$

所得结果与例 7-1（3）中相同。

7.2 剪力图与弯矩图

7.2.1 由内力方程作剪力图与弯矩图

从前面的分析可知，一般情况下，梁上不同横截面上的剪力和弯矩是不相同的，它们随着截面位置的不同而变化。若用沿梁轴线的横坐标 x 表示横截面位置，则横截面的剪力和弯矩都可表示为截面位置 x 的函数，即有 $F_S=F_S(x)$ 和 $M=M(x)$ 这两个方程式分别称为剪力方程和弯矩方程，统称内力方程。

为了更加直观地表示不同截面上的剪力和弯矩的变化情况，将剪力方程和弯矩方程用函数图形表现出来，分别称为剪力图和弯矩图。剪力图和弯矩图的作图方法与轴力图和扭矩图类似，即以梁轴线为 x 轴，以横截面上的剪力或弯矩为纵坐标，按照适当的比例绘出 $F_S=F_S(x)$ 和 $M=M(x)$ 的曲线。作剪力图时，规定正剪力画在 x 轴上侧，负剪力画在 x 轴下侧，并标上正负号；作弯矩图时由于工程上常把弯矩图画在梁受拉的一侧，所以规定正弯矩画在 x 轴下侧，负弯矩画在 x 轴上侧。

表 7-1 中列出了简支梁在三种典型荷载作用下的支座反力、剪力方程与弯矩方程以及剪力图与弯矩图。

表 7-1　　　简支梁在三种典型荷载作用下的内力方程和内力图

梁受荷载情况	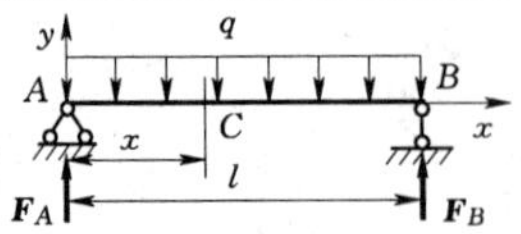 y, q, A, B, C, x, l, F_A, F_B	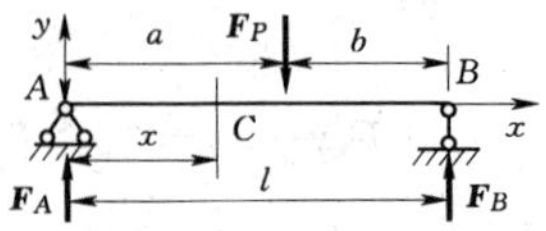 y, a, F_P, b, A, B, C, x, l, F_A, F_B	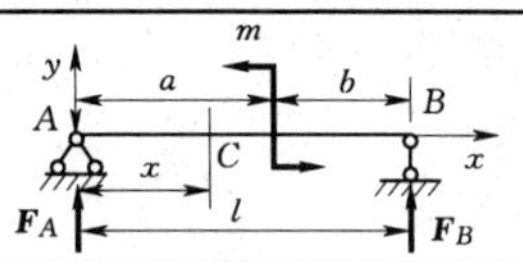 m, y, a, b, A, B, C, x, l, F_A, F_B
支座反力	$F_A=F_B=\frac{ql}{2}$	$F_A=\frac{F_Pb}{l}$，$F_B=\frac{F_Pa}{l}$	$F_A=F_B=\frac{m}{l}$
剪力方程	$F_S(x)=\frac{ql}{2}-qx$ $(0<x<l)$	AC 段 $F_S(x)=\frac{F_Pb}{l}$ $(0<x<a)$ CB 段 $F_S(x)=-\frac{F_Pa}{l}$ $(a<x<l)$	$F_S(x)=\frac{m}{l}$ $(0<x<l)$
弯矩方程	$M(x)=\frac{ql}{2}x-\frac{qx^2}{2}$ $(0\leqslant x\leqslant l)$	AC 段 $M(x)=\frac{F_Pb}{l}x$ $(0\leqslant x\leqslant a)$ CB 段 $M(x)=\frac{F_Pa}{l}(l-x)$ $(a<x\leqslant l)$	AC 段 $M(x)=\frac{m}{l}x$ $(0\leqslant x<a)$ CB 段 $M(x)=-\frac{m}{l}(l-x)$ $(a<x\leqslant l)$
剪力图	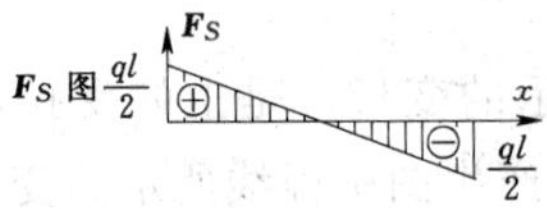 F_S 图, F_S, $\frac{ql}{2}$, ⊕, ⊖, x, $\frac{ql}{2}$	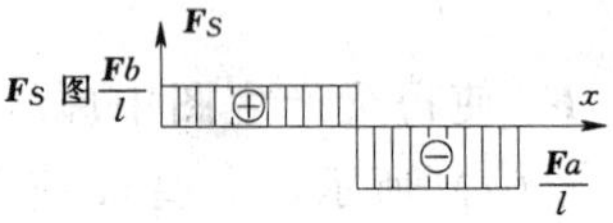 F_S 图, F_S, $\frac{Fb}{l}$, ⊕, ⊖, x, $\frac{Fa}{l}$	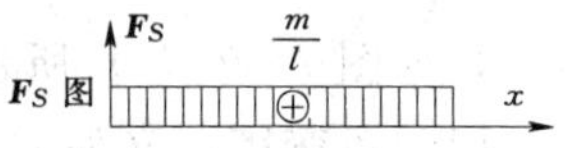 F_S 图, F_S, $\frac{m}{l}$, ⊕, x
弯矩图	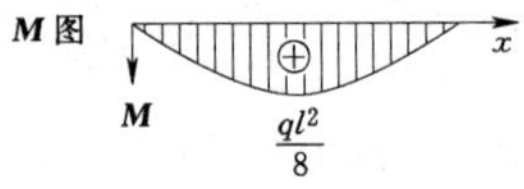 M 图, M, ⊕, x, $\frac{ql^2}{8}$	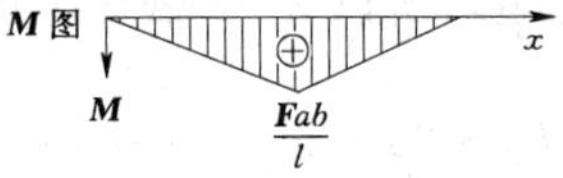 M 图, M, ⊕, x, $\frac{Fab}{l}$	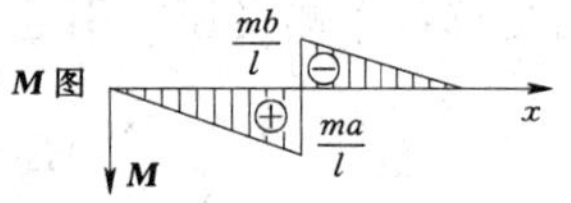 M 图, M, $\frac{mb}{l}$, ⊖, ⊕, $\frac{ma}{l}$, x

通过表 7-1 可得下面三个结论：

(1) 承受满跨的均布荷载 q 的简支梁剪力图是一条斜直线，最大剪力发生在两个支座附近，大小为 $ql/2$；弯矩图是一条抛物线，最大弯矩在跨中截面上，大小为 $ql^2/8$。

(2) 承受集中力 $\boldsymbol{F}_P$ 的简支梁剪力图是两段水平直线，弯矩图是两段斜直线，且在集中力作用截面上剪力图有突变，突变值等于集中力的大小，弯矩图出现“尖点”。

(3) 承受集中力偶 m 的简支梁剪力图是一条水平直线，弯矩图是两段斜直线，且在集中力偶作用截面上弯矩图有突变，突变值等于集中力偶的大小，剪力图上无变化。

7.2.2　微分法作剪力图和弯矩图

下面以如图 7-8 (a) 所示受向上分布荷载 $q(x)$ 作用的简支梁为例来说明梁的剪力和弯矩与荷载集度之间的关系。这里规定分布荷载向上为正，向下为负。

若用垂直于梁轴线且相距为 dx 的两个假想截面 m—m 和 n—n 沿着距离左侧梁端 x 处切出一微梁段，如图 7-8 (b) 所示。因 dx 非常微小，在微段上作用的分布荷载 $q(x)$ 可看作是均布的。设截面左边内力分别为 $F_S(x)$ 和 $M(x)$，则右边内力相对左边有一增量，故为 $F_S(x)+dF_S(x)$ 和 $M(x)+dM(x)$，且都假设为正值，如图 7-8 (b) 所示。

根据微段平衡条件得：

$$\sum Y_i=0,\quad F_S(x)+q(x)dx-[q(x)+dF_S(x)]=0$$

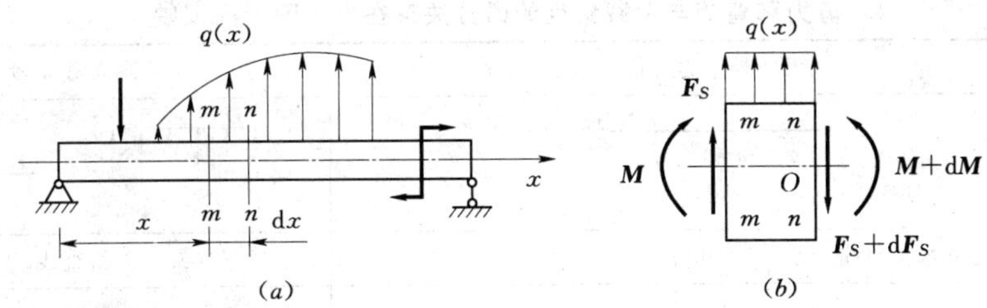

图 7-8

得：

$$\frac{\mathrm{d}F_S(x)}{\mathrm{d}x}=q(x) \tag{7.1}$$

$$\sum M_O=0,\quad M(x)+F_S(x)\mathrm{d}x+q(x)\mathrm{d}x\,\frac{\mathrm{d}x}{2}-[M(x)+\mathrm{d}M(x)]=0$$

忽略高阶微量 $q(x)\ \frac{\mathrm{d}^2x}{2}$项，得：

$$\frac{\mathrm{d}M(x)}{\mathrm{d}x}=F_S(x) \tag{7.2}$$

结合式（7.1）和式（7.2）可得：

$$\frac{\mathrm{d}M^2(x)}{\mathrm{d}x^2}=q(x) \tag{7.3}$$

通过式（7.1）、式（7.2）和式（7.3）可得下面三个结论：

（1）梁任一横截面上的剪力对 x 的一阶导数等于同一截面上分布荷载的集度，即剪力图上某点处的切线斜率等于梁上相对应点处的荷载集度值。

（2）梁任一横截面上弯矩对 x 的一阶导数等于同一截面上的剪力，即弯矩图上某点处的切线斜率等于梁上相对应截面上的剪力值。

（3）梁任一横截面上弯矩对 x 的二阶导数等于同一截面上分布荷载的集度，即可以通过梁上该点处荷载集度 $q(x)$ 符号来确定弯矩图的凸凹方向。

根据以上所述的剪力和弯矩与荷载集度之间的微分关系及三点结论可以将剪力图和弯矩图的规律归纳如下：

（1）若梁上某段无分布荷载，即 $q(x)=0$，则剪力图为一条与 x 轴平行的直线，弯矩图为一斜直线。当 $F_S(x)>0$ 时，M 图为从左到右向下倾斜的直线；当 $F_S(x)<0$ 时，M 图为从左到右向上倾斜的直线。特殊的当 $F_S(x)=0$ 时，弯矩图为一条与 x 轴平行的直线。

（2）若梁上某段有均布荷载作用，即 $q(x)$ 为非零常量，则剪力图为一斜直线，弯矩图为二次抛物线。当 $q(x)<0$（指向向下）时，剪力图为从左到右向下倾斜的直线，M 图为向下凸的抛物线，当 $q(x)>0$（指向向上）时，剪力图为从左到右向上倾斜的直线，M 图为向上凸的抛物线。

（3）在剪力 $F_S(x)=0$ 的截面上弯矩值有极值。

上述规律的情况见表 7-2。

表 7-2　　剪力和弯矩与荷载集度的微分关系在内力图上的反映

外力	无外力段 $q=0$		均布载荷段 $q>0$；$q<0$
F_S 图特征	水平直线 $F_S>0$；$F_S<0$	$F_S=0$	斜直线 增函数；减函数
M 图特征	斜直线 M 增函数；M 减函数	水平直线 M	二次抛物线 M 凸向上；M 凸向下

由式（7.1）可得在 $x=a$ 和 $x=b$ 处两截面间的积分为 $\int_a^b \mathrm{d}F_Q(x)=\int_a^b q(x)\mathrm{d}x$，也可写成：

$$F_S(b)-F_S(a)=\int_a^b q(x)\mathrm{d}x \tag{7.4}$$

同理，由式（7.2）可得：

$$M(b)-M(a)=\int_a^b F_S(x)\mathrm{d}x \tag{7.5}$$

式（7.4）和式（7.5）表示剪力 $F_S(x)$、弯矩 $M(x)$ 和荷载集度 $q(x)$ 间的积分关系，即剪力图上任意两个截面的剪力差值等于这两个截面间的分布荷载图的面积；弯矩图上任意两个截面的弯矩差值等于这两个截面间剪力图的面积。

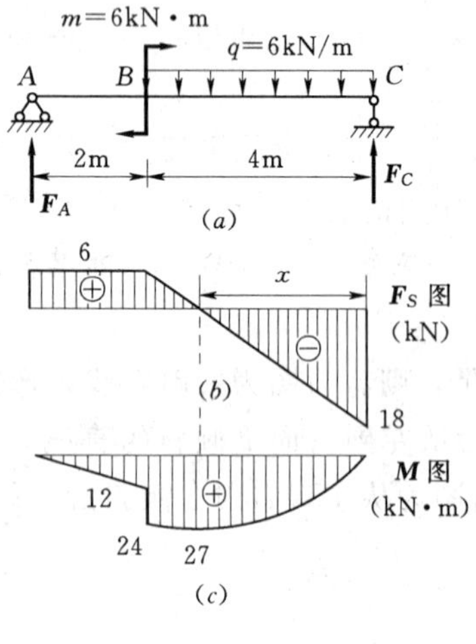

图 7-9

综合运用上面介绍的微积分关系，再结合上一节所讲的集中力和集中力偶作用截面上剪力图和弯矩图的特征，计算出特征截面的内力值即可方便地作出剪力图和弯矩图，也可以用来校核所作剪力图和弯矩图形状的正确性，这种方法通常称为微分法。

【例 7-2】 利用微分法作如图 7-9（a）所示简支梁的剪力图和弯矩图。

解：（1）求支座反力。

$$F_A=6\text{kN}(\uparrow),\quad F_C=6\text{kN}(\uparrow)$$

（2）将梁分为 AB 和 BC 两段。

（3）计算控制截面剪力，作剪力图。

AB 段为无荷载段，剪力图为水平线，其控制截面

剪力为 $F_{SA}^{右}=F_{SB}=F_A=6\text{kN}$。$BC$ 为均布荷载段，剪力图为从左到右向下倾斜的斜直线，其控制截面剪力分别为 $F_{SB}=6\text{kN}$，$F_{SC}^{左}=-F_C=-18\text{kN}$。用直线连接两点，作出剪力图如图 7-9（$b$）所示。

（4）计算控制截面弯矩，作弯矩图。

AB 段为无荷载段，剪力为正值，弯矩图为从左向右向下倾斜的斜直线，其控制截面弯矩为 $M_A=0$，$M_B^{左}=F_A\times2=6\times2=12\text{kN}\cdot\text{m}$。$BC$ 段受向下的均布荷载，弯矩图为向下凸的二次抛物线，控制截面弯矩为 $M_B^{右}=F_A\times2+m=6\times2+12=24$（kN·m），$M_C=0$。

从剪力图可知，此段弯矩图中存在着极值，应该求出极值所在的截面位置及其大小。设弯矩具有极值的截面距右端的距离为 x，由该截面上剪力等于零的条件可求得 x 值，即：

$$F_S(x)=-F_C+qx=0$$

$$x=\frac{F_C}{q}=\frac{18}{6}=3(\text{m})$$

弯矩的极值为：

$$M_{\max}=F_C\cdot x-\frac{1}{2}qx^2=18\times3-\frac{6\times3^2}{2}=27(\text{kN}\cdot\text{m})$$

最后作出弯矩图如图 7-9（c）所示。

【例 7-3】 利用微分法作如图 7-10（a）所示外伸梁的剪力图和弯矩图。

解：（1）求支座反力。

$$F_B=\frac{1}{2}qa(\uparrow),F_C=\frac{3}{2}qa(\uparrow)$$

（2）根据梁上的荷载情况将梁分为三段。

（3）计算控制截面剪力，作剪力图。

AB 段和 BC 段为无荷载段，剪力图为水平线，其控制截面剪力为 $F_{SA}^{右}=F_{SB}^{左}=\frac{qa}{2}$，$F_{SB}^{右}=F_{SC}^{左}=-\frac{qa}{2}$。$CD$ 段受向下的均布荷载，剪力图为从左到右向下倾斜的斜直线，其控制截面剪力为 $F_{SC}^{右}=qa$，$F_{SD}=0$。用直线连接相应的两点便得剪力图如图 7-10（b）所示。

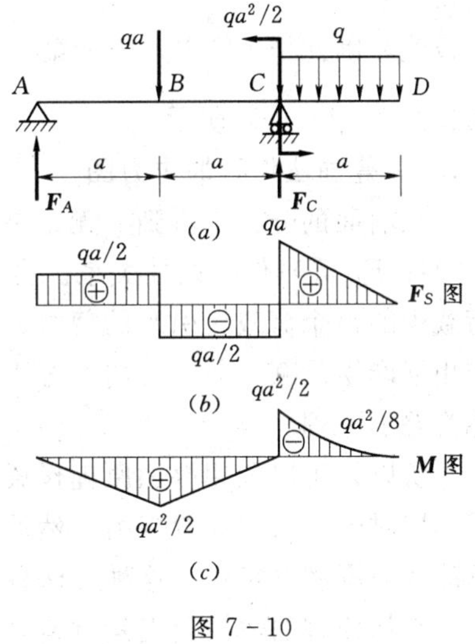

图 7-10

（4）计算控制截面弯矩，作弯矩图。

AB 段为无荷载段，剪力为正值，弯矩图为从左到右向下倾斜的斜直线，其控制截面弯矩为 $M_A=0$，$M_B=\frac{qa^2}{2}$。BC 段为无荷载段，剪力为负值，弯矩图为从左到右向上倾斜的斜直线，其控制截面弯矩为 $M_B=\frac{qa^2}{2}$，$M_C^{左}=0$。CD 段受向下的均布荷载，弯矩图为向下凸的二次抛物线，其控制截面弯矩为 $M_C^{右}=-\frac{qa^2}{2}$，$M_D=0$。由于 $F_{SD}=0$，所以 CD 段内在 D 处有极值，但是要确定一条二次抛物线至少需要三点，因此可以把 CD 中点作为第三点，求得其弯矩为 $-\frac{qa^2}{8}$。最后连接相应的点作出弯矩图如图 7－10（c）所示。

【例 7－4】 利用微分法作如图 7－11（a）所示悬臂梁的剪力图和弯矩图。

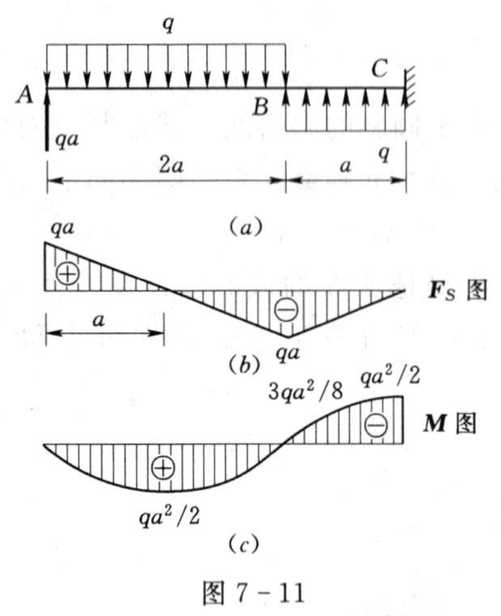

图 7－11

解： 将梁分为 AB 和 BC 两段，从左边开始作图可不求固定端反力。

（1）计算控制截面剪力，作剪力图。

AB 段为向下的均布荷载，剪力图为从左到右向下倾斜的斜直线，其控制截面剪力为 $F_{SA}^{左}=qa$，$F_{SB}=-qa$。BC 段为向上的均布荷载，剪力图为从左到右向上倾斜的斜直线，其控制截面剪力为 $F_{SB}=-qa$，$F_{SC}^{左}=0$。用直线连接相应的两点便得剪力图如图 7－11（b）所示。

（2）计算控制截面弯矩，作弯矩图。

AB 段为向下的均布荷载，弯矩图为向下凸的二次抛物线，其控制截面弯矩为 $M_A=0$，$M_B=0$。在距离 A 为 a 处剪力为 0，弯矩的极值为$\frac{qa^2}{2}$。BC 段为向上的均布荷载，弯矩图为向上凸的二次抛物线，其控制截面弯矩为 $M_B=0$，$M_C^{左}=-\frac{qa^2}{2}$。由于 $F_{SC}^{左}=0$，所以 BC 段内在 C 处有极值，因此把 BC 中点作为第三点，求得其弯矩为$-\frac{3qa^2}{8}$。最后连接相应的点作出弯矩图如图 7－11（c）所示。

7.2.3　叠加法作梁的内力图

从前面的分析中看到，无论是梁的支座反力还是其截面上的剪力或弯矩都与荷载（如 q、M、F_P 等）保持线性关系。当梁在荷载作用下产生的变形很小时，在梁上作用的多个荷载中的每个荷载所引起的剪力、弯矩将不受其他荷载的影响。因此，梁在几个荷载共同作用下产生的某一截面处内力等于各荷载单独作用该截面上产生内力的代数和，这一结论称为叠加原理。

所以，可以利用叠加原理作梁的剪力图和弯矩图，具体方法是先分别作出各个单独荷载作用时的剪力图和弯矩图，然后将其相应的纵坐标叠加，即得到梁在所有荷载共同作用下的剪力图和弯矩图，这种方法称为叠加法。

叠加原理的适用前提是材料处在弹性范围内，即应力和应变成正比例关系。另外叠加原理不仅仅适用于梁的内力的叠加，对于其他结构中支座反力、内力、应力和变形也适用，这将在后继的内容中逐步介绍。

下面举例说明利用叠加法作梁的剪力图和弯矩图。

【例 7－5】 利用叠加法作如图 7－12（a）所示简支梁的剪力图和弯矩图。

解： 先分别将受多个荷载作用的如图 7－12（a）所示梁分解成三个受荷载 m_1、m_2 和 q 单独作用的梁，分别如图 7－12（b）、（c）和（d）所示，它们的剪力图和弯矩图可方便地作出。

由于单个荷载作用时引起的剪力图都是直线，多个荷载作用时其剪力图也一定是直线，只需要确定两个点即可作出剪力图，所以，有：

$$F_{SA}^{右}=-5+10+20=25(\text{kN})$$

$$F_{SB}^{左}=-5+10-20=-15(\text{kN})$$

连接两点即可作出简支梁的剪力图，如图 7－12（e）所示。

虽然荷载 m_1 和 m_2 单独作用时弯矩图是直线，但是由于 q 单独作用时弯矩图为二次抛物线，因此三个荷载作用时其弯矩图也是二次抛物线。除了可以得到 $M_A^{右}=20+0+0=20\text{kN}\cdot\text{m}$ 和 $M_B^{左}=0+0+40=40$（kN·m）外，还能求得梁的跨中截面处弯矩为 $M_{中}=\dfrac{20}{2}+\dfrac{40}{2}+20=50(\text{kN}\cdot\text{m})$。有了这三点，即可作出多个荷载作用时梁的弯矩图，如图 7－12（f）所示。

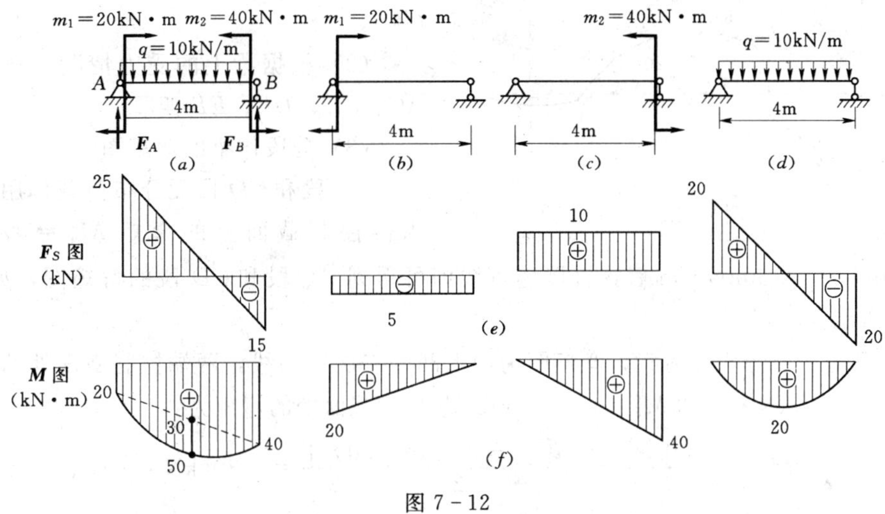

图 7－12

对于如图 7－13（a）所示的简支梁有如下规律，$M_A^{右}=m_1$，$M_B^{左}=m_2$，$M_{中}=\dfrac{m_1+m_2}{2}+\dfrac{ql^2}{8}$，其弯矩图如图 7－13（$b$）所示。下面再来研究一下图 7－13（$c$）中的一段梁 AB，其本质上与图 7－13（a）所示的梁是相同的，所以其弯矩图也与图 7－13（b）相似，如图 7－13（d）所示。

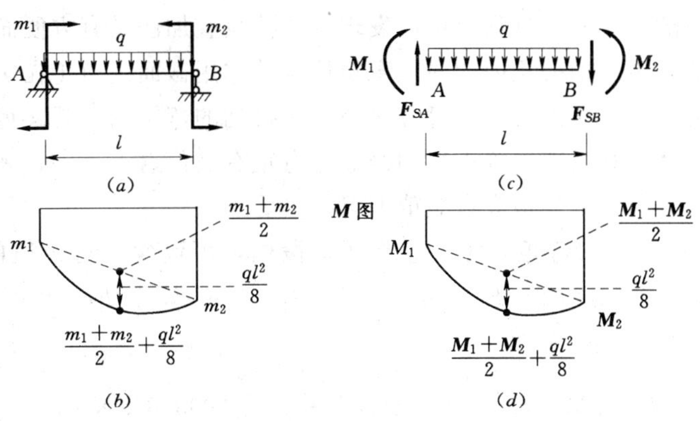

图 7－13

有了这一规律，就可以把任意的梁分成若干段如图 7－13（c）所示的梁段去处理，使得分段后的每一段梁上或者受均布荷载作用，或者没有均布荷载作用，这样只要求每一段梁上左右两端和跨中截面处的弯矩值就可方便简捷地作出这一段梁的弯矩图。这样作弯矩图的方法称为分段叠加法，这也是工程上最常用的作弯矩图的方法，下面举例说明这一方法的应用。

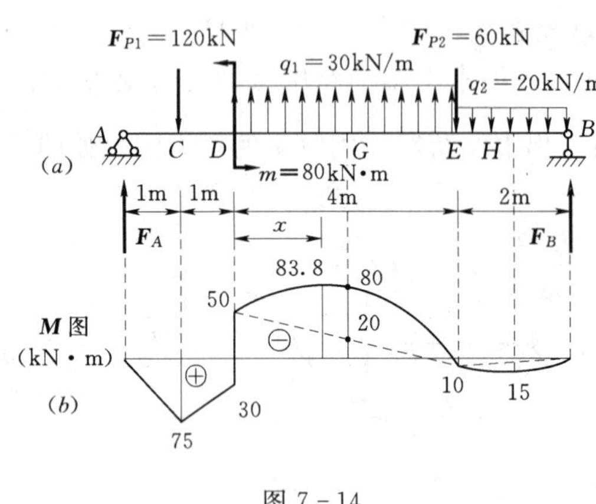

图 7－14

【例 7－6】 试用分段叠加法作如图 7－14（a）所示简支梁的弯矩图。

解：（1）求支座反力。

画梁的受力图如图 7－14（a）所示，列平衡方程得 $F_A=75$kN(↑)，$F_B=25$kN(↑)。

（2）根据梁上的受力情况，把梁分成 AC、CD、DE、EB 四段。

（3）分段作梁的弯矩图。

AC 段和 CD 段无分布荷载作用，只需求得控制截面上的弯矩 $M_A=0$，$M_C=75$kN·m，$M_D^{左}=30$kN·m 后，直接连直线即可得到 AC 段和 CD 段的弯矩图，如图 7－14（b）所示。

DE 段为向上的均布荷载，弯矩图为向上凸的二次抛物线，两端控制截面处的弯矩分别为 $M_D^{右}=-50$kN·m 和 $M_E=10$kN·m。跨中 G 截面处的弯矩为：

$$M_{中}=\frac{M_D^{右}+M_E}{2}-\frac{q_1 l_1^2}{8}=\frac{-50+10}{2}-\frac{30\times4^2}{8}=-80(\text{kN}\cdot\text{m})$$

连接上述三点即可得到 DE 段的弯矩图，如图 7－14（b）所示。

EB 段为向下的均布荷载，弯矩图为向下凸的二次抛物线，两端控制截面处的弯矩分别为 $M_E=10$kN·m 和 $M_B=0$。跨中 H 截面处的弯矩为：

$$M_{中}=\frac{M_E+M_B}{2}+\frac{q_2 l_2^2}{8}=\frac{10+0}{2}+\frac{20\times2^2}{8}=15(\text{kN}\cdot\text{m})$$

连接上述三点即可得到 EB 段的弯矩图，如图 7－14（b）所示。

通过上述作梁的弯矩图的过程，可以发现尽管分段叠加法具有方便简捷的优点，但它也有一个缺点，就是不能求得梁内的最大弯矩值及其作用截面。由于在实际工程中最有意义的往往是最大弯矩值，所以可以通过分段叠加法得到的弯矩图，观察得到最有可能产生最大弯矩的梁段，然后利用剪力等于零的截面上弯矩有极值这一条件，来求得该段梁上弯矩的极值，最后再判断梁上的最大弯矩值即可。

在［例 7－6］中，最大弯矩一定发生在 DE 段内，可设弯矩有极值的截面距离 D 为 x，该截面上的剪力为 $F_S=F_A-F_{P1}+q_1x=75-120+30x$，令 $F_S=0$ 可得 $x=1.5$m，所以最大弯矩为：

$$M_{\max}=M_D^{右}-\frac{q_1x^2}{2}=-50-\frac{30\times1.5^2}{8}=83.8(\text{kN}\cdot\text{m})$$

7.3 梁横截面上的应力

梁在纵向对称面内受横向力作用时，在一般情况下，梁的横截面上既有弯矩又有剪力。弯矩与横截面上法向分布内力即正应力相对应，剪力则与横截面上切向分布内力即剪应力相对应。所以梁横截面上一般是既有正应力，又有剪应力。

7.3.1 纯弯曲时梁横截面上的正应力

如图 7-15（a）所示的简支梁上，受两个外力 F_P 对称地作用在梁的纵向对称平面内。梁的剪力图和弯矩图分别如图 7-15（b）、（c）所示。由图可知，在 CD 段梁各横截面上只有弯矩没有剪力，这种情况的弯曲称为纯弯曲；在 AC 和 DB 段梁各横截面上剪力和弯矩同时存在，这种情况的弯曲称为横力弯曲。因此，纯弯曲的梁段，其横截面上只有正应力，而无切应力；而横力弯曲的梁段，其横截面上既有正应力，又有切应力。纯弯曲是弯曲理论中最简单最基本的情况。

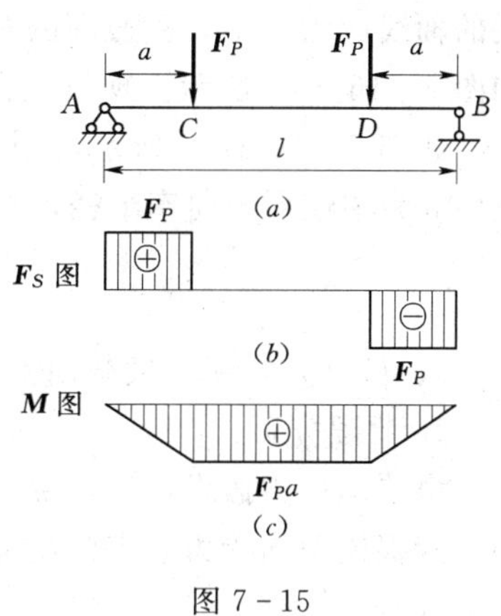

图 7-15

研究纯弯曲时梁横截面上正应力，与研究圆轴扭转时的切应力相仿，需要综合考虑几何方面、物理方面和静力学方面的关系。

1. 几何方面

为了研究梁横截面上正应力的变化规律，现考察该截面上任一点处沿横截面法线方向的线应变，即纵向线应变，在该截面上的变化规律。为此，在梁加载以前，先在其侧面上画出两条相邻的横向线 mm 和 nn，并在两横向线靠近顶面和底面处分别画纵线 aa 和 bb，如图 7-16（a）所示。然后在梁的两端加一对位于纵向对称面内的外力偶 M_e，使梁发生纯弯曲，如图 7-16（b）所示。这时可以观察到下列现象：

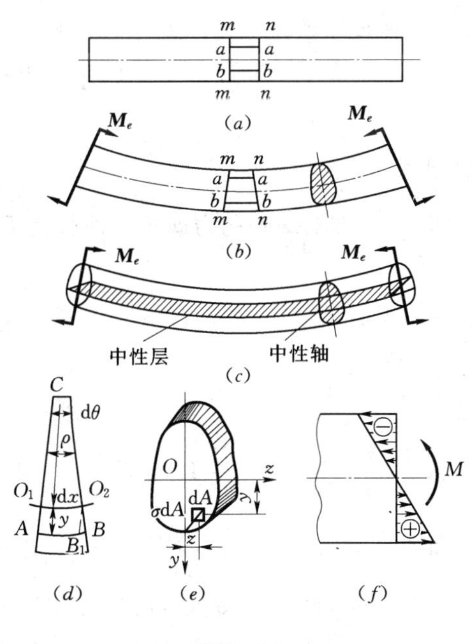

图 7-16

（1）变形前相互平行的纵向直线 aa 和 bb，变形后变为了弧线。

（2）变形前的横向线 mm 和 nn，变形后仍为直线且与纵向弧线保持正交，只是相对旋转了一个角度。

根据上述实验结果，可以假设，变形前原为平面的梁的横截面变形后仍保持平面，且仍垂直于变形后的梁轴线，这就是弯曲变形的平面假设。同时，设想梁由无数条纵向纤维所组成。在纯弯曲时，各纵向纤维之间无挤压作用，这个假设称为单向应力假设。又由于梁弯曲时，如图7-16（b）所示，梁下部纵向纤维伸长，上部纵向纤维缩短。由于变形的连续性，纵向纤维自上而下由缩短到伸长的连续变形中，其中必定有一层纤维的长度不变，这一层称为中性层；中性层与横截面的交线称为中性轴，如图7-16（c）所示。纯弯曲时，梁横截面就是绕中性轴作微小的转动。

现从纯弯曲梁段内截取长为 dx 的微段，由平面假设可知，梁弯曲变形时微段 dx 的左、右横截面仍为平面，只是相对转过一个角度 $d\theta$，纵向线 O_1O_2 位于中性层上，无长度改变，如图7-16（d）所示。由于外力、横截面形状及梁的材料均对称于梁的纵向对称面，故梁变形后的形状也必对称于该平面，因此，中性轴应与横截面的对称轴垂直。若将梁的轴线取为 x 轴，横截面的对称轴取为 y 轴，则中性轴可取为 z 轴（其位置尚待确定），如图7-16（e）所示。现研究在横截面上距中性轴为 y 处的纵向线应变。

如图7-16（d）所示，距中性层 y 处 AB_1 的变形量为 $\Delta dx=(\rho+y)d\theta-\rho d\theta=yd\theta$，其中 ρ 为中性层的曲率半径，对于同一横截面来说是个常量。所以该点处的线应变 ε 为：

$$\varepsilon=\frac{\Delta dx}{dx}=\frac{yd\theta}{\rho d\theta}=\frac{y}{\rho} \tag{7.6}$$

式（7.6）表明，横截面上任一点的纵向线应变 ε 与该点到中性层的距离 y 成正比。

2. 物理方面

由单向应力假设可知，纵向纤维处于单向受拉或受压状态。当材料处于线弹性范围内，则根据单向受力状态的胡克定律可得物理关系 $\sigma=E\varepsilon$，将其代入式（7.6），得

$$\sigma=E\frac{y}{\rho} \tag{7.7}$$

由式（7.7）可知，横截面上任一点处的正应力与该点到中性轴的距离成正比，即横截面上的正应力沿截面高度按线性规律分布，如图7-16（f）所示。

3. 静力学方面

在横截面上取微面积 dA，其上微内力 σdA 组成了垂直于横截面的空间平行力系，如图7-16（e）所示。该力系向 O 点简化，得到三个内力分量，即平行于 x 轴的轴力 F_N，对 y 轴和 z 轴的力矩 M_y 和 M_z，它们分别为：

$$F_N=\int_A\sigma dA,M_y=\int_A z\sigma dA,M_z=\int_A y\sigma dA$$

在纯弯曲时，横截面上只有位于纵向对称面内的弯矩 M_z，即对 z 轴的力偶矩，而轴力 F_N 和对 y 轴力偶矩 M_y 均为零，因此，由静力学平衡条件可得：

$$\sum X_i=0,\quad F_N=\int_A\sigma dA=\int_A\frac{E}{\rho}ydA=\frac{E}{\rho}\int_A ydA=\frac{E}{\rho}S_z=0 \tag{7.8}$$

$$\sum M_y=0,\quad M_y=\int_A z\sigma dA=\int_A\frac{E}{\rho}yzdA=\frac{E}{\rho}\int_A yzdA=\frac{E}{\rho}I_{yz}=0 \tag{7.9}$$

$$\sum M_z=M,\quad M_z=\int_A y\sigma dA=\int_A\frac{E}{\rho}y^2dA=\frac{E}{\rho}\int_A y^2dA=\frac{E}{\rho}I_z=M \tag{7.10}$$

在以上方程式中由于 $\frac{E}{\rho}\neq0$，式（7.8）中梁截面图形对中性轴 z 的静矩 $S_z=0$，这说明中性轴一定通过梁截面的形心。式（7.9）中，梁截面图形对坐标系 yOz 的惯性积 $I_{yz}=0$，由于 y 是截面的对称轴，自然满足 I_{yz} 为零的条件。但应指出：$I_{yz}=0$ 和 $S_z=0$ 这两个

条件说明，横截面所建立的坐标系 yOz 应该是横截面图形的形心主轴。由式（7.10）得到中性层曲率$\frac{1}{\rho}$的表达式为：

$$\frac{1}{\rho}=\frac{M}{EI_z} \tag{7.11}$$

这就是研究梁的弯曲变形的基本公式。其中 $I_z=\int_A y^2\mathrm{d}A$ 为梁的横截面图形对中性轴的惯性矩；EI_z 称为梁的抗弯刚度，反映梁抵抗弯曲变形的能力。

将式（7.11）代入式（7.7）得到等直梁在纯弯曲时横截面上任一点处正应力公式为：

$$\sigma=\frac{M}{I_z}y \tag{7.12}$$

这就是纯弯曲时梁的正应力计算公式。式中 M 为横截面上的弯矩；I_z 为横截面对中性轴 z 的惯性矩；y 为所求应力点的纵坐标。

在应用式（7.12）时，弯矩 M 和坐标 y 按规定的正负号代入，所得的正应力 σ 若为正值，即为拉应力，若为负值则为压应力。在具体的计算中，通常 M 和 y 均以绝对值代入，所求点的应力是拉应力还是压应力，可由弯曲变形直接判定，即以中性层为界，梁在凸出的一侧受拉，凹入的一侧受压。

7.3.2 横力弯曲时梁横截面上的正应力

横力弯曲时，梁的横截面上不仅有正应力，而且有切应力。由于切应力的存在，梁的横截面将发生翘曲，不能再保持平面。此外，在与中性层平行的纵截面上，还有由横向力引起的挤压应力。因此，梁在纯弯曲时所作的平面假设和单向应力假设都不能成立。

但是，精确的理论分析表明，对于跨度与高度之比 $l/h>5$ 的细长梁，正应力计算公式（7.12）可以推广应用于横力弯曲，其计算结果略低于精确解。随着跨高比 l/h 的增大，其误差就越小。但是由于横力弯曲时梁的横截面上的弯矩通常是变化的，所以式（7.12）可写为：

$$\sigma=\frac{M(x)}{I_z}y \tag{7.13}$$

式（7.12）和式（7.13）表明梁横截面上任一点的正应力 σ 与该截面上的弯矩成正比，与距中性轴的距离 y 成正比，与截面对中性轴的惯性矩 I_z 成反比。以中性轴为界，正应力在中性轴两侧沿着高度呈线性分布；中性轴上各点的应力值为零，最大拉应力发生在受拉区距离中性轴最远的各点处，最大压应力发生在受压区距离中性轴最远的各点处。如果用 $y_{\max}$ 表示距中性轴最远处距离，则横截面上最大正应力：

$$\sigma_{\max}=\frac{M}{I_z}y_{\max} \tag{7.14}$$

令

$$W_z=\frac{I_z}{y_{\max}} \tag{7.15}$$

可得：

$$\sigma_{\max}=\frac{M}{W_z} \tag{7.16}$$

其中 W_z 称为抗弯截面系数，它与横截面的几何尺寸和形状有关，量纲为［长度］^{3}，常用单位为 mm^3 或 m^3。表 7-3 列出了矩形截面、圆形截面和圆环截面的抗弯截面系数的表达式，对于各种轧制型钢，其弯曲截面系数值可以从型钢表中查得。

表 7-3　　矩形、圆形截面和圆环截面的抗弯截面系数

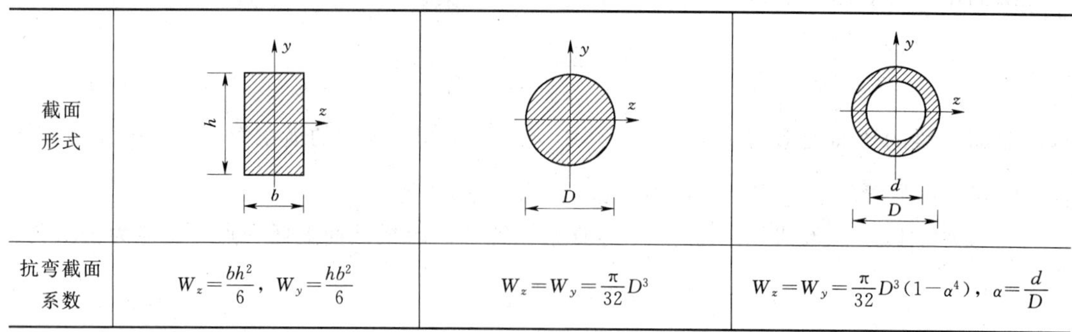

截面形式	(矩形截面，h，b)	(圆形截面，D)	(圆环截面，d，D)
抗弯截面系数	$W_z=\frac{bh^2}{6}$，$W_y=\frac{hb^2}{6}$	$W_z=W_y=\frac{\pi}{32}D^3$	$W_z=W_y=\frac{\pi}{32}D^3(1-\alpha^4)$，$\alpha=\frac{d}{D}$

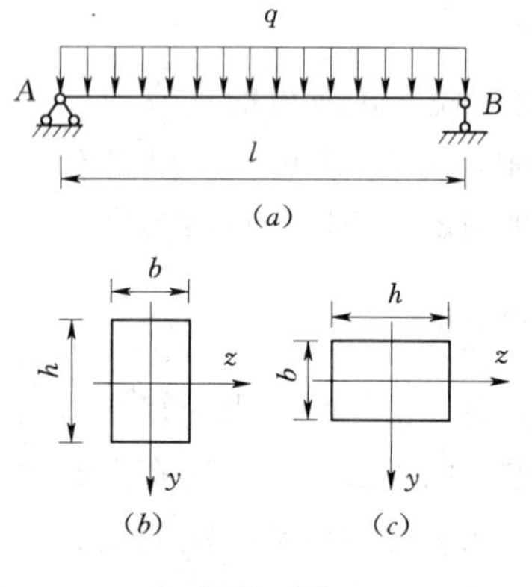

图 7-17

【例 7-7】 如图 7-17（a）所示矩形截面简支木梁，已知 $q=2\text{kN/m}$，$l=4\text{m}$，$b=100\text{mm}$，$h=200\text{mm}$。试计算木梁在如图 7-17（b）所示竖放和如图 7-17（c）所示平放时的最大正应力，并加以比较。

解： 竖放和平放两种情况的最大弯矩 $M_{\max}$ 都发生在梁的中点，其值为：

$$M_{\max}=\frac{ql^2}{8}=\frac{2\times4^2}{8}=4(\text{kN}\cdot\text{m})$$

（1）梁竖放时：

$$\sigma_{\max1}=\frac{M_{\max}}{W_{z1}}=\frac{4\times10^3}{\frac{0.1\times0.2^2}{6}}=6(\text{MPa})$$

（2）梁平放时：

$$\sigma_{\max2}=\frac{M_{\max}}{W_{z2}}=\frac{4\times10^3}{\frac{0.2\times0.1^2}{6}}=12(\text{MPa})$$

（3）竖放和平放的比较。

$$\frac{\sigma_{\max1}}{\sigma_{\max2}}=\frac{6}{12}=\frac{1}{2}$$

对于同一根梁，竖放时梁内的最大正应力只占平放时的一半。这说明在其他条件相同的情况下，矩形截面梁竖放时的抗弯能力更强，这也是工程中通常都将矩形截面梁竖放的主要原因。

7.3.3 横力弯曲时梁横截面上的剪应力

横力弯曲时，梁横截面上既有弯矩又有剪力，所以横截面上除有正应力外，还有切应力。这里仅讨论几种常见截面梁的切应力问题。

1. 矩形截面梁

如图 7-18（a）所示，横向力作用在矩形截面梁的纵向对称面内。如以 m—m、n—n 两横截面假想地截出长为 $\mathrm{d}x$ 的微段，其左侧截面上有剪力 F_S 和弯矩 M，右侧截面上有剪力 F_S 和弯矩 $M+\mathrm{d}M$，如图 7-18（b）所示。任一截面的剪力 F_S 必位于对称轴 y 上，

如图 7-18（c）所示。

对于矩形截面梁，通常横截面的宽度 b 总是比高度 h 小。在这种情况下，对切应力在横截面上的分布规律可作如下两个假设：①横截面上各点处切应力的方向都平行于剪力 F_S；②切应力沿截面宽度均匀分布，即距中性轴等远处各点的切应力大小相等。由弹性力学进一步的研究可知，以上两个假设，对于高度大于宽度的矩形截面梁是足够精确的。所以梁微段左、右侧的应力情况如图 7-18（d）所示。

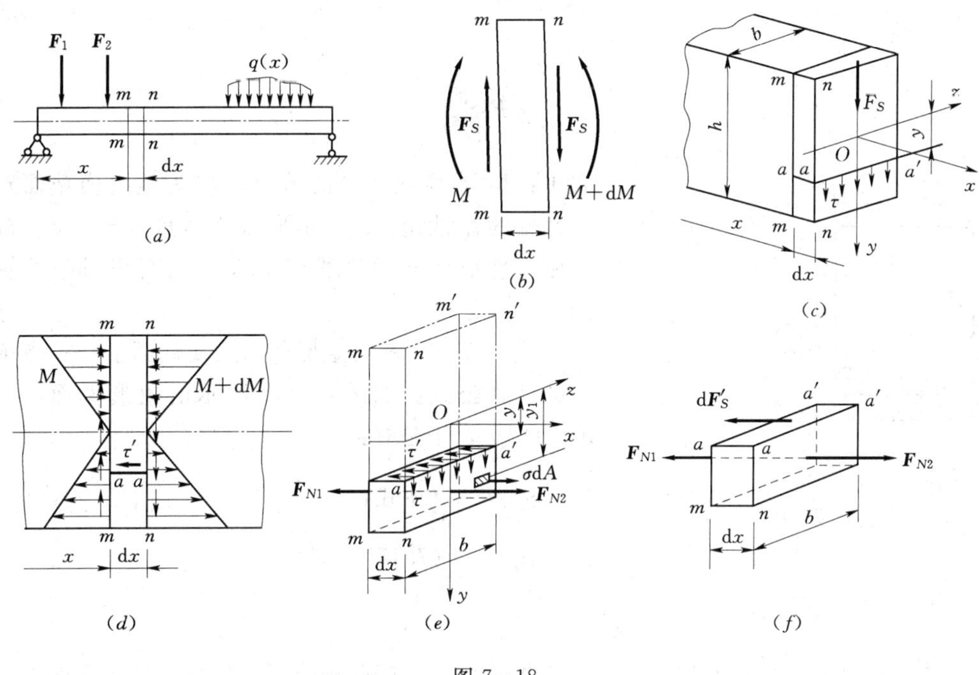

图 7-18

为了计算 n—n 截面上任一高度处各点的切应力 τ，再用一距中性层为 y 的水平面沿 aa 位置将梁微段截开，取 aa 以下部分为隔离体。隔离体的左、右侧面上有正应力和竖向切应力。在侧面 aa' 处竖向切应力为 τ，根据切应力互等定理，则隔离体顶面 aa 上必有剪应力 τ'，且 $\tau'=\tau$，如图 7-18（e）所示。设隔离体左、右侧面上法向内力的总和分别为 $\boldsymbol{F}_{N1}$ 和 $\boldsymbol{F}_{N2}$，顶面上切应力的总和为 $\mathrm{d}\boldsymbol{F}'_S$，如图 7-18（$f$）所示。在右侧截面 an 上，由微内力 $\sigma\mathrm{d}A$ 组成的内力系的合力是：

$$F_{N2}=\int_{A^*}\sigma\mathrm{d}A=\int_{A^*}\frac{(M+\mathrm{d}M)y_1}{I_z}\mathrm{d}A=\frac{M+\mathrm{d}M}{I_z}\int_{A^*}y_1\mathrm{d}A=\frac{M+\mathrm{d}M}{I_z}S_z^*$$

$$S_z^*=\int_{A^*}y_1\mathrm{d}A$$

式中：A^* 为横截面上距中性轴为 y 的横线 aa' 以下部分的面积，如图 7-18（e）所示；S_z^* 为面积 A^* 对横截面中性轴的静矩。

同理可以求得左侧面 am 上内力系的合力为：

$$F_{N2}=\int_{A^*}\sigma\mathrm{d}A=\frac{M}{I_z}S_z^*$$

由于微段的长度 dx 很小，在隔离体顶面上的切应力可认为是均匀分布的，则与顶面相切的内力系合力是 $dF'_S=\tau' b dx$。由静力平衡条件得：

$$\sum X_i=0, F_{N2}-F_{N1}-dF'_S=\frac{M+dM}{I_z}S_z^*-\frac{M}{I_z}-\tau' b dx=0$$

简化后得出：

$$\tau'=\frac{dM}{dx}\cdot\frac{S_z^*}{I_z b}$$

由于 $\frac{dM}{dx}=F_S$，$\tau=\tau'$，故有：

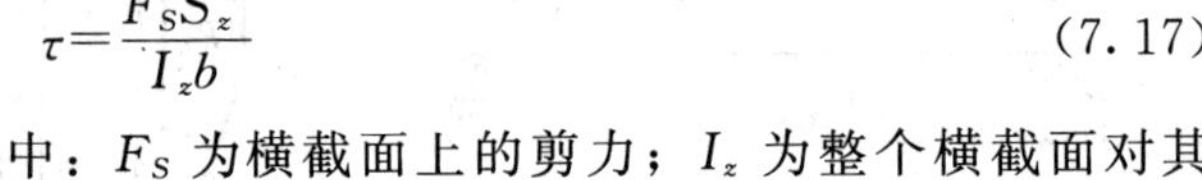

$$\tau=\frac{F_S S_z^*}{I_z b} \tag{7.17}$$

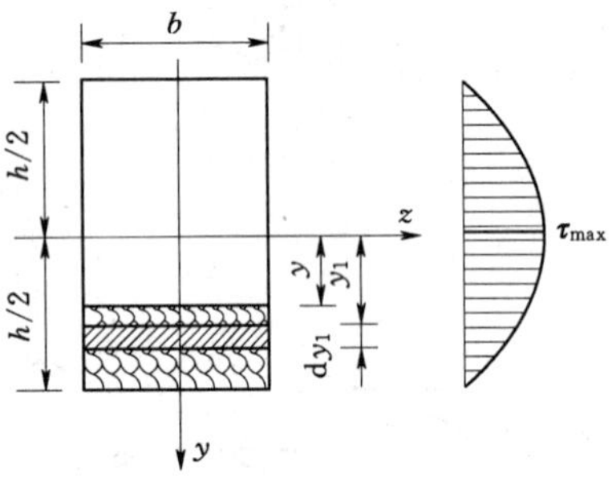

式中：F_S 为横截面上的剪力；I_z 为整个横截面对其中性轴的惯性矩；b 为矩形截面宽度；S_z^* 为横截面上距中性轴为 y 的横线以下部分的面积对中性轴的静矩。

图 7－19

式（7.17）就是矩形截面梁横截面上任一点剪应力的计算公式。如图 7－19 所示的矩形截面，可取 $dA=bdy_1$，于是有：

$$S_z^* = \int_{A^*} y_1 dA = \int_y^{\frac{h}{2}} y_1 b dy_1 = \frac{b}{2}\left(\frac{h^2}{2}-y^2\right)$$

代入式（7.17），即得：

$$\tau=\frac{F_S}{2I_z}\left(\frac{h^2}{4}-y^2\right) \tag{7.18}$$

从式（7.18）中可以看出，沿截面高度剪应力 τ 按抛物线规律变化，且在截面上、下边缘各点处切应力等于零，在中性轴处切应力最大，其最大值为：

$$\tau_{max}=\frac{F_S h^2}{8I_z}=\frac{F_S h^2}{8\times\frac{bh^2}{12}}=\frac{3F_S}{2A} \tag{7.19}$$

式中：$A=bh$ 为矩形截面的面积。这说明，矩形截面上的最大切应力是该截面上平均切应力的 1.5 倍。

2. 工字形截面梁

对于工字形截面，其腹板截面是一个狭长矩形。关于矩形截面上切应力分布的两假设仍然适用。因此，用相同的方法导出相同的切应力计算公式，即：

$$\tau=\frac{F_S S_z^*}{I_z d} \tag{7.20}$$

式中：d 为腹板厚度；S_z^* 为横截面上距中性轴为 y 的横线以下部分的面积对中性轴的静矩。

由于 S_z^* 是 y 的二次函数，故腹板部分的切应力 τ 沿腹板高度按抛物线规律变化，其最大切应力也发生在中性轴上，如图 7－20 所示。显然，这也是整个横截面上的最大切应力，其值为：

$$\tau_{max}=\frac{F_S S_{zmax}^*}{I_z d} \tag{7.21}$$

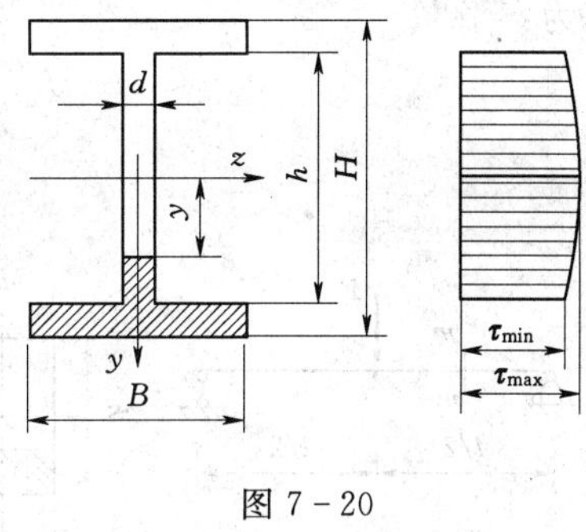

图 7-20

式中：S_{zmax}^*为中性轴任一侧的半个横截面面积对中性轴的静矩。

在具体计算τ_{max}时，对轧制工字钢截面，式（7.21）中的I_z/S_{zmax}^*可以由型钢表直接查得。

研究结果表明，工字形截面梁截面上剪力的绝大部分由腹板来承担，约占总剪力的95%～97%，并且腹板上的最大切应力与最小切应力相差不大，可近似地认为腹板上的切应力是均匀分布的，即：

$$\tau=\frac{F_S}{hd} \tag{7.22}$$

式中：h 为腹板高度；d 为腹板厚度。

在翼缘上，剪应力的情况比较复杂，既有与剪力平行的切应力分量，也有与翼缘长边平行的切应力分量，但与腹板上的切应力比较，数值很小，所以在一般情况下不予考虑。

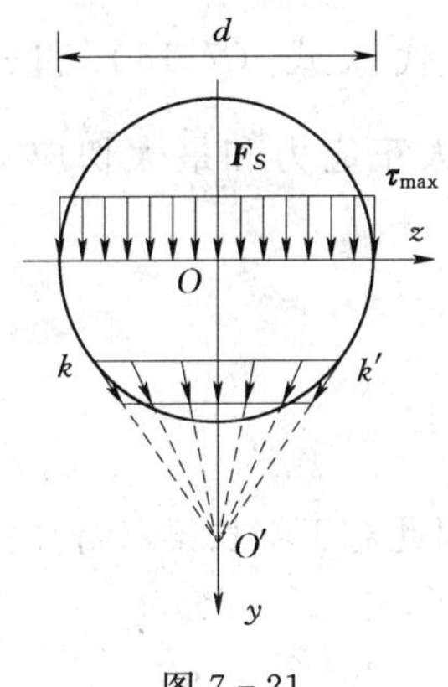

图 7-21

3. 圆形截面梁

对于如图 7-21 所示的圆形截面梁，由切应力互等定理可知，在截面边缘上各点处切应力τ的方向必与圆周相切，而在与对称轴y相交的各点处，由于剪力、截面图形和材料均对称于y轴，因此，其切应力必沿y方向。为此，可以假设：①沿宽度kk'上各点处的切应力均汇交于O'点；②各点处切应力沿y轴方向的分量沿宽度相等。根据上述假设，即可应用式（7.17）求出截面上距中性轴为同一高度y处切应力沿y轴方向的分量，然后按所在点处切应力方向与y轴间的夹角，求出该点处的切应力。

圆截面的最大切应力仍在中性轴上各点处。由于在中性轴两端处切应力的方向均与圆周相切，且与外力所在平面平行，故中性轴上各点处的切应力方向均与外力所在平面平行，且中性轴上各点处切应力相等。于是，仿照推导矩形截面弯曲切应力公式的方法，得圆截面上的最大弯曲切应力为：

$$\tau_{max}=\frac{4F_S}{3A} \tag{7.23}$$

式中：A 为圆截面面积。

可见，圆截面梁横截面的最大切应力为平均切应力的 4/3 倍。

4. 薄壁环形截面梁

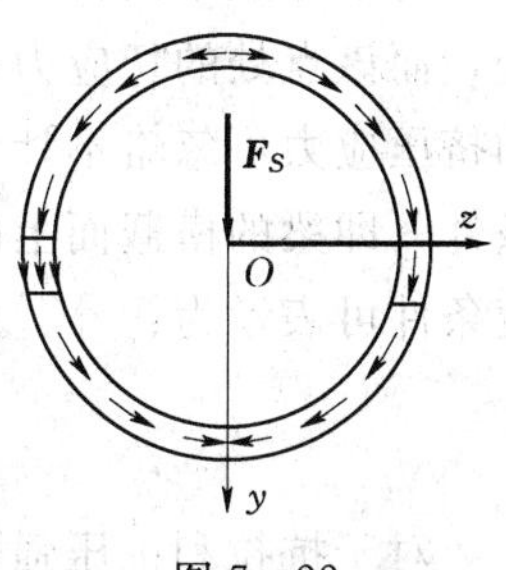

图 7-22

如图 7-22 所示薄壁环形截面，环壁厚度为t，环的平均半径为r_0。由于t与r_0相比很小，故可假设：①横截面上切应力的大小沿壁厚无变化；②切应力的方向与圆周相切。由于y轴为对称轴，从对称关系可知，y轴两侧各点处的切应力分布与y轴对称，且横截面与y轴相交的各点处的切应力为零。

对于圆环形截面，其最大切应力仍发生在中性轴上，其值为：

$$\tau_{max}=2\frac{F_S}{A} \tag{7.24}$$

$$A=2\pi r_0 t$$

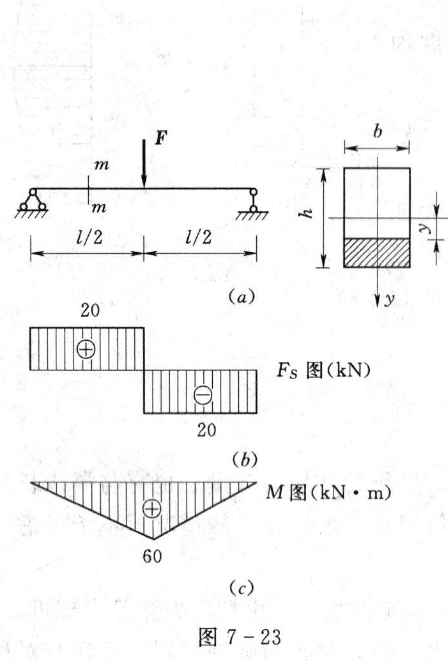

图 7-23

式中：A 为圆环截面的面积。

可见，薄壁圆环形截面梁其横截面上的最大切应力为平均切应力的 2 倍。

【例 7-8】 矩形截面简支梁在跨中受集中力 $F=40\text{kN}$ 的作用，如图 7-23（a）所示。已知 $l=6\text{m}$，$b=100\text{mm}$，$h=200\text{mm}$。试比较梁中的最大正应力和最大切应力。

解：先作出梁的剪力图和弯矩图，分别如图 7-23（b）、（c）所示，有

$$F_{S\max}=\frac{F}{2},\quad M_{\max}=\frac{Fl}{4}$$

将 $A=bh$，$W_z=\dfrac{bh^2}{6}$ 代入式（7.16）和式（7.19）可知梁中的最大正应力和最大切应力之比为：

$$\frac{\sigma_{max}}{\tau_{max}}=\frac{\dfrac{M_{max}}{W_z}}{\dfrac{3F_{S\max}}{2A}}=\frac{\dfrac{Fl}{4}\cdot\dfrac{6}{bh^2}}{\dfrac{3}{2}\cdot\dfrac{F}{2bh}}=\frac{2l}{h}=\frac{2\times 6}{0.2}=60$$

由此可以看出，梁中的最大正应力比最大切应力要大得多。因此对于细长梁（跨高比 $l/h>5$），在校核梁的强度时，通常忽略剪力的影响。

7.4　梁　的　强　度

7.4.1　梁的正应力强度计算

一般情况，构件内最容易发生破坏的截面称为危险截面，把危险截面上最易发生破坏的那些点称为危险点。

对于等直梁而言，其最大弯曲正应力发生在最大弯矩所在截面上距中性轴最远的各点处，而该点处的切应力等于零或与该点的正应力相比很小。此外，纵截面上由横向力引起的挤压应力可忽略不计。因此，可仿照轴向拉（压）时的强度条件来建立梁的正应力强度条件，即梁的横截面上的最大正应力不得超过材料的许用应力。因此，梁弯曲时正应力强度条件可表示为：

$$\sigma_{max}=\frac{M_{max}}{W_z}\leqslant[\sigma] \tag{7.25}$$

对于抗拉和抗压强度相同的材料，如低碳钢，只要绝对值最大的正应力不超过许用应

力［σ］即可。对抗拉和抗压强度不等的材料，如铸铁，则分别要求最大拉应力和最大压应力不超过材料的许用拉应力［σ_t］和许用压应力［σ_c］。

对不等截面梁需根据梁的弯矩变化情况和截面的几何性质综合考虑确定，其正应力强度条件可以表示为：

$$\sigma_{\max}=\left[\frac{M(x)}{W_z(x)}\right]_{\max}\leqslant[\sigma] \tag{7.26}$$

7.4.2 梁的剪应力强度计算

梁除了应满足正应力强度外，还需要满足剪应力强度要求。对于横力弯曲的等直梁，在剪力最大横截面上的中性轴处，通常产生最大剪应力。因为梁的中性轴处各点的正应力为零，因此中性轴处各点的应力状态为纯剪应力状态，可以依照纯剪切时的强度条件建立梁的剪应力强度条件为：

$$\tau_{\max}=\frac{F_{S\max}S_{z\max}^{*}}{I_z b}\leqslant[\tau] \tag{7.27}$$

式中：$F_{S\max}$为全梁的最大剪力；$S_{z\max}^{*}$为中性轴任一侧的半个横截面面积对中性轴的静矩；b为横截面在中性轴处的宽度；I_z 为整个横截面对中性轴的惯性矩；［τ］为材料在横力弯曲时的许用切应力，其值在有关设计规范中有具体规定。

一般说来，在进行梁的弯曲强度计算时，除应满足弯曲正应力强度条件外，还应满足切应力强度条件。在实际工程中，通常是先按正应力强度条件来选择截面尺寸，再按切应力强度条件进行校核。对于细长梁，如果满足正应力强度条件，一般都能满足切应力强度条件，一般可以不再进行切应力强度校核。只有在下述一些情况下，必须进行切应力强度校核：

（1）梁的跨度较小或者在支座附近作用较大的荷载，梁内弯矩较小而剪力很大时。

（2）铆接或焊接的组合截面梁，如工字形截面，槽形截面等，若腹板较薄且高度很大，致使厚度与高度的比值小于型钢的相应比值，腹板上产生较大的剪应力。

（3）木梁。由于木材的顺纹抗剪能力很差，当截面上切应力很大时，木梁可能沿中性层发生剪切破坏。

根据梁的正应力和切应力强度条件，可以解决梁的强度校核、选择截面尺寸和确定许用荷载三类工程强度设计问题。下面举例说明梁的强度问题。

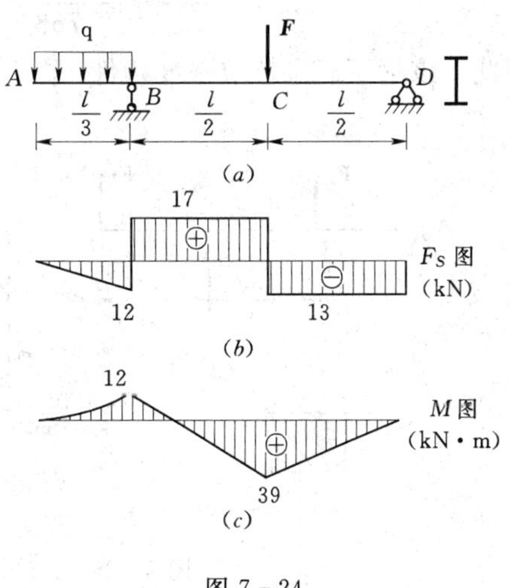

图 7-24

【例 7-9】 一外伸工字型钢梁，工字钢的型号为 No22a，梁上荷载如图 7-24（a）所示。已知 $l=6\text{m}$，$F=30\text{kN}$，$q=6\text{kN/m}$，［σ］$=170\text{MPa}$，［τ］$=100\text{MPa}$，校核此梁是否安全。

解： 作梁的内力图如图 7-24（b）、（c）所示，最大剪力 $F_{S\max}=17\text{kN}$ 和最大弯矩 $M_{\max}=39\text{kN}\cdot\text{m}$。

由型钢表查得有关数据 $b=0.75\text{cm}$，$I_z/S_{z\max}^{*}=18.9\text{cm}$，$W_z=309\text{cm}^3$。

分别校核梁的正应力强度和切应力强度。

$$\sigma_{\max}=\frac{M_{\max}}{W_z}=\frac{39\times10^6}{309\times10^3}=126(\text{MPa})<[\sigma]=170\text{MPa}$$

$$\tau_{\max}=\frac{F_{S\max}S_{z\max}^*}{I_z b}=\frac{17\times10^3}{18.9\times10\times7.5}=12(\text{MPa})<[\tau]=100\text{MPa}$$

所以，梁是安全的。

【例 7-10】 某 T 形截面铸铁梁尺寸如图 7-25（*a*）、（*b*）所示。已知铸铁的许用拉应力 $[\sigma_t]=40\text{MPa}$，许用压应力 $[\sigma_c]=120\text{MPa}$，截面对中性轴的惯性 $I_z=763\times10^4\text{mm}^4$，$y_1=88\text{mm}$，$y_2=52\text{mm}$，$F_1=11.5\text{kN}$，$F_2=4.5\text{kN}$ 试校核梁的强度。

解：（1）求支座反力。

受力分析如图 7-25（*a*）所示，列平衡方程计算支座反力得 $F_A=3.75\text{kN}$，$F_B=12.75\text{kN}$。

（2）作 M 图，确定危险截面。

梁的 M 图如图 7-25（*c*）所示，B、C 两截面可能为危险截面，且有：

$$M_B=-4.5\text{kN}\cdot\text{m},M_C=3.75\text{kN}\cdot\text{m}$$

（3）强度校核。

材料的许用拉应力与许用压应力不相同，并且截面中性轴不是截面的对称轴，所以对 B、C 两截面分别进行校核。

B 截面上的最大拉应力：

$$\sigma_{t\max}=\frac{M_B y_2}{I_z}=\frac{4.5\times10^6\times52}{763\times10^4}=30.7(\text{MPa})<[\sigma_t]=40\text{MPa}$$

B 截面上的最大压应力：

$$\sigma_{c\max}=\frac{M_B y_1}{I_z}=\frac{4.5\times10^6\times88}{763\times10^4}=51.9(\text{MPa})<[\sigma_c]=120\text{MPa}$$

C 截面上为正弯矩，中性轴以上为受压区，中性轴以下为受拉区。由于 $y_2<y_1$，所以该截面上最大压应力数值小于最大拉应力数值，故该截面无需进行压应力校核。

C 截面上的最大拉应力为：

$$\sigma_{t\max}=\frac{M_c y_1}{I_z}=\frac{3.75\times10^6\times88}{763\times10^4}=43.3(\text{MPa})>[\sigma_t]=40\text{MPa}$$

因此，该梁不满足抗拉强度条件。

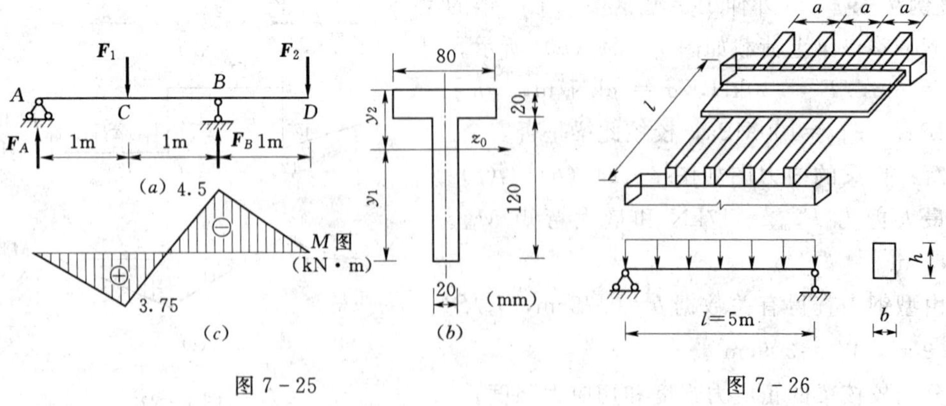

图 7-25　　　　图 7-26

【例 7－11】 矩形截面松木梁两端搁在墙上，承受由梁板传来的荷载作用如图 7－26所示。已知梁的间距 $a=1.2\text{m}$，两墙的间距为 $l=5\text{m}$，楼板承受面均布荷载作用，集度为 $p=3\text{kN/m}^2$，松木的弯曲许用应力 $[\sigma]=10\text{MPa}$。设 $h/b=1.5$，试选择梁的截面尺寸。

解：梁计算简图如图 7－26 所示荷载的线集度为：$q=\dfrac{pal}{l}=pa=3\times1.2=3.6\ (\text{kN/m})$

最大弯矩在跨中截面，其值为：

$$M_{\max}=\frac{1}{8}ql^2=\frac{1}{8}\times3.6\times5^2=11.25(\text{kN}\cdot\text{m})$$

按正应力强度条件选择截面尺寸。

$$h=1.5b$$

$$W_z=\frac{bh^2}{6}=\frac{b(1.5b)^2}{6}=0.375b^3$$

$$\sigma_{\max}=\frac{M_{\max}}{W_z}=\frac{M_{\max}}{0.375b^3}\leqslant[\sigma]$$

$$b\geqslant\sqrt[3]{\frac{M_{\max}}{0.375[\sigma]}}=\sqrt[3]{\frac{11.25\times10^6}{0.375\times10}}=144\ (\text{mm})$$

初选 $b=150\text{mm}$，$h=1.5b=225\text{mm}$。

该梁为木梁，须校核剪应力强度。在邻近支座的截面上有：

$$F_{S\max}=\frac{1}{2}ql=\frac{1}{2}\times3.6\times5=9(\text{kN})$$

$$\tau_{\max}=\frac{3}{2}\frac{F_{S\max}}{A}=\frac{3\times9\times10^3}{2\times150\times225}=0.4(\text{MPa})<[\tau]$$

剪切强度足够，故选定 $b=150\text{mm}$，$h=225\text{mm}$。

【例 7－12】 由三根木条胶合而成的悬臂梁截面尺寸如图 7－27 所示，单位为 mm，跨度 $l=1\text{m}$。若木材的许用弯曲正应力为 $[\sigma]=10\text{MPa}$，许用切应力为 $[\tau]=1\text{MPa}$，胶合面上的许用切应力为 $[\tau]_m=0.34\text{MPa}$，试求许可荷载 $[F]$。

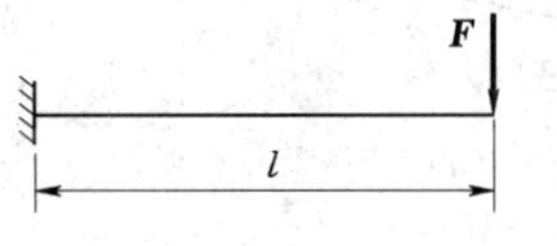

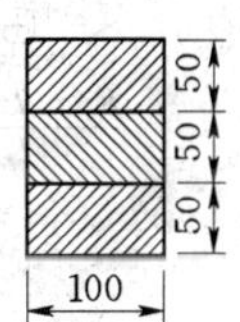

图 7－27

解：(1) 求最大剪力和最大弯矩。

$$F_{S\max}=F,\quad M_{\max}=Fl$$

(2) 由正应力强度条件求许可荷载 $[F]$。

$$\sigma_{\max}=\frac{M_{\max}}{W_z}=\frac{Fl}{\dfrac{bh^2}{6}}\leqslant[\sigma]$$

$$F\leqslant\frac{bh^2[\sigma]}{6l}=\frac{10\times10^6\times0.1\times0.15^2}{6\times1}=3.75(\text{kN})$$

(3) 由切应力强度条件求许可荷载 $[F]$。

$$\tau_{\max}=\frac{3F_{S\max}}{2A}=\frac{3F}{2bh}\leqslant[\tau]$$

$$F\leqslant=\frac{2bh[\tau]}{2}=\frac{2\times1\times10^6\times0.1\times0.15}{3}=10(\text{kN})$$

(4) 由胶合面上切应力强度条件求许可荷载 $[F]$。

$$\tau=\frac{F_{S\max}}{2I_z}\left(\frac{h^2}{4}-y^2\right)=\frac{F}{2\times\frac{bh^3}{12}}\left(\frac{h^2}{4}-y^2\right)\leqslant[\tau]_m$$

$$F\leqslant\frac{bh^3[\tau]_m}{6\left(\frac{h^2}{4}-y^2\right)}=\frac{0.34\times10^6\times0.1\times0.15}{6\times\left(\frac{0.15^2}{4}-0.025^2\right)}=3.825(\text{kN})$$

最后确定许可荷载为 $[F]=3.75\text{kN}$。

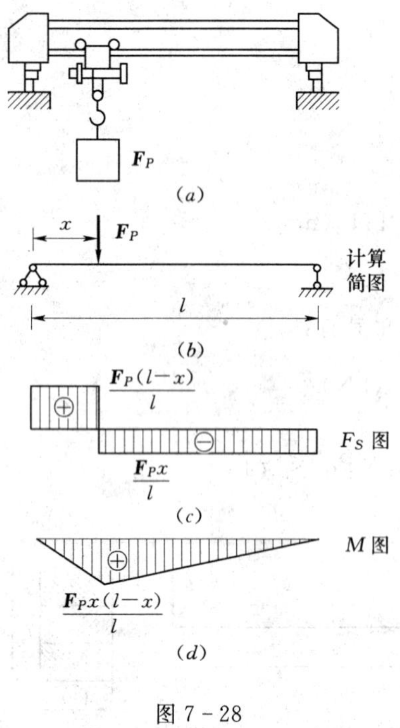

图 7-28

【例 7-13】 如图 7-28 (a) 所示简易吊车梁，最大起重量（包括电葫芦的自重）为 $F_P=30\text{kN}$，梁的跨度 $l=5\text{m}$，许用应力 $[\sigma]=160\text{MPa}$，$[\tau]=100\text{MPa}$，试选择该工字钢梁的型号。

解： 吊车梁为工字钢，属于细长薄壁截面梁，因此，应先用梁的正应力强度条件选择工字钢的型号，然后再用梁的剪应力强度条件进行校核。

(1) 求最大剪力和最大弯矩。

取吊车梁的计算简图如图 7-28 (b) 所示。设力 F_P 距离左端支座为 x，则作梁的剪力图和弯矩图分别如图 7-28 (c)、(d) 所示。利用数学知识可得当 $x=0$ 或 $x=l$ 时，即在梁的支座附近时，有最大剪力 $F_{S\max}=F_P$；当 $x=l/2$ 时，即在梁的跨中时，有最大弯矩 $M_{\max}=F_Pl/4$。

(2) 用正应力强度条件选择工字钢的型号。

由 $\sigma_{\max}=\frac{M_{\max}}{W_z}=\frac{\frac{F_Pl}{4}}{W_z}\leqslant[\sigma]$ 可得工字钢梁的抗弯截面模量为：

$$W_z\geqslant\frac{\frac{F_Pl}{4}}{[\sigma]}=\frac{\frac{1}{4}\times30\times5\times10^3}{160\times10^6}=237(\text{cm}^3)$$

查型钢表知，可选 20a 工字钢，其 $W_z=237\text{cm}^3$。

(3) 校核梁的剪应力强度。

查型钢表可知 20a 工字钢的腹板 $d=7\text{mm}$，$W_z/S_{z\max}^*=17.2\text{cm}$，代入剪应力强度条件，得：

$$\tau_{\max}=\frac{F_P}{\frac{I_z}{S_{z\max}^*}d}=\frac{130\times10^3}{17.2\times10\times7}=24.9(\text{MPa})<[\tau]$$

因此，选择 20a 工字钢是能够满足强度要求的。

7.4.3 提高梁的弯曲强度的措施

梁是工程中最常见的一种构件。在设计梁时，既要节省材料、减轻梁的自重，又要尽量提高梁的强度，来满足工程上既安全又经济的要求。由于弯曲正应力通常是控制梁强度的决定因素，这里主要从梁的正应力强度方面讨论提高强度的措施。

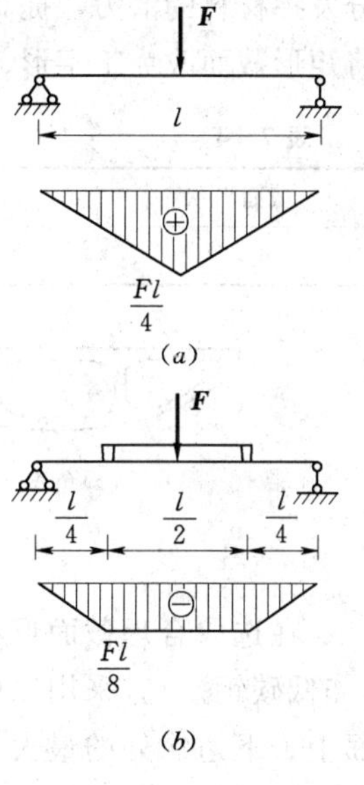

图 7-29

根据梁的正应力强度条件 $\sigma_{\max}=\dfrac{M_{\max}}{W_z}\leqslant[\sigma]$ 可以通过降低梁的最大弯矩、提高抗弯截面模量和选择许用应力较高的材料三个方面来提高梁的强度。许用应力与材料的力学性能和安全标准有关，而材料的选择和安全系数的确定涉及因素较多，所以在工程上提高梁的强度的措施一般主要考虑前两个方面。

1. 合理配置梁的荷载和支座

合理地配置梁上荷载，可降低梁的最大弯矩值。如图 7-29（*a*）所示简支梁跨中承受集中力 **F** 作用，梁的最大弯矩为$M_{\max}=Fl/4$。若采用一个辅梁，使集中力通过辅梁再作用到梁上，如图 7-29（*b*）所示，则梁的最大弯矩降低为 $M_{\max}=Fl/8$。

同理，合理安排支座位置，也可降低梁内的最大弯矩。如图 7-30（*a*）所示简支梁承受均布荷载 q 作用，其跨中最大弯矩 $M_{\max}=ql^2/8$。若将两端支座各向里移动 $0.2l$，如图 7-30（*b*）所示，则最大弯矩减小为 $M_{\max}=ql^2/40$，仅为前者的 1/5。

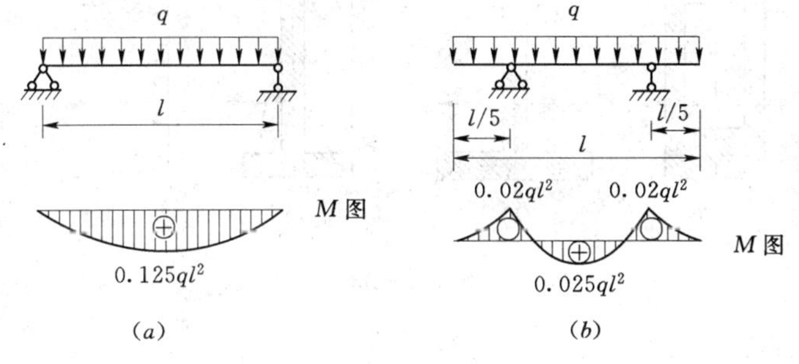

图 7-30

2. 合理选取梁的截面

当弯矩一定时，截面上的最大正应力与弯曲截面系数成反比，因此，增大弯曲截面系数 W 和减小截面面积 A，就能达到提高梁的强度和减轻自重的目的。所以，合理的截面形状，应该是截面的弯曲截面系数 W 与其面积 A 之比尽可能地大。例如对于截面高度 h 大于宽度 b 的矩形截面梁，如把它竖放比平放有较高的抗弯强度，如图 7-31 所示。

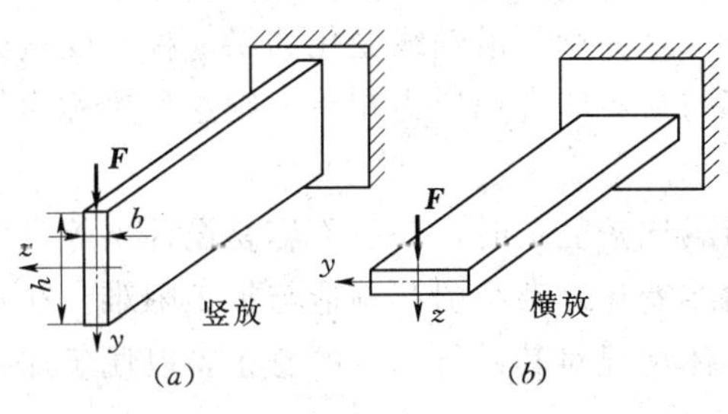

图 7-31

在表 7-4 中，列出了几种常用截面的 W_z 和 A 的比值。从表中所列数值看出，工字形截面或槽形截面比矩形截面经济合理，矩形截面比圆形截面经济合理。究其原因，是由于抗弯截面模量 W_z 与截面高度 h 的平方成正比。若将较多的材料分布到距中性轴较远处，就能充分发挥材料的潜力，提高梁的承载能力。因此，在工程中常将实心圆截面改为空心圆截面，将矩形截面改为工字形、箱形等，如图 7－32 给出了几种常用的箱形截面形式。

表 7－4　　几种截面的 W_z 与 A 的比值

截面形状	圆形	矩形	槽钢	工字钢
W_z/A	$0.125d$	$0.167h$	$(0.27\sim0.31)h$	$(0.27\sim0.31)h$

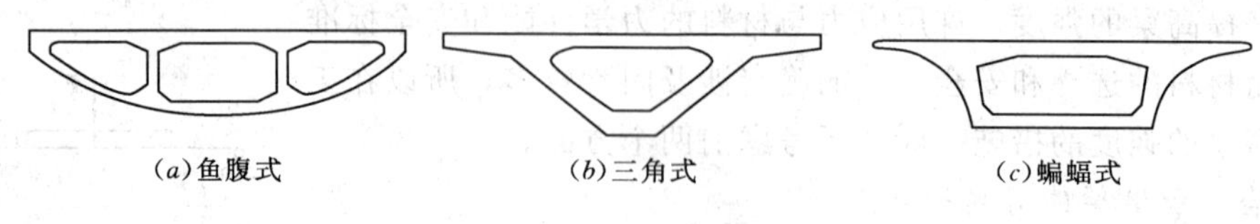

(a)鱼腹式　　(b)三角式　　(c)蝙蝠式

图 7－32

在选取合理截面形状时，还应考虑材料的特性。对抗拉和抗压强度相等的塑性材料(如低碳钢)，宜采用以中性轴为其对称轴的截面，如圆形、矩形、工字形等，这样可使截面上、下边缘处的最大拉（压）应力相等，且同时接近许用应力。对抗拉和抗压强度不等的脆性材料（如铸铁），宜采用 T 形等（图 7－33）对中性轴不对称的截面，并将翼缘部分置于受拉侧。对于这类截面，应使梁内最大拉应力接近许用拉应力，最大压应力接近许用压应力，就能充分利用材料的特性。

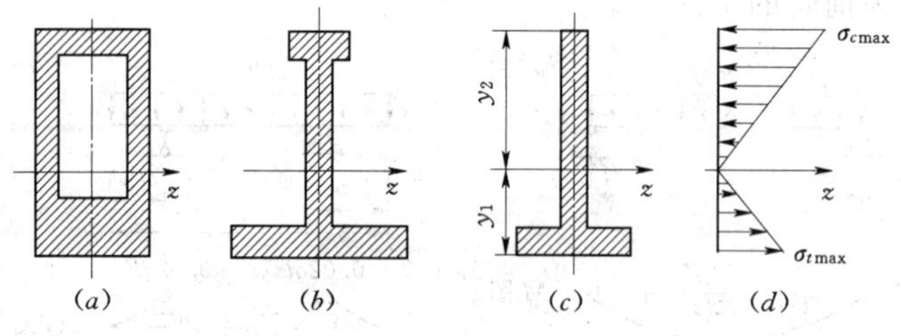

(a)　　(b)　　(c)　　(d)

图 7－33

3. 采用变截面梁

一般情况下，不同截面上的弯矩值是不同的。只有在弯矩最大的截面上，最大应力才有可能接近许用应力。其余各截面上弯矩较小，应力也就较低，材料没有充分利用。为了节约材料，减轻自重，可改变截面尺寸，使弯曲截面系数随弯矩而变化。即在弯矩较大处采用较大截面，而在弯矩较小处，采用较小截面。这种截面沿轴线变化的梁，称为变截面梁。若使变截面梁每个横截面上的最大正应力都与材料的许用应力相等，则这种梁称为等强度梁。

等强度梁虽然有节约材料的优点，但在外荷载比较复杂时，一般不容易设计出等强度梁或者理论上存在等强度梁的外形。这是因为曲线变化复杂会引起制造与加工困难。在工程实际中，通常用等强度梁的设计思想，结合具体情况对其进行一定的修正，以便于加工制造和施工，如图 7－34 所示。

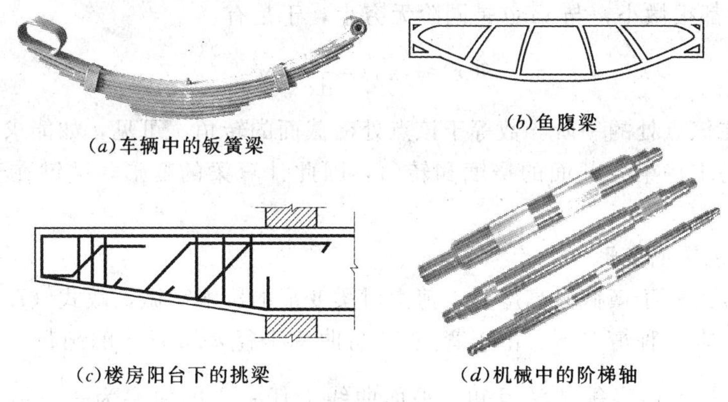
(a)车辆中的钣簧梁　(b)鱼腹梁　(c)楼房阳台下的挑梁　(d)机械中的阶梯轴

图 7-34

以上主要是从弯曲强度的角度来考虑的，但在实际工程中，设计一个构件时，还应考虑刚度、稳定性以及施工、制造、安装等方面的要求，经综合考虑比较后，再正确地选用具体措施。例如，上面说过矩形截面梁竖放要比平放好，增大截面高度，减小截面宽度，保持 A 不变，使 W_z/A 增加，从而增大梁的抗弯能力，但若梁的截面设计得过高过窄，则可能使梁在不大的外力作用下，出现侧向翘曲而失稳破坏。又如木梁的截面多为矩形或圆形比较切合实际，没有必要片面追求工字形和空心圆形，否则反而会造成材料的浪费和加工制造的麻烦。

7.5 梁的变形与刚度

7.5.1 梁的挠度与转角

在线弹性小变形条件下，如果作用在梁上的外力均位于梁的同一纵向对称面内、且垂直于梁轴线，则变形后的轴线为一条光滑连续的平面曲线，并位于该对称面内，这条曲线称为梁的挠曲线，如图 7-35 所示。

细长梁的变形主要与弯矩有关，剪力对其变形的影响很小，一般可忽略不计，当梁发生弯曲变形时，仍可假定各横截面保持平面，且与变弯后的梁轴正交，绕中性轴转动，因此，梁的变形可用横截面形心的线位移及截面的角位移描述。

在小变形情况下，梁轴线上各点在梁变形后沿轴线方向的位移（水平位移）可以证明是横向位移的高阶小量，因而可以忽略不计。梁轴线上某点在梁变形后沿竖直方向的位移（横向位移）称为该点的挠度，并用 y 表示，以向下为正。不同截面的挠度一般不同，所以挠度是截面位置 x 的函数，称为挠曲线方程，有：

$$y=y(x) \tag{7.28}$$

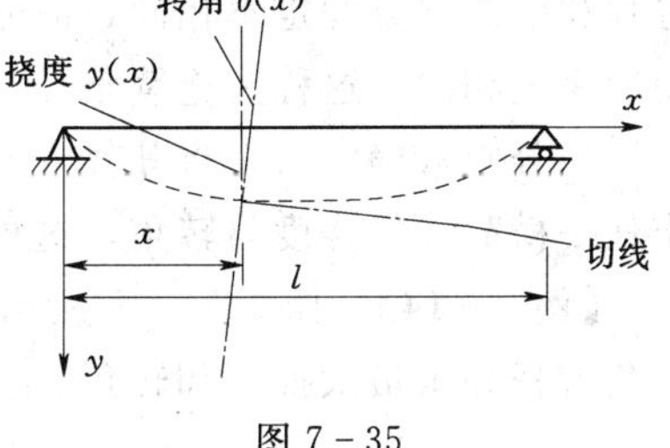

图 7-35

横截面绕形心轴的角位移称为转角，用 θ 表示，以顺时针转向为正。如上所述，由于忽略剪力对变形的影响，梁弯曲时横截面仍保持平面并与挠曲线正交，因此，任一横截面的转角 θ 也等于挠曲线在该截面处的切线与 x 轴的夹角，如图 7-35 所示。在工程实际中，θ 一般都很微小，与 $\tan\theta$ 是同阶无穷小，于是有：

$$\theta(x)\approx\tan\theta=\frac{\mathrm{d}y}{\mathrm{d}x}=y' \tag{7.29}$$

即挠曲线方程在该点处的一阶导数等于该点处横截面的转角。可见，如能求得梁的挠曲线方程，就很容易求得梁各截面的挠度和转角，因此计算梁的变形，关键在于确定挠曲线方程。

7.5.2　积分法求梁的变形

当梁的跨度远大于横截面高度时，剪力对梁变形的影响甚微，故式（7.12）也可用于一般横力弯曲。在这种情况下，由于弯矩 M 与曲率半径 ρ 均为 x 的函数. 式（7.12）可变为 $\frac{1}{\rho(x)}=\frac{M(x)}{EI}$，由高等数学可知，平面曲线上任一点的曲率为 $\frac{1}{\rho(x)}=\pm\frac{y''}{[1+y'^2]^{\frac{3}{2}}}$。由于梁的变形是小变形，其转角 $\theta(x)=y'(x)\ll 1$，所以，挠曲线的曲率公式可近似为 $\frac{1}{\rho(x)}=\pm y''$，所以有：

$$y''=\pm\frac{M(x)}{EI} \tag{7.30}$$

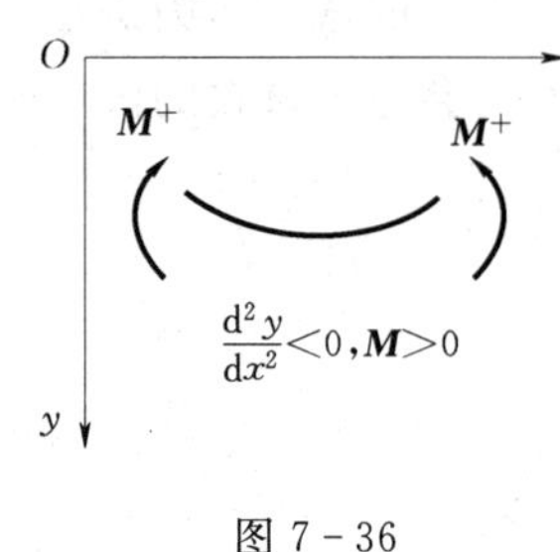

图 7-36

式（7.30）称为挠曲线近似微分方程，是一个二阶线性常微分方程。至于其中的正负号问题可由如图 7-36 所示来确定。当梁段承受正弯矩时，挠曲线下凸，y''为负；反过来，当梁段承受负弯矩时，挠曲线上凸，y''为正，即弯矩 M 与 y''异号，故挠曲轴近似微分方程为：

$$y''=-\frac{M(x)}{EI} \tag{7.31}$$

将挠曲线近似微分方程式（7.31）积分两次，得：

$$\begin{cases}\theta(x)=-\int\frac{M(x)}{EI}\mathrm{d}x+C\\ y(x)=-\int\left[\int\frac{M(x)}{EI}\mathrm{d}x\right]\mathrm{d}x+Cx+D\end{cases} \tag{7.32}$$

式中，C 与 D 为积分常数，由梁的位移边界条件确定。

位移边界条件是指梁上某些截面的位移特征，分为约束条件和连续条件，是指梁上某些截面的位移特征。例如，在固定端处截面的挠度与转角均为零，即 $y=0$，$\theta=0$，在铰支座处横截面的挠度为零，即 $y=0$，这称为约束条件。当梁上的外力将梁分为数段时，各段梁的弯矩方程不同，因而梁的挠曲线近似微分方程也需分段列出，各相应段梁的转角方程和挠曲线方程也不相同，但分段交界处挠曲线相应满足的光滑连续条件，其挠度与转角应完全相同，这称为连续条件。

积分常数确定后，将其代入式（7.32）即得到梁的挠曲线方程和转角方程，由此可求出任一横截面的挠度与转角，这种求梁的变形的方法称为积分法。

【例 7-14】　如图 7-37 所示简支梁 AB 受集中力 $\boldsymbol{F}$ 作用，试求该梁的挠曲线方程和转角方程并求最大挠度和转角。

解：(1) 求反力并列梁的弯矩方程。

$$F_A=\frac{b}{l}F, F_B=\frac{a}{l}F$$

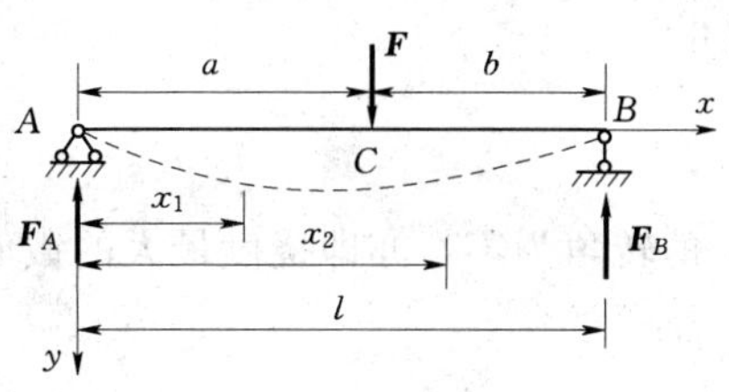

图 7-37

分两段列出梁的弯矩方程为：

AC 段：$M_1(x_1)=\frac{b}{l}Fx_1, (0\leqslant x_1\leqslant a)$

CB 段：$M_2(x_2)=\frac{b}{l}Fx_2-F(x_2-a), (a\leqslant x_2\leqslant l)$

(2) 列出挠曲线近似微分方程并积分。

将 AC 和 CB 两段的挠曲线近似微分方程及积分结果见表 7-5。

表 7-5　AC 和 CB 段挠曲线近似微分方程及积分结果

AC 段 $(0\leqslant x_1\leqslant a)$	CB 段 $(a\leqslant x_2\leqslant l)$
$EIy_1''=-\frac{Fb}{l}x_1$	$EIy''_2=-\frac{Fb}{l}x_2+F(x_2-a)$
$EIy_1'=-\frac{Fb}{2l}x_1^2+C_1$	$EIy_2'=-\frac{Fb}{2l}x_2^2+\frac{F}{2}(x_2-a)^2+C_2$
$EIy_1''=-\frac{Fb}{6l}x_1^3+C_1x_1+D_1$	$EIy_2=-\frac{Fb}{6l}x_2^3+\frac{F}{6}(x_2-a)^3+C_2x_2+D_2$

在 CB 梁段，对含有 (x_2-a) 的项积分时，就以 (x_2-a) 作为自变量进行积分，这样可以使确定积分常数的计算得到简化。

(3) 确定积分常数。积分出现的 4 个积分常数 C_1、D_1 和 C_2、D_2，需要四个条件来确定。梁在 A、B 两端的边界条件为 $x_1=0$ 时，$y_1=0$；$x_2=l$ 时，$y_2=0$。挠曲线在 C 截面的连续条件为当 $x_1=x_2=a$ 时，$\theta_1=\theta_2$，$y_1=y_2$。将其代入即可解得：

$$D_1=D_2=0,\quad C_1=C_2=\frac{Fb}{6l}(l^2-b^2)$$

梁 AC 和 CB 两段的转角方程和挠曲线方程见表 7-6。

表 7-6　AC 段和 CB 段的转角方程和挠曲线方程

AC 段　$0\leqslant x_1\leqslant a$	CB 段 $a\leqslant x_2\leqslant l$
$\theta_1(x_1)=\frac{Fb}{6EIl}(l^2-b^2-3x_1{}^2)$	$\theta_2(x_2)=\frac{Fb}{6EIl}\left[(l^2-b^2-3x_1{}^2)+\frac{3l}{b}(x_2-a)^2\right]$
$y_1(x_1)=\frac{Fbx_1}{6EIl}(l^2-b^2-x_1{}^2)$	$y_2(x_2)=\frac{Fb}{6EIl}\left[(l^2-b^2-x_2{}^2)+\frac{l}{b}(x_2-a)^3\right]$

(4) 求梁的最大挠度和转角。在梁的左、右端截面的转角分别为：

$$\theta_A=\frac{Fab(l+b)}{6EIl}, \theta_B=-\frac{Fab(l+a)}{6EIl}$$

当 $a>b$ 时，可以断定 θ_B 为最大转角，且 AC 段内必有一截面转角为零。为此，令 $\theta_1(x_1)=0$，即：

$$\frac{Fb}{6EIl}(l^2-b^2-3x_0{}^2)=0$$

解得：

$$x_0=\sqrt{\frac{l^2-b^2}{3}}$$

x_0 的转角为零，亦即挠度最大的截面位置。由 AC 段的挠曲线方程可求得 AB 梁的最大挠度为：

$$y_{\max}=\frac{Fb}{9\sqrt{3}EIl}\sqrt{(l^2-b^2)}$$

7.5.3　叠加法求梁的变形

积分法是求梁变形的一种基本方法，但在工程实际中，只需求出个别特定截面的挠度或转角时，积分法就显得过于繁琐。这种情况下，可以用叠加法。研究表明，在小变形条件下，当梁内应力不超过比例极限时，梁的变形与荷载成线性关系。当梁上同时作用几个荷载时，可分别求出每一荷载单独作用所产生的变形，叠加后即为所有荷载共同作用时产生的变形，这就是计算梁变形的叠加法。

为此，用积分法求得梁在某些简单荷载作用下的变形，并将结果列入附录Ⅲ。利用这个表，使用叠加原理可以比较方便地解决一些弯曲变形问题。

【例 7－15】　如图 7－38（a）所示一简支梁，受均布荷载 q 及集中力 $\boldsymbol{F}$ 作用。已知抗弯刚度为 EI_z，$\boldsymbol{F}=ql$，试用叠加法求梁 C 点的挠度。

解：把梁所受荷载分解为只受均布荷载 q 及只受集中力 $\boldsymbol{F}$ 的两种情况，如图 7－38（b）、（c）所示。

均布荷载 q 引起的 C 点挠度为：

$$y_{C_q}=\frac{5ql^4}{384EI_z}$$

集中力 $\boldsymbol{F}$ 引起的 C 点挠度为：

$$y_{CF}=-\frac{Fl^3}{48EI_z}=\frac{ql^4}{48EI_z}$$

梁在 C 点的挠度等于以上两挠度的代数和，即：

$$y_C=y_{C_q}+y_{CF}=\frac{5ql^4}{384EI_z}+\frac{ql^4}{48EI_z}=\frac{13ql^4}{384EI_z}$$

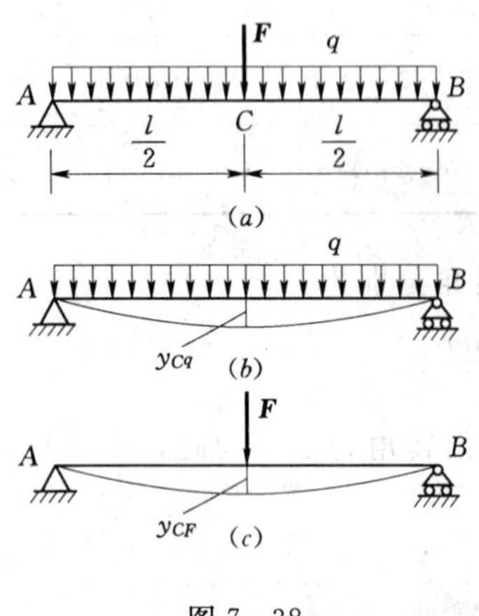

图 7－38

【例 7－16】　如图 7－39（a）所示的外伸梁，在其外伸端受集中力 $\boldsymbol{F}$ 作用，已知梁的抗弯刚度 EI_z 为常数。试求外伸端 C 的挠度和转角。

解：在荷载 $\boldsymbol{F}$ 的作用下，全梁均产生弯曲变形。变形在 C 点引起的转角和挠度，不仅与 BC 段的变形有关，而且与 AB 段的变形也有关。为此，欲求 C 处的转角和挠度，可先分别求出这两段梁的变形在 C 点引起的转角和挠度，然后将其叠加，求其代数和。

（1）只考虑 BC 段变形。

令 AB 段不变形，在这种情况下，由于挠曲线的光滑连续，B 截面既不允许产生挠度，也不能出现转角。此时

BC 段可视为悬臂梁，如图 7－39（b）所示。在集中力 $\boldsymbol{F}$ 的作用下，C 点的转角和挠度可由附录Ⅲ查得。

$$\theta_{C1}=\frac{Fa^2}{2EI_z},\quad y_{C1}=\frac{Fa^3}{3EI_z}$$

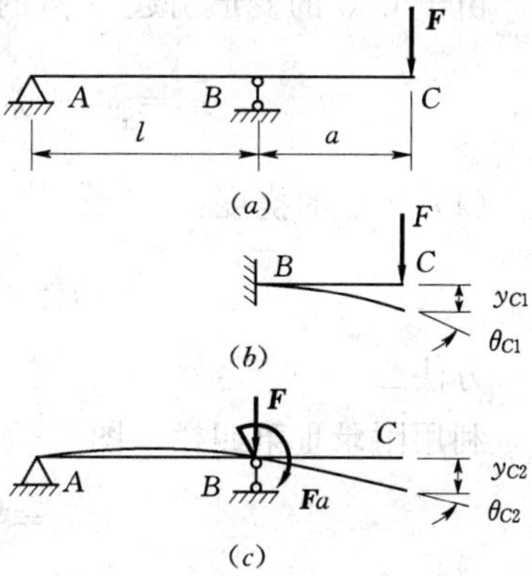

（2）只考虑 AB 段变形。

此时 BC 段不变形，由于 C 点的集中力 F 作用，使 AB 段引起变形，与将 F 向 B 点简化为一个集中力 $\boldsymbol{F}$ 和一个集中力偶 Fa，如图 7－39（c）所示，使 AB 段引起的变形是完全相同的。这样，只需讨论图 7－39（c）所示梁的变形即可。由于 B 点处的集中力直接作用在支座 B 上，不引起 AB 梁的变形，因此，只需讨论集中力偶 Fa 对 AB 梁的作用。由附录Ⅲ查得：

$$\theta_B=\frac{Fal}{3EI_z}$$

图 7－39

该转角在 C 点处引起转角和挠度，其值分别为：

$$\theta_{C2}=\theta_B=\frac{Fal}{3EI_z}$$

$$y_{C2}=a\tan\theta_B\approx a\theta_B=\frac{Fa^2l}{3EI_z}$$

（3）梁在 C 点处的挠度和转角。

由叠加法得：

$$\theta_C=\theta_{C1}+\theta_{C2}=\frac{Fa^2}{2EI_z}+\frac{Fal}{3EI_z}=\frac{Fa^2}{2EI_z}(1+\frac{2}{3}\frac{l}{a})$$

$$y_C=y_{C1}+y_{C2}=\frac{Fa^3}{3EI_z}+\frac{Fa^2l}{3EI_z}=\frac{Fa^2}{3EI_z}(a+l)$$

【例 7－17】 如图 7－40（a）所示悬臂梁，抗弯刚度为 EI_z，求自由端 B 的挠度。

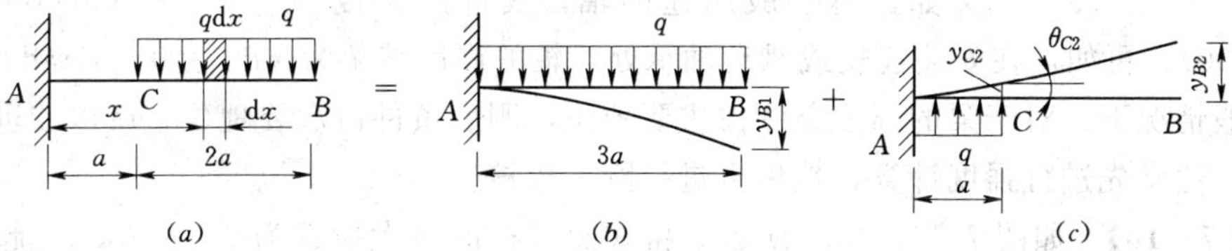

图 7－40

解： 方法一

（1）将如图 7－40（a）所示的梁分解为图 7－40（b）、（c）两种形式的叠加。

（2）由附录Ⅲ查得图 7－40（b）中 B 点的挠度为：

$$y_{B1}=\frac{q(3a)^4}{8EI_z}=\frac{81qa^4}{8EI_z}$$

（3）由附录Ⅲ查得图 7－40（c）中 B 点的挠度与转角为：

$$y_{C2}=-\frac{qa^4}{8EI_z},\quad \theta_{C2}=-\frac{qa^3}{6EI_z}$$

由于 C 点的变形引起 B 点的挠度为：

$$y_{B2}=y_{C2}+\theta_{C2}\times 2a=-\frac{qa^4}{8EI_z}-\frac{qa^3}{6EI_z}\times 2a=-\frac{11qa^4}{24EI_z}$$

（4）B 点的挠度：

$$y_B=y_{B1}+y_{B2}=\frac{81qa^4}{8EI_z}-\frac{11qa^4}{24EI_z}=\frac{29qa^4}{3EI_z}$$

方法二

利用附录Ⅲ第四栏，图 7－40（a）中自由端 B 由微荷载 $\mathrm{d}F=q\mathrm{d}x$ 引起的挠度为：

$$\mathrm{d}y_B=\frac{\mathrm{d}Fx^2}{6EI_z}(9a-x)=\frac{qx^2}{6EI_z}(9a-x)\mathrm{d}x$$

根据叠加原理，在图 7－40（a）所示均布荷载作用下，自由端 B 的挠度应为 $\mathrm{d}y_B$ 的积分，即：

$$y_B=\frac{q}{6EI_z}\int_a^{3a}x^2(9a-x)\mathrm{d}x=\frac{29}{3}\frac{qa^4}{EI_z}$$

7.5.4　梁的刚度计算

工程上，对于弯曲构件，除了要满足强度条件外，还经常要满足刚度要求，对弯曲变形加以限制，所以在用强度条件设计梁的截面尺寸后，还必须进行刚度校核，刚度条件为：

$$y_{\max}\leqslant[y] \tag{7.33}$$

$$\theta_{\max}\leqslant[\theta] \tag{7.34}$$

式中：$[y]$ 为许用挠度；$[\theta]$ 为许用转角。

$[y]$、$[\theta]$ 值由具体工作条件确定，对不同变形要求的构件有不同的规定，可从相应的设计规范或手册中查得。例如，对跨度为 l 的桥式起重机梁，其许用挠度为 $[y]=(l/500)\sim(l/750)$；又如，对一般用途的轴，其许用挠度为 $[y]=(3l/10000)\sim(5l/10000)$；再如，在安装齿轮或滑动轴承处，轴的许用转角为 $[\theta]=0.001\text{rad}$。

一般情况下，对于梁的强度条件占主要地位，刚度条件占次要地位，所以在进行梁的设计时，通常先进行强度计算，然后再进行刚度校核。

【例 7－18】　如图 7－41（a）所示，桥式起重机的最大荷载为 $F_P=20\text{kN}$。起重机大梁为 32a 工字钢，$E=210\text{GPa}$，$l=8.7\text{m}$。规定 $[y]=l/500$，试在考虑工字梁的自重影响下校核大梁刚度。

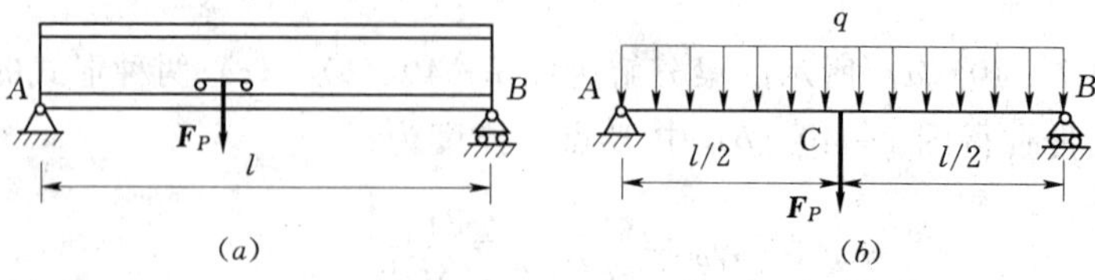

图 7－41

解：当起重机位于梁中央时，梁变形最大；计算简图如图 7-41（b）所示。

梁的最大挠度发生在 C 截面，可得：

$$y_C = y_{CF} + y_{Cq} = \frac{F_P l^3}{48EI_z} + \frac{5ql^4}{384EI_z}$$

查表得对于 32a 工字钢有 $I_z = 11100\text{cm}^4$，$q = 52.71\text{kg/m} = 516.6\text{N/m}$。

$$y_C = \frac{20\times10^3\times8.76^3}{48\times(210\times10^3)\times(11100\times10^{-8})} + \frac{5\times516.6\times8.76^4}{384\times(210\times10^3)\times(11100\times10^{-8})}$$

$$-13.7(\text{mm}) < [y] = \frac{1}{500} = 17.5\text{mm}$$

所以梁的刚度足够。

综上所述，梁的弯曲变形与梁的跨度、支承情况、梁截面的惯性矩，材料的弹性模量，梁上作用荷载的类别和分布情况有关。所以要提高梁的刚度，减小梁的变形，可以从以下几方面采取措施。

1. 减小梁的跨度，增加支承约束

从附录Ⅲ可知，外伸梁受集中力作用时，梁的挠度与跨度的三次方成正比。如将跨度减小一半，则挠度减为原来的 1/8。可见，减小梁的跨度，是提高弯曲刚度的有效措施。

工程上，为保证镗孔的精度要求，对如图 7-42 所示的镗刀杆的外伸长度都有一定的规定。在跨度不能减小的情况下，可采取增加支承的方法提高梁的刚度。例如前面提到的镗刀杆，若外伸部分过长，可在端部加装尾架，以减小镗刀杆的变形，提高加工精度。车削细长工件时，除用尾顶针外，有时还加用中心架或跟刀架，以减小工件的变形，提高加工精度，减小表面粗糙度。对较长的传动轴，有时采用三支承以提高轴的刚度。应该指出，为提高镗刀杆、细长工件和传动轴的弯曲刚度而增加支承，都将使这些杆件由原来的静定梁变为静不定梁。

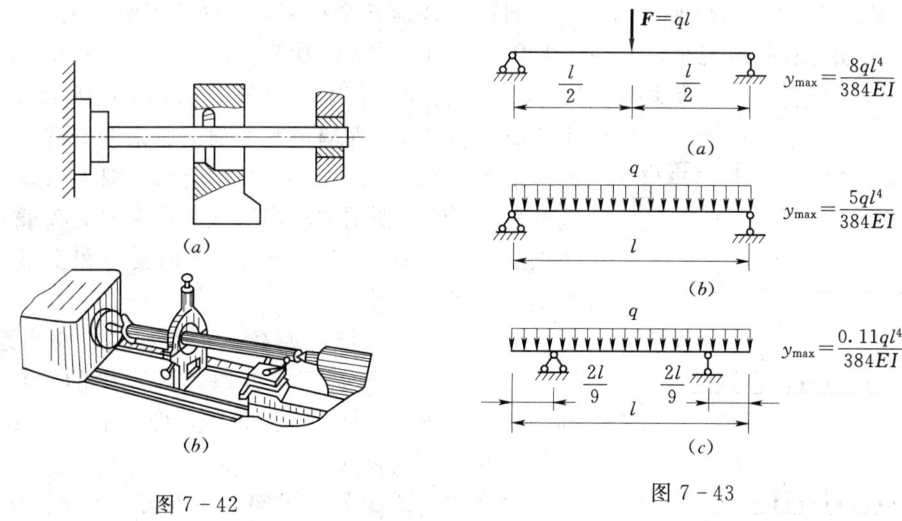

图 7-42

图 7-43

2. 调整加载方式，改善结构设计

通过调整加载方式，改善结构设计，来降低梁的弯矩值，也可以提高梁的弯曲刚度。

如图7-43（a）所示的简支梁，若将集中力分散成作用于全梁上的均布荷载，如图7-43（b）所示，则此时最大挠度仅为集中力F作用时的62.5%。如果将该简支梁的支座内移，改为外伸梁，如图7-43（c）所示，则梁的最大挠度进一步减小。

3. 增大截面惯性矩

各种不同形状的截面，尽管其截面面积相等，但惯性矩却并不一定相等。所以选取合理的截面形状，增大截面惯性矩的数值，也是提高弯曲刚度的有效措施。例如工字形、槽形和“T”形截面都比面积相等的矩形截面有更大的惯性矩。

所以起重机大梁一般采用工字形或箱形截面，而机器的箱体采用加筋的办法提高箱壁的抗弯刚度，却不采取增加壁厚的方法。一般来说，提高截面惯性矩I的数值，往往也同时提高了梁的强度。不过，在强度问题中，更准确地说，是提高弯矩较大的局部范围内的抗弯截面模量。而弯曲变形与全长内各部分的刚度都有关系，往往要考虑提高杆件全长的弯曲刚度。

最后指出，弯曲变形还与材料的弹性模量E有关。对于E值不同的材料来说，E值越大弯曲变形越小。因为各种钢材的弹性模量E大致相同，所以为提高弯曲刚度而采用高强度钢材，并不会达到预期的效果。

7.5.5　简单静不定梁

前面所讨论的梁，其约束反力都可以通过静力学平衡方程求得，这样的梁称为静定梁。在工程实际中，有时为了提高梁的强度和刚度，或者因构造上的需要，除了维持其平衡所必需的约束之外，还需增加约束，这就是静不定梁。

求解静不定梁的方法不止一种，这里介绍一种比较简单的方法——变形比较法。与第5章中讲过的拉压静不定问题类似，为了求解静不定梁，除建立平衡方程外，还应利用变形协调条件及力与位移间的物理关系建立变形补充方程。下面举例说明变形比较法的基本步骤。

【例7-19】 求如图7-44（a）所示梁中（弯曲刚度为EI）可动铰支座B处的约束反力。

解： 在图7-44（a）所示的梁中，固定端A有三个约束，可动铰支座B有一个约束，而独立的平衡方程只有三个，有一个多余约束力，故为一次静不定梁。

将支座B视为多余约束去掉后，得到一个静定悬臂梁，如图7-44（b）所示，称为基本系统或静定基。在静定基上加上原来的荷载q和未知的多余反力F_B，如图7-44（c）所示，则为原静不定系统的相当系统。所谓“相当”就是指在原有荷载q及多余支反力F_B的作用下，相当系统的受力和变形与原静不定系统完全相同。

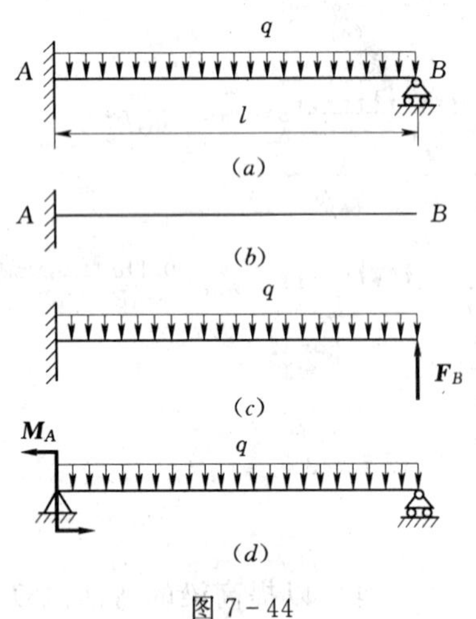

图7-44

为了使相当系统与原静不定梁相同，相当系统在多余约束处的变形必须符合原静不定梁的约束条件，即满足变形协调条件。在此例中，即要求$y_B=0$，这就是梁的变形协调条件。

由叠加法或积分法可知，在外力q和F_B作用下，相当系统截面B的挠度为

$$y_B=\frac{F_Bl^3}{3EI_z}-\frac{ql^4}{8EI_z}$$

解出：

$$F_B=\frac{3ql}{8}$$

解得 F_B 为正号，表示未知力的方向与图中所设方向一致，解得静不定梁的多余约束力 F_B 后，其余内力、应力及变形的计算与静定梁完全相同。

上面的解题方法关键是比较基本静定系与原静不定系统在多余约束处的变形，由此写出变形协调条件。因此，称为变形比较法。

应该指出，只要不是维持梁的平衡所必需的约束均可作为多余约束。所以，对于如图 7-44（a）所示的静不定梁来说，也可将固定端处限制 A 截面转动的约束作为多余约束。这样，如果将该约束解除，并以多余支反力偶 M_A 代替其作用，则原梁的基本静定系如图 7-44（d）所示。而相应的变形协调条件是截面 A 的转角为零，即 $\theta_A=0$，由此求得的支反力与上述解答完全相同。

思 考 题

7-1 什么是平面弯曲？其受力和变形特点如何？

7-2 平面弯曲时横截面上的内力情况如何？怎样作内力图？

7-3 弯矩、剪力和荷载集度之间的微分关系是什么？积分关系是什么？

7-4 应用叠加原理的条件是什么？分段叠加法有什么优点和缺点？

7-5 用截面法计算梁截面上的内力时，下列说法是否正确？为什么？

（1）在截面的任一侧，向上的集中力产生正的剪力，向下的集中力产生负的剪力。

（2）在截面的任一侧，顺时针转向的集中力偶产生正弯矩，逆时针转向的集中力偶产生负弯矩。

7-6 判断下列说法是否正确。

（1）如思考题 7-6 图（a）所示悬臂梁 B 截面处，剪力图发生突变，弯矩图连续而不光滑。

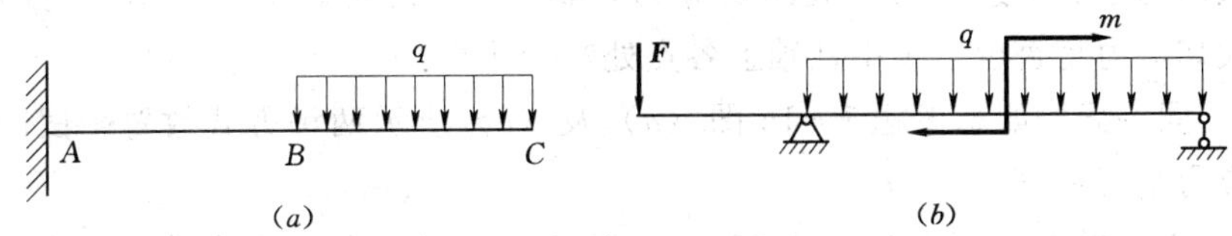

思考题 7-6 图

（2）如思考题 7-6 图（b）所示外伸梁中，当力偶的位置改变时，支座反力发生变化，所以，剪力图和弯矩图也将发生变化。

7-7 什么是纯弯曲？为什么要研究纯弯曲？

7-8 在建立纯弯曲正应力公式时，做了哪些假设？根据是什么？这些假设在建立公式的过程中起了什么作用？

7-9 什么是中性层？什么是中性轴？两者有什么区别和联系？如何确定中性轴的位置？

7-10　弯曲正应力在横截面上如何分布？中性轴位于何处？如何计算最大弯曲正应力？弯曲正应力的正负号又如何确定？

7-11　梁在纯弯曲时正应力计算公式的使用范围是什么？在什么条件下可推广到横力弯曲？

7-12　若承受正弯矩的梁发生平面弯曲，试绘出思考题7-12图中各截面上正应力的分布规律。

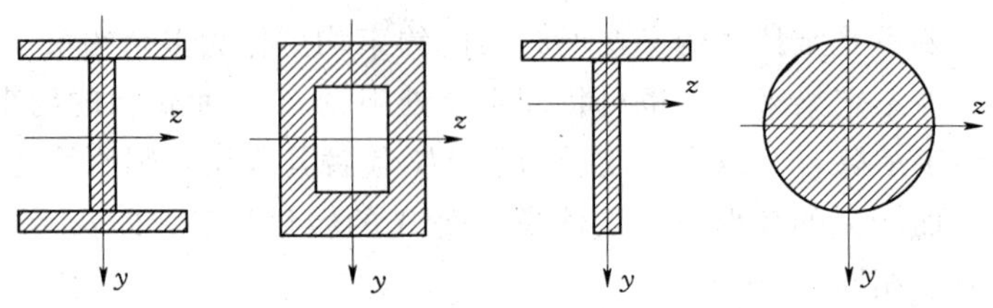

思考题7-12图

7-13　在推导矩形截面梁弯曲切应力计算公式时，作了哪些假设？其分布规律如何？

7-14　在计算思考题7-14图示矩形截面梁K点处的弯曲切应力时，其中的静矩S_z^*，若取K点以上或K点以下部分的面积来计算，试问结果是否相同？为什么？

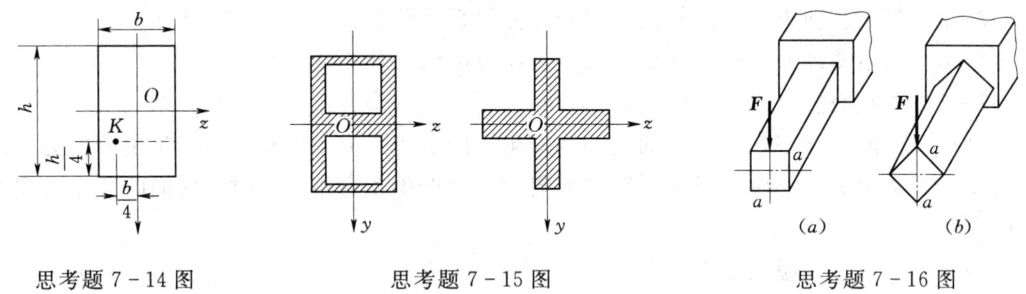

思考题7-14图　　思考题7-15图　　思考题7-16图

7-15　为什么等直梁的最大切应力一般都是在最大剪力所在横截面的中性轴上各点处，而横截面的上、下边缘各点处的切应力为零？对于思考题7-15图示的两个截面而言，其最大切应力是否也位于中性轴上各点处？为什么？

7-16　同一梁按如思考题7-16图（a）及（b）所示两种方式放置。试问两梁的最大弯曲正应力是否相同？

7-17　由四根100mm×80mm×10mm不等边角钢焊成一体的梁，在纯弯曲条件下按思考题7-17图示四种形式组合，试问哪一种强度最高？哪一种强度最低？为什么？

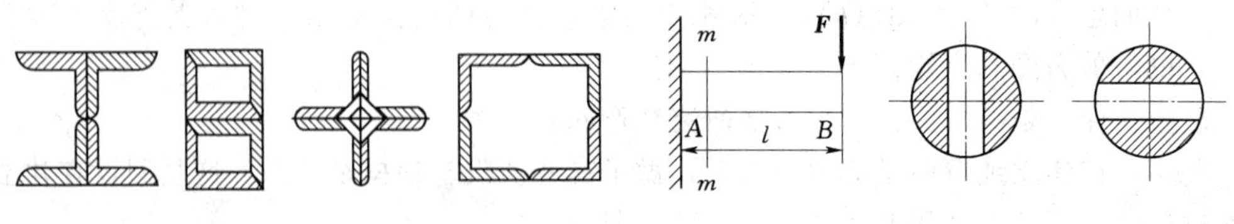

思考题7-17图　　思考题7-18图

7-18　如思考题7-18图所示圆截面悬臂梁，现需在近根部m—m截面处开一圆孔，有水平开和竖直开两种做法，试问从强度观点分析，哪种更合理？为什么？

7-19 如思考题7-19图（a）及（b）所示的钢梁和三脚架材料相同，三脚架两杆的横截面面积之和与钢梁的横截面面积相等。已知 $l=10h$，$h=1.5b$，$D=1.22b$，$d=0.6D$。试问哪个的承载能力大？为什么？

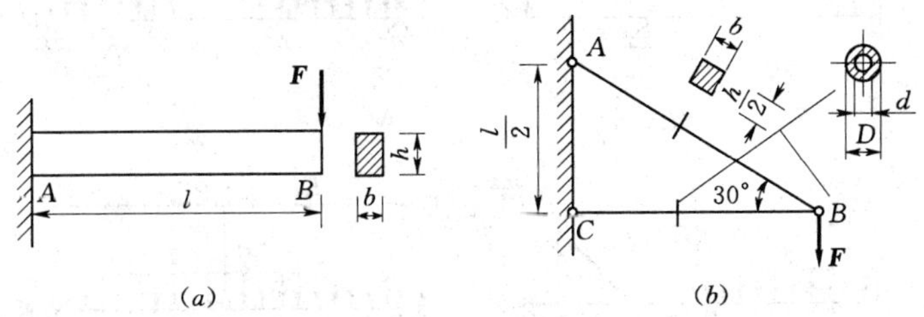

思考题7-19图

7-20 梁的挠曲线的近似微分方程是根据哪些关系导出的？其应用条件是什么？

7-21 试说明梁上某截面的挠度、转角、弯矩、剪力和均布荷载之间存在的微分关系。

7-22 用积分法求梁的变形时，约束条件和连续条件起什么作用？

7-23 梁的变形与弯矩的关系，判断下列说法是否正确。

（1）正弯矩产生正转角，负弯矩产生负转角。

（2）弯矩最大的截面转角最大，弯矩为零的截面上转角为零。

（3）弯矩突变的地方转角也有突变。

（4）弯矩为零处，挠曲线曲率必为零。

（5）梁的最大挠度必产生在最大弯矩处。

7-24 写出思考题7-24图示梁的约束条件和连续条件。

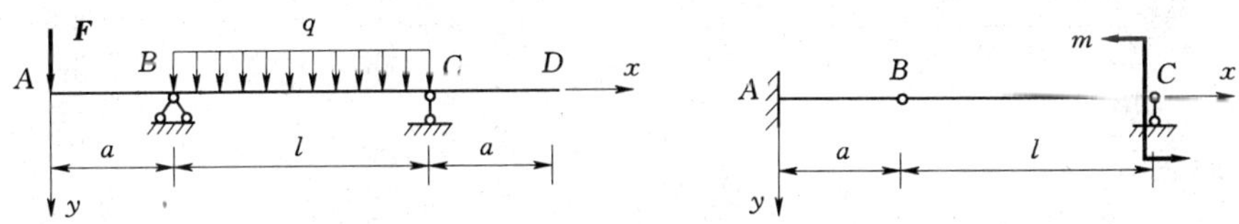

思考题7-24图

7-25 根据思考题7-25图示荷载及支座的情况，画出下列各梁挠曲线的基本形状。

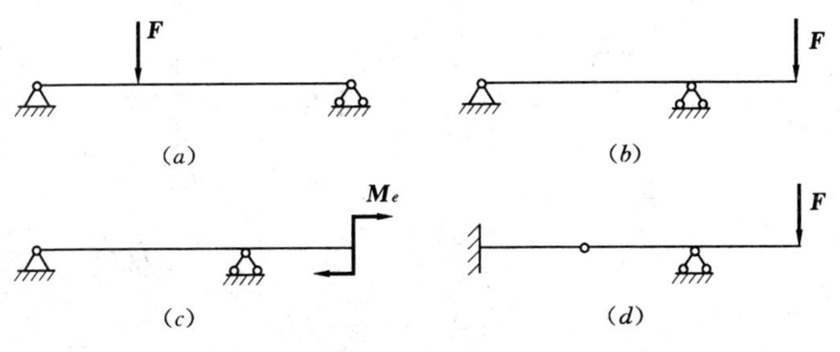

思考题7-25图

7-26　提高梁的强度和刚度的措施各有哪些？它们之间有什么相同和不同之处？

7-27　试判断思考题 7-27 图中各梁为几次静不定？

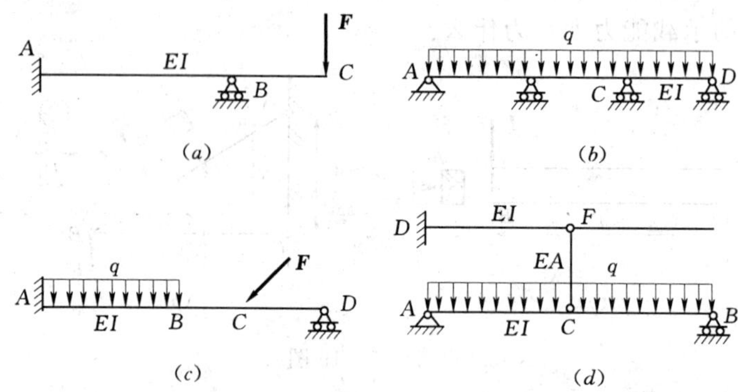

思考题 7-27 图

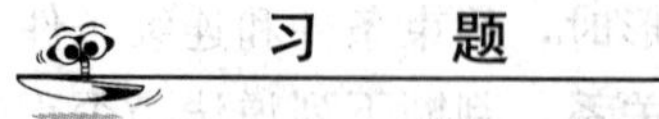

习　题

7-1　求习题 7-1 图示各梁中指定截面上的剪力和弯矩。

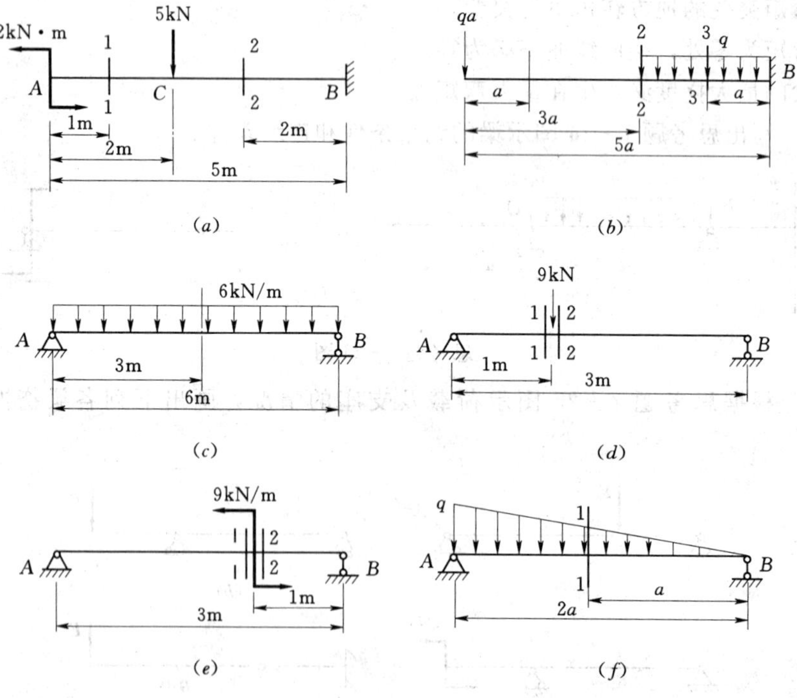

习题 7-1 图

7-2　写出习题 7-2 图示各梁的剪力方程和弯矩方程，并作剪力图和弯矩图。

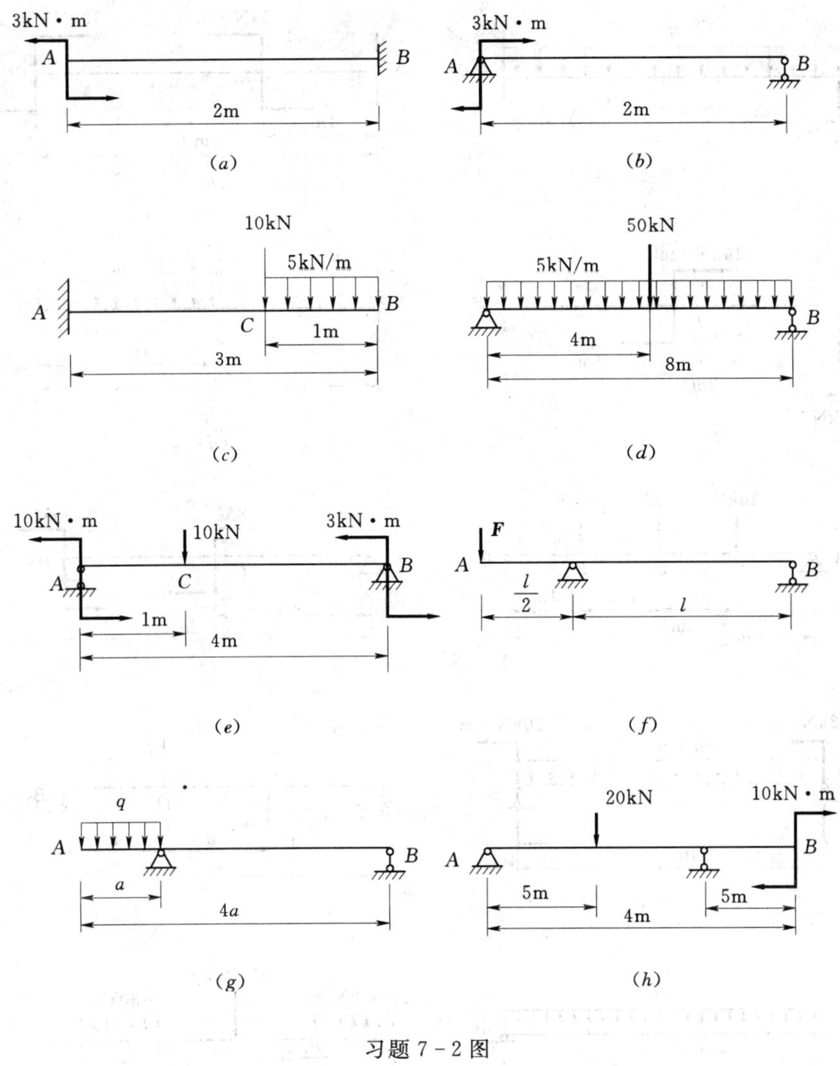

习题 7-2 图

7-3　试用微分法计算如习题 7-3 图示梁的剪力图和弯矩图。

7-4　试用叠加法习题 7-4 图示梁的剪力图和弯矩图。

7-5　试作出如习题 7-5 图所示各梁的剪力图和弯矩图。

7-6　试根据剪力图，作出如习题 7-6 图所示各梁的弯矩图和荷载图。

7-7　试根据弯矩图，作出如习题 7-7 图所示各梁的剪力图和荷载图。

7-8　对干横截面边长为 $b\times 2b$ 的矩形截面梁，试求当外力偶分别作用在平行于截面长边及短边之纵对称面内时，梁所能承担的许可弯矩之比，以及梁的弯曲刚度之比。

7-9　矩形截面的悬臂梁受集中力和集中力偶作用，如习题 7-9 图所示。试求截面 m—m 和固定端截面 n—n 上 A、B、C、D 四点处的正应力。

q
A
B
qi
l
(a)
5kN・m
10kN・m
A
C
B
1m
3m
(b)
10kN・m
A
C
B
1m
2m
20kN
(c)
5kN/m
A
B
1m
2m
(d)
10kN
10kN
10kN
A
C
D
E
B
1m
1m
1m
4m
(e)
2M
M
A
C
B
a
2a
(f)
2kN・m
2kN/m
10kN・m
A
B
4m
(g)
qa
C
A
D
B
qa
E
a
a
3a
(h)
q
A
B
C
a/2
a
(i)
F=20kN
q=30kN/m
q=30kN/m
A
C
D
E
B
1m
1m
1m
1m
(j)
q
A
C
q
B
a
a
(k)
qa²
q
A
C
B
a
a
(l)

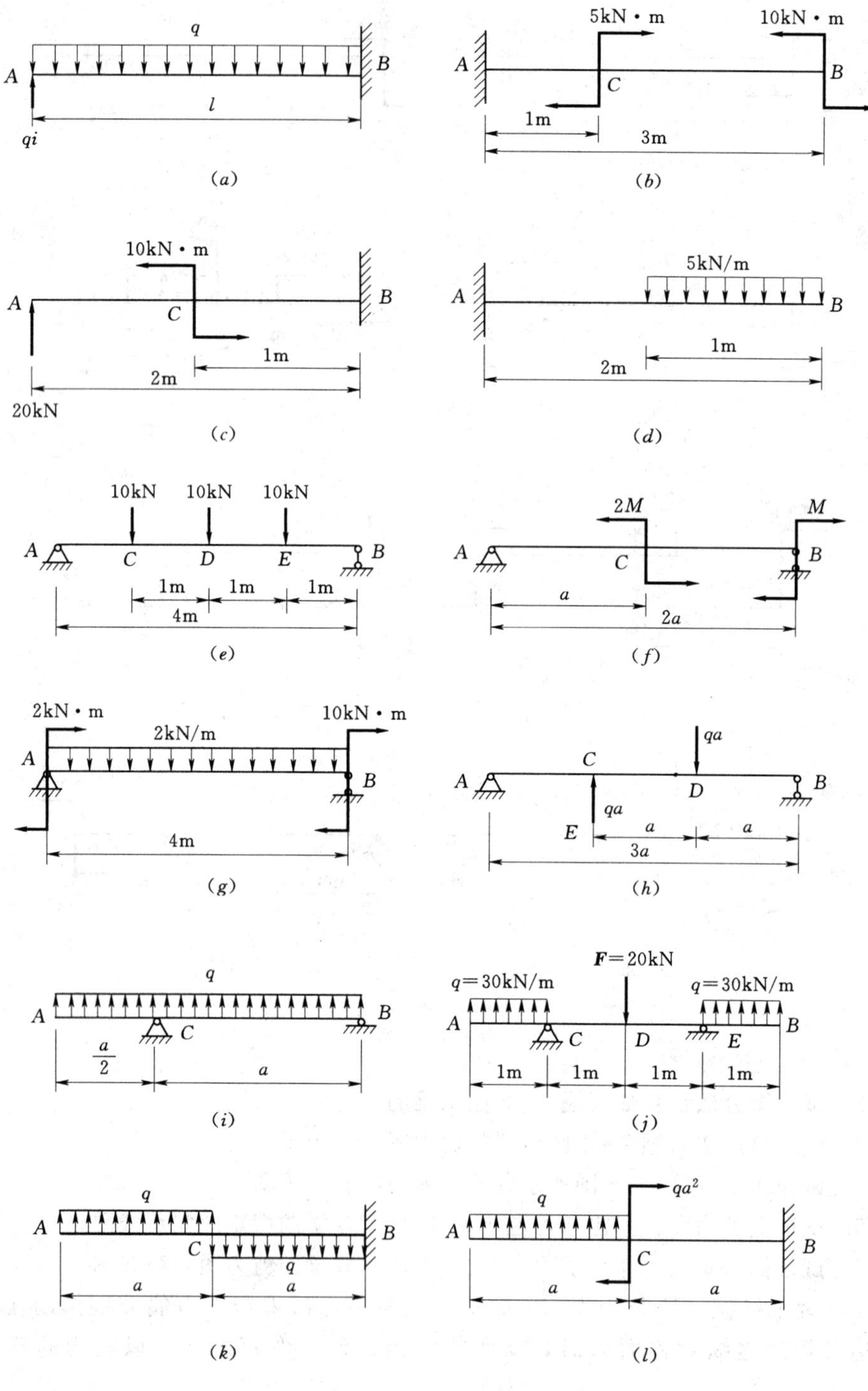

习题 7－3 图

F
F
F
A
C
D
E
B
a
a
a
4a
(a)
10kN/m
A
C
B
1m
2m
(b)
F
2F
A
C
D
B
a
a
3a
(c)
qa
q
A
C
B
a
4a
(d)
F
$M_e=Fl$
A
C
B
l
l
(e)
$M_e=qa^2$
q
A
C
B
a
2a
(f)
$F=qa$
q
C
A
B
a
2a
(g)
$F=qa$
$M_e=2qa^2$
2q
C
A
B
a
2a
(h)
Fa
F
A
C
B
a
a
(i)
q
qa
A
C
B
a
a
(j)
q
2qa
q
A
B
C
D
E
a
a
a
a
(k)
F
Fa
A
B
C
D
a
a
a
(l)

习题 7-4 图

F
$m=Fa$
A
C
D
B
a
a
a
(a)
q
A
C
D
B
a
a
a
(b)

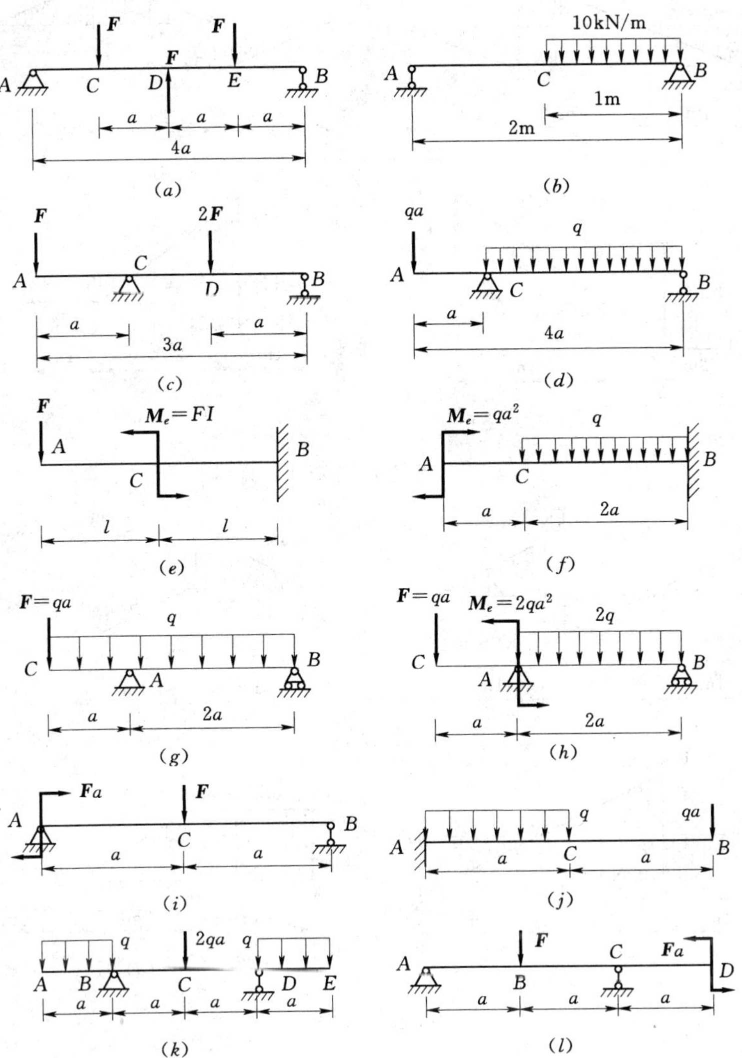

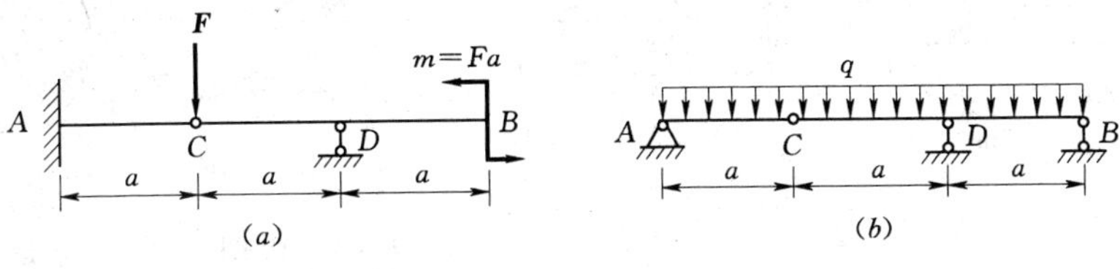

习题 7-5 图

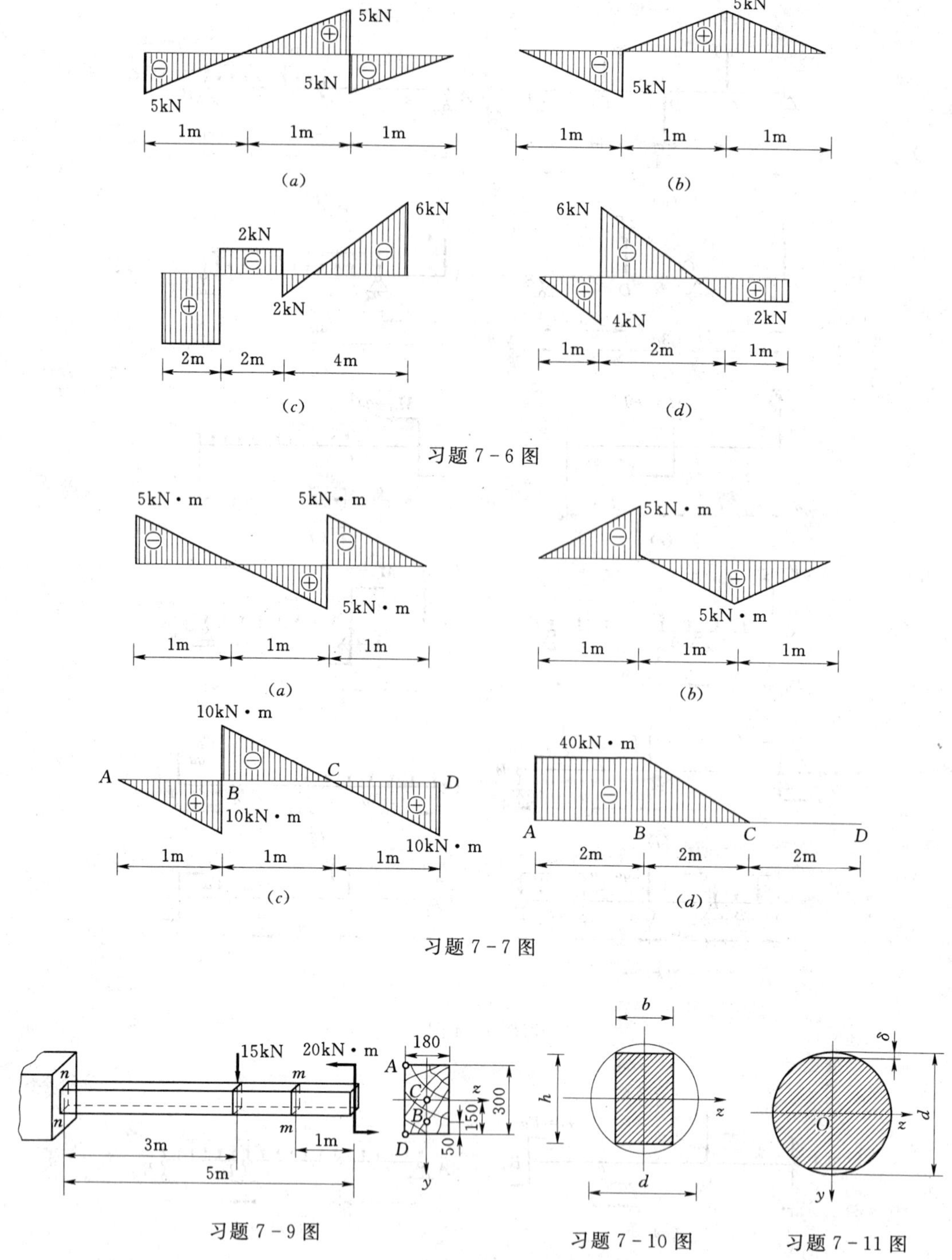

习题 7-6 图

习题 7-7 图

习题 7-9 图

习题 7-10 图

习题 7-11 图

7-10　如习题 7-10 图所示，欲从直径为 d 的圆木中截取一矩形截面梁，要使其抗弯截面模量最大，试求出矩形截面最合理的高、宽尺寸。

7-11　有一圆形截面梁，直径为 d。为增大其弯曲截面系数 W_z，可将圆形截面切去高度为 δ 的微小部分，如习题 7-11 图所示。试求使弯曲截面系数 W_z 为最大的 δ 值。

7-12　两个矩形截面的简支木梁，其跨度、荷载及截面尺寸都相同，一个是整体，另一个是由两根方木叠落而成（二方木之间不加任何联系），如习题 7-12 图所示。试分别计算两个梁的最大正应力，并分别画出横截面上正应力的分布规律图。

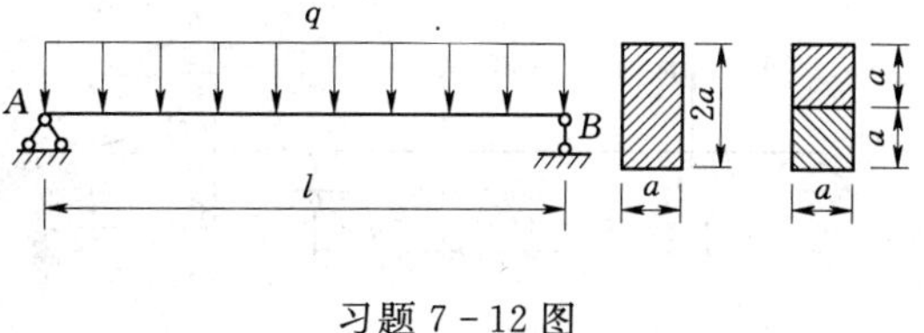

习题 7-12 图

7-13　习题 7-13 图示一由 16 号工字钢制成的简支梁承受集中荷载 F。在梁的截面 C—C 处的下边缘，用标距 $s=20\text{mm}$ 的应变仪量得纵向伸长 $\Delta s=0.008\text{mm}$。已知梁的跨长 $l=1.5\text{m}$，$a=1\text{m}$，弹性模量 $E=210\text{GPa}$。试求力 F 的大小。

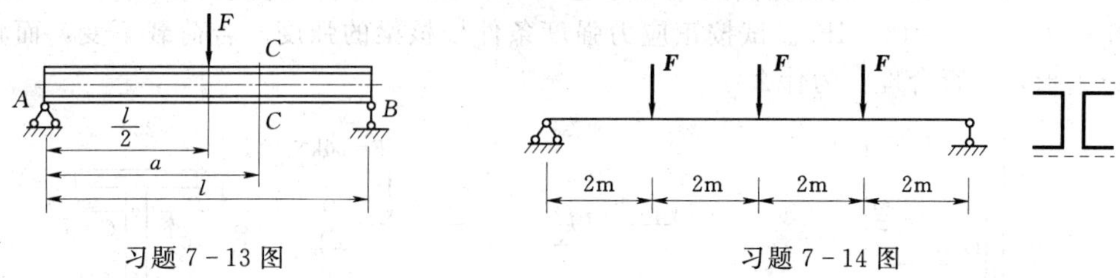

习题 7-13 图　　习题 7-14 图

7-14　由两根 28a 号槽钢组成的简支梁受三个集中力作用，如习题 7-14 图所示。已知该梁材料为 Q235 钢，其许用弯曲正应力 $[\sigma]=170\text{MPa}$。试求梁的许可荷载 $[F]$。

7-15　简支梁的荷载情况及尺寸如习题 7-15 图所示，试求梁的下边缘的总伸长。

7-16　已知习题 7-16 图示铸铁简支梁的 $I_{z1}=645.6\times10^6\text{mm}^4$，$E=120\text{GPa}$，许用拉应力 $[\sigma_t]=30\text{MPa}$，许用压应力 $[\sigma_c]=90\text{MPa}$。试求：(1) 许可荷载 $[F]$；(2) 在许可荷载作用下，梁下边缘的总伸长量。

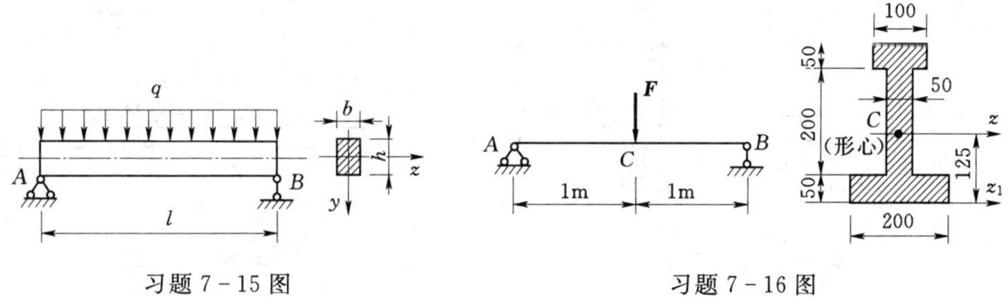

习题 7-15 图　　习题 7-16 图

7-17　一简支梁受力如习题 7-17 图所示，荷载 $F=5\text{kN}$，距离 $a=0.7\text{m}$，材料的许用弯曲正应力 $[\sigma]=10\text{MPa}$，横截面为 $h/b=3$ 的矩形。试按正应力强度条件确定梁横截面的尺寸。

7-18　一正方形截面悬臂木梁的尺寸及所受荷载如习题 7-18 图所示。木料的许用弯曲正应力 $[\sigma]=10\text{MPa}$。现需在梁的截面 C 上中性轴处钻一直径为 d 的圆孔，试问在保证梁强度的条件下，圆孔的最大直径 d（不考虑圆孔处应力集中的影响）可达多大？

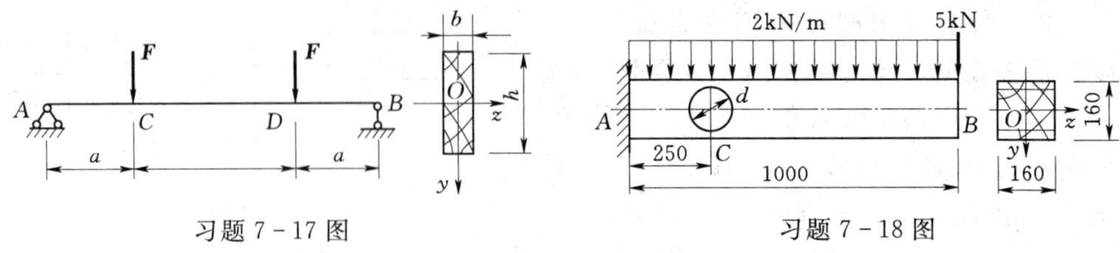

习题 7-17 图　　　　习题 7-18 图

7-19　横截面如习题 7-19 图所示的铸铁简支梁，跨长 $l=2\text{m}$，在其中点受一集中荷载 $F=80\text{kN}$ 作用。已知许用拉应力 $[\sigma_t]=30\text{MPa}$，许用压应力 $[\sigma_c]=90\text{MPa}$。试确定截面尺寸 δ 值。

7-20　铸铁梁的荷载及截面尺寸如习题 7-20 图所示，许用拉应力 $[\sigma_t]=40\text{MPa}$，许用压应力 $[\sigma_c]=160\text{MPa}$。试按正应力强度条件校核梁的强度。若荷载不变，而将梁倒置成⊥形，是否合理？为什么？

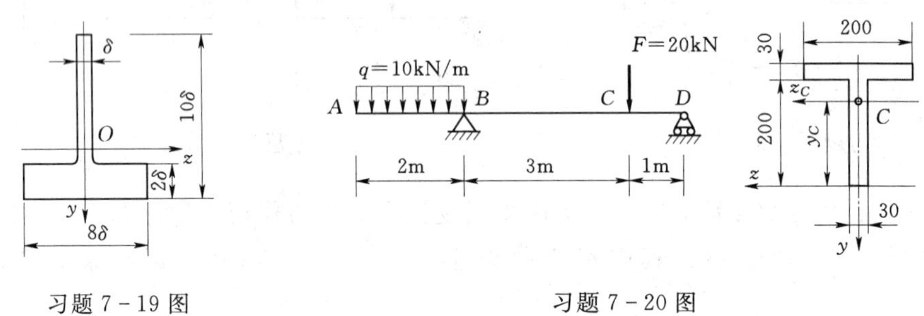

习题 7-19 图　　　　习题 7-20 图

7-21　一铸铁梁如习题 7-21 图所示。已知材料的拉伸强度极限 $\sigma_b=150\text{MPa}$，压缩强度极限 $\sigma_{bc}=630\text{MPa}$。试求梁的安全因数。

7-22　当荷载 $\boldsymbol{F}$ 直接作用在跨长为 $l=6\text{m}$ 的简支梁 AB 之中点，梁内最大正应力超过许可值 30%。为了消除过载现象，配置了如习题 7-22 图所示的辅助梁 CD，试求辅助梁的最小跨长 a。

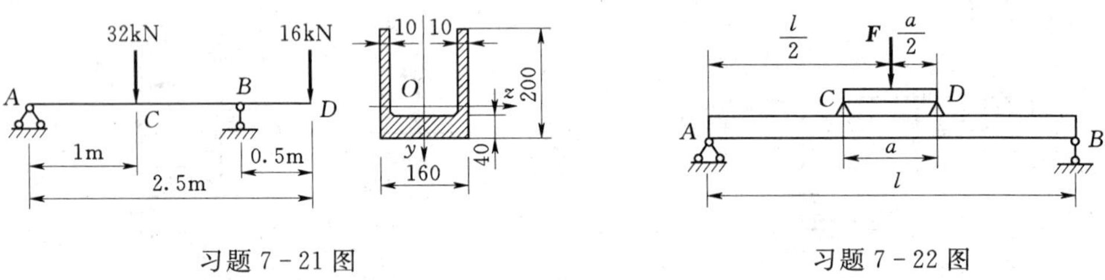

习题 7-21 图　　　　习题 7-22 图

7-23　习题 7-23 图示的外伸梁由 25a 号工字钢制成，其跨长 $l=6\text{m}$，且在全梁上受集度为 q 的均布荷载作用。当支座处截面 A、B 上及跨中截面 C 上的最大正应力均为 $\sigma=140\text{MPa}$ 时，试问外伸部分的长度 a 及荷载集度 q 各等于多少？

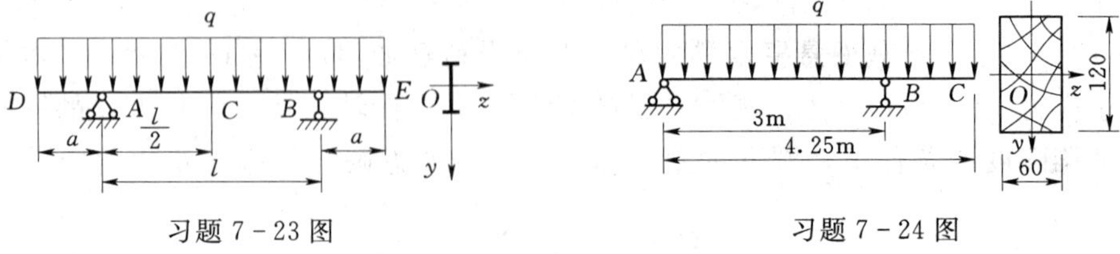

习题 7-23 图　　　　习题 7-24 图

7-24　一矩形截面木梁，其截面尺寸及荷载如习题 7-24 图所示。已知 $q=1.3\text{kN/m}$，$[\sigma]=10\text{MPa}$，$[\tau]=2\text{MPa}$。试校核梁的正应力和切应力强度。

7-25　如习题 7-25 图所示起重机下的梁由两根工字钢组成，起重机自重 $F_P=50\text{kN}$，起重机的起重量 $F=10\text{kN}$，梁材料的许用应力 $[\sigma]=170\text{MPa}$，许用切应力 $[\tau]=100\text{MPa}$。若不考虑梁的自重，试按正应力强度条件选择工字钢型号，然后再按切应力强度条件进行校核。

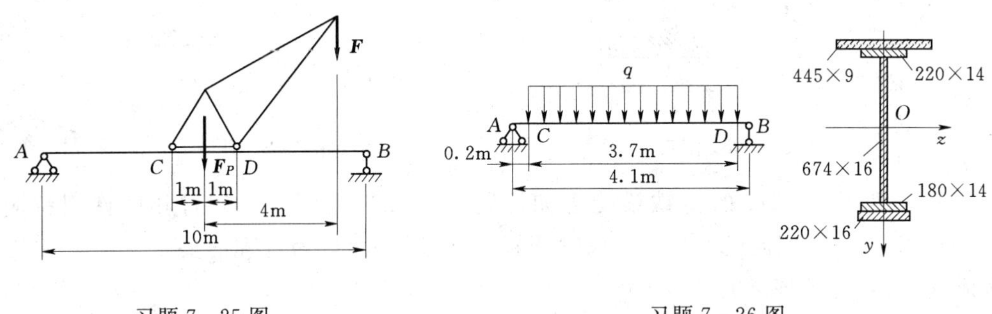

习题 7-25 图　　　　习题 7-26 图

7-26　简支梁 AB 承受如习题 7-26 图所示的均布荷载，其集度 $q=407\text{kN/m}$，横截面的形状及尺寸如图所示。梁的材料的许用弯曲正应力 $[\sigma]=210\text{MPa}$，许用切应力 $[\tau]=130\text{MPa}$。试校核梁的正应力和切应力强度。

7-27　由工字钢制成的简支梁受力如习题 7-27 图所示。已知材料的许用应力 $[\sigma]=170\text{MPa}$，许用切应力 $[\tau]=100\text{MPa}$。试选择工字钢型号。

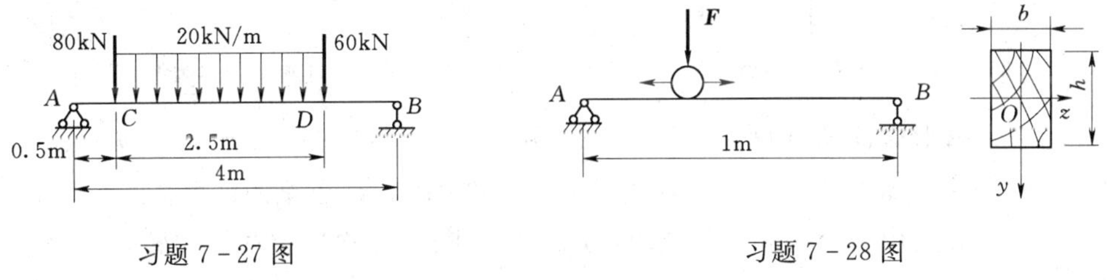

习题 7-27 图　　　　习题 7-28 图

7-28　习题 7-28 图示矩形截面木梁受一可移动的荷载 $F=40\text{kN}$ 作用。已知 $[\sigma]=10\text{MPa}$，$[\tau]=3\text{MPa}$，其高宽比 $h/b=3/2$。试选择梁的截面尺寸。

7-29　外伸梁 AC 承受荷载如习题 7-29 图所示，$M_e=40\text{kN}\cdot\text{m}$，$q=20\text{kN/m}$，材料的许用应力 $[\sigma]=170\text{MPa}$，许用切应力 $[\tau]=100\text{MPa}$。试选择工字钢的型号。

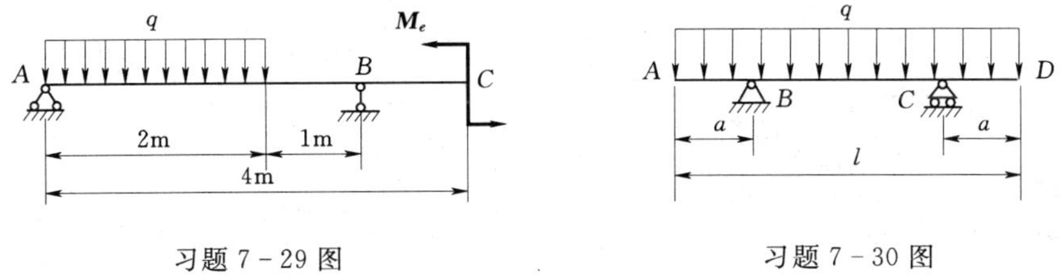

习题 7-29 图　　　　习题 7-30 图

7－30　在习题 7－30 图中，梁的总长度为 l，受均布荷载 q 作用。若支座可对称地向中点移动，试问移动距离为若干时，最为合理？

7－31　习题 7－31 图示横截面为⊥形的铸铁承受纯弯曲，材料的拉伸和压缩许用应力之比为 $[\sigma_t]/[\sigma_c]=1/4$。求水平翼缘的合理宽度 b。

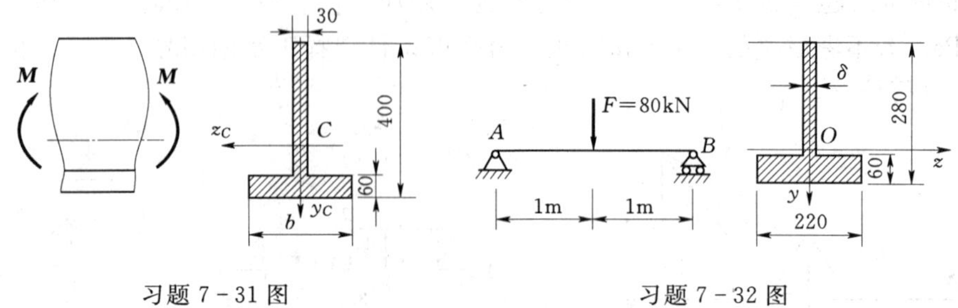

习题 7－31 图　　　　习题 7－32 图

7－32　跨长 $l=2$m 的铸铁梁受力如习题 7－32 图所示。已知材料的许用拉应力 $[\sigma_t]=30$MPa，许用压应力 $[\sigma_c]=90$MPa。试根据截面最为合理的要求，确定 T 形截面腹板厚度 δ，并校核梁的强度。

7－33　一简支梁受有四个集中荷载作用 $F_1=120$kN，$F_2=30$kN，$F_3=40$kN，$F_4=12$kN，如习题 7－33 图所示。此梁由两根槽钢组成，已知材料的许用应力为 $[\sigma]=170$MPa，$[\tau]=100$MPa。试选择槽钢型号。

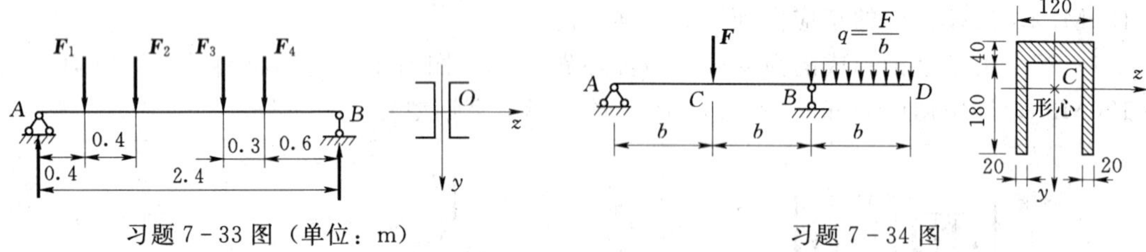

习题 7－33 图（单位：m）　　　　习题 7－34 图

7－34　一槽形截面铸铁梁如习题 7－34 图所示。$I_z=5493\times10^4\text{mm}^4$，$b=2$m，铸铁许用拉应力 $[\sigma_t]=30$MPa，许用压应力 $[\sigma_c]=90$MPa。试求梁的许可荷载 $[F]$。

7－35　试分别用积分法和叠加法求习题 7－35 图示各梁指定截面的转角和挠度（EI 为常数）。

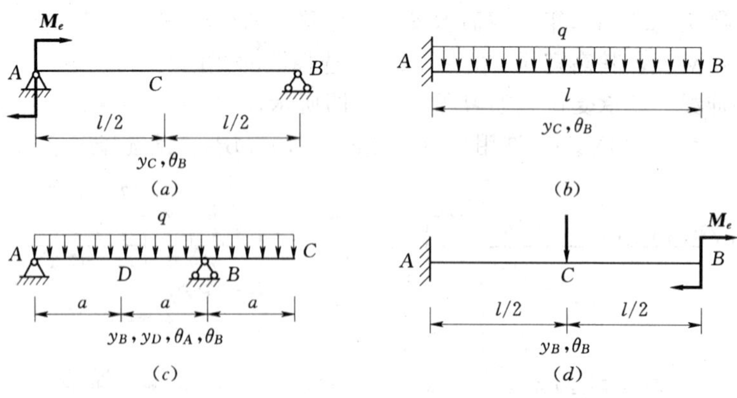

习题 7－35 图

7-36　如习题7-36图所示，设EI为常数，试用积分法求该梁A、B处的转角和梁的最大挠度。

7-37　习题7-37图示梁中A、E处为固定端，B、D处为中间铰，EI为常数。试求荷载$\boldsymbol{F}$作用处的挠度和转角。

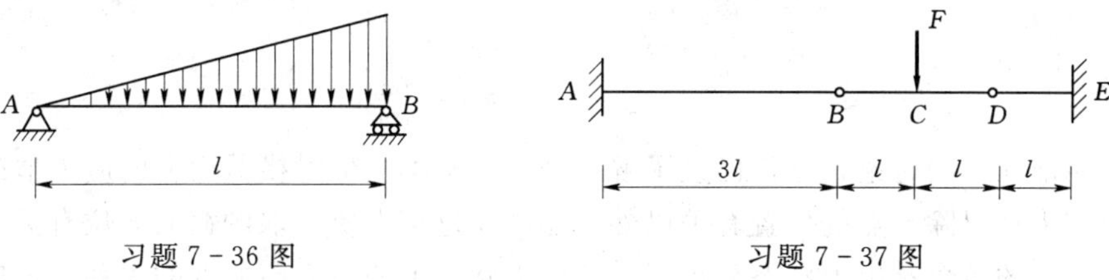

习题7-36图　　　　习题7-37图

7-38　习题7-38图示外伸梁，EI为常数，两端承受荷载$\boldsymbol{F}$作用，试问：(1) 当x/l为何值时，梁跨中的挠度与自由端的挠度相等？(2) 当x/l为何值时，梁跨中的挠度最大？

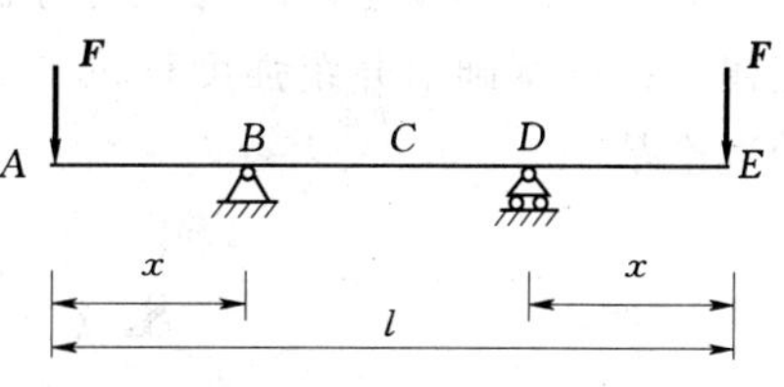

习题7-38图

7-39　试求习题7-39图示静不定梁B支座的支座反力。

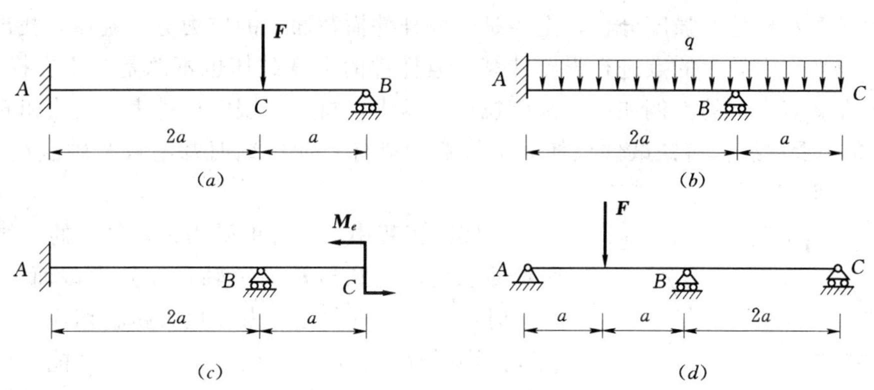

习题7-39图

7-40　如习题7-40图所示结构中，已知横梁的弯曲刚度为EI，竖直杆的拉伸刚度为EA，试求竖杆的轴力。

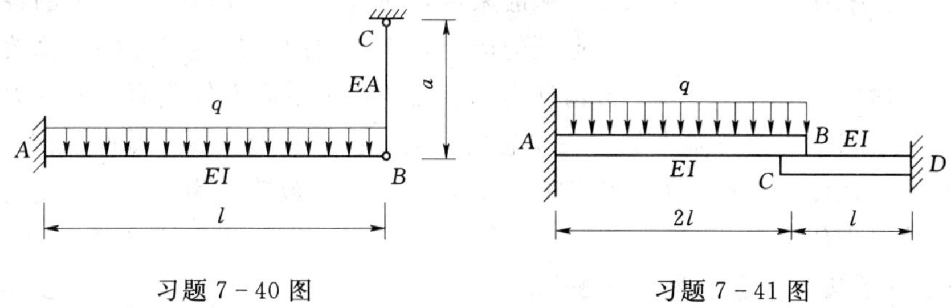

习题7-40图　　　　习题7-41图

7-41　习题7-41图示结构，设EI和l为已知，悬臂梁AB的自由端无间隙的放置在另一悬臂梁CD的自由端上，试求荷载F作用下自由端的挠度。

第 8 章　应力状态与强度理论

通过对前几章的讨论，我们已经了解了杆件在基本变形时横截面上的应力情况。实际上一点的应力情况除与点的位置有关以外，还与通过该点所截取的截面方位有关。本章介绍：应力状态的概念；应力状态分析；复杂应力状态下的应力与应变的关系——广义胡克定律。在此基础上介绍强度理论的概念及常用的几种强度理论。为讨论组合变形打下一定的理论基础。

8.1　应力状态的概念

8.1.1　一点处的应力状态

前面各章对杆件的强度分析，主要是研究杆件横截面上的应力分布规律，找出横截面上正应力或切应力最大的点进行强度计算。但杆件的强度破坏也不总是发生在横截面上，也有发生在斜截面上的。例如在低碳钢拉伸试验中，材料屈服时试件表面就会出现与杆轴成 45°方向的滑移线；铸铁试件拉伸时沿横截面破坏；而压缩时却沿着与轴线成 45°方向发生断裂破坏。

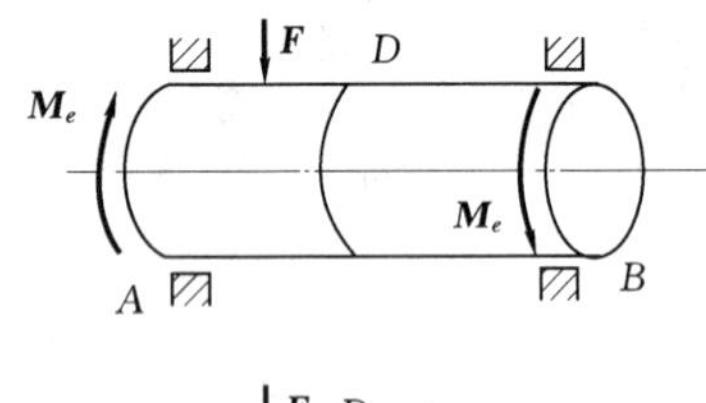

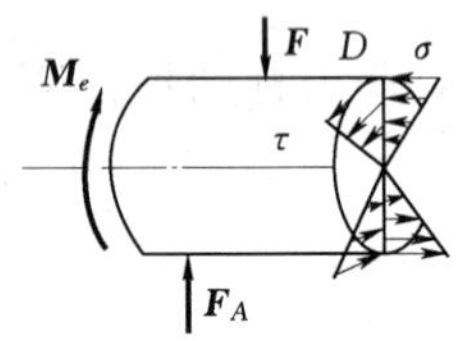

图 8-1

在实际工程中，构件的受力是很复杂的。如图 8-1 所示的承受弯曲和扭转的圆轴，在其横截面上的 D 点将同时产生最大弯曲正应力和最大扭转切应力。由于在危险点同时存在着这两种应力，显然，不能简单地按弯曲正应力建立强度条件，也不能简单地按扭转切应力建立强度条件，而必须考虑这两种应力对材料强度的综合影响。这就需全面分析危险点处各截面的应力情况。

一般来说，通过受力构件内任意一点的各个截面在该点处的应力是不相同的，是随截面的方位改变的。受力构件内一点处的各个不同方位截面上的应力情况称为一点处的应力状态。研究危险点处应力状态的目的就在于确定在哪个截面上该点处有最大正应力，在哪个截面上该点处有最大切应力，以及它们的数值，为处于复杂受力状态下杆件的强度计算提供依据。

8.1.2　一点处的应力状态的表示方法

为了研究构件内某点的应力状态，可以在该点截取一个微小的正六面体，当正六面体的边长趋于无穷小时，称为单元体。因为单元体的边长是极其微小的，所以可以认为单元体各个面上的应力是均匀分布的，相对平行面上的应力大小和性质都是相同的。单元体六个面上的应力代表通过该点互相垂直的三个截面上的应力。

如果单元体各面上的应力情况是已知的，那么该点处的应力状态就是确定的。可以根据平衡条件应用截面法可求出通过该点的任意斜截面上的应力，也可进一步讨论应力的极值情况。

如图 8-2（a）所示的一段杆件是从一根受轴向拉伸等截面直杆截取的，$abcd$ 是横截面，K 是截面上某一个点。围绕 K 点取一个单元体，如图 8-2（b）所示，单元体上的平面 1234 及 5678 代表了横截面，1256 及 4378 代表纵截面，而 3456 则代表了与轴线成 45°角的斜截面。

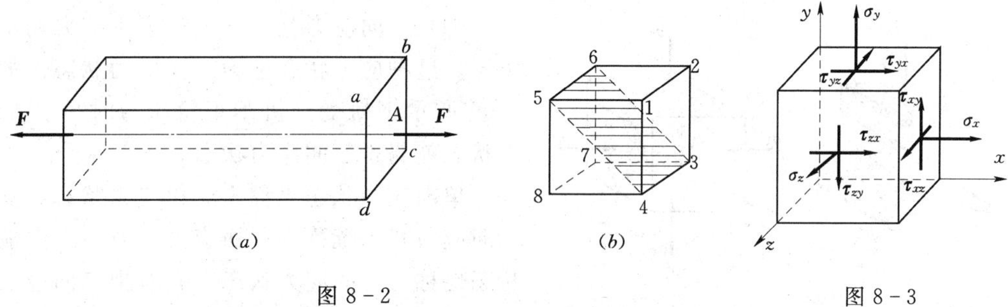

图 8-2　　图 8-3

在一般情况下，单元体的六个表面上都有应力，每一个面上的应力又可（沿空间坐标轴）分解为一个正应力和两个切应力，因此单元体在一般情况下有 18 个应力，如图 8-3 所示。图示空间直角坐标系中，有三对应力面，分别称为 x 面、y 面和 z 面（图示情况下有时也可分别称为左右面、上下面和前后面）；与应力面相对应，有三个正应力 σ_x、σ_y 和 σ_z；对于切应力，其下标中第一个字母表示应力所在的平面，第二个字母表示与该应力平行的坐标轴的名称，例如 τ_{xy} 表示该切应力处在 x 面内，即与 x 轴垂直，方向与 y 轴平行。

由于单元体实际上代表的是一个点，因此每两两平行的面代表了一个平面的两个侧面，所以单元体上的 6 个正应力中有 3 对是独立的，六个面上的 12 个切应力由切应力互等定理知，其中有 3 组是独立的，这就是说，一点的应力状态可用 6 个应力表示，即 3 个正应力和 3 个切应力。如果单元体的某一个面上只有正应力而无切应力，则这个面称为主平面，主平面上的正应力称为主应力。可以证明，在受力构件内的任意一点上总可以找到三个互相垂直的主平面，因此总存在三个互相垂直的主应力，通常用 σ_1、σ_2、σ_3 表示三个主应力，而且按代数值大小排列有 $\sigma_1 \geqslant \sigma_2 \geqslant \sigma_3$。

8.1.3 应力状态分类

根据主应力的情况，应力状态可分为三种：

（1）单向应力状态——三个主应力中只有一个不等于零，这种应力状态称为单向应力状态。如图 8-4 所示中轴向拉杆内 A 点的应力状态就属于单向应力状态。

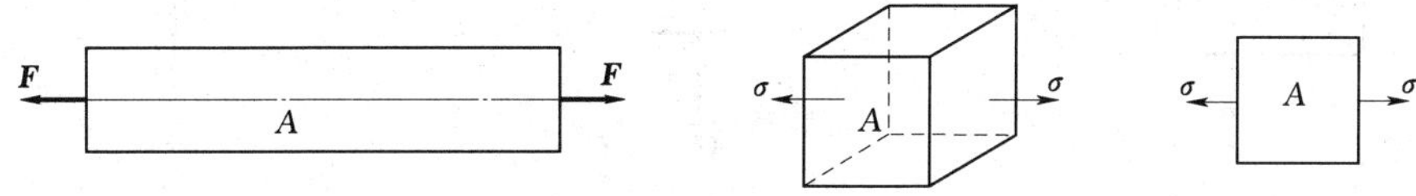

图 8-4

(2) 二向应力状态——三个主应力中有两个不等于零，这种应力状态称为二向应力状态，又称平面应力状态。如图 8-5 所示受扭圆轴内 A 点的应力状态就属于二向应力状态或双向应力状态。

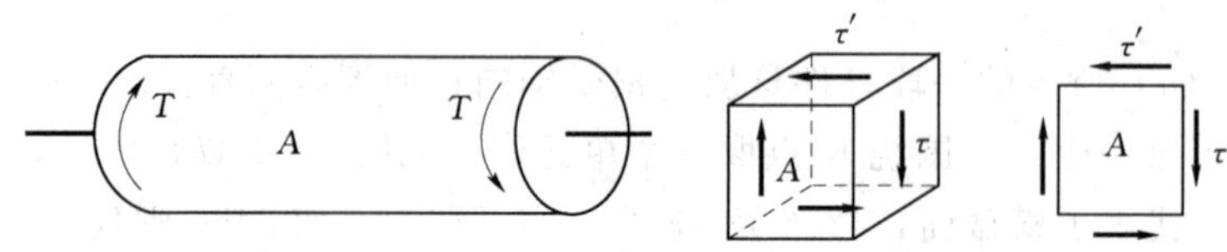

图 8-5

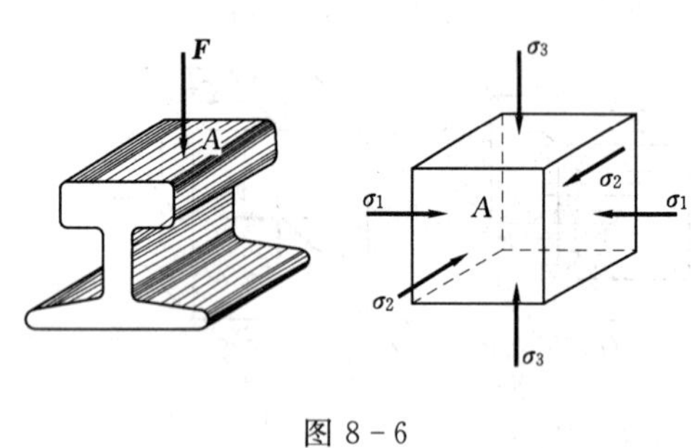

图 8-6

(3) 三向应力状态——三个主应力均不等于零，这种应力状态称为三向应力状态。如图 8-6 所示钢轨受到机车车轮压力时 A 点的应力状态就属于三向应力状态。

单向应力状态也称为简单应力状态，它与二向应力状态统称为平面应力状态；三向应力状态也称为空间应力状态，有时把二向应力状态和三向应力状态统称为复杂应力状态。

工程中的构件受力时，其危险点大多处于平面应力状态，因此本章将重点介绍平面应力状态，对空间应力状态只作简单介绍。

8.2 平面应力状态分析

平面应力状态分析，就是在平面应力状态下，已知过一点的互相垂直截面上的应力 σ_x、σ_y 和 τ_{xy}，确定通过这一点的其他截面上的应力，从而进一步确定过该点的主平面、主应力和最大切应力。

如图 8-7 (*a*) 所示的单元体，因 z 面上正应力、切应力均为零，说明该单元体至少有一个主应力等于零，因此该单元体处于平面应力状态。现只取其中平面 $abcd$ 来代替单元体的受力情况，如图 8-7 (*b*) 所示。根据切应力互等定理，图中的 τ_{xy} 和 τ_{yx} 必定大小相等，方向如图 8-7 (*a*)、(*b*) 所示。由于是平面问题，也可写为 τ_x 和 τ_y。

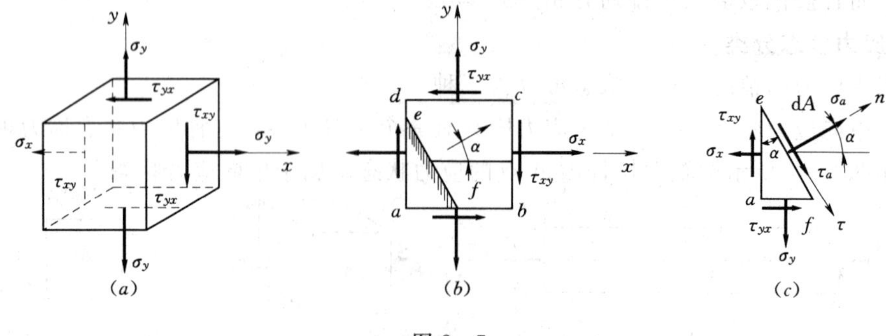

图 8-7

为研究问题方便，关于正应力、切应力和斜截面的表示方法及规定如下：

(1) 正应力以拉应力为正，压应力为负。

(2) 切应力以对单元体内一点产生顺时针转向的矩为正，反之为负。

(3) 用 x 轴与截面外法线 n 间的夹角 α 表示该截面，称为 α 斜截面，规定由 x 轴向 n 旋转，逆时针方向为正，顺时针方向为负。

8.2.1 斜截面上的应力分析

单元体内任意斜截面上的应力分析有两种方法，解析法和图解法。

因研究的构件是平衡的，从构件内一点取出的单元体也是平衡的，从单元体上取如图 8-7 (*c*) 所示的部分一定也处于平衡状态。根据平衡方程 $\sum F_n=0$ 和 $\sum F_\tau=0$，可以求得平面应力状态下单元体任意 α 斜截面上的应力计算公式为：

$$\sigma_\alpha=\frac{\sigma_x+\sigma_y}{2}+\frac{\sigma_x-\sigma_y}{2}\cos2\alpha-\tau_x\sin2\alpha \tag{8.1}$$

$$\tau_\alpha=\frac{\sigma_x-\sigma_y}{2}\sin2\alpha+\tau_x\cos2\alpha \tag{8.2}$$

由式 (8.1)、式 (8.2) 可以看出，斜截面上的正应力和切应力是随截面的方位而改变的。因此，在谈到应力时，应该指明是哪一点处，在何方位截面上的应力。应用上式计算 σ_α、τ_α 时，各已知应力 σ_x、σ_y、τ_x 和 α 均用其代数值。

将式 (8.1) 改写为：

$$\sigma_\alpha-\frac{\sigma_x+\sigma_y}{2}=\frac{\sigma_x-\sigma_y}{2}\cos2\alpha-\tau_x\sin2\alpha$$

再将上式和式 (8.2) 两边平方，然后相加，并应用 $\sin^2 2\alpha+\cos^2 2\alpha=1$，便可得出：

$$\left(\sigma_\alpha-\frac{\sigma_x+\sigma_y}{2}\right)^2+\tau_\alpha^2=\left(\frac{\sigma_x-\sigma_y}{2}\right)^2+\tau_x^2 \tag{8.3}$$

对于所研究的单元体，σ_x、σ_y、τ_x 是常量，σ_α、τ_α 是变量（随 α 的变化而变化）。由解析几何可知，$(x-a)^2+y^2=R^2$ 代表的是圆心在点 $(a,0)$，半径为 R 的圆，因此式 (8.3) 也是一个圆的方程。

若取 σ 为横坐标，τ 为纵坐标，则该圆的圆心为 $\left(\frac{\sigma_x+\sigma_y}{2},0\right)$，半径是 $\sqrt{\left(\frac{\sigma_x-\sigma_y}{2}\right)^2+\tau_x^2}$，这个圆称为“应力圆”。因应力圆是莫尔（O. Mohr）于 1882 年最先提出的，所以又称为莫尔圆。

上述推导过程表明，应力圆圆周上一点的横坐标和纵坐标对应着单元体的某一截面的正应力和切应力。因此，应力圆上的点与单元体的斜截面之间有着一一对应的关系。显然，可用应力圆来寻求单元体斜截面上的应力，这种方法就是图解法，也称为应力圆法。下面以图 8-8 (*a*) 的单元体为例，说明图解法的步骤和方法。不失一般性，设 $\sigma_x>\sigma_y>0$，$\tau_x>0$。

(1) 作应力圆。取 $O\sigma\tau$ 直角坐标系，选定适当的比例尺，确定与 x 面对应的点位于 $D_x(\sigma_x,\tau_x)$，与 y 截面对应的点位于 $D_y(\sigma_y,\tau_y)$。连接 D_x、D_y，与 σ 轴交于 C 点，以 C 为圆心，CD_x（或 CD_y）为半径画一圆，如图 8-8 (*b*) 所示。很容易证明，这个圆即为所

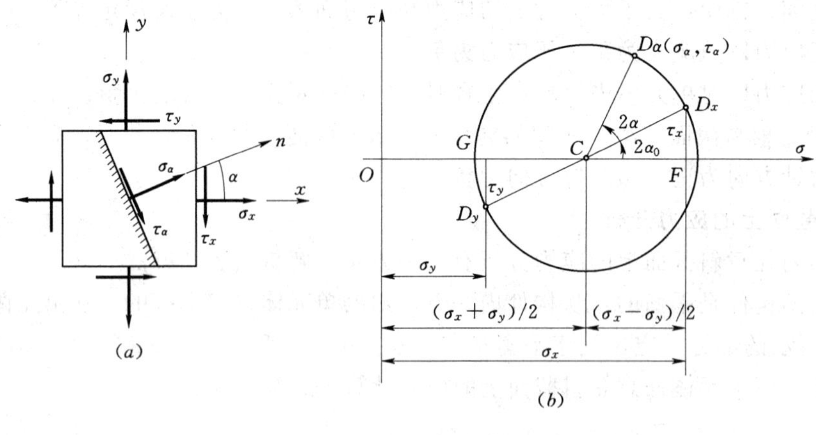

图 8-8

求的应力圆。

(2) 求 α 截面上的应力 σ_α 和 τ_σ。将半径 CD_x 沿方位角 α 的转向旋转 2α 至 CD_α 处，所得 D_α 点的横坐标和纵坐标即分别代表 α 截面的正应力 σ_α 与切应力 τ_α，现证明如下。

设将$\angle D_xCF$ 用 $2\alpha_0$ 表示，则有：

$$\begin{aligned}\sigma_{D_\alpha}&=OC+D_\alpha\cos(2\alpha_0+2\alpha)=OC+CD_x\cos(2\alpha_0+2\alpha)\\&=OC+CD_x\cos2\alpha_0\cos2\alpha-CD_x\sin2\alpha_0\sin2\alpha\\&=\frac{\sigma_x+\sigma_y}{2}+\frac{\sigma_x-\sigma_y}{2}\cos2\alpha-\tau_x\sin2\alpha=\sigma_\alpha\end{aligned}$$

同理可证 $\tau_{D_\alpha}=\tau_\alpha$。

在用应力圆分析应力时，应注意：单元体上两个截面间的夹角若为 α，则在应力圆上相应两点间的圆弧所对的圆心角为 2α，而且两者转向相同。

【例 8-1】 已知应力状态如图 8-9 (a) 所示，试用解析法和图解法求截面 m－m 上的正应力与切应力。

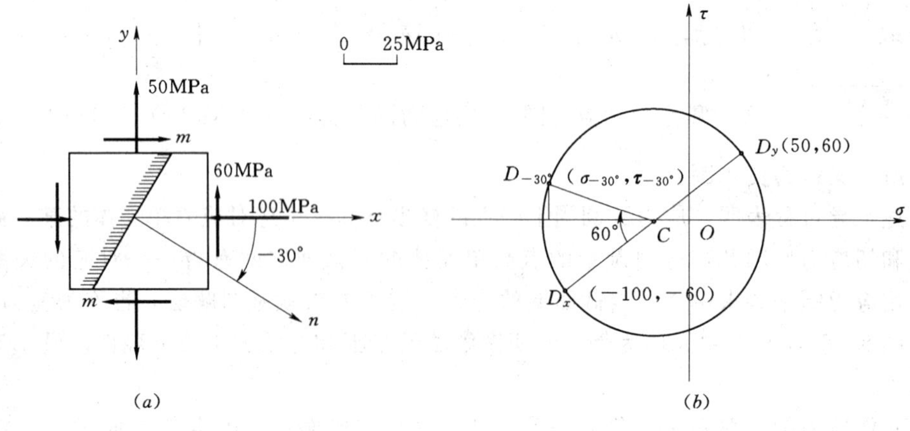

图 8-9

解：(1) 解析法。

由图可知，x 与 y 面的应力和方位角分别为 $\sigma_x = -100\text{MPa}$，$\sigma_y = 50\text{MPa}$，$\tau_x = -60\text{MPa}$，$\alpha = -30°$，将上述数据分别代入式（8.1）和式（8.2），得：

$$\sigma_{-30°} = \frac{-100+50}{2} + \frac{-100-50}{2}\cos(-60°) - (-60)\sin(-60°) = -114.5(\text{MPa})$$

$$\tau_{-30°} = \frac{-100-50}{2}\sin(-60°) + (-60)\cos(-60°) = 35.0(\text{MPa})$$

（2）图解法。

首先，建立 $O\sigma\tau$ 坐标系，按选定的比例尺，由 $\sigma_x = -100\text{MPa}$，$\sigma_y = 50\text{MPa}$，$\tau_x = -60\text{MPa}$ 分别确定 D_x 点和 D_y 点，连接 D_x、D_y，与 σ 轴交于 C 点，以 C 为圆心，CD_x（或 CD_y）为半径画一圆，即得相应的应力圆，如图 8-9（b）所示。

将半径 CD_x 沿方位角 α 的转向即沿顺时针方向旋转 60°至 CD_α 处，所得 D_α 点的横坐标和纵坐标即分别代表 α 截面的正应力 σ_α 与切应力 τ_α。按选定的比例尺，量得 $\sigma_{-30°} = -115\text{MPa}$，$\tau_{-30°} = 35\text{MPa}$。

8.2.2 主应力和主平面

任意一个平面应力状态单元体都可画出其相应的应力圆，如图 8-10 所示。

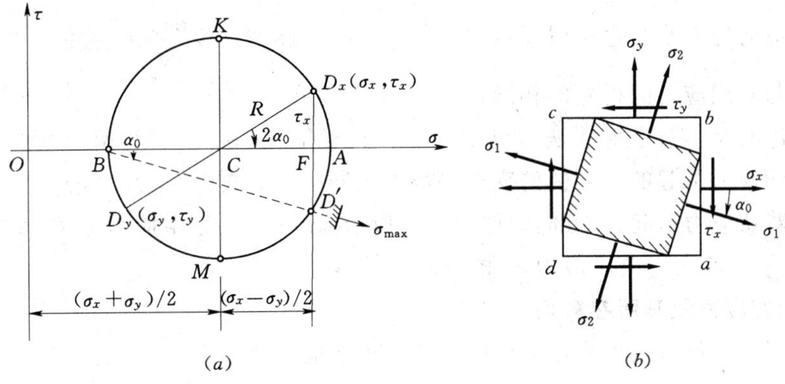

图 8-10

因为应力圆的圆心在 σ 轴上，所以应力圆与 σ 轴必有两个交点 A 和 B，A、B 两点的横坐标为应力圆上各点的横坐标的极值，而其纵坐标皆为零，即在单元体内与此两点对应的平面上正应力为极值，而切应力为零。因此 A、B 两点所对应的两个平面为两个主平面，其上的正应力分别为两个主应力。其值为：

$$\left.\begin{matrix}\sigma' \\ \sigma''\end{matrix}\right\} = \overline{OC} \pm \overline{CA} = \frac{\sigma_x + \sigma_y}{2} \pm \sqrt{\left(\frac{\sigma_x - \sigma_y}{2}\right)^2 + \tau_x^2} \tag{8.4}$$

式（8.4）就是计算单元体主应力的公式。求得 σ' 与 σ'' 后，与已知的第三个主平面上的主应力 σ''' 比较，就不难排列出单元体的三个主应力的顺序了。对于本例，已知的第三个主平面为与纸面平行的平面，其上主应力 $\sigma'''=0$，因此三个主应力的排列顺序依次为：

$$\sigma_1 = \frac{\sigma_x + \sigma_y}{2} + \sqrt{\left(\frac{\sigma_x - \sigma_y}{2}\right)^2 + \tau_x^2}$$

$$\sigma_2=\frac{\sigma_x+\sigma_y}{2}-\sqrt{\left(\frac{\sigma_x-\sigma_y}{2}\right)^2+\tau_x{}^2}$$

$$\sigma_3=0$$

主平面的方位也可从应力圆上确定。如前所述，应力圆上的 D_x 点对应着垂直于 x 轴的平面，A 点对应着主应力 σ_1 所在的平面，而 $\angle D_xCA=2\alpha_0$，α_0 为上述两平面的法线间的夹角，即 x 轴与 σ_1 间的夹角。由于在应力圆上从 D_x 点转到 A 点的转角是顺时针方向，按照单元体中对方向角的正负号规定，α_0 角应为负值。据此，由应力圆可得：

$$\tan 2\alpha_0=-\frac{D_xF}{CF}=-\frac{2\tau_x}{\sigma_x-\sigma_y} \tag{8.5}$$

由于在应力圆上 A、B 两点的夹角为 180°，因此这两点所对应的两个主平面是互相垂直的。现将本例的主单元体绘于图 8-10（b）中。

必须指出，满足式（8.5）的角度有两个，即 α_0 和 $\alpha_0+90°$，（或 $\alpha_0-90°$）它表明两个主应力是互相垂直的。至于这两个角度，哪一个与 σ_1 对应，哪一个与 σ_2 对应，利用应力圆极易判断。

主平面是特殊的斜截面，它上面只有正应力而无切应力，根据这个特点，确定主平面的位置及主应力的大小，也可以通过式（8.1）和式（8.2）令 $\frac{d\sigma_\alpha}{d\alpha}=0$ 或 $\tau_\alpha=0$ 由解析法求得，其结果与利用应力圆得到的相同。

特别指出的是，对于解析法得到的两个方向角 α_0 和 $\alpha_0+90°$与两个主应力的对应关系，可根据切应力引起的单元体的变形趋势去判断。例如在图 8-10（b）中，在 $\tau_x>0$ 的情况下，两对切应力引起 ca 方向的伸长，所以沿 ca 方向就是主应力 σ_1 的指向，与 α_0 相对应，而 $\alpha_0+90°$与另一个主应力 σ_2 相对应。

8.2.3　最大切应力及其所在截面

从应力圆上，可直接得到最大切应力和最小切应力分别为：

$$\left.\begin{aligned}\tau_{max}&=\sqrt{\left(\frac{\sigma_x-\sigma_y}{2}\right)^2+\tau_x{}^2}\\ \tau_{min}&=-\sqrt{\left(\frac{\sigma_x-\sigma_y}{2}\right)^2+\tau_x{}^2}\end{aligned}\right\} \tag{8.6}$$

其所在截面也相互垂直，并与主平面成±45°夹角。当然这一关系也可由解析法求得。

【例 8-2】 试用解析法和图解法确定如图 8-11（a）所示单元体中主应力、主平面和最大切应力，并画出主应力单元体。

解：（1）解析法。

该单元体为平面应力状态，已知一个主应力为零，另外两个主应力可由式（8.4）求得：

$$\left.\begin{matrix}\sigma'\\ \sigma''\end{matrix}\right\}=\frac{\sigma_x+\sigma_y}{2}\pm\sqrt{\left(\frac{\sigma_x-\sigma_y}{2}\right)^2+\tau_x{}^2}=\frac{-70+0}{2}\pm\sqrt{\left(\frac{-70-0}{2}\right)^2+50^2}=\begin{matrix}26(\text{MPa})\\ -96(\text{MPa})\end{matrix}$$

因此三个主应力为：

$$\sigma_1=26\text{MPa},\quad \sigma_2=0,\quad \sigma_3=-96\text{MPa}$$

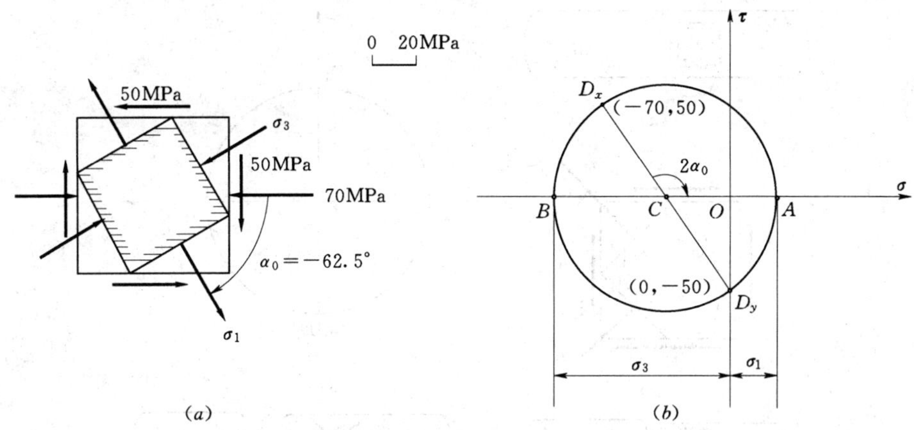

图 8-11

主平面的方位角可由式（8.5）求得：

$$\alpha_0=\frac{1}{2}\arctan\left(-\frac{2\tau_x}{\sigma_x-\sigma_y}\right)=\frac{1}{2}\arctan\left(-\frac{2\times 50}{-70-0}\right)=27.5°$$

$$\alpha_0-90°=-62.5°$$

根据切应力引起单元体的变形趋势看，与主应力 σ_1 对应的是 $-62.5°$，而与主应力 σ_3 对应的是 27.5°，主单元体如图 8-11（a）所示。

最大切应力为：

$$\tau_{\max}=\sqrt{\left(\frac{\sigma_x-\sigma_y}{2}\right)^2+\tau_x{}^2}=\sqrt{\left(\frac{-70-0}{2}\right)^2+50^2}=61(\text{MPa})$$

（2）图解法。

在 $O\sigma\tau$ 坐标系内，按选定的比例尺，确定两点 $D_x(-70,\ 50)$ 和 $D_y(0,\ -50)$，以 CD_x 为半径画圆即得相应的应力圆。

应力圆与坐标轴 σ 相交于 A 点和 B 点，按选定的比例尺，量得 $OA=26\text{MPa}$，$OB=-96\text{MPa}$，所以三个主应力和最大切应力分别为

$$\sigma_1=26\text{MPa},\quad \sigma_2=0,\quad \sigma_3=-96\text{MPa},\quad \tau_{\max}=61\text{MPa}$$

从应力圆中量得 $\alpha_0=\angle D_xCA=-125°$，由于自半径 CD_x 至 CA 的转向为顺时针方向，因此，主应力 σ_1 的方位角为 $-62.5°$。据此可得到主单元体如图 8-11（a）所示。

【例 8-3】 试用图解法分析圆轴扭转时塑性材料和脆性材料的破坏现象。

解： 圆轴扭转时，最大切应力发生在圆轴的外表层。在圆轴表面 K 点取一单元体，如图 8-12（a）所示，其应力状态如图 8-12（b）所示，各面上只有切应力作用，称为纯剪切状态。

在 $O\sigma\tau$ 坐标系内，按选定的比例尺，确定两点 $D_1(0,\ \tau_x)$ 和 $D_2(0,\ -\tau_x)$，以 CD_1 为半径画圆即得相应的应力圆，如图 8-12（c）所示。由应力圆可得：

$$\sigma_1=\tau_x,\quad \sigma_2=0,\quad \sigma_3=-\tau_x$$

主平面的方位角 $\alpha_0=-45°$，由 x 轴到主平面外法线按顺时针旋转，得到主单元体如图 8-12（b）所示。

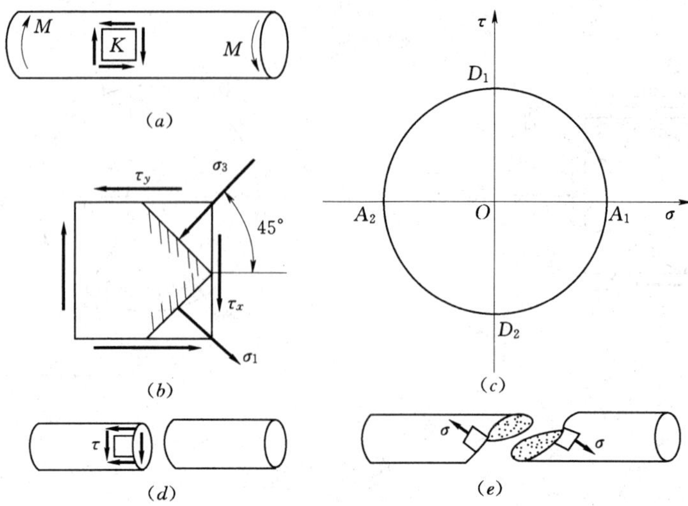

图 8-12

对于塑性材料（如低碳钢）制成的圆轴，由于塑性材料的抗剪强度较差，扭转时沿横截面破坏，如图 8-12（*d*）所示；对于脆性材料（如铸铁）制成的圆轴，由于脆性材料的抗拉强度较低，扭转时沿与轴线 45°方向破坏，如图 8-12（*e*）所示。

【例 8-4】 如图 8-13（*a*）、（*b*）所示矩形截面简支梁，跨中作用集中荷载 $F=20\text{kN}$，截面尺寸为 $b=80\text{mm}$，$h=160\text{mm}$。试计算距离左端支座 $x=0.3\text{m}$ 的 D 处截面中性层以上 $y=20\text{mm}$ 某点 K 的主应力及其方位和最大切应力。

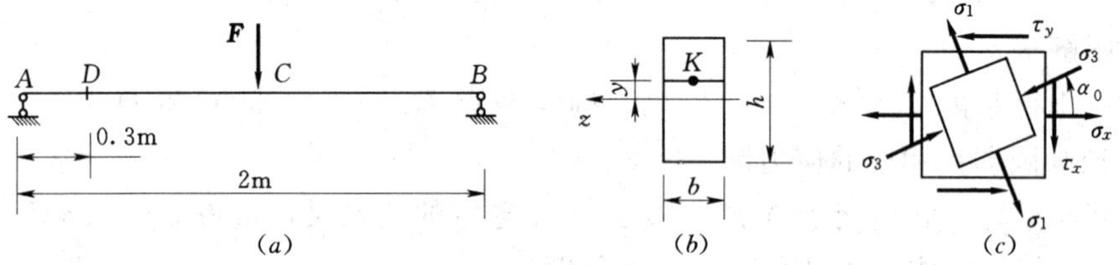

图 8-13

解：（1）计算 D 处的剪力及弯矩：

$$F_{SD}=10\text{kN},\quad M_D=3\text{kN}\cdot\text{m}$$

（2）计算 D 处截面中性层以上 20mm 处 K 点正应力及切应力。

$$\sigma_K=-\frac{M_D y}{I_z}=-\frac{3\times10^6\times20}{\frac{1}{12}\times80\times160^3}=-2.2(\text{MPa})$$

$$\tau_K=-\frac{F_{SD}S_z^*}{I_z b}=-\frac{10\times10^3\times80\times60\times50}{\frac{1}{12}\times80\times160^3\times80}=1.1(\text{MPa})$$

（3）计算主应力及其方位。

因梁的纵向纤维之间互不挤压，故 $\sigma_y=0$，所以梁内一点 K 处应力状态用单元体表示如图 8-13（*b*）所示，其主应力为：

$$\left.\begin{matrix}\sigma' \\ \sigma''\end{matrix}\right\}=\frac{\sigma_x}{2}\pm\sqrt{\left(\frac{\sigma_x}{2}\right)^2+\tau_x{}^2}$$

由于此时 $\tau_x=\tau_K\neq0$，所以对于这两个主应力的代数值必有 $\sigma'>0$，$\sigma''<0$ 成立，同时又有 $\sigma'''=0$，也就是说这两个主应力一个是主拉应力 σ_1，一个是主压应力 σ_3。

代入 $\sigma_x=\sigma_K=-2.2\text{MPa}$，$\tau_x=\tau_K=1.1\text{MPa}$ 得主应力为：

$$\begin{matrix}\sigma_1 \\ \sigma_3\end{matrix}=\frac{-2.2}{2}\pm\sqrt{\left(\frac{-2.2}{2}\right)^2+1.1^2}=\begin{matrix}0.46 \\ -2.66\end{matrix}(\text{MPa})$$

主方向为：

$$\tan2\alpha_0=\frac{-2\times1.1}{-2.2}=1$$

$$\alpha_0=22.5^\circ$$

根据切应力引起单元体的变形趋势看，$\alpha_0=22.5^\circ$对应的主应力是 σ_3，所以主应力单元体如图 8-13（*b*）所示。

（4）计算最大切应力及其方位。

$$\tau_{\max}=\sqrt{\left(\frac{-2.2}{2}\right)^2+1.1^2}=1.56(\text{MPa})$$

8.2.4 梁的主应力迹线

在工程实际中，钢筋混凝土梁出现如图 8-14 斜裂缝的现象，是什么原因引起的呢？前面分析了梁的正应力和切应力强度问题，最大正应力发生在梁横截面的上下边缘各点，这些点上的切应力等于零，在其他位置既有正应力也有切应力，那么其主应力又如何呢？下面研究梁上不同点的主应力及主应力方向的变化规律。

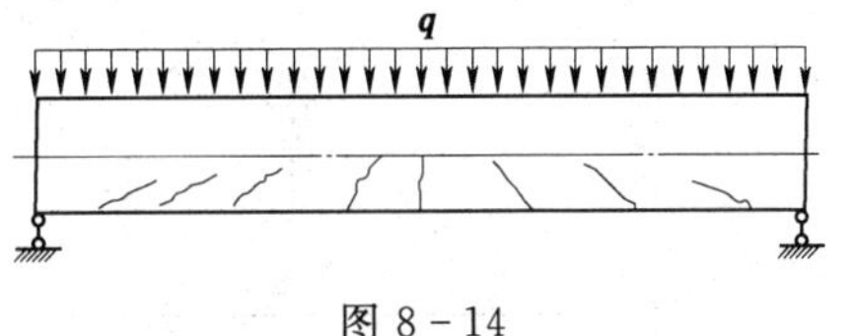

图 8-14

如图 8-15（*a*）所示的梁，在荷载作用下，横截面上的内力如图 8-15（*b*）所示，正应力、切应力如图 8-15（*c*）所示。取横截面上 1、2、3、4、5 五个点，应用应力圆研究它们的主应力方向的变化规律，如图 8-15（*d*）、（*e*）所示。

把梁分成多个截面 1—1、2—2、…，如图 8-16 所示，从 1—1 截面上任一点 *a* 起，求出 *a* 点的主应力 σ_1 方向，并延长方向线，与截面 2—2 交于 *b* 点，再求 *b* 点的主应力方向，也延长该方向线，交于截面 3—3…依次下去，便得到折线 *abc*…，当截面取得比较密集时，则折线近似变为一条光滑的曲线，曲线上任一点的切线显然是梁主应力 σ_1 的方向，这条曲线称为主拉应力迹线，按照同样的方法，在梁上可以画出很多主应力迹线，如图 8-17（*a*）中的实线所示。同理还可以画出 σ_3 的主压应力迹线如图 8-17（*a*）中的虚线所示。

从梁的主拉应力迹线的分布情况便能解释为什么混凝土梁轴线下边有时会出现斜裂纹的现象。对于钢筋混凝土梁常按主应力迹线配置钢筋，如图 8-17（*b*）所示。除此以外，工程中的重力坝施工时混凝土分缝分区设计和厂房中牛腿柱设计都要以主应力迹线图为重要依据。

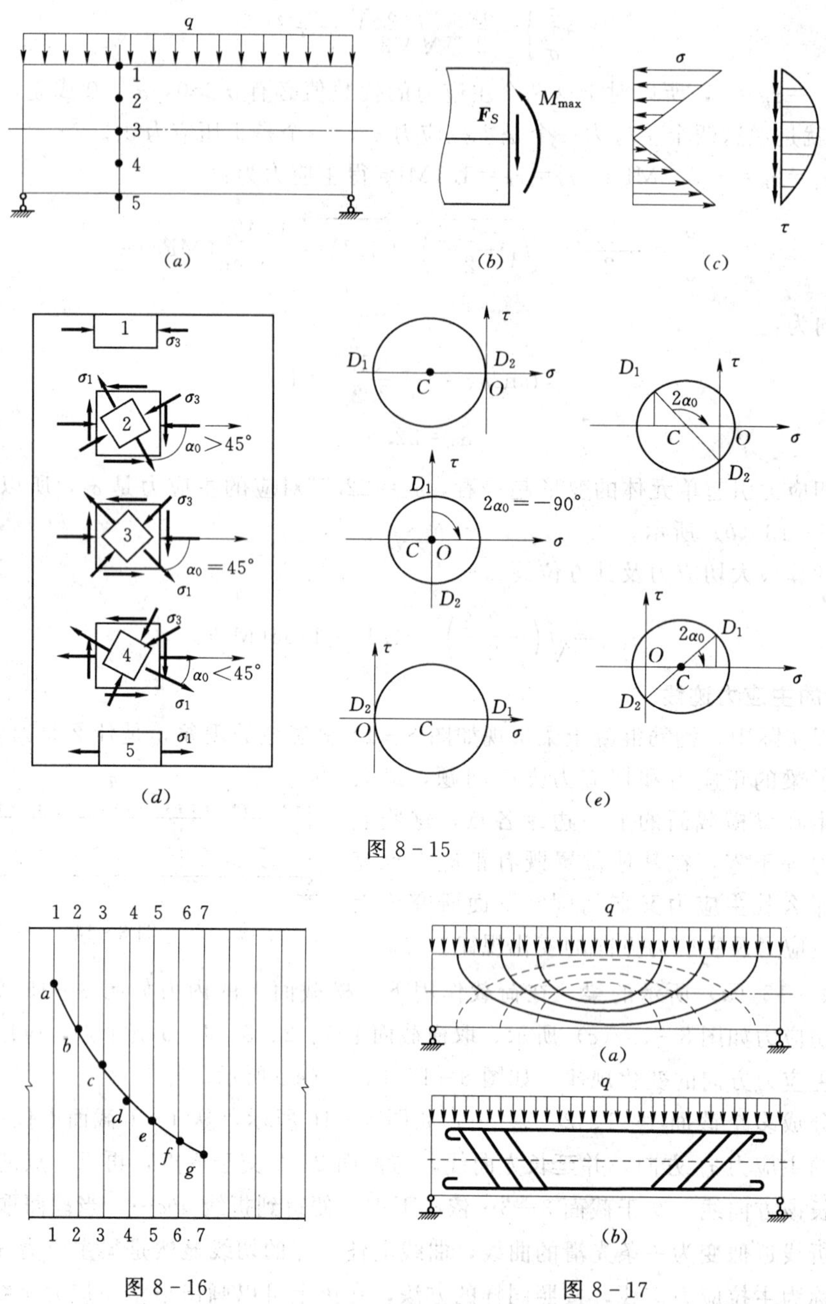

图 8-15

图 8-16　　图 8-17

8.3　空间应力状态简介

在实际工程中，空间应力状态的例子也是很多的。如图 8-18（a）所示，在地层一定深度处所取的单元体，竖向受到地层的压力，四个侧面受到水平压力，因而三个主应力都不等于零，这是三向受压的应力状态。另外几乎所有物体之间的局部接触点处都是空间应力状态，如图 8－18（b）所示的圆柱与圆柱接触点处和如图 8－18（c）所示的滚珠轴承中钢球与内环接触点处。

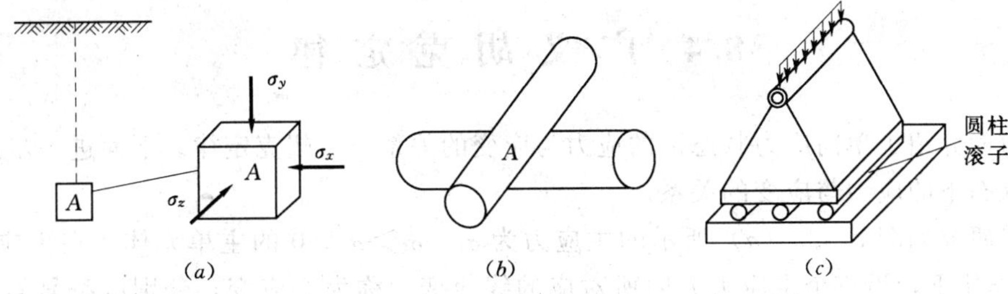

图 8－18

一般来说，空间应力状态的分析比较复杂，本节只研究空间应力状态下单元体内的最大正应力与最大切应力。

假设已知构件内一点的空间应力状态单元体，其主应力 $\sigma_1>\sigma_2>\sigma_3>0$，如图 8－19（$a$）所示。首先研究与主应力 σ_3 平行的任意斜截面 $abcd$ 上的应力，取楔形体如图 8－19（b）所示。由于主应力 σ_3 所在的两平面上的力互相平衡，所以此斜截面 $abcd$ 上的应力仅与 σ_1 和 σ_2 有关，因而平行于 σ_3 的各斜截面上的应力简化成只受 σ_1 和 σ_2 作用的二向应力状态，其各斜截面上的应力可由 σ_1 和 σ_2 所确定的应力圆上相应点的坐标来表示，如图 8－19（c）所示。同理，平行于 σ_2 的平面上的应力，由 σ_1 和 σ_3 所确定的应力圆上相应点的坐标来表示；平行于 σ_1 的平面上的应力，由 σ_2 和 σ_3 所确定的应力圆上相应点的坐标来表示。

进一步的理论分析证明，对于图 8－19（a）中与三个主应力都不平行的任意斜截面 egf 上的应力 σ 和 τ 相应的点 A，必定在由上述三个应力圆所围成的阴影区域以内，如图 8－19（c）所示。

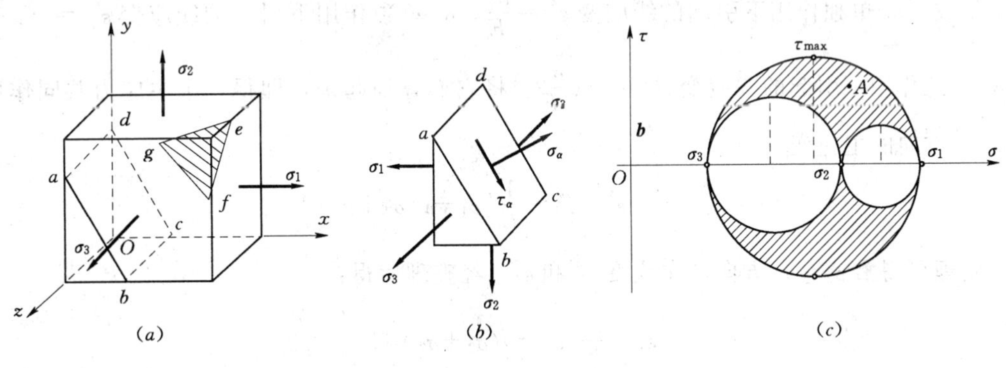

图 8－19

因此，在三向应力状态下，一点处的最大和最小正应力为：

$$\sigma_{max}=\sigma_1,\quad \sigma_{min}=\sigma_3 \tag{8.7}$$

最大切应力为：

$$\tau_{max}=\frac{\sigma_1-\sigma_3}{2} \tag{8.8}$$

τ_{max}位于与 σ_1 和 σ_3 均成 45°的斜截面。

由上述分析可知，σ_{max}、σ_{min}、τ_{max} 均发生在与 σ_2 平行的截面内。式（8.7）和式（8.8）同样适用于二向应力状态和单向应力状态。

8.4　广义胡克定律

在前面介绍了单向应力状态下的应力与应变的关系——胡克定律。下面进一步讨论三向应力状态下的应力与应变的关系。

仍然研究如图 8-20（a）所示的主应力为 $\sigma_1>\sigma_2>\sigma_3>0$ 的主单元体。在主应力 σ_1、σ_2 和 σ_3 作用下，沿三个主应力方向所对应的线应变，称为主应变，分别以符号 ε_1、ε_2 和 ε_3 表示。

当变形很小，且处于线弹性范围时，可分别求出每个主应力单独作用时所引起的应变，然后利用叠加法，便可得到三向应力状态下主应力与主应变的关系。

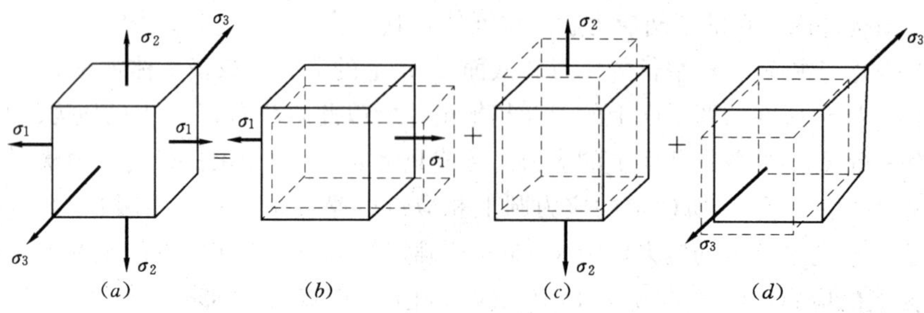

图 8-20

如图 8-20（a）所示，假如材料是各向同性的，沿 σ_1 方向的主应变 ε_1 由如下三部分应变组成：σ_1 单独作用下引起的线应变 $\varepsilon'_1=\dfrac{\sigma_1}{E}$，$\sigma_2$ 单独作用下引起的线应变 $\varepsilon''_1=-\nu\dfrac{\sigma_2}{E}$ 与 σ_3 单独作用下引起的线应变 $\varepsilon'''_1=-\nu\dfrac{\sigma_3}{E}$。将它们叠加起来，即得三个主应力共同作用下在 σ_1 方向的主应变。

$$\varepsilon_1=\varepsilon_1'+\varepsilon_1''+\varepsilon_1'''=\frac{1}{E}[\sigma_1-\nu(\sigma_2+\sigma_3)]$$

同理可得沿 σ_2、σ_3 方向的主应变 ε_2 和 ε_3，经整理后得：

$$\left.\begin{aligned}\varepsilon_1&=\frac{1}{E}[\sigma_1-\nu(\sigma_2+\sigma_3)]\\ \varepsilon_2&=\frac{1}{E}[\sigma_2-\nu(\sigma_1+\sigma_3)]\\ \varepsilon_3&=\frac{1}{E}[\sigma_3-\nu(\sigma_1+\sigma_2)]\end{aligned}\right\}\tag{8.9}$$

式（8.9）表达了在复杂应力状态下主应变与主应力的关系，称为广义胡克定律。式中主应力为代数值，拉应力为正，压应力为负。若求出的主应变为正值则表示伸长，反之则表示缩短。该式同样也适用于二向应力状态和单向应力状态。

在弹性范围内，切应力对与其垂直的线应变没有影响，所以当单元体的各个面上除正应力外还有切应力时，沿 σ_x、σ_y 和 σ_z 方向的线应变 ε_x、ε_y 和 ε_z 与 σ_x、σ_y 和 σ_z 的关系仍可由式(8.9) 求得，此时只需将该式中的字符下标 1、2、3 分别用 x、y 和 z 代替即可，所以有

$$\left.\begin{aligned}\varepsilon_x&=\frac{1}{E}[\sigma_x-\nu(\sigma_y+\sigma_z)]\\ \varepsilon_y&=\frac{1}{E}[\sigma_y-\nu(\sigma_x+\sigma_z)]\\ \varepsilon_z&=\frac{1}{E}[\sigma_z-\nu(\sigma_x+\sigma_y)]\end{aligned}\right\}\tag{8.10}$$

【例 8-5】 如图 8-21 (*a*) 所示，在一体积较大的钢块上开一个贯穿的槽，其宽度和深度都是 10mm，在槽内紧密无隙地嵌入一铝质立方块，尺寸是 10mm×10mm×10mm。假设钢块不变形，不考虑钢槽与铝块之间的摩擦，铝的弹性模量 $E=70$GPa，泊松比 $\nu=0.33$。当铝块受到压力 $F=6$kN 时，试求铝块的三个主应力及相应的主应变。

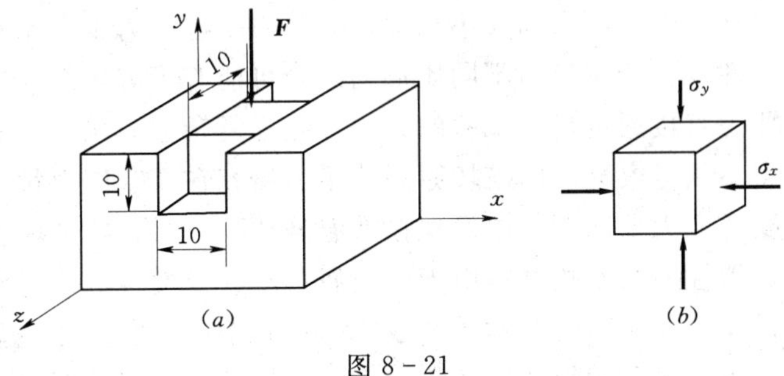

图 8-21

解：(1) 铝块的受力分析。

为分析方便，建立坐标系如图 8-21 (*a*) 所示，在力 **F** 作用下，铝块内水平面上的应力为：

$$\sigma_y=-\frac{F}{A}=-\frac{6\times10^3}{10\times10\times10^{-6}}=-60(\text{MPa})$$

由于钢块不变形，它阻止了铝块在 x 方向的膨胀，所以，$\varepsilon_x=0$。铝块外法线为 z 的平面是自由表面，所以 $\sigma_z=0$。若不考虑钢槽与铝块之间的摩擦，从铝块中沿平行于三个坐标平面截取的单元体，各面上没有切应力。所以，这样截取的单元体是主单元体，如图 8-21 (*b*) 所示。

(2) 求主应力及主应变。

根据上述分析，如图 8-21 (*b*) 所示单元体的已知条件为：

$$\sigma_y=60\text{MPa},\quad \sigma_z=0,\quad \varepsilon_x=0$$

将上述结果及 $E=70$GPa，$\nu=0.33$ 代入式 (8.10) 中，得：

$$\left.\begin{aligned}0&=\frac{1}{E}[\sigma_x-\nu(-60+0)]\\ \varepsilon_y&=\frac{1}{E}[-60-\nu(\sigma_x+0)]\\ \varepsilon_z&=\frac{1}{E}[0-\nu(\sigma_x-60)]\end{aligned}\right\}$$

联立上述三个方程得：

$$\sigma_x=-19.8\text{MPa}, \varepsilon_y=-17.65\times10^{-4}, \varepsilon_z=3.76\times10^{-4}$$

即

$$\sigma_1=\sigma_z=0, \sigma_2=\sigma_x=-19.8\text{MPa}, \sigma_3=\sigma_y=-60\text{MPa}$$
$$\varepsilon_1=\varepsilon_z=3.76\times10^{-4}, \varepsilon_2=\varepsilon_x=0, \varepsilon_3=\varepsilon_y=-17.65\times10^{-4}$$

8.5　强　度　理　论

8.5.1　强度理论的概念

前几章中，轴向拉压、圆轴扭转、平面弯曲的强度条件，可用 $\sigma_{max}\leqslant[\sigma]$ 或 $\tau_{max}\leqslant[\tau]$ 形式表示，许用应力 $[\sigma]$ 或 $[\tau]$ 是通过实验测出失效（断裂或屈服）时的极限应力，再除以安全因数后得出的，可见基本变形的强度条件是以实验为基础的。

但在实际工程中，构件的受力情况是多种多样的，危险点通常处于复杂应力状态。材料的失效与否不仅仅与三个主应力的大小有关，还与三个主应力不同比例的组合有关，而由于受力情况的多样性，三个主应力不同比例的组合可能有无穷多组，从而需要进行无数次的试验。因此，要想直接通过材料试验的方法来建立复杂应力状态下的强度条件是不现实的。于是人们不得不从考察材料的破坏原因着手，研究在复杂应力状态下的强度条件。

在长期的生产实践和大量的试验中发现在常温静载下，材料的破坏主要有塑性屈服和脆性断裂两种形式。塑性屈服是指材料由于出现屈服现象或发生显著塑性变形而产生的破坏。例如低碳钢试件拉伸屈服时在与轴线约成 45°的方向出现滑移线，这与最大切应力有关。脆性断裂是指不出现显著塑性变形的情况下突然断裂的破坏。例如灰铸铁拉伸时沿拉应力最大的横截面断裂，而无明显的塑性变形。

上述情况表明，在复杂应力状态下，尽管主应力的比例组合有无穷多种，但是材料的破坏却是有规律的，即某种类型的破坏都是同一因素引起的。据此，人们把在复杂应力状态下观察到的破坏现象同材料在单向应力状态的试验结果进行对比分析，将材料在单向应力状态达到危险状态的某一因素作为衡量材料在复杂应力状态达到危险状态的准则，先后提出了关于材料破坏原因的多种假说，这些假说就称为强度理论。根据不同的强度理论可以建立相应的强度条件，从而为解决复杂应力状态下构件的强度计算问题提供了依据。

强度失效的形式主要有两种，即屈服与断裂。故强度理论也应分成两类：一类是解释断裂失效的，其中有第一强度理论（最大拉应力理论）和第二强度理论（最大伸长线应变理论）。另一类是解释屈服失效的，其中有第三强度理论（最大切应力理论）和第四强度理论（形状改变比能理论）。莫尔理论建立在广泛的实验基础之上，同时可以用于解释断裂失效和屈服失效。

8.5.2　第一强度理论（最大拉应力理论）

这一理论认为：不论材料处在什么应力状态，引起材料发生脆性断裂的原因是最大拉应力达到了某个极限值，即单元体内的最大拉应力 σ_1 达到了强度极限 σ_b，相应的强度条件为：

$$\sigma_1\leqslant[\sigma] \tag{8.11}$$

式中 $[\sigma]=\sigma_b/n$ 是单向拉伸断裂时材料的许用应力，σ_b 是强度极限，n 为强度安全因数。

试验证明，这一理论对解释材料的断裂破坏比较满意。例如脆性材料在单向、二向和三向拉伸时所发生的断裂，塑性材料在三向拉伸应力状态下所发生的脆性断裂。但这个理论没有考虑到其他两个主应力对断裂破坏的影响；同时，对于压缩应力状态，由于根本不存在拉应力，这个理论就无法应用。

8.5.3 第二强度理论（最大拉应变理论）

这个理论认为，最大拉应变是引起材料脆性断裂的主要原因。也就是说不论材料处于何种应力状态，只要危险点处的最大伸长线应变 ε_1 达到材料单向拉伸断裂时线应变的极限值 ε^0，材料即发生脆性断裂破坏。

材料发生脆性断裂破坏时可以认为从加载直至破坏，材料服从胡克定律，则有：

$$\varepsilon^0=\frac{\sigma_b}{E}$$

由广义胡克定律可知：

$$\varepsilon_1=\frac{1}{E}[\sigma_1-\nu(\sigma_2+\sigma_3)]$$

所以第二强度理论的发生脆性断裂破坏的条件可写成：

$$\sigma_1-\nu(\sigma_2+\sigma_3)=\sigma_b$$

相应的强度条件为：

$$\sigma_1-\nu(\sigma_2+\sigma_3)\leqslant[\sigma] \tag{8.12}$$

式（8.12）中 $[\sigma]=\sigma_b/n$ 是单向拉伸断裂时材料的许用应力，σ_b 是强度极限，n 为强度安全因数。

试验表明，第二强度理论对于塑性材料并不适合；对于脆性材料，只有在二向拉伸（压缩）应力状态，且压应力的绝对值较大时，试验与理论结果才比较接近，但也并不完全符合。所以在目前的强度计算中很少应用第二强度理论。

8.5.4 第三强度理论（最大切应力理论）

这一理论认为，最大切应力是引起材料塑性屈服破坏的主要原因。也就是说，不论材料处于何种应力状态，只要危险点处的最大切应力 $\tau_{\max}$ 达到单向拉伸屈服时的切应力值 τ_u，材料即发生塑性屈服破坏。

在单向拉伸的情况下，横截面上的拉应力达到屈服极限 σ_s 时，在与轴线成 45°的斜截面上有 $\tau_u=\sigma_s/2$；在复杂应力状态下的最大切应力为 $\tau_{\max}=(\sigma_1-\sigma_3)/2$，于是材料塑性屈服破坏的条件可写为：

$$\sigma_1-\sigma_3=\sigma_s$$

相应的强度条件为：

$$\sigma_1-\sigma_3=[\sigma] \tag{8.13}$$

式（8.13）中 $[\sigma]=\sigma_s/n$ 是单向拉伸屈服时材料的许用应力，σ_s 是强度极限，n 为强度安全因数。

试验证明，第三强度理论不仅能说明塑性材料的屈服破坏，而且还能说明脆性材料在单向受压时的剪切破坏，并能解释在三向等值压应力状态下，无论应力增大到何种程度，材料都不会破坏，这是因为它的相当应力总等于零。但是这个理论没有考虑主应力 σ_2 对材料破坏的影响。对于三向等值拉伸应力状态，按照这个理论材料就不会发生破坏，这与事实不符合。所以第三强度理论仍然是有缺陷的。

8.5.5　形状改变比能理论（第四强度理论）

物体受力发生弹性变形后，其各质点的相对位置及质点间的相互作用力也都要发生改变，因而在其内部将储存能量，这种能量称为弹性变形能。变形能包括体积改变能与形状改变能，单位体积内的形状改变能称为形状改变比能。在三向应力状态下，形状改变比能的表达式为：(推导从略)

$$u_d=\frac{1+\nu}{6E}[(\sigma_1-\sigma_2)^2+(\sigma_2-\sigma_3)^2+(\sigma_3-\sigma_1)^2]$$

第四强度理论认为，形状改变比能是引起材料塑性屈服破坏的主要原因。也就是说，不论材料处于何种应力状态，只要危险点处内部积蓄的形状改变比能 u_d 达到材料在单向拉伸屈服时的形状改变比能值 u_d^0，材料即发生塑性屈服破坏。

材料在单向拉伸屈服时，$\sigma_1=\sigma_s$，$\sigma_2=\sigma_3=0$，因此形状改变比能为：

$$u_d^0=\frac{1+\nu}{6E}[(\sigma_s-0)^2+(0-0)^2+(0-\sigma_s)^2]=\frac{1+\nu}{3E}\sigma_s^2$$

因此材料塑性屈服破坏的条件为：

$$\sqrt{\frac{1}{2}[(\sigma_1-\sigma_2)^2+(\sigma_2-\sigma_3)^2+(\sigma_3-\sigma_1)^2]}=\sigma_s$$

相应的强度条件为：

$$\sigma_{r4}=\sqrt{\frac{1}{2}[(\sigma_1-\sigma_2)^2+(\sigma_2-\sigma_3)^2+(\sigma_3-\sigma_1)^2]}\leqslant[\sigma] \tag{8.14}$$

式中 $[\sigma]=\sigma_s/n$ 是单向拉伸屈服时材料的许用应力，σ_s 是强度极限，n 为强度安全因数。

根据几种塑性材料（钢、铜、铝）的薄管试验资料，表明形状改变第四强度理论比第三强度理论更符合实验结果。在纯剪切下，按第三强度理论和第四强度理论的计算结果差别最大，这时，由第三强度理论的屈服条件得出的结果比第四强度理论的计算结果大 15%。

8.5.6　莫尔强度理论

第三强度理论认为：引起材料屈服的主要因素是最大剪应力。而莫尔（O. mohr）强度理论认为：引起材料失效的主要因素是剪应力，但同时还应考虑这个剪应力所在截面上的正应力的影响，材料是否失效取决于三向应力圆中的最大应力圆，即假设中间主应力 σ_2 不影响材料的强度。

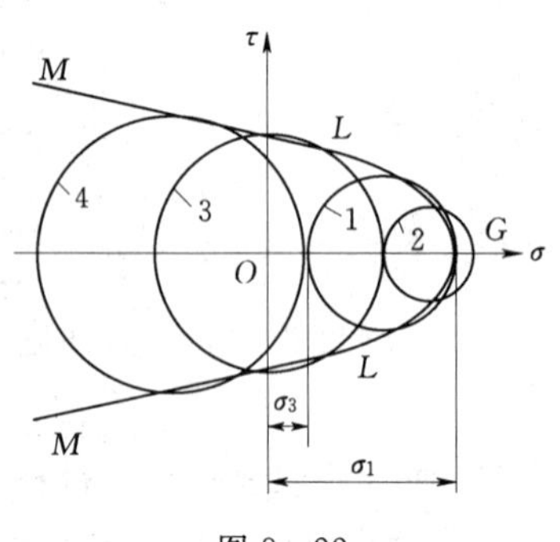

图 8-22

莫尔强度理论失效准则的建立，以实验为基础。对于某一种材料的单元体，作用不同比值的主应力 σ_1、σ_2 和 σ_3。先指定三个主应力的某一种比值，然后按这种比值使主应力增长，直到材料强度失效，以失效时的主应力 σ_1、σ_3 作应力圆 1，如图 8-22 所示。这种失效时的应力圆称作极限应力圆。然后再给定三个主应力另一种比值，并维持这种比值给单元体加载，直至材料强度失效，这样又得到极限应力圆 2。依此不断改变主应力的比值，得到这种材料一系列的极限应力圆 1，2，3，…。然后画出这些极限应力圆的包络线 MLG。

莫尔强度理论认为，不同的材料，包络线是不同的。但对同一种材料而言，则包络线是唯一的。

对于一个已知的应力状态，如由 σ_1、σ_3 确定的应力圆在上述包络线之内，则这一应力状态不会失效。如恰于包络线相切，就表明这一应力状态已达到失效状态，且该切点对应的单元体的面即为失效面。

在莫尔强度理论的实际应用中，为了简化起见，只画出单向拉伸和压缩的极限应力圆，并以此两圆的公切线来代替包络线。同时，考虑到强度计算，还应当引入适当的安全系数 n，这就相当于将单向拉、压的极限应力圆缩小 n 倍。根据缩小后的应力圆的公切线即可建立莫尔强度理论的强度条件。

设某种材料的许用拉应力和许用压应力分别为 $[\sigma_t]$ 和 $[\sigma_c]$，作出两应力圆及两圆的公切线如图 8-23 所示。

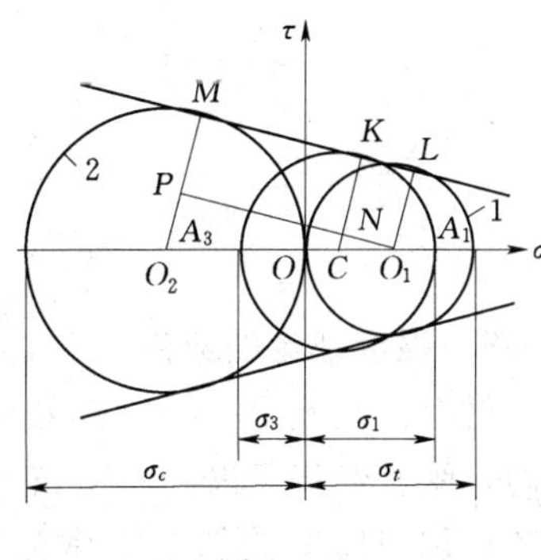

图 8-23

假如某一单元体考虑了安全系数 n 以后的极限应力圆与公切线 ML 相切于 K 点，C 为该极限应力圆圆心。这时，O_1L，O_2M 和 CK 均与公切线 ML 垂直，再作 O_1P 垂直于 O_2M。根据$\triangle O_1NC$ 与$\triangle O_1PO_2$ 相似，得：

$$\frac{NC}{PO_2}=\frac{CO_1}{O_2O_1} \tag{8.15}$$

式中
$$NC=KC-KN=\frac{\sigma_1-\sigma_3}{2}-\frac{[\sigma_t]}{2},\ PO_2=MO_2-MP=\frac{[\sigma_c]}{2}-\frac{[\sigma_t]}{2}$$

$$CO_1=OO_1-OC=\frac{[\sigma_t]}{2}-\frac{\sigma_1+\sigma_3}{2},\ O_2O_1=OO_1+OO_2=\frac{[\sigma_c]}{2}+\frac{[\sigma_t]}{2}$$

将上式代入式（8.15），经简化得出：

$$\sigma_1-\frac{[\sigma_t]}{[\sigma_c]}\sigma_3=[\sigma_t]$$

所以莫尔强度理论的强度条件为：

$$\sigma_1-\frac{[\sigma_t]}{[\sigma_c]}\sigma_3\leqslant[\sigma_t] \tag{8.16}$$

对于一般塑性材料，其抗拉和抗压性能相等（例如低碳钢），即 $[\sigma_t]=[\sigma_c]$，此时的莫尔强度理论变成 $\sigma_1-\sigma_3\leqslant[\sigma]$，这就是最大切应力理论的强度条件。可见莫尔强度理论实际上是第三强度理论的推广。

莫尔强度理论不但可用于塑性材料，也可以用于铸铁等脆性材料，特别适用于抗拉和抗压强度不同的材料。它广泛地应用于土力学、岩石力学、地质力学。其不足之处是，与最大切应力理论一样，没有考虑中间主应力 σ_2。不过 σ_2 对材料的影响较小，在极端情况下不超过 15%，大多数情况下由于未考虑 σ_2 所引起的误差更小。

8.5.7　相当应力

可将式（8.11）～式（8.16）的五个强度理论的强度条件和莫尔强度理论写成统一形式

$$\sigma_{ri} \leqslant [\sigma] \tag{8.17}$$

式中的 σ_{ri} 称为相当应力或计算应力，下脚标 i 分别对应于相应的强度理论，因此有：

$$\sigma_{r1}=\sigma_1$$

$$\sigma_{r2}=\sigma_1-\nu(\sigma_2+\sigma_3)$$

$$\sigma_{r3}=\sigma_1-\sigma_3$$

$$\sigma_{r4}=\sqrt{\frac{1}{2}[(\sigma_1-\sigma_2)^2+(\sigma_2-\sigma_3)^2+(\sigma_3-\sigma_1)^2]}$$

$$\sigma_{rm}=\sigma_1-\frac{[\sigma_t]}{[\sigma_c]}\sigma_3$$

8.5.8　强度理论的应用

材料的失效是一个极其复杂的问题，四种常用的强度理论都是在一定的历史条件下产生的，受到经济发展和科学技术水平的制约，都有一定的局限性。本节介绍的四种强度理论和莫尔强度理论都是在常温、静荷载下，适用于均匀、连续、各向同性材料的强度理论。

大量的工程实践和试验结果表明，上述强度理论的适用范围与材料的类别和应力状态等有关。一般原则如下：

（1）脆性材料通常发生脆性断裂破坏，宜采用第一或第二强度理论。

（2）塑性材料通常发生塑性屈服破坏，宜采用第三或第四强度理论。

（3）在三向拉伸应力状态下，如果三个拉应力相近，无论是塑性材料还是脆性材料都将发生脆性断裂破坏，宜采用第一强度理论。

（4）在三向压缩应力状态下，如果三个压应力相近，无论是塑性材料还是脆性材料都将发生塑性屈服破坏，宜采用第三或第四强度理论。

应用强度理论解决实际问题的步骤是：

（1）分析计算危险点的应力。

（2）确定主应力 σ_1、σ_2、σ_3。

（3）根据危险点处的应力状态和构件材料的性质，选用适当的强度理论，计算相当应力，应用相应的强度条件进行强度计算。

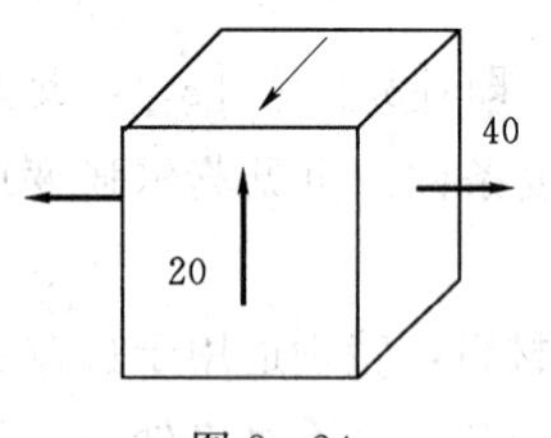

图 8-24

【例 8-6】 一铸铁零件，在危险点处的应力状态如图 8-24 所示，应力单位为 MPa。已知材料的 $[\sigma_t]=45\text{MPa}$，$\nu=0.25$，试校核其强度。

解：（1）先计算主应力。

由于左右面上只有正应力，没有切应力，所以左右面是一对主平面，其主应力为 $\sigma'=40\text{MPa}$。对于上下面和前后面组成的平面应力状态是一个纯剪切状态，其主应力分别为 $\sigma''=20\text{MPa}$ 和 $\sigma'''=-20\text{MPa}$。所以有：

主应力 $\sigma_1=40\text{MPa}$，$\sigma_2=20\text{MPa}$，$\sigma_3=-20\text{MPa}$

（2）校核强度。

因为铸铁是脆性材料，因此选用第一或第二强度理论，其相当应力分别为：

$$\sigma_{r1}=\sigma_1=40\text{MPa}<[\sigma_t]=45\text{MPa}$$

$$\sigma_{r2}=\sigma_1-\nu(\sigma_2+\sigma_3)=40-0.25\times(20-20)=40(\text{MPa})<[\sigma_t]=45\text{MPa}$$

所以零件是安全的。

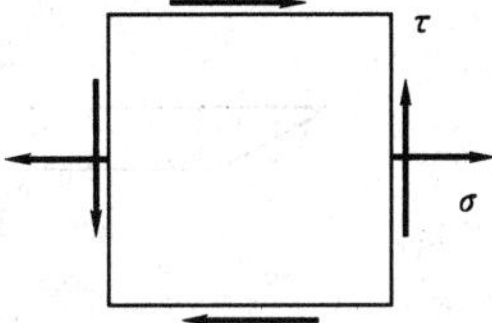

图 8-25

【例 8-7】 一钢制构件内危险点处的应力状态如图 8-25 所示，试用第三和第四强度理论建立相应的强度条件。

解：（1）确定该点的主应力。

由单元体所示的已知应力，利用式（8.4）可得：

$$\left.\begin{matrix}\sigma'\\\sigma''\end{matrix}\right\}=\frac{\sigma_x+\sigma_y}{2}\pm\sqrt{\left(\frac{\sigma_x-\sigma_y}{2}\right)^2+\tau_x{}^2}=\frac{\sigma}{2}\pm\sqrt{\left(\frac{\sigma}{2}\right)^2+\tau^2}$$

三个主应力分别为：

$$\sigma_1=\frac{\sigma}{2}+\sqrt{\left(\frac{\sigma}{2}\right)^2+\tau^2},\sigma_2=0,\sigma_3=\frac{\sigma}{2}-\sqrt{\left(\frac{\sigma}{2}\right)^2+\tau^2}$$

（2）第三和第四强度理论的强度条件。

由式（8.13）和式（8.14）可得：

$$\sigma_{r3}=\sigma_1-\sigma_3=\sqrt{\sigma^2+4\tau^2}$$

$$\sigma_{r4}=\sqrt{\frac{1}{2}[(\sigma_1-\sigma_2)^2+(\sigma_2-\sigma_3)^2+(\sigma_3-\sigma_1)^2]}=\sqrt{\sigma^2+3\tau^2}$$

所以强度条件分别为：

$$\sigma_{r3}=\sqrt{\sigma^2+4\tau^2}\leqslant[\sigma]$$

$$\sigma_{r4}=\sqrt{\sigma^2+3\tau^2}\leqslant[\sigma]$$

在横力弯曲、弯扭组合变形及拉（压）扭组合变形中，危险点就是此种应力状态，会经常要用本例的结果。

【例 8-8】 如图 8-26（*a*）所示的简支梁，$F=100\text{kN}$，梁的截面是 20*a* 工字钢，材料为 2 号钢，许用应力 $[\sigma]=160\text{MPa}$，$[\tau]=100\text{MPa}$，试对梁进行强度校核。

解：（1）确定危险截面。

画出梁的剪力图和弯矩图如图 8-26（*b*）、（*c*）所示。由图可知，*C* 左截面和 *D* 右截面为危险截面，因内力数值相等，故选择其中一截面，选 *C* 左截面进行强度校核，截面上的剪力和弯矩分别为 $F_S=100\text{kN}$、$M_{\max}=32\text{kN}\cdot\text{m}$，如图 8-26（*d*）所示。

（2）正应力和切应力强度校核。

危险截面 *C* 左截面上的正应力和切应力分布如图 8-26（*f*）、（*g*）所示。

由型钢表查得 20*a* 工字钢有关数据如图 8-26（*e*）所示，$I_z=2370\text{cm}^4$，$W_z=237\text{cm}^3$，$I_z/S_z^*=17.2\text{cm}$，$d=7\text{mm}$。

由正应力强度条件得：

$$\sigma_{\max}=\frac{M_{\max}}{W_z}=\frac{32\times10^6}{237\times10^3}=135(\text{MPa})<[\sigma]=160\text{MPa}$$

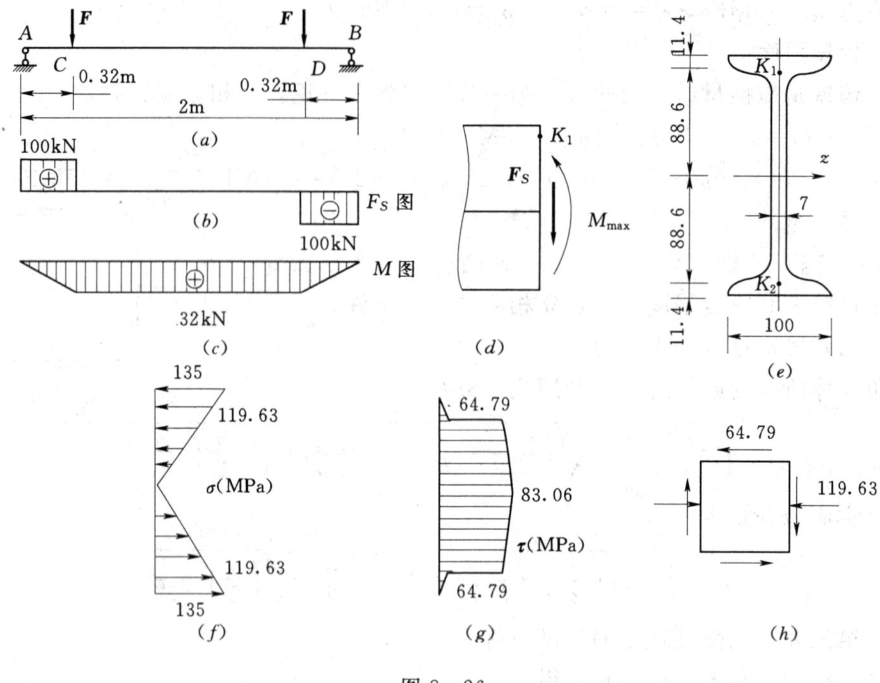

图 8-26

即正应力满足强度要求。由切应力强度条件得：

$$\tau_{max}=\frac{F_S S_z^*}{I_z d}=\frac{F_S}{\dfrac{I_z}{S_z^*}d}=\frac{100\times10^3}{17.2\times10\times7}=83.06(\text{MPa})<[\tau]=100\text{MPa}$$

所以切应力也满足强度要求。

(3) 应用强度理论校核。

从图 8-26 (*e*)、(*f*)、(*g*) 可以看到，危险截面上腹板与翼缘交接处的正应力和切应力同时有较大的数值。从强度理论的角度出发，在较大的正应力和切应力共同作用下，该处的主应力可能很大，也有可能是危险点，所以应该对该处应用强度理论校核。

由于 K_1、K_2 点的正应力和切应力数值相等，只需取其中一个点，计算即可，这里取 K_1 点。围绕 K_1 点取单元体如图 8-26 (*h*) 所示，计算单元体上的应力如下：

$$\sigma=\frac{M_{max}y}{I_z}=\frac{32\times10^6\times88.6}{2370\times10^4}=119.63(\text{MPa})$$

$$\tau=\frac{F_S S_z}{I_z d}=\frac{100\times10^3\times(100\times11.4\times94.3)}{2370\times10^4\times7}=64.79(\text{MPa})$$

将以上应力标到单元体上，如图 8-26 (*h*) 所示。计算主应力得：

$$\left.\begin{matrix}\sigma_1\\ \sigma_3\end{matrix}\right\}=\frac{\sigma}{2}\pm\sqrt{\left(\frac{\sigma}{2}\right)^2+\tau^2}=\frac{-119.63}{2}\pm\sqrt{\left(\frac{-119.63}{2}\right)^2+(64.79)^2}=\begin{cases}28.36\\-148\end{cases}\ (\text{MPa})$$

由主应力排序的有关规定，则 $\sigma_1=28.36\text{MPa}$，$\sigma_2=0$，$\sigma_3=-148\text{MPa}$。

因工字钢材料是 2 号钢，属塑性材料，故采用第四强度理论校核。

$$\sigma_{r4}=\sqrt{\frac{1}{2}[(\sigma_1-\sigma_2)^2+(\sigma_2-\sigma_3)^2+(\sigma_3-\sigma_1)^2]}=164.02(\text{MPa})$$

尽管相当应力超过了许用应力 $[\sigma]$，但是超过的部分占 $[\sigma]$ 的百分数为：

$$\sigma_{r4}=\frac{\sigma_{r4}-[\sigma]}{[\sigma]}\times 100\%=\frac{164.02-160}{160}\times 100\%=2.5\%$$

不超过5%，所以仍可认为该梁的强度是满足要求的。

【例 8-9】 有一铸铁零件，其危险点处单元体的应力情况如图 8-27 所示。已知铸铁的许用拉应力 $[\sigma_t]=50\text{MPa}$，许用压应力 $[\sigma_c]=150\text{MPa}$，试用莫尔理论强度校核其强度。

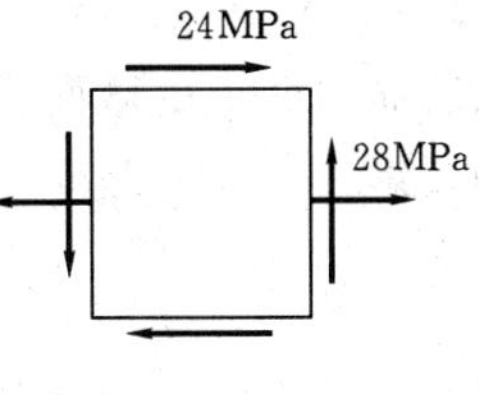

图 8-27

解： 将 $\sigma=28\text{MPa}$，$\tau=24\text{MPa}$ 代入主应力公式得：

$$\begin{matrix}\sigma_1\\ \sigma_3\end{matrix}=\frac{\sigma}{2}\pm\sqrt{\left(\frac{\sigma}{2}\right)^2+\tau^2}=\frac{28}{2}\pm\sqrt{\left(\frac{28}{2}\right)^2+24^2}=\begin{matrix}41.8\\ -13.8\end{matrix}\ (\text{MPa})$$

将主应力代入式（8.16），有：

$$\sigma_1-\frac{[\sigma_t]}{[\sigma_c]}\sigma_3=41.8-\frac{50}{150}\times(-13.8)=46.4(\text{MPa})<[\sigma_t]$$

故此零件是安全的。

【例 8-10】 有一用厚度 $t=10\text{mm}$ 的 A3 钢制成的蒸汽锅炉，它所受到的最大蒸汽压力 $p=3.6\text{MPa}$，锅炉圆筒部分的内直径为 $D=1000\text{mm}$，如图 8-28（a）所示。已知材料在静荷载下的许用拉应力为 $[\sigma]=160\text{MPa}$，试校核圆筒部分锅炉壁的强度。

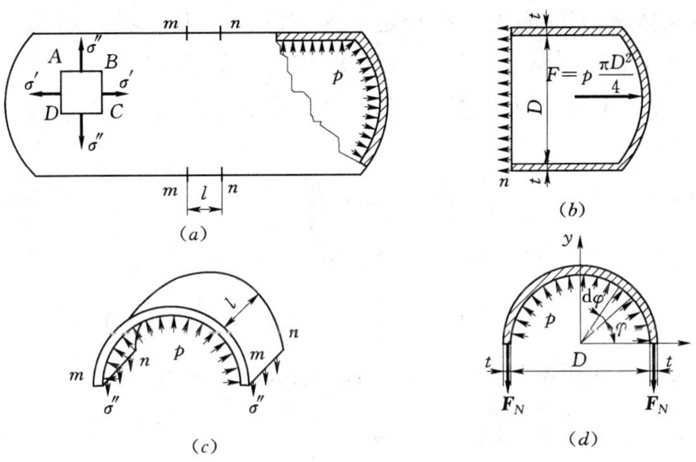

图 8-28

解： 当圆筒形容器的壁厚 t 远小于它的直径 D 时，称为薄壁圆筒。若封闭的薄壁圆筒承受的内压力为 p，则沿圆筒轴线方向作用于筒底的总压力为 F，如图 8-28（b）所示，且有：

$$F=p\frac{\pi D^2}{4}$$

薄壁圆筒的横截面积为 πDt，此时可以认为圆筒横截面上的应力是均匀分布的，因此圆筒横截面上的正应力 σ' 为：

$$\sigma'=\frac{F}{A}=\frac{p\frac{\pi D^2}{4}}{\pi Dt}=\frac{pD}{4t} \tag{i}$$

用相距为 l 的两个横截面和通过直径的纵向平面，从圆筒中截取一部分，如图 8－28（c）所示。设圆筒纵向截面上的内力为 F_N，正应力为 σ''，则：

$$\sigma''=\frac{F_N}{tl}$$

取圆筒内壁上的微面积 $dA=lD\mathrm{d}\varphi/2$，内压 p 在微面积上的压力为 $plD\mathrm{d}\varphi/2$，它在 y 方向的投影为 $pl(D/2)\mathrm{d}\varphi\sin\varphi$。通过积分求出上述投影的总和为：

$$\int_0^{\pi} pl\,\frac{D}{2}\mathrm{d}\varphi\sin\varphi = plD$$

积分结果表明：截取部分在纵向平面上的投影面积 lD 与 p 的乘积，就等于内压力在 y 方向投影的合力。考虑截取部分在 y 方向的平衡，如图 8－28（d）所示，有：

$$\sum Y_i=0,\quad 2F_N-plD=0,\quad F_N=\frac{plD}{2}$$

将 F_N 代入 σ'' 表达式中，得：

$$\sigma''=\frac{F_N}{tl}=\frac{pD}{2t} \tag{ii}$$

从式（i）和（ii）看出，纵向截面上的应力 σ'' 是横截面上应力 σ' 的两倍。

由于内压力是轴对称荷载，所以在纵向截面上没有剪应力。又由剪应力互等定理，可知在横截面上也没有剪应力。围绕薄壁圆筒任一点 A，沿纵、横截面截取的单元体为主平面。此外，在单元体 $ABCD$ 面上，有作用于内壁的内压力 p 或作用于外壁的大气压力，它们都远小于 σ' 和 σ''，可以认为等于零（见式（8.1）和式（8.2），考虑到 $t\ll D$，易得上述结论）。由此可见，A 点的应力状态为二向应力状态，如图 8－28（a）所示，其三个主应力分别为：

$$\sigma_1=\frac{pD}{2t},\quad \sigma_2=\frac{pD}{4t},\quad \sigma_3=0 \tag{iii}$$

代入 $p=3.6\text{MPa}$，$D=1000\text{mm}$，$t=10\text{mm}$ 可得：

$$\sigma_1=\frac{3.6\times1000}{2\times10}=180(\text{MPa}),\sigma_1=\frac{3.6\times1000}{4\times10}=90(\text{MPa}),\sigma_3=0$$

对于 A3 钢来说，应用第四强度理论来校核强度。

$$\sigma_{r4}=\sqrt{\frac{1}{2}[(\sigma_1-\sigma_2)^2+(\sigma_2-\sigma_3)^2+(\sigma_3-\sigma_1)^2]}$$

$$=\sqrt{\frac{1}{2}[(180-90)^2+(90-0)^2+(0-180)^2]}=156(\text{MPa})<[\sigma]=160\text{MPa}$$

所以圆筒部分锅炉壁的强度是安全的。

思　考　题

8－1　何谓一点处的应力状态？为什么要研究它？

8－2　何谓单向应力状态、二向应力状态、三向应力状态？何谓平面应力状态？何谓空间应力状态？它们之间的关系是怎样的？

8－3　试用单元体表示出思考题 8－3 图中 1、2、3、4 点的应力状态。

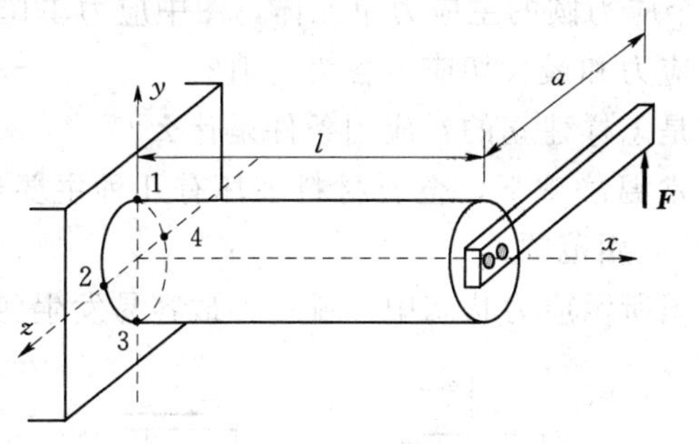

思考题 8-3 图

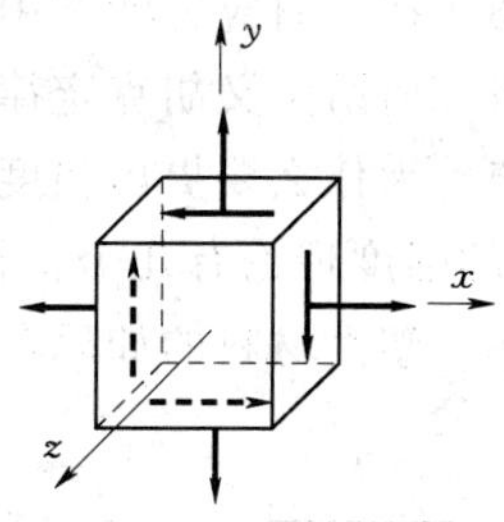

思考题 8-4 图

8-4　如思考题 8-4 图所示的单元体因 z 轴方向截面上既没有切应力，也没有正应力，因此它一定属于二向应力状态，对吗？

8-5　如何用解析法确定任一斜截面的应力？应力和方位角的正负号是怎样规定的？

8-6　如何绘制应力圆？如何利用应力圆确定任一斜截面的应力？

8-7　思考题 8-7 图示一平面应力状态下的单元体及其应力圆，试在圆上用点表示 0—1、0—2、0—3、0—5 平面。

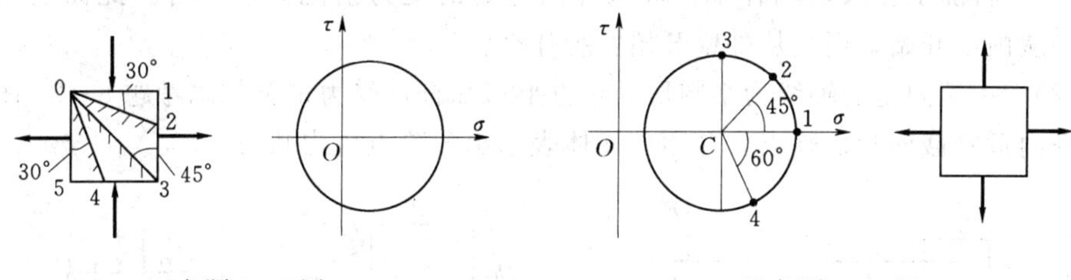

思考题 8-7 图　　　　思考题 8-8 图

8-8　思考题 8-8 图示单元体及其应力圆，试在单元体上表示相应于应力圆上的点 1、2、3、4 的斜面。

8-9　什么是主应力和主平面？如何确定主应力的大小和方位？通过受力构件内某一点有几个主平面？

8-10　主应力和正应力有何区别和联系？

8-11　如思考题 8-11 图所示，用应力圆确定某截面上应力时，为什么 2α 总是从 D_1 点（D_1 点代表 x 截面），而不是从 D_2 点量取？

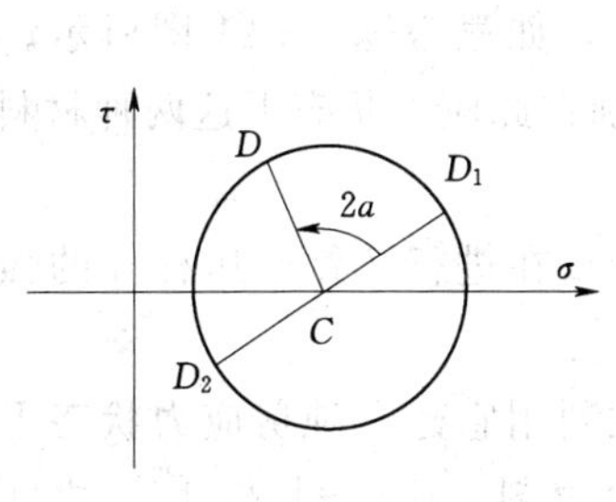

思考题 8-11 图

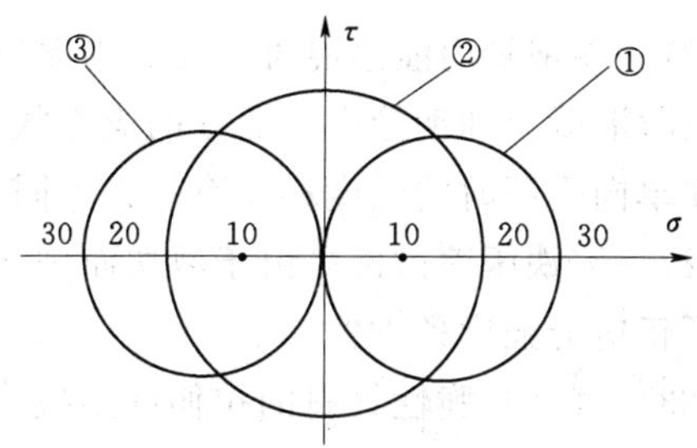

思考题 8-12 图

8-12　试画出思考题 8-12 图示三个应力圆的主应力单元体，图中应力单位为 MPa。

8-13　在三向应力状态中，最大正应力和最大切应力各为何值？

8-14　何谓广义胡克定律？该定律是怎样建立的？应用条件是什么？

8-15　为什么要提出强度理论？在常温静载下，金属材料破坏有几种主要形式？工程中常用的强度理论有几个？指出它们的应用范围？

8-16　塑性材料的如思考题 8-16 图所示应力状态中，哪一种最容易发生剪切破坏？

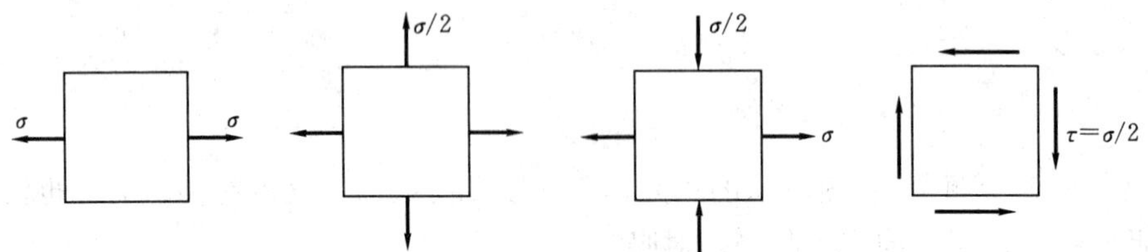

思考题 8-16 图

8-17　最大切应力和最小切应力作用平面上的正应力是否一定相等？为什么？

8-18　解释铸铁水管冬天因结冰被胀裂，而管内的冰却不会破坏的原因。

8-19　将沸水注入玻璃杯中，玻璃杯内外壁的受力情况如何？若因此而发生破裂，问破坏是从内壁开始，还是从外壁开始？为什么？

8-20　一端固定的轴线为半圆形的正方形截面杆，受力情况如思考题 8-20 图所示，试判断杆内危险截面和危险点，并用单元体表示出危险点应力状态。

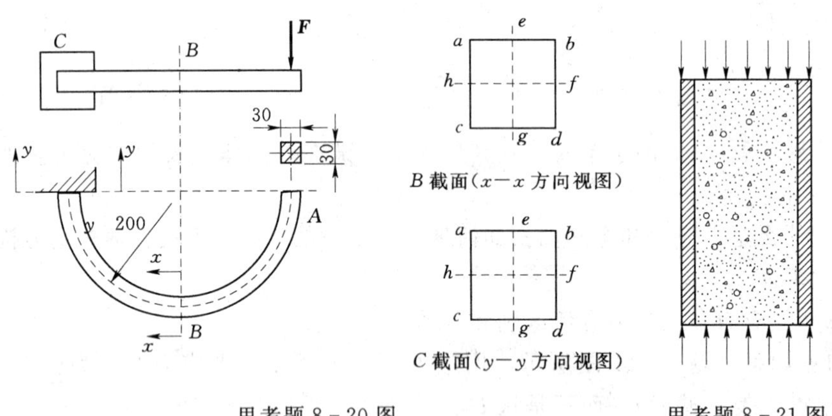

思考题 8-20 图　　思考题 8-21 图

8-21　在钢管内灌注混凝土后成为混凝土钢管柱，如思考题 8-21 图所示。试分析管柱受压时混凝土和钢管内一点处的应力状态，并判别在此应力状态下这两种材料的强度与它们在单向受压时的强度相比有什么不同。

8-22　铸铁压缩试件是由于剪切而破坏的。为什么在进行铸铁受压杆件的强度计算时却用了正应力强度条件？

8-23　若已知脆性材料的拉伸许用应力 $[\sigma]$，试利用它建立纯剪应力状态下的强度条件，并建立 $[\sigma]$ 与 $[\tau]$ 之间的数值关系。若为塑性材料，则 $[\sigma]$ 与 $[\tau]$ 之间的关系又怎样。

8－24　在拉伸和弯曲时曾经有 $\sigma_{max} \leqslant [\sigma]$ 的强度条件，现在又讲"对于塑性材料，要用第三、第四强度理论建立强度条件"，两者是否矛盾？从这里你可以得到什么结论。

习　　题

8－1　单元体各面的应力如习题 8－1 图所示（应力单位为 MPa）。试用解析法和图解法计算指定截面上的正应力和切应力。

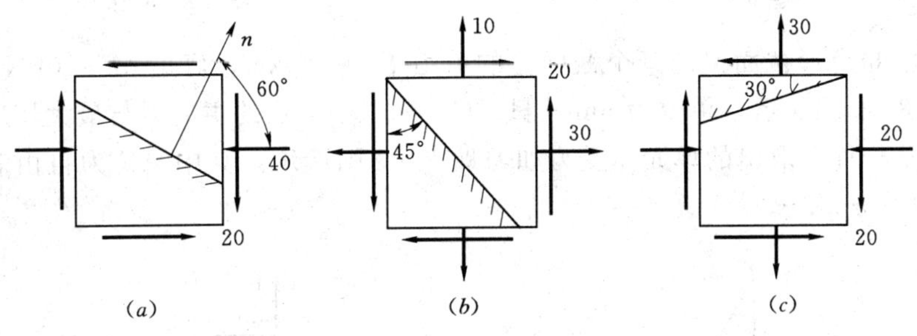

习题 8－1 图

8－2　已知应力状态如习题 8－2 图所示（应力单位为 MPa）。试求（1）主应力的大小和主平面的位置；（2）并在图中绘出主单元体；（3）最大切应力。

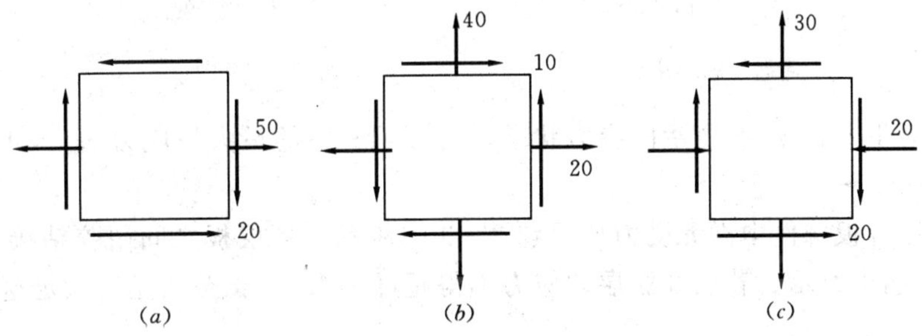

习题 8－2 图

8－3　试求习题 8－3 图示各单元体的主应力和最大切应力（应力单位为 MPa）。

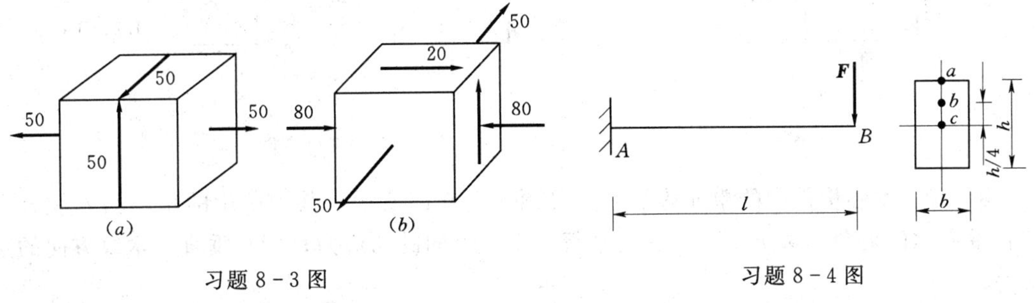

习题 8－3 图　　习题 8－4 图

8－4　求习题 8－4 图示悬臂梁危险截面上 a、b、c 三点处主应力的大小和方向。已知 $F=100$kN，$l=2$m，$h=400$mm，$b=240$mm。

8－5　如习题 8－5 图所示一直角曲柄把手，AB 段为圆截面，直径 $d=40$mm。设 F

=2kN，计算 A 截面 1 点处的主应力及最大切应力值。

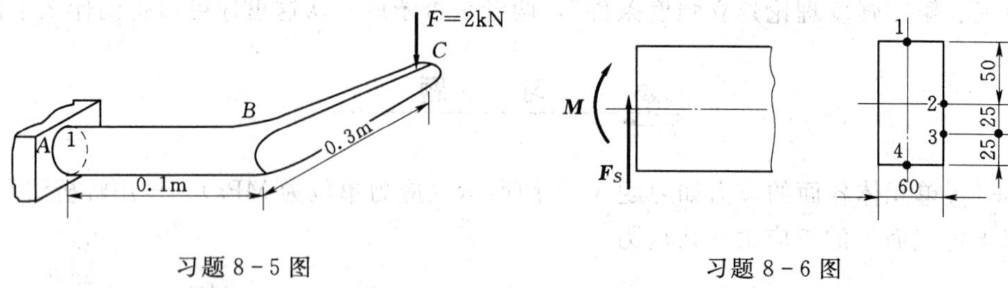

习题 8-5 图　　习题 8-6 图

8-6　已知矩形截面梁的某个截面上的剪力 F_S=120kN，弯矩 M=10kN·m，截面尺寸如习题 8-6 图所示，单位为 mm。试求 1、2、3、4 点的主应力与最大切应力。

8-7　从构件中取出的单元体受力如习题 8-7 图所示，其中 AC 为自由表面（无外力作用）。试求 σ_x 和 τ_{xy}。

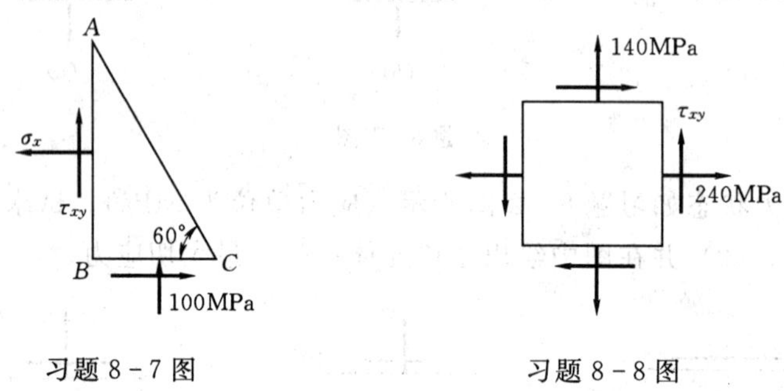

习题 8-7 图　　习题 8-8 图

8-8　对于习题 8-8 图示的应力状态，若要求其中的最大切应力 τ_{max}<160MPa，试求 τ_{xy} 取何值。

8-9　层合板构件中微元受力如习题 8-9 图所示，各层板之间用胶粘接，接缝方向如习题 8-9 图中所示。若已知胶层切应力不得超过 1MPa。试分析是否满足这一要求。

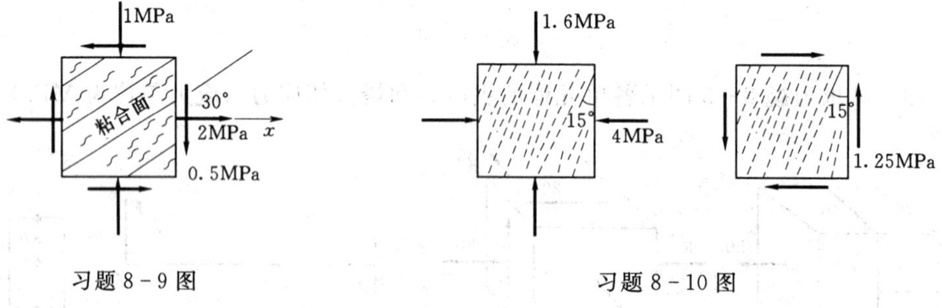

习题 8-9 图　　习题 8-10 图

8-10　木制构件中的单元体受力如习题 8-10 图所示，其中所示的角度为木纹方向与铅垂方向的夹角。试求：(1) 面内平行于木纹方向的切应力；(2) 垂直于木纹方向的正应力。

8-11　受力体某点平面上的应力如习题 8-11 图示，求其主应力大小。

8-12　一点处两个互成 45°平面上的应力如习题 8-12 图所示，其中 σ 未知，求该点主应力。

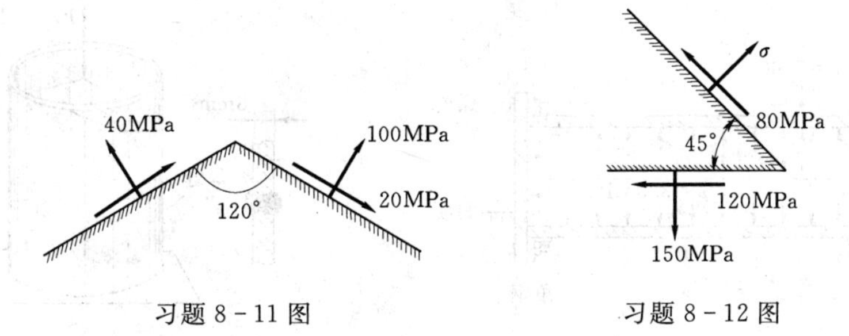

习题 8-11 图　　　　习题 8-12 图

8-13　习题 8-13 图示工字形截面梁 AB，截面的惯性矩 $I_z=72.56\times10^{-6}\text{m}^4$，求固定端截面翼缘和腹板交界处点 a 的主应力和主方向。

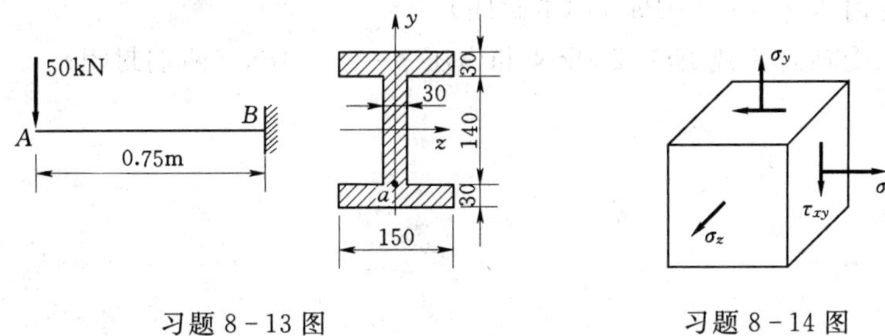

习题 8-13 图　　　　习题 8-14 图

8-14　构件中危险点的应力状态如习题 8-14 图所示。试选择合适的准则对以下两种情形作强度校核：(1) 构件为钢制，$\sigma_x=45\text{MPa}$，$\sigma_y=135\text{MPa}$，$\sigma_z=0$，$\tau_{xy}=0$，许用应力 $[\sigma]=160\text{MPa}$；(2) 构件材料为铸铁，$\sigma_x=20\text{MPa}$，$\sigma_y=-25\text{MPa}$，$\sigma_z=30\text{MPa}$，$\tau_{xy}=0$，许用应力 $[\sigma_t]=160\text{MPa}$。

8-15　如习题 8-15 图所示，用实验方法测得空心圆轴表面上某一点（距两端稍远处）与轴之母线夹 45°角方向上的正应变 $\varepsilon_{45°}=200\times10^{-6}$。若已知轴的转速 $n=120\text{r/min}$，材料的 $G=81\text{GPa}$，$\nu=0.28$，求轴所受之外力矩 m。[提示：$G=E/2(1+\nu)$]

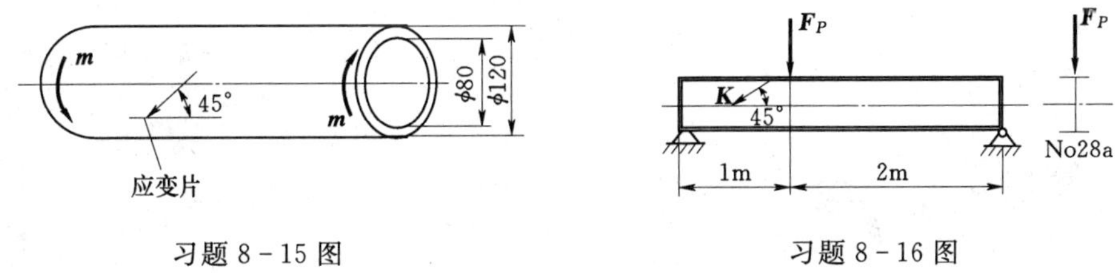

习题 8-15 图　　　　习题 8-16 图

8-16　如习题 8-16 图所示，简支梁由 No. 28a 普通热轧工字钢制成，由贴在中性层上某点 K 处、与轴线夹角 45°方向上的应变片测得 $\varepsilon_{45°}=260\times10^{-6}$，已知钢材的 $E=210\text{GPa}$，$\nu=0.28$，求作用在梁上的荷载 $\boldsymbol{F}_P$。

8-17　承受内压的铝合金制的圆筒形薄壁容器如习题 8-17 图所示。已知内压 $p=3.5\text{MPa}$，材料的 $E=75\text{GPa}$，$\nu=0.33$。试求圆筒的半径改变量。

8-18　如习题 8-18 图所示外径为 300mm 的钢管由厚度为 8mm 的钢带沿 20°角的螺旋线卷曲焊接而成。试求下列情形下，焊缝上沿焊缝方向的切应力和垂直于焊缝方向的正应力。

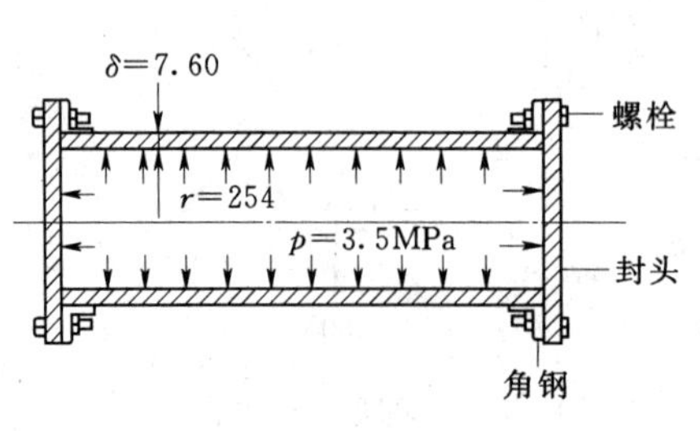

习题 8-17 图

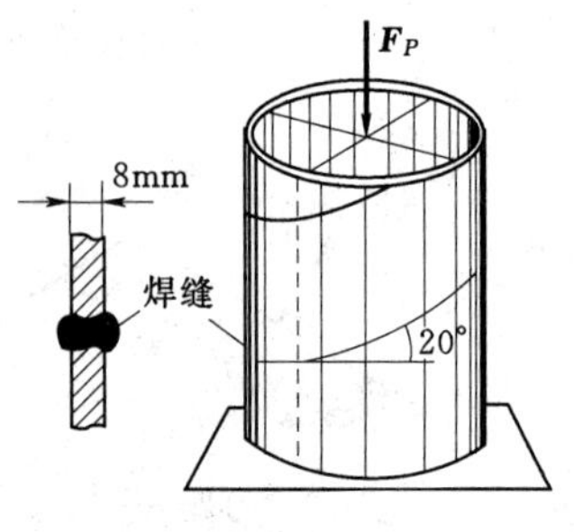

习题 8-18 图

（1）只承受轴向荷载 $F_P=250\text{kN}$。

（2）只承受内压 $p=5.0\text{MPa}$（两端封闭）。

（3）同时承受轴向荷载 $F_P=250\text{kN}$ 和内压 $p=5.0\text{MPa}$（两端封闭）。

第9章　组　合　变　形

在前面的章节中，分别研究了杆件在基本变形时的强度和刚度问题。在实际工程中，有许多构件在荷载作用下常常同时发生两种或两种以上的基本变形，称为组合变形。木章将从外力、内力、应力和变形4个方面着重讨论工程中常见组合变形的强度和刚度问题。

9.1 组合变形概述

在实际工程中，组合变形的情形很多。如图9-1（a）所示的斜屋架上的矩形截面檩条，是由檩条在两个方向的平面弯曲变形组合而成的斜弯曲；如图9-1（b）所示的机械中的齿轮传动轴在外力作用下，将同时发生扭转变形及在水平平面和垂直平面内的弯曲变形；如图9-1（c）所示的空心桥墩（或渡槽支墩），如图9-1（d）所示的厂房支柱，在偏心力 $\boldsymbol{F}_1$ 和 $\boldsymbol{F}_2$ 作用下，也都会发生压缩和弯曲的组合变形；如图9-1（e）所示的梁

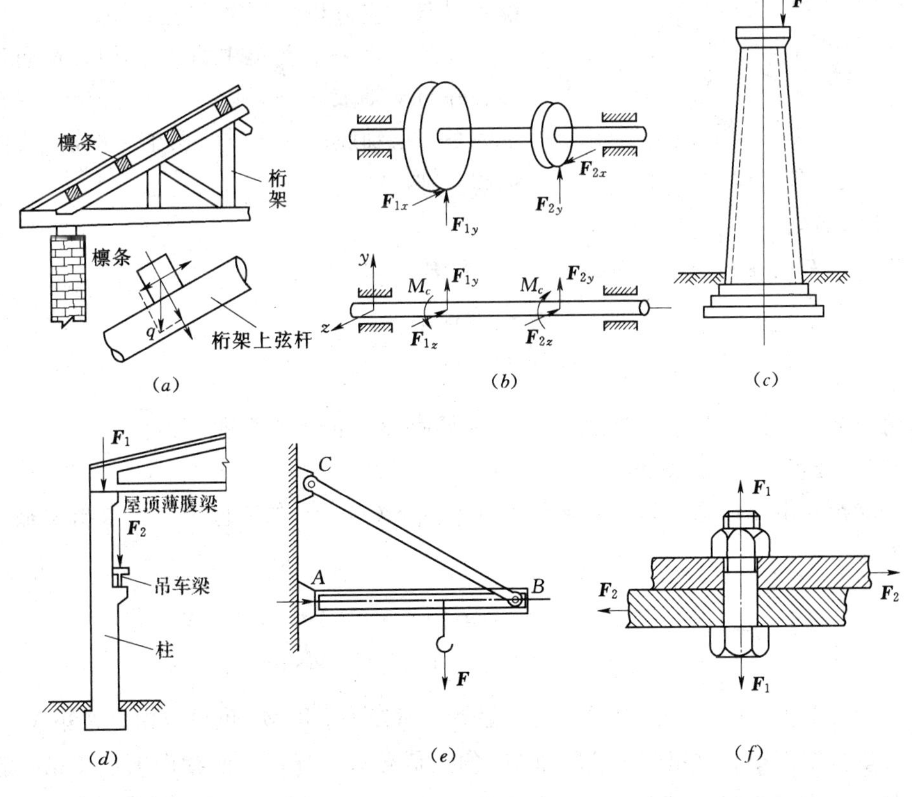

图9-1

AB 受弯矩和轴向压力的共同作用产生压弯组合变形；如图 9-1（f）所示拧紧的螺栓在预紧力 $\boldsymbol{F}_1$ 和板所受的拉力 $\boldsymbol{F}_2$ 作用下会产生轴向拉伸与剪切的组合变形。

对组合变形问题，一般可利用叠加法按照外力简化、内力分析、应力和变形计算的步骤进行研究，然后进行强度和刚度设计。在计算组合变形时，如果有一种变形是主要的，而其他变形形式所引起的应力或位移甚小而可以忽略不计，则可将主要变形作为基本变形计算。例如对于平面弯曲中的剪力的影响与弯矩相比较小，通常可忽略剪力引起的切应力。

9.2　斜　弯　曲

对于横截面具有对称轴的梁，当外力作用在该对称轴与梁的轴线所组成的纵向对称平面内时，梁的轴线在变形后将变为一条平面曲线，且仍在外力作用平面内，这种变形形式称为平面弯曲。但当外力不作用在形心主轴纵向平面内时，如上节提到的屋面檩条的受力情况，如图 9-1（a）所示。实验及理论研究都表明，此时梁的挠曲线并不在荷载平面内，即不属于平面弯曲，这种弯曲称为斜弯曲。

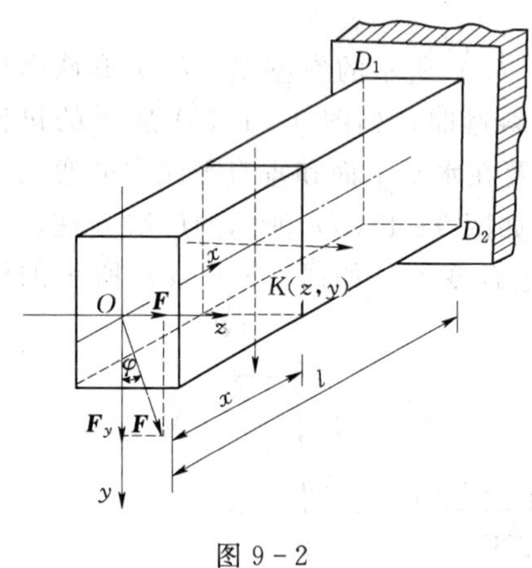

图 9-2

现以如图 9-2 所示的矩形截面悬臂杆为例来说明斜弯曲应力和变形的计算。

设梁在自由端受集中力 $\boldsymbol{F}$ 作用，$\boldsymbol{F}$ 通过截面形心并与 y 轴成 φ 角，以形心 O 为坐标原点建立坐标系，梁轴线作为 x 轴，两个对称轴分别作为 y 轴和 z 轴。

9.2.1　外力简化

将 $\boldsymbol{F}$ 沿 y 轴和 z 轴分解为两个分量 $\boldsymbol{F}_y$ 和 $\boldsymbol{F}_z$，得：

$$F_y = F\cos\varphi$$
$$F_z = F\sin\varphi$$

这两个分量分别引起沿铅直面 xOy 和水平面 xOz 的平面弯曲。

9.2.2　内力分析

设要求距自由端任意距离 x 的截面上任意点 $K(z, y)$ 的正应力。先求出 x 截面的弯矩 M_z 和 M_y。

$$M_z = -F_y x = -F\cos\varphi \cdot x = M\cos\varphi$$
$$M_y = -F_z x = -F\sin\varphi \cdot x = M\sin\varphi$$

两式中 $M=-Fx$ 是 $\boldsymbol{F}$ 对 x 截面的弯矩。显然，弯矩 M_z 和 M_y 也可以由总弯矩 M 沿两坐标轴按矢量分解而得。这里弯矩 M_z 和 M_y 的正负号这样规定：使截面上位于第一象限的各点引起拉应力者为正，引起压应力者为负，图 9-2 所示的 M_z 和 M_y 均为负值。

9.2.3 应力计算

应用叠加法，首先求两个弯矩 M_z 和 M_y 单独引起的任一点 K 的正应力，然后代数相加即可得点 K 处的总应力。

$$\sigma_y=\frac{M_z}{I_z}y=\frac{-F\cos\varphi}{I_z}xy=\frac{M\cos\varphi}{I_z}y，\sigma_z=\frac{M_y}{I_y}z=\frac{-F\sin\varphi}{I_y}xz=\frac{M\sin\varphi}{I_y}z$$

由此可得斜弯曲构件内任一点处正应力的计算公式为：

$$\sigma=\sigma_y+\sigma_z=\frac{M_z}{I_z}\cdot y+\frac{M_y}{I_y}\cdot z \tag{9.1}$$

式（9.1）中正应力的正负号也可以通过观察梁的变形来确定：如图 9－2 所示的情况，根据 M_z 和 M_y 所引起的梁的变形情况可知，K 点的正应力均是压应力，所以可写成：

$$\sigma_y=-\frac{|M|\cos\varphi}{I_z}\cdot|y|$$

$$\sigma_z=-\frac{|M|\sin\varphi}{I_y}\cdot|z|$$

即 M 和 y、z 均取绝对值，而在应力表达式前冠以“＋”、“－”号。

在做强度设计时，须先确定危险截面，然后在危险截面上确定危险点。对图 9－2 所示的悬臂杆来说，危险截面显然在固定端，因为该处弯矩 M_z 和 M_y 的绝对值达到最大。

对于工程中常用的具有凸角而又有两条对称轴的截面，如矩形、工字形等，要确定该截面上的危险点的位置，可以根据其变形判断出正的最大正应力 σ_{max} 发生在 D_1 点，负的最大正应力 σ_{min} 发生在 D_2 点，且 $|y_{max}|=|y_{min}|$，$|z_{max}|=|z_{min}|$，$|\sigma_{max}|=|\sigma_{min}|$，根据式（9.1），有：

$$\sigma_{min}^{max}=\pm\frac{M_{z,max}}{I_z}\cdot y_{max}\pm\frac{M_{y,max}}{I_y}\cdot z_{max} \tag{9.2}$$

对于不易确定危险点的截面，例如边界没有棱角而呈弧线的截面，如图 9－3 所示，则需研究正应力的分布规律。为此，将式（9.1）变化后，得到斜弯曲正应力的另一表达式：

$$\sigma=M\left(\frac{\cos\varphi}{I_z}\cdot y+\frac{\sin\varphi}{I_y}\cdot z\right) \tag{9.3}$$

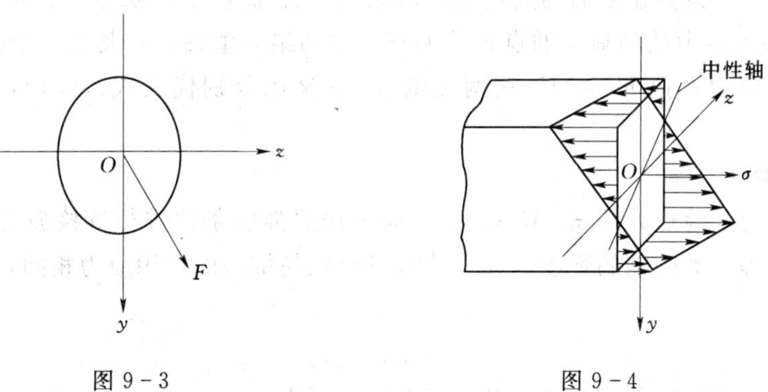

图 9－3　　　　图 9－4

式（9.3）表明，发生斜弯曲时，截面上正应力是 y 和 z 的线性函数，所以它的分布规律是一个平面，如图 9－4 所示。此应力平面与 y、z 坐标平面（即 x 截面）相交于一条直线，在此直线上正应力均等于零，称为中性轴。

现在来确定中性轴的位置，设中性轴上各点的坐标为 y_0、z_0，由于中性轴上应力等于零，所以把 y_0 和 z_0 代入式（9.3），并令其等于零，得：

$$\sigma=M(\frac{\cos\varphi}{I_z}\cdot y_0+\frac{\sin\varphi}{I_y}\cdot z_0)=0$$

由于 M 不等于零，则得中性轴的方程为：

$$\frac{\cos\varphi}{I_z}\cdot y_0+\frac{\sin\varphi}{I_y}\cdot z_0=0 \tag{9.4}$$

这是一条通过形心的直线。设它与 z 轴的夹角为 α，如图 9－5 所示，则有：

$$\tan\alpha=\frac{y_0}{z_0}=\frac{I_z}{I_y}\tan\varphi \tag{9.5}$$

式（9.5）表明：①当力 $\boldsymbol{F}$ 通过第一象限、三象限时，中性轴通过第二象限、四象限；②中性轴与力 $\boldsymbol{F}$ 作用线并不垂直，这也是斜弯曲的特点。除非 $I_y=I_z$，即截面的两个形心主惯性矩相等，例如截面为正多边形的情形，中性轴才与力 $\boldsymbol{F}$ 作用线垂直，而此时不论力 $\boldsymbol{F}$ 的 φ 角等于多少，梁所发生的总是平面弯曲，工程上常用的正方形或圆形截面梁就是这种情况。

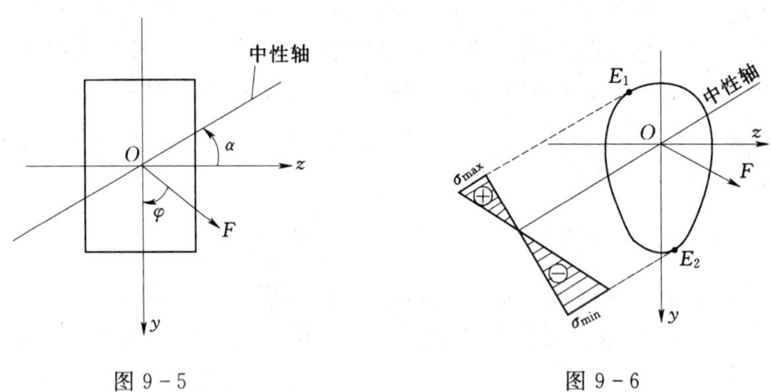

图 9－5　　　　图 9－6

中性轴把截面划分为拉应力和压应力两个区域，当中性轴的位置确定后，就很容易确定应力最大的点，只要在截面的周边上作两条与中性轴平行的切线，如图 9－6 所示，切点 E_1 和 E_2 即为距中性轴最远的点，其上正应力的绝对值最大，其中一个是最大拉应力，一个是最大压应力。把 E_1 和 E_2 这两点的 y、z 坐标分别代入式（9.1），即可求得 $\sigma_{\max}$ 和 $\sigma_{\min}$。

9.2.4　强度设计

求得构件内危险点处的 $\sigma_{\max}$ 和 $\sigma_{\min}$ 后，即可按照强度条件进行校核强度、选择截面和确定许可荷载等三类问题的强度设计。若材料抗拉与抗压的许用应力相同，其强度条件就可写为：

$$|\sigma_{\max}|\leqslant[\sigma] \tag{9.6}$$

对于具有两个对称轴的截面来说，其强度条件可写为：

$$|\sigma_{\max}|=\frac{M_{z,\max}}{I_z}\cdot y_{\max}+\frac{M_{y,\max}}{I_y}\cdot z_{\max}=\frac{M_{z,\max}}{W_z}+\frac{M_{y,\max}}{W_y}\leqslant[\sigma] \tag{9.7}$$

若材料抗拉与抗压的许用应力不相同，其强度条件就可写为：

$$\sigma_{t\max}\leqslant[\sigma_t]$$
$$|\sigma_{c\max}|\leqslant[\sigma_c] \tag{9.8}$$

9.2.5 变形计算与刚度设计

斜弯曲的变形计算可采用叠加法。仍以图 9-3 的悬臂杆为例，要求自由端的挠度为 f。方法是先分别求出 y 方向和 z 方向的两个平面弯曲的挠度 f_y 和 f_z 分别为：

$$f_y=\frac{F_y\cdot l^3}{3EI_z}=\frac{F\cos\varphi\cdot l^3}{3EI_z},\quad f_z=\frac{F_z\cdot l^3}{3EI_y}=\frac{F\sin\varphi\cdot l^3}{3EI_y}$$

总挠度 f 为上述两个挠度的矢量和，如图 9-7（a）所示，其大小为：

$$f=\sqrt{f_y^2+f_z^2} \tag{9.9}$$

至于总挠度 f 的方向，若设 f 与 y 轴的夹角为 β，如图 9-7（b）所示，则有：

$$\tan\beta=\frac{f_z}{f_y}=\frac{F\cdot\sin\varphi\cdot l^3}{3EI_y}\cdot\frac{3EI_z}{F\cdot\cos\varphi\cdot l^3}=\frac{I_z}{I_y}\tan\varphi \tag{9.10}$$

此式表明，总挠度方向与力 $\boldsymbol{F}$ 方向不一致，即荷载平面不与挠曲线平面重合。如果截面的两个形心主惯性矩 $I_y=I_z$，此时 $\beta=\varphi$，荷载平面与挠曲线平面重合，而这就是平面弯曲了。

求得总挠度后，即可按照刚度条件进行三类问题的刚度设计。

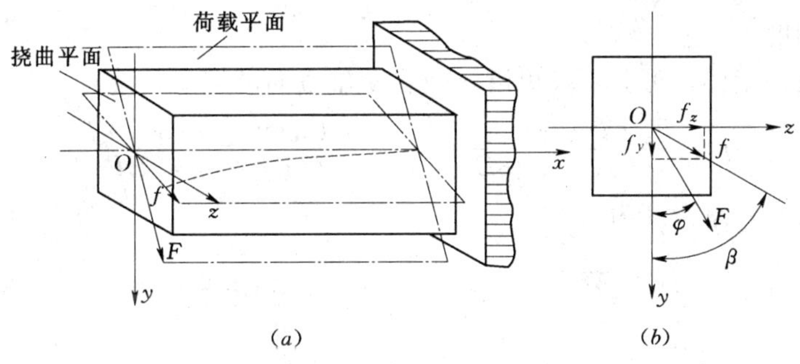

图 9-7

【例 9-1】 如图 9-8 所示 22b 工字型钢简支梁，跨中受集中力 $\boldsymbol{F}$ 作用。已知 $F=18$kN，$E=200$GPa，$\varphi=15°$，$l=4$m，$[\sigma]=160$MPa，$[f]=l/500$。试校核梁的强度和刚度。

解：(1) 强度校核。

先把荷载沿 z 轴和 y 轴分解为两个分量：$F_z=F\sin\varphi$，$F_y=F\cos\varphi$。显然危险截面在跨中，其最大弯矩分别为：

$$M_{z,\max}=\frac{1}{4}F_y l=\frac{1}{4}F\cos\varphi l$$

$$M_{y,\max}=\frac{1}{4}F_z l=\frac{1}{4}F\sin\varphi l$$

根据上述两个弯矩的转向，可知最大应力发生在 D_1 和 D_2 两点，如图 9-8（b）所示，其中 D_1 为最大拉应力的作用点，D_2 为最大压应力的作用点。两点应力的绝对值相

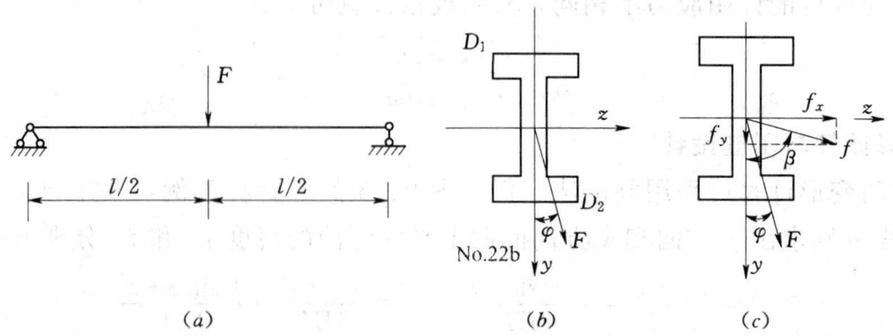

图 9-8

等，所以计算一点即可，例如计算 D_2 点。

由型钢表查得 $W_z=325\text{cm}^3$，$W_y=42.7\text{cm}^3$，梁内的最大正应力为：

$$\sigma_{\max}=\frac{M_{z,\max}}{W_z}+\frac{M_{y,\max}}{W_y}=\frac{Fl}{4}\left(\frac{\cos\varphi}{W_z}+\frac{\sin\varphi}{W_y}\right)=\frac{18\times10^3\times4}{4}\left(\frac{\cos15^\circ}{325}+\frac{\sin15^\circ}{42.7}\right)=163(\text{MPa})$$

尽管 $\sigma_{\max}>[\sigma]$，但是对于工字型钢制成的梁来说，由于：

$$\frac{\sigma_{\max}-[\sigma]}{[\sigma]}\times100\%=\frac{163-160}{160}\times100\%=1.9\%<5\%$$

所以可以认为梁的强度是满足要求的。

（2）校核刚度。

先计算最大挠度值，可分别算出沿 z 轴和 y 轴方向的挠度分量。

$$f_z=\frac{F_z\cdot l^3}{48EI_y}=\frac{F\sin\varphi\cdot l^3}{48EI_y},\ f_y=\frac{F_y\cdot l^3}{48EI_z}=\frac{F\cos\varphi\cdot l^3}{48EI_z}$$

根据式（9.9），总挠度为：

$$f=\sqrt{f_y^2+f_z^2}=\frac{Fl^3}{48EI_z}\sqrt{\left(\frac{I_z}{I_y}\right)^2\sin^2\varphi+\cos^2\varphi}$$

由型钢表查得 $I_z=3570\text{cm}^4$，$I_y=239\text{cm}^4$，代入上式，得：

$$f=\frac{18\times10^3}{48\times200\times10^3\times3570\times10^{-8}}\sqrt{\left(\frac{3570}{239}\right)^2\sin^2 15^\circ+\cos^2 15^\circ}=0.0108(\text{m})=10.8\text{mm}$$

显然

$$f=10.8\text{mm}>[f]=4000/500=8(\text{mm})$$

所以梁的刚度是不满足要求的。

9.3　拉伸（压缩）与弯曲组合

如果杆件除了在通过其轴线的纵向平面内受到垂直于轴线的荷载外，还受到轴向拉（压）力，这时杆将发生拉伸（压缩）与弯曲的组合变形，简称压弯组合或拉弯组合，如图 9-1（c）、（d）、（e）所示的情况。下面以例 9-2 为例来说明这种组合变形的研究方法。

【例 9-2】 最大吊重 $F_W=8\text{kN}$ 的起重机如图 9-9（a）所示。若 AB 杆为工字钢，

材料为 Q235 钢，$[\sigma]=100\text{MPa}$，试选择工字钢型号。

解：(1) 以 AB 为研究对象，其受力如图 9-9 (b) 所示，由平衡方程 $\sum M_A=0$，得 CD 杆的轴力为 $F=42\text{kN}$。

(2) 把 $\boldsymbol{F}$ 分解为 $\boldsymbol{F}_x$ 和 $\boldsymbol{F}_y$，有 $F_x=40\text{kN}$，$F_y=12.8\text{kN}$。显然 $\boldsymbol{F}_x$ 与 $\boldsymbol{F}_{Ax}$ 使得 AC 段产生轴向压缩，$\boldsymbol{F}_W$、$\boldsymbol{F}_y$ 与 $\boldsymbol{F}_{Ay}$ 引起平面弯曲，可见 AB 杆在 AC 段内是压弯组合变形，在 CB 段是平面弯曲。

(3) 作 AB 杆的弯矩图和轴力图分别如图 9-9 (c)、(d) 所示。从图中看出，在 C 点左侧的截面上弯矩为最大值，而轴力与其他截面相同，故为危险截面，截面上的弯矩和轴力分别为 $F_N=40\text{kN}$，$M_{max}=12\text{kN}\cdot\text{m}$，如图 9-9 ($e$) 所示。

(4) 分析危险截面上的正应力分布情况。轴力引起均匀分布的压应力，弯矩引起上侧受拉下侧受压的正应力，如图 9-9 (f) 所示，由截面上的总应力分布如图 9-9 (g) 所示。所以在截面下边缘处有绝对值最大的正应力，其大小为：

$$\sigma_{max}=\frac{F_N}{A}+\frac{M_{max}}{W_Z}$$

(5) 由于此时工字钢型号未知，所以无法直接由强度条件选择截面型号，通常采用试算法。开始试算时，可以先不考虑轴力 $\boldsymbol{F}_N$ 的影响，只根据弯曲强度条件选取工字钢，即：

$$W_Z\geqslant\frac{M_{max}}{[\sigma]}=\frac{12\times10^3}{100}=12\times10^{-3}\ (\text{m}^3)\ =120\text{cm}^3$$

查型钢表，选取 16 号工字钢，$W_Z=141\text{cm}^3$，$A=26.1\text{cm}^2$。选定工字钢后，同时考虑轴力 $\boldsymbol{F}_N$ 及弯矩 M 的影响，再进行强度校核。在危险截面 C 的上边缘各点有最大压应力，且为：

$$\sigma_{max}=\frac{F_N}{A}+\frac{M_{max}}{W_Z}=\frac{40\times10^3}{26.1\times10^4}+\frac{12\times10^3}{141\times10^{-6}}=100.5\ (\text{MPa})$$

尽管 $\sigma_{max}>[\sigma]$，但是对于工字型钢制成的梁来说，由于：

$$\frac{\sigma_{max}-[\sigma]}{[\sigma]}\times100\%=\frac{100.5-100}{100}\times100\%=0.5\%<5\%$$

所以可以认为 16 号工字型钢是满足强度要求的。

9.4 偏 心 压 缩

作用在直杆上的外力，当其作用线与杆的轴线平行但不重合时，将引起偏心压缩或偏心拉伸，如图 9-1 (c)、(d) 所示。现以矩形截面受压短柱为例来说明偏心压缩的分析方法。

设偏心力 $\boldsymbol{F}$ 在端面上的作用点坐标为 (e_y，e_z)，如图 9-10 (a) 所示，e_y 和 e_z 称为偏心距。将力 $\boldsymbol{F}$ 向横截面形心简化，可得到三个分量 F、M_y 和 M_z。这就是截面上的三个内力分量，一个轴力和两个弯矩。显然，对于柱的所有横截面上，轴力和弯矩都保持不变，因此任一横截面都可视为危险截面，内力图也可不画。这也是偏心压缩区别于一般压弯组合的重要特征。

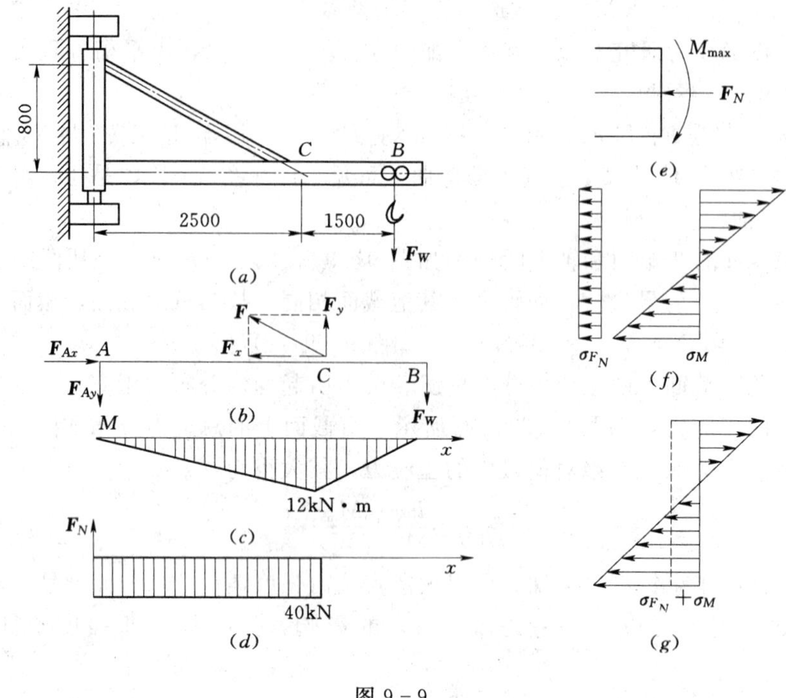

图 9－9

下面进一步分析杆件横截面上的应力。轴力 F 在横截面上引起均匀分布的正应力 σ' 如图 9－10（c）所示；弯矩 M_y 在横截面上引起的正应力 σ'' 沿 z 轴成直线分布，如图 9－10（d）所示；弯矩 M_z 在横截面上引起的正应力 σ''' 沿 y 轴成直线分布，如图 9－10（e）所示，且有：

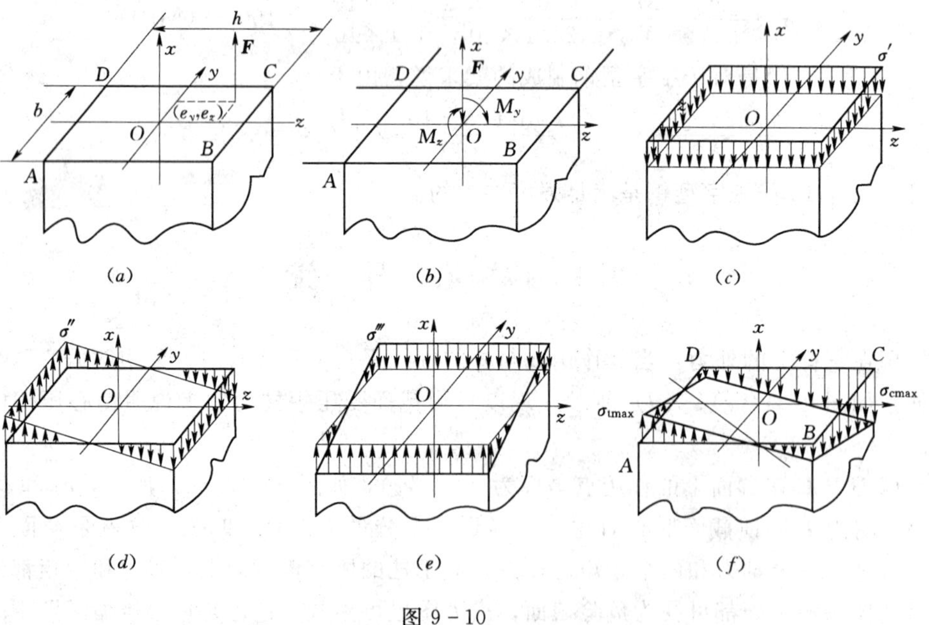

图 9－10

$$\sigma'=-\frac{F}{A},\ \sigma''=\pm\frac{M_y z}{I_y}=\pm\frac{Fe_z z}{I_y},\ \sigma'''=\pm\frac{M_z y}{I_z}=\pm\frac{Fe_y y}{I_z}$$

利用叠加法，上述三个内力所引起的任意横截面上某点 $K(y,z)$ 的正应力计算式为：

$$\sigma=-\frac{F}{A}\pm\frac{M_y z}{I_y}\pm\frac{M_z y}{I_z}=-\frac{F}{A}\pm\frac{Fe_z z}{I_y}\pm\frac{Fe_y y}{I_z} \tag{9.11}$$

式中：A 为横截面面积；I_y 和 I_z 为横截面对 y 轴和 z 轴的惯性矩。

由于偏心力作用下各杆横截面上的内力、应力均相同，故任一横截面上的最大正应力点即是杆的危险点，而确定危险点的位置首先要确定中性轴的位置。对于具有两个对称轴且有凸角的横截面，如矩形截面，其最大正应力发生在横截面的凸角点处，如图 9-10（f）所示。最大拉应力发生在点 A 处，最大压应力发生在点 C 处，对应的计算式为：

$$\sigma_{t\max}=\sigma_A=-\frac{F}{A}+\frac{M_y z}{I_y}+\frac{M_z y}{I_z},\quad \sigma_{c\max}=\sigma_C=-\frac{F}{A}-\frac{M_y z}{I_y}-\frac{M_z y}{I_z} \tag{9.12}$$

对于横截面具有两条对称轴的其他等直杆，由中性轴的定义可知中性轴上各点的正应力等于零，即：

$$\sigma=-\left(\frac{F}{A}+\frac{Fe_z z}{I_y}+\frac{Fe_y y}{I_z}\right)=0$$

利用惯性矩与惯性半径的关系 $I_y=A\cdot i_y^2$，$I_z=A\cdot i_z^2$（参见附录Ⅰ）代入上式并两边同除以 F/A 得：

$$1+\frac{e_z z}{i_y^2}+\frac{e_y y}{i_z^2}=0 \tag{9.13}$$

这就是偏心压缩时横截面上的中性轴方程。显然，中性轴是一条不通过截面形心的直线。将 $z=0$ 和 $y=0$ 分别代入式（9.13），可得中性轴在 y、z 轴上的截距 a_y、a_z 分别为：

$$a_y=-\frac{i_z^2}{e_y},\quad a_z=-\frac{i_y^2}{e_z} \tag{9.14}$$

该式表明，中性轴把截面分成了受拉区和受压区，而且 a_y、a_z 与偏心距 e_y、e_z 符号相反，因此，中性轴与外力作用点分别处于截面形心的两侧。

中性轴确定以后，作两条与中性轴平行的直线，使它们与横截面周边相切，则切点就是危险点。将危险点的坐标分别代入式（9.11），即可求得最大拉应力和最大压应力的值。

由以上分析可知，危险点处只有正应力，是单向应力状态。因此偏心力作用下杆件的强度条件为：

$$\sigma_{t\max}=[\sigma_t],\quad \sigma_{c\max}\leqslant[\sigma_c] \tag{9.15}$$

【例 9-3】 如图 9-11（a）所示的钻床，当它工作时，钻孔进刀力 $F=2\text{kN}$。已知力 F 的作用线与立柱轴线间的距离 $e=180\text{mm}$，立柱的横截面为外径 $D=40\text{mm}$，内径 $d=30\text{mm}$ 的空心圆，材料的许用应力 $[\sigma]=100\text{MPa}$，试校核此钻床立柱的强度。

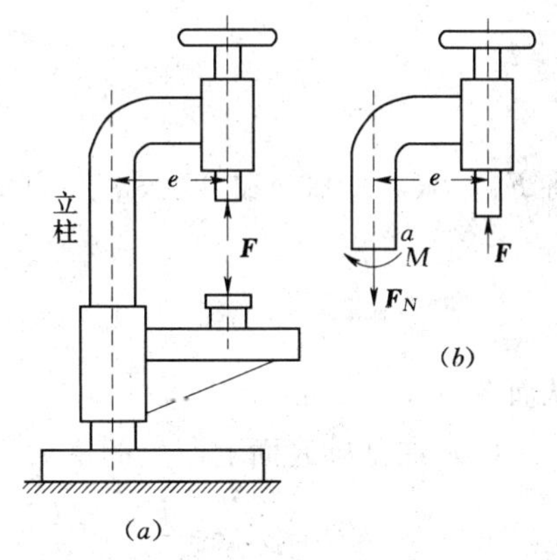

图 9-11

解：对于钻床立柱来说，外力 $\boldsymbol{F}$ 是偏心拉力。它将使立柱受到偏心拉伸，在立柱任一横截面上产生的内力是一个轴力 F_N 和一个弯矩 M，如图 9-11（b）所示，且有

$$F_N=2\text{kN},\quad M=Fe=2\times0.18=0.36\ (\text{kN}\cdot\text{m})$$

因轴力与弯矩都会使横截面的内侧边缘的点 a 处产生拉应力，并使该处的拉应力最大，应对其进行强度校核。

$$\sigma_{max}=\frac{F_N}{A}+\frac{M}{W}=\frac{2\times10^3}{\frac{\pi}{4}(40^2-30^2)\times10^{-6}}+\frac{0.36\times10^3}{\frac{\frac{\pi}{64}(40^4-30^4)\times10^{-12}}{\frac{40}{2}\times10^{-3}}}=87.46(\text{MPa})$$

根据 $\sigma_{max}=87.46\text{MPa}<[\sigma]=100\text{MPa}$

可知钻床立柱满足强度要求。

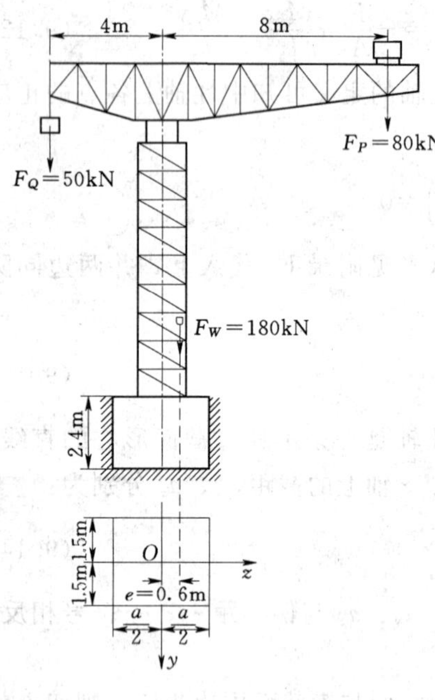

图 9-12

【例 9-4】 起重能力为 80kN 的起重机，安装在混凝土基础上，如图 9-12 所示。起重机支架的轴线通过基础的中心。已知起重机的自重为 180kN（荷载 F_P 及平衡锤 F_Q 的重量不包括在内），其作用线通过基础底面的轴 Oz，且有偏心距 $e=0.6\text{m}$。若矩形基础的短边长为 3m，问：1）其长边的尺寸 a 应为多少才能使基础上不产生拉应力？2）在所选的 a 最小值之下，基础底面上的最大压应力等于多少？（已知混凝土的密度 $\rho=2.243\times10^3\text{kg/m}^3$）

解：（1）将有关各力向基础的中心简化，得到轴力：

$$\begin{aligned}F_N&=50+80+180+2.4\times3\times a\times2.243\times9.81\\&=310+158.4a(\text{kN})\end{aligned}$$

对主轴 Oy 的力矩为：

$$M=-50\times4+180\times0.6+80\times8=548(\text{kN}\cdot\text{m})$$

要使基础上不产生拉应力，必须使

$$\sigma_{max}=-\frac{F_N}{A}+\frac{M}{W}=0$$

将 F_N，M，$A=3a$ 和 $W=3a^3/6$ 代入上式，可得：

$$\sigma_{max}=-\frac{310+158.4a}{3a}+\frac{548}{\frac{3a^3}{6}}=0$$

从而解得 $a=3.7\text{m}$。

（2）在基础底面上产生的最大压应力为：

$$\sigma_{cmax}=\frac{F_N}{A}+\frac{M}{W}=\frac{310+158.4a}{3a}+\frac{548}{\frac{3a^3}{6}}=0.161\ (\text{MPa})$$

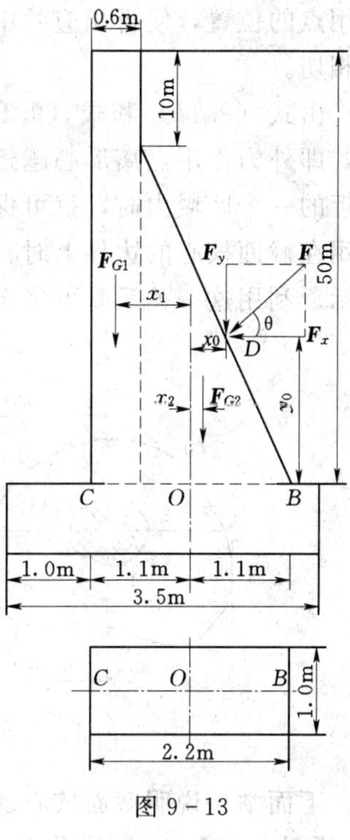

图 9-13

【例 9-5】 某水库溢洪道的浆砌块石挡土墙如图 9-13 所示（墙高与基宽的比例尺未画成一致），通常是取单位长度（1m）的挡土墙来进行计算。已知：墙自重为 $\boldsymbol{F}_{G1}$ 和 $\boldsymbol{F}_{G2}$，$F_{G1}=72\text{kN}$ 的作用线到横截面 BC 的形心 O 的距离为 $x_1=0.8\text{m}$，$F_{G2}=77\text{kN}$ 的作用线到点 O 的距离为 $x_2=0.03\text{m}$；在横截面 BC 以上的土壤作用在墙面上的总土压力 $F=95\text{kN}$，其作用线与水平面的夹角 $\theta=42°$，其在墙面上的作用点 D 到点 O 的水平距离和竖直距离分别为 $x_0=0.43\text{m}$ 和 $y_0=1.67\text{m}$；砌体的许用压应力为 $[\sigma_c]=3.5\text{MPa}$，许用拉应力为 $[\sigma_t]=0.14\text{MPa}$。要求计算出作用在截面 BC 上点 B 和点 C 处的正应力并进行强度校核。

解：(1) 土压力 F 的水平分力和竖直分力分别为：

$$F_x=F\cos\theta=95\cos42°=70.6\text{ (kN)}$$

$$F_y=F\sin\theta=95\sin42°=63.7\text{ (kN)}$$

作用在横截面 BC 上的轴力为：

$$F_N=F_{G1}+F_{G2}+F_x=72+77+63.7=212.7\text{ (kN)}$$

各力对横截面 BC 的形心 O 的总力矩为：

$$\begin{aligned}M&=F_{G1}x_1-F_{G2}x_2+F_x y_0-F_y x_0\\&=72\times0.8-77\times0.03+70.6\times1.67-63.7\times0.43\\&=145.8\text{ (kN·m)}\end{aligned}$$

横截面 BC 的面积（按 1m 长的挡土墙计算）$A=1\times2.2=2.2\text{m}^2$，其抗弯截面模量为：

$$W=\frac{bh^2}{6}=\frac{1\times2.2^2}{6}=0.807(\text{m}^3)$$

(2) 求得点 C 处的正应力。

$$\begin{aligned}\sigma_{c\max}&=\frac{F_N}{A}+\frac{M}{W}\\&=\frac{212.7}{2.2}+\frac{145.8}{0.807}\\&=0.278\text{ (MPa)}\end{aligned}$$

点 B 处的正应力为：

$$\sigma_{t\max}=-\frac{F_N}{A}+\frac{M}{W}=-\frac{212.7}{2.2}+\frac{145.8}{0.807}=0.084\text{ (MPa)}$$

因为

$$\sigma_{c\max}=0.278\text{MPa}<[\sigma_c]=3.5\text{MPa}$$

$$\sigma_{t\max}=0.084\text{MPa}<[\sigma_t]=0.14\text{MPa}$$

故截面 BC 满足强度要求。

在工程中，有不少材料，如砖、石、混凝土、铸铁等，由于它们抗压性能好且价格比较便宜而应用广泛。但是由于其抗拉性能差，在这类构件的设计计算中，往往认为其拉伸强度为零。这就要求构件在偏心压力作用下，其横截面上不出现拉应力，这就须限制压力作用点的位置，使得相应的中性轴不要通过截面，而是在截面外边，至多与截面的外边界点相切。

由式（9.11）和式（9.14）可知，对于给定的截面，e_y、e_z 值越小，a_y、a_z 值就越大，即外力作用点离形心越近，中性轴距形心就越远。因此，当外力作用点位于截面形心附近的一个区域内时，就可保证中性轴不与横截面相交，这个区域称为截面核心。当外力作用在截面核心的边界上时，与此相对应的中性轴就正好与截面的周边相切，如图 9－14 所示。利用这一关系就可确定截面核心的边界。

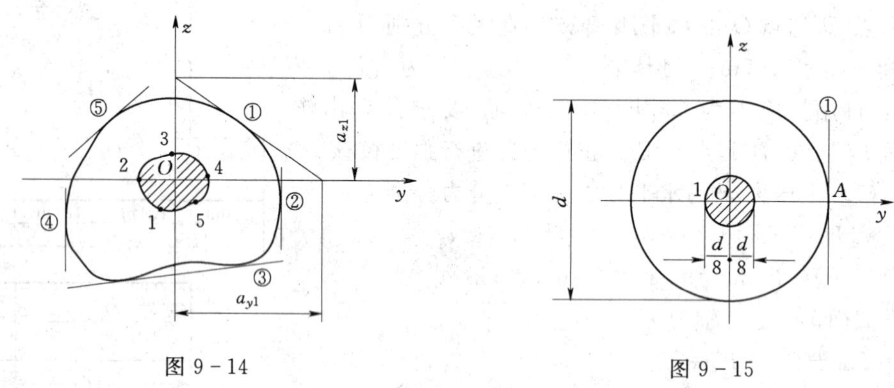

图 9－14　　　　图 9－15

下面举例说明截面核心的具体做法。

【例 9－6】 一圆形截面如图 9－15 所示，直径为 d，试作截面核心。

解：由于圆截面对于圆心 O 是中心对称的，因而，截面核心的边界对于圆心也是中心对称的，即为一圆心为 O 的圆。在截面周边上任取一点 A，过该点作切线①作为中性轴，该中性轴在 y、z 两轴上的截距分别为：

$$a_{y1}=\frac{d}{2},\ a_{z1}=\infty$$

而圆形截面的 $i_y^2=i_z^2=\frac{d^2}{16}$，将以上各值代入式（9.14），即可得：

$$e_{y1}=-\frac{i_z^2}{a_{y1}}=-\frac{\frac{d^2}{16}}{\frac{d}{2}}=-\frac{d}{8},\ e_{z1}=-\frac{i_y^2}{a_{z1}}=0$$

从而可知，截面核心边界是一个以 O 为圆心、以 $\frac{d}{8}$ 为半径的圆，即图中带阴影的区域。

【例 9－7】 一矩形截面如图 9－16 所示，已知两边长度分别为 b 和 h，求作截面核心。

解：先作与矩形四边重合的中性轴①、②、③和④，利用式（9.14），即可得：

$$e_y=-\frac{i_z^2}{a_y},\ e_z=-\frac{i_y^2}{a_z}$$

$$i_y^2=\frac{I_y}{A}=\frac{\frac{bh^3}{12}}{bh}=\frac{h^2}{12},\ i_z^2=\frac{I_z}{A}=\frac{\frac{hb^3}{12}}{bh}=\frac{b^2}{12}$$

式中：a_y 和 a_z 为中性轴的截距；e_y 和 e_z 为相应的外力作用点的坐标。

对中性轴①，有 $a_y=\dfrac{b}{2}$，$a_z=\infty$，代入式（9.14），得：

$$e_{y1}=-\frac{i_z^2}{a_y}=-\frac{\dfrac{b^2}{12}}{\dfrac{b}{2}}=-\frac{b}{6},\quad e_{z1}=-\frac{i_y^2}{a_z}=-\frac{\dfrac{h^2}{12}}{\infty}=0$$

即相应的外力作用点为图 9-16 上的点 1。

对中性轴②，有 $a_y=\infty$，$a_z=-\dfrac{h}{2}$，代入式（9.14），得：

$$e_{y2}=-\frac{i_z^2}{a_y}=-\frac{\dfrac{b^2}{12}}{\infty}=0\ ,\quad e_{z2}=-\frac{i_y^2}{a_z}=-\frac{\dfrac{h^2}{12}}{-\dfrac{h}{2}}=\frac{h}{6}$$

即相应的外力作用点为图 9-16 上的点 2。

同理，可得相应于中性轴③和④的外力作用点的位置如图 9-16 上的点 3 和点 4。

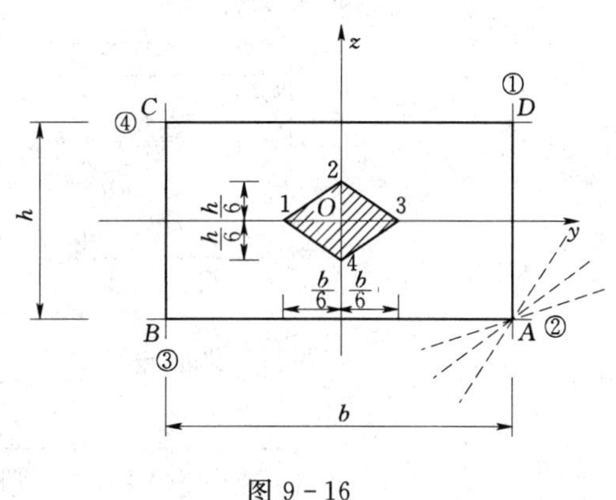

图 9-16

至于由点 1 到点 2，外力作用点的移动规律如何，可以从中性轴①开始，绕截面点 A 作一系列中性轴（图中虚线），一直转到中性轴②，求出这些中性轴所对应的外力作用点的位置，就可得到外力作用点从点 1 到点 2 的移动轨迹。根据中性轴方程式（9.13），设 e_y 和 e_z 为常数，y_0 和 z_0 为流动坐标，中性轴的轨迹是一条直线。反之，若设 y_0 和 z_0 为常数，e_y 和 e_z 为流动坐标，则力作用点的轨迹也是一条直线。现在，过角点 A 的所有中性轴有一个公共点，其坐标 $\left(\dfrac{b}{2},\ -\dfrac{h}{2}\right)$ 为常数，相当于中性轴方程式（9.4）中的 y_0 和 z_0，而需求的外力作用点的轨迹，则相当于流动坐标 e_y 和 e_z。于是可知，截面上从点 1 到点 2 的轨迹是一条直线。同理可知，当中性轴由②绕角点 B 转到③，由③绕角点 C 转到④时，外力作用点由点 2 到点 3，由点 3 到点 4 的轨迹，都是直线。最后得到一个菱形（图中的阴影区）。即矩形截面的截面核心为一菱形，其对角线的长度为截面边长的 1/3。

对于具有棱角的截面，均可按上述方法确定截面核心。对于周边有凹进部分的截面（例如槽形或工字形截面等），在确定截面核心的边界时，应该注意不能取与凹进部分的周边相切的直线作为中性轴，因为这种直线显然与横截面相交。

9.5 弯扭组合变形

机械中的传动轴与皮带轮、齿轮或飞轮等连接时，往往同时受到扭转与弯曲的联合作用。由于传动轴多数都是圆截面的，故以圆截面杆为例，讨论杆件发生扭转与弯曲组合变形时的强度计算。

设有一实心圆轴 AB，A 端固定，B 端连一手柄 BC，在 C 处作用一铅直方向力 $\boldsymbol{F}$，如图 9－17（a）所示。圆轴 AB 承受扭转与弯曲的组合变形。略去自重的影响，将力 $\boldsymbol{F}$ 向 AB 轴端截面的形心 B 简化后，即可将外力分为两组，一组是作用在轴上的横向力 $\boldsymbol{F}$，另一组为在轴端截面内的力偶矩 $M_e=Fa$，如图 9－17（b）所示，前者使轴发生弯曲变形，后者使轴发生扭转变形。分别作出圆轴 AB 的弯矩图和扭矩图，如图 9－17（c）、（d）所示。可见，轴的固定端截面是危险截面，其内力分量分别为：

$$M=Fl,\quad T=M_e=Fa$$

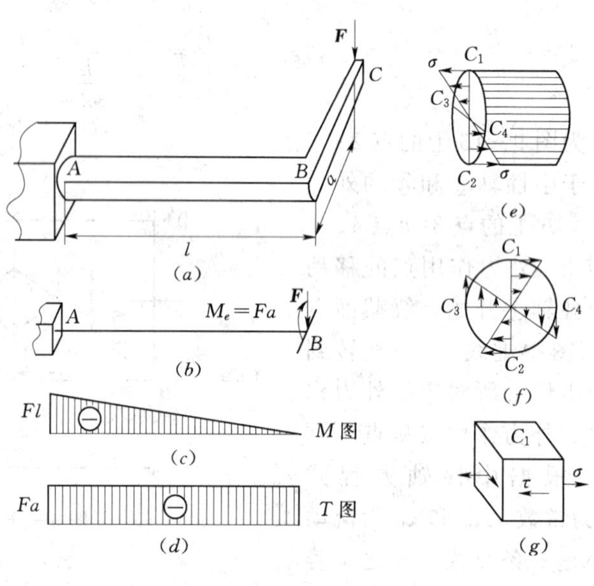

图 9－17

在截面 A 上弯曲正应力 σ 和扭转切应力 τ 均按线性分布，分别如图 9－17（e）和图 9－17（f）所示。危险截面上铅垂直径上下两端点 C_1 和 C_2 处是截面上的危险点，因在这两点上正应力和切应力均达到极大值，故必须校核这两点的强度。对于抗拉强度与抗压强度相等的塑性材料，只需取其中的一个点 C_1 来研究即可。C_1 点的弯曲正应力和扭转切应力分别为：

$$\sigma=\frac{M}{W},\quad \tau=\frac{T}{W_P} \tag{9.16}$$

对于直径为 d 的实心圆截面，抗弯截面系数与抗扭截面系数分别为：

$$W=\frac{\pi d^3}{32},\quad W_P=\frac{\pi d^3}{16}=2W \tag{9.17}$$

围绕 C_1 点分别用横截面、径向纵截面和切向纵截面截取单元体，可得 C_1 点处的应力状态，如图 9－17（g）所示。显然，C_1 点处于平面应力状态，其三个主应力为：

$$\sigma_1=\frac{\sigma}{2}+\frac{1}{2}\sqrt{\sigma^2+4\tau^2},\quad \sigma_2=0,\quad \sigma_3=\frac{\sigma}{2}-\frac{1}{2}\sqrt{\sigma^2+4\tau^2}$$

对于用塑性材料制成的杆件，选用第三或第四强度理论来建立强度条件，即：

$$\sigma_{r3}=\sigma_1-\sigma_3\leqslant[\sigma] \tag{9.18}$$

$$\sigma_{r4}=\sqrt{\sigma_1^2+\sigma_3^2-\sigma_1\sigma_3}\leqslant[\sigma] \tag{9.19}$$

将上述主应力 σ_1 和 σ_3 的值代入，经整理得：

$$\sigma_{r3}=\sqrt{\sigma^2+4\tau^2}\leqslant[\sigma] \tag{9.20}$$

$$\sigma_{r4}=\sqrt{\sigma^2+3\tau^2}\leqslant[\sigma] \tag{9.21}$$

将式（9.16）分别代入式（9.20）和式（9.21），则应力表达式可改写为：

$$\sigma_{r3}=\sqrt{\sigma^2+4\tau^2}=\sqrt{\left(\frac{M}{W}\right)^2+4\left(\frac{T}{2W}\right)^2} \tag{9.22}$$

$$\sigma_{r4}=\sqrt{\sigma^2+3\tau^2}=\sqrt{\left(\frac{M}{W}\right)^2+3\left(\frac{T}{2W}\right)^2}\leqslant[\sigma] \tag{9.23}$$

将式（9.17）分别代入式（9.22）和式（9.23），则应力表达式可改写为：

$$\sigma_{r3}=\sqrt{\sigma^2+4\tau^2}=\frac{1}{W}\sqrt{M^2+T^2}\leqslant[\sigma] \tag{9.24}$$

$$\sigma_{r4}=\sqrt{\sigma^2+3\tau^2}=\frac{1}{W}\sqrt{M^2+0.75T^2}\leqslant[\sigma] \tag{9.25}$$

所以对于弯扭组合变形的圆轴，在求得危险截面的弯矩 M 和扭矩 T 后，就可直接利用式（9.24）或式（9.25）建立强度条件，进行强度计算。式（9.24）和式（9.25）同样适用于空心圆杆，只需将式中的 W 改用空心圆截面的弯曲截面系数。

应该注意的是，式（9.22）和式（9.23）适用于如图 9-17（g）所示的平面应力状态，而不论正应力是由弯矩还是由轴力引起的，不论切应力是由扭矩还是由剪力引起的，也不论正应力和切应力是正值还是负值。工程中有些杆件，如船舶推进轴，有止推轴承的传动轴等，除了承受弯曲和扭转变形外，还受到轴向压缩（拉伸），其危险点处的正应力等于弯曲正应力与轴向拉（压）正应力之和。但式（9.24）和式（9.25）仅适用于弯扭组合变形下的圆截面杆。

【例 9-8】 如图 9-18（a）所示机轴上的两个齿轮，受到切线方向的力 $F_1=15\text{kN}$，$F_2=10\text{kN}$ 作用，轴承 A 及 D 处均为铰支座，轴的许用应力 $[\sigma]=100MPa$，求轴所需的直径 d。

解：（1）外力分析。

把 $\boldsymbol{F}_1$ 及 $\boldsymbol{F}_2$ 向机轴轴心简化成为竖向力 $\boldsymbol{F}_1$、水平力 $\boldsymbol{F}_2$ 及力偶矩：

$$M_e=F_1\times\frac{d_2}{2}=F_2\times\frac{d_1}{2}=10\times\frac{150\times10^{-3}}{2}=0.75(\text{kN}\cdot\text{m})$$

两个力使轴发生弯曲变形，两个力偶矩使轴在 BC 段内发生扭转变形。

（2）内力分析。

轴在竖向平面内因 $\boldsymbol{F}_1$ 作用而弯曲，弯矩图如图 9-18（b）所示，引起 B、C 处的弯矩分别为：

$$M_{B1}=\frac{F_1(l+a)a}{l+2a},\quad M_{C1}=\frac{F_1a^2}{l+2a}$$

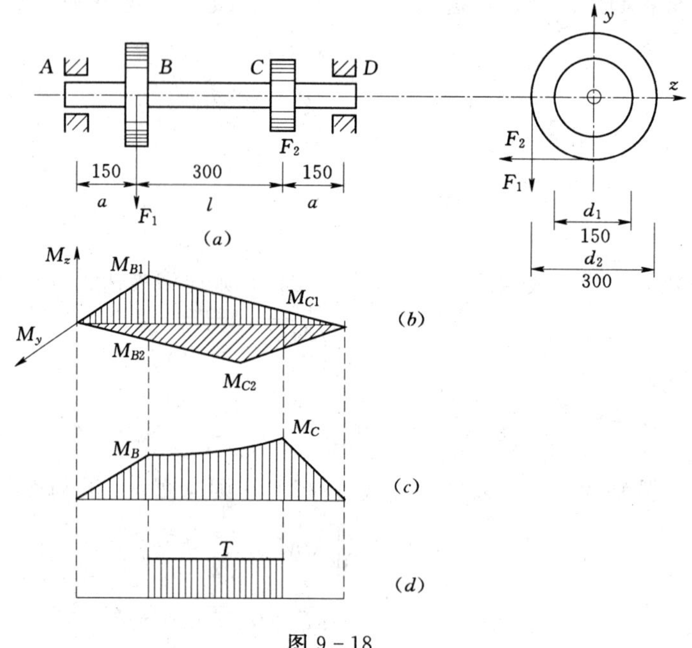

图 9 - 18

轴在水平面内因 $\boldsymbol{F}_2$ 作用而弯曲，在 B、C 处的弯矩分别为：

$$M_{B2}=\frac{F_2a^2}{l+2a},\quad M_{C2}=\frac{F_2(l+a)a}{l+2a}$$

B、C 两个截面上的总弯矩为：

$$M_B=\sqrt{M_{B1}^2+M_{B2}^2}=\sqrt{\frac{F_1^2(l+a)^2a^2}{(l+2a)^2}+\frac{F_2^2a^4}{(l+2a)^2}}=0.676(\text{kN}\cdot\text{m})$$

$$M_C=\sqrt{M_{C1}^2+M_{C2}^2}=\sqrt{\frac{F_1^2a^4}{(l+2a)^2}+\frac{F_2^2(l+a)^2a^2}{(l+2a)^2}}=1.14(\text{kN}\cdot\text{m})$$

轴内每一截面的弯矩都由两个弯矩分量合成，且总弯矩的作用平面各不相同，但因为圆轴的任一直径都是形心主轴，抗弯截面系数 W 都相同，所以可将各截面的总弯矩画在同一个图内，如图 9 - 18（c）所示。

BC 段内的扭矩为：

$$T=M_e=0.75\text{kN}\cdot\text{m}$$

扭矩图如图 9 - 18（d）所示。

（3）强度计算。

按第四强度理论建立强度条件，即：

$$\sigma_{r4}=\frac{1}{W}\sqrt{M^2+0.75T^2}\leqslant[\sigma]$$

$$W=\frac{\pi d^3}{32}\geqslant\frac{1}{100\times10^6}\sqrt{(1.44\times10^3)^2+0.75\times(0.73\times10^3)^2}$$

解之得：

$$d=0.051\text{m}=51\text{mm}$$

9.6 连接件的强度计算

在工程中，经常需要把构件相互连接起来，例如连接钢板的螺栓连接和铆钉连接（如图 9-19（*a*）、（*b*）所示），机械中的轴与齿轮之间的键连接［图 9-19（*d*）］，钢结构中的焊缝连接［图 9-19（*e*）］以及木结构中的榫齿连接［图 9-19（*f*）］等。在这些连接中，螺栓、铆钉、销轴、键等都是起连接作用的部件，称为连接件。

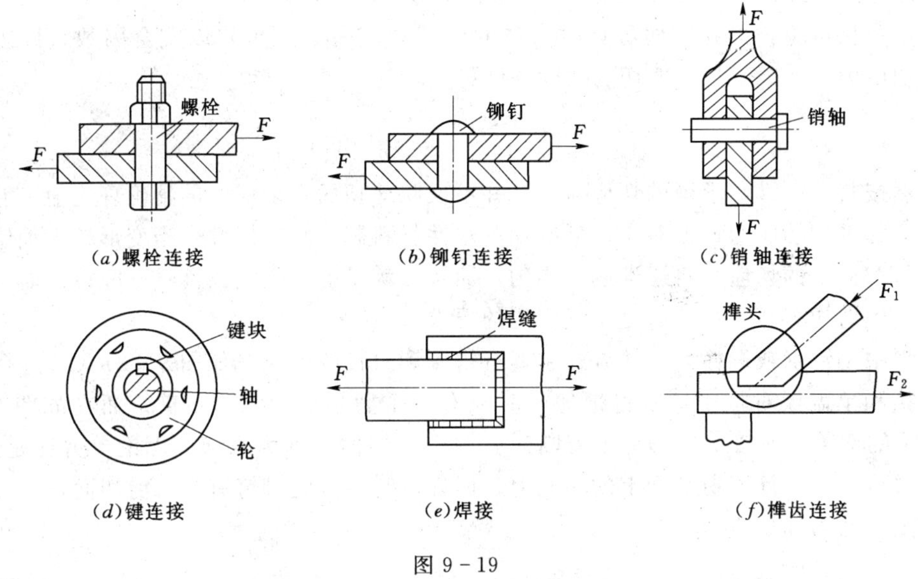

图 9-19

连接件的本身尺寸一般较小，而受力和变形往往较为复杂。本节将讨论铆钉（或螺栓）连接实用计算法的基础，并结合前面所学的知识简要介绍连接件的强度计算。

9.6.1 剪切的实用计算

如图 9-20（*a*）所示两块钢板用螺栓连接并承受拉力 **F** 作用，显然，螺栓在两侧面分别受到大小相等、方向相反、作用线相距很近的两组分布外力系的作用，如图 9-20（*b*）所示。在这样的外力作用下，螺栓将沿两外力作用线之间，并与外力作用线平行的截面 *m*—*m* 发生相对错动，如图 9-20（*c*）所示，这种变形称为剪切变形，发生剪切变形的截面 *m*—*m*，称为剪切面。

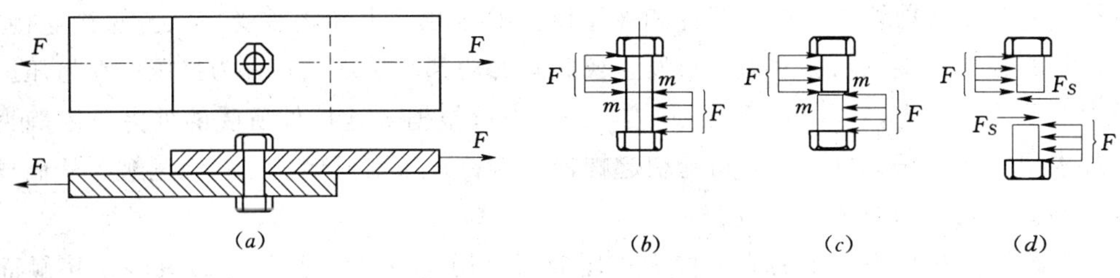

图 9-20

应用截面法将螺栓假想地沿剪切面 $m—m$ 截开，并取上部（或下部）为研究对象，如图 9-20（d）所示。根据平衡条件可得剪切面上的切向内力——剪力 F_S 为：

$$F_S=F$$

在弹性范围内螺栓剪切面上的切应力分布情况是比较复杂的，在剪切实用计算中，假设剪切面上各点处的切应力是均匀分布的。于是，剪切面上的名义切应力为：

$$\tau=\frac{F_S}{A_S} \tag{9.26}$$

式中：F_S 为剪切面上的剪力；A_S 为剪切面的面积。

通过直接试验，得到剪切破坏时材料的极限切应力 τ_u。再除以安全因数，即得材料的许用切应力 $[\tau]$。于是，剪切的强度条件可表示为：

$$\tau=\frac{F_S}{A_S}\leqslant[\tau]=\frac{\tau_u}{n} \tag{9.27}$$

虽然按式（9.26）求得的切应力值，并不反映剪切面上切应力的精确理论值，它只是剪切面上的平均切应力，但对于用低碳钢等塑性材料制成的连接件，当变形较大而临近破坏时，剪切面上的切应力将逐渐趋于均匀。而且，满足剪切强度条件式（9.27）时，显然不至于发生剪切破坏，从而满足工程实用的要求。

工程中铆钉（或螺栓）连接方式主要有搭接和对接两种。在如图 9-21（a）、（b）所示的搭接和单盖板对接中，铆钉被剪断时只有一个剪切面，称为单剪；而在如图 9-21（c）所示的双盖板对接中，铆钉被剪断时有两个剪切面，称为双剪。无论单剪还是双剪，均可用式（9.26）计算剪切面上的切应力，但计算时要确定铆钉有几个剪切面，以及每个剪切面上的剪力和切应力。

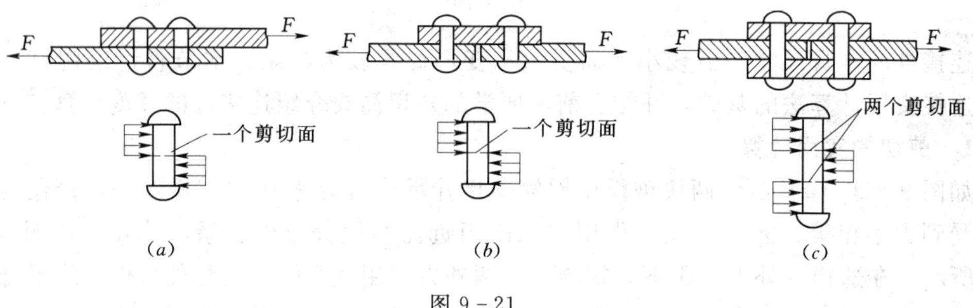

图 9-21

9.6.2 挤压的实用计算

连接件除承受剪切外，在连接件和被连接件的接触面上还将承受挤压。螺栓连接中，在螺栓与钢板相互接触的侧面上，将发生彼此间的局部承压现象，称为挤压；在挤压面上的压力，称为挤压力，并记为 F_{jy}。显然，挤压力可根据被连接件所受的外力，由静力平衡条件求得。当挤压力过大时，可能引起螺栓（铆钉）压扁或钢板在孔缘压皱，从而导致连接松动而失效，如图 9-22（a）所示。

接触面上由挤压力产生的应力称为挤压应力，用 σ_{jy} 表示。挤压应力只限于接触面附近的局部区域，而且在接触面上的分布情况比较复杂。在挤压实用计算中，通常假设在计算挤压面积上应力是均匀分布的。所谓计算挤压面积是指实际挤压面在与力的作用线垂直的平面上的投影的面积。如图 9-22（b）、（c）所示，实际挤压面是一个半圆柱面，其计算挤压面则是一个矩形。

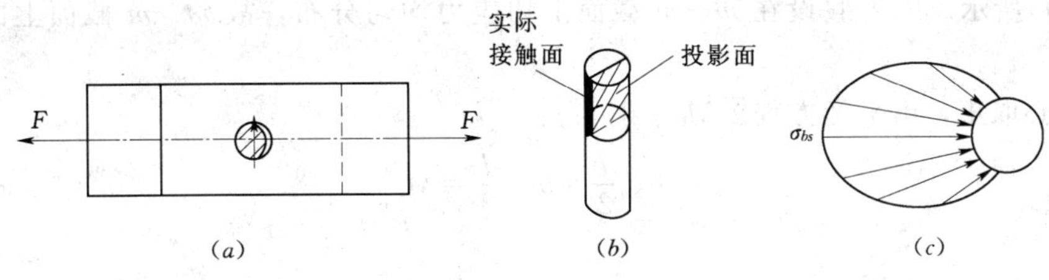

图 9-22

于是可得名义挤压应力的计算式为：

$$\sigma_{jy}=\frac{F_{jy}}{A_{jy}} \tag{9.28}$$

式中：F_{jy} 为接触面上的挤压力；A_{jy} 为计算挤压面面积。

通过直接试验，并按名义挤压应力公式得到材料的极限挤压应力，从而确定许用挤压应力 $[\sigma_{jy}]$。于是，挤压的强度条件可表示为：

$$\sigma_{jy}=\frac{F_{jy}}{A_{jy}}\leqslant[\sigma_{jy}] \tag{9.29}$$

应当注意，挤压应力是在连接件和被连接件之间相互作用的。因此，当两者材料不同时，应校核其中许用挤压应力较低材料的挤压强度。

9.6.3 连接件的强度计算

连接件的强度计算是一个比较复杂的问题，目前工程设计中多采用实用计算法，但是在某些情况下也可以按照组合变形问题去处理。

以螺栓连接为例，一般来说，连接处被破坏的可能性有三种：①螺栓在两侧与钢板接触面的压力 F 的作用下，将沿剪切面被剪断；②螺栓与钢板在相互接触面上因挤压而使连接松动；③钢板在受螺栓孔削弱的截面处被拉断。

下面分别举例说明连接件的强度计算方法。

【例 9-9】 图 9-23（a）所示表示齿轮用平键与轴连接（图中只画出了轴与键，没有画出齿轮）。已知轴的直径 $d=70$mm，键的尺寸为 $b\times h\times l=20$mm$\times12$mm$\times100$mm，传递的扭转力偶矩 $M_e=2$kN·m，键的许用切应力 $[\tau]=60$MPa，许用挤压应力 $[\sigma_{jy}]=100$MPa。试校核键的强度。

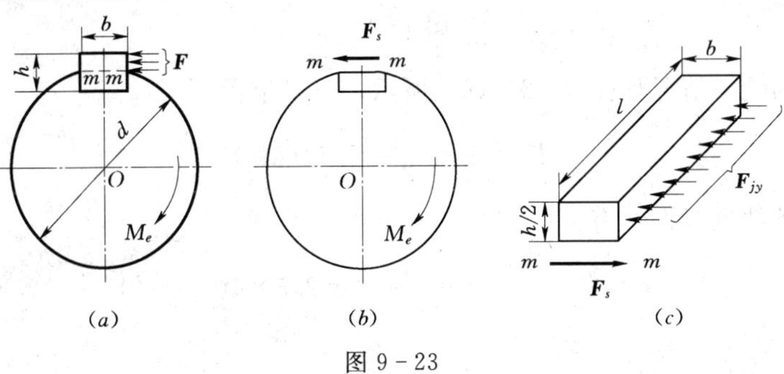

图 9-23

解：(1) 首先校核键的剪切强度。

将平键 $m—m$ 截面分成两部分，并把 $m—m$ 以下部分和轴作为一个整体来考虑，如图 9-23 (b) 所示。因为假设在 $m—m$ 截面上切应力均匀分布，故 $m—m$ 截面上的剪力为 $\boldsymbol{F}_S=A\tau=bl\tau$。

对轴心取矩，由平衡方程 $\sum M_O=0$，得：

$$F_S\frac{d}{2}=bl\tau\frac{d}{2}=M_e$$

故有：

$$\tau=\frac{2M_e}{bld}=\frac{2\times2\times10^3}{20\times100\times90\times10^{-9}}=28.6(\text{MPa})<[\tau]=60\text{MPa}$$

可见该键满足剪切强度条件。

(2) 其次校核键的挤压强度。考虑键在 $n-n$ 截面以上部分的平衡，如图 9-23 (c) 所示，在 $m-m$ 截面上的剪力为 $F_S=bl\tau$，右侧面上的挤压力为：

$$F_{jy}=A_{jy}\sigma_{jy}=\frac{h}{2}l\sigma_{jy}$$

由水平方向的平衡条件得：

$$F_S=F_{jy}\text{或}\ bl\tau=\frac{h}{2}l\sigma_{jy}$$

由此求得：

$$\sigma_{jy}=\frac{2b\tau}{h}=\frac{2\times20\times28.6}{12}=95.3\ (\text{MPa})\ <\ [\sigma_{jy}]\ =100\text{MPa}$$

故平键也符合挤压强度要求。

【例 9-10】 电瓶车挂钩用插销连接，如图 9-24 (a) 所示。已知 $t=8\text{mm}$，插销材料的许用切应力 $[\tau]=30\text{MPa}$，许用挤压应力 $[\sigma_{jy}]=100\text{MPa}$，牵引力 $F=15\text{kN}$。试选定插销的直径 d。

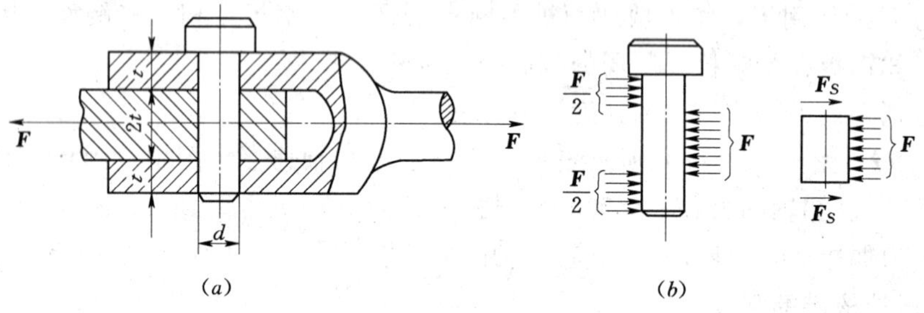

图 9-24

解：插销的受力情况如图 9-24 (b) 所示，可以求得：

$$F_S=\frac{F}{2}=\frac{15}{2}=7.5\ (\text{kN})$$

先按抗剪强度条件进行设计有：

$$A=\frac{\pi d^2}{4}\geqslant\frac{F_S}{[\tau]}=\frac{7500}{30\times10^6}=2.5\times10^{-4}(\text{m}^2)$$

所以：

$$d \geqslant 0.0178\text{m} = 17.8\text{mm}$$

再用挤压强度条件进行校核。

$$\sigma_{jy} = \frac{F_{jy}}{A_{bs}} = \frac{F}{2td} = \frac{15 \times 10^3}{2 \times 8 \times 17.8 \times 10^{-6}} = 52.7\ (\text{MPa}) < [\sigma_{jy}]$$

所以挤压强度条件也是足够的。查机械设计手册，最后采用 $d=20\text{mm}$ 的标准圆柱销钉。

【例 9-11】 如图 9-25（*a*）所示拉杆，用四个直径相同的铆钉固定在另一个板上，拉杆和铆钉的材料相同，试校核铆钉和拉杆的强度。已知 $F=80\text{kN}$，$b=80\text{mm}$，$t=10\text{mm}$，$d=16\text{mm}$，$[\tau]=100\text{MPa}$，$[\sigma_{jy}]=300\text{MPa}$，$[\sigma]=150\text{MPa}$。

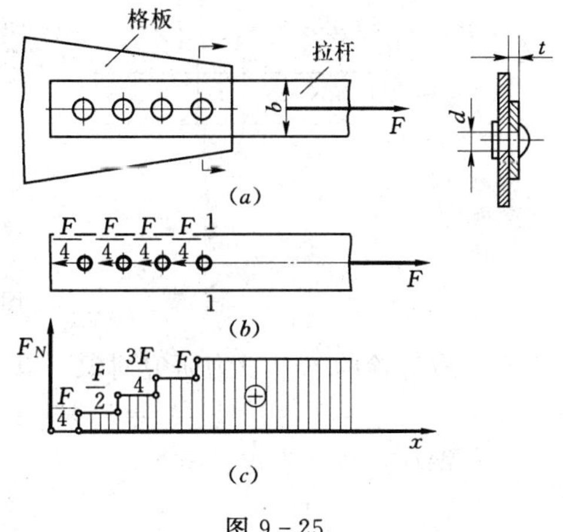

图 9-25

解：根据受力分析，此结构有三种破坏可能，即铆钉被剪断或产生挤压破坏，或拉杆被拉断。

（1）铆钉的抗剪强度计算。

当各铆钉的材料和直径均相同，且外力作用线通过铆钉组剪切面的形心时，可以假设各铆钉剪切面上的剪力相同。所以，对于图 9-25（*a*）所示铆钉组，各铆钉剪切面上的剪力均为：

$$F_S = \frac{F}{4} = \frac{80}{4} = 20(\text{kN})$$

相应的切应力为：

$$\tau = \frac{F_S}{A} = \frac{20 \times 10^3}{\frac{\pi}{4} \times 16^2 \times 10^{-6}} = 99.5\ (\text{MPa}) < [\tau] = 100\text{MPa}$$

（2）铆钉的挤压强度计算。

四个铆钉受挤压力为 F，每个铆钉所受到的挤压力 F_{jy} 为：

$$F_{jy} = \frac{F}{4} = 20(\text{kN})$$

由于挤压面为半圆柱面，则挤压面积应为其投影面积，即：

$$A_{jy} = td$$

故挤压应力为：

$$\sigma_{jy} = \frac{F_{jy}}{A_{jy}} = \frac{20 \times 10^3}{10 \times 16 \times 10^{-6}} = 125(\text{MPa}) < [\sigma_{jy}] = 300\text{MPa}$$

（3）拉杆的强度计算。

其危险面为 1—1 截面，所受到的拉力为 F，危险截面面积为 $A_1=(b-d)t$，故最大拉应力为：

$$\sigma = \frac{F}{A_1} = \frac{80 \times 10^3}{(80-16) \times 10 \times 10^{-6}} = 125(\text{MPa}) < [\sigma] = 150(\text{MPa})$$

根据以上强度计算，铆钉和拉杆均满足强度要求。

【例 9-12】 如图 9-26（a）所示螺栓连接头中，预紧力 $F_1=100\text{N}$，主板所受拉力 $F_2=3\text{kN}$，螺栓直径 d 和主板厚度 t 相等。已知 $d=t=10\text{mm}$，$[\tau]=100\text{MPa}$，$[\sigma_{jy}]=300\text{MPa}$，$[\sigma]=160\text{MPa}$。试校核螺栓的强度。

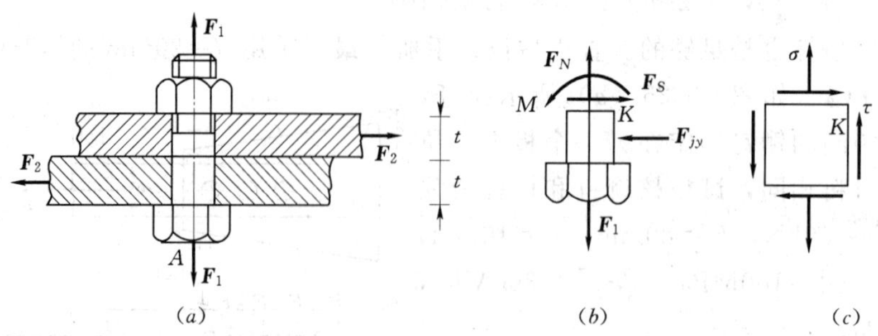

图 9-26

解：取螺栓的下半段为研究对象，其受力情况如图 9-26（b）所示，且有 $F_N=F_1=100\text{N}$，$F_S=F_{jy}=F_2=3\text{kN}$，$M=F_2\times t/2=15\text{N}\cdot\text{m}$。

（1）螺栓的抗剪强度计算。

$$\tau=\frac{F_S}{A}=\frac{3\times10^3}{\frac{\pi}{4}\times10^2\times10^{-6}}=38.2\ (\text{MPa})<[\tau]=100\text{MPa}$$

（2）螺栓的挤压强度计算。

$$\sigma_{jy}=\frac{F_{jy}}{A_{jy}}=\frac{3\times10^3}{10\times10\times10^{-6}}=30(\text{MPa})<[\sigma_{jy}]=300\text{MPa}$$

（3）螺栓的正应力强度计算。

$$\sigma=\frac{F_N}{A}+\frac{M}{W}=\frac{100}{\frac{\pi}{4}\times10^2\times10^{-6}}+\frac{15}{\frac{\pi}{32}\times10^3\times10^{-9}}=154(\text{MPa})<[\sigma]=160\text{MPa}$$

（4）利用第四强度理论进行强度计算。

螺栓内的最危险点为最右边的 K 点，其应力状态如图 9-26（c）所示，是一个平面应力状态，所以用第四强度理论强度校核如下：

$$\sigma_{r4}=\sqrt{\sigma^2+3\tau^2}=\sqrt{154^2+3\times38.2^2}=167.6(\text{MPa})\geqslant[\sigma]=160\text{MPa}$$

所以此时螺栓是不满足第四强度理论的，是不安全的。

从本例可以看出在某些情况下，即使是满足了连接件中螺栓的抗剪、挤压和正应力强度的要求，却不一定能满足强度理论的要求，所以在研究构件的强度问题时，应当综合考虑构件各种因素在其中产生的影响，全面分析各种不安全情况，才能设计出即安全可靠又经济合理的构件。

9.7 小　　结

本章介绍了组合变形的概念，以及对组合变形进行强度计算的方法，着重讨论斜弯曲、偏心压缩、弯曲和扭转的组合作用等情况，本章的重点是要掌握利用叠加原理对各种组合变形进行强度计算的思路。

(1) 学会判断杆件发生的是何种组合变形。

(2) 掌握利用叠加原理对各种组合变形进行强度计算的解题思路。

(3) 掌握截面核心的概念，学会确定截面核心的形状。

思 考 题

9-1 组合变形怎样判断?

9-2 什么是叠加原理？利用叠加原理需要满足怎样的条件?

9-3 平面弯曲与斜弯曲的本质区别是什么?

9-4 悬臂梁在自由端受通过截面形心的集中力 $\boldsymbol{F}$ 的作用，如思考题 9-4 图 (*a*) 所示。设梁截面形状以及力 $\boldsymbol{F}$ 在自由端截面平面内的方向分别如思考题 9-4 图 (*b*) ～ (*e*) 所示，其中 φ 为任意角。试判别哪种情况属斜弯曲，哪种情况属平面弯曲。

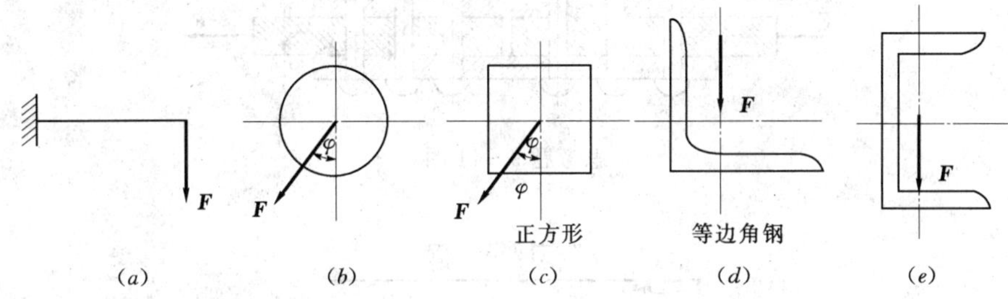

思考题 9-4 图

9-5 什么是截面核心？利用什么关系确定截面核心的形状。

9-6 绘出如思考题 9-6 图所示各截面的截面核心的大致形状和位置。

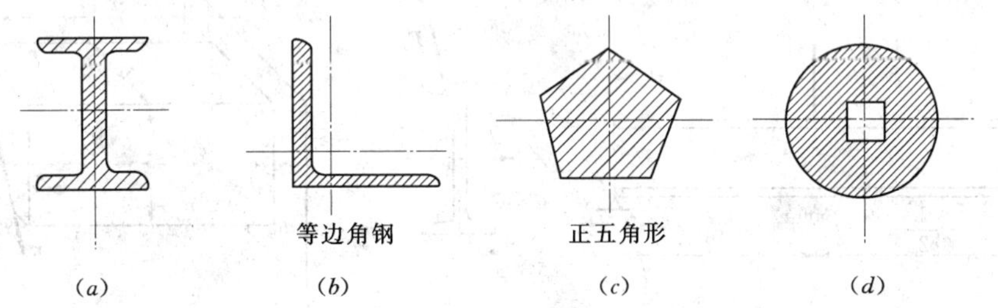

思考题 9-6 图

9-7 发生组合变形的杆件在什么情况下采用强度理论进行强度计算?

9-8 思考题 9-8 图示一空间悬臂折杆，在自由端受力 $\boldsymbol{F}$ 作用，该力通过端截面的形心并与对角线共线。试分析 AB、BC 和 CD 三段杆的内力，并说明每段杆发生何种变形。

9-9 压缩和挤压有何区别？为何挤压许用应力大于压缩许用应力?

9-10 试分析思考题 9-10 图示连接中的剪切面和挤压面?

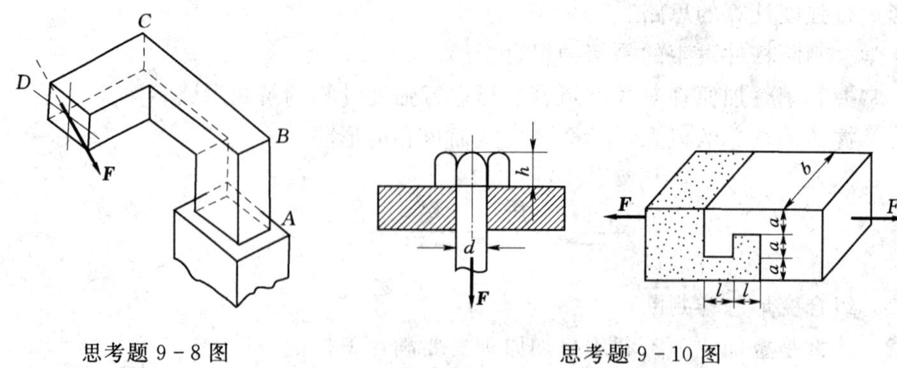

思考题 9-8 图　　　　　　　　思考题 9-10 图

9-11　在思考题 9-11 图示铆接结构中，力是怎样传递的？若板与铆钉的相同，直径也相同，问要满足那些强度条件，才能保证整个铆接结构的安全？

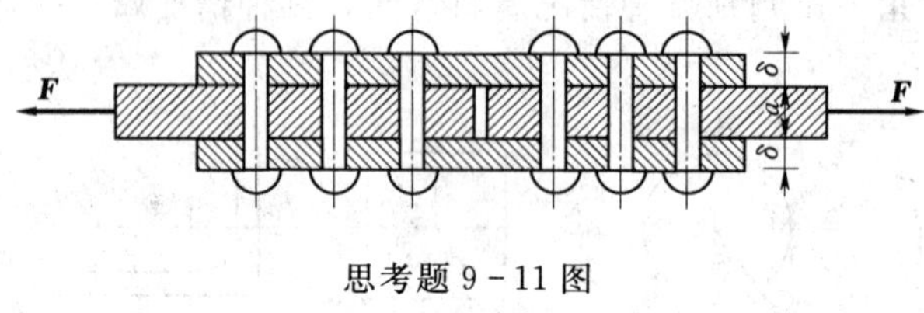

思考题 9-11 图

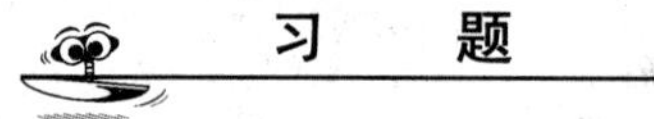

习　题

9-1　习题 9-1 图示 No.25a 工字钢简支梁，处于斜弯曲。已知：$F=20\text{kN}$，$l=4\text{m}$，$\varphi=\pi/12$，$[\sigma]=160\text{MPa}$。试校核梁的强度。

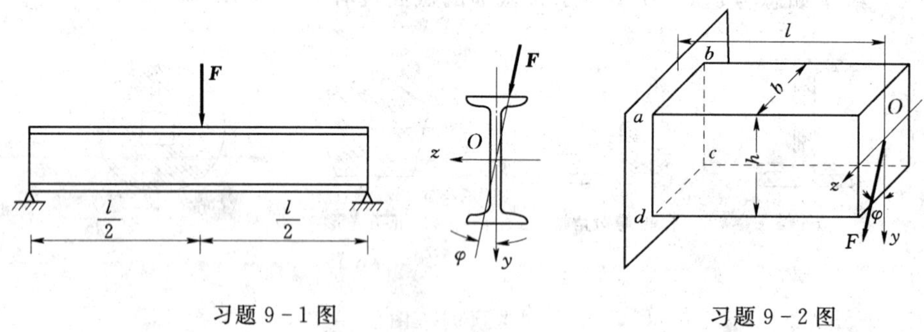

习题 9-1 图　　　　　　　　习题 9-2 图

9-2　习题 9-2 图示一矩形截面悬臂木梁，在自由端平面内作用一集中力 **F**，此力通过截面形心，与对称轴 y 的夹角 $\varphi=\pi/6$。已知：$F=24\text{kN}$，$E=10\text{GPa}$，$l=2\text{m}$，$h=200\text{mm}$，$b=120\text{mm}$。试求固定端截面上 a、b、c、d 四点的正应力和自由端的挠度。

9-3　习题 9-3 图示 80mm×80mm×8mm 的角钢，两端自由放置，$l=4\text{m}$，$E=210\text{GPa}$。试求在自重（按 1kg=10N 换算）作用下的最大正应力及最大挠度沿水平和铅垂方向的分量。

9-4　习题 9-4 图示一木制楼梯斜梁，受铅直荷载作用。已知：$l=4\text{m}$，$h=$

200mm，$b=120$mm，作轴力图和弯矩图并求危险截面（跨中截面）上的最大拉应力和最大压应力值。

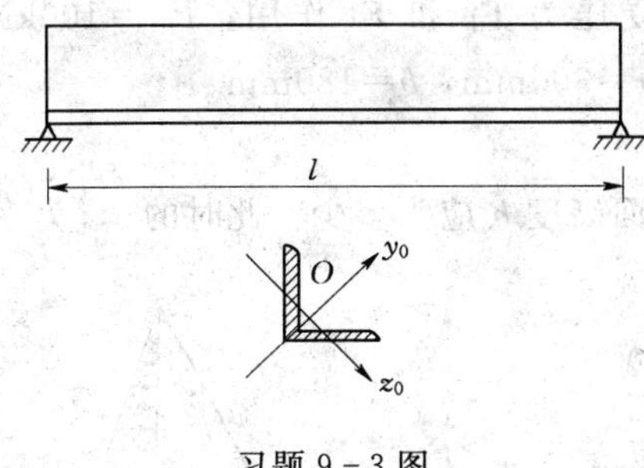

习题 9-3 图

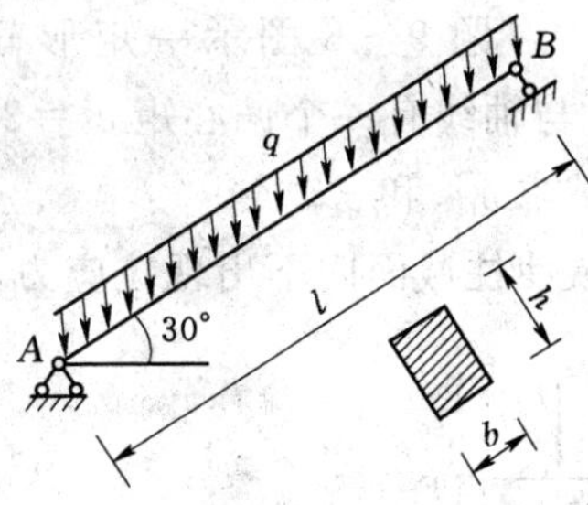

习题 9-4 图

9-5　习题 9-5 图示一简易悬臂式吊车架。横梁 AB 由两根 10 号槽钢组成。电葫芦可在 AB 梁上来回移动。设电葫芦连同起吊重物的重量共重 $F_G=9$kN，材料的 $E=200$GPa。试求在下列三种情况下，横梁的最大正应力值。

（1）只考虑由重量 $\boldsymbol{F}_G$ 所引起的弯矩影响。

（2）考虑弯矩和轴力的共同影响。

（3）考虑弯矩、轴力以及由轴力引起的附加弯矩（其值等于轴力乘以 $\boldsymbol{F}_G$ 所引起的最大挠度）的共同影响。

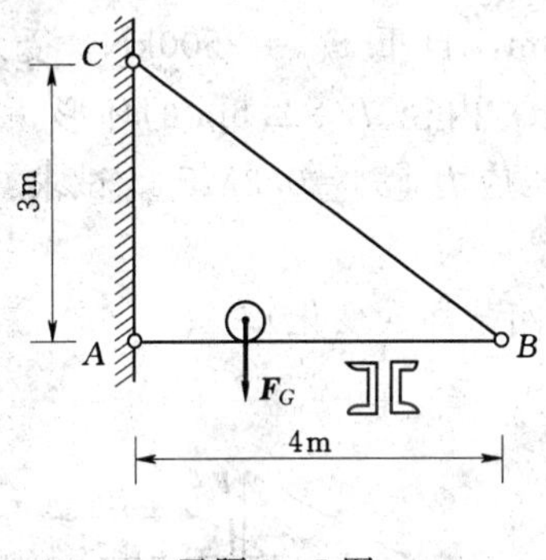

习题 9-5 图

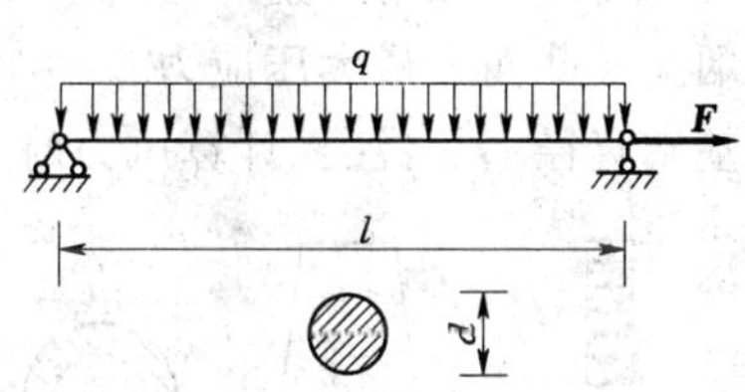

习题 9-6 图

9-6　如习题 9-6 图所示，简支梁同时受铅直均布荷载和轴向拉力的作用。已知：$l=4$m，$q=4$kN/m，$E=10$GPa，$F=40$kN，$d=200$mm，$[\sigma]=12$MPa。试按下列情况校核强度：

（1）用叠加法计算由 q 和 F 共同作用所引起的应力。

（2）除（1）项结果外，还考虑由 $\boldsymbol{F}$ 乘以由 q 引起的挠度所得到的附加弯矩的影响。

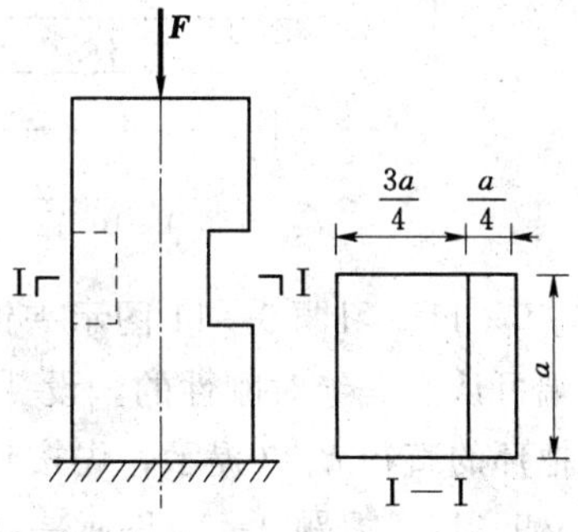

习题 9-7 图

9-7　习题 9-7 图示正方形截面柱，边长为 a，顶端受轴向压力 $\boldsymbol{F}$ 作用，在右侧中部挖一个槽，槽深 $a/4$。试求：

（1）开槽前后柱内最大压应力值及所在点的位置。

（2）若在槽的对称位置再挖一个相同的槽，则应力有何变化？

9－8　习题 9－8 图示一矩形截面柱，受压力 $\boldsymbol{F}_1$ 和 $\boldsymbol{F}_2$ 作用，$F_1=100\text{kN}$，$F_2=45\text{kN}$，$\boldsymbol{F}_2$ 与轴线有一个偏心矩 $e_y=200\text{mm}$，$h=300\text{mm}$，$b=180\text{mm}$。

（1）试求 $\sigma_{\max}$ 和 $\sigma_{\min}$。

（2）欲使柱截面内不出现拉应力，试问截面高度 h 应为多少？此时的 $\sigma_{\min}$ 为多大？

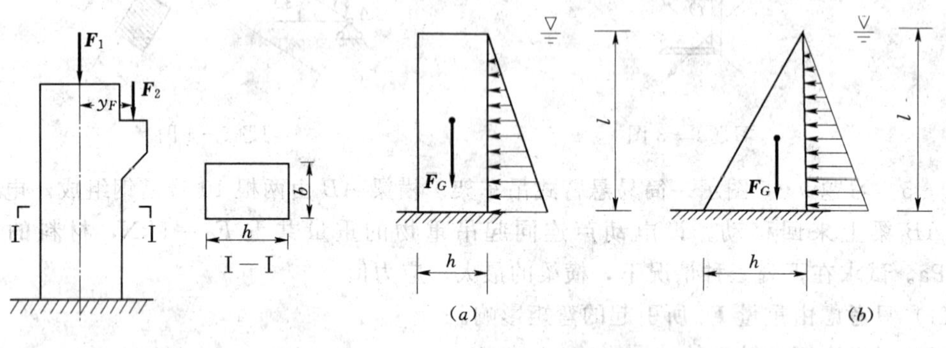

习题 9－8 图　　　　习题 9－9 图

9－9　习题 9－9 图示为两座水坝的截面，（a）为矩形，（b）为三角形。水深均为 l，混凝土密度 $\rho=2.2\times10^3\text{kg/m}^3$。试问当坝底截面上不出现拉应力时 h 各为多少？

9－10　习题 9－10 图示一砖砌烟囱，高 $h=40\text{m}$，自重 $F_{G1}=2500\text{kN}$，受水平风力 $q=1.21\text{kN/m}$ 的作用。烟囱底截面为外径 $d_1=3.5\text{m}$，内径 $d_2=2.5\text{m}$ 的环形。基础埋深 $h_1=5\text{m}$，基础和填土总重 $F_{G2}=1500\text{kN}$，土壤许用压应力 $[\sigma]=0.3\text{MPa}$。试求：

（1）烟囱底截面上最大压应力。

（2）基础直径 D。（注：计算风力时不必考虑烟囱截面的变化）。

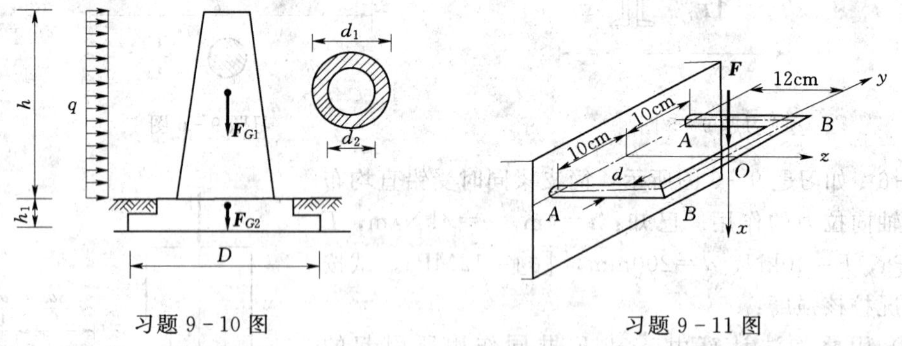

习题 9－10 图　　　　习题 9－11 图

9－11　习题 9－11 图示一钢制矩形把环，其截面为圆形。承受 $F=2\text{kN}$ 的作用。固定端可认为是绝对刚性的。设 $[\sigma]=140\text{MPa}$，切变模量 $G=0.4E$。试按第三强度理论计算把环的直径 d。（提示：先按超静定问题求出内力）

9－12　习题 9－12 图示一在水平面内的圆截面悬臂折杆，在自由端受铅直力 $\boldsymbol{F}$ 作用。已知：$F=1\text{kN}$，$l=2\text{m}$，$a=1.5\text{m}$，弹性模量 $E=200\text{GPa}$，切变模量 $G=0.4E$，$d=120\text{mm}$。试求自由端的挠度 f_C。

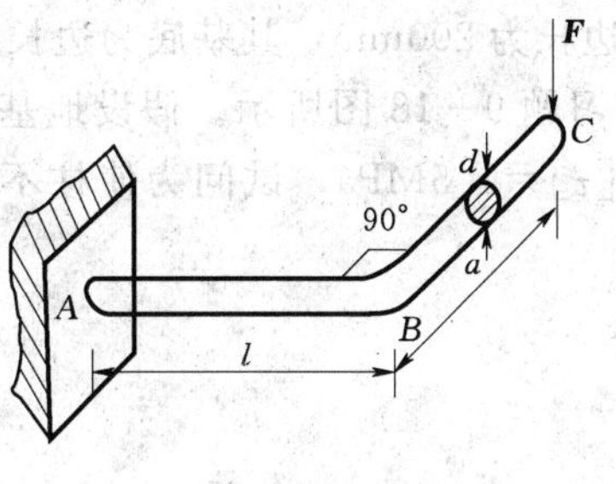

习题 9-12 图

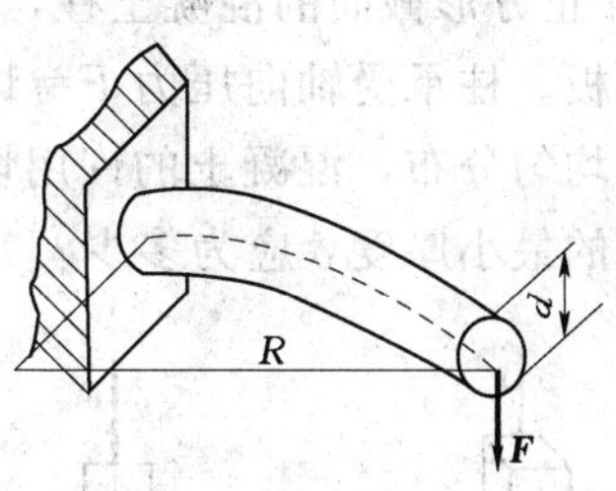

习题 9-13 图

9-13　如习题 9-13 图所示位于水平面内的呈 1/4 圆弧形的圆截面悬臂杆，在自由端受铅直力 F 作用。试按第四强度理论校核强度。已知：$F=9\text{kN}$，$R=1\text{m}$，$d=100\text{mm}$，$[\sigma]=120\text{MPa}$（不考虑由剪力引起的切应力）。

9-14　习题 9-14 图示一带轮传动轴。设轮 I 输入功率 $P=12.5\text{kW}$，转速 $n=300$ r/min，两轮松带边拉力与紧带边拉力的比均为 1∶3。已知：$l=1\text{m}$，$D_1=600\text{mm}$，$D_2=300\text{mm}$，$[\sigma]=120\text{MPa}$。试根据第四强度理论计算所需的直径 d。

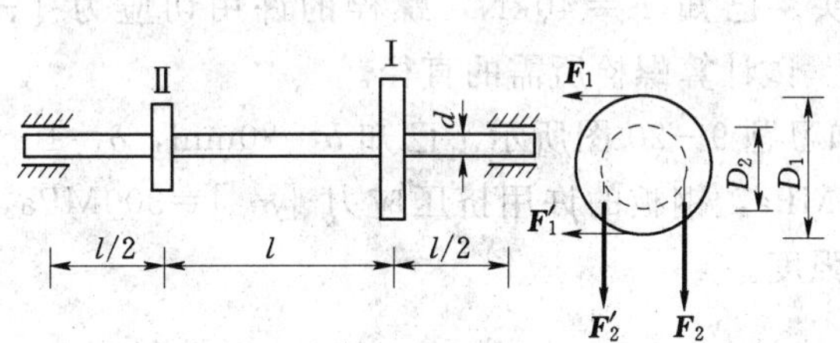

习题 9-14 图

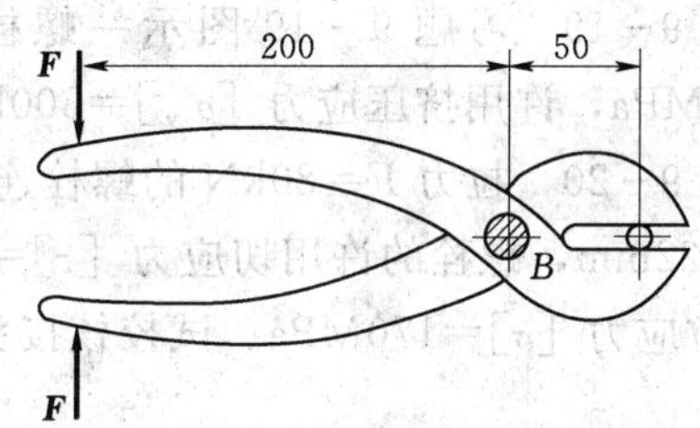

习题 9-15 图

9-15　如习题 9-15 图所示，用夹剪剪断直径为 $d=3\text{mm}$ 的铅丝。若铅丝的剪切极限应力约为 $\tau_u=100\text{MPa}$，试问需要多大的力 F？若销钉 B 的直径为 $d=8\text{mm}$，试求销钉内的切应力。

9-16　试校核习题 9-16 图示拉杆头部的剪切强度和挤压强度。已知图中尺寸 $D=32\text{mm}$，$d=20\text{mm}$ 和 $h=12\text{mm}$，杆的许用切应力 $[\tau]=100\text{MPa}$，许用挤压应力 $[\sigma_{jy}]=240\text{MPa}$。

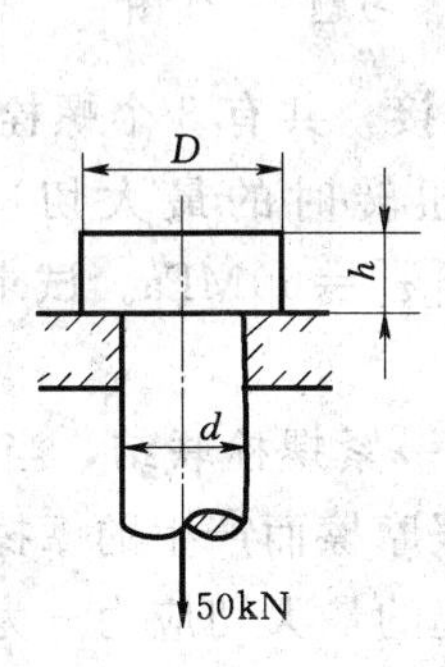

习题 9-16 图

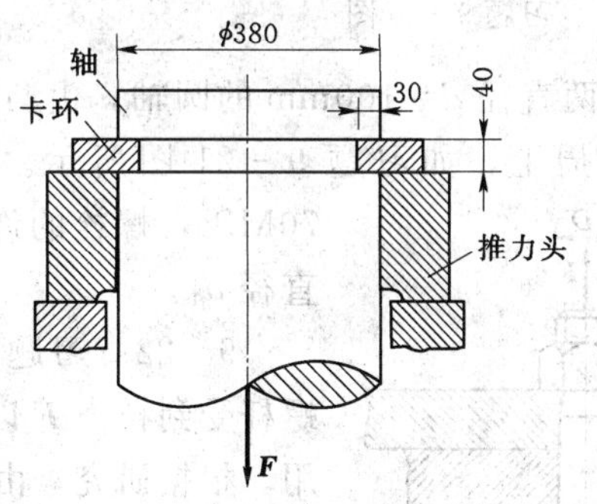

习题 9-17 图

9-17　水轮发电机组的卡环尺寸如习题 9-17 图所示。已知轴向荷载 $F=1450\text{kN}$，卡环材料的许用切应力 $[\tau]=80\text{MPa}$，许用挤压应力 $[\sigma_{jy}]=150\text{MPa}$。试对卡环进行强度校核。

9-18　正方形截面的混凝土柱，其横截面边长为 200mm，其基底为边长 $a=1$m 的正方形混凝土板。柱承受轴向压力 $F=100$kN，如习题 9-18 图所示。假设地基对混凝土板的支反力为均匀分布，混凝土的许用切应力为 $[\tau]=1.5$MPa，试问为使柱不穿过板，混凝土板所需的最小厚度 δ 应为多少？

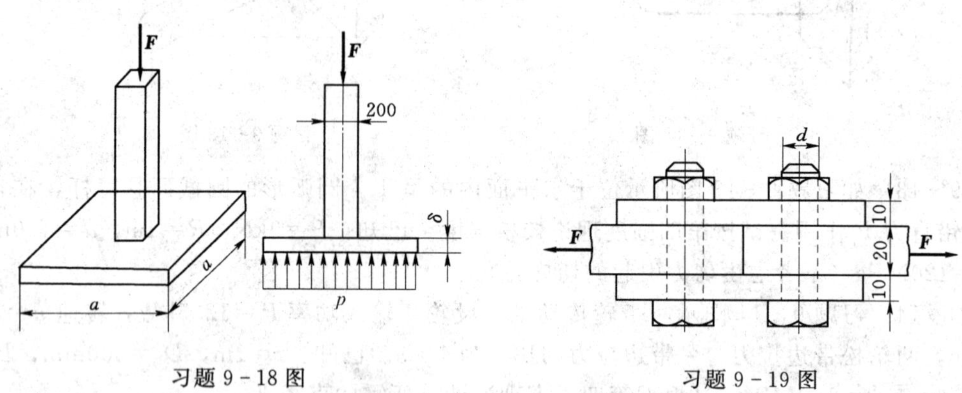

习题 9-18 图　　　习题 9-19 图

9-19　习题 9-19 图示一螺栓接头。已知 $F=40$kN，螺栓的许用切应力 $[\tau]=130$MPa，许用挤压应力 $[\sigma_{jy}]=300$MPa。试计算螺栓所需的直径。

9-20　拉力 $F=80$kN 的螺栓连接如习题 9-20 图所示。已知 $b=80$mm，$\delta=10$mm，$d=22$mm，螺栓的许用切应力 $[\tau]=130$MPa，钢板的许用挤压应力 $[\sigma_{jy}]=300$MPa，许用拉应力 $[\sigma]=170$MPa。试校核接头的强度。

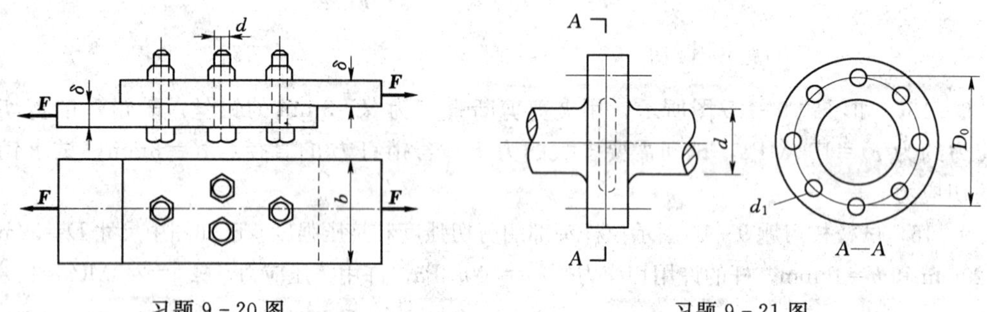

习题 9-20 图　　　习题 9-21 图

9-21　两直径 $d=100$mm 的圆轴，由凸缘和螺栓连接，共有 8 个螺栓布置在 $D_0=200$mm 的圆周上，如习题 9-21 图所示。已知轴在扭转时的最大切应力为 $\tau_{max}=70$MPa，螺栓的许用切应力 $[\tau]=60$MPa。试求螺栓所需的直径 d_1。

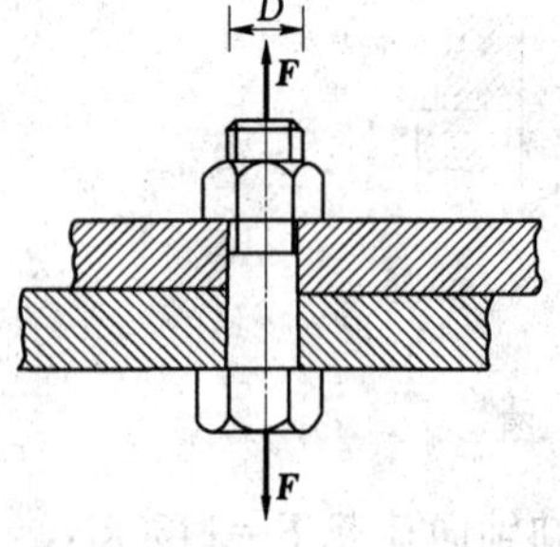

习题 9-22 图

9-22　习题 9-22 图示一紧螺栓联结，当拧紧螺帽时，螺杆受到拉力 **F** 以及为了克服摩擦而产生的摩擦扭矩 T 的作用。根据研究，由扭矩所引起的最大切应力 τ 为由拉力 **F** 所引起的正应力 σ 的一半。已知；拉力 $F=10$kN，螺杆直径 $D=20$mm，许用应力 $[\sigma]=50$MPa。试根据第三强度理论校核螺杆强度（不考虑钢板的滑移）。

第10章　压　杆　稳　定

工程中把承受轴向压力的直杆称为压杆。前面各章中，从强度的观点出发，认为压杆在其横截面上的工作应力超过材料的极限应力时，就会因其强度不足而失去承载能力。这种观点对于始终能够保持其原有直线形状的粗短杆来说是正确的。但是，对于工程中常见的细长杆件，在轴向压力的作用下，杆内应力在并没有达到材料的极限应力，甚至还远远低于材料的比例极限时，就会引起突然的侧向弯曲而遭到破坏，如图10-1所示。这就是本章将要讨论的压杆稳定性问题。

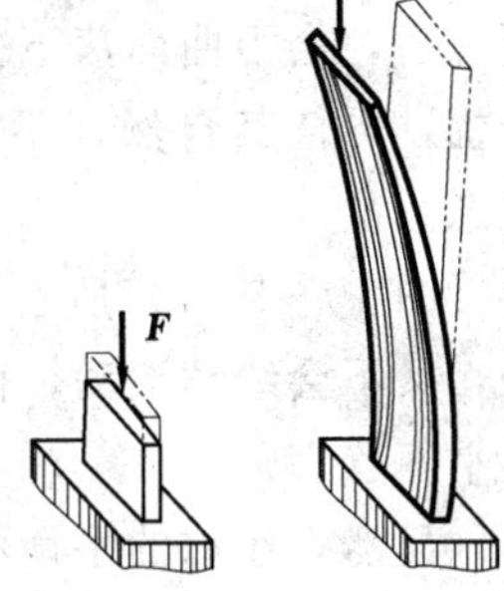

图10-1

需要指出的是失稳现象，并不限于压杆，例如狭长的矩形截面梁，在横向载荷作用下，会出现侧向弯曲和绕轴线的扭转，如图10-2（a）所示；受外压力作用的圆柱形薄壳，当外压力过大时，其形状可能突然变成椭圆形，如图10-2（b）所示；圆环形拱受径向匀布压力时，也可能产生失稳，如图10-2（c）所示。

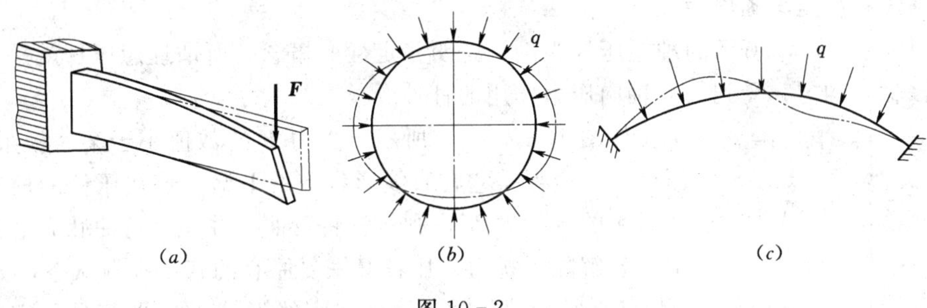

图10-2

本章主要讨论压杆稳定的概念、压杆临界力、临界应力、压杆的稳定计算等有关内容。关于其他构件的稳定性问题可参阅有关的专著和文献。

10.1　压杆稳定概述

10.1.1　稳定平衡、临界平衡和不稳定平衡

取处于三种不同平衡状态下的小球为研究对象，如图10-3所示，分析其平衡状态的稳定性。小球在A、B、C三个位置虽然都可以保持平衡，但这些平衡状态对干扰的反映能力不同。

图10-3（a）所示小球在曲面槽内A的位置保持平衡，这时若有一微小干扰力使小球离开A的位置，当干扰力消失时，小球能回到原来的位置，继续在A处保持平衡。因

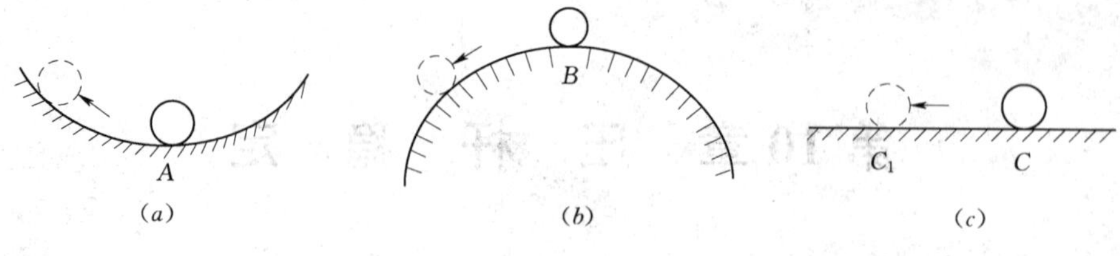

图 10-3

此把物体在平衡位置上经过微小的干扰，再任其自然，能回到原来平衡位置的平衡称为稳定平衡状态。

图 10-3（b）所示的小球在凸面顶 B 处的平衡状态与图 10-3（a）不同，当它受到干扰后，会沿曲面滚下去，再也不会回到原来的位置。则把物体在平衡位置上经过微小的干扰，再任其自然，不能回到原来的平衡位置而要进一步离开的平衡称为不稳定平衡状态。

图 10-3（c）所示的小球在平面 C 处的平衡状态，在受到干扰后，小球既不回到原处，又不会继续滚动，而是在新的位置保持了新的平衡，小球在 C 处的平衡状态即为临界平衡状态。

显然，小球的平衡状态从"稳定"变到"不稳定"，是与曲面从凹变到凸有关，其间的分界线是平面，即临界状态。临界状态具有了不稳定状态的特点，所以可以视为是不稳定平衡的开始。

10.1.2 压杆稳定与临界力

现以如图 10-4 所示的理想压杆为例，说明稳定性的概念。所谓理想压杆就是指轴线为直线，材料均匀，受到一对轴向压力作用的杆件。

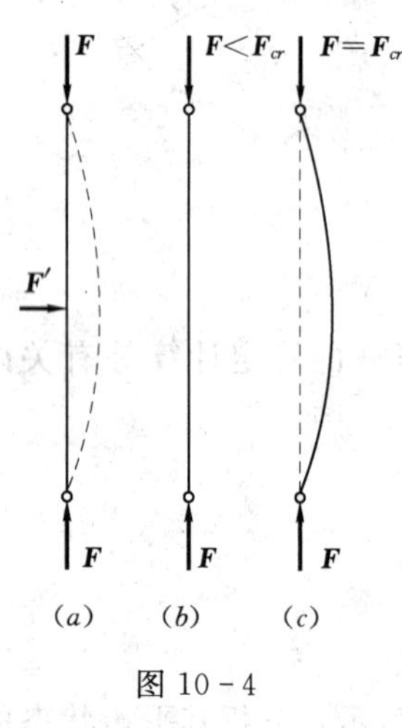

图 10-4

如图 10-4（a）所示，当力 $\boldsymbol{F}$ 的数值小于某一极限值时，压杆能一直保持它在直线形状下的平衡。若在压杆的横向加一个微小的干扰力 $\boldsymbol{F}'$，则压杆将弯曲，并在微弯曲状态下保持平衡。若解除干扰力，压杆又恢复原有的直线平衡状态，如图 10-4（b）所示。此时，压杆在直线形状下的平衡是稳定的，称原有的直线平衡状态为稳定平衡状态。当力 $\boldsymbol{F}$ 增大到某一极限值 $\boldsymbol{F}_{cr}$ 时，压杆也能暂时处于直线平衡状态，但这时若同样作用一微小的干扰力，使压杆发生微小的弯曲变形，则在干扰力解除后，压杆将在曲线形状下保持平衡，而不能再恢复到原来的直线平衡形状了，如图 10-2（c）所示。若继续增大力 $\boldsymbol{F}$ 使其超过 $\boldsymbol{F}_{cr}$，则杆将继续弯曲后趋于失效，则称原来暂时的直线平衡状态为不稳定平衡状态。

可以看出，临界状态实际上是从稳定平衡过渡到不稳定平衡的特定状态，是不稳定平衡的开始。因此，把压杆从稳定平衡过渡到不稳定平衡时，轴向压力的临界值 $\boldsymbol{F}_{cr}$ 为临界压力或临界力。

需要注意的是，对于一个确定的压杆来讲，临界力是一个定值，是压杆在一定条件下所具有的反映它承载能力的一个指标。因此，解决压杆的稳定性问题关键是确定其临界力 F_{cr}。如果细长压杆的工作压力控制在由临界荷载所确定的许用范围内，则压杆不致失稳。

下面研究压杆临界力的确定，支承方式对临界力的影响，压杆的稳定条件与合理设计等。

10.2 细长压杆的临界力

理论和实践都证明，压杆的临界力与杆件的长度、材料的力学性能、截面的几何性质和杆件两端的约束形式有关，本节主要讨论不同约束情况下细长压杆的临界力问题。

首先研究两端铰支细长压杆的临界力。

设长度为 l 的两端铰支细长杆，抗弯刚度为 EI。轴向压力达到临界值 F_{cr} 时，压杆由直线平衡形态转变为曲线平衡形态。临界力是使压杆开始丧失稳定，保持微弯平衡的最小压力。选取坐标系如图 10-5（a）所示，设距原点为 x 的任意截面的挠度为 y，则该截面处弯矩为 $M=F_{cr}y$，如图 10-5（b）所示。

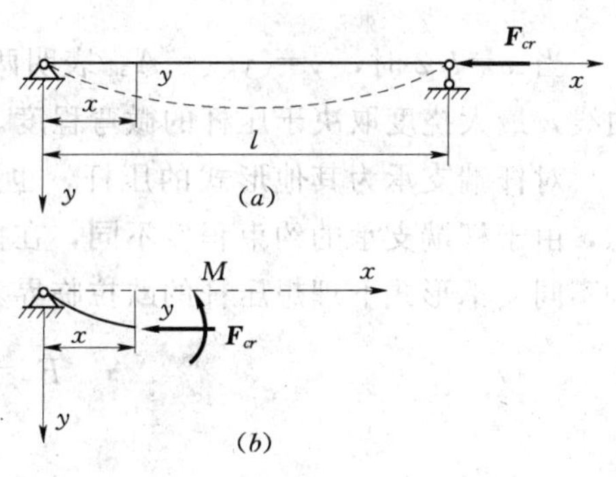

图 10-5

当杆内应力不超过材料的比例极限时，根据挠曲线近似微分方程，即：

$$\frac{d^2y}{dx^2}=-\frac{M}{EI}=-\frac{F_{cr}}{EI}y$$

令 $k^2=\frac{F_{cr}}{EI}$，得微分方程为：

$$y''+k^2y=0$$

这是个二阶常系数线性微分方程，其通解为：

$$y=A\sin kx+B\cos kx$$

式中：A 和 B 为积分常数，由压杆的边界条件来确定。

当 $x=0$ 时，$y=0$，则可确定 $B=0$，于是有 $y=A\sin kx$；又当 $x=l$ 时，$y=0$，则有 $A\sin kl=0$。由于杆件处于微弯平衡状态，$A\neq0$，所以必然有 $\sin kl=0$，若满足此条件，则要求：

$$kl=n\pi \quad (n=0，1，2，3，\cdots)$$

又由于 $k^2=\frac{F_{cr}}{EI}$，所以有：

$$F_{cr}=\frac{n^2\pi^2EI}{l^2} \quad (n=0，1，2，3，\cdots)$$

上式表明，压杆处于微弯平衡状态时，在理论上临界力 F_{cr} 是多值的。由于临界力应是压杆在微弯形态下保持平衡的最小轴向压力，所以在上式中应取 F_{cr} 的最小值。但若取 $n=0$，则临界力 $F_{cr}=0$，表明杆上并无压力，这不符合所讨论的情况。因此取 $n=1$，这样便得到两端铰支时压杆的临界力为：

$$F_{cr}=\frac{\pi^2 EI}{l^2}$$

上式是由著名数学家欧拉于 1744 年首先提出的两端铰支细长压杆临界力计算公式，称为欧拉公式。此式表明压杆的临界力与压杆的抗弯刚度成正比，与杆长的平方成反比，说明杆越细长，其临界力越小，压杆越容易失稳。需要说明的是，由于压杆两端是球铰支座，它对端截面在任何方向的转角皆没有限制，因而杆件的微弯变形一定发生在抗弯能力最小的纵向平面内，所以上式中的 I 应该是横截面的最小惯性矩。

在上述临界力 F_{cr} 作用下，将 $k=\pi/l$ 代入微分方程的通解中得到压杆的挠曲线方程：

$$y=A\sin\frac{\pi}{l}x$$

当 $x=l/2$ 时，$y=y_{max}=A$。表明两端铰支压杆在临界力作用下的挠曲线为半波正弦曲线，最大挠度取决于压杆的微弯程度。

对杆端支承为其他形式的压杆，也可用同样方法导出其临界力的计算公式。但要注意，由于杆端支承的约束程度不同，在推导过程中所用的边界条件也应做相应的改变。各种不同支承形式下理想压杆的欧拉临界力计算公式写成统一的表达式：

$$F_{cr}=\frac{\pi^2 EI}{(\mu l)^2}=\frac{\pi^2 EI}{l_0^2} \tag{10.1}$$

$$l_0=\mu l$$

式中：EI 为杆件的抗弯刚度；l_0 为相当长度或计算长度，其物理意义为各种支承条件下，细长压杆失稳时挠曲线中相当于半波正弦曲线的一段长度，也就是挠曲线上两拐点间的长度，即各种支承情况下弹性曲线上相当于铰链的两点之间的距离；μ 为长度系数，它反映了约束情况对临界力的影响，具体情况见表 10－1。

表 10－1　　各种约束条件下等截面细长压杆的长度系数

杆端支承情况	两端铰支	一端固定，一端铰支	两端固定	一端固定，一端自由
失稳时挠曲线形状	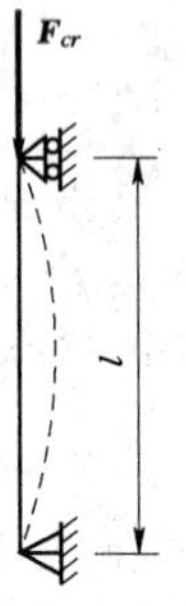 F_{cr} l	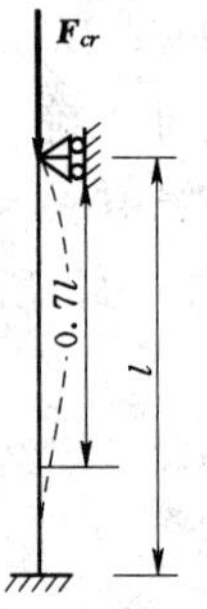 F_{cr} $0.7l$ l	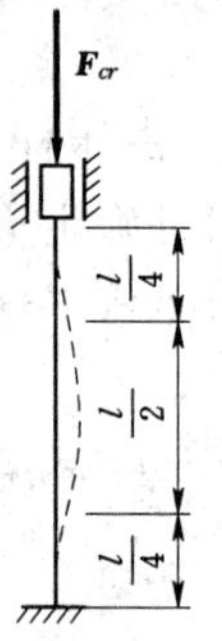 F_{cr} $\frac{l}{4}$ $\frac{l}{2}$ $\frac{l}{4}$	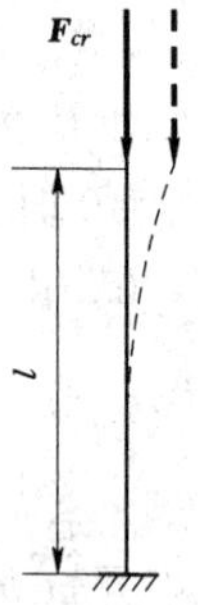 F_{cr} l
长度系数 μ	$\mu=1$	$\mu=0.7$	$\mu=0.5$	$\mu=2$

显然，上面所介绍的压杆的几种支承方式都是典型的理想约束，在工程实际中，杆的实际支承情况通常比较复杂，因此，我们必须根据杆的实际支承情况，将其恰当地化为上述的典型形式，或认定它是处在哪两种情况之间，从而定出适当的长度。对于实际问题中更复杂的约束情况长度系数可以从有关设计手册中查得。

【例 10-1】 如图 10-6 (*a*)、(*b*) 所示一横截面为矩形的细长压杆，其两端都是用图 10-6 (*c*) 所示的"柱形铰"与其他构件相连接。若杆在工作过程中其材料处于弹性阶段，试确定杆截面尺寸 b 与 h 的合理关系。

【分析】 因连杆的两端都是用"柱形铰"与其他构件相连接，可认为在垂直于铰轴的 Oxy 平面内是铰结支承，如图 10-6 (*a*) 所示，而在包含铰轴的 Oxz 平面内则是固定支承，如图 10-6 (*b*) 所示。故在设计时，必须分别计算上述两个平面内的临界力，并加以比较。

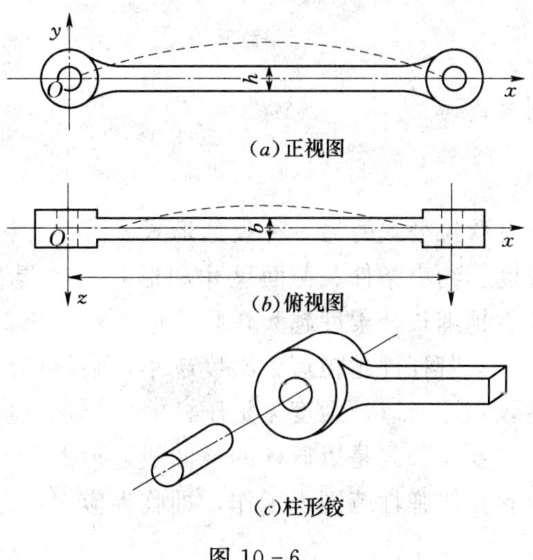

图 10-6

解：(1) 分析 Oxy 平面内的情形。

Oxy 平面内两端为铰接，计算长度 $l_0=\mu l$。压杆横截面对 z 轴的惯性矩 $I_z=bh^3/12$。于是可求得：

$$F_{\sigma 1}=\frac{\pi^2 EI}{l^2}=\frac{\pi^2 Ebh^3}{12l^2}$$

(2) 分析 Oxz 平面内的情形。

在 Oxz 平面内两端为固定支承，计算长度 $l_0=0.5l$。压杆横截面对 z 轴的惯性矩 $I_z=hb^3/12$。于是可求得：

$$F_{\sigma 2}=\frac{\pi^2 EI}{(0.5l)^2}=\frac{\pi^2 Ehb^3}{3l^2}$$

(3) 确定杆截面尺寸 b 与 h 的合理关系。

压杆横截面的合理尺寸，应使压杆在上述两个平面内具有相同的稳定性，即 $F_{\sigma 1}=F_{\sigma 2}$，所以有：

$$\frac{\pi^2 Ebh^3}{12l^2}=\frac{\pi^2 Ehb^3}{3l^2}$$

由此可得 $h=2b$。

10.3 临界应力和临界应力总图

10.3.1 细长杆的临界应力

压杆处于临界状态时横截面上的平均应力称为临界应力，用 σ_{σ} 来表示。由式 (10.1) 可知，压杆在弹性范围内的临界应力为：

$$\sigma_{\sigma}=\frac{F_{\sigma}}{A}=\frac{\pi^2 EI}{(\mu l)^2 A} \tag{10.2}$$

式 (10.2) 中 I、A 是杆横截面的形心主矩和截面面积，都是与截面形状和尺寸有关的几何量，若引入截面的惯性半径 $i^2=I/A$，再令：

$$\lambda=\frac{\mu l}{i} \tag{10.3}$$

则有：

$$\sigma_{cr}=\frac{\pi^2 E}{\lambda^2} \tag{10.4}$$

这是欧拉公式的另一种表达形式。式中 λ 称为压杆的柔度或长细比，它全面地反映了压杆长度、约束条件、截面尺寸和形状对临界荷载的影响。从式（10.3）、式（10.4）可见，杆件越细长，柔度越大，临界应力就越小，表明压杆的稳定承载能力较小，稳定性较差。反之，若杆件越粗短，柔度越小，临界应力就越大，表明压杆的稳定承载能力较大，稳定性较强。所以，柔度 λ 是压杆的一个重要参数。

欧拉公式是以压杆的挠曲线近似微分方程为依据得到的，因此欧拉公式的适用条件是材料在线弹性范围内工作，即临界应力不超过材料的比例极限，即：

$$\sigma_{cr}=\frac{\pi^2 E}{\lambda^2}\leqslant\sigma_P \tag{10.5}$$

或

$$\lambda\leqslant\pi\sqrt{\frac{E}{\sigma_P}}$$

令

$$\lambda_P=\pi\sqrt{\frac{E}{\sigma_P}} \tag{10-6}$$

于是欧拉公式的适用范围可用柔度表示为：

$$\lambda\geqslant\lambda_P$$

可以看出，λ_P 完全取决于材料的力学性质。以 Q235 钢为例，其 $E=200\text{GPa}$，$\sigma_P=200\text{MPa}$，代入式（10.6）得 $\lambda_P\approx100$。所以用 Q235 钢制成的压杆，只有当其柔度 $\lambda\geqslant\lambda_P=100$ 时，才能用欧拉公式计算其临界力或临界应力。满足 $\lambda\geqslant\lambda_P$ 的压杆称为细长杆或大柔度杆。

10.3.2 中长杆的临界应力

当 $\sigma_{cr}>\sigma_P$ 或 $\lambda<\lambda_P$ 时，压杆已进入非弹性范围内，不能再利用欧拉公式分析其临界应力。实验结果表明，这种压杆丧失承载能力的原因仍然是失稳。对于这类失稳问题，工程中一般使用以试验结果为依据的经验公式。在这里介绍两种经常使用的经验公式：直线公式和抛物线公式。

1. 直线公式

把临界应力与压杆的柔度表示成如下的线性关系。

$$\sigma_{cr}=a-b\lambda \tag{10.7}$$

式中：a、b 为与材料力学性质有关的系数，可以查相关手册得到。

由式（10.7）可见，临界应力 σ_{cr} 随着柔度 λ 的减小而增大。

必须指出，直线公式虽然是以 $\lambda<\lambda_P$ 的压杆建立的，但绝不能认为凡是 $\lambda<\lambda_P$ 的压杆都可以使用直线公式。因为当 λ 值很小时，按直线公式求得的临界应力较高，可能早已超过了材料的屈服强度 σ_s 或抗压强度 σ_b，这是杆件强度条件所不允许的。因此，只有在临界应力 σ_{cr} 不超过屈服强度 σ_s（或抗压强度 σ_b）时，直线公式才能适用。以塑性材料为例，

其应用条件可表示为：

$$\sigma_{cr}=a-b\lambda\leqslant\sigma_s \text{ 或 } \lambda\geqslant\frac{a-\sigma_s}{b}$$

若用 λ_s 表示对应于 σ_s 时的柔度值，则有：

$$\lambda_s=\frac{a-\sigma_s}{b} \tag{10.8}$$

这里，柔度值 λ_s 是直线公式成立时压杆柔度 λ 的最小值，它仅与材料有关。对 Q235 钢来说，$\sigma_s=235\text{MPa}$，$a=304\text{MPa}$，$b=1.12\text{MPa}$。将这些数值代入式（10.8），得：

$$\lambda_s=\frac{304-235}{1.12}=61.6$$

当压杆的柔度 λ 值满足 $\lambda_s\leqslant\lambda<\lambda_P$ 条件时，临界应力用直线公式计算，这样的压杆被称为中长杆或中柔度杆。见表 10－2 列出了几种常用材料的 a、b、λ_s 和 λ_P。

表 10－2　　几种常用材料的 a、b、λ_s 和 λ_P

材　料	a(MPa)	b (MPa)	λ_P	λ_s
Q235 钢	304	1.12	100	61.4
优质碳钢（$\sigma_s\doteq306\text{MPa}$）	460	2.57	100	60
硅钢（$\sigma_s=353\text{MPa}$）	577	3.74	100	60
铬钼钢	980	5.30	55	—
硬铝	372	2.14	50	—
铸铁	332	1.45	80	—
松木	39.2	0.199	89	—

2. 抛物线公式

把临界应力 σ_{cr} 与柔度 λ 的关系表示为如下形式：

$$\sigma_{cr}=\sigma_s\left[1-a\left(\frac{\lambda}{\lambda_c}\right)^2\right]\quad(\lambda\leqslant\lambda_c) \tag{10.9}$$

式中：σ_s 是材料的屈服强度；a 是与材料性质有关的系数；λ_c 是欧拉公式与抛物线公式适用范围的分界柔度。

对低碳钢和低锰钢有：

$$\lambda_c=\pi\sqrt{\frac{E}{0.57\sigma_s}} \tag{10.10}$$

10.3.3 粗短杆的临界应力

当压杆的柔度满足 $\lambda<\lambda_s$ 条件时，这样的压杆称为粗短杆或小柔度杆。实验证明，小柔度杆主要是由于应力达到材料的屈服强度 λ（或抗压强度 σ_b）而发生破坏，破坏时很难观察到失稳现象。这说明小柔度杆是由于强度不足而引起破坏的，应当以材料的屈服强度或抗压强度作为极限应力，这属于第 5 章所研究的受压直杆的强度计算问题。若形式上也作为稳定问题来考虑，则可将材料的屈服强度 σ_s（或抗压强度 σ_b）看作临界应力 σ_{cr}，即：

$$\sigma_{cr}=\sigma_s(\text{或 }\sigma_b) \tag{10.11}$$

10.3.4　临界应力总图

以柔度λ为横坐标，以临界应力σ_{cr}为纵坐标，作出σ_{cr}—λ图，能够反映三类压杆的临界应力σ_{cr}随压杆柔度λ变化的情况，称为临界应力总图。如图 10-7 所示的是中长杆采用直线公式的临界应力总图。

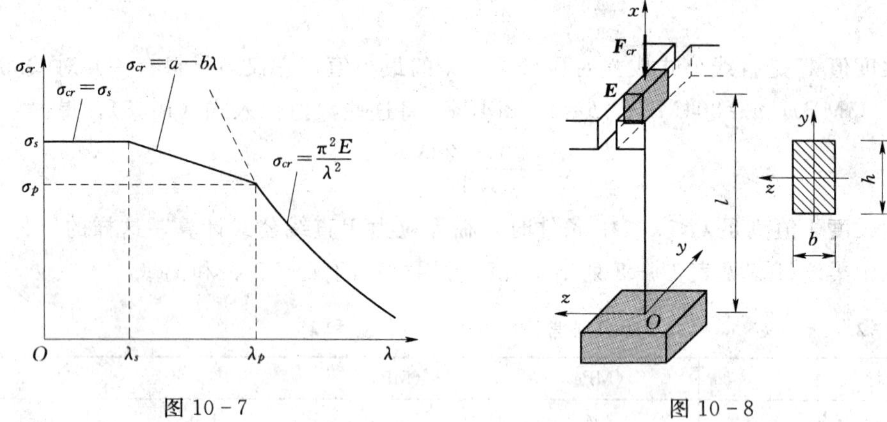

图 10-7　　　　　　　　图 10-8

【例 10-2】 试求如图 10-8 所示矩形截面松木柱的临界力和临界应力。已知杆端 E 处摩擦不计，$l=5\text{m}$，$b=120\text{mm}$，$h=200\text{mm}$，$E=10\text{GPa}$。

解：(1) 计算柔度。

在平面内 Oxz 内失稳时，y 为中性轴，可认为两端固定，柔度为：

$$\lambda_y=\frac{\mu_y l}{i_y}=\frac{\mu_y l}{\frac{b}{\sqrt{12}}}=\frac{0.5\times5}{\frac{0.120}{\sqrt{12}}}=72$$

在平面内 Oxy 内失稳时，z 为中性轴，可认为 O 端固定，E 端自由，柔度为：

$$\lambda_z=\frac{\mu_z l}{i_z}=\frac{\mu_z l}{\frac{h}{\sqrt{12}}}=\frac{2\times5}{\frac{0.200}{\sqrt{12}}}=173$$

对同一压杆，λ越大越容易失稳，故此压杆将在平面 Oxy 内先失稳，应按 Oxy 内计算临界力和临界应力。

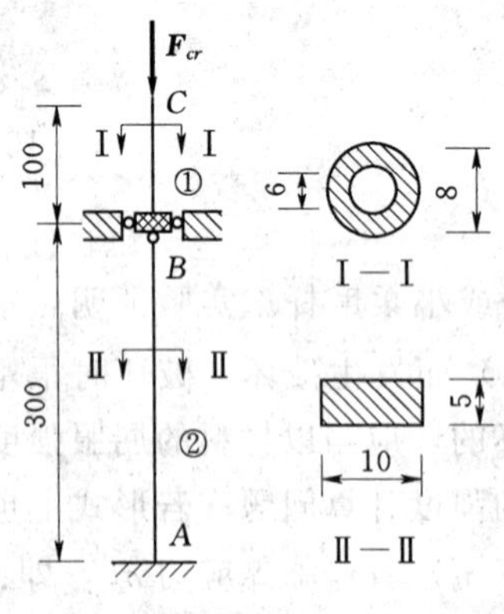

图 10-9

(2) 计算临界力和临界应力。

由于松木 $\lambda_P=89<\lambda_z=173$，是细长杆，可采用欧拉公式计算临界力和临界应力有：

$$\sigma_{cr}=\frac{\pi^2E}{\lambda_z^2}=\frac{\pi^2\times10\times10^9}{173^2}=3.294(\text{MPa})$$

$$F_{cr}=\sigma_{cr}A=3.294\times10^6\times200\times120\times10^{-6}=79.056(\text{kN})$$

【例 10-3】 已知如图 10-9 所示压杆材料为钢材，$E=200\text{GPa}$，$\lambda_P=122$，非弹性范围内临界应力抛物线公式为：$\sigma_{cr}=240-0.0068\lambda^2$，$AB$ 杆的 B 端可视为球铰，图 10-9中尺寸单位为 mm，其他情况如图 10-9 所示，求试其临界力。

解：(1) 杆 BC。

$$i_1=\sqrt{\frac{I_1}{A_1}}=\sqrt{\frac{\frac{1}{64}\pi(D^4-d^4)}{\frac{1}{4}\pi(D^2-d^2)}}=\sqrt{\frac{(8^4-6^4)}{16(8^2-6^2)}}=2.5(\text{mm})$$

$$\lambda_1=\frac{\mu_1 l_1}{i_1}=\frac{2\times 100}{2.5}=80<122$$

属于中柔度杆。

$$\sigma_{cr1}=240-0.0068\lambda^2=240-0.0068\times 80^2=196.5(\text{MPa})$$

$$F_{cr1}=\sigma_{cr1}A_1=196.5\times\frac{1}{4}\pi(8^2-6^2)=4.32(\text{kN})$$

(2) 杆 AB。

$$i_2=\sqrt{\frac{I_2}{A_2}}=\sqrt{\frac{\frac{1}{12}\times 10\times 5^3}{10\times 5}}=1.443(\text{mm})$$

$$\lambda_2=\frac{\mu_2 l_2}{i_2}=\frac{0.7\times 300}{1.443}=145.5>122$$

属于大柔度杆。

$$F_{cr2}=\frac{\pi^2 EI}{(\mu l)^2}=\frac{\pi^2\times 200\times 10^3\times\frac{1}{12}\times 10\times 5^3}{(0.7\times 300)^2}=4.66(\text{kN})$$

由以上计算得出，结构的临界力由（1）杆决定，为 $F_{cr}=4.32\text{kN}$。

10.4 压杆的稳定计算

对于压杆来说，当其横截面上的正应力达到临界应力时，压杆就要失稳。因此，正常工作的压杆，其横截面上的正应力应小于临界应力。

工程中实际压杆与理想压杆有很大的区别，因为实际压杆常常带有初始缺陷，如：①初弯曲的存在使压杆截面形心轴线不是理想直线；②初偏心的存在造成压力作用线与杆件轴线不重合；③残余应力造成钢材内部留有初应力；④材质不可能是完全均匀连续的。这些缺陷不同程度地降低了压杆的稳定承载能力。

因此，为了保证受压杆件具有足够的稳定性，必须对实际压杆的临界应力或临界力考虑一定的安全系数建立稳定条件，再对压杆进行稳定计算。常用的稳定计算方法有安全系数法和稳定系数法两种。

10.4.1 安全系数法

在对压杆进行稳定计算时，以临界应力除以大于 1 的安全系数所得的数值为准，即要求横截面上的正应力 $\sigma\leqslant\sigma_{cr}/n_{st}$，通常将稳定条件写成下列用安全系数表达的形式：

$$n_w=\frac{\sigma_{cr}}{\sigma}=\frac{F_{cr}}{F_N}\geqslant n_{st} \tag{10.12}$$

式中：n_{st} 为规定稳定安全系数；n_w 称为压杆的工作安全系数。

由于实际压杆初始缺陷的存在，严重地影响压杆的稳定，导致压杆的稳定性降低，同样这些因素也对压杆的强度有影响，但影响强度的程度远不如影响稳定性严重，因此稳定安全系数 n_{st} 一般应高于强度安全系数，n_{st} 可从相应的设计规范或设计手册中查到。表10－3列出了几种常见压杆的稳定安全系数。

表10－3　　几种常见压杆的稳定安全系数

实际压杆	金属结构中的压杆	矿山、冶金设备中的压杆	机床丝杠	精密丝杠	水平长丝杠	磨床油缸活塞杆	低速发动机挺杆	高速发动机挺杆
n_{st}	1.8～3.0	4～8	2.5～4	>4	>4	2～5	4～6	2～5

10.4.2　折减系数法

上述安全系数法实际上是使构件具有一定的稳定安全储备。但是，随着人们对稳定问题的深入研究，工程设计上正在逐步采用以概率统计为基础、使结构或构件的稳定安全储备可以量化的设计方法，从而淘汰只能定性而很难定量的设计方法。折减系数法正是基于这种原理，建立起稳定许用应力和强度许用应力之间的关系。

如果定义 $[\sigma]_{st}=\dfrac{\sigma_{cr}}{n_{st}}=\varphi[\sigma]$ 为稳定许用应力，其中 σ_{cr} 为压杆的临界应力，n_{st} 为规定稳定安全系数，$[\sigma]$ 为强度计算时的许用应力。φ 称为折减系数，是一个小于1的数，是压杆长细比的函数，它反映了随着压杆长细比的增加对稳定承载能力的降低。表10－4列出了几种常用材料的折减系数。

表10－4　　几种常用材料的折减系数 φ

长细比 λ	3号钢	$16M_n$ 钢	铸铁	木材	长细比 λ	3号钢	$16M_n$ 钢	铸铁	木材
0	1.000	1.000	1.00	1.00	110	0.536	0.384	0.14	0.26
10	0.995	0.993	0.97	0.99	120	0.466	0.325	0.12	0.22
20	0.981	0.973	0.91	0.97	130	0.401	0.279		0.18
30	0.958	0.940	0.81	0.93	140	0.349	0.242		0.16
40	0.927	0.895	0.69	0.87	150	0.306	0.213		0.14
50	0.888	0.840	0.57	0.80	160	0.272	0.188		0.12
60	0.842	0.776	0.44	0.71	170	0.243	0.168		0.11
70	0.789	0.705	0.34	0.60	180	0.218	0.151		0.10
80	0.731	0.627	0.26	0.48	190	0.197	0.136		0.09
90	0.669	0.546	0.20	0.38	200	0.180	0.124		0.08
100	0.604	0.462	0.16	0.31	210	0.164	0.113		

因此，对于同种材料制成的等截面压杆，稳定条件可表达为：

$$\sigma_w=\frac{F_N}{A}\leqslant\varphi[\sigma] \tag{10.13}$$

式中：F_N 为压杆轴向；A 为压杆的横截面面积。

利用式（10.12）或式（10.13）就可进行稳定性校核、设计截面和确定许可荷载等三个方面的计算。需要指出的是，当压杆由于钉孔或其他原因而使截面有局部削弱时，因为压杆的临界力是根据整根杆的失稳来确定的，因此在稳定计算中不必考虑局部截面削弱的影响，而以毛面积进行计算。但在强度计算中，危险截面为局部被削弱的截面，应按净面积进行计算。

【例 10-4】 试校核如图 10-10 所示某发动机连杆的稳定性。已知连杆的横截面面积 $A=552\text{mm}^2$，惯性矩 $I_z=7.42\times10^4\text{mm}^4$，$I_y=1.42\times10^4\text{mm}^4$，材料为优质钢材，所受的最大轴向压力为 $F=30\text{kN}$，稳定安全系数为 $n_{st}=5$。

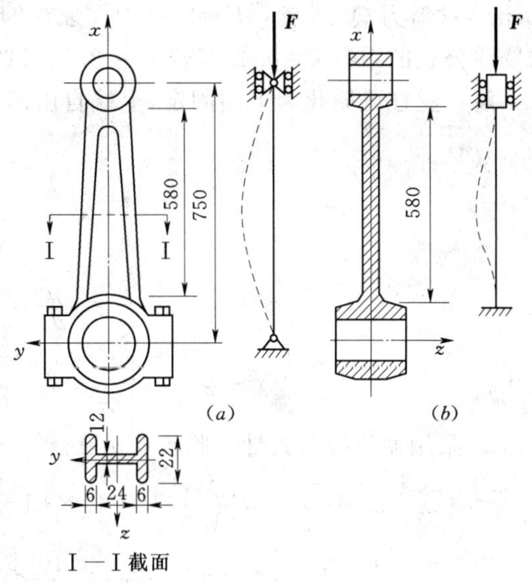

图 10-10

解: (1) 柔度计算。

连杆受压时，可能在 x—y 平面失稳，也可能在 x—z 平面失稳。因此在稳定计算时首先必须计算出两个失稳平面的柔度，以确定失稳平面。

在 x—y 平面内，如图 10-10（a）所示，连杆两端铰支，z 为中性轴，柔度为：

$$\lambda_z=\frac{\mu_z l_z}{i_z}=\frac{\mu_z l_z}{\sqrt{\dfrac{I_z}{A}}}=\frac{1\times750}{\sqrt{7.42\times10^4/552}}=64.7$$

在 x—z 平面内，如图 10-10（b）所示，连杆两端固定，y 为中性轴，柔度为：

$$\lambda_y=\frac{\mu_y l_y}{i_y}=\frac{\mu_y l_y}{\sqrt{\dfrac{I_y}{A}}}=\frac{0.5\times580}{\sqrt{1.42\times10^4/552}}=57.2$$

$\lambda_z<\lambda_y$，连杆首先在 x—y 平面内失稳，只需对连杆在 x—y 平面内的稳定性进行校核。

(2) 临界应力计算。

由表 10-2 查得优质钢材 $\lambda_P=100$，$\lambda_s=60$，而杆件 $\lambda_s<\lambda_z=64.7<\lambda_P$，属中长杆，应用直线经验公式，则：

$$\sigma_{cr}=a-b\lambda=460-2.57\times64.7=294(\text{MPa})$$

计算工作应力有：

$$\sigma=\frac{F}{A}=\frac{30\times10^3}{552}=54.3(\text{MPa})$$

校核稳定性：

$$n=\frac{\sigma_{cr}}{\sigma}=\frac{294}{54.3}=5.4>n_{st}=5$$

稳定性足够。

【例 10-5】 螺旋千斤顶如图 10-11 所示。起重丝杠内径 $d=5.2\text{cm}$，最大长度 $l=$

50cm。材料为 Q235 钢，$E=200\text{GPa}$，$\sigma_s=240\text{MPa}$，千斤顶起重量 $F=100\text{kN}$，临界应力抛物线公式的系数 $a=0.43$。若 $n_{st}=3.5$，试校核丝杠的稳定性。

解： 丝杠可简化为下端固定，上端自由的压杆。

$$i=\sqrt{\frac{I}{A}}=\sqrt{\frac{\frac{\pi d^4}{64}}{\frac{\pi d^4}{4}}}=\frac{d}{4}$$

$$\lambda=\frac{\mu l}{i}=\frac{4\mu l}{d}=\frac{4\times 2\times 50}{5.2}=77$$

$$\lambda_c=\pi\sqrt{\frac{E}{0.57\sigma_s}}=\pi\sqrt{\frac{200\times 10^9}{0.57\times 240\times 10^6}}=120$$

$\lambda<\lambda_c$，采用抛物线公式计算临界应力。

$$\sigma_{cr}=\sigma_s\left[1-a\left(\frac{\lambda}{\lambda_c}\right)^2\right]=240\times\left[1-0.43\times\left(\frac{77}{120}\right)^2\right]=197.5(\text{MPa})$$

$$F_{cr}=A\sigma_{cr}=\frac{\pi\times 5.2^2\times 10^{-4}}{4}\times 197.5\times 10^6=419.5(\text{kN})$$

$$n_{st}=\frac{F_{cr}}{F}=\frac{419.5}{100}=4.2>[n]_{st}$$

千斤顶的丝杠稳定。

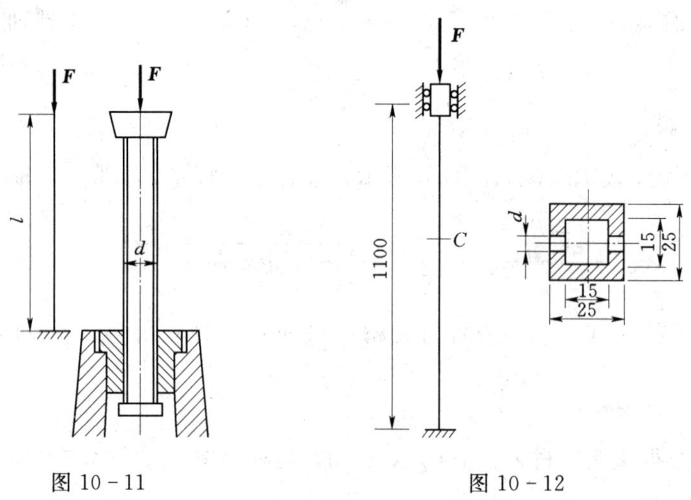

图 10-11　　　图 10-12

【例 10-6】 如图 10-12 所示压杆横截面为空心正方形的立柱，其两端固定，材料为优质钢，许用应力 $[\sigma]=200\text{MPa}$，$a=460\text{MPa}$，$b=2.57\text{MPa}$，$n_{st}=2.5$，因构造需要，在压杆中点 C 开一直径为 $d=5\text{mm}$ 的圆孔，断形状如图所示。当顶部受压力 $F=40\text{kN}$ 时，试校核其稳定性和强度。

解：（1）稳定性校核。

$$i=\sqrt{\frac{I}{A}}=\sqrt{\frac{(25^4-15^4)\ /12}{(25^2-15^2)}}=8.41(\text{mm})$$

$$\lambda=\frac{\mu l}{i}=\frac{0.5\times 1100}{8.41}=65.4$$

$$60=\lambda_s<\lambda_z=65.4<\lambda_P=100$$

$$\sigma_{cr}=a-b\lambda=460-2.57\times65.4=292(\text{MPa})$$

$$\sigma=\frac{F}{A}=\frac{40\times10^3}{25^2-15^2}=100(\text{MPa})$$

$$n=\frac{\sigma_{cr}}{\sigma}=\frac{292}{100}=2.92>n_{st}$$

满足稳定性要求。

(2) 强度校核。

压杆开孔处为危险截面，净面积为

$$A_C=A-2\times5\times5=25^2-15^2-50=350(\text{mm}^2)$$

$$\sigma=\frac{F}{A_c}=\frac{40\times10^3}{350}=114.3(\text{MPa})<[\sigma]=200\text{MPa}$$

压杆的强度满足。

【例 10-7】 如图 10-13 所示的结构中，梁 AB 为 No.14 普通热轧工字钢，CD 为圆截面直杆，其直径为 $d=20$mm，两者材料均为 Q235 钢。结构受力如图 10-13 所示，A、C、D 三处均为球铰约束。若已知 $F=25$kN，$l_1=1.25$m，$l_2=0.55$m，$\sigma_s=235$MPa，强度安全系数 $n_s=1.45$，稳定安全系数 $n_{st}=3.0$。试校核此结构是否安全？

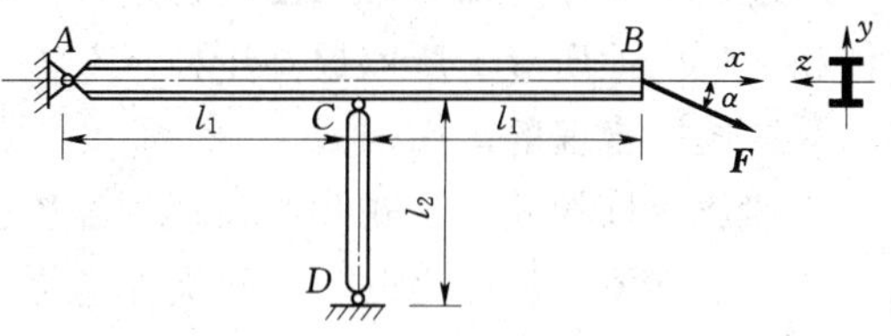

图 10-13

解： 图 10-13 所示结构中，有两个构件：梁 AB 承受拉伸与弯曲的组合作用，为强度问题；杆 CD 承受轴向压力作用，属稳定问题。

(1) 梁 AB 的强度校核。

危险截面为 C 截面，截面上的内力为：

$$M_{\max}=F\sin30°\times l_1=25\times10^3\times0.5\times1.25=15.63(\text{kN}\cdot\text{m})$$

$$F_N=F\cos30°=25\times10^3\times0.866=21.65(\text{kN})$$

查型钢表，截面的几何性质为：

$$W_z=102\text{cm}^3,\ A=21.5\text{cm}^2$$

$$\sigma_{\max}=\frac{M_{\max}}{W_z}+\frac{F_N}{A}=\frac{15.63\times10^3}{102\times10^{-6}}+\frac{21.65\times10^3}{21.5\times10^{-4}}=163.2(\text{MPa})$$

Q235 钢的许用应力为：

$$[\sigma]=\frac{\sigma_s}{n_s}=162(\text{MPa})$$

最大正应力超过许用应力的百分数为：

$$\frac{\sigma_{\max}-[\sigma]}{[\sigma]}\times100\%=\frac{163.2-162}{162}\times100\%=0.74\%$$

不超过 5%，可以认为梁 AB 符合强度要求。

(2) 压杆 CD 的稳定校核。

由平衡方程求得压杆 CD 的轴向压力 $F_N=2F\sin30°=25$kN，长度系数 $\mu=1$。

惯性半径
$$i=\sqrt{\frac{I}{A}}=\frac{d}{4}=5(\text{mm})$$

长细比
$$\lambda=\frac{\mu l}{i}=\frac{1\times0.55\times10^{3}}{5}=110>\lambda_{P}$$

临界应力
$$\sigma_{cr}=\frac{\pi^{2}E}{\lambda^{2}}=\frac{3.14^{2}\times210\times10^{9}}{110^{2}}=171.1(\text{MPa})$$

工作应力
$$\sigma=\frac{F_{N}}{A}=\frac{25\times10^{3}}{\frac{\pi\times20^{-4}}{4}}=79.6(\text{MPa})$$

工作安全系数
$$n=\frac{\sigma_{cr}}{\sigma}=\frac{171.1}{79.6}=2.15<n_{st}$$

所以，压杆符合稳定性要求。

10.5　提高压杆承载力的措施

通过以上讨论可知，影响压杆稳定性的因素有：压杆的截面形状，压杆的长度、约束条件和材料的性质等。所以提高压杆承载能力的措施也应从这几方面入手。

10.5.1　选择合理的截面形式

从细长压杆的欧拉公式和中长杆的经验公式可以看到，这两类压杆临界应力的大小均与长细比 λ 有关，长细比愈小，则临界应力愈高，压杆抵抗失稳的能力愈强。由于长细比 $\lambda=\frac{\mu l}{i}$ 和惯性半径 $i=\sqrt{\frac{I}{A}}$，所以，在截面积一定的情况下，要尽量增大惯性矩 I。例如相同条件下空心圆环截面要比实心圆截面合理，工字型或箱型截面要比矩形截面合理。

如图 10-14（a）所示，由四根角钢组成的起重机的起重臂，其四根角钢分散布置在截面的四角［如图 10-14（b）所示］比集中布置在截面形心附近［如图 10-14（c）所示］更为合理。由型钢组成的桥梁桁架中的压杆或建筑物中的柱，也都是把型钢分开安放，如图 10-15 所示。当然，也不能为了取得较大的 I 和 i，就无限制地增加环形截面的直径并减小其壁厚，这将使其因变成薄壁圆管而引起局部失稳，发生局部折皱的危险。对于由型钢组成的组合压杆，也要用足够的缀条或缀板把分开放置的型钢联成一个整体。否则，各条型钢将变为分散单独的受压杆件，反而降低了稳定性。

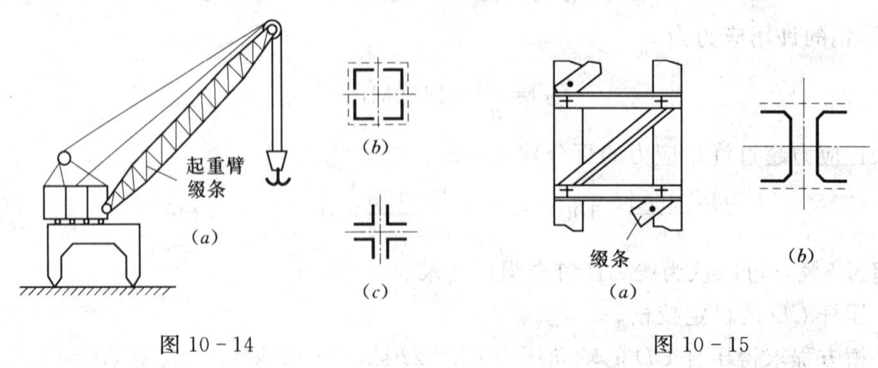

图 10-14　　　　图 10-15

另外，当压杆在各个弯曲平面内的支承情况相同时，为了避免在最小刚度平面内先发生失稳，应尽量使各个方向的惯性矩相同，例如采用圆形、方形截面。若压杆的两个弯曲平面支承情况不同，则采用两个方向惯性矩不同的截面，与相应的支承情况对应。例如采用矩形、工字形截面。在具体确定截面尺寸时，抗弯刚度大的方向对应支承固结程度低的方向，抗弯刚度小的方向对应支承固结强的方向，尽可能使两个方向的柔度相等或接近，使得抵抗失稳的能力大体相同，例题 10-4 中某发动机连杆就是这个道理。

10.5.2　减小压杆长度

压杆临界压力的大小与杆长平方成反比，减小压杆的长度，可使柔度降低，从而提高了压杆的临界力。所以，在结构允许的条件下，应尽量减小压杆长度，以提高压杆的稳定性。

如果条件不允许减小杆长，也可采用增加中间支座的方法。如图 10-16 所示，右图中增加了一个中间支座，其临界力增大到左图中压杆的四倍。又如图 10-17 所示塔吊中使用的附着装置也是利用这个道理来提高其稳定性的。

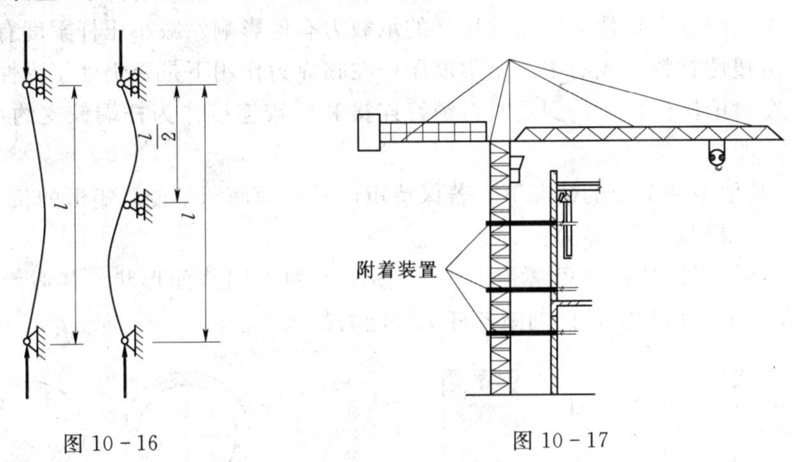

图 10-16　　　　图 10-17

10.5.3　改善约束条件

压杆约束的类型，决定了长度系数的数值。杆端的刚性越强，长度系数减小。从而降低了柔度，提高了临界力。所以，在条件允许时，应尽量使杆端不易转动。例如，长度相同两端铰支的压杆改为两端固定端时，临界力变为原来的四倍。

10.5.4　合理选用材料

对于大柔度杆，临界应力与材料的弹性模量成正比。因此钢压杆比铜、铸铁或铝制压杆的临界荷载高。但各种钢材的基本相同，所以对大柔度杆选用优质钢材与低碳钢并无多大差别。对中柔度杆，由临界应力总图可以看到，材料的屈服极限和比例极限越高，则临界应力就越大。这时选用优质钢材会提高压杆的承载能力。至于小柔度杆，优质钢材的强度高，其承载能力的提高是显然的。

最后还需要指出，对于压杆，除了可以采取上述几方面的措施提高其承载能力外，在可能的条件下，还可以从结构方面采取相应的措施。例如，将图 10-18 (*a*) 中的托架中的压杆 *AB* 转换成图 10-18 (*b*) 中的拉杆 *AB*，就可以从根本上避免失稳问题。

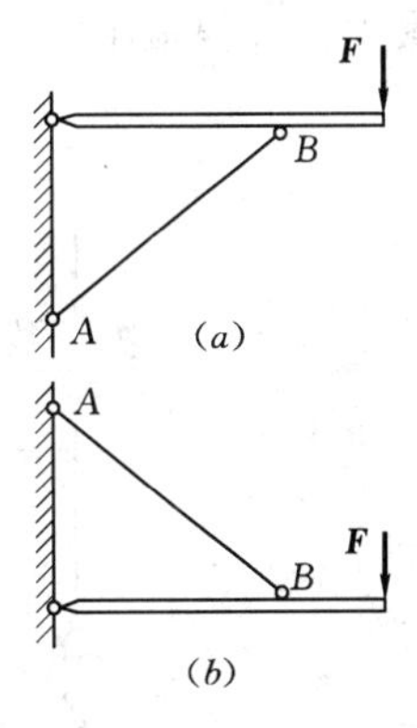

图 10-18

思　考　题

10－1　如何区别压杆的稳定平衡和不稳定平衡？

10－2　什么是压杆的临界力？它和哪些因素有关？

10－3　压杆的压力一旦达到临界压力值，试问压杆是否就一定丧失了承受荷载的能力？

10－4　压杆的稳定与压杆的强度破坏有何不同？压杆因失稳而产生的弯曲变形与梁在横力作用下产生的弯曲变形有何不同？

10－5　在对压杆进行稳定计算时，怎样判断压杆在哪个平面内失稳？

10－6　同样材料、长度、截面积、壁厚的薄壁圆管和方管，做压杆时，哪一种截面承载力大？

10－7　柔度的意义是什么？它与压杆的承载力有何影响？减小压杆柔度有哪些措施？

10－8　由塑性材料制成的中、小柔度压杆在临界力作用下是否仍处于弹性状态？

10－9　在讨论压杆稳定性问题时，销钉连接和球铰连接作为杆端铰支约束条件是否有区别？

10－10　其他条件不变的情况下，若保持矩形横截面面积不变，矩形的长、宽尺寸比值为多大时，可得到最大临界力？

10－11　细长压杆具有如思考题10－11图所示的不同截面形状。各截面面积相同，各杆长度以及约束亦均相同，试判断各杆承载能力的大小。

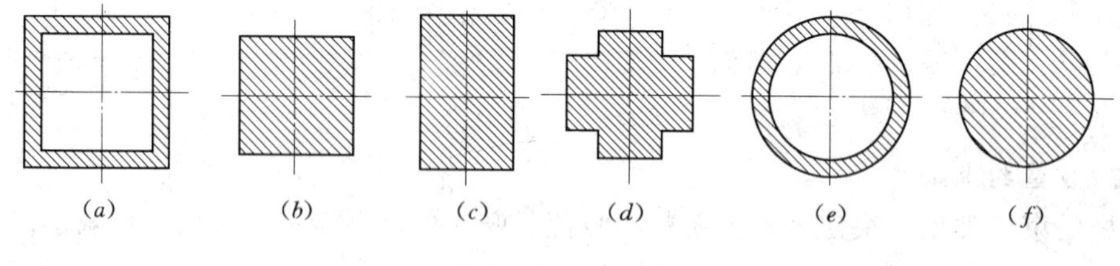

思考题10－11图

10－12　如思考题10－12图所示各杆材料和截面均相同，试问杆能承受的压力哪根最大，哪根最小？

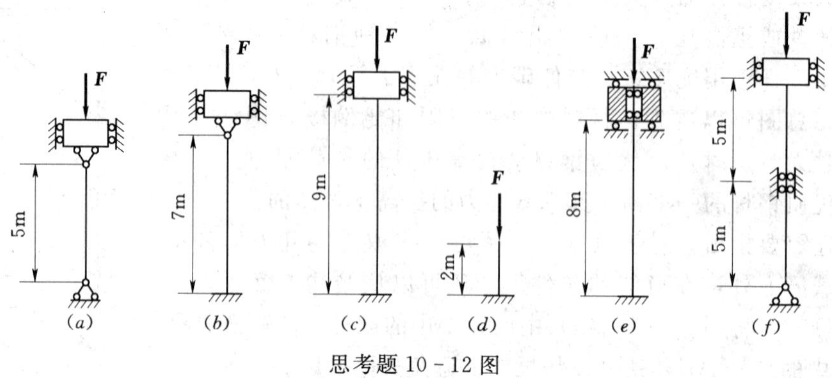

思考题10－12图

习 题

10-1 两端铰支的受压钢杆（Q235 钢）如习题 10-1 图所示，材料的弹性模量 $E=200\text{GPa}$。试求以下两种情况下该压杆的临界力。（a）圆截面压杆，$l=2\text{m}$，$d=20\text{mm}$；（b）截面为 18 号工字型钢，$l=4\text{m}$。

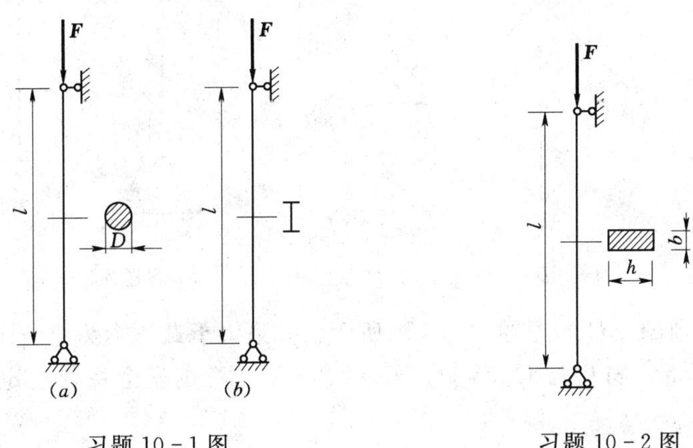

习题 10-1 图　　　　习题 10-2 图

10-2 一矩形截面压杆，在习题 10-2 图所示平面内两端均为铰支，而在垂直于图平面内两端均不能转动，已知 $h=2.5b$，问压力逐渐增加时，压杆将于哪个平面内失稳？

10-3 截面为矩形的木柱，长 $l=7\text{m}$，$h=200\text{mm}$，$b=120\text{mm}$，材料的弹性模量 $E=10\text{GPa}$，$\lambda_P=110$。其支承情况是：在纸平面内，可视为两端固定端，如习题 10-3 图（a）所示；在垂直于纸平面的平面内，可视为两端铰支，如习题 10-3（b）所示。试求木柱的临界压力。

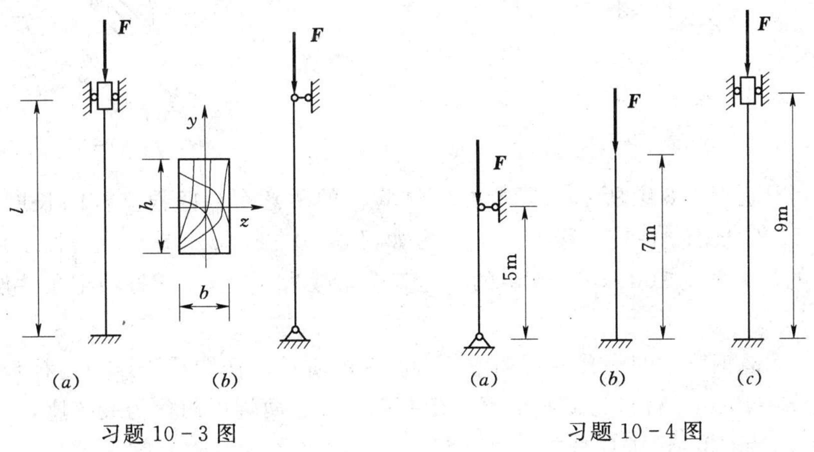

习题 10-3 图　　　　习题 10-4 图

10-4 习题 10-4 图所示三细长杆，直径均为 $d=160\text{mm}$，材料均为 A3 钢，但支承和长度不同，试求其中最大的临界力 F_{cr}？

10-5 习题 10-5 图所示正方形桁架结构由 5 根圆截面钢杆组成，连接处均为铰链，

各杆直径均为 $d=40\text{mm}$，$a=1\text{m}$，材料均为 Q235 钢，$E=200\text{GPa}$，$n_{st}=1.8$。求：(*a*) 结构的许可荷载。(*b*) 若力 **F** 的方向与 (*a*) 中相反，则许可荷载是否改变？若有改变应是多少？

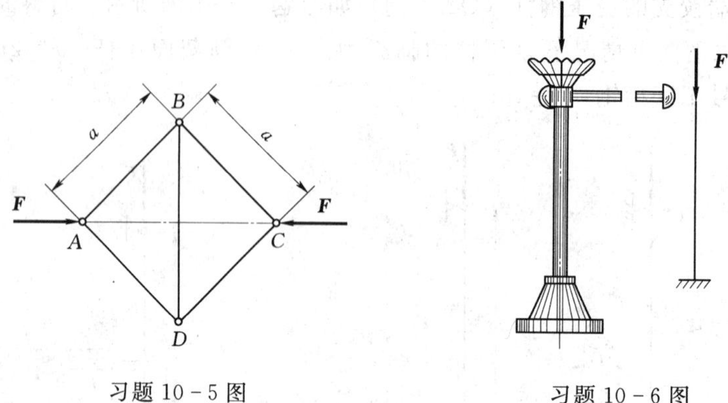

习题 10－5 图　　习题 10－6 图

10－6　千斤顶的压杆如习题 10－6 图所示，其最大承载压力为 $F=150\text{kN}$，螺杆内径 $d=52\text{mm}$，$l=50\text{cm}$。材料为 Q235 钢，$E=200\text{GPa}$。稳定安全系数规定为 $n_{st}=3$。试校核其稳定性。

10－7　钢柱由两根 20 号槽钢组成，截面如习题 10－7 图所示，柱高 $l=5.72\text{m}$，两端铰支，材料为 Q235 钢，许用应力 $[\sigma]=215\text{MPa}$。求钢柱所能承受的轴向压力。

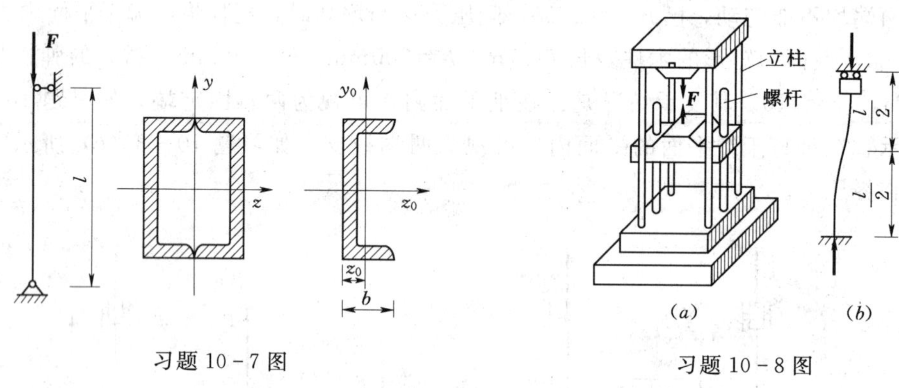

习题 10－7 图　　习题 10－8 图

10－8　习题 10－8 图所示为万能材料试验机的示意图，四根立柱的长度为 $l=3\text{m}$，钢材的 $E=210\text{GPa}$。立柱丧失稳定后的变形如习题 10－8 (*a*) 图所示，长度系数为 $\mu=1.0$。若 F 的最大值为 1000kN，规定的稳定安全系数为 $n_{st}=4$，试按稳定条件设计立柱的直径。

10－9　无缝钢管厂的穿孔顶杆如习题 10－9 图所示。杆端承受压力。杆长 $l=4.5\text{m}$，横截面直径 $d=15\text{cm}$。材料为低合金钢，$E=210\text{GPa}$。两端可简化为铰支座，规定的稳定安全系数为 $n_{st}=3.3$。试求顶杆的许可荷载。

10－10　习题 10－10 图所示结构中，AB、AC 均为圆截面杆，两端均为球铰，直径 $D=80\text{mm}$，材料为 A3 钢，弹性模量 $E=200\text{GPa}$，$\sigma_P=200\text{MPa}$，稳定安全系数 $n_{st}=3.0$，由稳定条件求此结构的极限荷载。

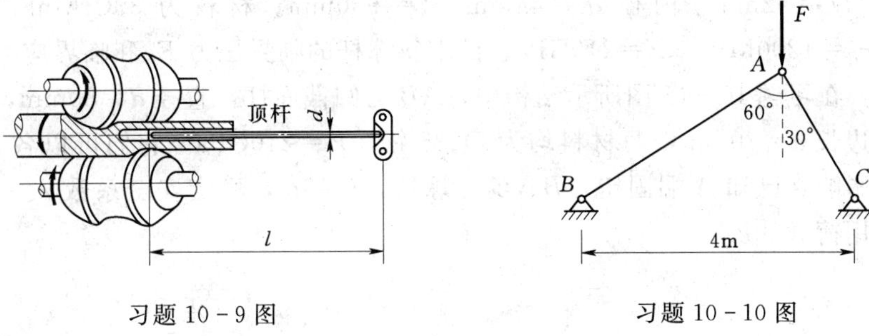

习题 10－9 图　　　　习题 10－10 图

10－11　习题 10－11 图所示立柱一端固定，一端自由，顶部受轴向压力 $F=100\text{kN}$ 作用。立柱用 25a 号工字钢制成，材料为 Q235 钢，$E=200\text{GPa}$，规定稳定安全系数 $n_{st}=3$，许用应力 $[\sigma]=160\text{MPa}$，在立柱中点横截面 C 处，开一直径为 $d=70\text{mm}$ 的圆孔。试问杆件是否安全？

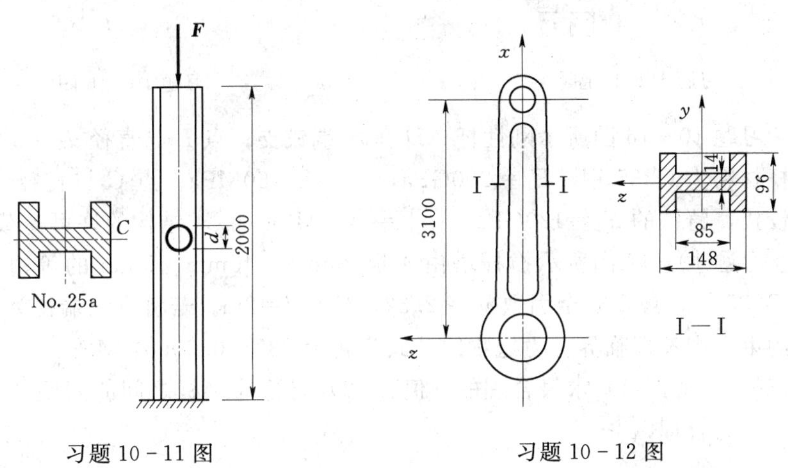

习题 10－11 图　　　　习题 10－12 图

10－12　蒸汽机车的连杆如习题 10－12 图所示，截面为工字形，材料为 Q235 钢。连杆所受最大轴向压力为 465kN。连杆在摆动平面（xy 平面）内发生弯曲时，两端可认为铰支，在与摆动平面垂直的 xz 平面内发生弯曲时，两端可认为是固定支座。试确定其工作安全系数。

10－13　习题 10－13 图所示蒸汽机的活塞杆 AB，所受的压力 $F=120\text{kN}$，横截面为圆形，直径 $d=7.5\text{cm}$，$l=1.8\text{m}$。材料为 Q275 钢，$E=210\text{GPa}$，$\sigma_P=240\text{MPa}$。规定 $n_{st}=8$，试校核活塞杆的稳定性。

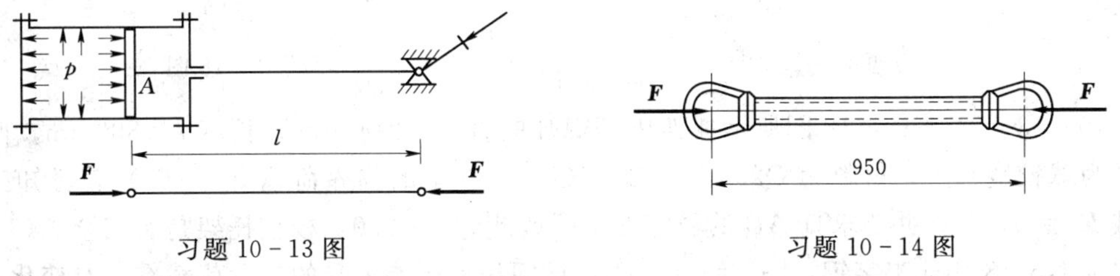

习题 10－13 图　　　　习题 10－14 图

10－14　习题 10－14 图所示为某型飞机起落架中承受轴向压力的斜撑杆。杆为空心圆管，外径 $D=52\text{mm}$，内径 $d=44\text{mm}$，$l=950\text{mm}$。材料为 30CrMnSiNi2A，$\sigma_b=1600\text{MPa}$，$\sigma_P=1200\text{MPa}$，$E=210\text{GPa}$。试求斜撑杆的临界压力 F_{cr} 和临界应力 σ_{cr}。

10－15　在习题 10－15 图所示结构中，AB 为圆截面杆，直径 $d=80\text{mm}$，BC 杆为正方形截面，边长 $a=70\text{mm}$，两材料均为 Q235 钢，$E=210\text{GPa}$。它们可以各自独立发生弯曲而互不影响，已知 A 端固定，B、C 为球铰，$l=3\text{m}$，稳定安全系数 $n_{st}=2.5$。试求此结构的许用荷载 $[F]$。

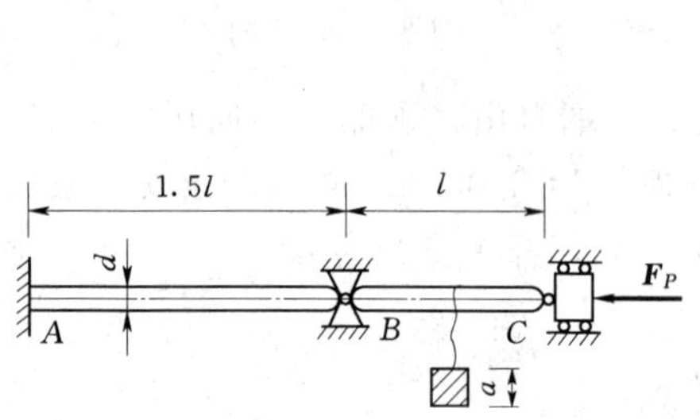

习题 10－15 图

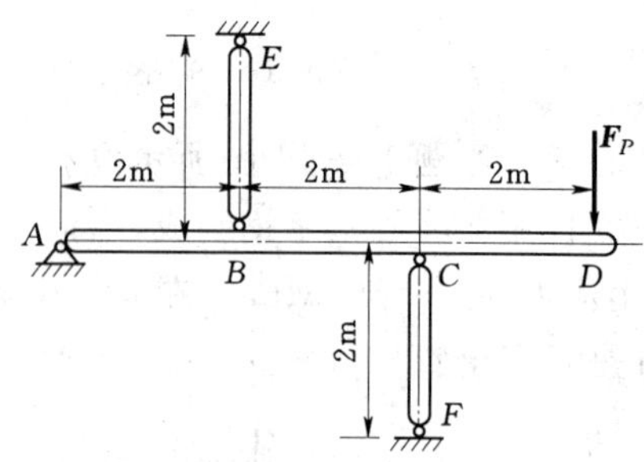

习题 10－16 图

10－16　习题 10－16 图所示刚性杆 AD 在 A 端铰支；点 B 与直径 $d_1=50\text{mm}$ 的钢圆杆铰接，钢杆材料为 Q235 钢，$E_1=200\text{GPa}$，$[\sigma]_1=160\text{MPa}$；点 C 与直径 $d_2=100\text{mm}$ 的铸铁圆柱铰接，铸铁的 $E_2=120\text{GPa}$，$[\sigma]_2=120\text{MPa}$。试求结构的许可荷载。

10－17　习题 10－17 图所示桅杆塔由 4 根 45mm×45mm×5mm 的等边角钢焊制而成，材料为 Q235 钢，规定安全因数 $n_{st}=2.32$，杆长 $l=2\text{m}$。若将塔上端视为自由、下端视为固定端约束，中长杆临界应力抛物线公式为 $\sigma_{cr}=235-0.0068\lambda^2\text{MPa}$，$\lambda_c=132$，顶部压力 $F=150\text{kN}$，试：(1) 求最合理的 b 值；(2) 讨论连接板之间的间距 a 为何值时杆件的承载能力最为合理。

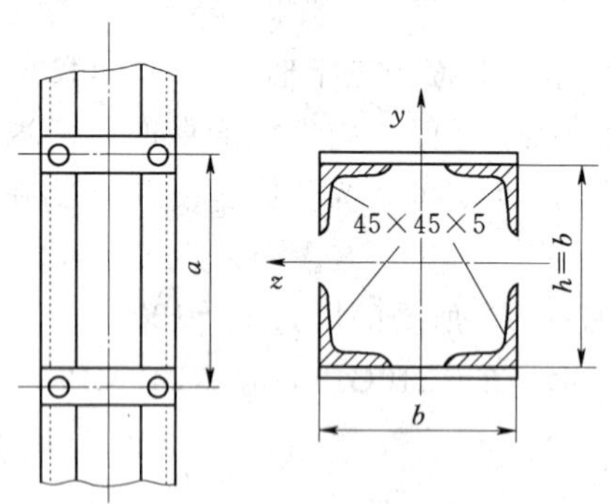

习题 10－17 图

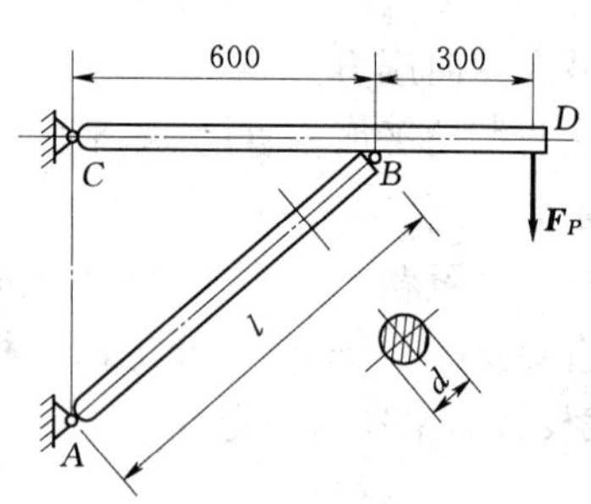

习题 10－18 图

10－18　习题 10－18 图所示托架中杆 AB 的直径 $d=40\text{mm}$，长度 $l=800\text{mm}$，两端可视为球铰链约束，材料为 Q235 钢，试：(1) 求托架的临界荷载 F_{cr}。(2) 若已知工作荷载 $F_P=70\text{kN}$，并要求杆 AB 的稳定安全因数 $[n]_{st}=2.0$，校核托架是否安全。(3) 若横梁为 No.18 热轧工字钢，$[\sigma]=160\text{MPa}$，试问托架所能承受的最大荷载有没有变化。

第 11 章　能　量　法

本章介绍弹性变形势能，并将虚位移原理、势能驻值原理及最小势能原理用于变形固体。本章重点介绍单位荷载法，这是一种用能量原理求位移的方法，是一种很简单实用的方法。

11.1　弹性变形势能的计算

当构件发生弹性变形时，其内部会储存能量，从而使构件具有作功的能力。例如，被跳水运动员压弯的跳板，因变形而储存了能量，再利用释放出来的能量对运动员作功，加强了运动员的弹跳力。这种因弹性变形而储存的能量称为弹性变形势能，简称变形能或应变能，用 V_ε 表示，单位为焦（J）。单位体积的应变能称为应变能密度，用 v_ε 表示，单位为焦/米^3（J/m^3）。

外力由零开始缓慢地增加到最终值，构件始终处于平衡状态，动能的变化及其他能量的损耗均可略去不计。根据能量守恒定律，构件内部储存的应变能在数值上等于外力所作的功 W，即：

$$V_\varepsilon = W \tag{11.1}$$

此关系称为功能原理。

11.1.1　外力功的计算

外力由零缓慢增加到最终值 F，外力作用点的位置发生移动，移动量为 Δ，如图 11-1（a）所示，则此力的功为：

$$W = \int_0^\Delta f \mathrm{d}\delta$$

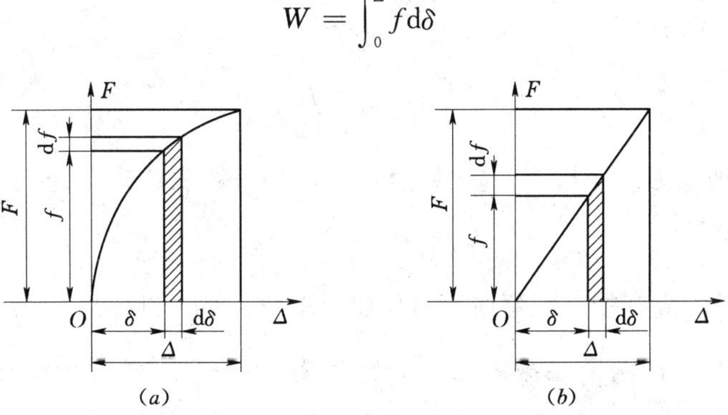

图 11-1

若材料服从胡克定律，力和位移的关系是线性的，如图 11-1（b）所示，显然此时外力功等于斜直线下三角形面积，即：

$$W=\frac{1}{2}F\Delta \tag{11.2}$$

应该指出，此处所讲的力和位移都是广义的，外力可以是力，也可以是力偶，相应的广义位移则分别为线位移或角位移。

11.1.2 应变能的计算

根据功能原理，应变能可以通过外力功的计算求得。在线弹性范围内有：

$$V_{\varepsilon}=W=\frac{1}{2}F\Delta \tag{11.3}$$

（1）轴向拉压时的应变能。若杆件在轴向外力 $\boldsymbol{F}$ 的作用下，轴向变形为 Δl，且 Δl 与 F 成正比，由于轴力 $F_N=F$，$\Delta l=\frac{F_N l}{EA}$，所以有：

$$V_{\varepsilon}=\frac{F_N^2 l}{2EA} \tag{11.4a}$$

若轴力沿轴线为一变量 $F_N(x)$，则有应变能的一般表达式为：

$$V_{\varepsilon}=\int_l \frac{F_N^2(x)}{2EA}\mathrm{d}x \tag{11.4b}$$

若结构为，n 根直杆组成的桁架时，整个结构内的应变能为：

$$V_{\varepsilon}=\sum_{i=1}^{n}\frac{F_{Ni}^2 l_i}{2E_iA_i} \tag{11.4c}$$

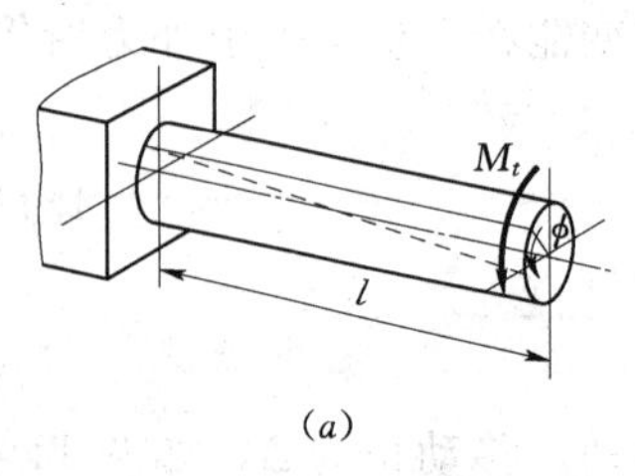

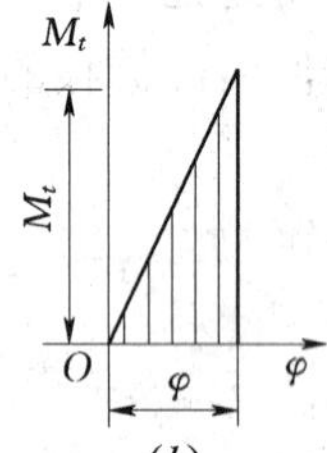

图 11-2

式中：F_{Ni}、l_i、E_i 和 A_i 为桁架中第 i 根杆的轴力、长度、弹性模量和横截面面积。

（2）圆轴扭转时的应变能。若圆轴在扭转力偶矩 M_t 的作用下，端面扭转角为 φ，如图 11-2（a）所示，且 φ 与 M_t 成正比，如图 11-2（b）所示，则有：

$$V_{\varepsilon}=\frac{1}{2}M_t\varphi$$

由于扭矩 $T=M_t$，$\varphi=\frac{Tl}{GI_P}$，所以有：

$$V_{\varepsilon}=\frac{T^2 l}{2GI_P} \tag{11.5a}$$

若扭矩 T 沿轴线为一变量 $T(x)$，则有应变能的一般表达式为：

$$V_{\varepsilon}=\int_l \frac{T^2(x)}{2GI_P}\mathrm{d}x \tag{11.5b}$$

（3）梁弯曲时的应变能。纯弯曲梁 AB 如图 11-3（a）所示，用第 7 章求弯曲变形的方法，可以求出 A 和 B 两个端截面的相对转角为 $\theta=\frac{M_e l}{EI}$。可见 θ 与 M_e 也是成正比的，如图 11-3（b）所示，则有：

$$V_{\varepsilon}=\frac{1}{2}M_e\theta=\frac{M_e^2 l}{2EI}$$

若弯矩 M 沿轴线为一变量 $M(x)$，则有应变能的一般表达式为：

$$V_\varepsilon = \int_l \frac{M^2(x)}{2EI}\mathrm{d}x \tag{11.6}$$

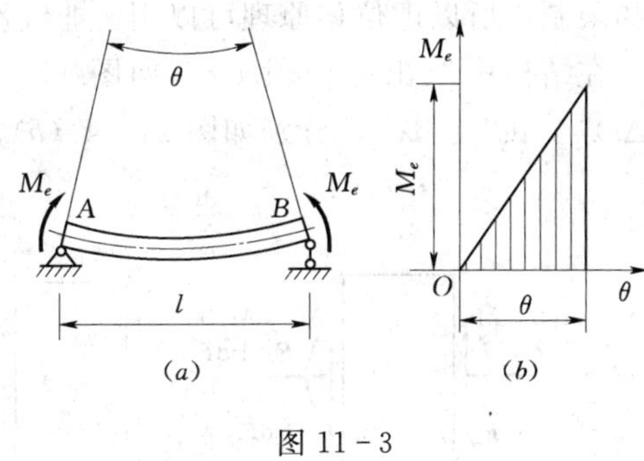

图 11-3

横力弯曲时，梁的横截面上除了弯矩还有剪力，应分别计算与弯曲和剪切相对应的应变能。剪切应变能的表达式为：

$$V_\varepsilon = \int_l \frac{KF_Q^2(x)}{2GA}\mathrm{d}x \tag{11.7}$$

式中：K 为与横截面形状和尺寸有关的量，矩形截面 $K=\frac{6}{5}$，实心圆截面 K 为$\frac{10}{9}$，薄壁圆管时 K 为 2。

但在细长梁的情况下，对应于剪切的应变能与弯曲应变能相比，一般很小，所以常常略去不计。

(4) 组合变形构件的应变能。

由于小变形情况下各内力分量引起的应变能互不耦合，所以组合变形构件的总应变能（不计剪力的影响）为：

$$V_\varepsilon = \int_l \frac{F_N^2(x)}{2EA}\mathrm{d}x + \int_l \frac{T^2(x)}{2GI_P}\mathrm{d}x + \int_l \frac{M^2(x)}{2EI}\mathrm{d}x \tag{11.8}$$

若杆件不是圆截面，应将式（11.8）中 I_P 换为 I_t，若杆件为变截面杆，那么式（11.8）中 $A(x)$，$I_P(x)$ 均为 x 的函数。

11.2 虚 位 移 原 理

虚位移原理是分析静力学的一个基本原理，是适用于任意质点系的。现在研究的是变形体，所以除了外力在虚位移上要作功外，内力在相应的变形虚位移上也要做功。前者称为外力虚功，用 $\delta' W_e$ 表示；后者称为内力虚功，用 $\delta' W_i$ 表示。此处的内力虚功，相应于刚体系统中的弹簧力所作的虚功。那么用于变形固体的虚位移原理（又称虚功原理）可以表述如下。

变形固体平衡的充分必要条件是作用于其上的外力系和内力系在任意一组虚位移上所作的虚功之和为零，即：

$$\delta' W_e + \delta' W_i = 0 \tag{11.9}$$

此处的虚位移是除作用在杆件上的原力系本身以外，由其他因素所引起的满足约束条件的假想的无限小位移。它是在原力系作用下的平衡位置上再增加的位移。它可以是真实位移的增量，也可以是与真实位移无关的其他位移，例如另外的广义力或温度变化，支座移动等引起的位移，甚至是完全虚拟的。但是这种虚位移必须满足边界位移条件和变形连续性条件，并符合小变形要求。

虚位移既然与作用的力无关，就不受外力与位移关系的限制，也不受材料应力应变关系的限制，所以虚位移原理可以用于非线性情况。

在结构中取出一微段 dx，如图 11-4（a）所示。微段上的变形虚位移可分解为 $\mathrm{d}(\Delta l)^*$，$\mathrm{d}\theta^*$，$\mathrm{d}\lambda^*$，分别如图 11-4（b）、（c）、（d）所示。

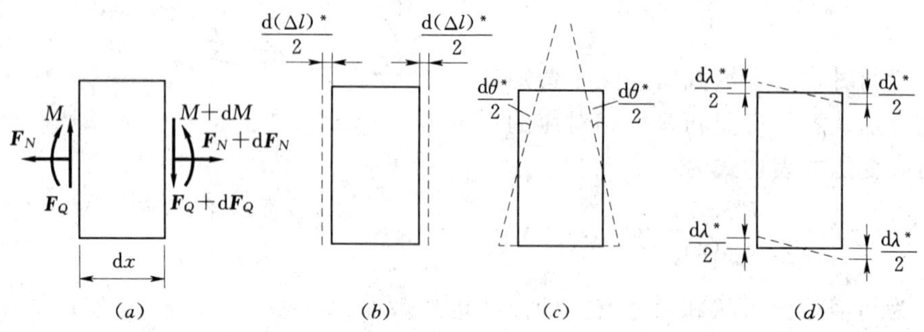

图 11-4

对于该微段而言，F_N，F_Q，M 及 $F_N+\mathrm{d}F_N$，$F_Q+\mathrm{d}F_Q$，$M+\mathrm{d}M$ 都应看作是外力。这个微段的虚位移可分为刚性虚位移和变形虚位移。该微段因其他各微段的变形而引起的虚位移称为刚性虚位移，而由于该微段本身变形而引起的虚位移则称为变形虚位移。由于该微段在上述外力作用下处于平衡状态，所有外力对于该微段的刚性虚位移所作的总虚功必等于零。因此只需考虑外力在该微段的变形虚位移上所作的虚功，即：

$$F_N\frac{\mathrm{d}(\Delta l)^*}{2}+(F_N+\mathrm{d}F_N)\frac{\mathrm{d}(\Delta l)^*}{2}+M\frac{\mathrm{d}\theta^*}{2}+(M+\mathrm{d}M)\frac{\mathrm{d}\theta^*}{2}+F_Q\frac{\mathrm{d}\lambda^*}{2}+(F_Q+\mathrm{d}F_Q)\frac{\mathrm{d}\lambda^*}{2}$$

略去式中高阶无穷小项，得：

$$\mathrm{d}(\delta' W_e)=F_N\mathrm{d}(\Delta l)^*+M\mathrm{d}\theta^*+F_Q\mathrm{d}\lambda^*$$

该微段的内力虚功则可由虚位移原理式（11.8）求得，即：

$$\mathrm{d}(\delta W_e)+\mathrm{d}(\delta W_i)=0$$

则有：

$$\mathrm{d}(\delta W_i)=-\mathrm{d}(\delta W_e)=-[F_N\mathrm{d}(\Delta l)^*+M\mathrm{d}\theta^*+F_Q\mathrm{d}\lambda^*]$$

于是整个结构的内力虚功为：

$$\delta W=-\left(\sum\int F_N\mathrm{d}(\Delta l)^*+\sum\int M\mathrm{d}\theta^*+\sum\int F_Q\mathrm{d}\lambda^*\right)$$

式中求和符号表示考虑结构中的所有杆件。若横截面上还存在扭矩，则内力虚功中应增加 $-\sum\int T\mathrm{d}\varphi^*$ 这一项。

这样，虚位移原理式（11.8）可具体表达为：

$$\sum F_i\Delta_i^*=\sum\int F_N\mathrm{d}(\Delta l)^*+\sum\int M\mathrm{d}\theta^*+\sum\int F_Q\mathrm{d}\lambda^*+\sum\int T\mathrm{d}\varphi^* \tag{11.9}$$

式中：F_i 为作用在结构上的原力系中的广义力；Δ_i^* 为 i 点沿 F_i 作用方向的广义虚位移。

此外，在式（11.8）中规定 Δ_i^*，$\mathrm{d}(\Delta l)^*$，$\mathrm{d}\theta^*$，$\mathrm{d}\lambda^*$，$\mathrm{d}\varphi^*$ 的符号与 F_i，F_N，M，F_Q，T 指向或转向相同者为正，相反者为负。

11.3 单 位 荷 载 法

由虚位移原理可以得到计算结构中一点位移的单位荷载法。以图 11-5（a）所示梁为例，梁上任意一点 K 沿任意方向 aa 的位移为 Δ。要想求得 Δ，可以再取一根同样的梁，只在 K 点沿 aa 方向作用一单位力，如图 11-5（b）所示。由单位力引起的内力分别记为 $\overline{F}_N$，$\overline{M}$，$\overline{F}_Q$。将如图 11-5（a）所示虚线所示的梁上所有外力作用下的位移作为虚位移，而将单位力看作实际荷载。由虚位移原理式（11.9）可得：

$$1 \cdot \Delta = \int_l \overline{F}_N \mathrm{d}(\Delta l) + \int_l \overline{M} \mathrm{d}\theta + \int_l \overline{F}_Q \mathrm{d}\lambda$$

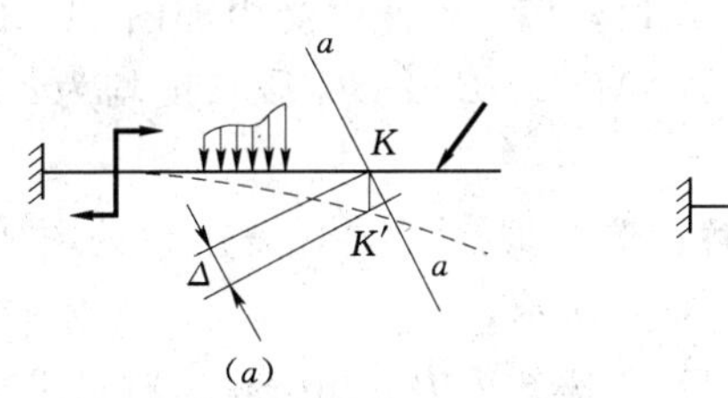

（a）

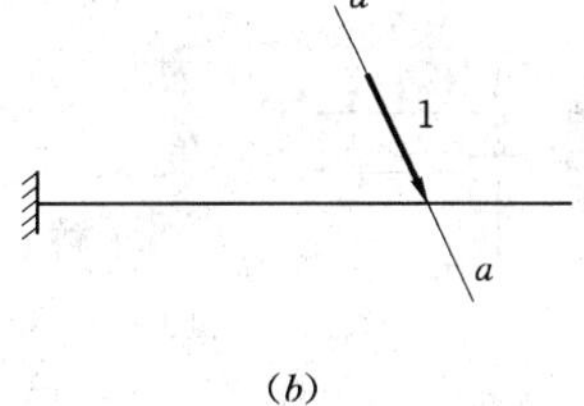

（b）

图 11-5

一般情况下，求结构中一点位移的单位荷载法的计算公式为：

$$\Delta = \sum \int \overline{F}_N \mathrm{d}(\Delta l) + \sum \int \overline{M} \mathrm{d}\theta + \sum \int \overline{F}_Q \mathrm{d}\lambda + \sum \int \overline{T} \mathrm{d}\varphi \tag{11.10}$$

这里需要说明以下几点：

（1）所求的位移及施加的单位力都是广义的。若要求某点的线位移，则应在该点沿所求位移的方向施加单位力；若要求的是角位移，则应相应地施加单位力偶矩；若要求两点间的相对线位移，则应在两点处同时相应地施加一对方向相反的单位力；若要求两横截面间的相对角位移，则应在两横截面处同时相应地施加一对方向相反的单位力偶矩。广义单位力引起的内力 $\overline{F}_N$，$\overline{F}_Q$，$\overline{M}$，$\overline{T}$ 的量纲与外载作用下引起的 F_N，F_Q，M，T 量纲相同。

（2）式（11.10）左端是单位力作功 $1 \cdot \Delta$ 的缩写，若求出的 Δ 为正，则说明单位力所作的功为正，也就是所求的位移 Δ 与单位力同向；若求出 Δ 为负，则说明 Δ 与单位力反向。

（3）对于细长杆件，剪力影响很小，第三项可以略去不计。

（4）从推导过程可知，单位荷载法不限定用于线弹性问题。

若材料是线弹性的，服从胡克定律，则有：

$$\mathrm{d}(\Delta l) = \frac{F_N \mathrm{d}x}{EA}$$

$$\mathrm{d}\theta = \frac{\mathrm{d}}{\mathrm{d}x}\left(\frac{\mathrm{d}y}{\mathrm{d}x}\right)\mathrm{d}x = \frac{\mathrm{d}^2 y}{\mathrm{d}x^2}\mathrm{d}x = \frac{M\mathrm{d}x}{EI}$$

$$\mathrm{d}\varphi = \frac{T\mathrm{d}x}{GI_P}$$

所以式（11.10）可写为：

$$\Delta=\sum\int\frac{F_N\overline{F}_N\mathrm{d}x}{EA}+\sum\int\frac{M\overline{M}\mathrm{d}x}{EI}+\sum\int\frac{T\overline{T}\mathrm{d}x}{GI_P}\tag{11.11}$$

此式常称为莫尔定理或莫尔积分。

式（11.11）对于截面高度远小于轴线曲率半径的平面曲杆也是适用的。另外，对于平面刚架和曲杆，横截面上通常有轴力 F_N，剪力 F_Q 和弯矩 M。前面已经讲过，剪力 F_Q 的影响可以略去不计。实际上，轴力 F_N 的影响比弯矩 M 也小得多，因此当 F_N，F_Q，M 同时存在时，F_N 和 F_Q 对应的项都可以略去不计。

对于桁架，莫尔定理的表达式可写为：

$$\Delta=\sum_{i=1}^{n}\frac{F_{Ni}\overline{F}_{Ni}l_i}{E_iA_i}\tag{11.12}$$

【例 11-1】 外伸梁受力如图 11-6（a）所示，EI 为常量，AD、DB 及 BC 段长度均为 a，试求 C 端的挠度 y_C。

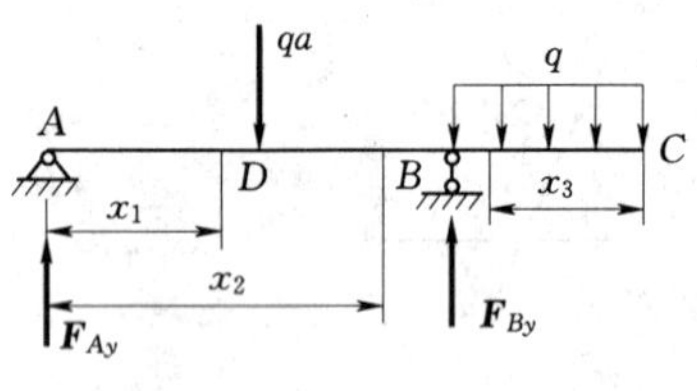
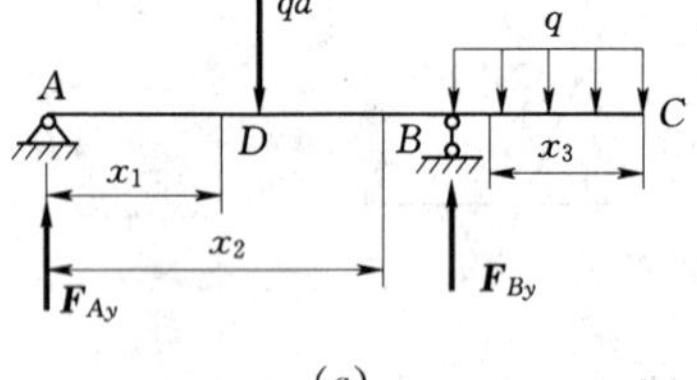

（a）

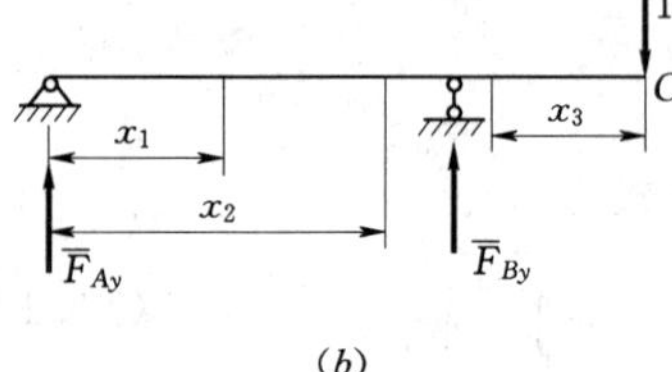

（b）

图 11-6

解：求 C 端挠度 y_C，需在 C 处虚加单位力 1，如图 11-6（b）所示。

（1）支座约束力。由平衡方程可求得：

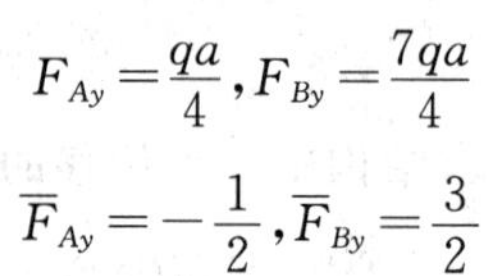

$$F_{Ay}=\frac{qa}{4},F_{By}=\frac{7qa}{4}$$

$$\overline{F}_{Ay}=-\frac{1}{2},\overline{F}_{By}=\frac{3}{2}$$

（2）分段列弯矩方程，每一段的坐标系可以不同，但同一段上 M 与 $\overline{M}$ 方程的坐标系必须一致。

AD 段：　$M(x_1)=\frac{qa}{4}x_1,\overline{M}(x_1)=-\frac{1}{2}x_1,(0\leqslant x_1\leqslant a)$

DB 段：$M(x_2)=\frac{qa}{4}x_2-qa(x_2-a)=-\frac{3}{4}qax_2+qa^2,\overline{M}(x_2)=-\frac{1}{2}x_2,(a\leqslant x_2\leqslant 2a)$

BC 段：　$M(x_3)=-\frac{1}{2}x_3^2,\overline{M}(x_3)=-x_3,(0\leqslant x_3\leqslant a)$

（3）计算 y_C。由莫尔积分式（11.12）得：

$$\begin{aligned}y_C&=\frac{1}{EI}\Big[\int_0^a\left(\frac{qa}{4}x_1\right)\left(-\frac{1}{2}x_1\right)\mathrm{d}x_1+\int_a^{2a}\left(-\frac{3}{4}qax_2+qa^2\right)\left(-\frac{1}{2}x_2\right)\mathrm{d}x_2\\&\quad+\int_0^a\left(-\frac{1}{2}qx_3^2\right)(-x_3)\mathrm{d}x_3\Big]\\&=\frac{5qa^4}{24EI}\ (\downarrow)\end{aligned}$$

计算结果为正，说明 C 点挠度与单位力方向一致，即 y_C 向下。

【例 11-2】 如图 11-7（a）所示为一开有细小缺口的圆环，EI 为常量，试计算在均匀压力 q 作用下缺口处的张开位移。

解：（1）外力 q 作用下任一横截面的弯矩为：

$$M(\theta)=-\int_0^\theta qR\sin(\theta-\varphi)R\mathrm{d}\varphi=-qR^2(1-\cos\theta)$$

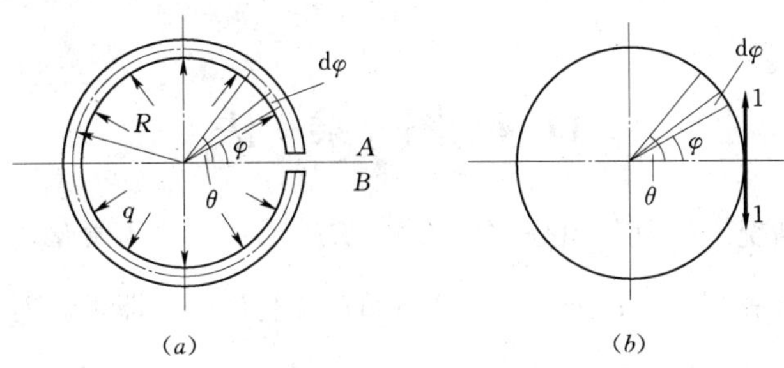

图 11-7

(2) 如图 11-7 (b) 所示，在缺口处加一对单位力，单位力 1 作用下任一横截面的弯矩为：

$$\overline{M}(\theta)=-R(1-\cos\theta)$$

(3) 用莫尔积分法求缺口张开位移有：

$$\Delta_{AB}=\int_0^{\pi}\frac{M\overline{M}}{EI}R\,\mathrm{d}\theta=2\int_0^{\pi}\frac{qR^2(1-\cos\theta)R(1-\cos\theta)}{EI}R\,\mathrm{d}\theta=\frac{3\pi R^4 q}{EI}(\updownarrow)$$

【例 11-3】 桁架受力如图 11-8 (a) 所示，各杆的 EA 为常量。杆 1、3、5 长为 l，杆 2、4 长为$\sqrt{2}l$，试求点 C 的水平位移。

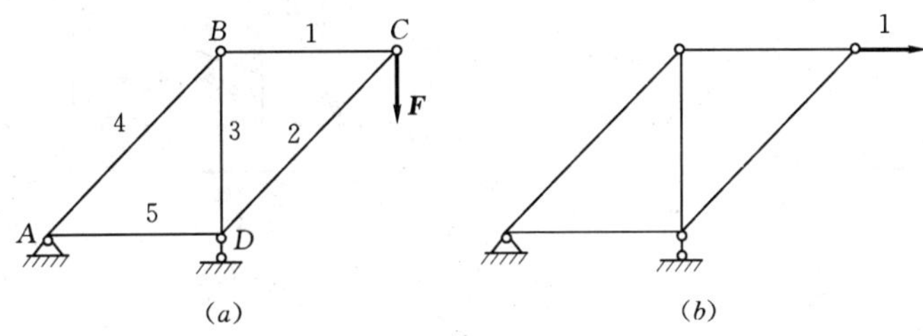

图 11-8

解：先求原外力作用图 11-8 (a) 所示各杆轴力 F_{Ni}，再求单位力作用图 11-8 (b) 所示各杆轴力 $\overline{F}_{Ni}$，将所求 F_{Ni} 及 $\overline{F}_{Ni}$ 列于表 11-1 中。

表 11-1 **例 11-3 表**

杆　号 i	l_i	F_{Ni}	$\overline{F}_{Ni}$	$F_{Ni}\overline{F}_{Ni}l_i$
1	l	F	1	Fl
2	$\sqrt{2}l$	$-\sqrt{2}F$	0	0
3	l	$-F$	-1	Fl
4	$\sqrt{2}l$	$\sqrt{2}F$	$\sqrt{2}$	$2\sqrt{2}Fl$
5	l	$-F$	0	0

$$\Delta_C=\sum_{i=1}^{5}\frac{F_{Ni}\overline{F}_{Ni}l_i}{EA}=\frac{2(1+\sqrt{2})Fl}{EA}(\rightarrow)$$

从此例可以看出，用能量法求位移要比先计算各杆伸长缩短，再通过几何关系求位移方便得多。

11.4　图　乘　法

在等截面直杆情况下，莫尔积分中的 EA，EI，GI_P。均为常量，都可以移到积分号外面，这就只需要计算积分 $\int F_N\overline{F}_N\mathrm{d}x$、$\int M\overline{M}\mathrm{d}x$ 和 $\int T\,\overline{T}\mathrm{d}x$ 即可。而这些积分都可以采用图形相乘的方法进行计算。现以 $\int M\overline{M}\mathrm{d}x$ 为例说明图乘法的原理和应用。

设梁在荷载作用下的 M 图为任一形状，如图 11－9（a）所示，而单位力作用下的 $\overline{M}$ 图只能是直线或折线，如图 11－9（b）所示。现设其中长为 l 的一段为斜直线，它的斜度角为 α，与 x 轴交点 O 取为原点，则 $\overline{M}$ 图中任意点的纵坐标为：

$$\overline{M}(x)=x\tan\alpha \tag{11.13}$$

则有：

$$\int_l M\overline{M}\mathrm{d}x=\tan\alpha\int_l xM(x)\mathrm{d}x \tag{11.14}$$

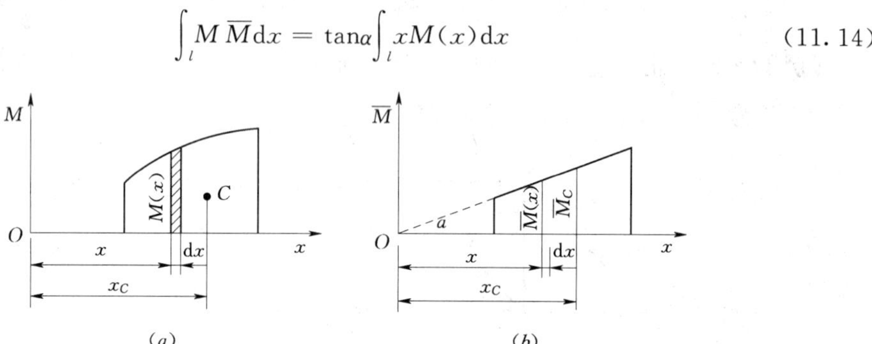

图 11－9

式（11.14）中：$M(x)\mathrm{d}x$ 是 M 图中阴影线的微分面积。而此微分面积对 M 轴的静矩则为 $xM(x)\mathrm{d}x$，因此积分 $\int_l xM(x)\mathrm{d}x$ 就是 M 图的面积对 M 轴的静矩。

设 M 图的面积为 ω，M 图的形心到 M 轴的距离为 x_C，则有：

$$\int_l xM(x)\mathrm{d}x=\omega x_C$$

因此式（11.14）可表示为：

$$\int_l M\overline{M}\mathrm{d}x=\omega x_C\tan\alpha=\omega\overline{M} \tag{11.15}$$

式（11.15）中 $\overline{M}_C$ 是 $\overline{M}$ 图中与 M 图形心 C 对应的纵坐标值。于是莫尔积分可以写为：

$$\Delta=\int_l\frac{M(x)\,\overline{M}(x)\mathrm{d}x}{EI}=\frac{\omega\overline{M}_C}{EI} \tag{11.16}$$

当然，对于轴力项或扭矩项也可得到类似的公式。

应用图乘法时，经常要计算某些图形的面积和形心位置，现给出几种常用图形的面积和形心位置的计算公式如图 11－10 所示，其中抛物线顶点的切线平行于基线或与基线重合。

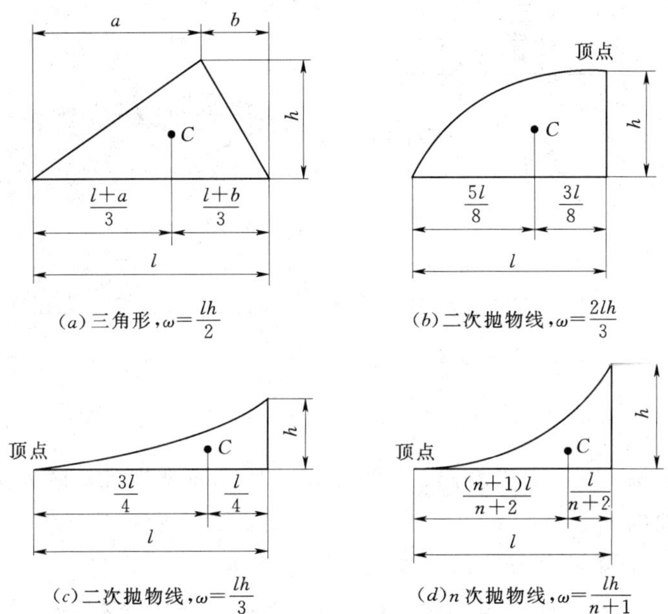

(a) 三角形，$\omega=\dfrac{lh}{2}$　　(b) 二次抛物线，$\omega=\dfrac{2lh}{3}$

(c) 二次抛物线，$\omega=\dfrac{lh}{3}$　　(d) n 次抛物线，$\omega=\dfrac{lh}{n+1}$

图 11-10

用图乘法计算位移时，要注意以下几个问题：

(1) 式 (11.16) 中，ω 和 $\overline{M}_C$ 均有正负之分。因此当 M 图与 $\overline{M}$ 图在同一侧时，两者互乘结果为正，当 M 图与 $\overline{M}$ 图分别位于轴线的两侧时，互乘结果为负。

(2) 式 (11.16) 要求 $\overline{M}$ 图为一段直线，即 α 值需保持不变。因此当 $\overline{M}$ 图为折线时，需在折点处将 M 图及 $\overline{M}$ 图分段，分别图乘，然后再按代数值叠加，即：

$$\Delta=\sum_{i=1}^{n}\frac{\omega_i\overline{M}_{Ci}}{EI} \tag{11.17}$$

(3) EI 有变化时，需在变化处分段，再图乘。

(4) 根据弯矩可以叠加的道理，将弯矩图分成几个简单部分，例如可将一梯形弯矩图分为两个三角形或一个三角形加一个矩形，对每一部分使用图乘法，然后再叠加。

(5) 当梁上荷载较复杂时，为使 M 图面积便于计算，形心便于确定，可将其分解为若干简单荷载单独作用在梁上，分别画 M 图，与 $\overline{M}$ 图互乘，然后再叠加。

(6) 只有同种类型的内力图才能互乘，对于双向弯曲的梁来说，只有同一平面内的 M 图和 $\overline{M}$ 图才能互乘。

【例 11-4】 用图乘法重新计算例 11-1 中 C 处挠度 y_C，如图 11-11 (a) 所示。

解：(1) 用叠加法作荷载作用下的弯矩图，如图 11-11 (b) 所示。

(2) 求点 C 的挠度，在 C 处施加单位力，如图 11-11 (c) 所示，其弯矩图如图 11-11 (d) 所示。

(3) 由图乘法得：

$$y_C=\frac{1}{EI}\left[-\left(\frac{1}{2}\times2a\times\frac{qa^2}{2}\right)\times\frac{a}{2}+\left(\frac{1}{2}\times2a\times\frac{qa^2}{2}\right)\times\frac{2}{3}a+\left(\frac{1}{3}\times a\times\frac{qa^2}{2}\right)\times\frac{3}{4}a\right]$$

$$=\frac{5qa^4}{24EI}(\downarrow)$$

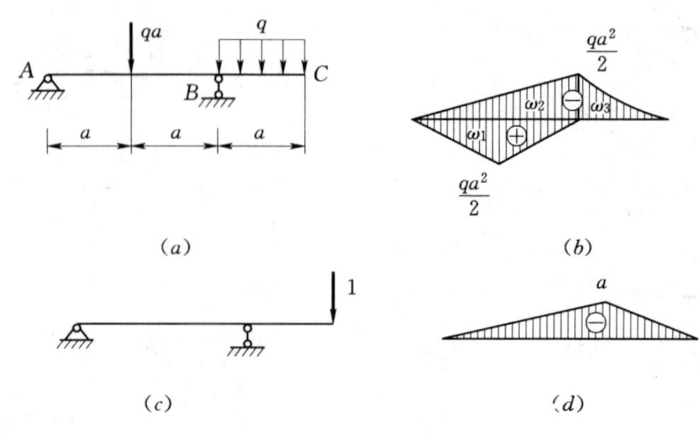

图 11－11

由例 11－1 和例 11－4 可以看出，一般对于直梁和刚架来说，图乘法和积分法相比，是较为简单和方便的

【例 11－5】 悬臂梁受力及尺寸如图 11－12（a）所示，EI 为常量，求自由端 B 处的挠度和转角。

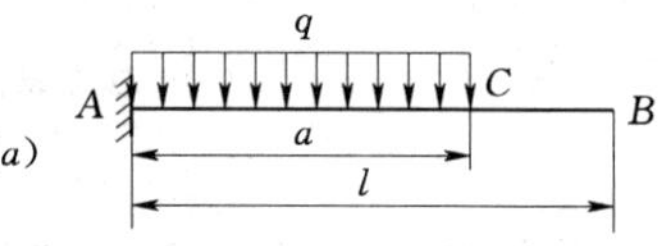

解：（1）荷载作用下的弯矩图如图 11－12（b）所示。

（2）求 B 处挠度，在 B 处施加单位力 1，如图 11－12（c），其弯矩图如图 11－12（d）所示。由图乘法得：

$$y_B=\frac{1}{EI}\left[\left(\frac{1}{3}\times a\times\frac{qa^2}{2}\right)\times\left(l-\frac{a}{4}\right)\right]$$

$$=\frac{qa^3}{24EI}(4l-a)(\downarrow)$$

（3）求 B 处转角，在 B 处加单位力偶矩，如图 11－12（e）所示，其弯矩图如图 11－12（f）所示。由图乘法得：

$$\theta_B=\frac{1}{EI}\left[\left(\frac{1}{3}\times a\times\frac{qa^2}{2}\right)\times 1\right]$$

$$=\frac{qa^3}{6EI}(\text{↲})$$

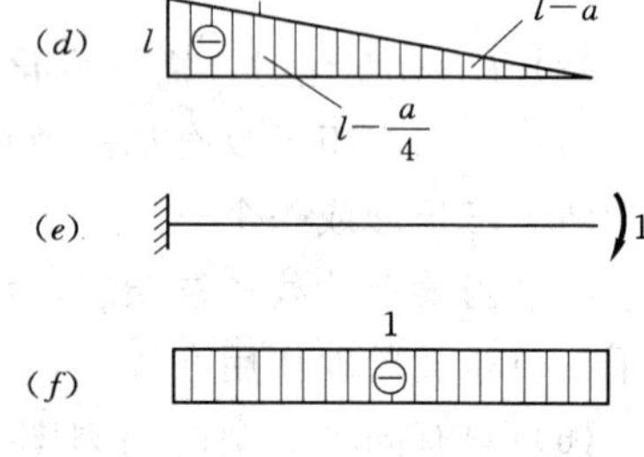

图 11－12

【例 11－6】 平面刚架受力如图 11－13（a）所示，若 $F=ql$，且 AB，BC 两段长度均为 l。杆 BC 弯曲度为 EI，拉压刚度为 EA；杆 AB 弯曲刚度为 $2EI$，拉压刚度为 $2EA$，且 EI，EA，q，l 均为已知，求只考虑弯曲变形 C 处的铅垂位移 Δ_C 并讨论轴力对 Δ_C 的影响。

解：（1）只考虑弯矩的影响计算位移 Δ_C。

首先绘制刚架在荷载作用下的弯矩图。将集中荷载 $\boldsymbol{F}$ 及均布荷载 q 作用下的弯矩图分别绘出，如图 11－13（b）、（c）所示。然后在 C 处沿铅垂方向施加单位力，并绘出 $\overline{M}$ 图，如图 11－13（d）所示。分别将图 11－13（b）、（c）与（d）互乘，再叠加，则有：

$$\begin{aligned}\Delta_C &= \sum_{i=1}^{2} \frac{\omega_i \overline{M}_{Ci}}{E_i I_i} \\ &= \frac{1}{EI}\left[\left(\frac{1}{2}\times l\times ql^2\right)\times\frac{2}{3}l\right]+\frac{1}{2EI}\left[(ql^2\times l)\times l+\left(\frac{1}{3}\times l\times\frac{1}{2}ql^2\right)\times l\right] \\ &= \frac{11qa^4}{12EI}(\downarrow)\end{aligned}$$

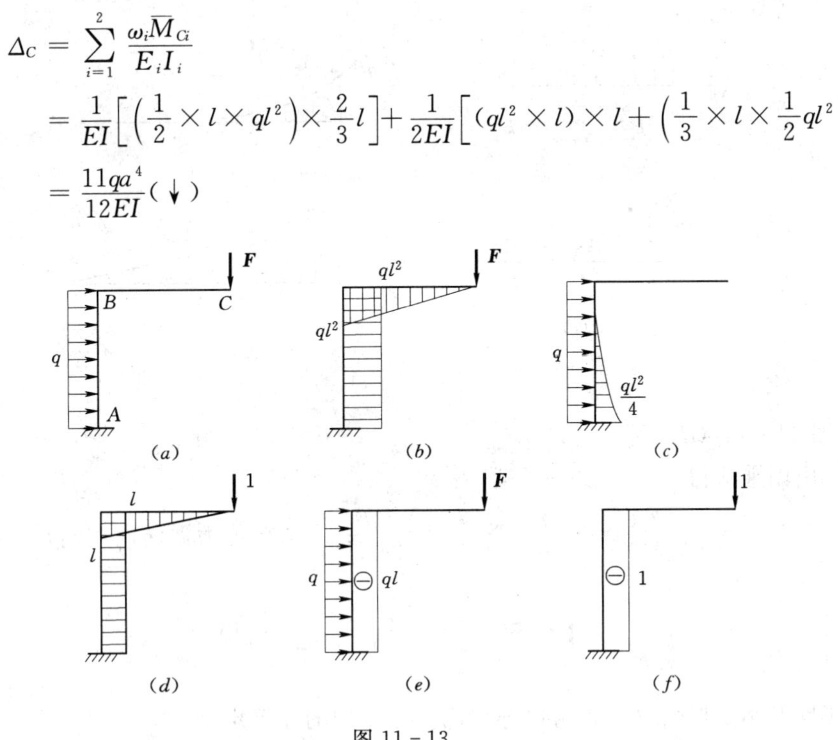

图 11－13

(2) 考虑轴力影响。

分别画出刚架在荷载及单位力作用下的轴力图 F_N 及 $\overline{F}_N$，如图 11－13 (*e*)、(*f*) 所示，为与 M 图区分，轴力图上没有画线。于是轴力引起的 C 处铅垂位移 Δ_{CF_N} 为：

$$\Delta_{CF_N} = \sum_{i=1}^{2} \frac{\omega_{F_{Ni}} \overline{F}_{NCi}}{E_i A_i} = 0 + \frac{1}{2EI}[(ql\times l)\times 1] = \frac{qa^2}{2EA}(\downarrow)$$

轴力和弯矩引起的 Δ_C 之比为：

$$\frac{\Delta_{CF_N}}{\Delta_C} = \frac{\dfrac{ql^2}{2EA}}{\dfrac{11ql^4}{12EI}} = \frac{6I}{11Al^2}$$

以矩形截面为例，$I=\dfrac{bh^3}{12}$，$A=bh$，则有：

$$\frac{\Delta_{CF_N}}{\Delta_{CM}} = \frac{6}{11}\frac{\dfrac{bh^2}{12}}{bhl^2} = \frac{h^2}{22l^2}$$

当 $l/h=10$ 时，上述比值仅为 0.045%。可见在细长杆的情况下，当弯矩和轴力同时存在时，可以忽略轴力对变形的影响。

【例 11－7】 梁受力及尺寸如图 11－14 (*a*) 所示，弯曲刚度为 EI，试求中间铰 B 两侧面的相对转角 θ。

解：(1) 荷载作用下的 M 图如图 11－14 (*b*) 所示。

(2) 在 B 铰两侧各施加一单位力偶矩，且转向相反，如图 11－14 (*c*) 所示，其弯矩

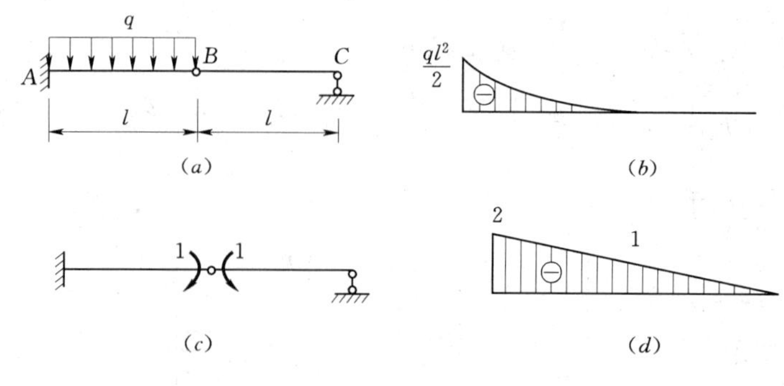

图 11 - 14

图 $\overline{M}$ 如图 11 - 14（d）所示。

（3）由图乘法得：

$$\theta=\frac{1}{EI}\left[\left(\frac{1}{3}\times l\times\frac{ql^2}{2}\right)\times\frac{7}{4}\right]=\frac{7ql^3}{24EI}\quad（与单位力偶转向相同）$$

11.5　互　等　定　理

在线性及小变形情况下，可以导出两个很有用的互等定理。

11.5.1　功的互等定理

规定 Δ_{ij} 表示作用在点 j 的荷载 F_j 引起的点 i 沿 F_i 方向的位移。下面以简支梁为例来说明功的互等定理。若梁上仅在点 l 作用 $\boldsymbol{F}_1$，则 $\boldsymbol{F}_1$ 在点 1 及点 2 引起的位移分别记为 Δ_{12} 及 Δ_{21}，如图 11 - 15（a）所示。若仅在点 2 作用 $\boldsymbol{F}_2$，则 $\boldsymbol{F}_2$ 在点 1 及点 2 引起的位移分别记为 Δ_{12} 及 Δ_{21}，如图 11 - 15（b）所示。

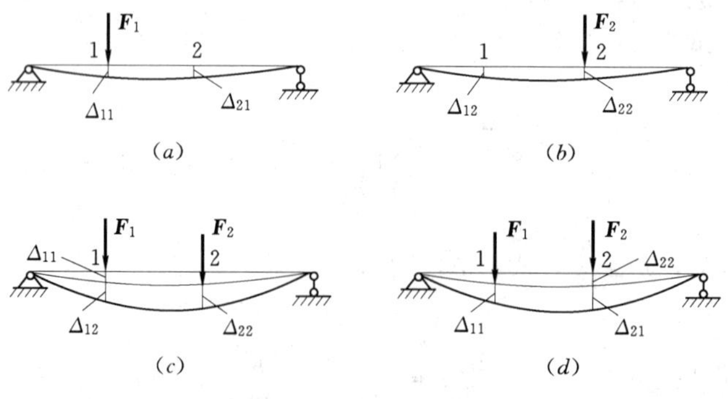

图 11 - 15

考虑两种加载方式：一是先加 $\boldsymbol{F}_1$，然后再加 $\boldsymbol{F}_2$，如图 11 - 15（c）所示，则外力作的功为：

$$W_1=\frac{1}{2}F_1\Delta_{11}+\frac{1}{2}F_2\Delta_{22}+\frac{1}{2}F_1\Delta_{12}$$

另一种加载方式是先加 $\boldsymbol{F}_2$，然后再加 $\boldsymbol{F}_1$，如图 11 - 15（d）所示，则外力作的功为：

$$W_2=\frac{1}{2}F_2\Delta_{22}+\frac{1}{2}F_1\Delta_{11}+\frac{1}{2}F_2\Delta_{21}$$

而荷载所作的功与加载顺序无关，所以 $W_1=W_2$，由此可得：

$$F_1\Delta_{12}=F_2\Delta_{21} \tag{11.18}$$

公式（11.15）表明，$\boldsymbol{F}_1$ 在由 $\boldsymbol{F}_2$ 引起的位移 Δ_{12} 上所作的功等于 $\boldsymbol{F}_2$ 在由 $\boldsymbol{F}_1$ 引起的位移 Δ_{21} 上所作的功。这就是功的互等定理。当然 $\boldsymbol{F}_1$ 和 $\boldsymbol{F}_2$ 可以推广为一组力系，那么功的互等定理可以表述为：第一组广义力系在第二组广义力系引起的位移上所作的功等于第二组广义力系在第一组广义力系引起的位移上所作的功。

11.5.2　位移互等定理

如果 $\boldsymbol{F}_1$ 和 $\boldsymbol{F}_2$ 在数值上相等，则由式（11.15）可得：

$$\Delta_{12}=\Delta_{21} \tag{11.19}$$

式（11.19）表明，若两个广义力 $\boldsymbol{F}_1$ 和 $\boldsymbol{F}_2$ 数值上相等，则 $\boldsymbol{F}_1$ 在 $\boldsymbol{F}_2$ 作用处沿 $\boldsymbol{F}_2$ 方向引起的广义位移 Δ_{21} 等于 $\boldsymbol{F}_2$ 在 $\boldsymbol{F}_1$ 作用处沿 $\boldsymbol{F}_1$ 方向引起的广义位移 Δ_{12}，这就是位移互等定理。

【例 11-8】 如图 11-16（*a*）所示桁架，杆 *CD* 的长度 l 为 1m，已知节点 *B* 受铅垂向下的力 $F=1\text{kN}$ 作用时，杆 *CD* 产生逆时针方向的转角 $\theta=0.01\text{rad}$。试确定为使节点 *B* 产生铅垂向下的线位移 $\Delta_B=0.8\text{mm}$，在节点 *C* 及 *D* 两处应加多大的力。并说明加力方向。

解： 在点 *C* 及点 *D* 应加一对大小相等，方向相反，且均垂直于杆 *CD* 的力 $\boldsymbol{F}'$，如图 11-16（*b*）所示。根据功的互等定理，这里有：

$$F\Delta_B=F'l_{CD}\theta$$

所以：

$$F'=\frac{F\Delta_B}{l_{CD}\theta}=0.08(\text{kN})$$

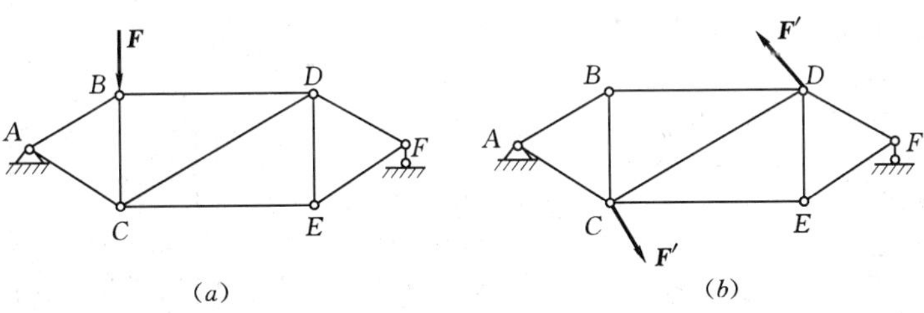

图 11-16

思　考　题

11-1　试判断下列说法是否正确。

（1）在弹性变形能的计算中，对于线弹性材料在小变形条件下的杆件，可以应用力作用的叠加原理，对于非线弹性材料在小变形条件下的杆件，不能应用力作用的叠加原理。

（2）变形能等于外力所做的功，由于功有正有负，因此杆件的变形能也有正有负。

(3) 单位荷载法适用于任何平衡结构，而莫尔积分只适用于线弹性结构。

(4) 在线弹性和小变形的条件下，计算应力、变形、变形能均可以应用叠加原理。

(5) 弹性体变形能不仅取决于力和位移的最终值，而且与加力的次序有关。

(6) 广义位移是指广义力引起的位移。

(7) 在功的互等定理中，广义力 F_i 和 F_j 所包含的广义力的性质和个数可以不同。

(8) 在线弹性、小变形的条件下，计算应力、变形和变形能都可以应用叠加原理。

11-2　什么是线弹性体？什么是虚位移？什么是广义力和广义位移？广义力和广义位移有什么关系？

11-3　如何计算线弹性体的外力功？如何计算应变能？虚功和实功的区别是什么？

11-4　为什么求梁的内力或变形时可采用叠加原理，而求解弹性应变能却不能采用叠加原理？

11-5　单位荷载法是如何导出的？其应用条件是什么？

11-6　什么是图乘法？应用时有哪些注意事项？

11-7　试画出与思考题 11-7 图中所示广义力对应的广义位移。

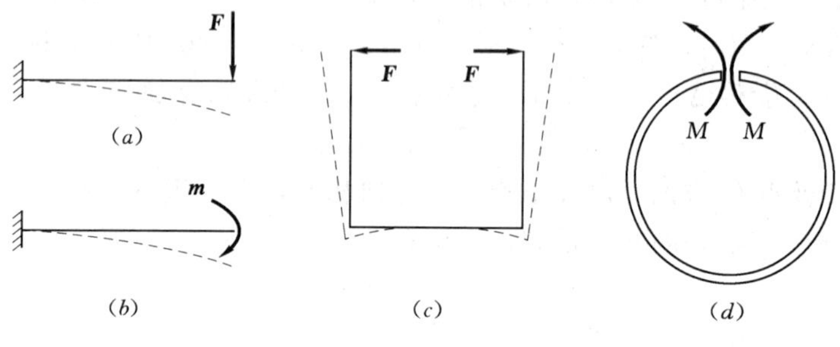

思考题 11-7 图

11-8　等截面圆轴受力见思考题 11-8 图 (a)，施加单位力见思考题 11-8 图 (b)，利用莫尔积分求得位移是什么？

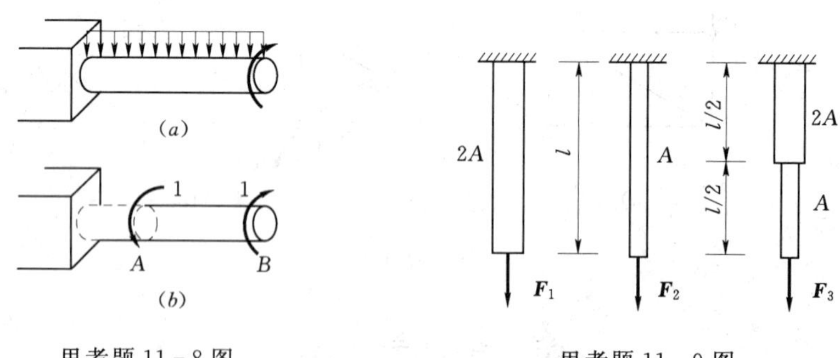

思考题 11-8 图　　　思考题 11-9 图

11-9　同一材料制成的截面不同的三根拉杆如思考题 11-9 图所示，试问在 $F_1=F_2=F_3$ 和三杆的最大应力都达到比例极限时三杆的变形能大小。

11-10　两等直杆受力见思考题 11-10 图，其变形很小，材料服从胡克定律，问在计算构件的变形能时能否应用叠加原理？为什么？

11-11　如思考题 11-11 图所示，同一根梁受力相同，但力的作用点位置不同，请指出其中哪两个挠度相等，为什么？

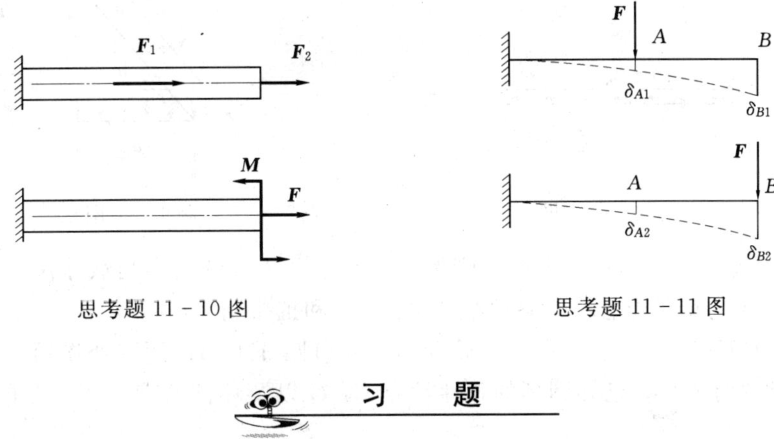

思考题 11-10 图　　　　思考题 11-11 图

习　题

11-1　试计算习题 11-1 图标结构的变形能。略去剪切影响，EI 为已知。对于只受拉压变形的杆件，需要考虑拉压的变形能。

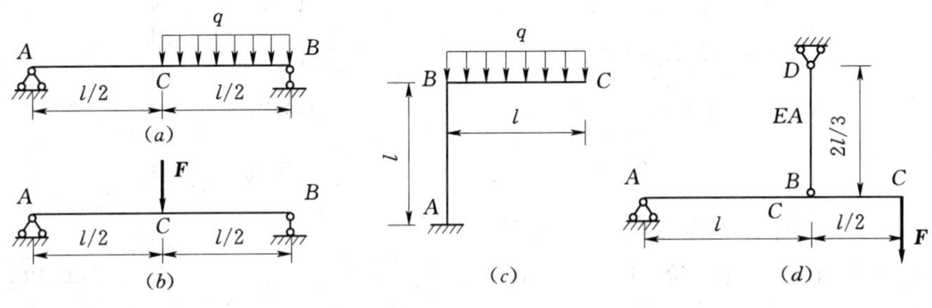

习题 11-1 图

11-2　试用单位荷载法计算习题 11-1 中各结构中截面 C 的铅垂位移。

11-3　习题 11-3 图所示桁架，在节点 B 处承受铅垂荷载 $\boldsymbol{F}$ 作用，试用单位荷载法计算节点 B 的水平位移。各杆各截面的抗拉刚度均为 EA。

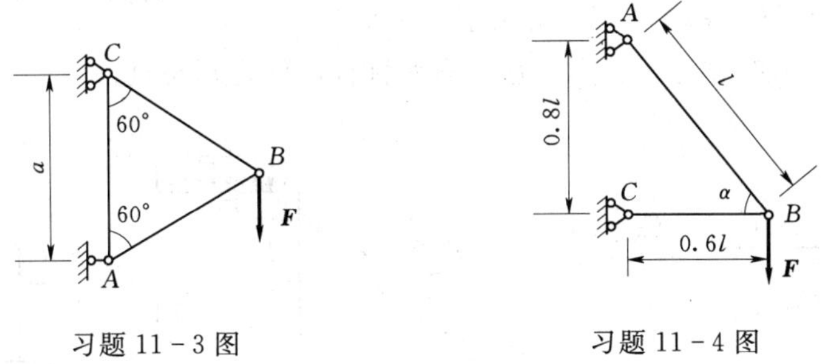

习题 11-3 图　　　　习题 11-4 图

11-4　线弹性杆件受力如习题 11-4 图所示，若两杆的拉压刚度均为 EA。试用单位荷载法计算加力点 B 的竖直位移。

11-5　习题 11-5 图所示圆截面轴，承受集度为 m 的均布力偶作用，试用单位荷载法计算截面 A 的扭转角。设轴的抗扭刚度 GI_P 为常数。

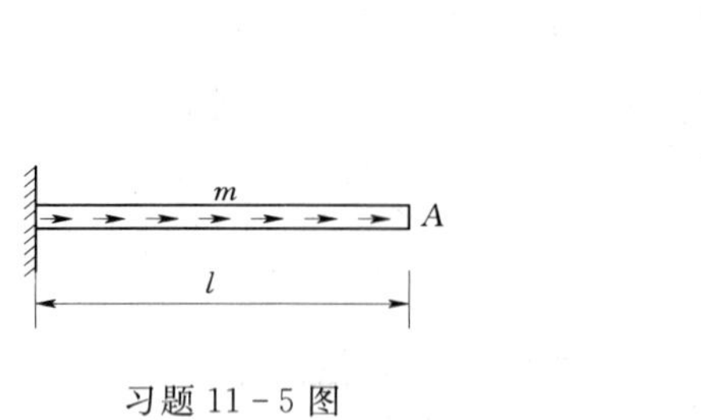

习题 11－5 图

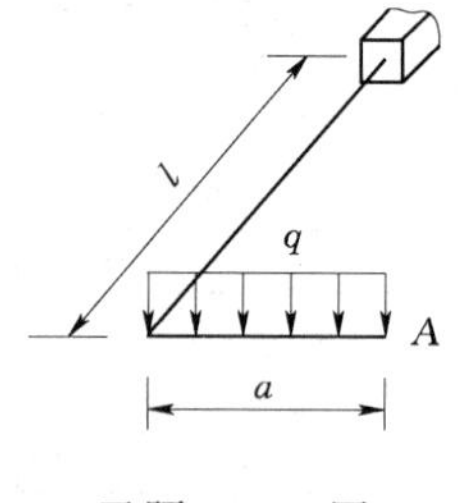

习题 11－6 图

11－6　习题 11－6 图所示等截面刚架，承受集度为 q 的均布荷载作用，试用单位荷载法计算截面 A 的铅垂位移。设各段抗弯刚度 EI 和抗扭刚度 GI_P 均为已知常数。

11－7　如习题 11－7 图所示水平放置的一开口圆环上 AB 两点处作用有一对大小相等，方向相反的两个力。已知圆环的弹性常数 E、G 以及环杆的直径 d，试求 A、B 两点间的相对位移。

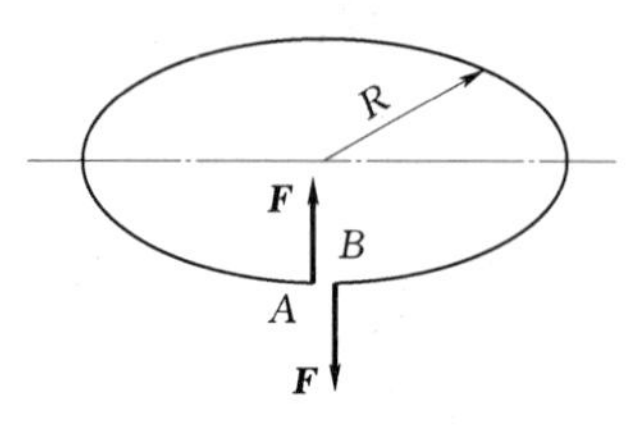

习题 11－7 图

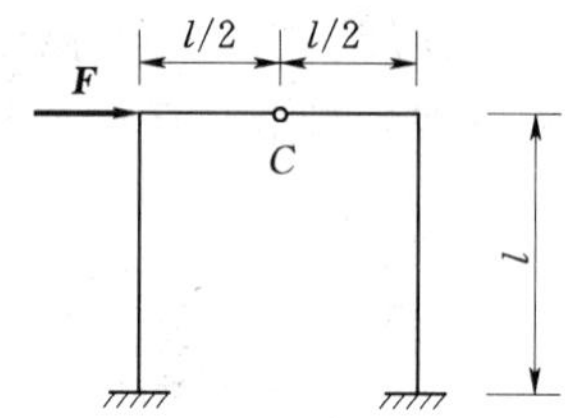

习题 11－8 图

11－8　用乘法计算习题 11－8 图中 C 点处两侧截面的相对转角。各杆的抗弯刚度均为 EI。

11－9　习题 11－9 图所示各刚架，抗弯刚度 EI 为常数，试计算支座反力。

11－10　求解习题 11－10 图中各静不定结构。各杆的抗弯刚度相同，都等于 EI，抗拉刚度也相同，都等于 EA，并且当杆中只有拉压变形时才考虑拉压变形，有对称性的注意对称性。

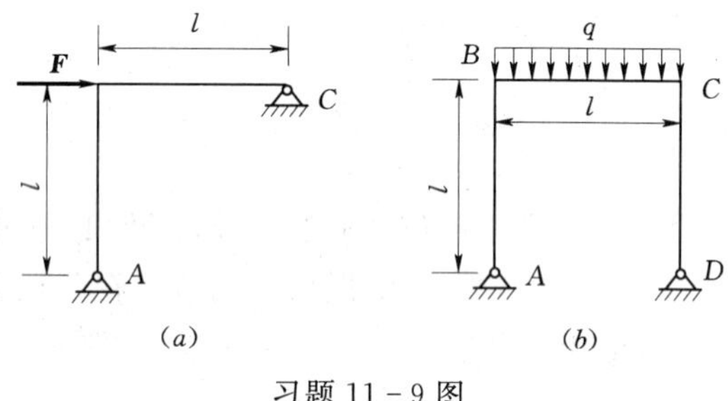

习题 11－9 图

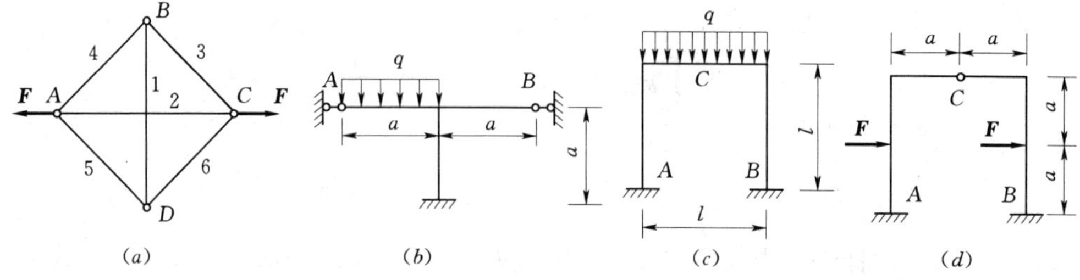

习题 11－10 图

第 12 章　动荷载与交变应力

前面几章所讨论的都是静荷载或静应力，其特点是与加速度和时间无关，也就是说在加载过程中荷载或应力的大小不变，或对其变化忽略不计。但在实际工程中，很多荷载是变化的，如加速运动或转动系统构件的惯性力及冲击构件所受到的冲击力等，这种随时间变化的荷载称为动荷载，由动荷载而引起的应力称为动应力。若构件的应力随时间作交替循环变化，称这种应力为交变应力，因交变应力而引起的破坏称为疲劳破坏。对冶金、动力、运输及航空航天部门，疲劳是零件或构件破坏的主要形式。疲劳失效过程往往不易察觉，经常表现为突发性事故，因此疲劳分析在某些构件设计中非常重要。

本章主要介绍了动荷载和动应力的求解方法及疲劳失效问题。求解动荷载与动应力有两种典型的方法，一种是动静法，一种是机械能守恒法。本章通过两类动荷载作用问题对这两种方法进行了介绍，一类是等加速直线运动和等角速转动构件，一类是冲击构件。对疲劳失效问题主要介绍了交变应力的有关概念、疲劳破坏的特征、疲劳极限及疲劳强度。

12.1　动静法求解动荷载和动应力

12.1.1　惯性力与达朗伯原理

设一质量为 m 的质点 M，在主动力 $\boldsymbol{F}$ 及约束反力 $\boldsymbol{F}_N$ 作用下产生的加速度为 $\boldsymbol{a}$，如图 12-1 所示。根据牛顿第二定律，有 $m\boldsymbol{a}=\boldsymbol{F}+\boldsymbol{F}_N$，令 $\boldsymbol{F}_g=-m\boldsymbol{a}$，将上式换一种写法，有：

$$\boldsymbol{F}+\boldsymbol{F}_N+\boldsymbol{F}_g=0 \tag{12.1}$$

式（12.1）形式上是一个平衡方程。于是，可以假想 $\boldsymbol{F}_g$ 是一个力，它的大小等于质点的质量与加速度的乘积，它的方向与质点的加速度方向相反。因为 $\boldsymbol{F}_g$ 与质点的质量有关，即与质点的惯性有关，所以称为质点的惯性力。

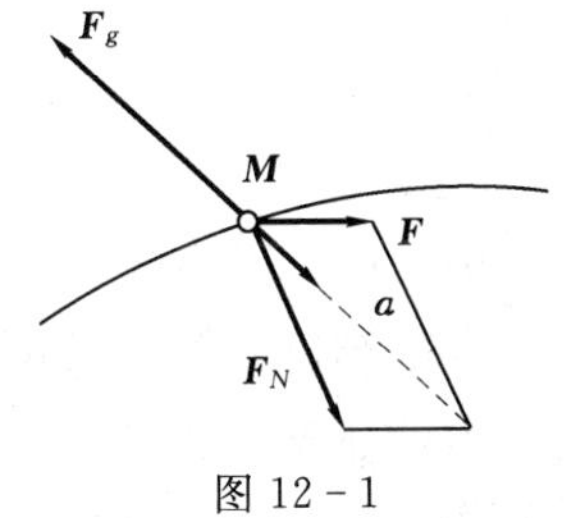

图 12-1

式（12.1）可叙述如下：如果在质点上除了作用有实际的主动力和约束反力外，再假想地加上惯性力，则这些力在形式上组成一个平衡力系。这就是质点的达朗伯原理。

应当注意，质点实际并未受到惯性力的作用，质点也并非处于平衡状态。但是在质点上假想地加上惯性力后，即可将动力学问题用静力学方法求解。这种方法也称之为动静法，在工程应用中十分广泛。

动静法的原理就是将研究对象运动变化时引起的惯性力与构件上的已知荷载和约束反力，在形式上构成一组平衡力系，按这种假想的平衡状态来计算内力、应力和位移。

12.1.2　构件作等加速直线运动

如图 12-2（a）所示，设一钢索以等加速度 $\boldsymbol{a}$ 起吊一重量为 F_P 的重物，钢索横截面面积为 A，重量忽略不计，求钢索横截面上的动应力 σ_d。

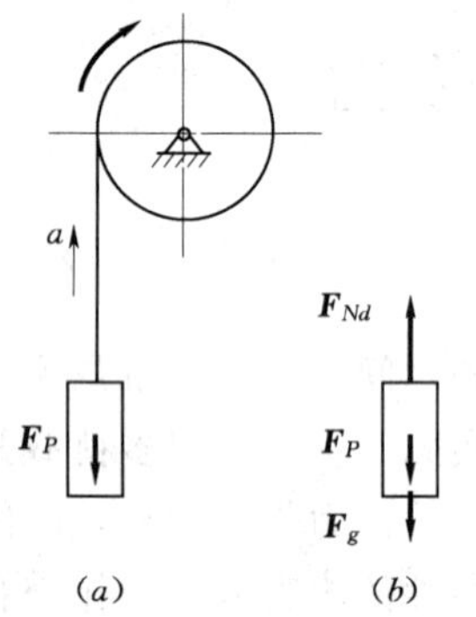

图 12-2

以重物为研究对象，它受重力作用 $\boldsymbol{F}_P$，钢索的拉力 $\boldsymbol{F}_{Nd}$，由于重物以等加速 $\boldsymbol{a}$ 提升，故可以认为还受到惯性力 $\boldsymbol{F}_g$ 作用，指向与加速度相反，如图 12-2（b）所示。根据动静法将惯性力按静荷载加在重物上，得到重物的平衡方程为：

$$F_d - F_P - \frac{F_P}{g}a = 0$$

解得：

$$F_{Nd} = F_P + \frac{F_P}{g}a = F_P\left(1+\frac{a}{g}\right)$$

由此钢索横截面的动应力为：

$$\sigma_d = \frac{F_{Nd}}{A} = \frac{F_P}{A}\left(1+\frac{a}{g}\right) = \sigma_{st}(1+\frac{a}{g}) = K_d\sigma_{st} \tag{12.2}$$

$$K_d = 1 + a/g$$

式中：K_d 为动荷因数，反映了重物所受到的动荷效应，即动应力（内力）较静应力（内力）增长的倍数；σ_{st} 为重物静止时钢索横截面上的静应力。

【例 12-1】　如图 12-3（a）所示，梁由钢索起吊，以等加速度 $\boldsymbol{a}$ 上升，已知梁的横截面面积为 A，弯曲截面系数为 W_z，单位体积的重力为 γ。求梁跨中截面上的最大动应力。

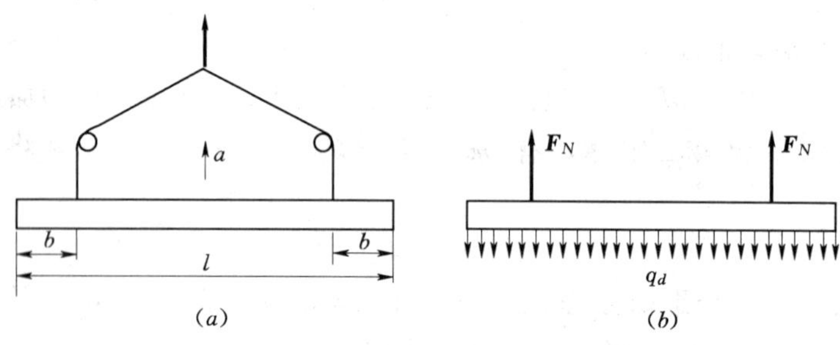

图 12-3

解：（1）受力分析。

当吊车以等加速度 $\boldsymbol{a}$ 起吊时，梁除了受荷载集度为 $q_{st} = A\gamma$ 的自重和钢索横截面起吊的拉力，还需附加梁由于自重引起的惯性力，其集度为 $q_g = q_{st}a/g = A\gamma a/g$，在这些力的共同作用下，梁处于假想的平衡状态。

于是，梁的荷载集度为 $q_d = q_{st} + q_g = q_{st}(1+a/g) = A\gamma(1+a/g)$

钢索起吊的拉力为：

$$F_N = \frac{1}{2}q_d l = \frac{1}{2}q_{st}\left(1+\frac{a}{g}\right)l = \frac{1}{2}A\gamma\left(1+\frac{a}{g}\right)l_d$$

（2）计算内力。

梁跨中截面上的弯矩为：

$$M=F_N\left(\frac{l}{2}-b\right)-\frac{1}{2}q_d\left(\frac{l}{2}\right)^2=\frac{1}{2}q_d\left[l\left(\frac{l}{2}-b\right)-\left(\frac{l}{2}\right)^2\right]$$

$$=\frac{1}{2}q_{st}\left(1+\frac{a}{g}\right)l\left(\frac{l}{4}-b\right)=\frac{1}{2}A\gamma\left(1+\frac{a}{g}\right)l\left(\frac{l}{4}-b\right)$$

（3）计算梁中央截面上的最大动应力。

相应的动应力为：

$$\sigma_d=\frac{M}{W_z}=\frac{A\gamma}{W_z}\left(1+\frac{a}{g}\right)l\left(\frac{l}{4}-b\right)$$

当加速度等于零时，由上式求得杆件在静载下的应力为：

$$\sigma_{st}=\frac{A\gamma}{2W_z}l\left(\frac{l}{4}-b\right)$$

故梁中央截面上的最大动应力 σ_d 可以表示为：

$$\sigma_d=\sigma_{st}\left(1+\frac{a}{g}\right)=K_d\sigma_{st}$$

式中：K_d 为动荷因数。这表明动应力等于静应力乘以动荷系数。

强度条件可以写为：

$$\sigma_d=K_d\sigma_{st}\leqslant[\sigma] \tag{12.3}$$

由于在动荷系数 K_d 中已经包含了动荷载的影响，所以 $[\sigma]$ 即为静载许用应力。

12.1.3 构件做等角速转动

工程中除了作等加速直线运动的构件外，还有许多构件作等角速度转动，例如装在蒸汽机和内燃机上的飞轮。飞轮设计时，要求用料小而惯性大，因而飞轮的式样，常作成轮缘厚、中间薄，甚至只有几条轮辐的形状，如图 12－4（a）所示。现分析飞轮以等角速度旋转时，飞轮轮缘横截面上的应力。

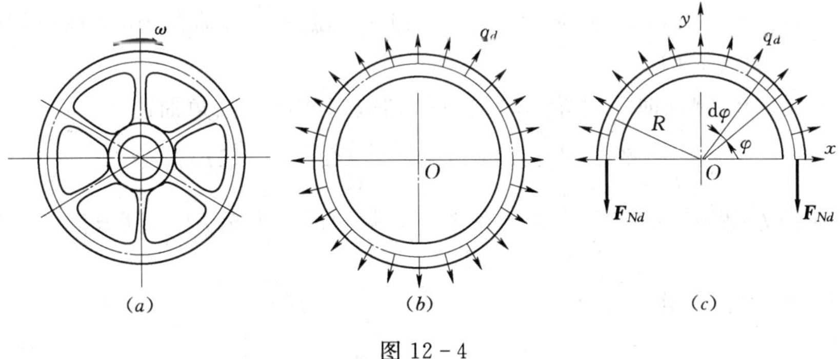

图 12－4

设飞轮的平均半径为 R，轮缘的横截面面积为 A，材料每单位体积的重量为 γ，飞轮若不计轮辐对于轮缘的影响，可将飞轮简化为一个绕着中心旋转的圆环如图 12　4（b）所示。由于此圆环作等角速度转动，因而环内各点只有向心加速度。又因飞轮的轮缘厚度远比飞轮的平均半径小，可以认为环上各点的向心加速度与圆环轴线上各点的加速度相等，即 $a_n=R\omega^2$。

根据动静法，将集度为 $q_d=\frac{A\gamma}{g}a_n=\frac{A\gamma}{g}R\omega^2$ 的离心惯性力加在圆环轴线上，就可像静荷载那样进行计算。

用截面法把轮缘对称截开，保留上半部分如图 12－4（c）所示。当轮缘厚度远小于半径 R 时，圆环横截面上的正应力可视为均匀分布，并用 σ_d 表示，F_{Nd} 表示截面上的轴力。由静力学平衡条件 $\sum X_i=0$，得：

$$\int_0^{\pi} q_d R\sin\varphi \mathrm{d}\varphi - 2A\sigma_d = 0$$

经过积分并简化得

$$q_d R = A\sigma_d$$

将 q_d 之值代入上式得：

$$\sigma_d=\frac{\gamma}{g}R^2\omega^2=\frac{\gamma}{g}v^2 \tag{12.4}$$

式中：v 为飞轮在半径 R 处的切向线速度。

根据强度条件，为保证飞轮安全，必须使：

$$\sigma_d=\frac{\gamma}{g}v^2\leqslant[\sigma] \tag{12.5}$$

所以

$$v\leqslant\sqrt{\frac{[\sigma]g}{\gamma}} \tag{12.6}$$

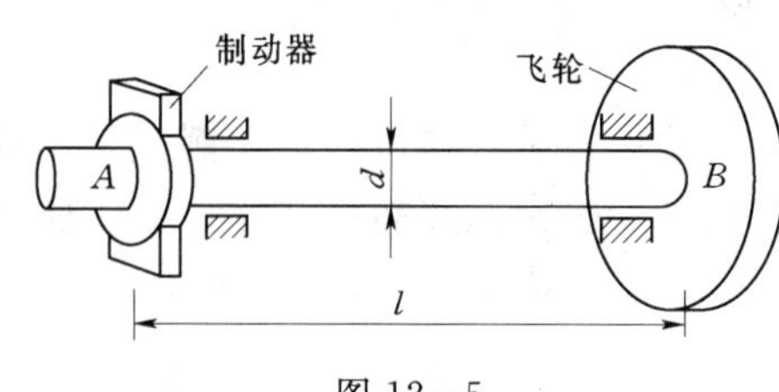

图 12－5

由此可见，飞轮转速的提高应有一定限制。所允许的飞轮最大切向线速度 v，取决于许用应力和材料单位体积的重量，而与飞轮的直径以及轮缘的截面尺寸无关。

【例 12－2】 如图 12－5 所示为一装有飞轮的轴，已知飞轮的半径 $R=250\text{mm}$，质量重 450N，轴的直径 $d=50\text{mm}$，轴的转速 $n=2\text{rad/s}$，试求：当轴在 10s 内制动时，轴内由于惯性矩而产生的最大切应力。

解：设轴在 10s 制动时，飞轮与轴同时作匀减速转动，其角加速度为：

$$\alpha=\frac{\omega}{t}=\frac{\omega_1-\omega_0}{t}=\frac{0-2\pi n}{t}=\frac{-2\pi\times 2}{10}=\frac{-2\pi}{5}(\text{rad/s}^2)$$

α 的方向与 ω 的方向相反。按动静法，在飞轮上附加惯性力矩 M_d（其方向与 α 相反）为：

$$M_d=-J_O\alpha$$

式中 J 为飞轮的转动惯量，其值为：

$$J_O=\frac{F_P}{g}R^2=\frac{450}{9.8}\times 0.25^2(\text{kg}\cdot\text{m}^2)$$

制动时，制动器所产生的摩擦力偶矩与惯性力矩 M_g 平衡，从而使轴受到扭转变形。所以由于惯性扭矩而引起的轴内最大切应力为：

$$\tau_{\max}=\frac{M_d}{W_P}=\frac{J_O}{\frac{\pi d^3}{16}}=\frac{\frac{450}{9.8}\times 0.25^2\times\frac{2\pi}{5}}{\frac{\pi\times 0.05^3}{16}}=147\times 10^3(\text{Pa})$$

12.2 机械能量守恒法求解冲击荷载与冲击应力

具有一定速度的物体向静止构件冲击时，冲击瞬间冲击物速度发生急剧变化，与被冲击物之间发生很大的相互作用力，工程上称为冲击力或冲击荷载。工程实践中，经常遇到冲击荷载，如气锤锻造、落锤打桩、金属的冲压加工、传动轴的突然制动以及内燃机活塞承受的燃爆压力等。但是，由于冲击物对被冲构件冲击的持续时间很短，冲击物的速度变化发生于一瞬间，因此冲击时间不易直接测定。所以冲击时的应力计算，就不能采用惯性力的计算方法，而是从能量转换的角度，计算冲击时的变形，然后根据变形去求应力。

由于冲击过程中，构件的应力和变形比较复杂，很难精确计算冲击荷载的大小，为简化分析通常作如下假设：①假设冲击物为刚体，即不计冲击物本身变形引起的应变能；冲击物和被冲击物相互作用后一起运动，不发生回弹；②不考虑冲击过程中被冲击物的动能，被冲击构件为弹性变形；③冲击过程中没有其他形式的能量转换，遵循能量守恒定律。

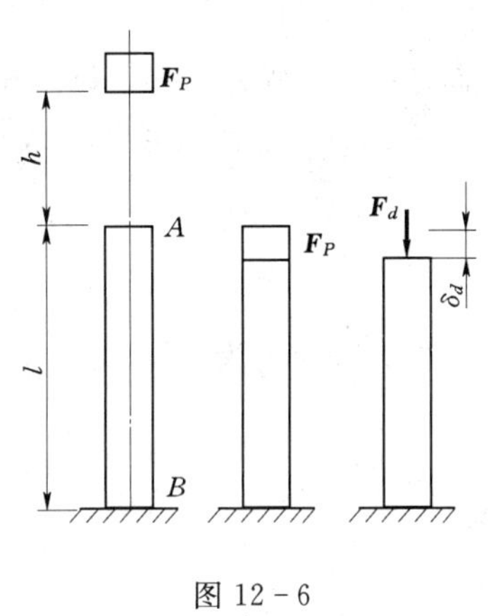

图 12-6

以自由落体冲击为例，如图 12-6 所示。设有一弹性杆 AB 长为 l，横截面面积为 A，弹性模量为 E，受到一个重量为 F_P 的冲击物从高为 h 的地方自由下落时的冲击作用。杆件受到冲击后变形值为 δ_d，它所受的冲击荷载最终值为 F_d。

在冲击过程中，重力所作的功为 $W_d=F_P(h+\delta)$。当杆件材料服从胡克定律时 $\delta_d=\dfrac{F_d l}{EA}$，杆件的变形能为 $V_{\varepsilon d}=\dfrac{1}{2}F_d\delta_d=\dfrac{EA}{2l}\delta_d^2$，因不计其他能量损失，故重力所做的功全部转化为杆件的变形能，即 $W=V_{\varepsilon d}$，得：

$$F_P(h+\delta_d)=\frac{EA}{2l}\delta_d^2$$

经移项整理后得到：

$$\delta_d^2-\frac{EA}{2l}\delta_d-2h\frac{F_P l}{EA}=0 \quad 或 \quad \delta_d^2-2\delta_{st}\delta_d-2h\delta_{st}=0$$

$$\delta_{st}=\frac{F_P l}{EA}$$

式中：δ_{st} 为杆件在静荷载 F_P 作用下的静变形。

从上式解得：

$$\delta_d=\delta_{st}\left[1+\sqrt{1+\frac{2h}{\delta_{st}}}\right] \tag{12.7}$$

令 $K_d=1+\sqrt{1+\dfrac{2h}{\delta_{st}}}$，$K_d$ 成为自由落体冲击时的动荷系数。杆件的冲击应力为：

$$\sigma_d=K_d\sigma_{st} \tag{12.8}$$

当自由落体的高度 $h=0$ 时，即突加荷载时，动荷系数 $K_d=2$。当物体自由落体的高度很大，即 $2h/\delta_{st}$ 远大于 1 时，动荷系数近似地写成：

$$K_d=\sqrt{\frac{2h}{\delta_{st}}} \tag{12.9}$$

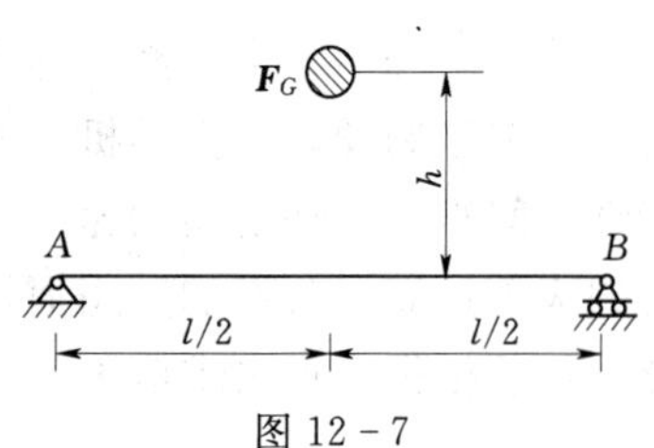

图 12-7

由于冲击应力的大小为相应的静应力的值乘以冲击动荷因数。根据动荷因数的表达式可以看出增大静位移 δ_{st} 可以减小冲击动荷因数，因此工程中经常在杆端架设缓冲弹簧，以减小冲击荷载。

【例 12-3】 如图 12-7 所示，重力为 F_G 的重物在高 h 处自由落下，冲击于梁的跨中。设梁的 E、I 和弯曲截面系数 W_z 皆为已知，试求梁内的最大正应力和梁跨中挠度。

解：如果重物以静载方式作用在梁上时，根据梁的弯曲变形，可以求出梁跨中静位移为：

$$\delta_{st}=\frac{F_G l^3}{48EI}$$

梁内最大静应力为：

$$\sigma_{st}=\frac{F_G l}{4W_z}$$

动荷系数：

$$K_d=1+\sqrt{1+\frac{2h}{\delta_{st}}}=1+\sqrt{1+\frac{96hEI}{F_G l^3}}$$

最大冲击应力：

$$\sigma_d=K_d\sigma_{st}=\frac{F_G l}{4W_z}\left[1+\sqrt{1+\frac{96hEI}{F_G l^3}}\right]$$

跨中最大挠度：

$$\delta_d=K_d\delta_{st}=\frac{F_G l^3}{48EI}\left[1+\sqrt{1+\frac{96hEI}{F_G l^3}}\right]$$

工程上，有时候人们在冲击、锻造、凿岩等时需要利用冲击产生的巨大动荷载，但是在更多的情况下不希望在机器和设备运转时出现冲击荷载。因此需要避免或减小它。

从公式

$$K_d=1+\sqrt{1+\frac{2h}{\delta_{st}}}$$

可以看出，δ_{st} 越大，冲击动荷系数越小，因此可以采用降低杆件刚度或是增加杆长的方法来减缓冲击作用。例如，气缸盖受到冲击作用时，常常使气缸盖上的短螺栓毁坏，若将螺栓加长，即可增大螺栓的静变形，从而减小动荷系数，达到提高螺栓承受冲击荷载的能力。另一种有效增大杆件静荷变形的方法是安装缓冲装置。其主要形式是各种各样的弹簧。钢板弹簧的刚度较小，可以安装在汽车大梁和底盘下以便缓和汽车受到的冲击，起到减震的作用。

由于动应力 σ_d 随着弹性模量 E 的增大而增大，故受冲击的杆件应尽量选用弹性模量较小的材料或在冲击点处垫上弹性模量值较小的材料，如橡胶、软塑料等。

此外，对于承受轴向冲击的杆件，应尽可能做成等截面，以利于提高抗冲能力。

12.3 交变应力及疲劳失效

12.3.1 概述

在一些实例中，某些构件或零件工作时，经常会承受随时间作周期性变化的应力。

如图 12-8（*a*）所示，F 表示齿轮啮合时作用于齿轮上的力。齿轮每旋转一周，齿轮啮合一次。啮合时 F 由零迅速增加到最大值，然后又减小到零。因而，齿根 A 点的弯曲正应力 σ 也由零增加到某一最大值，再减小到零。齿轮不停地旋转，σ 也就不停地重复上述过程。

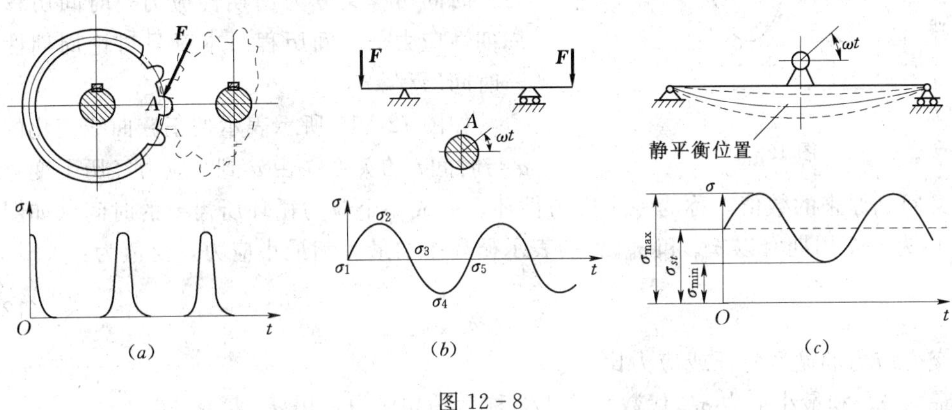

图 12-8

又如图 12-8（*b*）所示火车轮轴上的力 F 表示来自车厢的力，大小和方向基本不变，即弯矩基本不变。但轴以角速度 ω 转动时，横截面上 A 点到中性轴的距离 $y=r\sin\omega t$，却是随时间 t 变化的。A 点的弯曲正应力为可见，σ 是随时间 t 按正弦曲线变化的。

再如图 12-8（*c*）所示因电动机转子偏心惯性力引起强迫振动的梁内危险点应力随时间变化的曲线。σ_{st} 表示电动机重量 F_Q 按静载方式作用于梁上引起的静应力，最大应力 σ_{max} 和最小应力 σ_{min} 分别表示梁在最大和最小位移时的应力。

这种随时间作周期性变化的应力称为交变应力。工程构件，如气锤的锤杆、钢轨及螺圈弹簧等，长期处于交变应力下，在最大工作应力远远低于材料的屈服强度，而且没有明显破坏征兆的情况下会发生骤然的破坏，这种破坏称为疲劳破坏。

实践表明，交变应力引起的失效与静应力作用下全然不同，总的来说有如下特征：

（1）构件内的工作应力远远低于静荷载下材料的极限强度或屈服强度。

（2）破坏前没有明显的塑形变形。

（3）破坏断口表面呈现两个截然不同的区域，光滑区和粗糙区，如图 12-9 所示。

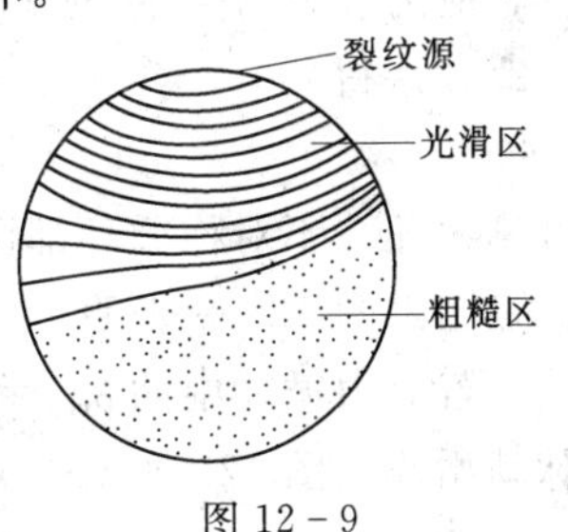

图 12-9

(4) 疲劳破坏的发生需要有一个过程，即需要经过一定数量的应力循环。

飞机、车辆和机器发生的事故中，有很大比例是零部件疲劳失效造成的。这类事故带来的损失和伤亡都是我们熟知的，所以，金属疲劳问题引起越来越多的关注。

12.3.2　交变应力的循环特征、应力幅和平均应力

材料在交变应力下的力学行为与应力变化状况有很大关系，在构件强度设计中必然会涉及应力变化的很多特征。下面就对表征交变应力的一些特征量进行介绍。

应力随时间变化的过程称为应力—时间历程（或称应力谱）。根据数学处理方法的不同，可对应力—时间历程分为确定性和随机性两大类。如果应力与时间有确定的函数关系式，且能用这一关系确定未来任一瞬间的应力，这种应力—时间历程称为确定性应力—时间历程，反之称为随机性应力—时间历程。确定性应力—时间历程又分为周期性应力—时间历程和非周期性应力—时间历程。本章只讨论周期性应力—时间历程。

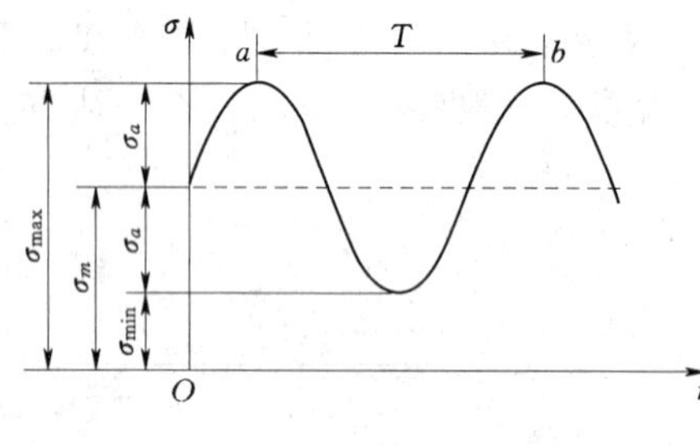

图 12-10

如图 12-10 所示表示按正弦曲线变化的应力 σ 与时间 t 的关系。由 a 到 b 应力经历了变化的全过程又回到原来的数值，称为一个应力循环。完成一个应力循环所需要的时间（如图中的 T），称为一个周期。以 σ_{max} 和 σ_{min} 分别表示循环中的最大和最小应力，比值为：

$$r=\frac{\sigma_{min}}{\sigma_{max}} \tag{12.10}$$

称为交变应力的循环特征或应力比。

最大 σ_{max} 和最小应力 σ_{min} 代数和的 1/2 称为平均应力，用 σ_m 表示，即：

$$\sigma_m=\frac{\sigma_{max}+\sigma_{min}}{2} \tag{12.11}$$

最大 σ_{max} 和最小应力 σ_{min} 代数差的 1/2 称为应力幅，用 σ_a 表示，即：

$$\sigma_a=\frac{\sigma_{max}-\sigma_{min}}{2} \tag{12.12}$$

若交变应力的最大应力 σ_{max} 和最小应力 σ_{min} 大小相等，符号相反，如图 12-8 (b) 中的火车轴就是如此，这种情况称为对称循环。由式 (12.10)、式 (12.11) 和式 (12.12) 得：

$$r=-1,\quad \sigma_m=0,\quad \sigma_a=\sigma_{max}$$

各种应力循环中，除对称循环外，其余情况统称为不对称循环。由式 (12.11) 和式 (12.12) 得：

$$\sigma_{max}=\sigma_m+\sigma_a,\quad \sigma_{min}=\sigma_m-\sigma_a$$

可见，任一不对称循环都可看成是，在平均应力 σ_m 上叠加一个幅度为 σ_a 的对称循环，这一点已由图 12-9 表明。

若应力循环中的 $\sigma_{min}=0$（或 $\sigma_{max}=0$），表示交变应力变动于某一应力与零之间，称为脉动循环。图 12-8 (a) 中齿根 A 点就是这样的。这时有：

$$r=0,\quad \sigma_m=\sigma_a=\sigma_{max}/2$$

或

$$r=-\infty,\quad \sigma_a=\sigma_m=\sigma_{\min}/2$$

静应力也可看作是交变应力的特例，这时应力并无变化，故：

$$r=1,\quad \sigma_{\max}=\sigma_{\min}=\sigma_m$$

12.3.3 疲劳极限与应力—寿命曲线

交变应力下，应力低于屈服极限时金属就可能发生疲劳，因此，静载下测定的屈服极限或强度极限已不能作为强度指标，金属疲劳的强度指标应重新测定。

在对称循环下测定疲劳强度指标，技术上比较简单，最为常见。测定时将金属加工成直径 $d=7\sim10\text{mm}$，表面光滑的试样，每组试样约为 10 根左右。把试样装于如图 12 11 所示的疲劳实验机上，使它承受纯弯曲。在最小直径截面上，最大弯曲应力为：

$$\sigma=\frac{M}{W_z}=\frac{Fa}{W_z}$$

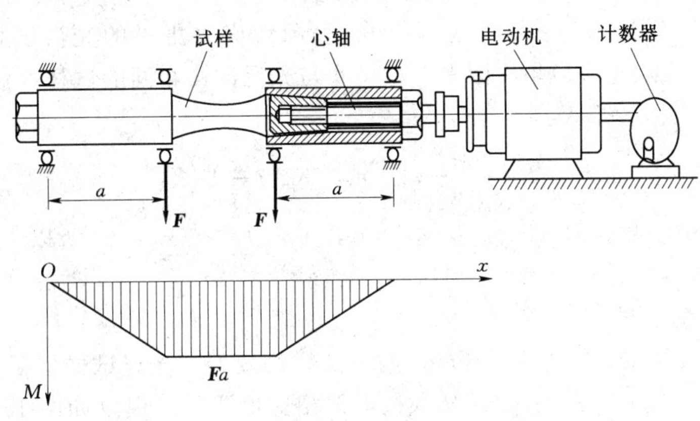

图 12 - 11

保持荷载 $\boldsymbol{F}$ 的大小和方向不变，以电动机带动试样旋转。每旋转一周，截面上的点便经历一次对称应力循环。

试验时，使第一根试样的最大应力 $\sigma_{\max,1}$ 较高，约为强度极限 σ_b 的 70%。经历 N_1 次循环后，试样疲劳。N_1 称为应力为 $\sigma_{\max,1}$ 时的疲劳寿命（简称寿命）。然后，使第二根试样的应力 $\sigma_{\max,2}$ 略低于第一根试样，疲劳时的循环数为 N_2。一般说，随着应力水平的降低，循环次数（寿命）迅速增加。逐步降低应力水平，得出各试样疲劳时的相应寿命。以应力为纵坐标，寿命 N 为横坐标，由试验结果描成的曲线，称为应力—寿命曲线或 S—N 曲线，如图 12 - 12 所示。钢试样的疲劳实验表明，当应力降到某一极限值时，S—N 曲线趋近于水平线。这表明只要应力不超过这一极限值，N 可无限增长，即试样可以经历无限次循环而不发生疲劳。交变应力的这一值称为疲劳极限或持久极限。对称循环的疲劳极限记为 σ_{-1}，下标“-1”表示对称循环的循环特征为 $r=-1$。

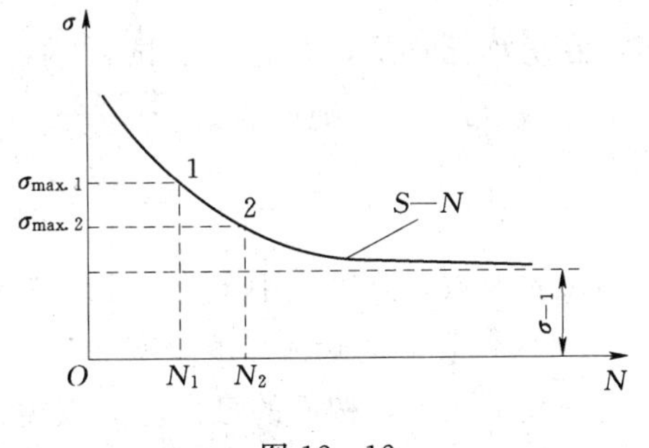

图 12 - 12

常温下的实验结果表明，若钢制试样经历 10^7 次循环仍未疲劳，则再增加循环次数，也不会疲劳。所以，就把在 10^7 次循环下仍未疲劳的最大应力，规定为钢材的疲劳极限，而把 $N_0=10^7$ 称为循环基数。有色金属的 S—N 曲线无明显趋于水平的直线部分。通常规定一个循环基数，例如 $N_0=10^8$，把它对应的最大应力作为这类材料的条件疲劳极限。

12.3.4 影响构件疲劳极限的主要因素

对称循环的疲劳极限 σ_{-1}，一般是常温下用光滑小试样测定的。但实际构件的外形、尺寸、表面质量、工作环境等，都将影响疲劳极限的数值。下面就介绍影响疲劳极限的几种主要因素。

1. 构件外形的影响

在构件或零件截面形状和尺寸突变处，例如构件上有槽、孔、缺口、轴肩等，局部应力远远大于按一般理论公式算得的数值，这种现象称为应力集中。在应力集中的局部区域更易形成疲劳裂纹，使构件的疲劳极限显著降低。

在对称循环下，若以 $(\sigma_{-1})_d$ 或 $(\tau_{-1})_d$ 表示无应力集中的光滑试样的疲劳极限；$(\sigma_{-1})_k$ 或 $(\tau_{-1})_k$ 表示有应力集中因素，且尺寸与光滑试样相同的试样的疲劳极限，则比值为：

$$K_\sigma=\frac{(\sigma_{-1})_d}{(\sigma_{-1})_k} \quad 或 \quad K_\tau=\frac{(\tau_{-1})_d}{(\tau_{-1})_k} \tag{12.13}$$

称为有效应力集中因数。因 $(\sigma_{-1})_d>(\sigma_{-1})_k$，$(\tau_{-1})_d>(\tau_{-1})_k$，所以 K_σ 和 K_τ 都大于 1，可在有关手册中查到。

2. 构件尺寸的影响。

疲劳极限一般是用直径为 7～10mm 的小试样测定的。随着试样横截面尺寸的增大，持久极限却相应地降低。现以如图 12-13 所示两个受扭试样来说明。沿圆截面的半径，切应力是线性分布的，若两者最大切应力相等，显然有 $\alpha_1<\alpha_2$，即沿圆截面半径，大试样应力的衰减比小试样缓慢，因而大试样横截面上的高应力区比小试样的大。即大试样中处于高应力状态的晶粒比小试样的多，所以形成疲劳裂纹的机会也就更多。

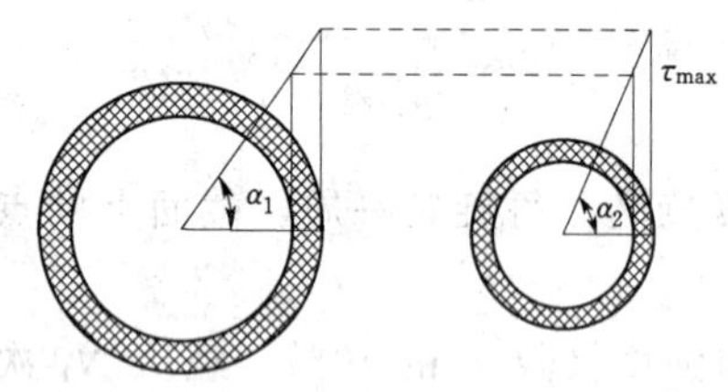

图 12-13

在对称循环下，若光滑小试样的疲劳极限为 σ_{-1} 或 τ_{-1}，光滑大试样的疲劳极限为 $(\sigma_{-1})_d$ 或 $(\tau_{-1})_d$，则比值为：

$$\varepsilon_\sigma=\frac{(\sigma_{-1})_d}{\sigma_{-1}} \quad 或 \quad \varepsilon_\tau=\frac{(\tau_{-1})_d}{\tau_{-1}} \tag{12.14}$$

称为尺寸因数，其数值小于 1，可在有关手册中查到。

3. 构件表面质量的影响

一般情况下，构件的最大应力发生于表层，疲劳裂纹也多于表层生成。表面加工的刀痕、擦伤等将引起应力集中，降低疲劳极限。所以表面加工质量对疲劳极限有明显的影响。若表面磨光的试样的疲劳极限为 $(\sigma_{-1})_d$，而表面为其他加工情况时构件的疲劳极限为 $(\sigma_{-1})_\beta$，则比值为：

$$\beta=\frac{(\sigma_{-1})_\beta}{(\sigma_{-1})_d} \tag{12.15}$$

称为表面质量因数。一方面，表面质量低于磨光试样时，$\beta<1$；高强度钢材随表面质量的降低，β 的下降比较明显，这说明优质钢材更需要高质量的表面加工，才能充分发挥高强度的性能。另一方面，如构件经淬火、渗碳、氮化等热处理或化学处理，使表层得到强化；或者经滚压、喷丸等机械处理，使表层形成预压应力，减弱容易引起裂纹的工作拉应力，这些都会明显提高构件的疲劳极限，得到大于 1 的 β。不同表面粗糙度的 β 可在有关手册中查到。

综合上述三种因素，在对称循环下，构件的疲劳极限应为：

$$\sigma_{-1}^{0}=\frac{\varepsilon_\sigma\beta}{K_\sigma}\sigma_{-1} \tag{12.16}$$

式（12.16）中 σ_{-1} 是光滑小试样的疲劳极限。公式是对正应力写出的，若为扭转可写成为：

$$\tau_{-1}^{0}=\frac{\varepsilon_\tau\beta}{K_\tau}\tau_{-1} \tag{12.17}$$

除上述三种因素外，构件的工作环境，如温度、介质等也会影响疲劳极限的数值。仿照前面的方法，这类因素的影响也可用修正系数来表示，这里不再赘述。

12.3.5 对称循环下构件的疲劳强度计算

对称循环下的疲劳极限 σ_{-1}^{0} 由式（12.16）来计算。将 σ_{-1}^{0} 除以安全因数 n 得许用应力为：

$$[\sigma_{-1}^{0}]=\frac{\sigma_{-1}^{0}}{n} \tag{12.18}$$

构件的强度条件应为：

$$\sigma_{\max}\leqslant[\sigma_{-1}^{0}] \quad 或 \quad \sigma_{\max}\leqslant\frac{\sigma_{-1}^{0}}{n} \tag{12.19}$$

式（12.19）中 $\sigma_{\max}$ 是构件危险点的最大工作应力。

也可把强度条件写成由安全因数表达的形式，即：

$$n_\sigma=\frac{\sigma_{-1}^{0}}{\sigma_{\max}}\geqslant n \tag{12.20}$$

式（12.20）中 n_σ 称为构件的工作安全因数，代表构件工作时的安全储备，等于构件疲劳极限 σ_{-1}^{0} 与最大工作应力 $\sigma_{\max}$ 之比。

将式（12.16）代入式（12.20）便可把工作安全因数 n_σ 和强度条件表示为：

$$n_\sigma=\frac{\sigma_{-1}}{\dfrac{K_\sigma}{\varepsilon_\sigma\beta}\sigma_{\max}}\geqslant n \tag{12.21}$$

若为扭转交变应力，便可把工作安全因数 n_σ 和强度条件表示为：

$$n_\tau=\frac{\sigma_{-1}}{\dfrac{K_\tau}{\varepsilon_\tau\beta}\sigma_{\max}}\geqslant n \tag{12.22}$$

【例 12-4】 某减速器第一轴如图 12-14 所示。键槽为端铣加工，A—A 截面上的弯

矩 $M=860\text{N}\cdot\text{m}$，轴的材料为 A5 钢，$\sigma_b=520\text{MPa}$，$\sigma_{-1}=220\text{MPa}$，由相关手册查得 $K_\sigma=1.65$，$\varepsilon_\sigma=0.84$，$\beta=0.936$。若规定安全因数 $n=1.4$，试校核截面 A—A 的强度。

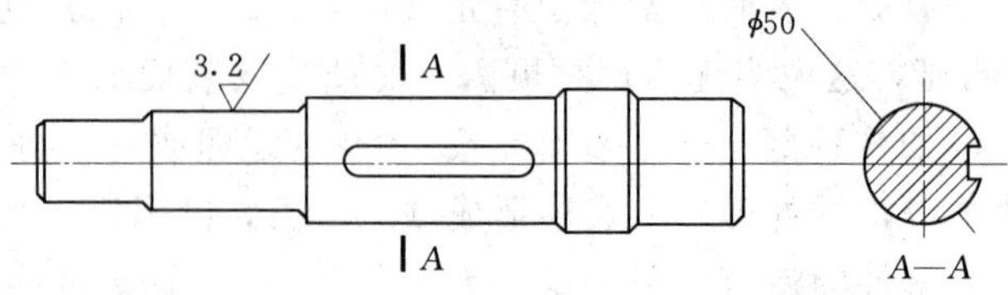

图 12-14

解：计算轴在 A—A 截面上的最大工作应力。若不计键槽对弯曲截面系数的影响，则 A—A 截面的弯曲截面系数为：

$$W_z=\frac{\pi d^3}{32}=\frac{\pi\times50^3}{32}=12.3\times10^3(\text{mm}^3)$$

轴在不变的弯矩 M 作用下旋转，故为弯曲变形下的对称循环。

$$\sigma_{\max}=\frac{M}{W_z}=\frac{860\times10^3}{12.3\times10^{-6}}=70(\text{MPa})$$

$$\sigma_{\min}=-70\text{MPa}$$

$$r=-1$$

把 $\sigma_{\max}=70\text{MPa}$，$K_\sigma=1.65$，$\varepsilon_\sigma=0.84$，$\beta=0.936$ 代入式（12.21），求出 A—A 处的工作安全因数为：

$$n_\sigma=\frac{\sigma_{-1}}{\frac{K_\sigma}{\varepsilon_\sigma\beta}\sigma_{\max}}=\frac{220}{\frac{1.65}{0.84\times0.936}\times70}=1.5$$

规定的安全因数为 $n=1.4$，所以，轴在截面 A—A 处满足强度条件。

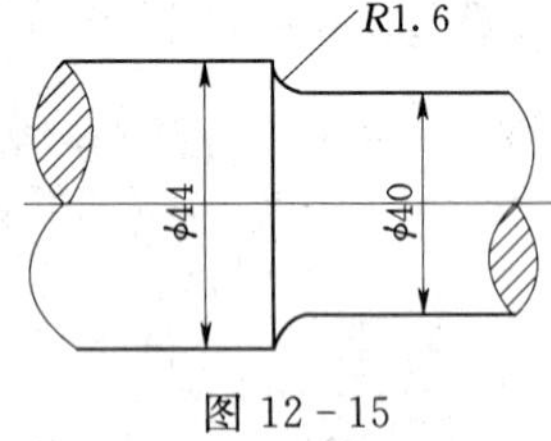

图 12-15

【例 12-5】 如图 12-15 所示为电机轴的一段。此轴表面经车削加工，轴的材料为碳钢，$\sigma_b=600\text{MPa}$，$\sigma_{-1}=250\text{MPa}$，根据受力情况求得轴截面变化处的弯矩 $M=300\text{N}\cdot\text{m}$，由相关手册查得 $K_\sigma=1.66$，$\varepsilon_\sigma=0.88$，$\beta=0.925$。规定安全因数为 $n=2$，试校核截面强度。

解：计算最大工作应力。

$$\sigma_{\max}=\frac{M}{W_z}=\frac{300\times10^3}{0.1\times40^3\times10^{-9}}=46.9(\text{MPa})$$

$$\sigma_{\min}=-46.9\text{MPa}$$

$$r=-1$$

把 $\sigma_{\max}=46.9\text{MPa}$，$K_\sigma=1.66$，$\varepsilon_\sigma=0.88$，$\beta=0.925$ 代入式（12.21），求出工作安全因数为：

$$n_\sigma=\frac{\sigma_{-1}}{\frac{K_\sigma}{\varepsilon_\sigma\beta}\sigma_{\max}}=\frac{250}{\frac{1.66}{0.88\times0.925}\times46.9}=2.6$$

规定的安全因数为 $n=2$，所以，轴在该截面处满足强度条件。

12.3.6　提高构件疲劳强度的措施

疲劳裂纹的形成主要在应力集中的部位和构件表面。提高疲劳强度应从减缓应力集中、提高表面质量等方面入手。

1. 减缓应力集中

为了消除或减缓应力集中，在设计构件的外形时，要避免出现方形或带有尖角的孔和槽。在截面尺寸突然改变处（如阶梯轴的轴肩），要采用半径足够大的过渡圆角。例如以图 12－16（*a*）中过渡圆角半径 r 较大的阶梯轴的应力集中程度就缓和得多。有时因结构上的原因，难以加大过渡圆角的半径，这时在直径较大的部分轴上开减荷槽或退刀槽，都可使应力集中有明显的减弱，分别如图 12－16（*b*）、（*c*）所示。

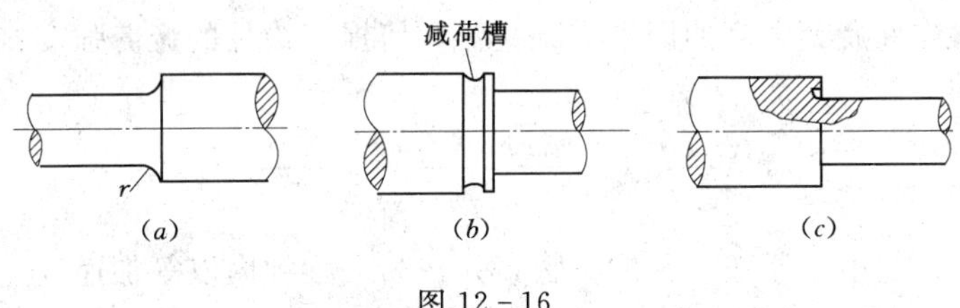

图 12－16

在紧配合的轮毂与轴配合的面边缘处，有明显的应力集中。若在轮毂上开减荷槽，并加粗轴的配合部分，如图 12－17 所示，以减小轮毂与轴之间的刚度差距，便可以改善配合面边缘处应力集中的情况。在角焊缝处，如采用如图 12－18（*a*）所示坡口焊接，应力集中程度要比无坡口焊接改善很多，如图 12－18（*b*）所示。

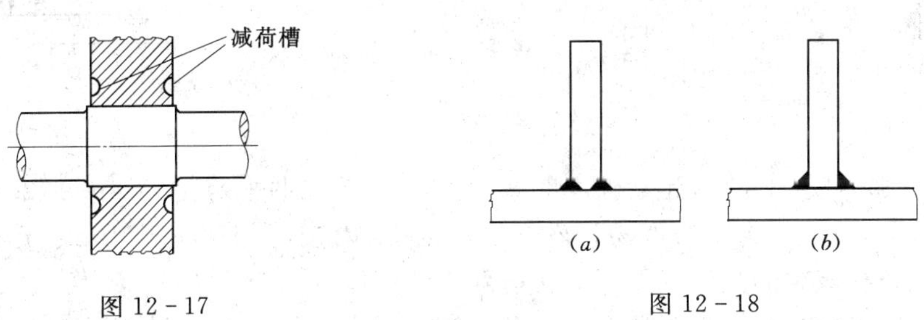

图 12－17　　图 12－18

2. 降低表面粗糙度值

构件表面加工质量对疲劳强度影响很大，疲劳强度要求较高的构件，应有较低的表面粗糙度值。高强度钢对表面粗糙度更为敏感，只有经过精加工，才有利于发挥它的高强度性能。否则将会使疲劳极限大幅度下降，失去采用高强度钢的意义。在使用中也应尽量避免使构件表面受到机械损伤（如划伤、打印等）或化学损伤（如腐蚀、生锈等）。

3. 增加表面强度

为了强化构件的表面，可采用热处理和化学处理，如表面高频淬火、渗碳、氮化等，皆可使构件疲劳强度有显著提高。但采用这些方法时，要严格控制工艺过程，否则将造成微细裂纹，反而降低疲劳极限。也可用机械的方法强化表层，如滚压、喷丸等，以提高疲劳强度。

思　考　题

12－1　什么是动荷载？什么是动应力？它们与静荷载和静应力有何区别和联系？

12－2　疲劳破坏有何特点？它是如何形成的？

12－3　材料的疲劳极限与构件的疲劳极限有何区别？材料的疲劳极限与强度极限有何区别？

12－4　什么是交变应力？常幅交变应力和变幅交变应力作用下，如何进行构件的疲劳强度计算？

12－5　在一竖向冲击问题中、若冲击高度、被冲击物及其支承条件和冲击点均相同，冲击物的重量增加 1 倍时，冲击应力增加多少倍？

12－6　影响构件疲劳强度的因素有哪些？如何提高构件的疲劳强度？

习　题

12－1　用钢锁起吊 $F_P=60\text{kN}$ 的重物，并在第一秒钟内以等加速度上升 2.5m，如习题 12－1 图所示。试求钢索横截面上的轴力 F_{Nd}（不计钢索的质量）。

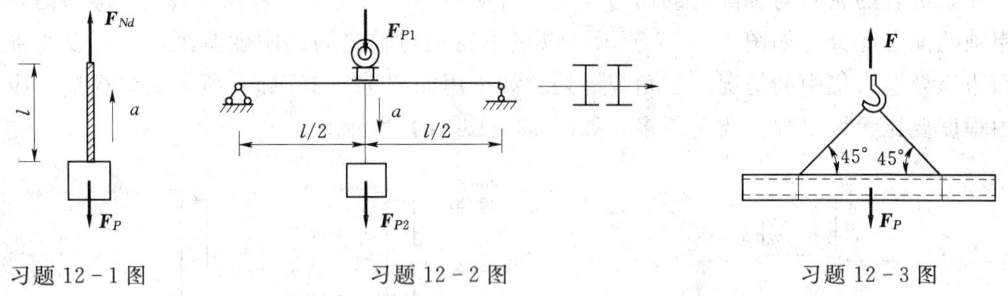

习题 12－1 图　　习题 12－2 图　　习题 12－3 图

12－2　习题 12－2 图示起重机，重 $F_{P1}=5\text{kN}$，装在两根跨度 $l=4\text{m}$ 的 20a 号工字钢上，用钢索起吊 $F_{P2}=5\text{kN}$ 的重物。该重物在前 3s 内按等加速上升 10m。已知 $[\sigma]=170\text{MPa}$，试校核该梁的强度（不计梁和钢索的自重）。

12－3　用绳索起吊钢筋混凝土管如习题 12－3 图所示。如管子的重量 $F_P=10\text{kN}$，绳索的直径 $d=40\text{mm}$，许用应力 $[\sigma]=10\text{MPa}$，试校核突然起吊瞬间时绳索的强度。

12－4　一杆以角速度 ω 绕铅锤轴在水平面内转动。已知杆长为 l，杆的横截面面积为 A，重量为 F_{P1}。设有另一重为 F_P 的重物连接在杆的端点，如习题 12－4 图所示，试求杆的伸长。

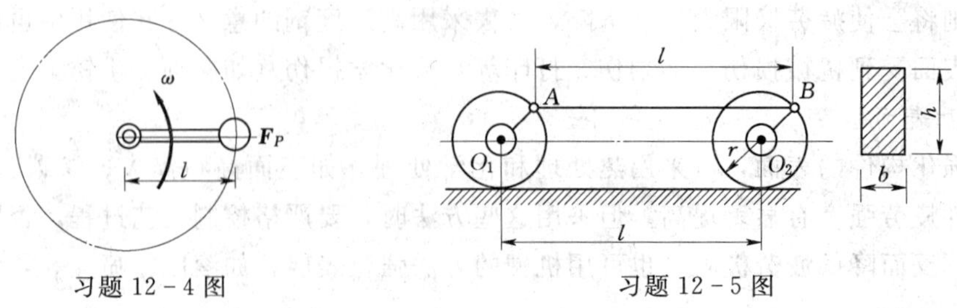

习题 12－4 图　　习题 12－5 图

12-5　习题12-5图所示机车车轮以等转速 n=300r/min 旋转，两轮之间的连杆 AB 的横截面为矩形，h=56m，b=28mm，又 l=2m，r=250mm。连杆材料的密度 ρ=7.75×10^3kg/m^3。试求连杆 AB 横截面上的最大弯矩正应力。

12-6　习题12-6图所示钢轴 AB 和钢质圆杆 CD 的直径均为10mm，在 D 处有一 F_P=10N 的重物。已知钢的密度 ρ=7.95×10^3kg/m^3。若轴 AB 的转速 n=300r/min，习题12-6图中尺寸为mm，试求杆 AB 内的最大正应力。

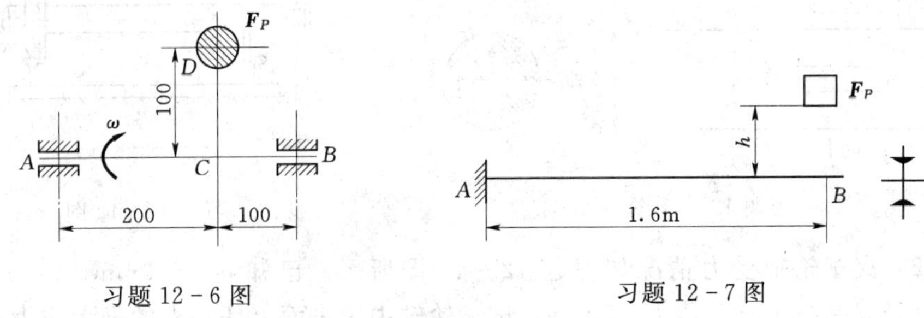

习题12-6图　　　　习题12-7图

12-7　重量为 F_P=5kN 的重物自高度 h=10mm 处自由落下，冲击到20b号工字钢梁上的 B 点处，如习题12-7图所示。已知钢的弹性模量 E=210GPa。试求梁内最大冲击正应力（不计梁的自重）。

12-8　试计算习题12-8图所示各交变应力的应力比和应力幅。

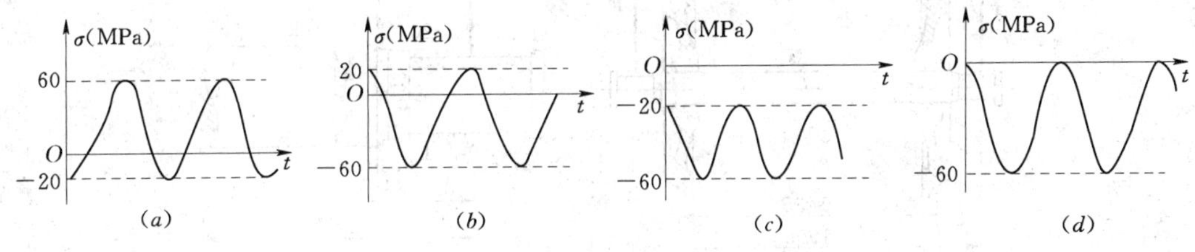

习题12-8图

12-9　习题12-9图所示为直径 d=30mm 的钢圆轴，受轴向拉力 F_1=5kN 和横向力 F_2=0.2kN 的联合作用。当轴以匀角速度 ω 转动时，试绘出跨中截面上 k 点处的正应力随时间变化的曲线，并计算其应力比和应力幅。

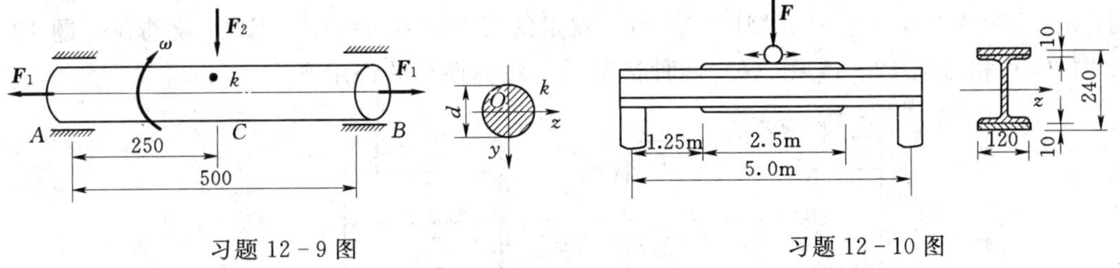

习题12-9图　　　　习题12-10图

12-10　装配车间的吊车梁由22a号工字钢制成，并在其中段焊上两块截面为120mm×10mm，长度为2.5m的加强钢板，如习题12-10图所示。吊车每次起吊50kN的重物，在略去吊车及钢梁的自重时，该吊车梁所承受的交变荷载可简化为 F_{max}=50kN，F_{min}=0。已知焊接段横截面对中性轴 z 的惯性矩 I_z=6574×10^{-8}m^4，焊接段采用手工焊接，属于第 3 类构件。欲使吊车梁能承受 2×10^6 次交变荷载的作用，试校核梁的疲劳强度。

12-11　减速器主动轴如习题 12-11 图所示，轴上键槽为端铣加工，截面 1—1 处直径 $D=50\text{mm}$，该截面弯矩 $M=860\text{N}\cdot\text{m}$。轴的材料为普通碳钢，$\sigma_b=500\text{MPa}$，$\sigma_{-1}=220\text{MPa}$，表面磨削加工，若规定安全系数 $n=1.4$，试校核轴在 1—1 截面处的疲劳强度。

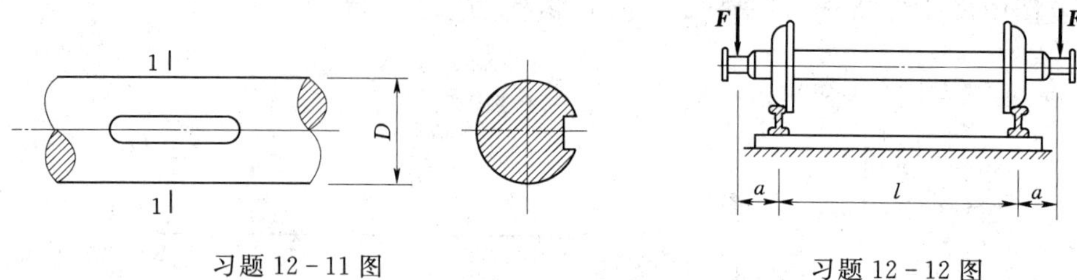

习题 12-11 图　　　　习题 12-12 图

12-12　火车轮轴受力情况如习题 12-12 图所示。已知 $a=500\text{mm}$，$l=1435\text{mm}$，轮轴中段直径 $d=150\text{mm}$。若 $F=50\text{kN}$，试求轮轴中段表面上任一点的最大应力 $\sigma_{\max}$、最小应力 $\sigma_{\min}$、循环特征 r，并作出 σ—t 曲线。

12-13　如习题 12-13 图所示，货车轮轴两端荷载 $F=110\text{ kN}$，材料为车轴钢，$\sigma_b=500\text{MPa}$，$\sigma_{-1}=240\text{MPa}$。规定安全因数 $n=1.5$。试校核Ⅰ—Ⅰ和Ⅱ—Ⅱ截面的强度。

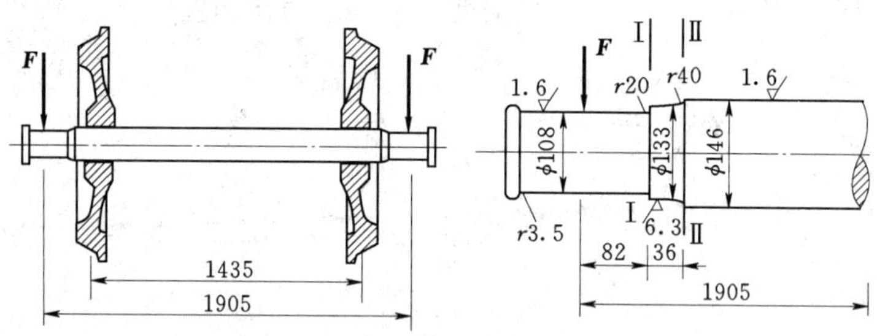

习题 12-13 图

12-14　卷扬机阶梯圆轴的某段需要安装一滚珠轴承，因滚珠轴承内座圈上圆角半径很小，如装配时不用定距环［习题 12-14（a）］，则轴上的圆角半径应为 $r_1=1\text{mm}$，如增加定距环［习题 12-14（b）］，则轴上的圆角半径可增加为 $r_2=1\text{mm}$。已知材料为 Q275 钢，$\sigma_b=520\text{ MPa}$，$\sigma_{-1}=220\text{MPa}$，$\beta=1$。规定的安全因数 $n=1.7$。试比较轴在习题 12-14 图（a）和习题 12-14 图（b）两种情况下，对称循环的许用弯矩［M］。

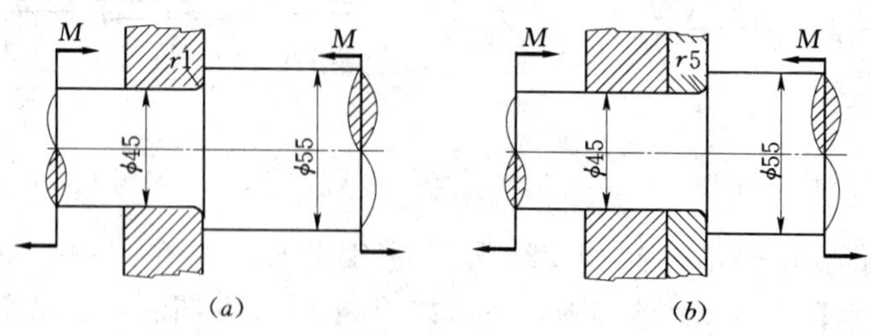

习题 12-14 图

附录Ⅰ 截面的几何性质

构件的承载能力，不仅与构件的材料性能和荷载作用有关，而且还与构件横截面的几何形状和尺寸有关，即构件横截面的几何形状和尺寸也是构件承载能力的一个重要因素。例如，轴向拉压时横截面的面积 A、圆轴扭转时横截面的极惯性矩 I_P、抗扭截面模量 W_p、弯曲变形时的惯性矩 I_z、抗弯截面模量 W_z、形心位置 y_C 和 z_C 等几何量，均反映了横截面几何形状和尺寸对破坏和变形的抵抗能力。我们把这些几何量，统称为截面的几何性质。本章将介绍截面几何性质的基本概念和计算方法。

Ⅰ.1 静矩和形心

如图Ⅰ-1所示的截面代表任意截面，其面积为 A。坐标系 Ozy 为截面所在平面内的坐标系。任意取微面积 $\mathrm{d}A$，其坐标为（y，z），在整个截面面积 A 上积分得：

$$\left.\begin{aligned} S_z &= \int_A y\,\mathrm{d}A \\ S_y &= \int_A z\,\mathrm{d}A \end{aligned}\right\} \qquad (Ⅰ.1)$$

则分别定义为截面对于 z 轴和 y 轴的静矩，也称为面积矩。

由定义可知，截面的静矩是对某一坐标轴而言的，同一截面对于不同的坐标轴，其静矩不同。静矩可能为正，可能为负，也可能为零。静矩的量纲是长度的三次方，常用单位为 m^3 或 mm^3。

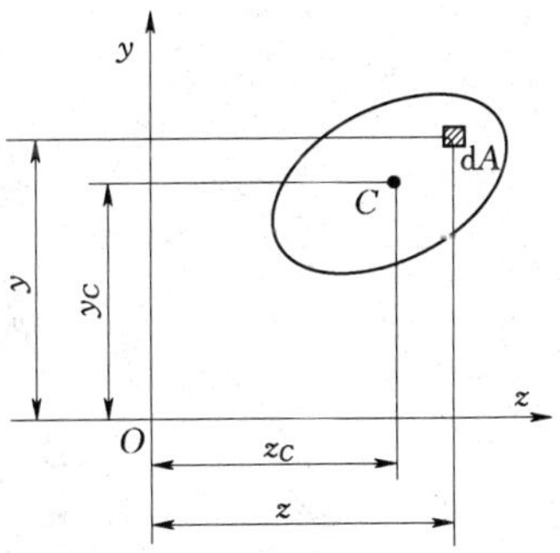

由几何学可知，任何截面只有一个几何中心，我们把截面的几何中心简称为形心。若用 C 表示截面的形心，z_C 和 y_C 表示形心的坐标（如图Ⅰ.1），则有：

图Ⅰ-1

$$\left.\begin{aligned} z_C &= \frac{\int_A z\,\mathrm{d}A}{A} = \frac{S_y}{A} \\ y_C &= \frac{\int_A y\,\mathrm{d}A}{A} = \frac{S_z}{A} \end{aligned}\right\} \qquad (Ⅰ.2)$$

或

$$\left.\begin{aligned} S_y &= z_C A \\ S_z &= y_C A \end{aligned}\right\} \qquad (Ⅰ.3)$$

所以可以通过式（Ⅰ.2）由静矩求形心，也可以通过式（Ⅰ.3）由形心求静矩。

显然，若截面对于某轴的静矩为零（即 $S_z=0$ 或 $S_y=0$），则该轴必然通过截面的形心（即 $y_C=0$ 或 $z_C=0$）；反之，若某轴通过截面的形心，则截面对于该轴的静矩一定为零。由于截面的对称轴通过形心，所以截面对于对称轴的静矩总是等于零。

在实际计算中，对于简单截面，例如矩形、圆形和三角形等，其形心位置可直接判断，面积可直接计算，这时可直接用式（Ⅰ.3）计算静矩。而如果一个截面是由若干个简单截面组合而成时，可根据静矩的定义，先将其分解为若干个简单截面，算出每个简单截面对于某一轴的静矩，然后求其总和，即等于整个截面对于同一轴的静矩，具体公式为：

$$\left.\begin{aligned}S_z&=\sum A_i y_{Ci}\\S_y&=\sum A_i z_{Ci}\end{aligned}\right\}\quad 和\quad \left.\begin{aligned}y_C&=\frac{\sum A_i y_{Ci}}{\sum A_i}\\z_C&=\frac{\sum A_i z_{Ci}}{\sum A_i}\end{aligned}\right\}\qquad (Ⅰ.4)$$

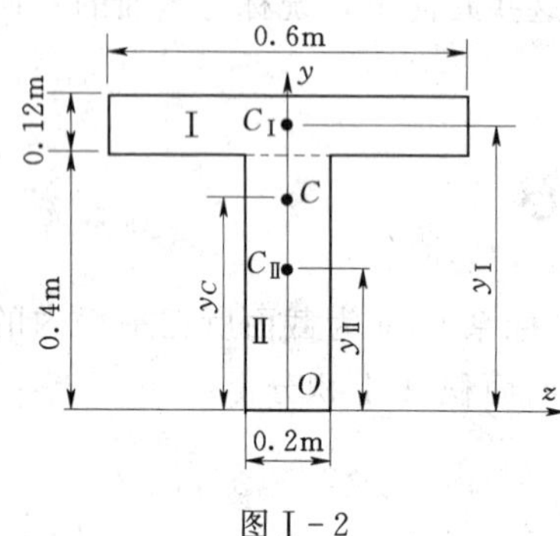

图Ⅰ-2

式中：A_i 和 y_{Ci}、z_{Ci} 分别代表任一简单截面的面积及其形心在 Ozy 坐标系中的坐标。

【例Ⅰ-1】 如图Ⅰ-2所示为对称T形截面，求该截面的形心位置。

解： 建立直角坐标系 Ozy，其中 y 为截面的对称轴。因截面相对于 y 轴对称，其形心一定在该对称轴上，因此 $z_C=0$，只需计算 y_C 值。将截面分成Ⅰ、Ⅱ两个矩形，则有：

$$A_Ⅰ=0.072\text{m}^2, A_Ⅱ=0.08\text{m}^2,$$

$$y_Ⅰ=0.46\text{m}, y_Ⅱ=0.2\text{m}$$

$$y_C=\frac{\sum A_i y_{Ci}}{\sum A_i}=\frac{0.072\times0.46+0.08\times0.2}{0.072+0.08}=0.323(\text{m})$$

Ⅰ.2　惯性矩、惯性积和极惯性矩

任意面积为 A 的截面如图Ⅰ-3所示，在坐标系 Ozy 中的（y，z）处取微面积 $\mathrm{d}A$，对整个截面面积 A 求积分有：

$$\left.\begin{aligned}I_z&=\int_A y^2\,\mathrm{d}A\\I_y&=\int_A z^2\,\mathrm{d}A\end{aligned}\right\}\qquad (Ⅰ.5)$$

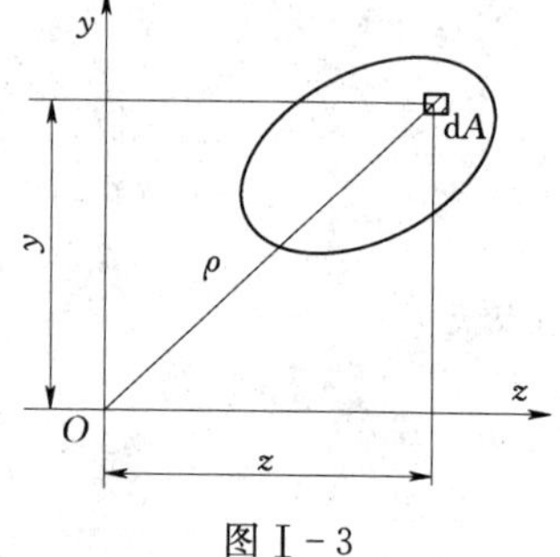

图Ⅰ-3

则分别定义为截面对 z 轴和 y 轴的惯性矩。

由定义可知，截面的惯性矩也是对某一坐标轴而言的。同一截面对于不同坐标轴的惯性矩是不同的。由于 y^2 和 z^2 总是正的，所以 I_z 和 I_y 总是正值。惯性矩的量纲是长度的四次方，常用单位为 m^4 或 mm^4。

另外，惯性矩的大小不仅与截面面积有关，而且与截面面积相对于坐标轴的分布有关。面积离坐标轴越远，惯性矩越大；反之，面积离坐标轴越近，惯性矩越小。

在工程中，为了便于计算，常将惯性矩 I_z 和 I_y 表示为截面面积 A 与某一长度平方的乘积，即：

$$I_z = i_z^2 A,\quad I_y = i_y^2 \quad 或 \quad i_z = \sqrt{\frac{I_z}{A}},\quad i_y = \sqrt{\frac{I_z}{A}} \tag{Ⅰ.6}$$

通常把 i_z 和 i_y 分别称为截面对 z 轴和 y 轴的惯性半径（或回转半径）。惯性半径为正值，它的大小反映了截面面积对于坐标轴的聚焦程度。惯性半径的量纲是长度，常用单位为 m 或 mm。

在图Ⅰ-3 中，对整个截面面积 A 求以下积分为：

$$I_{yz} = \int_A yz\,\mathrm{d}A \tag{Ⅰ.7}$$

定义为截面对 y、z 轴的惯性积。

惯性积也是对一定的轴而言的，同一截面对于不同坐标轴的惯性积是不同的。惯性积的数值可以为正，可以为负，也可以等于零。惯性积的量纲是长度的四次方，常用单位为 m^4 或 mm^4。

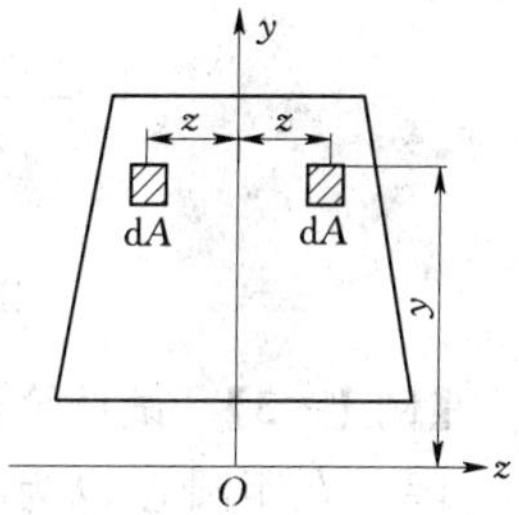

图Ⅰ-4

在图Ⅰ-3 中，设微面积到坐标原点 O 的距离为 ρ，定义 $\rho^2\mathrm{d}A$ 为该微面积 $\mathrm{d}A$ 对 O 点的极惯性矩，在整个截面面积 A 上求积分为：

$$I_p = \int_A \rho^2\,\mathrm{d}A = 0 \tag{Ⅰ.8}$$

称为截面对坐标原点 O 的极惯性矩。

由定义可知，极惯性矩是对一定的点而言的，同一截面对于不同的点一般有不同的极惯性矩。极惯性矩恒为正值，它的量纲为长度的四次方，常用单位为 m^4 或 mm^4。

由图Ⅰ-3 可见，微面积 $\mathrm{d}A$ 到坐标原点 O 的距离 ρ 和它到两个坐标轴的距离 y、z 有 $\rho^2 = z^2 + y^2$ 关系，则有：

$$I_\rho = \int_A \rho^2\,\mathrm{d}A = \int_A z^2\,\mathrm{d}A + \int_A y^2\,\mathrm{d}A = I_y + I_z \tag{Ⅰ.9}$$

式（Ⅰ.9）说明，截面对于原点 O 的极惯性矩等于它对两个直角坐标轴的惯性矩之和。

另外，若截面在所取的坐标系中，有一个轴是截面的对称轴，则截面对于这对轴的惯性积必然为零。如图Ⅰ-4 所示，图中 z 轴是截面的对称轴，如果在 z 轴左右两侧的对称位置处，各取一微面积 $\mathrm{d}A$，两者的 z 坐标相同，而 y 坐标数值相等但符号相反。这时，两微面积对于 y、z 轴的惯性积数值相等，符号相反，在积分中相互抵消，将此推广到整个截面，则有：

$$I_{yz} = \int_A yz\,\mathrm{d}A = 0$$

【例Ⅰ-2】　试计算如图Ⅰ-5 所示，高为 h，宽为 b 的矩形截面对于其对称轴 y 和 z 的惯性矩及对 y、z 两轴的惯性积。

解：先求对 z 轴的惯性矩。

取平行于 z 轴的狭长微面积 $\mathrm{d}A=b\mathrm{d}y$，则有：

$$I_z=\int_A y^2\mathrm{d}A=\int_{-\frac{h}{2}}^{\frac{h}{2}} y^2 b\mathrm{d}z=\frac{bh^3}{12}$$

同理有：

$$I_z=\frac{b^3h}{12}$$

因为 y、z 轴是对称轴，所以 $I_{yz}=0$。

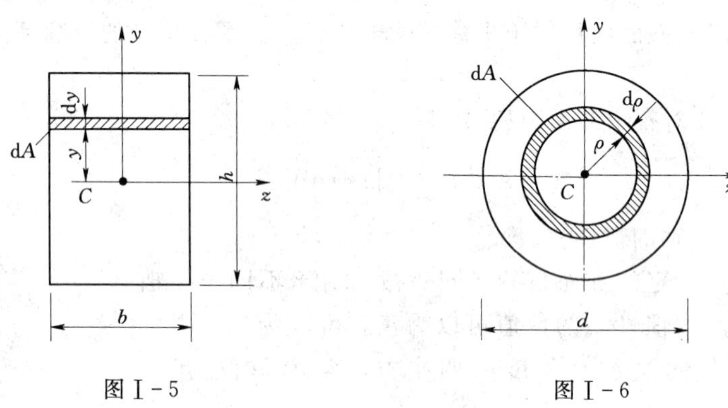

图Ⅰ-5　　图Ⅰ-6

【例Ⅰ-3】 试计算如图Ⅰ-6所示圆形对其圆心的极惯性矩和对其形心轴的惯性矩。

解：在距圆心 O 为 ρ 处取宽度为 $\mathrm{d}\rho$ 的圆环形微面积 $\mathrm{d}A$，则：

$$\mathrm{d}A=2\pi\rho\mathrm{d}\rho$$

截面对其圆心的极惯性矩为：

$$I_\rho=\int_A\rho^2\mathrm{d}A=\int_0^{\frac{d}{2}}2\pi\rho^3\mathrm{d}\rho=\frac{\pi d^4}{32}$$

由圆的对称性可知 $I_z=I_y$，根据式（Ⅰ-9）可得：

$$I_z=I_y=\frac{\pi d^4}{64}$$

Ⅰ.3 惯性矩和惯性积的平行移轴公式

同一截面对于不同坐标轴的惯性矩和惯性积虽然各不相同，但当其中一对坐标轴是截面的形心轴时，它们之间都存在着一定的关系。这些关系可以使计算简化，有助于应用简单截面的结果来计算组合截面的惯性矩和惯性积，有助于计算截面对于某些特殊轴的惯性矩和惯性积。

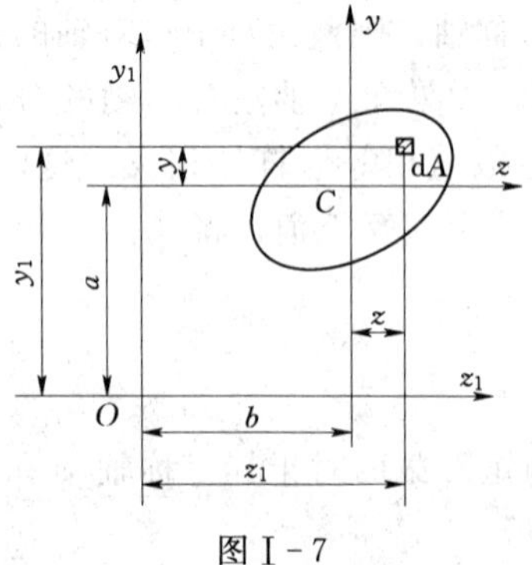

图Ⅰ-7

如图Ⅰ-7所示为任意截面，z、y 为通过截面形心的一对正交轴，z_1、y_1 为与 z、y 平行的坐标轴，截面形心 C 在坐标系 Oz_1y_1 中的坐标为 $(b,\ a)$，已知截面对 z、y 轴惯性矩和惯性积为 I_z、I_y、I_{yz}，下面求截面对 z_1、y_1 轴惯性矩和惯性积 I_{z1}、I_{y1}、I_{y1z1}。

根据

$$\begin{cases} I_y = \int_A z^2 \mathrm{d}A \\ I_z = \int_A y^2 \mathrm{d}A \\ I_{yz} = \int_A yz \mathrm{d}A \end{cases} \quad 和 \quad \begin{cases} y_1 = y + a \\ z_1 = z + b \end{cases}$$

截面对 y 轴的惯性矩为：

$$\begin{aligned} I_{y1} &= \int_A z_1^2 \mathrm{d}A = \int_A (z+b)^2 \mathrm{d}A = \int_A (z^2 + 2bz + b^2) \mathrm{d}A \\ &= \int_A z^2 \mathrm{d}A + 2b\int_A z \mathrm{d}A + b^2 \int_A \mathrm{d}A \end{aligned}$$

由于截面对于形心轴的静矩恒等于零，即 $\int_A z\mathrm{d}A = 0$，故有：

$$I_{y1} = I_y + b^2 A$$

同理可得：$I_{z1} = I_z + a^2 A$ 和 $I_{y1z1} = I_{yz} + abA$，则有：

$$\left.\begin{aligned} I_{y1} &= I_y + b^2 A \\ I_{z1} &= I_z + a^2 A \\ I_{y1z1} &= I_{yz} + abA \end{aligned}\right\} \tag{Ⅰ.10}$$

式（Ⅰ.10）惯性矩和惯性积的平行移轴公式。该式表明：

（1）截面对于任一轴的惯性矩，等于截面对于与该轴平行的形心轴的惯性矩加上截面的面积与两轴距离平方的乘积。

（2）截面对于任意两轴的惯性积，等于截面对于与该两轴平行的形心轴的惯性积加上截面的面积与两对平行轴间距离的乘积。

3）截面对一组平行轴的惯性矩中，以对形心轴的惯性矩为最小。另外，公式中的 a 和 b 是形心 C 在 Oz_1y_1 坐标系中的坐标，可为正，也可为负；公式中 I_y、I_z 和 I_{yz} 为截面对形心轴的惯性矩和惯性积，即 z、y 轴必须通过截面的形心。

Ⅰ.4 惯性矩和惯性积的转轴公式

转轴公式是研究坐标轴绕原点转动时，截面对不同位置坐标轴的惯性矩和惯性积的变化规律。

如图Ⅰ-8所示为任意截面，z、y 为过任一点 O 的一对正交轴，截面对 z、y 轴惯性矩 I_z、I_y 和惯性积 I_{yz} 已知。现将 z、y 轴绕 O 点旋转 α 角（以逆时针方向为正）得到另一对正交轴 z_1、y_1 轴，下面求截面对 z_1、y_1 轴惯性矩和惯性积 I_{z1}、I_{y1}、I_{y1z1}。

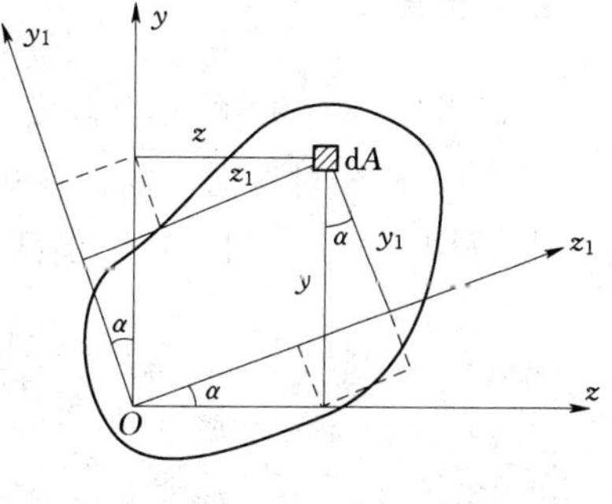

图Ⅰ-8

从图Ⅰ-8中任取微面积 $\mathrm{d}A$，其在两个坐标系中的坐标（y_1，z_1）和（y，z）之间有如下变换关系：

$$y_1 = y\cos\alpha + z\sin\alpha, \quad z_1 = z\cos\alpha - y\sin\alpha$$

于是有：

$$I_{y1}=\int_A z_1^2\mathrm{d}A=\int_A(z\cos\alpha-y\sin\alpha)^2\mathrm{d}A$$

$$I_{z1}=\int_A y_1^2\mathrm{d}A=\int_A(y\cos\alpha+z\sin\alpha)^2\mathrm{d}A$$

$$I_{y1z1}=\int_A z_1y_1\mathrm{d}A=\int_A(z\cos\alpha-y\sin\alpha)(y\cos\alpha+z\sin\alpha)\mathrm{d}A$$

将积分记号内各项展开，将 $\cos^2\alpha=\dfrac{1+\cos2\alpha}{2}$，$\sin^2\alpha=\dfrac{1-\cos2\alpha}{2}$代入，得：

$$\left.\begin{aligned}I_{y1}&=\frac{1}{2}(I_y+I_z)+\frac{1}{2}(I_y-I_z)\cos2\alpha-I_{yz}\sin2\alpha\\I_{z1}&=\frac{1}{2}(I_y+I_z)-\frac{1}{2}(I_y-I_z)\cos2\alpha+I_{yz}\sin2\alpha\\I_{y1z_1}&=\frac{1}{2}(I_y-I_z)\sin2\alpha+I_{yz}\cos2\alpha\end{aligned}\right\}\tag{Ⅰ-11}$$

式（Ⅰ-11）即为转轴时惯性矩与惯性积之间的关系。显然，惯性矩和惯性积都是 α 角的函数，反映了惯性矩和惯性积随 α 角变化的规律。

若将式（Ⅰ-11）中的前两式相加，可得：

$$I_{y1}+I_{z1}=I_y+I_z$$

这说明截面对于通过同一点的任意一对相互垂直轴的两惯性矩之和为一常数。

Ⅰ.5 主惯性轴、主惯性矩和形心主轴、形心主矩

由式（Ⅰ-11）反映了截面对某一坐标系两轴的惯性矩和惯性积随着 α 的变化而发生周期性的变化规律。若将式（Ⅰ-11）对 α 求一阶导数，于是有：

$$\left.\frac{\mathrm{d}I_{y1}}{\mathrm{d}\alpha}\right|_{\alpha=\alpha_0}=0$$

即

$$-2\left[\frac{1}{2}(I_y-I_z)\sin2\alpha_0+I_{yz}\cos2\alpha_0\right]=0$$

由此得出：

$$\tan2\alpha_0=-\frac{2I_{yz}}{I_y-I_z}\tag{Ⅰ-12}$$

可以得出相差90°的两个角度 α_0 和 $\alpha_0+90°$，从而可确定出相互垂直的一对坐标轴 y_0 轴和 z_0 轴。截面对这对轴的惯性矩一个取得最大值 I_{max}，另一个取得最小值 I_{min}，将 α_0 和 $\alpha_0+90°$分别代入式（Ⅰ-11）前两式，经简化得惯性矩极值的计算公式为：

$$\left.\begin{aligned}I_{y0}=I_{max}&=\frac{1}{2}(I_y+I_z)+\sqrt{\left(\frac{I_y-I_z}{2}\right)^2+(I_{yz})^2}\\I_{z0}=I_{min}&=\frac{1}{2}(I_y+I_x)-\sqrt{\left(\frac{I_y-I_z}{2}\right)^2+(I_{yz})^2}\end{aligned}\right\}\tag{Ⅰ-13}$$

将 α_0 和 $\alpha_0+90°$ 代入式（Ⅰ-11）第三式，可得惯性矩 $I_{y0z0}=0$。截面对于某一对坐标轴 y_0 和 z_0 取得极值的同时，截面对该坐标轴的惯性积为零。通常把惯性积为零的这对轴定义为主惯性轴，简称主轴。截面对主惯性轴的惯性矩称为主惯性矩，主惯性矩的值是截面对通过同一点的所有坐标轴的惯性矩的极值。

需要指出的是对于任意一点都有主轴，如果主惯性轴通过形心，则该轴称为形心主惯性轴，简称形心主轴，而相应的惯性矩称为形心主惯性矩，简称形心主矩。

当截面有一根对称轴时，对称轴及与之垂直的任意轴即为过二者交点的主轴。由于截面对于对称轴的惯性积等于零，而对称轴又过形心，所以截面的对称轴就是形心主惯性轴。

综上所述，形心主惯性轴是通过形心且由 α_0 角定向的一对互相垂直的坐标轴，而形心主惯性矩则是截面对通过形心的所有坐标轴的惯性矩的极值。

对于一般没有对称轴的截面，为了确定形心主轴的位置和计算形心主惯性矩的数值，就必须先确定截面形心，并且计算出截面对某一对互相垂直的形心轴的惯性矩和惯性积，然后应用式（Ⅰ-12）和式（Ⅰ-13）来进行计算。

由于工程中最有意义的是形心、形心主轴与形心主矩，而且工程最常用的截面中至少有一根对称轴，所以下面在上述的基本概念和基本原理的基础上，主要介绍至少有一根对称轴的截面的形心、形心主轴与形心主矩的计算方法。

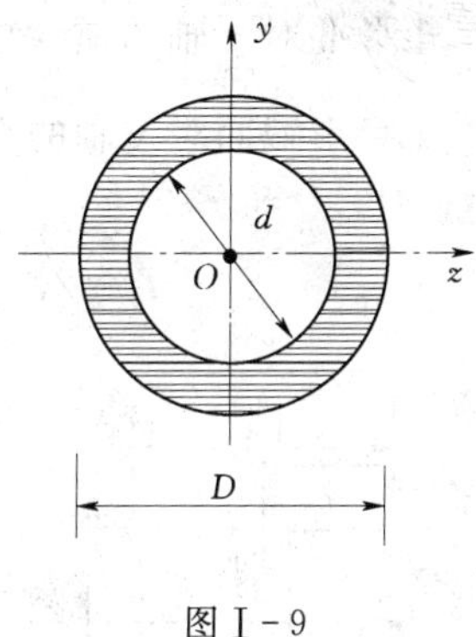

图Ⅰ-9

【例Ⅰ-4】 求如图Ⅰ-9所示的空心圆对 y、z 轴的形心主矩和对 O 点的极惯性矩。

解：可以把图Ⅰ-9所示的空心圆，看作是直径为 D 的实心圆减去直径为 d 的圆，使用例Ⅰ-3所得结果，即可求得：

$$I_y=I_z=\frac{\pi D^4}{64}-\frac{\pi d^4}{64}=\frac{\pi}{64}(D^4-d^4)$$

$$I_\rho=\frac{\pi D^4}{32}-\frac{\pi d^4}{32}=\frac{\pi}{32}(D^4-d^4)$$

【例Ⅰ-5】 试求如图Ⅰ-10（a）所示工字形截面对其形心轴 y、z 轴的惯性矩。

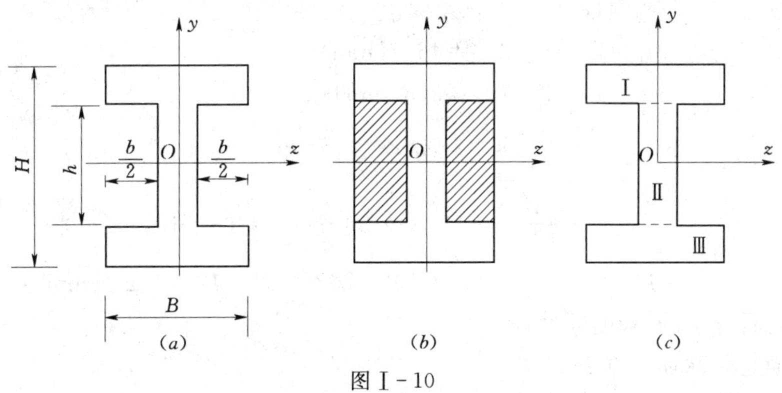

图Ⅰ-10

解：(1) 求截面对 z 轴的惯性矩。

对于图示工字形截面，可看成是由图Ⅰ-10 (b) 中面积为 BH 的大矩形，减去两个面积为$\frac{1}{2}bh$ 的小矩形［图Ⅰ-10 (b) 中画有阴影部分］而得到的。故工字形截面对 z 轴的惯性矩应是大矩形对 z 轴的惯性矩与小矩形对 z 轴的惯性矩之差，即：

$$I_z=\frac{1}{12}BH^3-\frac{1}{12}\times2\times\frac{1}{2}bh^3=\frac{1}{12}(bH^3-bh^3)$$

(2) 求截面对 y 轴的惯性矩。

图示工字形截面，也可看成是由图Ⅰ-10 (c) 所示的Ⅰ、Ⅱ、Ⅲ三个矩形组成。

矩形Ⅰ，Ⅲ对 y 轴的惯性矩均为： $\dfrac{\frac{1}{2}(H-h)B^3}{12}$

矩形Ⅱ对 y 轴的惯性矩为： $\dfrac{h(B-b)^3}{12}$

工字形截面对 y 轴的惯性矩等于此三个矩形对 y 轴的惯性矩之和，即：

$$I_y=2\times\frac{\frac{H-h}{2}B^3}{12}+\frac{h(B-b)^3}{12}=\frac{(H-h)B^3+h(B-b)^3}{12}$$

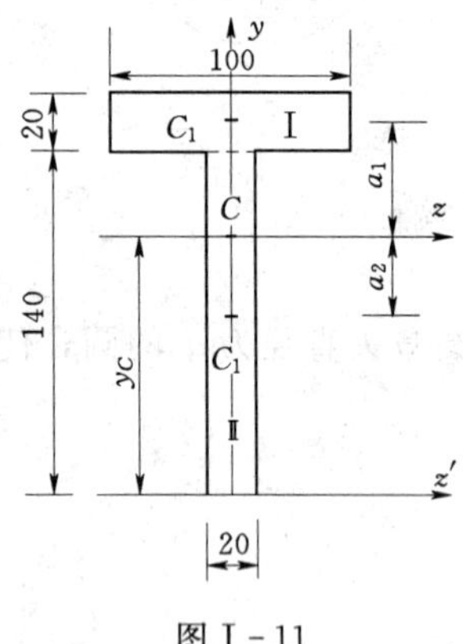

图Ⅰ-11

【例Ⅰ-6】 试求如图Ⅰ-11 所示工字形截面对其形心轴 y、z 轴的惯性矩和惯性积。

解：将截面看成是两个矩形Ⅰ、Ⅱ的组合，取其对称轴为 y 轴，其与另一垂直轴 z'轴组成参考坐标系。

(1) 确定形心的位置。

$$z_C=0,\quad y_C=\frac{A_1y_1+A_2y_2}{A_1+A_2}$$

$$=\frac{100\times20\times150+20\times140\times70}{100\times20+20\times140}=103.3(\text{mm})$$

(2) 求截面对 y 轴的惯性矩。

$$I_z=I_{z1}+I_{z2}=\frac{20\times100^3}{12}=\frac{140\times20^3}{12}=176\times10^4(\text{mm}^4)$$

(3) 求截面对 z 轴的惯性矩。

$$a_1=150-103.3=46.7(\text{mm})$$

$$a_2=103.3-70=33.3(\text{mm})$$

$$I_{y1}=\frac{100\times20^3}{12}+46.7^2\times100\times20=443\times10^4(\text{mm}^4)$$

$$I_{y2}=\frac{20\times140^3}{12}+33.3^2\times20\times140=768\times10^4(\text{mm}^4)$$

$$I_y=I_{y1}+I_{y2}=443\times10^4+768\times10^4=1211\times10^4(\text{mm}^4)$$

(4) 求截面对 y、z 轴的惯性积。

因为 y 轴是对称轴，故 $I_{yz}=0$

思　考　题

Ⅰ-1　什么是静矩？静矩和形心有何关系？静矩为零的条件是什么？

Ⅰ-2　如何确定组合截面形心的位置？

Ⅰ-3　试述截面的惯性矩、惯性积和极惯性矩的定义，各有什么特点？

Ⅰ-4　惯性矩的平行移轴公式是什么？有什么用处？应用它有什么条件？

Ⅰ-5　为什么说各平行轴中以形心轴的惯性矩为最小？

Ⅰ-6　如何计算矩形、圆形与三角形截面的惯性矩？

Ⅰ-7　何谓形心主惯性轴、形心主惯性矩？形心主惯性矩有何特点？

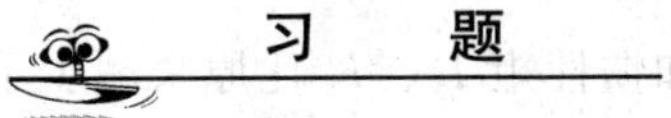

习　题

Ⅰ-1　试分别计算习题Ⅰ-1图示矩形对 y、z 轴的静矩。

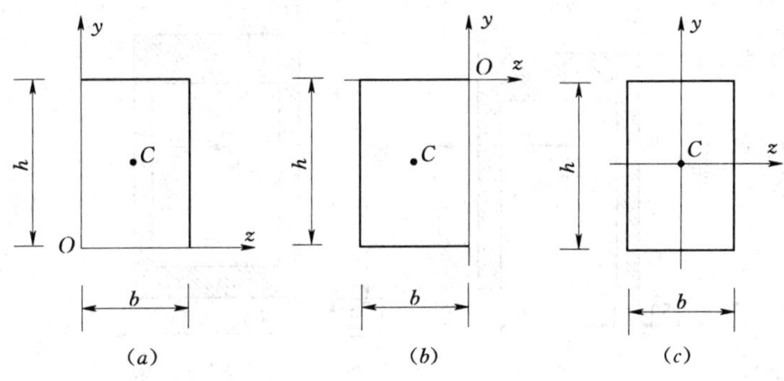

习题Ⅰ-1图

Ⅰ-2　求习题Ⅰ-2图示截面的形心坐标，图中单位为 mm。

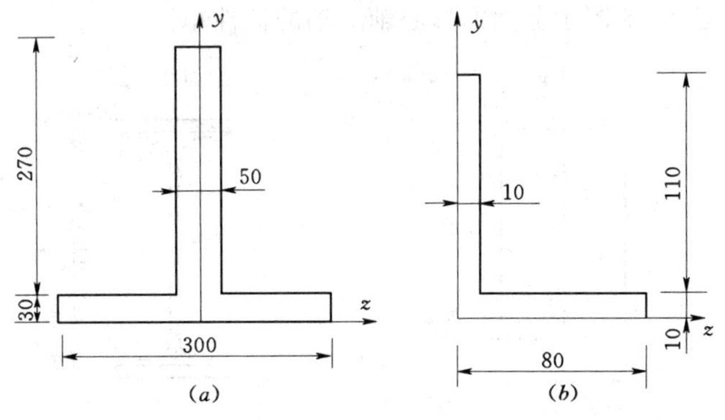

习题Ⅰ-2图

Ⅰ-3　试计算习题Ⅰ-3图示截面对水平形心轴 z 的惯性矩。

Ⅰ-4　求习题Ⅰ-4图示截面对 y 轴和 z 轴的惯性矩。

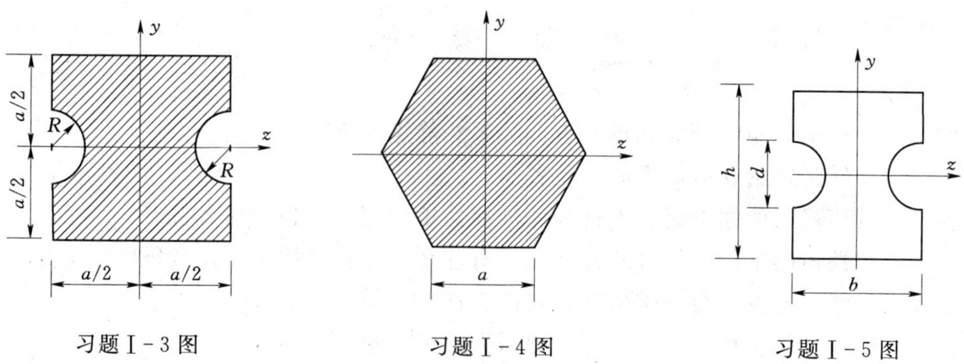

习题Ⅰ-3图　　习题Ⅰ-4图　　习题Ⅰ-5图

Ⅰ-5　习题Ⅰ-5图示矩形 $b=\dfrac{2}{3}h$，在左右两侧切去两个半圆形$\left(d=\dfrac{h}{2}\right)$，试求切去部分的面积与原面积的百分比和惯性矩 I_y、I_z 比原来减少了百分之几？

Ⅰ-6　如习题Ⅰ-6所示求截面对形心轴 z 轴的惯性矩。

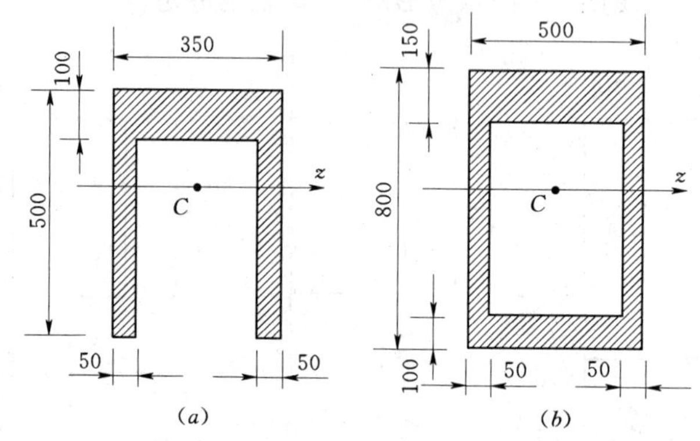

习题Ⅰ-6图

Ⅰ-7　已知习题Ⅰ-7图示矩形截面的 I_{z1} 及 b、h，试求 I_{z2}。

Ⅰ-8　试求习题Ⅰ-8图示截面的形心轴 z 轴的惯性矩。

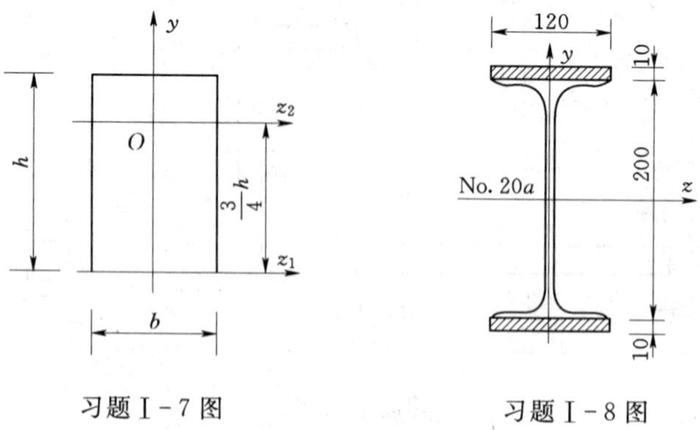

习题Ⅰ-7图　　习题Ⅰ-8图

附录Ⅱ 型钢规格表

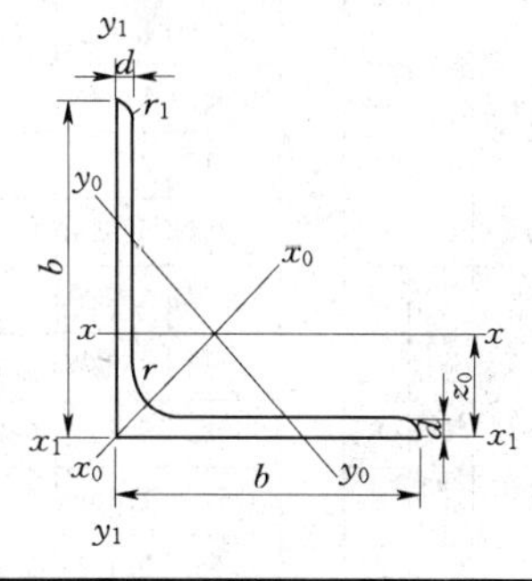

表Ⅱ.1 **热轧等边角钢（GB 9787—1988）**

符号意义：

b—边宽度； I—惯性矩；

d—边厚度； i—惯性半径；

r—内圆弧半径； w—截面系数；

r_1—边端内圆弧半径； z_0—重心距离。

角钢号数	尺寸(mm)			截面面积	理论重量	外表面积	参考数值										
							$x-x$			x_0-x_0			y_0-x_0			x_1-x_1	z_0 (cm)
	b	d	r	(cm²)	(kg/m)	(m²/m)	I_x (cm⁴)	i_x (cm)	w_x (cm³)	I_{x_0} (cm⁴)	i_{x_0} (cm)	w_{x_0} (cm³)	I_{y_0} (cm⁴)	i_{y_0} (cm)	w_{y_0} (cm³)	I_{x_1} (cm⁴)	
2	20	3	3.5	1.132	0.889	0.078	0.40	0.59	0.29	0.63	0.75	0.45	0.17	0.39	0.20	0.81	0.60
		4		1.459	1.145	0.077	0.50	0.58	0.36	0.78	0.73	0.55	0.22	0.38	0.24	1.09	0.64
2.5	25	3		1.432	1.124	0.098	0.82	0.76	0.46	1.29	0.95	0.73	0.34	0.49	0.33	1.57	0.73
		4		1.859	1.459	0.097	1.03	0.74	0.59	1.62	0.93	0.92	0.43	0.48	0.40	2.11	0.76
3.0	30	3	4.5	1.749	1.373	0.117	1.46	0.91	0.68	2.31	1.15	1.09	0.61	0.59	0.51	2.71	0.85
		4		2.276	1.786	0.117	1.84	0.90	0.87	2.92	1.13	1.37	0.77	0.58	0.62	3.63	0.89
3.6	36	3		2.109	1.656	0.141	2.58	1.11	0.99	4.09	1.39	1.61	1.07	0.71	0.76	4.68	1.00
		4		2.756	2.163	0.141	3.29	1.09	1.28	5.22	1.38	2.05	1.37	0.70	0.93	6.25	1.04
		5		3.382	2.654	0.141	3.95	1.08	1.56	6.24	1.36	2.45	1.65	0.70	1.09	7.84	1.07
4.0	30	3		2.359	1.852	0.157	3.58	1.23	1.23	5.69	1.55	2.01	1.49	0.79	0.96	6.41	1.09
		4		3.086	2.422	0.157	4.60	1.22	1.60	7.29	1.54	2.58	1.91	0.79	1.19	8.56	1.13
		5		3.791	2.976	0.156	5.53	1.21	1.96	8.76	1.52	3.01	2.30	0.78	1.39	10.74	1.17
4.5	45	3	5	2.659	2.088	0.177	5.17	1.40	1.58	8.20	1.76	2.58	2.14	0.89	1.24	9.12	1.22
		4		3.486	2.736	0.177	6.65	1.38	2.05	10.56	1.74	3.32	2.75	0.89	1.54	12.18	1.26
		5		4.292	3.369	0.176	8.04	1.37	2.51	12.74	1.72	4.00	3.33	0.88	1.81	15.25	1.30
		6		5.076	3.985	0.176	9.33	1.36	2.95	14.76	1.70	4.64	3.89	0.88	2.06	18.36	1.33
5	50	3	5.5	2.971	2.332	0.197	7.18	1.55	1.96	11.37	1.96	3.22	2.98	1.00	1.57	12.50	1.34
		4		3.897	3.059	0.197	9.26	1.54	2.56	14.70	1.94	4.16	3.82	0.99	1.96	16.69	1.38
		5		4.803	3.770	0.196	11.21	1.53	3.13	17.79	1.92	5.03	4.64	0.98	2.31	20.90	1.42
		6		5.688	4.465	0.196	13.05	1.52	3.68	20.68	1.91	5.85	5.42	0.98	2.63	25.14	1.46

续表

角钢号数	尺寸(mm)			截面面积(cm²)	理论重量(kg/m)	外表面积(m²/m)	参考数值										z_0 (cm)
							$x—x$			$x_0—x_0$			$y_0—x_0$			$x_1—x_1$	
	b	d	r				I_x (cm⁴)	i_x (cm)	w_x (cm³)	I_{x_0} (cm⁴)	i_{x_0} (cm)	w_{x_0} (cm³)	I_{y_0} (cm⁴)	i_{y_0} (cm)	w_{y_0} (cm³)	I_{x_1} (cm⁴)	
5.6	56	3	6	3.343	2.624	0.221	10.19	1.75	2.48	16.14	2.20	4.08	4.24	1.13	2.02	17.56	1.48
		4		4.390	3.446	0.220	13.18	1.73	3.24	20.92	2.18	5.28	5.46	1.11	2.52	23.43	1.53
		5		5.415	4.251	0.220	16.02	1.72	3.97	25.42	2.17	6.42	6.61	1.10	2.98	29.33	1.57
		6		8.367	6.568	0.219	23.63	1.68	6.03	37.37	2.11	9.44	9.89	1.09	4.16	46.24	1.68
6.3	63	4	7	4.978	3.907	0.248	19.03	1.96	4.13	30.17	2.46	6.78	7.89	1.26	3.29	33.35	1.70
		5		6.143	4.822	0.248	23.17	1.94	5.08	36.77	2.45	8.25	9.57	1.25	3.90	41.73	1.74
		6		7.288	5.721	0.247	27.12	1.93	6.00	43.03	2.43	9.66	11.20	1.24	4.46	50.14	1.78
		8		9.515	7.469	0.247	34.46	1.90	7.75	54.56	2.40	12.25	14.33	1.23	5.47	67.11	1.85
		10		11.657	9.151	0.246	41.09	1.88	9.39	64.85	2.36	14.56	17.33	1.22	6.36	84.31	1.93
7	70	4	8	5.570	4.372	0.275	26.39	2.18	5.14	41.80	2.74	8.44	10.99	1.40	4.17	45.74	1.86
		5		6.875	5.397	0.275	32.21	2.16	6.32	51.08	2.73	10.32	13.34	1.39	4.95	57.21	1.91
		6		8.160	6.406	0.275	37.77	2.15	7.48	59.93	2.71	12.11	15.61	1.38	5.67	68.73	1.95
		7		9.424	7.398	0.275	43.09	2.14	8.59	68.35	2.69	13.81	17.82	1.38	6.34	80.29	1.99
		8		10.667	8.373	0.274	48.17	2.12	9.68	76.37	2.68	15.43	19.98	1.37	6.98	91.92	2.03
7.5	75	5	9	7.412	5.818	0.295	39.97	2.33	7.32	63.30	2.92	11.94	16.63	1.50	5.77	70.56	2.04
		6		8.797	6.905	0.294	46.95	2.31	8.64	74.38	2.90	14.02	19.51	1.49	6.67	84.55	2.07
		7		10.160	7.976	0.294	53.57	2.30	9.93	84.96	2.89	16.02	22.18	1.48	7.44	98.71	2.11
		8		11.503	9.030	0.294	59.96	2.28	11.20	95.07	2.88	17.93	24.86	1.47	8.19	112.97	2.15
		10		14.126	11.089	0.293	71.98	2.26	13.64	113.92	2.84	21.48	30.05	1.46	9.56	141.71	2.22
8	80	5	9	7.912	6.211	0.315	48.79	2.48	8.34	77.33	3.13	13.67	20.25	1.60	6.66	85.36	2.15
		6		9.397	7.376	0.314	57.35	2.47	9.87	90.98	3.11	16.08	23.72	1.59	7.65	102.50	2.19
		7		10.860	8.525	0.314	65.58	2.46	11.37	104.07	3.10	18.40	27.09	1.58	8.58	119.70	2.23
		8		12.303	9.658	0.314	73.49	2.44	12.83	116.60	3.08	20.61	30.39	1.57	9.46	136.97	2.27
		10		15.126	11.874	0.313	88.43	2.42	15.64	140.09	3.04	24.76	36.77	1.56	11.08	171.74	2.35
9	90	6	10	10.637	8.350	0.354	82.77	2.79	12.61	131.26	3.51	20.63	34.28	1.80	9.95	145.87	2.44
		7		12.301	9.656	0.354	94.83	2.78	14.54	150.47	3.50	23.64	39.18	1.78	11.19	170.30	2.48
		8		13.944	10.946	0.353	106.47	2.76	16.42	168.97	3.48	26.55	43.97	1.78	12.35	194.80	2.52
		10		17.167	13.476	0.353	128.58	2.74	20.07	203.90	3.45	32.04	53.26	1.76	14.52	244.07	2.59
		12		20.306	15.940	0.352	149.22	2.71	23.57	236.21	3.41	37.12	62.22	1.75	16.49	293.76	2.67
10	100	6	12	11.932	9.366	0.393	114.95	3.10	15.68	181.98	3.90	25.74	47.92	2.00	12.69	200.07	2.67
		7		13.796	10.830	0.393	131.86	3.09	18.10	208.97	3.89	29.55	54.74	1.99	14.26	233.54	2.71
		8		15.638	12.276	0.393	148.24	3.08	20.47	235.07	3.88	33.24	61.41	1.98	15.75	267.09	2.76
		10		19.261	15.120	0.392	179.51	3.05	25.06	284.68	3.84	40.26	74.35	1.96	18.54	334.48	2.84
		12		22.800	17.898	0.391	208.90	3.03	29.48	330.95	3.81	46.80	86.84	1.95	21.08	402.34	2.91
		14		26.256	20.611	0.391	236.53	3.00	33.73	374.06	3.77	52.90	99.00	1.94	23.44	470.75	2.99
		16		29.627	23.257	0.390	262.53	2.98	37.82	414.16	3.74	58.57	110.89	1.94	25.63	539.80	3.06

续表

角钢号数	尺寸(mm)			截面面积	理论重量	外表面积	参考数值										z_0 (cm)
							$x-x$			x_0-x_0			y_0-x_0			x_1-x_1	
	b	d	r	(cm^2)	(kg/m)	(m^2/m)	I_x (cm^4)	i_x (cm)	w_x (cm^3)	I_{x_0} (cm^4)	i_{x_0} (cm)	w_{x_0} (cm^3)	I_{y_0} (cm^4)	i_{y_0} (cm)	w_{y_0} (cm^3)	I_{x_1} (cm^4)	
11	110	7	12	15.196	11.928	0.433	177.16	3.41	22.05	280.94	4.30	36.12	73.38	2.20	17.51	310.64	2.96
		8		17.238	13.532	0.433	199.46	3.40	24.95	316.49	4.28	40.69	82.42	2.19	19.39	355.20	3.01
		10		21.261	16.690	0.432	242.19	3.39	30.60	384.39	4.25	49.42	99.98	2.17	22.91	444.65	3.09
		12		25.200	19.782	0.431	282.55	3.35	36.05	448.17	4.22	57.62	116.93	2.15	26.15	534.60	3.16
		14		29.056	22.809	0.431	320.71	3.32	41.31	508.01	4.18	65.31	133.40	2.14	29.14	625.16	3.24
12.5	125	8	14	19.750	15.504	0.492	297.03	3.88	32.52	470.89	4.88	53.28	123.16	2.50	25.86	521.01	3.37
		10		24.373	19.133	0.491	361.67	3.85	39.97	573.89	4.85	64.93	149.46	2.48	30.62	651.93	3.45
		12		28.912	22.696	0.491	423.16	3.83	41.17	671.44	4.82	75.96	174.88	2.46	35.03	783.42	3.53
		14		33.367	26.193	0.490	481.65	3.80	54.16	763.73	4.78	86.41	199.57	2.45	39.13	915.61	3.61
14	140	10		27.373	21.488	0.551	514.65	4.34	50.58	817.27	5.46	82.56	212.04	2.78	39.20	915.11	3.82
		12		32.512	25.522	0.551	603.68	4.31	59.80	958.79	5.43	96.85	248.57	2.76	45.02	1099.28	3.90
		14		37.567	29.490	0.550	688.81	4.28	68.75	1093.56	5.40	110.47	284.06	2.75	50.45	1284.22	3.98
		16		42.539	33.393	0.549	770.24	4.26	77.46	1221.81	5.36	123.42	318.67	2.74	55.55	1470.07	4.06
16	160	10	16	31.502	24.729	0.630	779.53	4.98	66.70	1237.30	6.27	109.36	321.76	3.20	52.76	1365.33	4.31
		12		37.441	29.391	0.630	916.58	4.95	78.98	1455.68	6.24	128.67	377.49	3.18	60.74	1639.57	4.39
		14		43.296	33.987	0.629	1048.36	4.92	90.95	1665.02	6.20	147.17	431.70	3.16	68.24	1914.68	4.47
		16		49.067	38.518	0.629	1175.08	4.89	102.63	1865.57	6.17	164.89	484.59	3.14	75.31	2190.82	4.55
18	180	12	16	42.241	33.159	0.710	1321.35	5.59	100.82	2100.10	7.05	165.00	542.61	3.58	78.41	2332.80	4.89
		14		48.896	38.388	0.709	1514.48	5.56	116.25	2407.42	7.02	189.14	621.53	3.56	88.38	2723.48	4.97
		16		55.467	43.542	0.709	1700.99	5.54	131.13	2703.37	6.98	212.40	698.60	3.55	97.83	3115.29	5.05
		18		61.955	48.634	0.708	1875.12	5.50	145.64	2988.24	6.94	234.78	762.01	3.51	105.14	3502.43	5.13
20	200	14	18	54.642	42.894	0.788	2103.55	6.20	144.70	3343.26	7.82	236.40	863.83	3.98	111.82	3734.10	5.46
		16		62.013	48.680	0.788	2366.15	6.18	163.65	3760.89	7.79	265.93	971.41	3.96	123.96	4270.39	5.54
		18		69.301	54.401	0.787	2620.64	6.15	182.22	4164.54	7.75	294.48	1076.74	3.94	135.52	4808.13	5.62
		20		76.505	60.056	0.787	2867.30	6.12	200.42	4554.55	7.72	322.06	1180.04	3.93	146.55	5347.51	5.69
		24		90.661	71.168	0.785	3338.25	6.07	236.17	5294.97	7.64	374.41	1381.53	3.90	166.55	6457.16	5.87

注 截面图中的 $r_1=\frac{1}{3}d$ 及表中 r 值的数据用于孔型设计，不作交货条件。

表Ⅱ.2　　**热轧不等边角钢（GB 9788—1988）**

符号意义：

B—长边宽度；　　b—短边宽度；

d—边厚度；　　r—内圆弧半径；

r_1—边端内圆弧半径；　　I—惯性矩；

i—惯性半径；　　w—截面系数；

x_0—重心距离。　　y_0—重心距离。

角钢号数	尺寸（mm）				截面面积	理论重量	外表面积	参考数值													
								$x—x$			$y—y$			$x_1—x_1$		$y_1—y_1$		$u—u$			
	B	b	d	r	(cm²)	(kg/m)	(m²/m)	I_x (cm⁴)	i_x (cm)	w_x (cm³)	I_y (cm⁴)	i_y (cm)	w_y (cm³)	I_{x_1} (cm⁴)	y_0 (cm)	I_{y_1} (cm⁴)	x_0 (cm)	I_u (cm⁴)	i_u (cm)	w_u (cm³)	tanα
2.5/1.6	25	16	3	3.5	1.162	0.912	0.080	0.70	0.78	0.43	0.22	0.44	0.19	1.56	0.86	0.43	0.42	0.14	0.34	0.16	0.392
			4		1.499	1.176	0.079	0.88	0.77	0.55	0.27	0.43	0.24	2.09	0.90	0.59	0.46	0.17	0.34	0.20	0.381
3.2/2	32	20	3		1.492	1.171	0.102	1.53	1.01	0.72	0.46	0.55	0.30	3.27	1.08	0.82	0.49	0.28	0.43	0.25	0.382
			4		1.939	1.22	0.101	1.93	1.00	0.93	0.57	0.54	0.39	4.37	1.12	1.12	0.53	0.35	0.42	0.32	0.374
4/2.5	40	25	3	4	1.890	1.484	0.127	3.08	1.28	1.15	0.93	0.70	0.49	5.39	1.32	1.59	0.59	0.56	0.54	0.40	0.385
			4		2.467	1.936	0.127	3.93	1.26	1.49	1.18	0.69	0.63	8.53	1.37	2.14	0.63	0.71	0.54	0.52	0.381
4.5/2.8	45	28	3	5	2.149	1.687	0.143	4.45	1.44	1.47	1.34	0.79	0.62	9.10	1.47	2.23	0.64	0.80	0.61	0.51	0.383
			4		2.806	2.203	0.143	5.69	1.42	1.91	1.70	0.78	0.80	12.13	1.51	3.00	0.68	1.02	0.60	0.66	0.380
5/3.2	50	32	3	5.5	2.431	1.908	0.161	6.24	1.60	1.84	2.02	0.91	0.82	12.49	1.60	3.31	0.73	1.20	0.70	0.68	0.404
			4		3.177	2.494	0.160	8.02	1.59	2.39	2.58	0.90	1.06	16.65	1.65	4.45	0.77	1.53	0.69	0.87	0.402
5.6/3.6	56	36	3	6	2.743	2.153	0.181	8.88	1.80	2.32	2.92	1.03	1.05	17.54	1.78	4.70	0.80	1.73	0.79	0.87	0.408
			4		3.590	2.818	0.180	11.45	1.78	3.03	3.76	1.02	1.37	23.39	1.82	6.33	0.85	2.23	0.79	1.13	0.408
			5		4.415	3.466	0.180	13.86	1.77	3.71	4.49	1.01	1.65	29.25	1.87	7.94	0.88	2.67	0.79	1.36	0.404
6.3/4	63	40	4	7	4.058	3.185	0.202	16.49	2.02	3.87	5.23	1.14	1.70	33.30	2.04	8.63	0.92	3.12	0.88	1.40	0.398
			5		4.993	3.920	0.202	20.02	2.00	4.74	6.31	1.12	2.71	41.63	2.08	10.86	0.95	3.76	0.87	1.71	0.396
			6		5.908	4.638	0.201	23.36	1.96	5.59	7.29	1.11	2.43	49.98	2.12	13.12	0.99	4.34	0.86	1.99	0.393
			7		6.802	5.339	0.201	26.53	1.98	6.40	8.24	1.10	2.78	58.07	2.15	15.47	1.03	4.97	0.86	2.29	0.389

续表

角钢号数	尺寸(mm) B	b	d	r	截面面积 (cm²)	理论重量 (kg/m)	外表面积 (m²/m)	参考数值 x—x I_x (cm⁴)	i_x (cm)	w_x (cm³)	y—y I_y (cm⁴)	i_y (cm)	w_y (cm³)	x_1—x_1 I_{x_1} (cm⁴)	y_0 (cm)	y_1—y_1 I_{y_1} (cm⁴)	x_0 (cm)	u—u I_u (cm⁴)	i_u (cm)	w_u (cm³)	tanα
7/4.5	70	45	4	7.5	4.547	3.570	0.226	23.17	2.26	4.86	7.55	1.29	2.17	45.92	2.24	12.26	1.02	4.40	0.98	1.77	0.410
			5		5.609	4.403	0.225	27.95	2.23	5.92	9.13	1.28	2.65	57.10	2.28	15.39	1.06	5.40	0.98	2.19	0.407
			6		6.647	5.218	0.225	32.54	2.21	6.95	10.62	1.26	3.12	68.35	2.32	18.58	1.09	6.35	0.93	2.59	0.404
			7		7.657	6.011	0.225	37.22	2.20	8.03	12.01	1.25	3.57	79.99	2.36	21.84	1.13	7.16	0.97	2.94	0.402
(7.5/5)	75	50	5	8	6.125	4.808	0.245	34.86	2.39	6.83	12.61	1.44	3.30	70.00	2.40	21.04	1.17	7.41	1.10	2.74	0.435
			6		7.260	5.699	0.245	41.12	2.38	8.12	14.70	1.42	3.88	84.30	2.44	25.37	1.21	8.54	1.08	3.19	0.435
			8		9.467	7.431	0.244	52.39	2.35	10.52	18.53	1.40	4.99	112.50	2.52	34.23	1.29	10.87	1.07	4.10	0.429
			10		11.590	9.098	0.244	62.71	2.33	12.79	21.96	1.38	6.04	140.80	2.60	43.43	1.36	13.10	1.06	4.99	0.423
8/5	80	50	5	8	6.375	5.005	0.255	41.96	2.56	7.78	12.82	1.42	3.32	85.21	2.60	21.06	1.14	7.66	1.10	2.74	0.388
			6		7.560	5.935	0.255	49.49	2.56	9.25	14.95	1.41	3.91	102.53	2.65	25.41	1.18	8.85	1.08	3.20	0.387
			7		8.724	6.848	0.255	56.16	2.54	10.58	16.96	1.39	4.48	119.33	2.69	29.82	1.21	10.18	1.08	3.70	0.384
			8		9.867	7.745	0.254	62.83	2.52	11.92	18.85	1.38	5.03	136.41	2.73	34.32	1.25	11.38	1.07	4.16	0.381
9/5.6	90	56	5	9	7.212	5.661	0.287	60.45	2.90	9.92	18.32	1.59	4.21	121.32	2.91	29.53	1.25	10.98	1.23	3.49	0.385
			6		8.557	6.717	0.286	71.03	2.88	11.74	21.42	1.58	4.96	145.59	2.95	35.58	1.29	12.90	1.23	4.18	0.384
			7		9.880	7.756	0.286	81.01	2.86	13.49	24.36	1.57	5.70	169.66	3.00	41.71	1.33	14.67	1.22	4.72	0.382
			8		11.183	8.779	0.286	91.03	2.85	15.27	27.15	1.56	6.41	194.17	3.04	47.93	1.36	16.34	1.21	5.29	0.380
10/6.3	100	63	6	10	9.617	7.550	0.320	99.06	3.21	14.64	30.94	1.79	6.35	199.71	3.24	50.50	1.43	18.42	1.38	5.25	0.394
			7		11.111	8.722	0.320	113.45	3.20	16.88	35.26	1.78	7.29	233.00	3.28	59.14	1.47	21.00	1.38	6.02	0.394
			8		12.584	9.878	0.319	127.37	3.18	19.08	39.39	1.77	8.21	266.32	3.32	67.88	1.50	23.50	1.37	6.78	0.391
			10		15.467	12.142	0.319	153.81	3.15	23.32	47.12	1.74	9.98	333.06	3.40	85.73	1.58	28.33	1.35	8.24	0.387
10/8	100	80	6	10	10.637	8.350	0.354	107.04	3.17	15.19	61.24	2.40	10.16	199.83	2.95	102.68	1.97	31.65	1.72	8.37	0.627
			7		12.301	9.656	0.354	122.73	3.16	17.52	70.08	2.39	11.71	233.20	3.00	119.98	2.01	36.17	1.72	9.60	0.626
			8		13.944	10.946	0.353	137.92	3.14	19.81	78.58	2.37	13.21	266.61	3.04	137.37	2.05	40.58	1.71	10.80	0.625
			10		17.167	13.476	0.353	166.87	3.12	24.24	94.65	2.35	16.12	333.63	3.12	172.48	2.13	49.10	1.69	13.12	0.622

续表

角钢号数	尺寸(mm)				截面面积	理论重量	外表面积	参考数值													
								$x—x$			$y—y$			$x_1—x_1$		$y_1—y_1$		$u—u$			
	B	b	d	r	(cm^2)	(kg/m)	(m^2/m)	I_x (cm^4)	i_x (cm)	w_x (cm^3)	I_y (cm^4)	i_y (cm)	w_y (cm^3)	I_{x_1} (cm^4)	y_0 (cm)	I_{y_1} (cm^4)	x_0 (cm)	I_u (cm^4)	i_u (cm)	w_u (cm^3)	$\tan\alpha$
11/7	110	70	6	10	10.637	8.350	0.354	133.37	3.54	17.85	42.92	2.01	7.90	265.78	3.53	69.08	1.57	25.36	1.54	6.53	0.403
			7		12.301	9.656	0.354	153.00	3.53	20.60	49.01	2.00	9.09	310.07	3.57	80.82	1.61	28.95	1.53	7.50	0.402
			8		13.944	10.946	0.353	172.04	3.51	23.30	54.87	1.98	10.25	354.39	3.62	92.70	1.65	32.45	1.53	8.45	0.401
			10		17.167	13.476	0.353	208.39	3.48	28.54	65.88	1.96	12.48	443.13	3.70	116.83	1.72	39.20	1.51	10.29	0.397
12.5/8	125	80	7	11	14.096	11.066	0.403	227.98	4.02	26.86	74.42	2.30	12.01	454.99	4.01	120.32	1.80	43.81	1.76	9.92	0.408
			8		15.989	12.551	0.403	256.77	4.01	30.41	83.49	2.28	13.56	519.99	4.06	137.85	1.84	49.15	1.75	11.18	0.407
			10		19.712	15.474	0.402	312.04	3.98	37.33	100.67	2.26	16.56	650.09	4.14	173.40	1.92	59.45	1.74	13.64	0.404
			12		23.351	18.330	0.402	364.41	3.95	44.01	116.67	2.24	19.43	780.39	4.22	209.67	2.00	69.35	1.72	16.01	0.400
14/9	140	90	8	12	18.038	14.160	0.453	365.64	4.50	38.48	120.69	2.59	17.34	730.53	4.50	195.79	2.04	70.83	1.98	14.31	0.411
			10		22.261	17.475	0.452	445.50	4.47	47.31	146.03	2.56	21.22	913.20	4.58	245.92	2.21	85.82	1.96	17.48	0.409
			12		26.400	20.724	0.451	521.59	4.44	55.87	169.79	2.54	24.95	1096.09	4.66	296.89	2.19	100.21	1.95	20.54	0.406
			14		30.456	23.908	0.451	594.10	4.42	64.18	192.10	2.51	28.54	1279.26	4.74	348.82	2.27	114.13	1.94	23.52	0.403
16/10	160	100	10	13	25.315	19.872	0.512	668.69	5.14	62.13	205.03	2.85	26.56	1362.89	5.24	336.59	2.28	121.74	2.19	21.92	0.390
			12		30.054	23.592	0.511	784.91	5.11	73.49	239.09	2.82	31.28	1635.56	5.32	405.94	2.36	142.33	2.17	25.79	0.388
			14		34.709	27.247	0.510	896.30	5.08	84.56	271.20	2.80	35.83	1908.50	5.40	476.42	2.43	162.23	2.16	29.56	0.385
			16		39.281	30.835	0.510	1003.04	5.05	95.33	301.60	2.77	40.24	2181.79	5.48	548.22	2.51	182.57	2.16	33.44	0.382
18/11	180	110	10	14	28.373	22.273	0.571	956.25	5.80	78.96	278.11	3.13	32.49	1940.40	5.89	447.22	2.44	166.50	2.42	26.88	0.376
			12		33.712	26.464	0.571	1124.72	5.78	93.53	325.03	3.10	38.32	2328.38	5.98	538.94	2.52	194.87	2.40	31.66	0.374
			14		38.967	30.589	0.570	1286.91	5.75	107.76	369.55	3.08	43.97	2716.60	6.06	631.95	2.59	222.30	2.39	36.32	0.372
			16		44.139	34.649	0.569	1443.06	5.72	121.64	411.85	3.06	49.44	3105.15	6.14	726.46	2.67	248.84	2.38	40.87	0.369
20/12.5	200	125	12		37.912	29.761	0.641	1570.90	6.44	116.73	483.16	3.57	49.99	3193.85	6.54	787.74	2.83	285.79	2.74	41.23	0.392
			14		43.867	34.436	0.640	1800.97	6.41	134.65	550.83	3.54	57.44	3726.17	6.62	922.47	2.91	326.58	2.73	47.34	0.390
			16		49.739	39.045	0.639	2023.35	6.38	152.18	615.44	3.52	64.69	4258.86	6.70	1058.86	2.99	366.21	2.71	53.32	0.388
			18		55.526	43.588	0.639	2238.30	6.35	169.33	677.19	3.49	71.74	4792.00	6.78	1197.13	3.06	404.83	2.70	59.18	0.385

注 1. 括号内型号不推荐使用。

2. 截面图中的 $r_1=\frac{1}{3}d$ 及表中 r 数据用于孔型设计，不作交货条件。

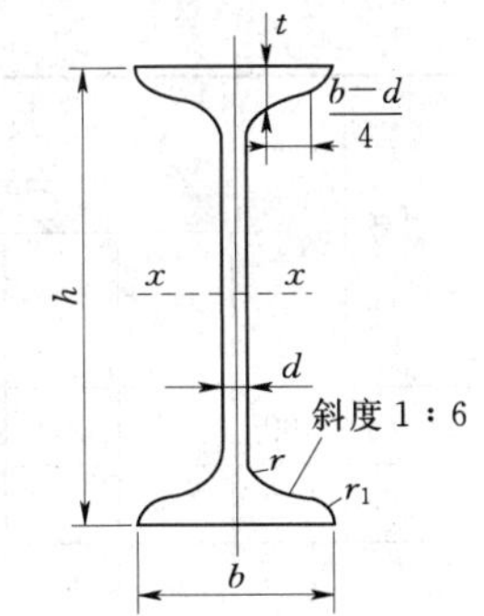

表Ⅱ.3　　　　**热轧工字钢（GB 706—1988）**

符号意义：

h—高度；　　　　r_1—腿端圆弧半径；

b—腿宽度；　　　　I—惯性矩；

d—腰厚度；　　　　w—截面系数；

t—平均腿宽度　　　　I—惯性半径；

r—内圆弧半径；　　　　S—半截面的静矩。

型号	尺寸 (mm)						截面面积 (cm^2)	理论重量 (kg/m)	参考数值						
									$x—x$				$y—y$		
	h	b	d	t	r	r_1			I_χ (cm^4)	w_x (cm)	i_x (cm^3)	I_y：S_x (cm)	I_y (cm)	w_y (cm^3)	i_y (cm^4)
10	100	68	4.5	7.6	6.5	3.3	14.345	11.261	245	49.0	4.14	8.59	33.0	9.72	1.52
12.6	126	74	5.0	8.4	7.0	3.5	18.118	14.223	488	77.5	5.20	10.8	46.9	12.7	1.61
14	140	80	5.5	9.1	7.5	3.8	21.516	16.890	712	102	5.76	12.0	64.4	16.1	1.73
16	160	88	6.0	9.9	8.0	4.0	26.131	20.513	1130	141	6.58	13.8	93.1	21.2	1.89
18	180	94	6.5	10.7	8.5	4.3	30.756	24.143	1660	185	7.36	15.4	122	26.0	2.00
20a	200	100	7.0	11.4	9.0	4.5	35.578	27.929	2370	237	8.15	17.2	158	31.5	2.12
20b	200	102	9.0	11.4	9.0	4.5	39.578	31.069	2500	250	7.96	16.9	169	33.1	2.06
22a	220	110	7.5	12.3	9.5	4.8	42.128	33.070	3400	309	8.99	18.9	225	40.9	2.31
22b	220	112	9.5	12.3	9.5	4.8	46.528	36.524	3570	325	8.78	18.7	239	42.7	2.27
25a	250	116	8.0	13.0	10.0	5.0	48.541	38.105	5020	402	10.2	21.6	280	48.3	2.40
25b	250	118	10.0	13.0	10.0	5.0	53.541	42.030	5280	423	9.94	21.3	309	52.4	2.40
28a	280	122	8.5	13.7	10.5	5.3	55.404	43.492	7110	508	11.3	24.6	345	56.6	2.50
28b	280	124	10.5	13.7	10.5	5.3	61.004	47.888	7480	534	11.1	24.2	379	61.2	2.49
32a	320	130	9.5	15.0	11.5	5.8	67.156	52.717	11100	692	12.8	27.5	460	70.8	2.62
32b	320	132	11.5	15.0	11.5	5.8	73.556	57.741	11600	726	12.6	27.1	502	76.0	2.61
32c	320	134	13.5	15.0	11.5	5.8	79.956	62.765	12200	760	12.3	26.3	544	81.2	2.61
36a	360	136	10.0	15.8	12	6.0	76.480	60.037	15800	875	14.4	30.7	552	81.2	2.69
36b	360	138	12.0	15.8	12	6.0	83.680	65.689	16500	919	14.1	30.3	582	84.3	2.64
36c	360	140	14.0	15.8	12	6.0	90.880	71.341	17300	962	13.8	29.9	612	87.4	2.60
40a	400	142	10.5	16.5	12.5	6.3	86.112	67.598	21700	1090	15.9	34.1	660	93.2	2.77
40b	400	144	12.5	16.5	12.5	6.3	94.112	73.878	22800	1140	16.5	33.6	692	96.2	2.71
40c	400	146	14.5	16.5	12.5	6.3	102.112	80.158	23900	1190	15.2	33.2	727	99.6	2.65
45a	450	150	11.5	18.0	13.5	6.8	102.446	80.420	32200	1430	17.7	38.6	855	114	2.89
45b	450	152	13.5	18.0	13.5	6.8	111.446	87.485	33800	1500	17.4	38.0	894	118	2.84
45c	450	154	15.5	18.0	13.5	6.8	120.446	94.550	35300	1570	17.1	37.6	938	122	2.79

续表

型号	尺寸 (mm)						截面面积 (cm²)	理论重量 (kg/m)	参考数值						
									x—x				y—y		
	h	b	d	t	r	r_1			I_χ (cm⁴)	w_x (cm)	i_x (cm³)	I_y : S_x (cm)	I_y (cm)	w_y (cm³)	i_y (cm⁴)
50a	500	158	12.0	20.0	14	7.0	119.304	93.654	46500	1860	19.7	42.8	1120	142	3.07
50b	500	160	14.0	20.0	14	7.0	129.304	101.504	48600	1940	19.4	42.4	1170	146	3.01
50c	500	162	16.0	20.0	14	7.0	139.304	109.354	50600	2080	19.0	41.8	1220	151	2.96
56a	560	166	12.5	21.0	14.5	7.3	135.435	106.316	65600	2340	22.0	47.7	1370	165.	3.18
56b	560	168	14.5	21.0	14.5	7.3	146.635	115.108	68500	2450	21.6	47.2	1490	174	3.16
56c	560	170	16.5	21.0	14.5	7.3	157.835	123.900	71400	2550	21.3	46.7	1560	183	3.16
63a	630	176	13.0	22.0	15	7.5	154.658	121.407	93900	2980	24.5	54.2	1700	193	3.31
63b	630	178	15.0	22.0	15	7.5	167.258	131.298	98100	3160	24.2	53.5	1810	204	3.29
63c	630	180	17.0	22.0	15	7.5	179.858	141.189	102000	3300	23.8	52.9	1920	214	3.27

注 截面图和表中标注的圆弧半径 r、r_1 的数据用于孔型设计，不作交货条件。

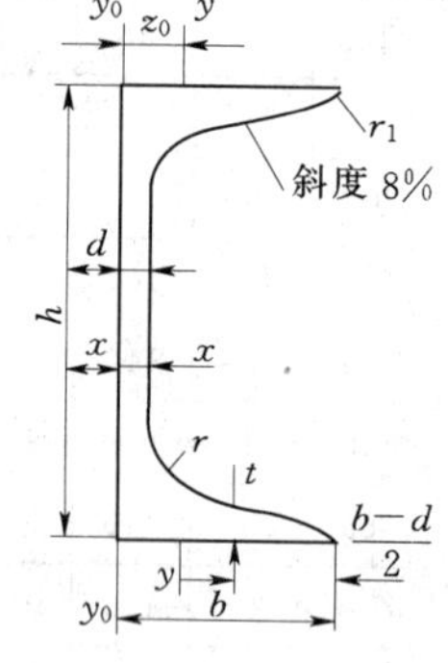

表Ⅱ.4 **热轧槽钢（GB 707—1988）**

符号意义：

h—高度； r_1—腿端圆弧半径；

b—腿宽度； I—惯性矩；

d—腰厚度； w—截面系数；

t—平均腿宽度； I—惯性半径；

r—内圆弧半径； z_0—y—y 轴与 y_1—y_2 轴间距。

型号	尺寸 (mm)						截面面积 (cm²)	理论重量 (kg/m)	参考数值							
									x—x			y—y			y_1—y_1	z_0 (cm)
	h	b	d	t	r	r_1			w_x (cm³)	I_x (cm⁴)	i_x (cm)	w_y (cm³)	I_y (cm)	i_y (cm⁴)	I_{y1} (cm⁴)	
5	50	37	4.5	7	7.0	3.5	6.928	5.438	10.4	26.0	1.94	3.55	8.30	1.10	20.9	1.35
6.3	63	40	4.8	7.5	7.5	3.8	8.451	6.634	16.1	50.8	2.45	4.50	11.9	1.19	28.4	1.36
8	80	43	5	8	8.0	4.0	10.248	8.045	25.3	101	3.15	5.79	16.6	1.27	37.4	1.43
10	100	48	5.3	8.5	8.5	4.2	12.748	10.007	39.7	198	3.95	7.8	25.6	1.41	54.9	1.52
12.6	126	53	5.5	9	9.0	4.5	15.692	12.318	62.1	391	4.95	10.2	38	1.57	77.1	1.59
14a	140	58	6	9.5	9.5	4.8	18.516	14.535	80.5	564	5.52	13.0	53.2	1.70	107	1.71
14b	140	60	8	9.5	9.5	4.8	21.316	16.733	87.1	609	5.35	14.1	61.1	1.69	121	1.67
16a	160	63	6.5	10	10	5.0	21.962	17.240	108	866	6.28	16.3	73.3	1.83	144	1.80
16	160	65	8.5	10	10	5.0	25.162	19.752	117	935	6.10	17.6	83.4	1.82	161	1.75

续表

型号	尺寸 (mm)						截面面积 (cm^2)	理论重量 (kg/m)	参考数值							
									$x—x$			$y—y$			$y_1—y_1$	z_0 (cm)
	h	b	d	t	r	r_1			w_x (cm^3)	I_x (cm^4)	i_x (cm)	w_y (cm^3)	I_y (cm)	i_y (cm^4)	I_{y1} (cm^4)	
18a	180	68	7	10.5	10.5	5.2	25.699	20.174	141	1270	7.04	20.0	98.6	1.96	190	1.88
18	180	70	9	10.5	10.5	5.2	29.299	23.000	152	1370	6.84	21.5	111	1.95	210	1.84
20a	200	73	7.0	11	11.0	5.5	28.837	22.637	178	1780	7.86	24.2	128	2.11	244	2.01
20	200	75	9.0	11	11.0	5.5	32.837	25.777	191	1910	7.64	25.9	144	2.09	268	1.95
22a	220	77	7.0	11.5	11.5	5.8	31.846	24.999	218	2390	8.67	28.2	158	2.23	298	2.10
22	220	79	9.0	11.5	11.5	5.8	36.246	28.453	234	2570	8.42	30.1	176	2.21	326	2.03
25a	250	78	7.0	12	12.0	6.0	34.917	27.410	270	3370	9.82	30.6	176	2.24	322.	2.07
25b	250	80	9.0	12	12.0	6.0	39.917	31.335	282	3530	9.41	32.7	196	2.22	353	1.98
25c	250	82	11.0	12	12.0	6.0	44.917	35.260	295	3690	9.07	35.9	218	2.21	384	1.92
28a	280	82	7.5	12.5	12.5	6.2	40.034	31.427	340	4760	10.9	35.7	218	2.33	388	2.10
28b	280	84	9.5	12.5	12.5	6.2	45.634	35.823	366	5130	10.6	37.9	242	2.30	428	2.02
28c	280	86	11.5	12.5	12.5	6.2	51.234	40.219	393	5500	10.4	40.3	268	2.29	463	1.95
32a	320	88	8.0	14	14.0	7.0	48.513	38.083	475	7600	12.5	46.5	305	2.50	552	2.24
32b	320	90	10.0	14	14.0	7.0	54.913	43.107	509	8140	12.2	59.2	336	2.47	593	2.16
32c	320	92	12.0	14	14.0	7.0	61.313	48.131	543	8690	11.9	52.6	374	2.47	643	2.09
36a	360	96	9.0	16	16.0	8.0	60.910	47.814	660	11900	14.0	63.5	455	2.73	818	2.44
36b	360	98	11.0	16	16.0	8.0	68.110	53.466	703	12700	13.6	66.9	497	2.70	880	2.37
36c	360	100	13.0	16	16.0	8.0	75.310	59.118	746	13400	13.4	70.0	536	2.67	948	2.34
40a	400	100	10.5	18	18.0	9.0	75.068	58.928	879	17600	15.3	78.8	592	2.81	1070	2.49
40b	400	102	12.5	18	18.0	9.0	83.068	65.208	932	18600	15.0	82.5	640	2.78	1140	2.44
40c	400	104	14.5	18	18.0	9.0	91.068	71.488	986	19700	14.7	86.2	688	2.75	.1220	2.42

注 截面图和表中标注的圆弧半径 r、r_1 的数据用于孔型设计，不作交货条件。

附录Ⅲ　梁在简单荷载作用下的变形

序号	梁的简图	挠曲线方程	特定截面挠度和转角
1		$y=\dfrac{mx^2}{2EI}$	$\theta_B=\dfrac{ml}{EI}$，$y_B=\dfrac{ml^2}{2EI}$
2		$y=\dfrac{Fx^2}{6EI}(3l-x)$	$\theta_B=\dfrac{Fl^2}{2EI}$，$y_B=\dfrac{Fl^3}{3EI}$
3		$y=\dfrac{qx^2}{24EI}(x^2-4lx+6l^2)$	$\theta_B=\dfrac{ql^3}{6EI}$，$y_B=\dfrac{ql^4}{8EI}$
4		$y=\dfrac{mx}{6EIl}(l^2-x^2)$	$\theta_A=\dfrac{ml}{3EI}$，$\theta_B=-\dfrac{ml}{6EI}$ $y_C=\dfrac{ml^2}{16EI}$ $y_{max}=\dfrac{ml^2}{9\sqrt{3}EI}$ $x=\left(1-\dfrac{1}{\sqrt{3}}\right)l$
5		$y=\dfrac{mx}{6EIl}(l^2-3b^2-x^2)$， $0\leqslant x\leqslant a$ $y=\dfrac{m(l-x)}{6EIl}(3a^2-2lx+x^2)$， $a\leqslant x\leqslant l$	$\theta_A=\dfrac{M}{6EIl}(l^2-3b^2)$ $\theta_B=\dfrac{M}{6EIl}(l^2-3a^2)$ $y_{1max}=\dfrac{m}{9\sqrt{3}lEI}(l^2-3b^2)^{\frac{3}{2}}$ $x=\sqrt{\dfrac{l^2-3b^2}{3}}$ $y_{2max}=-\dfrac{m}{9\sqrt{3}lEI}(l^2-3a^2)^{\frac{3}{2}}$ $x=\sqrt{\dfrac{l^2-3a^2}{3}}$
6		$y=\dfrac{Fx}{48EI}(3l^2-4x^2)$， $0\leqslant x\leqslant l/2$	$\theta_A=-\theta_B=\dfrac{Fl^2}{16EI}$ $y_{max}=y_C=\dfrac{Fl^3}{48EI}$，$x=\dfrac{l}{2}$

续表

序号	梁的简图	挠曲线方程	特定截面挠度和转角
7	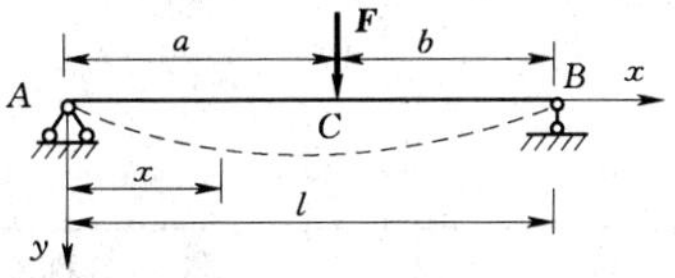	$y=\frac{Fbx}{6EIl}(l^2-x^2-b^2)$ $0\leqslant x\leqslant a$ $y=\frac{Fb}{6EIl}\left[\frac{l}{b}(x-a)^3-x^3+(l^2-b^2)x\right]$ $a\leqslant x\leqslant l$	$\theta_A=\frac{Fab(l+b)}{6EIl}$ $\theta_B=-\frac{Fab(l+a)}{6EIl}$ 设 $a>b$ 在 $x=\sqrt{\frac{l^2-b^2}{3}}$ 处 $y_{max}=\frac{Fb(l^2-b^2)^{3/2}}{9\sqrt{3}EIl}$
8	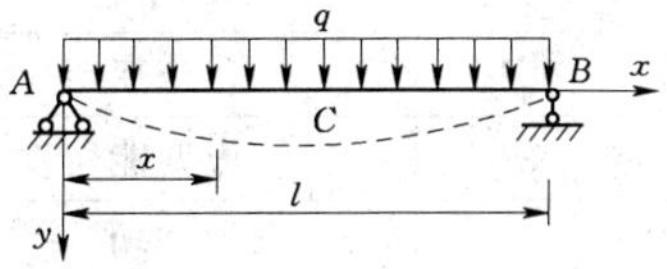	$y=\frac{qx}{24EI}(l^3-2lx^2+x^3)$	$\theta_A=-\theta_B=\frac{ql^3}{24EI}$ $y_{max}=y_C=\frac{5ql^4}{384EI}$，$x=\frac{l}{2}$

注　表中梁的抗弯刚度均为 EI。

附录Ⅳ　主要符号对照表

符　号	名　　称	符　号	名　　称
A	截面面积	t	摄氏温度
a	间距	R、r	半径
B、b	宽度	V_{ε}	应变能
D、d	直径	v	应变能密度
E	弹性模量	W	功
e	偏心矩	W_p	扭转截面系数
$\boldsymbol{F}$	力	W_z	弯曲截面系数
$\boldsymbol{F}_x$、$\boldsymbol{F}_y$、$\boldsymbol{F}_z$	分力	y	挠度
F_N	轴力	α	倾角、线膨胀系数
$\boldsymbol{F}_P$、$\boldsymbol{F}_Q$、$\boldsymbol{F}_W$	荷载	β	角
F_{cr}	临界力	γ	切应变
F_S	剪力	δ	厚度
F_T	拉力	ε	线应变
f	静摩擦系数	θ	转角
f'	动摩擦系数	λ	柔度、长细比
G	切变模量	μ	长度系数
g	重力加速度	ν	泊松比
H、h	高度	ρ	曲率半径、密度
I_y、I_z	惯性矩	σ	正应力
I_P	极惯性矩	σ_c	压应力
I_{xy}	惯性积	σ_t	拉应力
K	应力集中系数	$[\sigma]$、$[\sigma_c]$、$[\sigma_t]$	许用应力
L、l	长度、跨度	σ_{cr}	临界应力
M、m、M_e	外力矩	σ_b	强度极限
M_x、M_y、M_z	力对轴之矩	σ_s	屈服极限
n	转速、强度安全系数	σ_p	比例极限
$[n]_{st}$	稳定安全系数	τ	切应力
P	功率	$[\tau]$	许用切应力
p、q	分布荷载集度	φ	相对扭转角
T	扭矩	Δ	位移、变形

附录Ⅴ　习题参考答案

第2章

2-1　$\boldsymbol{F}_1=-447\boldsymbol{i}+224\boldsymbol{k}$，$\boldsymbol{F}_2=-535\boldsymbol{i}-802\boldsymbol{j}+267\boldsymbol{k}$，$\boldsymbol{F}_3=700\boldsymbol{i}$

2-2　(a) $M_O(\boldsymbol{F}_i)=0$；(b) $M_O(\boldsymbol{F}_i)=Fl$；(c) $M_O(\boldsymbol{F}_i)=-Fb$；(d) $M_O(\boldsymbol{F}_i)=-F\sqrt{b^2+l^2}\sin\alpha$

2-3　$M_O(\boldsymbol{F}_i)=-78.9\text{N}\cdot\text{m}$

2-4　$M_x(\boldsymbol{F})=-180\text{N}\cdot\text{m}$，$M_y(\boldsymbol{F})=-155.88\text{N}\cdot\text{m}$，$M_z(\boldsymbol{F})=0$

2-5　（略）

2-6　（略）

2-7　（略）

第3章

3-1　$F_R=54.5\text{kN}$，$\angle(\boldsymbol{F}_R, x)=50°12'$

3-2　$F_R=5\text{kN}$，$\angle(\boldsymbol{F}_R, x)=38°28'$

3-3　$F_{AB}=54.64\text{kN}$（拉），$F_{BC}=74.64\text{kN}$

3-4　$F_2=173.2\text{kN}$，$\gamma=95°$

3-5　$M=247.1\text{N}\cdot\text{m}$（逆时针）

3-6　(a) $F_A=F_B=m/l$；(b) $F_A=F_B=m/l$；(c) $F_A=F_B=m/(l\cos\alpha)$

3-7　$F_A=F_C=2.36\text{kN}$

3-8　$F_A=F_D=8\text{kN}$，$M_2=1.7\text{N}\cdot\text{m}$

3-9　$F_A=F_D-2.8\text{kN}$

3-10　$M=60\text{N}\cdot\text{m}$

3-11　$F_4=1200\text{N}$；$F_R=400\text{N}$；$d=1.25\text{m}$

3-12　$F_R=466.7\text{N}$；$d=4.6\text{cm}$

3-13　$F_R=1000\text{N}$ 与水平轴成$-60°$

3-14　$F_R=1.5\text{N}$，铅垂向下，过（-6，0）点

3-15　$F=30.1\text{kN}$

3-16　$\tan\alpha=\dfrac{FL}{2(F+G)\sqrt{4r^2-l^2}}$

3-17　$q_A=33.3\text{kN/m}$，$q_B=166.7\text{kN/m}$

3-18　(a) $F_B=7.07\text{kN}$，$F_{Ax}=13.20\text{kN}$，$F_{Ay}=3.54\text{kN}$

(b) $F_B=13.75\text{kN}$，$F_{Ax}=0$，$F_{Ay}=16.25\text{kN}$

(c) $F_B=10\text{kN}$，$F_{Ax}=0$，$F_{Ay}=20\text{kN}$

(d) $m_A=56.64\text{kN}\cdot\text{m}$，$F_{Ax}=5\text{kN}$，$F_{Ay}=8.66\text{kN}$

(e) $F_A=7.5\text{kN}$，$F_B=22.5\text{kN}$

(f) $F_A=6.67\text{kN}$，$F_B=13.33\text{kN}$

3-19 (a) $F_B=-2\text{kN}$，$F_{Ax}=3\text{kN}$，$F_{Ay}=6\text{kN}$

(b) $F_B=10.5\text{kN}$，$F_{Ax}=-5\text{kN}$，$F_{Ay}=5.5\text{kN}$

(c) $m_A=36\text{kN}\cdot\text{m}$，$F_{Ax}=0$，$F_{Ay}=17\text{kN}$

3-20 (a) $F_B=15\text{kN}$，$F_{Ax}=0$，$F_{Ay}=-2.5\text{kN}$，$F_C=2.5\text{kN}$

(b) $F_{Ax}=0$，$F_{Ay}=2.5\text{kN}$，$F_B=1.5\text{kN}$，$m_A=10\text{kN}\cdot\text{m}$

3-21 (a) $F_{Ax}=-3.6\text{kN}$，$F_{Ay}=17.6\text{kN}$，$F_{Bx}=-16.4\text{kN}$，$F_{By}=42.4\text{kN}$，$F_{Cx}=-16.4\text{kN}$，$F_{Cy}=-12.4\text{kN}$

(b) $F_{Ax}=4.67\text{kN}$，$F_{Ay}=15.33\text{kN}$，$F_{Bx}=-0.67\text{kN}$，$F_{By}=3.67\text{kN}$，$F_C=5\text{kN}$

3-22 (a) $F_A=53\text{kN}$，$F_B=37\text{kN}$

(b) $F_A=-48.3\text{kN}$，$F_B=100\text{kN}$，$F_D=8.3\text{kN}$

3-23 $F_T=\dfrac{a\cos\alpha}{2h}F_W$

3-24 $F_{W\min}=\dfrac{2(R-r)}{R}F_W$

3-25 $F_T=\dfrac{F_W a}{h\tan\beta}$

3-26 $F_{Fx}=150\text{kN}$，$F_{Fy}=50\text{kN}$，$m_F=0$

3-27

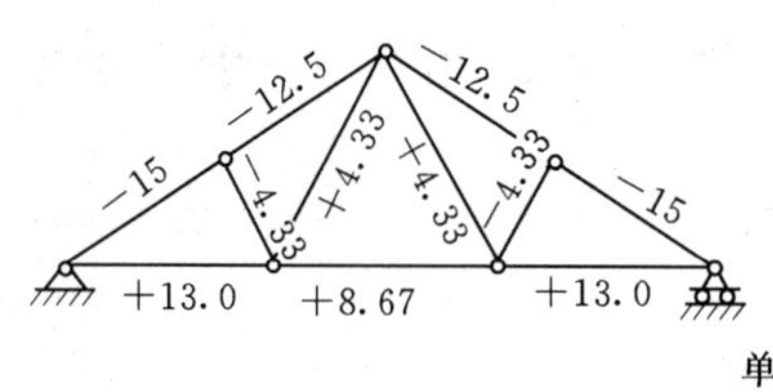

(a)

(b)

3-28 $F_1=5.59F$，$F_2=-1.8F$，$F_3=-4F$

3-29

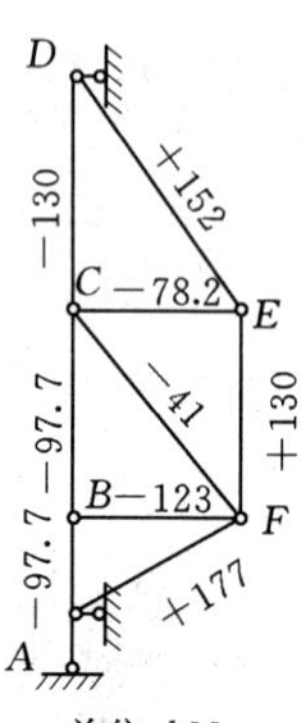

3 - 30 $H \geqslant 0.6\text{m}$

3 - 31 (1) $F_{min}=1491\text{N}$，底座滑动

(2) $F=600\text{N}$，底座不滑动

3 - 32 (1) 不滑动

(2) 不倾倒，距 A 点 $x=20.9\text{m}$

3 - 33 $L_{min}=100\text{mm}$

3 - 34 $F_{WB}=500\text{N}$

3 - 35 $F_{min}=20\text{kN}$

3 - 36 $f_{=}0.52$

3 - 37 $0.246L \leqslant x \leqslant 0.977L$

3 - 38 (1) 平衡

(2) $F_{Ax}=0$，$F_{Ay}=400\text{kN}$，$m_A=666.7\text{N}\cdot\text{m}$，$F=100\text{kN}$

3 - 39 (1) $F_A=1067\text{kN}$，$F_B=2773\text{kN}$，$F_C=400\text{kN}$

(2) $F \geqslant 426\text{kN}$

第4章

4 - 1 $F_R=18.9\text{kN}$，$\angle(\boldsymbol{F}_R, x)=45°41'$，$\angle(\boldsymbol{F}_R, y)=52°56'$，$\angle(\boldsymbol{F}_R, z)=67°1'$

4 - 2 $F_A=F_B=26.39\text{kN}$（压），$F_C=33.46\text{kN}$（拉）

4 - 3 $F_{AB}=-\sqrt{2}F_W\cos\alpha$，$F_{CA}=-\sqrt{2}F_W$，$F_{BD}=F_W(\cos\alpha-\sin\alpha)$，$F_{BE}=F_W(\cos\alpha+\sin\alpha)$

4 - 4 $F_R=50\text{kN}$，$\alpha=143.8°8'$

4 - 5 $F_{AB}=F_{BC}=F_{BD}=-38.5\text{kN}$

4 - 6 $F_{Ox}=-5\text{kN}$，$F_{Oy}=-30\text{kN}$，$F_{Oz}=8\text{kN}$

$M_{Ox}=32\text{kN}\cdot\text{m}$，$M_{Oy}=-30\text{kN}\cdot\text{m}$，$M_{Oz}=20\text{kN}\cdot\text{m}$

4 - 7 $F_{W2}=360\text{N}$，$F_{Ax}=69.3\text{N}$，$F_{Az}=1299\text{N}$，$F_{Bx}=-4125\text{N}$，$F_{Bz}=3897\text{N}$

4 - 8 $F_1=10\text{kN}$，$F_2=5\text{kN}$，$F_{Ax}=-5.2\text{kN}$，$F_{Az}=6\text{kN}$，$F_{Bx}=-7.8\text{kN}$，$F_{Bz}=1.5\text{kN}$

4 - 9 $F_3=4000\text{N}$，$F_4=2000\text{N}$，$F_{Ax}=-6375\text{N}$，$F_{Az}=1299\text{N}$，$F_{Bx}=-4125\text{N}$，$F_{Bz}=3897\text{N}$

4 - 10 $F_1=F_2=-5\text{kN}$，$F_3=-7.07\text{kN}$，$F_4=F_5=5\text{kN}$，$F_6=-10\text{kN}$

4 - 11 $F_{Ox}=150\text{N}$，$F_{Oy}=75\text{N}$，$F_{Oz}=500\text{N}$，$M_{Ox}=100\text{N}\cdot\text{m}$，$M_{Oy}=-37.5\text{N}\cdot\text{m}$，$M_{Oz}=-24.4\text{N}\cdot\text{m}$

4 - 12 $F_{Bx}=0$，$F_{Bz}=0$，$F_{CE}=200\text{N}$，$F_{Az}=100\text{N}$，$F_{Ax}=86.6\text{N}$，$F_{Ay}=150\text{N}$

4 - 13 $F_{Az}=\dfrac{M_2}{a}$，$F_{Ay}=\dfrac{M_3}{a}$，$F_{Dy}=-\dfrac{M_3}{a}$，$F_{Dz}=-\dfrac{M_2}{a}$，$M_1=\dfrac{c}{a}M_3+\dfrac{b}{a}M_2$

4 - 14 $F_{Bx}=1093\text{N}$，$F_{Bz}=3004\text{N}$，$F_{Ax}=-2078\text{N}$，$F_{Az}=5708\text{N}$，

$F_{Cx}=-378\text{N}$，$F_{Cz}=12456\text{N}$，$F_{Dx}=6275\text{N}$，$F_{Dz}=-23248\text{N}$

第5章

5-1 $F_{N1}=-20\text{kN}$，$\sigma_1=-50\text{MPa}$；$F_{N2}=-10\text{kN}$，$\sigma_2=-25\text{MPa}$；$F_{N3}=10\text{kN}$，$\sigma_3=25\text{MPa}$

5-2 $F_{N1}=-20\text{kN}$，$\sigma_1=-100\text{MPa}$；$F_{N2}=-10\text{kN}$，$\sigma_2=-33.3\text{MPa}$；$F_{N3}=10\text{kN}$，$\sigma_3=25\text{MPa}$

5-3 $\sigma_{AE}=159.1\text{MPa}$，$\sigma_{EG}=154.8\text{MPa}$

5-4 $\sigma=-0.34\text{MPa}$

5-5

α	0°	30°	45°	60°	90°
σ_α (MPa)	100	75	50	25	0
τ_α (MPa)	0	43.3	50	43.3	0

5-6 $F=25.13\text{kN}$

5-7 $\sigma_{AB}=74\text{MPa}$

5-8 $\sigma=125\text{MPa}$

5-9 杆 AB：$2\angle 100\times 10$；杆 AD：$2\angle 80\times 6$

5-10 杆 AC：$2\angle 80\times 7$；杆 CD：$2\angle 75\times 6$

5-11 $[F]=84\text{kN}$

5-12 $F_W=30\text{kN}$

5-13 $\theta=54.8°$

5-14 （略）

5-15 （略）

5-16 $\Delta l=\dfrac{4Fl}{\pi E d_1 d_2}$

5-17 $\Delta l=\dfrac{Fl}{tE(b_1-b_2)}\ln\left(\dfrac{b_1}{b_2}\right)$

5-18 $E=208\text{GPa}$，$v=0.317$

5-19 $F=\dfrac{0.68Ed\delta}{\nu}$，$\Delta l=\dfrac{\delta l}{\nu d}$

5-20 $x=\dfrac{E_2A_2}{E_1A_1+E_2A_2}l$

5-21 $F_{N1}=-F/6$，$F_{N2}=5F/6$，$F_{N3}=F$

5-22 (a) $F_{N1}=F$，$F_{N2}=0$，$F_{N3}=-F$； (b) $F_{N1}=2F/3$，$F_{N2}=-F/3$

5-23 $F_N=22\text{kN}$

5-24 (a) $F_P=171\text{kN}$ (b) $\sigma_{cu}=83.5\text{MPa}$

5-25 $5b/6$

第6章

6-1　(a) $T_{max}=2M_e$　(b) $T_{max}=3kN\cdot m$　(c) $T_{max}=-5kN\cdot m$

6-2　$T_{AB}=-0.702kN\cdot m$，$T_{BC}=-1.775kN\cdot m$

6-3　$T_{12}=-545.7N\cdot m$，$T_{23}=-1364.3N\cdot m$，$T_{34}=-818.6N\cdot m$

6-4　$\tau_A=63.7MPa$，$\tau_{max}=84.9MPa$，$\tau_{min}=42.4MPa$

6-5　$P=18.47kW$

6-6　(1) $\tau_{max}=46.6MPa$，(2) $P=71.8kW$

6-7　$\tau_{max}=81.5MPa$

6-8　$d\geqslant 39.3mm$，$D_1\geqslant 42mm$，$d_1\geqslant 25.2mm$

6-9　$m=13.26N\cdot m$，$\tau_{max}=24.05MPa$

6-10　$\tau_{max}=19.25MPa$

6-11　重量比为0.51，刚度比为1.19

6-12　$d\geqslant 74.4mm$

6-13　AE段：$\tau_{max}=43.8MPa$，$\theta=0.44°/m$

BC段：$\tau_{max}=71.3MPa$，$\theta=1.02°/m$

6-14　$\tau_{max}=4.34MPa$

6-15　(1) $\tau_{max}=40.1MPa$；　(2) $\tau'_{max}=3.4MPa$；　(3) $Q=0.565°/m$

6-16　$G=0.78MPa$，$v=0.28$

6-17　$\varphi=\frac{mel^2}{2GI_P}$

第7章

7-1～7-6　(略)

7-8　强度比2∶1，刚度比4∶1

7-9　截面m—m：$\sigma_A=-7.41MPa$，$\sigma_B=4.49MPa$，$\sigma_C=0$，$\sigma_D=7.41MPa$

截面n—n：$\sigma_A=9.26MPa$，$\sigma_B=-6.18MPa$，$\sigma_C=0$，$\sigma_D=-9.26MPa$

7-10　$h=\frac{\sqrt{6}}{3}d$，$b=\frac{\sqrt{3}}{3}d$

7-11　$\delta=0.011d$

7-12　$\sigma_{1max}=\frac{3ql^2}{16a^3}$，$\sigma_{2max}=\frac{3ql^2}{8a^3}$

7-13　$F=47.4kN$

7-14　$[F]=29kN$

7-15　$\Delta l=\frac{ql^3}{2bh^2E}$

7-16　$\Delta l=0.25mm$

7-17　$b\geqslant 61.5mm$，$h\geqslant 184.5mm$

7-18　$d_{max}=115mm$

7－19 $\delta \geqslant 27mm$

7－20 $\sigma_{t,max}=26.4MPa$，$\sigma_{c,max}=52.8MPa$

7－21 $n=3.71$

7－22 $a=1.385m$

7－23 $a=2.12m$，$q=25kN/m$

7－24 $\sigma_{max}=7.05MPa$，$\tau_{max}=0.478MPa$

7－25 $M_{max}=140.2kN \cdot m$，选 25a 号

7－26 $\sigma_{max}=159.8MPa$，$\tau_{max}=74.5MPa$

7－27 选 28a 号

7－28 $h \geqslant 208mm$，$b \geqslant 138.7mm$

7－29 选 20a 号

7－30 $0.207l$

7－31 510mm

7－32 24mm

7－33 2 根 20a 号槽钢

7－34 19.2kN

7－35 （略）

7－36 （略）

7－37 （略）

7－38 （1）0.152，（2）0.167

7－39 （a）$F_B=\frac{14F}{27}$，（b）$F_B=\frac{17qa}{16}$，（c）$F_B=\frac{3Me}{4a}$，（d）$F_B=\frac{11F}{16}$

7－40 $F_N=\frac{3Al^3}{8(Al^3+3aI)}ql$

7－41 $y_B=y_C=\frac{2ql^4}{9EI}$

第 8 章

8－1 （a）$\sigma_\alpha=-27.3MPa$，$\tau_\alpha=-27.3MPa$

（b）$\sigma_\alpha=30MPa$，$\tau_\alpha=20MPa$

（b）$\sigma_\alpha=34.82MPa$，$\tau_\alpha=11.6MPa$

8－2 （a）$\sigma_1=57MPa$，$\sigma_2=0$，$\sigma_3=-7MPa$，$\alpha_0=-19.33°$，$\alpha'_0=70.67°$，$\tau_{max}=32MPa$

（b）$\sigma_1=44.1MPa$，$\sigma_2=15.9MPa$，$\sigma_3=0$，$\alpha_0=-22.5°$，$\alpha'_0=67.5°$，$\tau_{max}=22.05MPa$

（c）$\sigma_1=37MPa$，$\sigma_2=0$，$\sigma_3=-27MPa$，$\alpha_0=19.33°$，$\alpha'_0=-70.67°$，$\tau_{max}=32MPa$

8－3 （a）$\sigma_1=\sigma_2=50MPa$，$\sigma_3=-50MPa$，$\tau_{max}=50MPa$

（b）$\sigma_1=50MPa$，$\sigma_2=4.7MPa$，$\sigma_3=-84.7MPa$，$\tau_{max}=67.4MPa$

8-4 a 点 $\sigma_1=3.1\text{MPa}$，$\sigma_2=0$，$\sigma_3=0$

b 点 $\sigma_1=2.7\text{MPa}$，$\sigma_2=0$，$\sigma_3=-1.2\text{MPa}$

c 点 $\sigma_1=1.56\text{MPa}$，$\sigma_2=0$，$\sigma_3=-1.56\text{MPa}$

8-5 $\sigma_1=66.2\text{MPa}$，$\sigma_2=0$，$\sigma_3=-34.4\text{MPa}$，$\tau_{\max}=50.3\text{MPa}$

8-6 1 点：$\sigma_1=\sigma_2=0$，$\sigma_3=-100\text{MPa}$，$\tau_{\max}=50\text{MPa}$

2 点：$\sigma_1=30\text{MPa}$，$\sigma_2=0$，$\sigma_3=-30\text{MPa}$，$\tau_{\max}=30\text{MPa}$

3 点：$\sigma_1=58.6\text{MPa}$，$\sigma_2=0$，$\sigma_3=-8.6\text{MPa}$，$\tau_{\max}=67.2\text{MPa}$

4 点：$\sigma_1=100\text{MPa}$，$\sigma_2=\sigma_3=0$，$\tau_{\max}=50\text{MPa}$

8-7 $\sigma_x=-33.3\text{MPa}$，$\tau_{xy}=-57.7\text{MPa}$

8-8 $|\tau_{xy}|<120\text{MPa}$

8-9 $\tau_{-60^\circ}=1.55\text{MPa}>1\text{MPa}$，不满足

8-10 (a) $\sigma_{15^\circ}=-3.84\text{ MPa}$，$\tau_{15^\circ}=0.6\text{MPa}$

(b) $\sigma_{15^\circ}=-0.625\text{ MPa}$，$\tau_{15^\circ}=-1.08\text{MPa}$

8-11 $\sigma_1=214.22\text{MPa}$，$\sigma_2=0$，$\sigma_3=-74.22\text{MPa}$

8-12 $\sigma_1=106.33\text{MPa}$，$\sigma_2=36.77\text{MPa}$，$\sigma_3=0$

8-13 $\sigma_1=2.03\text{MPa}$，$\sigma_2=0$，$\sigma_3=-38.2\text{MPa}$，$\alpha_0=70.05^\circ$

8-14 (1) $\sigma_{r3}=\sigma_1-\sigma_3=135\text{MPa}<[\sigma]$ 强度满足

(2) $\sigma_{r1}=\sigma_1=30\text{MPa}=[\sigma]$ 强度满足

8-15 $m=8.822\text{kN}\cdot\text{m}$

8-16 $F_P=133\text{kN}$

8-17 $\Delta r=0.336\text{mm}$

8-18 (1) $\sigma_\theta=-30.09\text{MPa}$，$\tau_\theta=-10.95\text{MPa}$

(2) $\sigma_\theta=50.97\text{MPa}$，$\tau_\theta=-14.66\text{MPa}$

(3) $\sigma_\theta=20.88\text{MPa}$，$\tau_\theta=-25.6\text{MPa}$

第9章

9-1 $\sigma_{\max}=156\text{MPa}$，安全

9-2 $\sigma_a=0.2\text{MPa}$，$\sigma_b=10.2\text{MPa}$

9-3 $\sigma_{\max}=-21.1\text{MPa}$，$f_V=3.18\text{mm}$，$f_H=1.87\text{mm}$

9-4 $\sigma_{\max}=6.37\text{MPa}$，$\sigma_{\min}=-6.62\text{MPa}$

9-5 (1) $\sigma=119.7\text{MPa}$；(2) $\sigma=-122.2\text{MPa}$；(3) $\sigma=-123.5\text{MPa}$

9-6 (1) $\sigma_{\max}=11.47\text{MPa}$；(2) $\sigma_{\max}=10.6\text{MPa}$

9-7 (1) $\sigma_{c,\max}=8F/(3a^2)$；(2) $\sigma_c=2F/a^2$

9-8 $\sigma_{\max}=0.648\text{MPa}$，$h=0.372\text{m}$，$\sigma_{\min}=-4.33\text{MPa}$

9-9 均为 $h=0.674l$

9-10 (1) $\sigma=-0.84\text{MPa}$；(2) $D=5.01\text{m}$

9-11 $d=20.7\text{mm}$

9-12 $f_C=4.6\text{mm}$

9－13 $\sigma_{r4}=121.3\text{MPa}$，安全

9－14 $d=55.8\text{mm}$

9－15 $F\geqslant 177\text{N}$，$\tau=17.6\text{MPa}$

9－16 $\tau=66.3\text{MPa}$，$\sigma_{jy}=102\text{MPa}$

9－17 $\tau=30.3\text{MPa}$，$\sigma_{jy}=44\text{MPa}$

9－18 $\delta=80\text{mm}$

9－19 $d=14\text{mm}$

9－20 $\tau=52.6\text{MPa}$，$\tau_{jy}=90.9\text{MPa}$，$\sigma=166.7\text{MPa}$

9－21 $d_1=19.1\text{mm}$

9－22 $\sigma_{r4}=45.02\text{MPa}$

第10章

10－1 （a）$F_{cr}=193.8\text{kN}$；（b）$F_{cr}=150.5\text{kN}$

10－2 压杆将在垂直于图平面内失稳

10－3 $F_{cr}=161\text{kN}$

10－4 $F_{cra}=2670\text{kN}$，$F_{crb}=2780\text{kN}$，$F_{crc}=3300\text{kN}$

10－5 （a）$[F_P]=194.8\text{kN}$；（b）$[F_P]=68.9\text{kN}$

10－6 $n_w=3.1>n_{st}$

10－7 88432kN

10－8 $d=97\text{mm}$

10－9 76.958kN

10－10 $F_{\max}=220.4\text{kN}$

10－11 $n_w=3.45>n_{st}$，$\sigma_{\max}=23.3\text{MPa}<[\sigma]$

10－12 $n_w=3.3$

10－13 $n_w=8.26>n_{st}$

10－14 $\sigma_{cr}=660\text{MPa}$，$F_{cr}=126.72\text{kN}$

10－15 $[F_P]=160\text{kN}$

10－16 $[F_P]=180\text{kN}$

10－17 $b=722\text{mm}$，$a=607\text{mm}$

10－18 $F_{cr}=106\text{kN}$，$n_w=1.52<n_{st}$不安全，$F_{cr}=73.5\text{kN}$

第11章

11－1 （a）$V_\varepsilon=\dfrac{F^2l^3}{96EI}$

（b）$V_\varepsilon=\dfrac{17q^2l^5}{15360EI}$

（c）$V_\varepsilon=\dfrac{3q^2l^5}{20EI}$

(d) $V_\varepsilon=\dfrac{F^2l^3}{16EI}+\dfrac{3F^2l}{4EA}$

11-2 (a) $\delta_y=\dfrac{Fl^3}{48EI}$ (↓)

(b) $\delta_y=\dfrac{5ql^4}{768EI}$ (↓)

(c) $\delta_y=\dfrac{5ql^4}{8EI}$ (↓)

(d) $\delta_y=\dfrac{Fl^3}{8EI}+\dfrac{3Fl}{2EA}$ (↓)

11-3 $\delta_x=\dfrac{\sqrt{3}Fa}{12EA}$ (←)

11-4 $\delta_y=\dfrac{1.9Fl}{EA}$ (↓)

11-5 $\varphi_A=\dfrac{ml^2}{2GI_P}$

11-6 $\delta_y=\dfrac{qa^4}{8EI}+\dfrac{qal^3}{3EI}+\dfrac{qa^3l}{2GI_P}$ (↓)

11-7 $\delta_{AB}=\dfrac{\pi FR^3}{EI}+\dfrac{3\pi FR^3}{GI_P}$ (↑↓)

11-8 $\theta_C=0$

11-9 (a) $F_{Cx}=-F$，$F_{Ax}=F_{Ay}=F_{Cy}=0$

(b) $F_{Ax}=-F_{Dx}=\dfrac{ql}{20}$ (→)，$F_{Ay}=F_{Dy}=\dfrac{ql}{2}$ (↑)

11-10 (a) $F_{N1}=-\dfrac{2-\sqrt{2}}{2}F$，$F_{N2}=\dfrac{\sqrt{2}}{2}F$，$F_{N3}=F_{N4}=F_{N5}=F_{N6}=\dfrac{\sqrt{2}-1}{2}F$

(b) $F_{Ax}=-F_{Bx}=\dfrac{3qa}{8}$ (←)

(c) $F_{Cx}=\dfrac{ql}{12}$，$F_{Cy}=0$，$M_C=\dfrac{5ql^2}{72}$

(d) $F_{Ax}=F_{Bx}=F$ (←)，$F_{Ay}=\dfrac{3F}{14}$ (↓)，$F_{By}=\dfrac{3F}{14}$ (↑)，$M_A=M_B=\dfrac{11Fa}{14}$ (逆)

第12章

12-1 $F_{Nd}=90.6\text{kN}$

12-2 $\sigma_{d\max}=140\text{MPa}<[\sigma]=170\text{MPa}$，安全

12-3 $\sigma_d=11.26\text{MPa}>[\sigma]$，所以，绳索强度不够

12-4 $\Delta l=\dfrac{\omega^2l^2}{3gEA}(3F_P+F_{P1})$

12-5 $\sigma_{\max}=106.4\text{MPa}$

12-6 $\sigma_{max}=70.4\text{MPa}$

12-7 $\sigma_d=134\text{MPa}$

12-8 (a) $\sigma_{max}=60\text{MPa}$，$\sigma_{min}=-20\text{MPa}$，$\Delta\sigma=80\text{MPa}$，$r=-\frac{1}{3}$

(b) $\sigma_{max}=20\text{MPa}$，$\sigma_{min}=-60\text{MPa}$，$\Delta\sigma=80\text{MPa}$，$r=-3$

(c) $\sigma_{max}=-30\text{MPa}$，$\sigma_{min}=-60\text{MPa}$，$\Delta\sigma=30\text{MPa}$，$r=2$

(d) $\sigma_{max}=0$，$\sigma_{min}=-60\text{MPa}$，$\Delta\sigma=60\text{MPa}$，$r=\infty$

12-9 $\sigma_{max}=16.51\text{MPa}$，$\sigma_{min}=-2.357\text{MPa}$，$\Delta\sigma=18.86\text{MPa}$，$r=-0.143$

12-10 $\Delta\sigma=114\text{MPa}<[\Delta\sigma]=117.7\text{MPa}$，满足疲劳强度要求。

12-11 $n_\sigma=1.53>n=1.4$，轴在截面Ⅰ—Ⅰ处满足强度条件。

12-12 $\sigma_{max}=75.53\text{MPa}$，$\sigma_{min}=-75.53\text{MPa}$，$r=-1$

12-13 Ⅰ—Ⅰ截面：$n_{\sigma1}=1.60>n=1.5$；Ⅱ—Ⅱ截面：$n_{\sigma2}=2.03>n=1.5$，故安全

12-14 $[M_1]=409\text{N}\cdot\text{m}$，$[M_2]=636\text{N}\cdot\text{m}$

附录Ⅰ

Ⅰ-1 (a) $S_y=\frac{1}{2}bh^2$，$S_z=\frac{1}{2}hb^2$；(b) $S_y=-\frac{1}{2}bh^2$；$S_z=-\frac{1}{2}hb^2$；(c) (0，0)

Ⅰ-2 (0，90) 和 (50，200)

Ⅰ-3 $I_z=\frac{a^4}{12}-\frac{\pi R^4}{4}$

Ⅰ-4 $I_z=\frac{5\sqrt{3}}{16}a^4$

Ⅰ-5 29%，95%

Ⅰ-6 $I_z=1.73\times10^9\text{mm}^4$，$I_z=1.55\times10^{10}\text{mm}^4$

Ⅰ-7 $I_{z2}=I_{z1}-\frac{3}{16}bh^3$

Ⅰ-8 $I_z=4.57\times10^7\text{mm}^4$

参 考 文 献

[1] 单辉祖．工程力学．北京：高等教育出版社，2004.
[2] 范钦珊．材料力学．北京：高等教育出版社，2000.
[3] 哈尔滨工业大学．理论力学．北京：高等教育出版社，2001.
[4] 刘鸿文．材料力学（1、2）．第4版．北京：高等教育出版社，2004.
[5] 赵志刚，等．材料力学．天津：天津大学出版社，2001.
[6] 孙训方，等．材料力学．第四版．北京：高等教育出版社，2002.
[7] 邱秀梅．理论力学．北京：中国水利水电出版社，2009.
[8] 戴景军．材料力学．北京：中国水利水电出版社，2009.